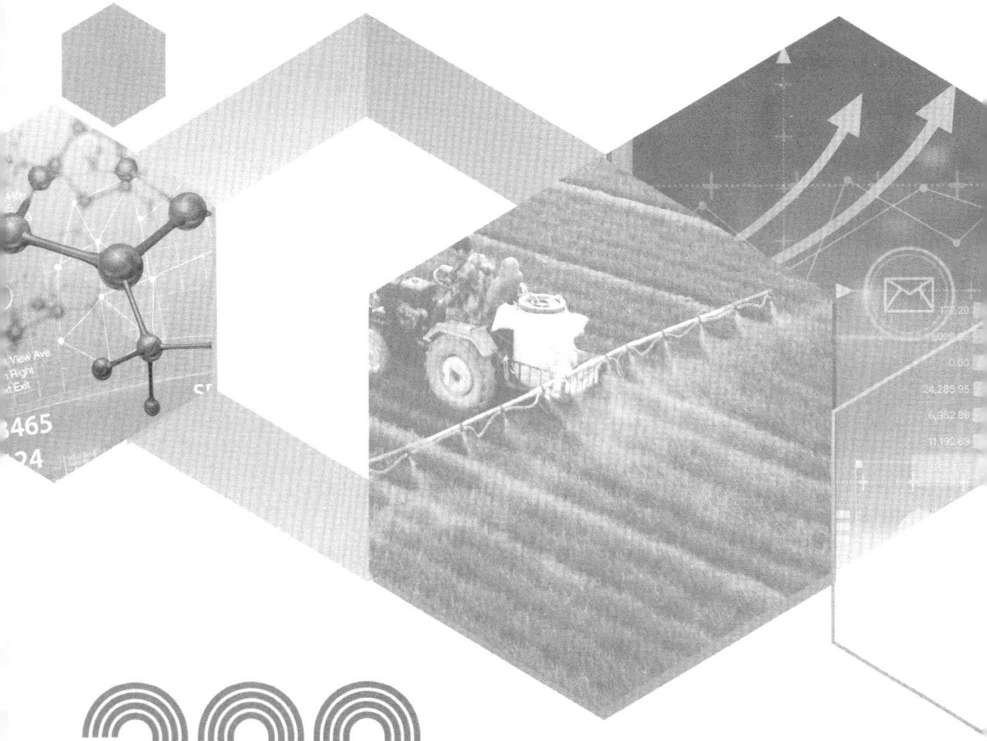

200种农药简明使用手册

王江柱　主编

中国农业出版社
北　京

内容提要

本书以农业农村部农药检定所主办的“中国农药信息网”上发布登记的优质农药为基础，结合我国农业生产中的实际用药状况等，精选了208种优质常用农药（杀菌剂单剂40种、混剂31种，杀虫杀螨剂单剂38种、混剂27种，除草剂单剂37种、混剂23种，植物生长调节剂12种）进行介绍，分别阐述了主要含量与剂型、产品特点、适用作物防控（除）对象及使用技术（或适用作物使用技术及效果）、注意事项四个方面内容，其中以使用技术部分为内容重点。

本书适用于农业生产技术人员、农药经营人员、农药生产与营销企业、农业种植专业合作社及种植大户（或家庭农场）、农学类及植保专业师生等参考使用。

编写人员

主　　编　王江柱

副 主 编　吴　研　齐明星　王思媛

编写人员　(按姓氏笔画排序)

王江柱　王建华　王思媛　齐明星

刘新佳　李建东　吴　研　张锋岗

陈　康　周福光　赵　莹

出版说明

Publication instructions

农药是一类重要农业生产物资，是保障植物健康生长发育并丰产丰收的农业生产投入品，在农业生产中发挥着举足轻重的作用，具有不可或缺性。同时，农药又是一类有毒的化学物质，其毒性由低到高依次为微毒、低毒、中毒、高毒、剧毒，虽然目前我国已对剧毒农药和大部分高毒农药实行了禁用，并对少数未禁高毒农药也做了限制性使用规定，但仍然存在一些农药的不规范使用，甚至滥用问题。鉴于此，国家相关职能部门出台了“农药减量使用”的相关倡导与要求。在此背景下，如何既要保证有效防控病虫草害，又要贯彻农药减量使用的指导方针，科学安全使用农药就成为一个重要课题。因此，我们在中国农业出版社编辑的策划下，以《农民欢迎的200种农药》为基础，组织编写了《200种农药简明使用手册》。本书以农业农村部农药检定所主办的“中国农药信息网”上发布登记的农药为基准，结合我国农业生产中实际用药状况和作者近些年来在农业生产指导与服务中的经验积累，精选了208种优质常用农药（单剂126种、混配制剂82种）作为编写对象，分别从主要含量与剂型、产品特点、适用作物防控（除）对象及使用技术（或适用作物使用技术及效果）、注意事项四个方面进行阐述，其中以使用技术部分为重点内容。

杀菌剂、杀虫剂及种衣剂部分继续沿用作者以往编写农药类书籍时所使用的“防控”概念，目的是遵循农业生态平衡和可持续发展的原则，将病虫害控制在最低损害水平，尽量减少用药次数及用药量，降低农药残留和可能的环境污染，以贯彻落实国家倡导的“农药减量使用”方针。

常用农药虽然按其来源可分为植物源、微生物源、矿物源、仿生类、化学合成类五大类型，但也都属于“有毒”的农用化学生产物资，所以每类农药在具体使用中都有明确的使用方法、技术和严格的注意事项，而注意事项除少数产品的特殊要求外，大部分均具有一定共性。为了节省正文篇幅，这些相同注意事项就基本不在相应农药的“注意事项”中赘述，结合农药购买、使用等环节的注意事项，在此一并归纳总结为18个方面阐述说明。

（1）购买药剂时，应选择正规销售渠道，并认清产品包装上的有效成分名称、含量、防治靶标等相关内容，使用前再仔细阅读产品标签上的使用技术、用药量及注意事项等。

（2）配药时应选用中性清水稀释，最好采用二次稀释法配药，并注意将药液搅拌均匀，以促使药效充分发挥；配制好的药液应尽快使用，不能长时间放置，更不能过夜。

（3）首次使用一种新药剂时，应在农业技术人员指导下进行，或先进行小范围试验确认后再大面积使用。

（4）有些悬浮剂长时间放置后可能会有沉淀或沉降现象，使用前应当充分摇匀，摇匀后使用大多不影响药效。

（5）保护性杀菌剂应在病菌侵染前喷施，迟效型杀虫（螨）剂尽量在害虫（螨）发生初期开始喷药，土壤封闭型（苗前）除草剂一定在杂草出土前喷洒，以充分保证防控（除）效果。

（6）除个别产品外，绝大多数农药均不能与碱性药剂（含肥料）及强酸性药剂混用。

（7）许多农药品种已使用多年，不同地区因用药水平和频次不同，导致有效剂量会存在一定差异，具体用药时应根据当地以往用药习惯和实际情况，科学确定适宜用药量或混合用药，以确保获得理想防控效果。

（8）用药时应及时、均匀、周到，避免漏喷及重复喷施，特别是除草剂类及植物生长调节剂类。

(9) 连续用药时，注意与不同作用机理药剂交替使用或科学混用，以延缓防控靶标产生抗药性；同时需特别注意该药剂的安全采收间隔期及每季最多使用次数，以确保药剂残留低于最大残留限量标准。

(10) 有些混配药剂生产企业较多，各企业间产品的配方比例及含量差异较大，本书所推荐使用倍数或剂量是以相应配方比例为前提的，具体选用时还应以购买产品的标签说明为准。

(11) 露地植物喷药时，应选择无风或微风天进行，并避免在高温下作业，最好在上午 10 时前或下午 4 时后施药，且喷药前应注意天气预报，保证喷药后 2 小时内无有效降雨。

(12) 有些水果的幼果期尽量避免使用乳油类剂型和铜素杀菌剂类药剂，以免对幼果表面造成刺激伤害，形成果锈。

(13) 许多农药对蜜蜂、家蚕、赤眼蜂高毒，这类药剂在作物及果树开花期禁止使用，蜜源植物花期、蚕室周边和桑园内及其附近也禁止使用，鸟类取食区域及保护区内和赤眼蜂放飞区域亦禁止使用。

(14) 许多农药对鱼类及水生生物有毒，用药时应远离水产养殖区域，并禁止在河流、湖泊、池塘等水体中清洗施药器具，剩余药液及洗涤药械的废液严禁污染上述各类水体。

(15) 废弃农药包装严禁随意丢弃、填埋或烧毁，更不能作为他用，应根据相关规定交当地农药包装废弃物回收部门回收处理。

(16) 农药均属有毒化学物质，应在阴凉、干燥、通风、避光、防雨处保存，贮存场所应为儿童及未成年人不能触及之处，并上锁保管。小包装（药袋或药瓶）打开后尽量一次性用完，未用完时应将剩余药剂密封后放回原处保存，并在短期内用完。

(17) 用药时应做好安全防护，如穿戴好防护服装（长衣、长裤等）、防护靴、口罩或面罩、手套等防护用品，请勿逆风喷药，避免药液接触皮肤、溅入眼睛或从口鼻吸入，且施药期间不得进食、饮水、吸烟等；施药后及时更换衣服，并用清水和肥皂清洗手、脸等身体裸露部位或洗澡；若用药过程中或用药后感觉不适

(过敏或中毒等),应立即停止工作、离开现场,采取急救措施,并携带用药包装或标签送医院诊治。

(18) 农药中毒症状有局部瘙痒、红肿、恶心、呕吐、腹泻、腹痛、头痛、头晕、心律失常、呼吸失常或麻痹、血压下降、抽搐、循环衰竭乃至死亡等;不慎药液沾染皮肤,立即用肥皂和清水彻底清洗皮肤表面;不慎药液溅入眼睛,立即用清水冲洗眼睛至少15分钟,严重者及时携带药剂包装或标签送医院对症就医;不慎误服或吸入,应立即将患者移至空气清新处,并根据标签说明进行处理,较重者迅速携带药剂包装或标签送医院对症治疗。

在同一植物上防控多种病害或害虫时,本书许多地方分别叙述了相应的防控技术及用药次数,目的是使读者更加清楚不同病害或害虫的具体用药防控技术,以便根据田间实际情况进行针对性参考;若同一田块内有多种病害或害虫均需防控时,应科学安排具体用药种类,尽量做到兼防兼控。另外,植物果实(或果穗)是否套袋对一些病虫害的防控技术要求不同,具体用药时应根据生产上的实际情况进行灵活调整。再有,根据农民用药习惯,面积单位书中还是以“亩”来进行表示。

书中所述农药的使用剂量或使用倍数及使用技术(方法),可能会因植物品种、栽培方式、生长时期、生态条件及不同生产企业的生产工艺等不同而有一定的差异。因此,实际使用过程中,应以所购买产品的标签说明为准,或在当地农技人员指导下进行使用。

在本书编写过程中,得到了河北农业大学科教兴农中心、江苏龙灯化学有限公司等单位的大力支持,在此表示诚挚的感谢!

由于作者的研究工作范围、农技指导区域、生产实践经验及所收录和积累的技术资料还相当有限,书中不足之处在所难免,恳请各位同仁及广大读者予以批评指正,以便今后进一步修改、完善,在此深致谢意!

编 者

2023年8月

目　录
Contents

第二章 杀虫剂 210

第一章 杀菌剂

第一节 单 剂

百菌清 chlorothalonil

主要含量与剂型 10%、20%、30%、40%、45%烟剂，40%、720克/升悬浮剂，75%可湿性粉剂。

产品特点 百菌清是一种有机氯类极广谱保护性低毒杀菌剂，没有内吸传导作用，喷施到植物表面后黏着性能良好，不易被雨水冲刷，持效期较长。百菌清主要是保护植物免受病菌侵染，对已经侵入植物体内的病菌基本无效，必须在病菌侵染寄主植物前用药才能获得理想的防病效果。该药具有多个杀菌作用位点，连续使用病菌不易产生抗药性。

适用作物防控对象及使用技术

黄瓜、甜瓜、苦瓜、西瓜、西葫芦等瓜类及番茄、辣椒、茄子等茄果类蔬菜灰霉病 露地栽培时以喷雾防控为主，保护地内除喷雾用药外还可熏烟防控。从病害发生初期或连续阴天2天时开始用药，7天左右1次，连用2～3次。喷雾用药时，一般每亩次使用40%悬浮剂125～150毫升，或720克/升悬浮剂100～120毫升，或75%可湿性粉剂120～200克，对水45～60千克均匀喷雾。熏烟用药时，一般每亩次使用10%烟剂500～800克，或20%烟剂300～400克，或30%烟剂200～250克，或40%烟剂150～200克，或45%烟剂150～180克，在棚室内均匀分布多点点燃，而后密闭熏烟一夜。熏烟用药宜在傍晚封闭棚室后进行，点燃点应距离作物30厘米以上，以免灼伤作物；点燃时，从距棚室远处开始，依次点燃；刚定植的弱苗需谨慎使用，以免发生药害；次日通风后方可进入棚室内进行农事操作。

黄瓜、苦瓜、甜瓜、西瓜、西葫芦等瓜类病害　黄瓜病害以防控霜霉病为主，其他病害（不含灰霉病）考虑兼防即可，从初见病斑时开始喷药，7天左右1次，与不同类型药剂交替使用，连续喷施；防控其他瓜类病害（不含灰霉病）时，从病害发生初期开始喷药，7～10天1次，连喷3～4次。一般每亩次使用75%可湿性粉剂120～150克，或720克/升悬浮剂100～120毫升，或40%悬浮剂125～150毫升，对水45～60千克均匀喷雾。

番茄早疫病、晚疫病、叶霉病、叶斑病　从病害发生初期或初见病斑时开始喷药，7天左右1次，与不同类型药剂交替使用，连喷3～5次。百菌清喷施剂量同“黄瓜病害”。

茄子褐纹病、炭疽病、疫病、叶斑病　从病害发生初期或初见病斑时开始喷药，7～10天1次，连喷2～4次，注意与不同类型药剂交替使用。百菌清喷施剂量同“黄瓜病害”。

辣椒炭疽病、疫病、霜霉病、白粉病　从病害发生初期或初见病斑时开始喷药，7～10天1次，与不同类型药剂交替使用，连喷3～5次。百菌清喷施剂量同“黄瓜病害”。

芸豆、豇豆等豆类蔬菜的炭疽病、锈病、白粉病、叶斑病　从病害发生初期或初见病斑时开始喷药，7～10天1次，连喷2～4次，注意与不同类型药剂交替使用。百菌清喷施剂量同“黄瓜病害”。

白菜、甘蓝等叶菜类蔬菜霜霉病、白粉病、炭疽病、叶斑病、灰霉病、菌核病、黑斑病　从病害发生初期或初见病斑时开始喷药，7～10天1次，连喷2～3次。一般每亩次使用75%可湿性粉剂100～120克，或720克/升悬浮剂70～90毫升，或40%悬浮剂100～120毫升，对水30～45千克均匀喷雾。

葱蒜类蔬菜叶斑病、锈病　从病害发生初期或初见病斑时开始喷药，7～10天1次，连喷2～3次。百菌清喷施剂量同“叶菜类蔬菜霜霉病”。

芦笋茎枯病、锈病　从病害发生初期或初见病斑时开始喷药，

7～10 天 1 次，连喷 3～4 次，注意与不同类型药剂交替使用。一般使用 75%可湿性粉剂 500～600 倍液，或 720 克/升悬浮剂 700～800 倍液，或 40%悬浮剂 400～500 倍液，均匀喷雾。

马铃薯早疫病、晚疫病、炭疽病 从病害发生初期或初见病斑时，或植株现蕾期开始喷药，7～10 天 1 次，与不同类型药剂交替使用，直到生长后期。一般每亩次使用 75%可湿性粉剂 120～150 克，或 720 克/升悬浮剂 100～120 毫升，或 40%悬浮剂 150～180 毫升，对水 60～75 千克均匀喷雾。

油菜菌核病、锈病 从病害发生初期或油菜封垄前开始喷药，7～10 天 1 次，连喷 2 次左右。一般每亩次使用 75%可湿性粉剂 100～120 克，或 720 克/升悬浮剂 80～100 毫升，或 40%悬浮剂 120～150 毫升，对水 30～45 千克均匀喷雾，重点喷洒植株中下部及地面。

花生叶斑病、疮痂病、锈病 从病害发生初期或初见病斑时开始喷药，10 天左右 1 次，连喷 2～3 次。一般每亩次使用 75%可湿性粉剂 100～120 克，或 720 克/升悬浮剂 70～90 毫升，或 40%悬浮剂 100～120 毫升，对水 30～45 千克均匀喷雾。

甜菜褐斑病 从病害发生初期开始喷药，10 天左右 1 次，连喷 2 次左右。百菌清喷施剂量同“花生叶斑病”。

小麦纹枯病、锈病、白粉病、赤霉病 防控纹枯病、锈病、白粉病时，从小麦拔节初期或病害发生初期开始喷药，10 天左右 1 次，连喷 1～2 次；防控赤霉病时，在齐穗期和扬花初期各喷药 1 次。一般每亩次使用 75%可湿性粉剂 100～130 克，或 720 克/升悬浮剂 60～80 毫升，或 40%悬浮剂 100～130 毫升，对水 30～45 千克均匀喷雾。

水稻稻瘟病、稻曲病、纹枯病、鞘腐病 防控苗瘟、叶瘟时，在田间出现中心病株或出现急性病斑时喷药 1 次；防控穗颈瘟时，在破口初期和齐穗初期各喷药 1 次；防控稻曲病时，在破口前 5～7 天和齐穗初期各喷药 1 次；防控纹枯病、鞘腐病时，拔节期、孕穗期各喷药 1 次。百菌清喷施剂量同“小麦纹枯病”。

玉米大斑病、小斑病、黄斑病、纹枯病 田间出现病斑后，当气候条件有利于病害发生时开始喷药，7～10 天 1 次，连喷 1～

2 次。一般每亩次使用 75%可湿性粉剂 100～150 克，或 720 克/升悬浮剂 80～100 毫升，或 40%悬浮剂 100～150 毫升，对水 30～45 千克均匀喷雾。

柑橘疮痂病、砂皮病、炭疽病、黑星病、黄斑病　在春梢萌发初期、春梢转绿期、落花 2/3 时、落花后 15 天左右、落花后 30 天左右、夏梢抽生初期、夏梢转绿期、秋梢抽生初期、秋梢转绿期各喷药 1 次，注意与不同类型药剂交替使用。百菌清一般使用 75%可湿性粉剂 600～700 倍液，或 720 克/升悬浮剂 700～800 倍液，或 40%悬浮剂 400～500 倍液，均匀喷雾。

香蕉叶斑病、黑星病　从病害发生初期开始喷药，10～15 天 1 次，与不同类型药剂交替使用，连喷 3～5 次。百菌清一般使用 75%可湿性粉剂 500～600 倍液，或 720 克/升悬浮剂 600～700 倍液，或 40%悬浮剂 300～400 倍液，均匀喷雾。

苹果树早期落叶病、黑星病、炭疽病、轮纹病　多从苹果落花后 20～30 天开始喷施本剂，与相应治疗性药剂交替使用，10～15 天 1 次，连喷 5～7 次。百菌清一般使用 75%可湿性粉剂 700～800 倍液，或 720 克/升悬浮剂 800～1 000 倍液，或 40%悬浮剂 500～600 倍液，均匀喷雾。需要指出，苹果在落花后 20 天内的幼果期不能喷施本剂，否则可能会造成果面产生锈斑。

梨树黑斑病、白粉病、褐斑病、轮纹病、炭疽病　防控黑斑病、白粉病、褐斑病等叶部病害时，多从病害发生初期或初见病斑时开始均匀喷药，10～15 天 1 次，连喷 2～3 次；防控轮纹病、炭疽病等果实病害时，一般从落花后半月左右开始喷药，10～15 天 1 次，与相应治疗性药剂交替使用或混用，直到果实套袋或生长后期。百菌清喷施倍数同“苹果树早期落叶病”。

葡萄病害　开花前、落花后各喷药 1 次，防控黑痘病、穗轴褐枯病，兼防霜霉病；防控霜霉病时，从叶片上初见病斑时开始喷药，7～10 天 1 次，与相应治疗性药剂交替使用或混用，直到生长后期，兼防炭疽病、褐斑病、白粉病；在果粒将要着色时，开始喷药防控炭疽病（不套袋葡萄），10 天左右 1 次，与相应治疗性药剂交替使用或混用，连喷 3～4 次，兼防霜霉病、褐斑病、白粉病。百菌清一般使用 75%可湿性粉剂 600～700 倍液，或 720 克/升悬浮剂 700～800 倍液，或 40%悬浮剂 400～500 倍液，均匀喷雾。应当指出，红提葡萄果粒对百菌清较敏感，仅适合在果穗全部套袋后喷施。

桃树病害　防控黑星病（疮痂病）时，从落花后 20 天左右开始喷药，10～15 天 1 次，直到果实采收前 1 个月，兼防真菌性穿孔病、炭疽病；防控炭疽病时，从落花后 20～30 天开始喷药，10～15 天 1 次，直到生长后期；防控褐腐病时，从果实采收前 45 天开始喷药，10 天左右 1 次，连喷 2～4 次，兼防后期果实炭疽病。百菌清喷施倍数同"苹果树早期落叶病"。连续喷药时注意与相应治疗性药剂交替使用或混用。

李炭疽病、红点病　防控炭疽病时，从落花后 20～30 天开始喷药，10～15 天 1 次，连续喷施，直到生长后期；防控红点病时，多从落花后 15 天左右开始喷药，10～15 天 1 次，连喷 2～4 次。百菌清喷施倍数同"苹果树早期落叶病"。连续喷药时注意与相应治疗性药剂交替使用或混用。

草莓病害　在开花初期、中期、末期各喷药 1～2 次，对白粉病、灰霉病、褐斑病、叶枯病均具有较好的预防效果；繁苗田块，从病害发生初期或初见病斑时开始喷药，10 天左右 1 次，连喷 2～4 次，有效防控炭疽病等病害发生。百菌清一般使用 75%可湿性粉剂 600～800 倍液，或 720 克/升悬浮剂 800～1 000 倍液，或 40%悬浮剂 400～500 倍液，均匀喷雾，连续喷药时注意与相应治疗性药剂交替使用或混用。

保护地果树灰霉病、花腐病　除上述喷雾防控外，还可通过熏烟进行用药。熏烟防控病害时，多在病害发生前或连续阴天 2 天时开始用药，一般每亩次使用 45%烟剂 150～180 克，或 40%烟剂 170～200 克，或 30%烟剂 200～250 克，或 20%烟剂 350～400 克，或 10%烟剂 700～800 克，均匀分多点点燃，而后密闭熏烟一夜。第二天通风后才能进棚进行农事操作。

茶树炭疽病、茶饼病　从病害发生初期开始喷药，10 天左右 1 次，连喷 2～3 次。一般使用 75%可湿性粉剂 600～800 倍液，或 720 克/升悬浮剂 800～1 000 倍液，或 40%悬浮剂 500～600 倍液，均匀喷雾。

烟草赤星病、炭疽病、黑胫病 从病害发生初期或初见病斑时开始喷药，7～10 天 1 次，连喷 2～3 次；防控黑胫病时重点对茎秆中下部喷雾。一般使用 75%可湿性粉剂 600～700 倍液，或 720 克/升悬浮剂 700～800 倍液，或 40%悬浮剂 400～500 倍液，均匀喷雾。

注意事项 百菌清不能与石硫合剂、波尔多液等碱性农药混用，连续用药时注意与相应治疗性药剂交替使用或混用，且喷药应均匀周到。本剂在梨、柿、桃、梅及苹果等果树上使用时，浓度偏高会发生药害；与杀螟松混用，桃树上易发生药害；与炔螨特、三环锡等混用，茶树会产生药害；杧果对本剂较敏感，不建议在杧果上使用。烟剂发烟速度较快，老人、儿童及行走不便者，禁止施放烟剂；点燃烟剂后应迅速离开棚室，避免吸入烟雾。

苯醚甲环唑 difenoconazole

主要含量与剂型 10%、30%、37%、60%水分散粒剂，10%、20%、25%水乳剂，10%、20%、25%微乳剂，10%、25%、30%、40%悬浮剂，25%、250 克/升乳油，3%、30 克/升悬浮种衣剂。

产品特点 苯醚甲环唑是一种含杂环的三唑类内吸治疗性广谱低毒杀菌剂，具有预防保护和内吸治疗双重功效，内吸传导性好，安全性高，持效期较长。既干扰病菌正常生长，又抑制病菌孢子形成。施药后能被植物迅速吸收，并通过输导组织传到植株各部位，对多种高等真菌性病害均有较好的治疗和保护活性。

适用作物防控对象及使用技术 苯醚甲环唑在果树上主要用于树体喷雾，于病害发生前或发生初期喷施防控效果最佳。一般使用 10%水分散粒剂或 10%水乳剂或 10%微乳剂或 10%悬浮剂 1 500～2 000 倍液，或 20%水乳剂或 20%微乳剂 3 000～4 000 倍液，或 25%水乳剂或 25%微乳剂或 25%悬浮剂或 25%乳油或 250 克/升乳油 4 000～5 000 倍液，或 30%水分散粒剂或 30%悬浮剂 5 000～6 000 倍液，或 37%水分散粒剂 6 000～7 000 倍液，或 40%悬浮剂 6 000～8 000 倍液，或 60%水分散粒剂 10 000～12 000 倍液，均匀喷雾。

苹果树病害　先在花序分离期和落花后各喷药1次，有效防控锈病、白粉病及花腐病，兼防黑星病；然后从落花后10天左右开始连续喷药，10～15天1次，与不同类型药剂交替使用，连喷6～8次，可有效防控斑点落叶病、褐斑病、炭疽病、轮纹病、套袋果斑点病及黑星病。往年套袋果斑点病发生较重果园，套袋前5天内最好使用苯醚甲环唑与全络合态代森锰锌或克菌丹或吡唑醚菌酯混合喷药1次；往年白粉病发生较重果园，在8、9月份的花芽分化期注意喷药1～2次，防控病菌侵染芽。苯醚甲环唑喷施倍数同前述。

梨树病害　先在花序分离期和落花后各喷药1次，有效防控锈病为害，并控制黑星病病梢形成；然后从初见黑星病病梢或病叶或病果时开始继续喷药，10～15天1次，与不同类型药剂交替使用，连喷5～8次，有效防控黑星病，兼防黑斑病、炭疽病、轮纹病、套袋果黑点病、褐斑病及白粉病。往年套袋果黑点病发生较重果园，套袋前5天内最好选用苯醚甲环唑与全络合态代森锰锌或克菌丹或吡唑醚菌酯混合喷药1次；往年白粉病发生较重果园，从白粉病发生初期开始喷药，10～15天1次，连喷2～3次，重点喷洒叶片背面。苯醚甲环唑喷施倍数同前述。

葡萄病害　先在花蕾期和落花后各喷药1次，有效防控黑痘病、穗轴褐枯病，往年黑痘病发生较重果园落花后10天左右再喷药1次。防控炭疽病、白腐病时，从果粒膨大中后期开始喷药，10～15天1次，与不同类型药剂交替使用，直到采收前一周结束(套袋葡萄套袋后不再喷药)，兼防房枯病、溃疡病；防控褐斑病、白粉病时，从病害发生初期开始喷药，10～15天1次，连喷2～3次。苯醚甲环唑喷施倍数同前述。

桃树病害　防控黑星病、炭疽病时，毛桃类从桃树落花后20～30天开始喷药，油桃类从桃树落花后15天左右开始喷药，10～15天1次，连喷2～4次，兼防真菌性穿孔病及白粉病、锈病；防控白粉病、锈病时，从病害发生初期开始喷药，10～15天1次，连喷2次左右，兼防真菌性穿孔病；防控缩叶病时，在花芽露红期和落花后各喷药1次。连续喷药时，注意与不同类型药剂交替使用。苯醚甲环唑喷施倍数同前述。

李树病害　防控袋果病时，在花芽膨大后开花前和落花后各喷药1次，兼防红点病；防控红点病时，从落花后15天左右开始喷药，10～15天1次，连喷2～4次，兼防炭疽病及真菌性穿孔病；防控炭疽病时，从落花后15天左右开始喷药，10～15天1次，连喷2～4次，兼防真菌性穿孔病。连续喷药时，注意与不同类型药剂交替使用。苯醚甲环唑喷施倍数同前述。

杏树病害　防控杏疔病时，从落花后立即开始喷药，10～15天1次，连喷2次；防控黑星病时，从落花后半月左右开始喷药，10～15天1次，连喷2～3次，兼防真菌性穿孔病。苯醚甲环唑喷施倍数同前述。

樱桃真菌性穿孔病、褐斑病　从病害发生初期开始喷药，10～15天1次，连喷2～3次。苯醚甲环唑喷施倍数同前述。

枣树病害　先在（一茬花）开花前和落花后各喷药1次，有效防控褐斑病的早期为害；然后从（一茬花）坐住果后15天左右或锈病发生初期开始继续喷药，10～15天1次，与不同类型药剂交替使用，连喷4～6次，有效防控锈病、炭疽病、轮纹病，兼防褐斑病。苯醚甲环唑喷施倍数同前述。

草莓白粉病、褐斑病、炭疽病　从病害发生初期或初见病斑时开始喷药，10天左右1次，连喷2～4次。苯醚甲环唑喷施倍数同前述。

石榴麻皮病、炭疽病、叶斑病　先在（一茬花）开花前喷药1次，然后从（一茬花）落花后15天左右继续喷药，10～15天1次，与不同类型药剂交替使用，连喷3～5次。苯醚甲环唑喷施倍数同前述。

核桃炭疽病、褐斑病、白粉病　防控炭疽病时，多从果实膨大中期开始喷药，或从果实上初见病斑时开始喷药，10～15天1次，连喷2～4次；防控褐斑病、白粉病时，从病害发生初期或初见病斑时开始喷药，10～15天1次，连喷2次左右。苯醚甲环唑喷施倍数同前述。

柿树炭疽病、角斑病、圆斑病、白粉病　一般柿园从落花后20～30天开始喷药，15天左右1次，连喷2～3次，有效防控角斑病、圆斑病及炭疽病的发生为害，兼防白粉病。南方炭疽病发生较重的柿产区，需在开花前增加 1 次喷药、落花后增加 1～2 次喷药、果实膨大中后期增加 2 次喷药。连续喷药时，注意与不同类型药剂交替使用。苯醚甲环唑喷施倍数同前述。

板栗炭疽病、叶斑病　从病害发生初期开始喷药，10～15 天 1 次，连喷 2 次左右。苯醚甲环唑喷施倍数同前述。

山楂白粉病、锈病、轮纹病、炭疽病、褐斑病　先在花序分离期、落花后和落花后 10～15 天各喷药 1 次，有效防控白粉病和锈病的发生为害；然后从落花后 20～30 天开始继续喷药，10～15 天 1 次，连喷 2～4 次，有效防控轮纹病、炭疽病及褐斑病的发生为害。连续喷药时，注意与不同类型药剂交替使用。苯醚甲环唑喷施倍数同前述。

猕猴桃炭疽病、叶斑病　从病害发生初期或初见病斑时开始喷药，10～15 天 1 次，连喷 2～3 次。苯醚甲环唑喷施倍数同前述。

花椒锈病、黑斑病、炭疽病　多从锈病发生初期开始喷药，10～15 天 1 次，连喷 2～4 次，可有效防控锈病的发生为害，兼防黑斑病、炭疽病。苯醚甲环唑喷施倍数同前述。

蓝莓炭疽病、叶斑病　从病害发生初期或初见病斑时开始喷药，10～15 天 1 次，连喷 2 次左右。苯醚甲环唑喷施倍数同前述。

杧果白粉病、炭疽病　花序伸长期、开花前、落花后及落花后 15～20 天各喷药 1 次，近成果期喷药 2 次（间隔期 10～15 天），注意与不同类型药剂交替使用。苯醚甲环唑喷施倍数同前述。

柑橘病害　先在春梢芽长 0.5 厘米左右时、春梢转绿期、谢花 2/3 时及谢花后小幼果期各喷药 1 次，然后再于夏梢生长期、秋梢生长期各喷药 2 次左右，即可有效控制疮痂病、炭疽病、黄斑病及黑星病的发生为害。连续喷药时，注意与不同类型药剂交替使用。苯醚甲环唑喷施倍数同前述。

荔枝炭疽病　从病害发生初期或初见病斑时开始喷药，10～15 天 1 次，连喷 2～3 次。苯醚甲环唑喷施倍数同前述。

茶树炭疽病、茶饼病　从病害发生初期或初见病斑时开始喷药，10～15 天 1 次，连喷 2 次左右。苯醚甲环唑喷施倍数同前述。

芦笋茎枯病　从病害发生初期或初见病斑时开始喷药，10 天左右 1 次，连喷 2～4 次，重点喷洒植株中下部。苯醚甲环唑喷施倍数同前述。

麻山药炭疽病　从病害发生初期或初见病斑时开始喷药，10天左右1次，与不同类型药剂交替使用，连喷5～7次。苯醚甲环唑喷施倍数同前述。

香蕉叶斑病、黑星病　从病害发生初期或初见病斑时开始喷药，10～15天1次，与不同类型药剂交替使用，连喷3～5次。苯醚甲环唑一般使用10%水分散粒剂或10%水乳剂或10%微乳剂或10%悬浮剂800～1 000倍液，或20%水乳剂或20%微乳剂1 500～2 000倍液，或25%水乳剂或25%微乳剂或25%悬浮剂或25%乳油或250克/升乳油2 000～2 500倍液，或30%水分散粒剂或30%悬浮剂2 500～3 000倍液，或37%水分散粒剂3 000～3 500倍液，或40%悬浮剂3 000～4 000倍液，或60%水分散粒剂5 000～6 000倍液，均匀喷雾。

番茄早疫病、叶霉病、炭疽病、叶斑病　从初见病斑时开始喷药，10天左右1次，与不同类型药剂交替使用，连喷3～5次。苯醚甲环唑一般每亩次使用10%水分散粒剂60～80克，或10%水乳剂或10%微乳剂或10%悬浮剂60～80毫升，或20%水乳剂或20%微乳剂30～40毫升，或25%水乳剂或25%微乳剂或25%悬浮剂或25%乳油或250克/升乳油25～30毫升，或30%水分散粒剂20～30克，或30%悬浮剂20～30毫升，或37%水分散粒剂17～21克，或40%悬浮剂15～20毫升，或60%水分散粒剂10～14克，对水45～60千克均匀喷雾。

辣椒炭疽病　从病害发生初期或初见病斑时开始喷药，10天左右1次，连喷2～3次。苯醚甲环唑喷施剂量同“番茄早疫病”。

茄子褐纹病、叶斑病、白粉病　从病害发生初期或初见病斑时开始喷药，10天左右1次，连喷2～3次。苯醚甲环唑喷施剂量同“番茄早疫病”。

黄瓜黑星病、炭疽病、白粉病、靶斑病　从病害发生初期或初见病斑时开始喷药，10天左右1次，每期连喷2～3次。苯醚甲环唑喷施剂量同“番茄早疫病”。靶斑病发生较重时，注意与其他不同类型药剂混合使用。

西瓜、甜瓜、南瓜、苦瓜的炭疽病、白粉病、蔓枯病　从病害发生初期或初见病斑时开始喷药，10 天左右 1 次，与不同类型药剂交替使用，连喷 3～4 次。苯醚甲环唑喷施剂量同“番茄早疫病”。防控蔓枯病时，重点喷洒中下部茎蔓。

芸豆、豇豆等豆类蔬菜的锈病、炭疽病、叶斑病　从病害发生初期或初见病斑时开始喷药，10 天左右 1 次，连喷 2～4 次。苯醚甲环唑喷施剂量同“番茄早疫病”。

芹菜叶斑病　从病害发生初期或初见病斑时开始喷药，7～10 天 1 次，连喷 2～4 次。一般每亩次使用 10%水分散粒剂 40～60 克，或 10%水乳剂或 10%微乳剂或 10%悬浮剂 40～60 毫升，或 20%水乳剂或 20%微乳剂 20～30 毫升，或 25%水乳剂或 25%微乳剂或 25%悬浮剂或 25%乳油或 250 克/升乳油 16～25 毫升，或 30%水分散粒剂 15～20 克，或 30%悬浮剂 15～20 毫升，或 37%水分散粒剂 12～16 克，或 40%悬浮剂 10～15 毫升，或 60%水分散粒剂 7～10 克，对水 30～45 千克均匀喷雾。

十字花科蔬菜黑斑病、白斑病　从病害发生初期开始喷药，10 天左右 1 次，连喷 2 次左右。苯醚甲环唑喷施剂量同“芹菜叶斑病”。

大蒜叶枯病、锈病　从病害发生初期开始喷药，10 天左右 1 次，连喷 2 次。苯醚甲环唑喷施剂量同“芹菜叶斑病”。

葱、洋葱的紫斑病、锈病　从病害发生初期开始喷药，10～15 天 1 次，连喷 2 次左右。苯醚甲环唑喷施剂量同“芹菜叶斑病”。

姜叶枯病　从病害发生初期开始喷药，10 天左右 1 次，连喷 2 次左右。苯醚甲环唑喷施剂量同“芹菜叶斑病”。

花生叶斑病、疮痂病、锈病　从病害发生初期开始喷药，10～15 天 1 次，连喷 2～3 次。苯醚甲环唑喷施剂量同“芹菜叶斑病”。

大豆叶斑病、锈病　从病害发生初期开始喷药，10～15 天 1 次，连喷 2 次。苯醚甲环唑喷施剂量同“芹菜叶斑病”。

大豆根腐病　通过种子包衣或拌种进行用药。一般每 100 千克种子使用 3%悬浮种衣剂或 30 克/升悬浮种衣剂 300～400 毫升，稀释 5～7 倍液均匀拌种或包衣，后晾干、播种。

甜菜褐斑病、蛇眼病　从病害发生初期开始喷药，10～15 天

1次，连喷2次左右。苯醚甲环唑喷施剂量同“芹菜叶斑病”。

水稻病害　拔节期、破口前5～7天、抽穗期、齐穗期各喷药1次，可有效防控纹枯病、鞘腐病、稻瘟病及稻曲病的发生为害。一般每亩次使用10%水分散粒剂50～70克，或10%水乳剂或10%微乳剂或10%悬浮剂50～70毫升，或20%水乳剂或20%微乳剂25～35毫升，或25%水乳剂或25%微乳剂或25%悬浮剂或25%乳油或250克/升乳油20～30毫升，或30%水分散粒剂17～23克，或30%悬浮剂17～23毫升，或37%水分散粒剂14～19克，或40%悬浮剂15～20毫升，或60%水分散粒剂9～11克，对水30～45千克均匀喷雾。

小麦、大麦等麦类的锈病、白粉病、赤霉病　防控锈病、白粉病时，从病害发生初期或拔节期至扬花期开始喷药，10～15天1次，连喷1～2次；防控赤霉病时，在齐穗期或扬花前开始喷药，7天左右1次，连喷1～2次。苯醚甲环唑喷施剂量同“水稻病害”。

小麦、大麦等麦类的黑穗病、全蚀病　通过种子包衣或拌种进行用药。一般每100千克种子使用3%悬浮种衣剂或30克/升悬浮种衣剂300～500毫升，稀释6～8倍液均匀拌种或包衣，后晾干、播种。

玉米丝黑穗病　通过种子包衣或拌种进行用药。一般每100千克种子使用3%悬浮种衣剂或30克/升悬浮种衣剂300～500毫升，稀释5～7倍液均匀拌种或包衣，后晾干、播种。

玉米大斑病、小斑病、圆斑病、黄斑病等叶斑病、锈病　从病害发生初期开始喷药，10～15天1次，连喷1～2次。苯醚甲环唑喷施剂量同“水稻病害”。

棉花立枯病　通过种子包衣或拌种进行用药。一般每100千克种子使用3%悬浮种衣剂或30克/升悬浮种衣剂300～400毫升，稀释5～7倍液均匀拌种或包衣，后晾干、播种。

棉花叶斑病、炭疽病　从病害发生初期开始喷药，10～15天1次，连喷1～2次。苯醚甲环唑喷施剂量同“番茄早疫病”。

马铃薯早疫病、炭疽病　从病害发生初期或初见病斑时开始喷药，10天左右1次，连喷2～3次。苯醚甲环唑喷施剂量同“番茄早疫病”。

烟草赤星病、炭疽病　从病害发生初期开始喷药，10～15 天 1 次，连喷 2 次左右。一般每亩次使用 10%水分散粒剂 60～80 克，或 10%水乳剂或 10%微乳剂或 10%悬浮剂 60～80 毫升，或 20%水乳剂或 20%微乳剂 30～40 毫升，或 25%水乳剂或 25%微乳剂或 25%悬浮剂或 25%乳油或 250 克/升乳油 25～35 毫升，或 30%水分散粒剂 20～30 克，或 30%悬浮剂 20～30 毫升，或 37%水分散粒剂 16～24 克，或 40%悬浮剂 15～20 毫升，或 60%水分散粒剂 10～15 克，对水 45～60 千克均匀喷雾。

芝麻茎腐病　通过种子包衣或拌种进行用药。一般每 100 千克种子使用 3%悬浮种衣剂或 30 克/升悬浮种衣剂 300～400 毫升均匀拌种或包衣。

注意事项　苯醚甲环唑不能与碱性药剂及肥料混用，亦不宜与铜制剂混用。连续使用时，注意与不同作用机理的药剂交替使用或混用。喷药时应均匀周到。小麦上早春低温时喷施，可能会造成下部老叶变黄，需要慎重。本剂生产企业众多，不同企业间的产品可能存在较大差异，具体选用时应注意其标签说明。

吡唑醚菌酯 pyraclostrobin

主要含量与剂型　10%、15%、25%微乳剂，15%、25%、30%悬浮剂，25%微囊悬浮剂，30%、250 克/升乳油，30%、50%水分散粒剂，18%悬浮种衣剂。

产品特点　吡唑醚菌酯是一种含有吡唑结构的甲氧基丙烯酸酯类广谱低毒（或中毒）杀菌剂，属线粒体呼吸抑制剂，具有保护、治疗、铲除、渗透及较强内吸作用，对多种真菌性病害均有较好的预防和治疗效果，通过抑制孢子萌发和菌丝生长而发挥药效。该药杀菌活性高，作用迅速，持效期较长，耐雨水冲刷，使用安全，对环境友好，并能在一定程度上诱使植株产生抗病能力，促进植株生长健壮，提高农产品质量。喷施后，具有显著的植物健康作用，刺激叶片叶绿素含量提高，光合作用增强，降低植物呼吸作用，增加营养物质积累，并提高植物抗病菌侵害能力和抗逆能力；同时，抑制乙烯合成，延长果品保存期。

适用作物防控对象及使用技术

苹果树腐烂病　治疗腐烂病病斑时，在刮治的基础上于病疤伤口表面涂药，一般使用10%微乳剂15～20倍液，或15%悬浮剂或15%微乳剂20～30倍液，或25%悬浮剂或25%微乳剂或25%微囊悬浮剂或250克/升乳油30～50倍液，或30%悬浮剂或30%乳油或30%水分散粒剂40～60倍液，或50%水分散粒剂80～100倍液涂抹伤口，1个月后再涂抹1次效果更好。预防腐烂病发生时，在腐烂病发生较重地区分别于7～8月、11月及早春发芽前涂抹较大枝干，一般使用10%微乳剂100～120倍液，或15%悬浮剂或15%微乳剂150～200倍液，或25%悬浮剂或25%微乳剂或25%微囊悬浮剂或250克/升乳油250～300倍液，或30%悬浮剂或30%乳油或30%水分散粒剂300～400倍液，或50%水分散粒剂500～600倍液，涂刷枝干。

苹果树炭疽病、轮纹病、褐斑病、斑点落叶病、炭疽叶枯病　防控炭疽病、轮纹病时，从苹果落花后7～10天开始喷药，10天左右1次，连喷3次药后套袋，兼防褐斑病、斑点落叶病；不套袋苹果继续喷药3～5次，间隔期10～15天，兼防褐斑病、斑点落叶病及炭疽叶枯病。防控褐斑病时，从落花后1个月左右或初见病叶时或套袋前开始喷药，10～15天1次，连喷4～6次，兼防斑点落叶病、炭疽叶枯病。防控斑点落叶病时，在春梢生长期内和秋梢生长期内各喷药2次左右，间隔期10～15天。防控炭疽叶枯病时，在7、8月份雨季降雨前2～3天喷药，每次有效降雨前喷药1次。一般使用10%微乳剂700～1 000倍液，或15%悬浮剂或15%微乳剂1 000～1 500倍液，或25%悬浮剂或25%微乳剂或25%微囊悬浮剂或250克/升乳油2 000～2 500倍液，或30%悬浮剂或30%乳油或30%水分散粒剂2 500～3 000倍液，或50%水分散粒剂4 000～5 000倍液，均匀喷雾，连续喷药时注意与不同类型药剂交替使用或混用。

梨树黑星病、黑斑病、褐斑病、白粉病、炭疽病、轮纹病　以防控黑星病的发生为害为主导，兼防其他病害即可。一般果园从落花后即开始喷药，10～15天1次，连喷2～3次药后套袋，套袋后继续喷药4～6次；中后期白粉病较重果园，需增加喷药1～2次，并注意喷洒叶片背面。连续喷药时，注意与不同类型药剂交替使用或混用。吡唑醚菌酯喷施倍数同“苹果树炭疽病”。

枣树褐斑病、炭疽病、轮纹病 先在枣树开花前（一茬花）和落花后（一茬花）各喷药1次，有效防控褐斑病；然后从枣树一茬花坐住果后20天左右开始继续喷药，10～15天1次，连喷4～6次，注意与不同类型药剂交替使用或混用。吡唑醚菌酯喷施倍数同“苹果树炭疽病”。

葡萄霜霉病、白粉病、灰霉病、穗轴褐枯病、炭疽病、褐斑病 先在葡萄花蕾期和落花后各喷药1次，有效防控幼穗期受害；然后从叶片上初显霜霉病病斑时立即开始连续喷药，10天左右1次，与不同类型药剂交替使用或混用，直到生长后期。一般使用10%微乳剂600～800倍液，或15%悬浮剂或15%微乳剂1 000～1 200倍液，或25%悬浮剂或25%微乳剂或25%微囊悬浮剂或250克/升乳油1 500～2 000倍液，或30%悬浮剂或30%乳油或30%水分散粒剂2 000～2 500倍液，或50%水分散粒剂3 000～4 000倍液，均匀喷雾。

枸杞白粉病 从病害发生初期或初见病斑时开始喷药，10～15天1次，连喷2～3次。吡唑醚菌酯喷施倍数同“葡萄霜霉病”。

草莓白粉病、灰霉病、炭疽病 从病害发生初期或初见病斑时开始喷药，10～15天1次，连喷3～5次，注意与不同类型药剂交替使用或混用。吡唑醚菌酯一般每亩次使用10%微乳剂80～100毫升，或15%悬浮剂或15%微乳剂50～70毫升，或25%悬浮剂或25%微乳剂或25%微囊悬浮剂或250克/升乳油30～40毫升，或30%悬浮剂或30%乳油25～30毫升，或30%水分散粒剂25～30克，或50%水分散粒剂15～25克，对水45～60千克均匀喷雾。

香蕉叶斑病、黑星病 从病害发生初期开始喷药，15天左右1次，与不同类型药剂交替使用，连喷3～5次。吡唑醚菌酯一般使用10%微乳剂500～600倍液，或15%悬浮剂或15%微乳剂800～1 000倍液，或25%悬浮剂或25%微乳剂或25%微囊悬浮剂或250克/升乳油1 200～1 500倍液，或30%悬浮剂或30%乳油或30%水分散粒剂1 500～2 000倍液，或50%水分散粒剂2 500～

3 000 倍液，均匀喷雾。

香蕉采后的轴腐病、炭疽病　香蕉采收后，即刻使用吡唑醚菌酯药液浸果，浸泡 1 分钟后捞出，晾干、包装、贮运。药液浸果浓度同“香蕉叶斑病”喷洒浓度。

杧果炭疽病　先在现蕾期、初花期、落花后及落花后 15～20 天各喷药 1 次，然后再于采收前 1 个月间隔 10～15 天连喷2 次。连续喷药时注意与不同类型药剂交替使用，吡唑醚菌酯喷施倍数同“香蕉叶斑病”。

火龙果溃疡病　从病害发生初期或初见病斑时开始喷药，10～15 天 1 次，连喷 2～3 次。吡唑醚菌酯喷施倍数同“香蕉叶斑病”。

柑橘树树脂病（砂皮病、黑点病）、疮痂病、炭疽病、黄斑病、黑星病　先在春梢嫩芽长 0.5 厘米时、春梢转绿期、落花 2/3 时及落花后 15～20 天各喷药 1 次，然后再于夏梢生长期、秋梢生长期各喷药 1～2 次（间隔期 10～15 天），并注意与不同类型药剂交替使用或混用。吡唑醚菌酯一般使用 10%微乳剂 600～800 倍液，或 15%悬浮剂或 15%微乳剂 1 000～1 200 倍液，或 25%悬浮剂或 25%微乳剂或 25%微囊悬浮剂或 250 克/升乳油 1 500～2 000 倍液，或 30%悬浮剂或 30%乳油或 30%水分散粒剂 2 000～2 500 倍液，或 50%水分散粒剂 3 000～4 000 倍液，均匀喷雾。

茶树炭疽病、茶饼病　从病害发生初期开始喷药，10～15 天 1 次，连喷 2～3 次。吡唑醚菌酯喷施倍数同“柑橘树树脂病”。

黄瓜霜霉病、白粉病、炭疽病、靶斑病　以防控霜霉病为主，兼防其他病害即可。从叶片上初见霜霉病病斑时立即开始喷药，7～10 天 1 次，与不同类型药剂交替使用或混用，直到生长后期。吡唑醚菌酯一般每亩次使用 10%微乳剂 80～100 毫升，或 15%悬浮剂或 15%微乳剂 50～70 毫升，或 25%悬浮剂或 25%微乳剂或 25%微囊悬浮剂或 250 克/升乳油 30～50 毫升，或 30%悬浮剂或 30%乳油 25～40 毫升，或 30%水分散粒剂 25～40 克，或 50%水分散粒剂 15～25 克，对水 45～60 千克均匀喷雾。

西瓜、甜瓜的炭疽病、白粉病　从病害发生初期或初见病斑时开始喷药，10 天左右 1 次，连喷 2～4 次。吡唑醚菌酯一般每亩次使用 10%微乳剂 80～100 毫升，或 15%悬浮剂或 15%微乳剂 50～

70毫升，或25%悬浮剂或25%微乳剂或25%微囊悬浮剂或250克/升乳油30～40毫升，或30%悬浮剂或30%乳油25～30毫升，或30%水分散粒剂25～30克，或50%水分散粒剂15～20克，对水45～60千克均匀喷雾。

西瓜促进健康作用　在瓜蔓伸长期、开花前、坐瓜后各喷施1次，有利于瓜蔓健壮生长及提高瓜的品质，增产又防病。吡唑醚菌酯喷施剂量同“西瓜炭疽病”。

番茄、辣椒的炭疽病、叶斑病　从病害发生初期或初见病斑时开始喷药，10天左右1次，连喷3～4次。吡唑醚菌酯喷施剂量同“西瓜炭疽病”。

十字花科蔬菜炭疽病、黑斑病、霜霉病　从病害发生初期开始喷药，7～10天1次，连喷2次左右，防控霜霉病时注意喷洒叶片背面。吡唑醚菌酯喷施剂量同“西瓜炭疽病”。

叶用莴苣霜霉病　从病害发生初期或初见病斑时开始喷药，7～10天1次，连喷2～3次，注意喷洒叶片背面。吡唑醚菌酯喷施剂量同“西瓜炭疽病”。

姜炭疽病、叶枯病　从病害发生初期开始喷药，10～15天1次，连喷2次左右。吡唑醚菌酯喷施剂量同“西瓜炭疽病”。

玉米大斑病、小斑病等叶斑病、锈病　从病害发生初期开始喷药，10～15天1次，连喷1～2次。一般每亩次使用10%微乳剂80～120毫升，或15%悬浮剂或15%微乳剂50～80毫升，或25%悬浮剂或25%微乳剂或25%微囊悬浮剂或250克/升乳油30～50毫升，或30%悬浮剂或30%乳油25～40毫升，或30%水分散粒剂25～40克，或50%水分散粒剂15～25克，对水30～60千克均匀喷雾。

玉米促进健康作用　在玉米喇叭口期间隔10～15天喷药1～2次，具有促进玉米健康生长作用，健壮又防病。吡唑醚菌酯喷施剂量同“玉米大斑病”。

玉米茎基腐病　通过种子包衣或拌种用药。一般每100千克种子使用18%悬浮种衣剂28～33毫升，对水稀释至1～2千克，均匀拌种或包衣。包衣或拌种后的种子不能食用，亦不可用作饲料。

小麦赤霉病、锈病、白粉病　防控赤霉病时，在齐穗初期和扬花初期各喷药1次（间隔期7～10天）；防控锈病、白粉病时，从病害发生初期开始喷药，10～15天1次，连喷1～2次。一般每亩次使用10%微乳剂80～100毫升，或15%悬浮剂或15%微乳剂50～70毫升，或25%悬浮剂或25%微乳剂或25%微囊悬浮剂或250克/升乳油30～40毫升，或30%悬浮剂或30%乳油25～30毫升，或30%水分散粒剂25～30克，或50%水分散粒剂15～20克，对水30～45千克均匀喷雾。

花生叶斑病、疮痂病　从病害发生初期或开花下针期开始喷药，10～15天1次，连喷2～3次。吡唑醚菌酯喷施剂量同“小麦赤霉病”。

大豆叶斑病、羞萎病　从病害发生初期开始喷药，10～15天1次，连喷2次左右。吡唑醚菌酯喷施剂量同“小麦赤霉病”。

马铃薯晚疫病、早疫病　从病害发生初期或初见病斑时或植株现蕾期开始喷药，7～10天1次，与不同类型药剂交替使用或混用，直到生长后期。吡唑醚菌酯一般每亩次使用10%微乳剂100～120毫升，或15%悬浮剂或15%微乳剂60～80毫升，或25%悬浮剂或25%微乳剂或25%微囊悬浮剂或250克/升乳油40～50毫升，或30%悬浮剂或30%乳油30～40毫升，或30%水分散粒剂30～40克，或50%水分散粒剂20～25克，对水45～60千克均匀喷雾。

棉花立枯病、猝倒病　既可种子包衣或拌种用药，亦可苗期喷雾。种子包衣或拌种时，一般每100千克种子使用18%悬浮种衣剂27～33毫升，对适量水（每100千克种子约需药液1.5升左右）稀释后均匀包衣或拌种，晾干后播种。或在棉花苗期喷雾，每亩次使用10%微乳剂80～100毫升，或15%悬浮剂或15%微乳剂50～70毫升，或25%悬浮剂或25%微乳剂或25%微囊悬浮剂或250克/升乳油30～40毫升，或30%悬浮剂或30%乳油25～30毫升，或30%水分散粒剂25～30克，或50%水分散粒剂15～20克，对水15～30千克均匀喷洒幼苗。

注意事项　吡唑醚菌酯不能与碱性及强酸性药剂或肥料混用。连续喷药时，注意与其他不同类型药剂交替使用或混用。本剂高温时对冬枣果实较敏感，特别是棚室内，用药时需要慎重。发病轻或作为预防处理时使用低剂量，发病重或作为治疗用药时使用高剂量。

丙环唑 propiconazol

主要含量与剂型 25%、50%、62%、250克/升乳油，25%、40%、50%水乳剂，40%、50%、55%微乳剂，40%悬浮剂。

产品特点 丙环唑是一种三唑类内吸传导型广谱低毒杀菌剂，具有保护和治疗双重作用，能被根、茎、叶吸收，并能很快在植株体内向上传导，内吸治疗性好。该药渗透力强，黏着性好，耐雨水冲刷，喷施后2小时下雨不需补喷，持效期较长，可达1个月左右。对多种高等真菌性病害均有较好的防控效果，但对卵菌病害无效。

适用作物防控对象及使用技术

香蕉叶斑病、黑星病 从病害发生初期开始喷药，20天左右1次，与不同类型药剂交替使用，连喷3～5次。丙环唑一般使用25%乳油或250克/升乳油或25%水乳剂600～800倍液，或40%水乳剂或40%微乳剂或40%悬浮剂1 000～1 200倍液，或50%乳油或50%水乳剂或50%微乳剂1 200～1 500倍液，或55%微乳剂1 500～1 800倍液，或62%乳油1 500～2 000倍液，均匀喷雾。喷药时不要将药液喷到蕉蕾或蕉仔上，以免造成药害。不慎喷到蕉蕾或蕉仔上后，应立即喷洒清水淋洗。

枇杷树叶斑病 从病害发生初期开始喷药，15～20天1次，连喷2～3次。丙环唑喷施倍数同“香蕉叶斑病”。

苹果树褐斑病、斑点落叶病 防控褐斑病时，从苹果落花后1个月左右或田间初见病斑时开始喷药，15天左右1次，连喷4～6次；防控斑点落叶病时，在春梢生长期内和秋梢生长期内各喷药2次左右（间隔期15天左右）。连续喷药时，注意与不同类型药剂交替使用。丙环唑一般使用25%乳油或250克/升乳油或25%水乳剂1 500～2 000倍液，或40%水乳剂或40%微乳剂或40%悬浮剂2 500～3 000倍液，或50%乳油或50%水乳剂或50%微乳剂3 000～4 000倍液，或55%微乳剂3 500～4 500倍液，或62%乳油4 000～5 000倍液，均匀喷雾。

核桃树白粉病 从病害发生初期开始喷药，10～15天1次，连喷2次左右。丙环唑喷施倍数同“苹果树褐斑病”。

葡萄白粉病、炭疽病　防控白粉病时，从初见病斑时开始喷药，15～20天1次，连喷2次左右，兼防炭疽病；防控套袋葡萄的炭疽病时，在套袋前喷药1次即可；防控不套袋葡萄的炭疽病时，从果粒膨大中后期开始喷药，10～15天1次，与不同类型药剂交替使用，连喷3～4次，兼防白粉病。丙环唑一般使用25%乳油或250克/升乳油或25%水乳剂4 000～5 000倍液，或40%水乳剂或40%微乳剂或40%悬浮剂7 000～8 000倍液，或50%乳油或50%水乳剂或50%微乳剂8 000～10 000倍液，或55%微乳剂9 000～11 000倍液，或62%乳油10 000～12 000倍液，均匀喷雾。

冬枣叶斑病　从病害发生初期开始喷药，15～20天1次，连喷2～3次。丙环唑一般使用25%乳油或250克/升乳油或25%水乳剂2 000～2 500倍液，或40%水乳剂或40%微乳剂或40%悬浮剂3 000～4 000倍液，或50%乳油或50%水乳剂或50%微乳剂4 000～5 000倍液，或55%微乳剂4 500～5 500倍液，或62%乳油5 000～6 000倍液，均匀喷雾。

麦类作物病害　在返青后喷药1次，防控根腐病，兼防纹枯病；拔节期、孕穗期各喷药1次，防控纹枯病，兼防根腐病、锈病、白粉病；在齐穗初期和扬花初期各喷药1次，防控赤霉病，兼防其他病害；或从病害发生初期开始喷药，15～20天1次，连喷2次左右。一般每亩次使用25%乳油或250克/升乳油或25%水乳剂30～50毫升，或40%水乳剂或40%微乳剂或40%悬浮剂20～30毫升，或50%乳油或50%水乳剂或50%微乳剂15～25毫升，或55%微乳剂15～22毫升，或62%乳油12～20毫升，对水30～45千克均匀喷雾。防控根腐病时，应重点喷洒植株茎基部。

玉米大斑病、小斑病、黄斑病等叶斑病　从病害发生初期开始喷药，10～15天1次，连喷2次左右。丙环唑喷施剂量同“麦类作物病害”。

水稻纹枯病、稻瘟病、稻曲病　防控纹枯病时，在拔节期和孕穗期各喷药1次，兼防叶瘟病；防控叶瘟病时，在田间出现中心病株时或出现急性病斑时及时喷药1次，兼防纹枯病；防控穗颈瘟时，在破口期和齐穗期各喷药1次，兼防稻曲病；防控稻曲病时，在破口前5～7天和齐穗初期各喷药1次，兼防穗颈瘟病。丙环唑喷施剂量同“麦类作物病害”。

花生叶斑病、锈病　从病害发生初期或开花下针期开始喷药，15～20天1次，连喷2～3次。丙环唑喷施剂量同“麦类作物病害”。

茭白胡麻叶斑病、瘟病　从病害发生初期或初见病斑时开始喷药，7～10天1次，连喷2～3次，不宜在孕茭期使用，应在孕茭前20天停止用药。一般每亩次使用25%乳油或250克/升乳油或25%水乳剂15～20毫升，或40%水乳剂或40%微乳剂或40%悬浮剂10～15毫升，或50%乳油或50%水乳剂或50%微乳剂8～10毫升，或55%微乳剂7～9毫升，或62%乳油6～8毫升，对水30～45千克均匀喷雾。

辣椒褐斑病、炭疽病　从病害发生初期开始喷药，15～20天1次，连喷2次左右。一般每亩次使用25%乳油或250克/升乳油或25%水乳剂30～40毫升，或40%水乳剂或40%微乳剂或40%悬浮剂20～25毫升，或50%乳油或50%水乳剂或50%微乳剂15～20毫升，或55%微乳剂14～18毫升，或62%乳油12～16毫升，对水45～60千克均匀喷雾。

黄瓜、瓠瓜等瓜类蔬菜的白粉病　从病害发生初期开始喷药，15天左右1次，连喷2～3次。丙环唑喷施剂量同“辣椒褐斑病”。

莲藕叶斑病　从病害发生初期开始喷药，10～15天1次，连喷2～3次，注意应在莲藕浮叶期后使用，以免产生药害。一般每亩次使用25%乳油或250克/升乳油或25%水乳剂20～30毫升，或40%水乳剂或40%微乳剂或40%悬浮剂13～18毫升，或50%乳油或50%水乳剂或50%微乳剂10～15毫升，或55%微乳剂9～13毫升，或62%乳油8～12毫升，对水30～45千克均匀喷雾。

注意事项　丙环唑不能与碱性药剂、强酸性药剂及肥料混用；连续喷药时，注意与不同类型药剂交替使用。有些作物可能对该药较敏感，高浓度下抑制植株生长，用药时应严格控制好用药量。储存温度不能超过35℃。

丙硫菌唑 prothioconazole

主要含量与剂型 25%、40%、48%、480克/升悬浮剂，30%可分散油悬浮剂，50%水分散粒剂。

产品特点 丙硫菌唑是一种三唑硫酮类内吸性广谱低毒杀菌剂，具有良好的保护、治疗和铲除活性，内吸性好，持效期长，对人和环境安全，并具有一定增产功效。

适用作物防控对象及使用技术

麦类作物的纹枯病、白粉病、锈病 从病害发生初期或初见发病中心时开始喷药，10～15天1次，连喷2次左右。一般每亩次使用25%悬浮剂50～60毫升，或30%可分散油悬浮剂40～45毫升，或40%悬浮剂30～35毫升，或48%悬浮剂或480克/升悬浮剂25～30毫升，或50%水分散粒剂25～30克，对水30～45千克均匀喷雾。

麦类作物赤霉病 在齐穗初期和扬花初期各喷药1次（间隔期7天左右）。丙硫菌唑喷施剂量同“麦类作物的纹枯病”。

水稻纹枯病 从病害发生初期开始喷药，或在水稻拔节期和齐穗初期各喷药1次。丙硫菌唑喷施剂量同“麦类作物的纹枯病”。

玉米纹枯病、大斑病、小斑病、锈病 从病害发生初期开始喷药，10～15天1次，连喷1～2次。丙硫菌唑喷施剂量同“麦类作物的纹枯病”。

油菜菌核病 在油菜封垄前或初花期开始喷药，10～15天1次，连喷2次左右，重点喷洒植株中下部。一般使用25%悬浮剂600～800倍液，或30%可分散油悬浮剂700～900倍液，或40%悬浮剂1 000～1 200倍液，或48%悬浮剂或480克/升悬浮剂1 200～1 500倍液，或50%水分散粒剂1 200～1 500倍液，均匀喷雾。

花生叶斑病、白绢病 从病害发生初期或花生初花期开始喷药，10～15天1次，连喷2～3次，防控白绢病时重点喷洒植株茎基部。丙硫菌唑喷施倍数同“油菜菌核病”。

瓜类蔬菜的白粉病、灰霉病、叶斑病 从病害发生初期开始喷药，10天左右1次，连喷2～3次。一般每亩次使用25%悬浮剂60～80毫升，或30%可分散油悬浮剂55～65毫升，或40%悬浮剂40～50毫升，或48%悬浮剂或480克/升悬浮剂35～45毫升，或50%水分散粒剂30～40克，对水45～60千克均匀喷雾。

香蕉叶斑病、黑星病　从病害发生初期开始喷药，10～15天1次，与不同类型药剂交替使用，连喷3～5次。丙硫菌唑一般使用25%悬浮剂400～500倍液，或30%可分散油悬浮剂500～600倍液，或40%悬浮剂600～800倍液，或48%悬浮剂或480克/升悬浮剂800～1 000倍液，或50%水分散粒剂800～1 000倍液，均匀喷雾。具体喷药时，不要将药液喷洒到蕉蕾或蕉仔上。

注意事项　丙硫菌唑不能与强酸性及碱性药剂或肥料混用，也不能与含铜制剂混用。连续喷药时，注意与其他不同作用机理的杀菌剂交替使用或混用。误服后不要催吐，用水漱口，并立即送医院对症治疗。

代森锰锌 mancozeb

主要含量与剂型　50%、70%、80%可湿性粉剂，75%、80%水分散粒剂，30%、40%、430克/升悬浮剂。

产品特点　代森锰锌是一种硫代氨基甲酸酯类广谱保护性低毒杀菌剂，主要通过金属离子杀菌，喷施后在植物表面形成一层致密的保护药膜，有效抑制病菌孢子萌发和侵入植物体内，且黏着性好，耐雨水冲刷。其杀菌机理是与病菌中氨基酸的巯基及相关酶反应，抑制病菌代谢过程中丙酮酸的氧化，干扰脂质代谢、呼吸作用和能量的供应，最终导致病菌死亡。该反应具有多个作用位点，病菌极难产生抗药性，所以生产中常与内吸治疗性杀菌剂混配使用，以延缓后者抗药性的产生。

目前市场上的代森锰锌类产品分为两类，一类为全络合态结构，一类为非全络合态结构（又称“普通代森锰锌”）。全络合态产品使用安全，能够于作物幼叶、幼苗及幼果期使用，防病效果稳定，并具有促进果面亮洁、提高果品质量的效果。非全络合态结构的产品，防病效果不稳定，使用相对不安全，使用不当经常造成不同程度的药害，严重时对果品质量影响较大。

适用作物防控对象及使用技术 代森锰锌属保护性杀菌剂，对病害没有治疗作用，只有在病菌侵害寄主植物前喷施才能获得理想的防控效果；若病害发生后用药，必须与相应治疗性杀菌剂混配使用或交替使用。代森锰锌可以连续多次使用，病菌极难产生抗药性。在果树类作物上喷雾时，全络合态产品 80%可湿性粉剂或 80%水分散粒剂或 75%水分散粒剂一般使用 600～800 倍液均匀喷雾；普通代森锰锌为避免发生药害，一般使用 80%可湿性粉剂 1 200～1 500 倍液，或 70%可湿性粉剂 1 000～1 200 倍液，或 50%可湿性粉剂 700～800 倍液均匀喷雾；使用悬浮剂时，430 克/升悬浮剂或 40%悬浮剂一般喷施 400～500 倍液，30%悬浮剂一般喷施 300～400 倍液。需要说明，由于代森锰锌生产企业很多，产品质量也存在一定差异，所以具体应用时还应以其标签说明为准。

苹果树病害 在花序分离期和落花后各喷药 1 次，有效防控锈病、花腐病，兼防斑点落叶病；在盛花末期喷施 1 次全络合态产品 80%可湿性粉剂或 80%水分散粒剂或 75%水分散粒剂 600～800 倍液，有效防控霉心病，兼防斑点落叶病。然后从苹果落花后 7～10 天开始喷施，10 天左右 1 次，连喷 3 次药后套袋，有效防控轮纹病、炭疽病、黑星病、套袋果斑点病及春梢期斑点落叶病，兼防褐斑病，套袋苹果第 3 次药尤为重要；套袋后继续喷药 3～5 次，间隔期 10～15 天，有效防控褐斑病、黑星病及秋梢期斑点落叶病。不套袋苹果从落花后第 4 次药开始还可兼防轮纹病、炭疽病、褐腐病、疫腐病等多种果实病害，且需增加喷药 2 次左右，以提高对果实病害的防控效果。落花后 45 天内以选用全络合态代森锰锌较好，避免对幼果造成药害、后期形成果锈。代森锰锌喷施倍数同前述。

梨树病害 以防控黑星病为主，兼防黑斑病、褐斑病、轮纹病、炭疽病、白粉病。多从落花后 7～10 天开始喷药，10～15 天 1 次，连续喷施，直到果实采收前 10 天；中早熟品种果实采收后还应喷药 1～2 次进行保叶。具体喷药间隔期及喷药次数根据降雨情况而定，雨多多喷，雨少少喷。落花后 45 天内以选用全络合态代森锰锌较好，避免对幼果造成药害、形成果锈。代森锰锌喷施倍数同前述。

葡萄病害　先在开花前、落花后各喷药1次，有效防控黑痘病、穗轴褐枯病及幼穗期的霜霉病；然后从落花后10天左右或叶片上初显霜霉病病斑时开始继续喷药，10天左右1次，连续喷施，直到果实采收前1个月左右或雨季结束，具体喷药时间及次数根据降雨情况而定，雨多多喷，雨少少喷，多雨潮湿年份果实采收后还需喷药1～3次，以防霜霉病后期的发生为害。不套袋葡萄，采收前45天内不建议喷施本剂，以防药剂污染果面。代森锰锌喷施倍数同前述。

桃树、杏树、李树病害　防控黑星病时，从落花后15～20天开始喷药，10～15天1次，到果实采收前1个月结束，兼防炭疽病、真菌性穿孔病；防控不套袋果的褐腐病时，从采收前45天开始喷药，10～15天1次，直到果实采收前一周，兼防炭疽病、真菌性穿孔病。代森锰锌喷施倍数同前述。核果类果树上尽量选用全络合态产品，以免发生药害。

樱桃病害　从病害发生初期开始喷药，10～15天1次，连喷2～3次，可有效防控叶斑病、真菌性穿孔病、早期落叶病等多种病害。代森锰锌喷施倍数同前述。

枣树病害　先在开花前、落花后各喷药1次，有效防控早期褐斑病，兼防果实斑点病；而后从落花后（一茬花）15天左右开始连续喷药，10～15天1次，连喷4～7次，有效防控锈病、轮纹病、炭疽病、褐斑病及果实斑点病。幼果期尽量选用全络合态产品，以免造成果面果锈。代森锰锌喷施倍数同前述。

柿树病害　一般果园从落花后15天左右开始喷药，15天左右1次，连喷2～3次，可有效防控一般柿树园的圆斑病、角斑病及炭疽病的发生为害；但在南方甜柿产区，炭疽病发生严重的品种或果园，除落花后应连续喷药4～6次甚至更多外，还需在开花前增加喷药1～2次。代森锰锌喷施倍数同前述。

板栗炭疽病、叶斑病　从病害发生初期开始喷药，10～15天1次，连喷2次左右。代森锰锌喷施倍数同前述。

核桃炭疽病、叶斑病　从落花后1个月左右或果实上初显炭疽病病斑时开始喷药，10～15天1次，连喷2～4次。代森锰锌喷施倍数同前述。

石榴病害 先在开花前喷药1次，有效防控褐斑病，兼防炭疽病；然后从大部分雌花坐果后开始连续喷药，10～15天1次，连喷3～5次，有效防控炭疽病、干腐病、褐斑病、麻皮病等多种病害。代森锰锌喷施倍数同前述。

草莓病害 从病害发生初期或初见病斑时开始喷药，10天左右1次，连喷2～4次，可有效防控腐霉果腐病、叶斑病等多种病害；育苗地防控炭疽病时，需连续喷药3～5次。代森锰锌喷施倍数同前述。

山楂病害 一般果园从落花后20天左右开始喷药，10～15天1次，连喷2～4次，可有效防控炭疽病、轮纹病、叶斑病的发生为害。代森锰锌喷施倍数同前述。

猕猴桃炭疽病、叶斑病 一般果园从落花后1个月左右开始喷药，10～15天1次，连喷2～4次。代森锰锌喷施倍数同前述。

花椒锈病、黑斑病 从病害发生初期或初见病斑时开始喷药，10天左右1次，每期连喷3次左右。代森锰锌喷施倍数同前述。

蓝莓叶斑病、炭疽病 多从病害发生初期或初见病斑时开始喷药，10天左右1次，连喷2～3次。代森锰锌喷施倍数同前述。

枸杞炭疽病、黑斑病 防控果实炭疽病时，从每茬花落花后10～15天开始喷药，10天左右1次，每茬连喷2次左右；防控黑斑病时，一般从初见病斑时或病害发生初期开始喷药，10天左右1次，连喷2～3次。代森锰锌喷施倍数同前述。

柑橘树病害 先在春梢萌芽2～3毫米、谢花2/3、幼果期各喷药1次，有效防控疮痂病、炭疽病、砂皮病（黑点病），兼防蒂腐病、黑星病、黄斑病等；多雨年份及重病果园应适当增加喷药1～2次，以保证防控效果。后在6月底或7月上旬、8月中旬各喷药1次，有效防控锈壁虱（锈蜘蛛），兼防砂皮病、炭疽病、黑星病、煤烟病等果实病害。椪柑和橙类，9月上中旬再喷药1～2次，有效防控炭疽病。在柑橘上，一般使用全络合态的80%可湿性粉剂或80%水分散粒剂或75%水分散粒剂500～600倍液，或430克/升悬浮剂或40%悬浮剂300～400倍液，或30%悬浮剂250～300倍液，均匀喷雾。

香蕉叶斑病、黑星病 从病害发生初期开始喷药，10～15天

1 次，连喷 3～5 次。香蕉上多选用全络合态产品，一般使用 80%可湿性粉剂或 80%水分散粒剂或 75%水分散粒剂 500～600 倍液，或 430 克/升悬浮剂或 40%悬浮剂 300～400 倍液，或 30%悬浮剂 200～250 倍液，均匀喷雾。

杧果炭疽病　先在嫩梢期、花序生长期各喷药 1 次；然后从落花后再开始喷药，7～10 天 1 次，连喷 2 次；最后再于果实采收前 45 天开始继续喷药，10 天左右 1 次，连喷 2～4 次。选用全络合态产品，代森锰锌喷施倍数同“香蕉叶斑病”。

荔枝霜疫霉病　在始花期、幼果期、中果期、果实转色期各喷药 1 次，注意抢晴喷药和雨前喷药。多选用全络合态产品，代森锰锌喷施倍数同“香蕉叶斑病”。

黄瓜病害　以防控霜霉病为主，兼防炭疽病、靶斑病、白粉病等其他病害。从初见霜霉病病斑时开始喷药，7～10 天 1 次，与相应治疗性杀菌剂交替使用或混用，直到生长后期，重点喷洒叶片背面。常选用全络合态产品，一般每亩次使用 80%可湿性粉剂或 80%水分散粒剂或 75%水分散粒剂 100～150 克，或 70%可湿性粉剂 120～180 克，或 430 克/升悬浮剂或 40%悬浮剂 150～200 毫升，对水 45～75 千克均匀喷雾。

甜瓜、西瓜病害　从病害发生初期开始喷药，7～10 天 1 次，连喷 3～5 次，注意与相应治疗性杀菌剂交替使用或混用，可有效防控炭疽病、蔓枯病、叶斑病、霜霉病及果腐病等真菌性病害的发生为害。代森锰锌喷施剂量同“黄瓜病害”。

苦瓜炭疽病、霜霉病　从病害发生初期开始喷药，7～10 天 1 次，连喷 3～5 次。代森锰锌喷施剂量同“黄瓜病害”。

番茄病害　从病害发生初期或田间初见病斑时立即开始喷药，7～10 天 1 次，连喷 3～5 次，可有效防控早疫病、晚疫病、叶霉病及叶斑病的发生为害。一般每亩次使用 80%可湿性粉剂或 80%水分散粒剂或 75%水分散粒剂 100～150 克，或 70%可湿性粉剂 120～150 克，或 50%可湿性粉剂 150～200 克，或 430 克/升悬浮剂或 40%悬浮剂 150～180 毫升，或 30%悬浮剂 200～250 毫升，对水 45～75 千克均匀喷雾。植株较小时，适当减少用药量。

马铃薯早疫病、晚疫病、炭疽病　从田间初见病斑时或植株现蕾期开始喷药，10 天左右 1 次，直到生长后期。代森锰锌喷施剂量同“番茄病害”。

茄子病害 从病害发生初期开始喷药，7～10 天 1 次，连喷 3～5 次，可有效防控褐纹病、轮斑病、绵疫病及叶斑病的发生为害。代森锰锌喷施剂量同“番茄病害”。

辣椒病害 从病害发生初期开始喷药，7～10 天 1 次，连喷 3～5 次，可有效防控炭疽病、霜霉病、疫病及黑斑病的发生为害。一般每亩次使用 80%可湿性粉剂或 80%水分散粒剂或 75%水分散粒剂 120～160 克，或 70%可湿性粉剂 130～180 克，或 50%可湿性粉剂 180～240 克，或 430 克/升悬浮剂或 40%悬浮剂 150～180 毫升，或 30%悬浮剂 200～250 毫升，对水 45～60 千克均匀喷雾。

芸豆、豇豆等豆类蔬菜病害 从病害发生初期开始喷药，7～10 天 1 次，连喷 3～5 次，可有效防控炭疽病、锈病、角斑病及紫斑病的发生为害。一般每亩次使用 80%可湿性粉剂或 80%水分散粒剂或 75%水分散粒剂 100～150 克，或 70%可湿性粉剂 120～150 克，或 50%可湿性粉剂 120～180 克，或 430 克/升悬浮剂或 40%悬浮剂 120～150 毫升，或 30%悬浮剂 150～200 毫升，对水 45～60 千克均匀喷雾。

芹菜叶斑病、疫病 从田间初见病斑时开始喷药，7～10 天 1 次，连喷 2～4 次。一般每亩次使用 80%可湿性粉剂或 80%水分散粒剂或 75%水分散粒剂 70～100 克，或 70%可湿性粉剂 80～100 克，或 50%可湿性粉剂 100～140 克，或 430 克/升悬浮剂或 40%悬浮剂 80～120 毫升，或 30%悬浮剂 120～160 毫升，对水 30～45 千克均匀喷雾。

十字花科蔬菜病害 从病害发生初期开始喷药，7～10 天1 次，连喷 2～3 次，可有效防控霜霉病、白锈病、炭疽病、黑斑病及白斑病的发生为害。代森锰锌喷施剂量同“芹菜叶斑病”。

芦笋茎枯病、锈病 从病害发生初期开始喷药，7～10 天1 次，连喷 3～5 次。代森锰锌喷施剂量同“芹菜叶斑病”。

麻山药炭疽病、叶斑病 从病害发生初期或田间初见病斑时立即开始喷药，10 天左右 1 次，连喷 5～7 次。一般每亩次使用 80%

可湿性粉剂或80%水分散粒剂或75%水分散粒剂120～160克，或70%可湿性粉剂120～180克，或50%可湿性粉剂150～200克，或430克/升悬浮剂或40%悬浮剂150～200毫升，或30%悬浮剂200～250毫升，对水45～75千克均匀喷雾。

花生叶斑病、锈病　从病害发生初期或开花下针期开始喷药，10天左右1次，连喷2～4次。一般每亩次使用80%可湿性粉剂或80%水分散粒剂或75%水分散粒剂70～90克，或70%可湿性粉剂80～100克，或50%可湿性粉剂100～130克，或430克/升悬浮剂或40%悬浮剂80～100毫升，或30%悬浮剂120～150毫升，对水30～45千克均匀喷雾。

大豆、绿豆等豆类病害　从病害发生初期开始喷药，10天左右1次，连喷2次左右，可有效防控炭疽病、紫斑病及锈病的发生为害。代森锰锌喷施剂量同“花生叶斑病”。

烟草病害　从病害发生初期开始喷药，10天左右1次，连喷2～4次，可有效防控炭疽病、赤星病及黑胫病的发生为害，防控黑胫病时重点喷洒植株中下部的茎部。一般每亩次使用80%可湿性粉剂或80%水分散粒剂或75%水分散粒剂100～150克，或70%可湿性粉剂120～180克，或50%可湿性粉剂170～220克，或430克/升悬浮剂或40%悬浮剂150～180毫升，或30%悬浮剂200～250毫升，对水45～60千克均匀喷雾。

注意事项　代森锰锌不建议与铜制剂混合使用，也不能与碱性药剂或肥料混用，且喷药时必须均匀周到。连续喷药时，最好与相应治疗性药剂交替使用或混用，以提高防控效果。有些果树的幼叶、幼果期需慎重使用普通代森锰锌，以免发生药害，生产优质高档果品时应特别注意。高温多雨季节用药时，应适当缩短喷药间隔期；少雨干旱时，喷药间隔期可适当延长。

稻瘟灵 isoprothiolane

主要含量与剂型　30%、40%乳油，40%可湿性粉剂。

产品特点　稻瘟灵是一种含硫杂环类内吸治疗性低毒杀菌剂，具有有机硫臭味（臭鸡蛋味），易被根、茎、叶吸收，对稻瘟病有特效。水稻植株吸收药剂后累积于叶组织，特别集中于穗轴与枝梗，从而抑制病菌侵入，阻碍病菌脂质代谢，抑制病菌生长，起到预防与治疗作用。该药使用安全，持效期长，耐雨水冲刷，大面积使用还具有抑制稻飞虱作用。

适用作物防控对象及使用技术

水稻稻瘟病　防控叶瘟时，在田间或苗床上出现叶瘟发病中心，或出现急性型病斑时开始喷药，7～10天1次，连喷1～2次；防控穗（颈）瘟时，在破口期和齐穗期各喷药1次。一般每亩次使用40%乳油80～120毫升，或40%可湿性粉剂80～120克，或30%乳油120～150毫升，对水30～45千克均匀喷雾。

香蕉叶斑病　从病害发生初期开始喷药，10～15天1次，与不同类型药剂交替使用，连喷3～5次。稻瘟灵一般使用40%乳油或40%可湿性粉剂600～800倍液，或30%乳油500～600倍液，均匀喷雾。

注意事项　稻瘟灵不能与碱性药剂或肥料混用，也不能与氯酚钠混用。有时在籼稻等品种上会出现褐色小点或短线等轻微药害表现，但一般不影响产量。该药对鱼和水生生物有一定影响，不宜在养鱼稻田内施药。

啶酰菌胺 boscalid

主要含量与剂型　25%、30%悬浮剂，50%水分散粒剂。

产品特点　啶酰菌胺是一种吡啶甲酰胺类广谱低毒杀菌剂，以保护作用为主，兼有一定治疗活性，属线粒体电子传递链中的琥珀酸泛醌还原酶（复合体Ⅱ）抑制剂。其杀菌机理主要是通过抑制病菌呼吸作用中线粒体的琥珀酸酯脱氢酶活性，阻碍三羧酸循环，使氨基酸、糖缺乏，能量减少，细胞无法获得正常代谢所需能量而导致病菌死亡，对病菌孢子萌发、芽管伸长、菌丝生长及孢子产生等整个发育环节均有作用。该成分在植物叶片上具有层间传导和向顶传导作用，叶面喷雾后表现出卓越的耐雨水冲刷和持效性能。

适用作物防控对象及使用技术

葡萄灰霉病、白粉病、炭疽病、黑痘病　先在葡萄花蕾期和落花后各喷药 1 次，有效防控幼穗灰霉病，兼防黑痘病；然后再于落花后 10～15 天喷药 1 次，防控黑痘病；套袋葡萄套袋前喷药 1 次，有效防控灰霉病、炭疽病，兼防白粉病；不套袋葡萄多从果粒膨大中期开始喷药预防炭疽病，兼防白粉病、灰霉病，10～15 天 1 次，与不同类型药剂交替使用，连喷 4～6 次；防控白粉病时，从病害发生初期开始喷药，10～15 天 1 次，连喷 2～3 次。啶酰菌胺一般使用 50%水分散粒剂 1 000～1 500 倍液，或 30%悬浮剂 600～800 倍液，或 25%悬浮剂 500～700 倍液，均匀喷雾。

苹果树白粉病　苹果花序分离期、落花 80%及落花后 15 天左右各喷药 1 次，有效防控白粉病病梢形成及白粉病的早期传播扩散；往年病害严重果园，在 8、9 月再喷药 1～2 次，有效防控病菌侵染芽，降低芽的带菌率，减少第 2 年病梢。啶酰菌胺喷施倍数同“葡萄灰霉病”。

草莓灰霉病、白粉病　从草莓初花期或病害发生初期开始喷药，10～15 天 1 次，与不同类型药剂交替使用，连喷 3～4 次。啶酰菌胺一般每亩次使用 50%水分散粒剂 30～45 克，或 30%悬浮剂 45～60 毫升，或 25%悬浮剂 60～80 毫升，对水 45～60 千克均匀喷雾。

香蕉叶斑病、黑星病　从病害发生初期开始喷药，15 天左右 1 次，与不同类型药剂交替使用，连喷 3～5 次。啶酰菌胺一般使用 50%水分散粒剂 800～1 000 倍液，或 30%悬浮剂 500～600 倍液，或 25%悬浮剂 400～500 倍液，均匀喷雾。

番茄灰霉病、早疫病　防控灰霉病时，从病害发生初期或连阴天时开始喷药，7～10 天 1 次，每期连喷 2～3 次；防控早疫病时，从病害发生初期开始喷药，10 天左右 1 次，连喷 2～3 次。一般每亩次使用 50%水分散粒剂 30～50 克，或 30%悬浮剂 50～80 毫升，或 25%悬浮剂 60～100 毫升，对水 45～60 千克均匀喷雾。

黄瓜、甜瓜、西瓜等瓜类的灰霉病、炭疽病、白粉病　防控灰霉病时，从病害发生初期或连阴天时开始喷药，7～10 天 1 次，每期连喷 2～3 次；防控炭疽病、白粉病时，从病害发生初期开始喷药，10 天左右 1 次，连喷 3 次左右。一般每亩次使用 50%水分散粒剂 35～50 克，或 30%悬浮剂 60～80 毫升，或 25%悬浮剂 70～

90毫升，对水45～60千克均匀喷雾。

马铃薯早疫病　从病害发生初期或田间初见病斑时开始喷药，10～15天1次，连喷2～3次。一般每亩次使用50%水分散粒剂30～40克，或30%悬浮剂50～70毫升，或25%悬浮剂60～80毫升，对水45～75千克均匀喷雾。

油菜菌核病　从油菜初花期或封垄前开始喷药，10～15天1次，连喷2次左右。一般每亩次使用50%水分散粒剂30～50克，或30%悬浮剂50～80毫升，或25%悬浮剂60～100毫升，对水30～45千克进行喷雾，重点喷洒植株中下部。

注意事项　啶酰菌胺不能与强酸性及碱性药剂或肥料混用。连续喷药时，注意与不同类型药剂交替使用或混用，以延缓病菌产生抗药性。

啶氧菌酯 picoxystrobin

主要含量与剂型　22.5%、30%悬浮剂，50%、70%水分散粒剂。

产品特点　啶氧菌酯是一种甲氧基丙烯酸酯类内吸性高效广谱低毒杀菌剂，具有铲除、保护、渗透和内吸作用，使用安全、方便，耐雨水冲刷，药效稳定。其杀菌机理是阻止细胞色素b和c1间的电子传递，阻断氧化磷酸化作用，抑制线粒体呼吸，破坏病菌的能量合成，而导致病菌不能生长、繁殖和产孢。药剂喷施后，在叶片蜡质层均匀扩散，渗透力强，内吸性好，能够在植物体内均匀分布，并通过木质部向植物新生组织传导，有效保护新生组织。另外，啶氧菌酯还能有效降低乙烯合成，减少落叶，延缓植株衰老，提高抗逆性；增加叶绿素含量，叶片更浓绿，植株更健壮，有利于提高产量和果实品质。

适用作物防控对象及使用技术

葡萄黑痘病、霜霉病、白粉病、白腐病　先在葡萄花蕾期、落花后及落花后10～15天各喷药1次，有效防控黑痘病及霜霉病为害葡萄幼穗；然后从叶片上初见霜霉病病斑时立即开始继续喷施，10天左右1次，与不同类型药剂交替使用，直到生长中后期。啶氧菌酯一般使用22.5%悬浮剂1 500～2 000倍液，或30%悬浮剂2 000～2 500倍液，或50%水分散粒剂3 000～4 000倍液，或70%水分散粒剂5 000～6 000倍液，均匀喷雾。防控叶部霜霉病时，注意喷洒叶片背面。

苹果树黑星病、炭疽病　防控黑星病时，从病害发生初期或初见病斑时开始喷药，10～15天1次，连喷2～3次；防控炭疽病时，从苹果落花后10～15天开始喷药，10～15天1次，连喷2～3次药后套袋（套袋后停止喷药），不套袋苹果需继续喷药3～5次（间隔期10～15天），并注意与不同类型药剂交替使用。啶氧菌酯喷施倍数同“葡萄黑痘病”。

枣树锈病　从叶片上初见锈病病斑时或枣果膨大初期开始喷药，10～15天1次，与不同类型药剂交替使用，连喷4～6次。啶氧菌酯喷施倍数同“葡萄黑痘病”。

香蕉叶斑病、黑星病　从病害发生初期开始喷药，10～15天1次，连喷3～4次，注意与不同类型药剂交替使用。啶氧菌酯喷施倍数同“葡萄黑痘病”。

杧果炭疽病　先在花穗伸长期、落花后及落花后15天左右各喷药1次，有效防控炭疽病为害幼穗及幼果；然后从果实采收前30～45天开始继续喷药，10～15天1次，连喷2～3次。连续喷药时，注意与不同类型药剂交替使用。啶氧菌酯喷施倍数同“葡萄黑痘病”。

黄瓜霜霉病、灰霉病　防控霜霉病时，从叶片上初见病斑时立即开始喷药，7～10天1次，与不同类型药剂交替使用，直到生长后期，兼防灰霉病；防控灰霉病时，从病害发生初期或连阴天时开始喷药，7天左右1次，每期连喷2次。啶氧菌酯一般每亩次使用22.5%悬浮剂30～40毫升，或30%悬浮剂25～30毫升，或50%水分散粒剂15～20克，或70%水分散粒剂12～15克，对水45～75千克均匀喷雾。

番茄灰霉病　从病害发生初期或连阴天时开始喷药，7天左右1次，每期连喷2～3次。一般每亩次使用22.5%悬浮剂25～35毫升，或30%悬浮剂20～25毫升，或50%水分散粒剂12～16克，或70%水分散粒剂9～12克，对水45～60千克均匀喷雾。

辣椒炭疽病 从病害发生初期开始喷药，7～10 天 1 次，连喷 2～3 次。啶氧菌酯喷施剂量同“番茄灰霉病”。

西瓜炭疽病、蔓枯病 从病害发生初期开始喷药，7～10 天 1 次，连喷 2～4 次。一般每亩次使用 22.5%悬浮剂 40～50 毫升，或 30%悬浮剂 30～38 毫升，或 50%水分散粒剂 20～25 克，或 70%水分散粒剂 14～17 克，对水 45～60 千克均匀喷雾。

茶树炭疽病、茶饼病 从病害发生初期开始喷药，10 天左右 1 次，连喷 2～3 次。一般使用 22.5%悬浮剂 1 000～1 500 倍液，或 30%悬浮剂 1 500～2 000 倍液，或 50%水分散粒剂 2 000～3 000 倍液，或 70%水分散粒剂 3 000～4 000 倍液，均匀喷雾。

注意事项 啶氧菌酯不能与强酸性及碱性药剂或肥料混用，配制药液时请勿添加有机硅等表面活性剂。连续喷药时，注意与不同类型药剂交替使用或混用。

多菌灵 carbendazim

主要含量与剂型 25%、40%、50%、80%可湿性粉剂，50%、75%、80%、90%水分散粒剂，40%、50%、500 克/升悬浮剂。

产品特点 多菌灵是一种苯并咪唑类内吸治疗性广谱低毒杀菌剂，对多种高等真菌性病害均具有预防保护和内吸治疗作用，可混用性好，使用安全。其杀菌机理是通过干扰真菌细胞有丝分裂中纺锤体的形成，进而影响细胞分裂，而导致病菌死亡。药剂喷施后通过叶片渗入到植物体内，耐雨水冲刷，持效期较长。其在植物体内的传导和分布与植物的蒸腾作用有关，蒸腾作用强，传导分布快；蒸腾作用弱，传导分布慢。在蒸腾作用较强的部位，如叶片上药剂分布量较多；在蒸腾作用较弱的器官，如花、果上药剂分布较少。酸性条件下，能够增加多菌灵的水溶性，提高药剂的渗透和输导能力。多菌灵酸化后，透过植物表面角质层的移动力比未酸化时增大 4 倍。

适用作物防控对象及使用技术 多菌灵的使用方法灵活多样，除常规喷雾用药外，还可用于灌根、涂抹、浸泡、拌种、土壤消毒等。

果树的根朽病、紫纹羽病、白纹羽病　在清除病根组织的基础上，使用药液浇灌果树根部，浇灌药液量因树体大小而异，应以病树的主要根区土壤湿润为宜。一般使用25%可湿性粉剂250～300倍液，或40%可湿性粉剂或40%悬浮剂400～500倍液，或50%可湿性粉剂或50%水分散粒剂或50%悬浮剂或500克/升悬浮剂500～600倍液，或75%水分散粒剂700～800倍液，或80%可湿性粉剂或80%水分散粒剂800～1 000倍液，或90%水分散粒剂1 000～1 200倍液，进行浇灌。根部病害防控在早春进行较好，但整体要立足于早发现早治疗。

苹果树病害　开花前后阴雨潮湿时或在风景绿化区的果园，先在花序分离期、落花后各喷药1次，有效防控花腐病、锈病，兼防白粉病、斑点落叶病；然后从落花后10天左右开始连续喷药，10天左右1次，连喷3次药后套袋，套袋后继续喷药4次左右(间隔期10～15天)；不套袋苹果则10～15天喷药1次，需连续喷药7～10次，对轮纹烂果病、炭疽病、褐斑病、褐腐病、黑星病、霉污病均具有较好的防控效果。具体喷药时间及次数根据降雨情况灵活掌握，雨多多喷，雨少少喷；连续喷药时，注意与不同类型药剂交替使用或混用。多菌灵一般使用25%可湿性粉剂250～300倍液，或40%可湿性粉剂400～500倍液，或50%可湿性粉剂或50%水分散粒剂或40%悬浮剂500～700倍液，或50%悬浮剂或500克/升悬浮剂600～800倍液，或75%水分散粒剂800～1 000倍液，或80%可湿性粉剂或80%水分散粒剂1 000～1 200倍液，或90%水分散粒剂1 200～1 500倍液，均匀喷雾。不套袋苹果采收后，用上述药液浸果20～30秒，捞出晾干后储运，对采后烂果病也有较好的控制效果。

梨树病害　在风景绿化区的果园，于花序分离期、落花后各喷药1次，有效防控锈病的发生为害。然后从落花后10天左右开始连续喷药，10～15天1次，与腈菌唑、烯唑醇、苯醚甲环唑、戊唑醇、克菌丹、全络合态代森锰锌、吡唑醚菌酯等药剂交替使用或混用，需连续喷药7～10次，可有效控制黑星病、轮纹病、炭疽病、褐斑病、白粉病的发生为害。具体喷药时间及次数根据降雨情况灵活掌握，雨多多喷，雨少少喷。多菌灵喷施倍数同“苹果树病害”。

葡萄病害　在葡萄花蕾期、落花后及落花后10～15天各喷药1次，有效防控黑痘病；防控褐斑病时，从初见病斑时开始喷药，10天左右1次，连喷3～4次，兼防炭疽病；然后从果粒膨大中后期开始继续喷药，7～10天1次，连喷3～5次，有效防控炭疽病，兼防房枯病、褐斑病。多菌灵喷施倍数同“苹果树病害”，注意与不同类型药剂交替使用或混用。

桃树病害　花芽露红期，喷施1次25%可湿性粉剂150～200倍液，或40%可湿性粉剂250～300倍液，或50%可湿性粉剂或50%水分散粒剂或40%悬浮剂300～400倍液，或50%悬浮剂或500克/升悬浮剂400～500倍液，或75%水分散粒剂或80%可湿性粉剂或80%水分散粒剂500～600倍液，或90%水分散粒剂600～800倍液，有效防控缩叶病。然后从落花后20天左右开始继续喷药，10～15天1次，与不同类型药剂交替使用或混用，连喷3～4次，有效防控黑星病、炭疽病及真菌性穿孔病的发生为害。往年褐腐病较重果园，从果实采收前45天开始喷药防控，10天左右1次，连喷2～3次，兼防炭疽病、锈病；往年锈病发生较重的果园，从叶片上初见病斑时开始喷药，10天左右1次，连喷2次左右。落花后多菌灵喷施倍数同“苹果树病害”。

杏树病害　一般杏园从落花后15天左右开始喷药，10～15天1次，与不同类型药剂交替使用或混用，连喷2～4次，可有效防控黑星病、真菌性穿孔病的发生为害。杏疔病较重果园，在落花后5～7天增加1次喷药即可。多菌灵喷施倍数同“苹果树病害”。

李树病害　先在萌芽后开花前和落花后各喷药1次，有效防控袋果病的发生为害；然后从落花后15天左右开始喷药，10～15天1次，与不同类型药剂交替使用或混用，连喷3～5次，可有效防控红点病、黑星病、炭疽病、真菌性穿孔病及褐腐病的发生为害。多菌灵喷施倍数同“苹果树病害”。

樱桃病害　从落花后20天左右开始喷药，10～15天1次，连喷2～3次，可有效防控炭疽病、真菌性穿孔病及褐腐病的发生为害；叶斑病或真菌性穿孔病发生较重的果园，再于果实采收后叶片上病害发生初期开始喷药，10～15天1次，连喷1～2次。多菌灵喷施倍数同“苹果树病害”。

核桃病害 以防控炭疽病为害为主，兼防枝枯病、叶斑病。一般果园从落花后 30 天左右或病害发生初期开始喷药，10～15 天 1 次，连喷 2～3 次。多菌灵喷施倍数同“苹果树病害”。

枣树病害 先在（一茬花）开花前、落花后各喷药 1 次，有效防控褐斑病的早期为害；然后从落花后 15 天左右开始继续喷药，10～15 天 1 次，与不同类型药剂交替使用或混用，连喷 4～6 次，有效防控锈病、炭疽病、轮纹病及褐斑病的发生为害。多菌灵喷施倍数同“苹果树病害”。

柿树病害 一般柿园从落花后 15 天左右开始喷药，10～15 天 1 次，连喷 2～3 次，可有效防控角斑病、圆斑病及炭疽病的发生为害；炭疽病发生严重的南方甜柿产区，开花前增加喷药 1～2 次，中后期再增加喷药 2～4 次。连续喷药时，注意与不同类型药剂交替使用或混用。多菌灵喷施倍数同“苹果树病害”。

板栗病害 以防控炭疽病、叶斑病为主，从病害发生初期开始喷药，10～15 天 1 次，连喷 2～3 次。多菌灵喷施倍数同“苹果树病害”。

猕猴桃病害 先在开花前喷药 1 次，然后从落花后 15 天左右开始连续喷药，10～15 天 1 次，与不同类型药剂交替使用或混用，连喷 3～5 次，可有效防控炭疽病及叶斑病的发生为害。多菌灵喷施倍数同“苹果树病害”。

石榴病害 从开花初期开始喷药，10～15 天 1 次，与不同类型药剂交替使用或混用，连喷 4～6 次，对炭疽病、麻皮病及叶斑病均有较好的防控效果。多菌灵喷施倍数同“苹果树病害”。

山楂病害 在山楂展叶期、初花期和落花后 10 天各喷药 1 次，有效防控锈病，兼防叶斑病；防控黑星病时，从初见病斑时开始喷药，10～15 天 1 次，连喷 2～3 次，兼防炭疽病、叶斑病；防控轮纹病、炭疽病时，从落花后 15 天左右开始喷药，10～15 天 1 次，连喷 3～4 次，兼防叶斑病。连续喷药时，注意与不同类型药剂交替使用或混用。多菌灵喷施倍数同“苹果树病害”。

草莓病害 从花蕾期开始，使用多菌灵药液灌根，10～15 天后再浇灌 1 次，对高等真菌性根腐病具有较好的防控效果，多菌灵灌根浓度同“果树的根朽病”。防控褐斑病、炭疽病时，从初见病斑时开始喷药，10～15 天 1 次，与不同类型药剂交替使用或混用，连喷 2～4 次。多菌灵喷施倍数同“苹果树病害”。

花椒病害　以防控锈病为主，兼防黑斑病、炭疽病。从锈病发生初期或初见病斑时开始喷药，10～15 天 1 次，与不同类型药剂交替使用或混用，连喷 2～4 次。多菌灵喷施倍数同“苹果树病害”。

蓝莓炭疽病、叶斑病　从病害发生初期或初见病斑时开始喷药，10～15 天 1 次，连喷 2～3 次。多菌灵喷施倍数同“苹果树病害”。

枸杞炭疽病、白粉病、叶斑病　从病害发生初期或初见病斑时开始喷药，10 天左右 1 次，连喷 2～3 次。多菌灵喷施倍数同“苹果树病害”。

柑橘树病害　防控枝干树脂病时，在 4～7 月用刀在病部纵向划道切割，深达木质部，然后使用 25%可湿性粉剂 10～20 倍液，或 40%可湿性粉剂 20～40 倍液，或 50%可湿性粉剂或 50%水分散粒剂或 40%悬浮剂 30～50 倍液，或 50%悬浮剂或 500 克/升悬浮剂或 75%水分散粒剂 50～80 倍液，或 80%可湿性粉剂或 80%水分散粒剂 60～90 倍液，涂抹病部表面。防控疮痂病、炭疽病、砂皮病、黑星病及黄斑病时，在春梢抽生初期、春梢抽生后 10～15 天及叶片转绿期各喷药 1 次；然后再于幼果直径 0.5～1 厘米时开始连续喷药，10～15 天 1 次，连喷 3～4 次。杂柑类、脐橙类品种再从果实转色初期开始继续喷药，10～15 天 1 次，连喷 2 次左右。连续喷药时，注意与不同类型药剂交替使用或混用，多菌灵喷施倍数同“苹果树病害”。

杧果病害　从初花期开始喷药，10 天左右 1 次，连喷 3～4 次，可有效防控炭疽病的发生为害，兼防叶斑病。多菌灵喷施倍数同“苹果树病害”。

枇杷炭疽病、叶斑病　从病害发生初期开始喷药，10～15 天 1 次，连喷 2～3 次。多菌灵喷施倍数同“苹果树病害”。

番木瓜炭疽病　从落花后开始喷药，10～15 天 1 次，每期连喷 2～4 次。多菌灵喷施倍数同“苹果树病害”。

香蕉叶斑病、黑星病、炭疽病　防控叶斑病、黑星病时，从病害发生初期开始喷药，10～15 天 1 次（多雨潮湿时为 7～10 天 1 次），连喷 3～5 次，注意与不同类型药剂交替使用或混用。多菌灵一般使用 25%可湿性粉剂 200～250 倍液，或 40%可湿性粉剂 300～400 倍液，或 50%可湿性粉剂或 50%水分散粒剂或 40%悬浮剂 400～600 倍液，或 50%悬浮剂或 500 克/升悬浮剂 500～700 倍液，或 75%水分散粒剂 700～800 倍液，或 80%可湿性粉剂或 80%水分散粒剂 800～1 000 倍液，或 90%水分散粒剂 1 000～1 200 倍液，均匀喷雾。防控炭疽病时，在果实采收后使用上述多菌灵浓度药液浸果 30～60 秒，而后晾干储运。

水稻病害　防控苗瘟、叶瘟时，在田间或苗床上出现中心病株时开始喷药，7～10 天 1 次，连喷 1～2 次；防控穗颈瘟时，在破口初期、齐穗期各喷药 1 次；防控稻曲病时，在破口前 5～7 天和齐穗初期各喷药 1 次；防控纹枯病、鞘腐病时，在拔节期、孕穗期各喷药 1 次；防控褐变穗时，在破口初期、齐穗期各喷药 1 次；防控小粒菌核病时，在拔节期、抽穗期各喷药 1 次；防控胡麻叶斑病时，从病害发生初期开始喷药，10 天左右 1 次，连喷 1～2 次。连续喷药时，注意与不同类型药剂交替使用或混用。多菌灵一般每亩次使用 25%可湿性粉剂 200～300 克，或 40%可湿性粉剂 125～175 克，或 50%可湿性粉剂或 50%水分散粒剂 100～150 克，或 40%悬浮剂 100～150 毫升，或 50%悬浮剂或 500 克/升悬浮剂 80～120 毫升，或 75%水分散粒剂 70～100 克，或 80%可湿性粉剂或 80%水分散粒剂 65～90 克，或 90%水分散粒剂 60～85 克，对水 30～45 千克均匀喷雾。

麦类赤霉病　从齐穗初期开始喷药，7～10 天 1 次，连喷 1～2 次；或在齐穗初期和扬花期各喷药 1 次。多菌灵喷施剂量同“水稻病害”。

玉米大斑病、小斑病、灰斑病、黄斑病、纹枯病　从病害发生初期开始喷药，10 天左右 1 次，连喷 1～2 次。多菌灵喷施剂量同“水稻病害”。

马铃薯干腐病　主要通过收获后浸薯及播种前拌种进行防控。收获后一般使用 25%可湿性粉剂 200～250 倍液，或 40%可湿性粉剂 300～400 倍液，或 50%可湿性粉剂或 50%水分散粒剂或 40%

悬浮剂400～500倍液，或50%悬浮剂或500克/升悬浮剂500～600倍液，或75%水分散粒剂600～700倍液，或80%可湿性粉剂或80%水分散粒剂700～800倍液，或90%水分散粒剂800～1 000倍液浸薯20～30秒，捞出后晾干储运。播种前拌种时，每100千克种薯使用25%可湿性粉剂150～200克，或40%可湿性粉剂100～125克，或50%可湿性粉剂75～100克，或80%可湿性粉剂50～65克，混加适量滑石粉后均匀拌种。

甘薯黑斑病　育秧前，使用25%可湿性粉剂250～300倍液，或40%可湿性粉剂400～500倍液，或50%可湿性粉剂或50%水分散粒剂或40%悬浮剂500～600倍液，或50%悬浮剂或500克/升悬浮剂600～700倍液，或75%水分散粒剂700～800倍液，或80%可湿性粉剂或80%水分散粒剂800～1 000倍液，或90%水分散粒剂1 000～1 200倍液浸薯1～2分钟，捞出晾干后开始摆薯育秧。也可于栽植前使用上述浓度药液浸泡秧苗基部5～10厘米处半分钟，而后栽植。

花生病害　从病害发生初期或初花期开始喷药，10天左右1次，连喷2～4次，对褐斑病、黑斑病、网斑病、疮痂病及茎腐病均有较好的防控效果。一般每亩次使用25%可湿性粉剂150～200克，或40%可湿性粉剂100～125克，或50%可湿性粉剂或50%水分散粒剂80～100克，或40%悬浮剂80～100毫升，或50%悬浮剂或500克/升悬浮剂70～90毫升，或75%水分散粒剂或80%可湿性粉剂或80%水分散粒剂50～70克，或90%水分散粒剂40～60克，对水30～45千克均匀喷雾。

大豆、绿豆等豆类的灰斑病、菌核病、褐斑病、紫斑病　从病害发生初期开始喷药，10天左右1次，连喷2次左右；或在封垄前和封垄后各喷药1次。多菌灵喷施剂量同“花生病害”。

甜菜褐斑病　从病害发生初期开始喷药，10天左右1次，连喷2次左右。多菌灵喷施剂量同“花生病害”。

油菜菌核病　从病害发生初期或封垄初期开始喷药，10天左右1次，连喷2～3次，重点喷洒植株中下部及地面。一般每亩次使用25%可湿性粉剂300～400克，或40%可湿性粉剂200～250克，或50%可湿性粉剂或50%水分散粒剂150～200克，或

40%悬浮剂 150～200 毫升，或 50%悬浮剂或 500 克/升悬浮剂 125～170 毫升，或 75%水分散粒剂或 80%可湿性粉剂或 80%水分散粒剂 100～120 克，或 90%水分散粒剂 80～100 克，对水 45～60 千克均匀喷雾。

瓜果蔬菜的真菌性根腐病 栽植或播种前进行土壤消毒，即将药粉均匀撒施在栽植或播种沟内，与土混匀即可，一般每亩使用 25%可湿性粉剂 2～4 千克，或 40%可湿性粉剂 1.25～2.5 千克，或 50%可湿性粉剂 1～2 千克，或 80%可湿性粉剂 0.8～1.5 千克。栽植后也可用药液进行灌根或栽植时浇灌定植药水，每株约需浇灌药液 200～300 毫升，浇灌药液浓度一般为 25%可湿性粉剂 250～300 倍液，或 40%可湿性粉剂或 40%悬浮剂 400～500 倍液，或 50%可湿性粉剂或 50%水分散粒剂或 50%悬浮剂或 500 克/升悬浮剂 500～600 倍液，或 75%水分散粒剂 700～800 倍液，或 80%可湿性粉剂或 80%水分散粒剂 800～1 000 倍液，或 90%水分散粒剂 1 000～1 200 倍液。

黄瓜、西瓜、甜瓜等瓜类病害 防控炭疽病、黑星病及蔓枯病时，从病害发生初期开始喷药，7～10 天 1 次，连喷 3～4 次，一般使用 25%可湿性粉剂 250～300 倍液，或 40%可湿性粉剂 400～500 倍液，或 50%可湿性粉剂或 50%水分散粒剂或 40%悬浮剂 500～600 倍液，或 50%悬浮剂或 500 克/升悬浮剂 600～700 倍液，或 75%水分散粒剂或 80%可湿性粉剂或 80%水分散粒剂 800～1 000 倍液，或 90%水分散粒剂 1 000～1 200 倍液，均匀喷雾。防控枯萎病时，在定植后 30 天、45 天、60 天各浇灌植株主要根区 1 次，每株浇灌药液量 200～300 毫升，浇灌药液浓度同上述喷药倍数。

茄子病害 防控叶斑病时，从病害发生初期开始喷药，10 天左右 1 次，连喷 2～4 次；防控黄萎病时，从门茄似鸡蛋大小时开始浇灌植株根部，10 天 1 次，连灌 2～3 次。多菌灵喷施倍数及灌根用药剂量均同“黄瓜病害”。

辣椒炭疽病、菌核病 从病害发生初期开始喷药，10 天左右 1 次，连喷 3～4 次。多菌灵喷施倍数同“黄瓜病害”喷雾。

番茄炭疽病、叶斑病 从病害发生初期开始喷药，10 天左右

1次，连喷3～4次。多菌灵喷施倍数同“黄瓜病害”喷雾。

芹菜叶斑病　从病害发生初期开始喷药，7～10天1次，连喷3～5次。多菌灵喷施倍数同“黄瓜病害”喷雾。

芦笋茎枯病　从病害发生初期开始喷药，10天左右1次，连喷3～4次，重点喷洒植株中下部茎秆。多菌灵喷施倍数同“黄瓜病害”喷雾。

莲藕叶斑病　从病害发生初期开始喷药，10天左右1次，连喷2～3次。一般每亩次使用25%可湿性粉剂100～120克，或40%可湿性粉剂62～75克，或40%悬浮剂50～60毫升，或50%可湿性粉剂或50%水分散粒剂50～60克，或50%悬浮剂或500克/升悬浮剂40～50毫升，或75%水分散粒剂或80%可湿性粉剂或80%水分散粒剂30～40克，或90%水分散粒剂27～35克，对水30～45千克均匀喷雾。

注意事项　多菌灵不能与波尔多液、石硫合剂等碱性农药及肥料混用。连续喷药时，注意与不同类型杀菌剂交替使用或混用。由于多菌灵残留具有一定的生殖毒性（雄性），目前有些果区已经限制使用含有多菌灵成分的药剂，所以具体使用时还需结合当地管理要求酌情选择。露地作物在多雨季节喷用时，间隔期不要超过10天。

多抗霉素 polyoxin

主要含量与剂型　1.5%、3%、10%、15%、20%可湿性粉剂，16%可溶粒剂，1%、1.5%、3%、5%水剂。

产品特点　多抗霉素是一种农用抗生素类（肽嘧啶核苷酸类）高效广谱低毒杀菌剂，由金色链霉菌代谢产生，具有较好的内吸传导作用，杀菌力强，使用安全。其作用机理是干扰病菌细胞壁几丁质的生物合成，芽管和菌丝体接触药剂后，局部膨大、破裂，细胞内含物溢出，不能正常发育而最终死亡；同时，还有抑制病菌产孢和病斑扩大的作用。

适用作物防控对象及使用技术

苹果树病害　先在花序分离后开花前和盛花末期各喷药1次，有效防控霉心病，兼防斑点落叶病；然后从落花后10天左右开始喷药，10 天左右 1 次，连喷 3 次药后套袋，有效防控轮纹病、炭疽病、套袋果斑点病及春梢期的斑点落叶病；秋梢生长期内再喷药 2 次左右，间隔 10～15 天，有效防控秋梢期的斑点落叶病，兼防轮斑病、灰斑病。多抗霉素一般使用 1%水剂 150～200 倍液，或 1.5%可湿性粉剂或 1.5%水剂 200～300 倍液，或 3%可湿性粉剂或 3%水剂 400～600 倍液，或 5%水剂 600～800 倍液，或 10%可湿性粉剂 1 000～1 500 倍液，或 15%可湿性粉剂或 16%可溶粒剂 1 500～2 000 倍液，或 20%可湿性粉剂 2 000～3 000 倍液，均匀喷雾。连续喷药时注意与不同类型药剂交替使用。

梨树病害　从初见黑斑病病叶或黑星病病叶或病果时开始喷药，10～15 天 1 次，与不同类型药剂交替使用，连喷 4～6 次，有效防控黑斑病、黑星病及套袋果黑点病，兼防轮纹病、炭疽病；秋季初见白粉病病斑时再次开始喷药，10 天左右 1 次，连喷 2～3 次，兼防黑星病、黑斑病。多抗霉素喷施倍数同“苹果树病害”。

葡萄穗轴褐枯病、灰霉病、炭疽病、白粉病　先在葡萄花蕾期和落花后各喷药 1 次，有效防控穗轴褐枯病及幼穗期灰霉病；然后于果穗套袋前再喷施 1 次，有效预防果穗灰霉病，兼防炭疽病、白粉病；不套袋葡萄则从果粒膨大中期开始喷药，10 天左右 1 次，与不同类型药剂交替使用，连喷 3～5 次，有效防控炭疽病、白粉病，兼防灰霉病。多抗霉素喷施倍数同“苹果树病害”。不套袋葡萄近成熟期喷药时，应尽量选用水剂，以免污染果面。

桃黑星病、炭疽病　多从落花后 20 天左右开始喷药，10～15 天 1 次，连喷 3～5 次，注意与不同类型药剂交替使用。多抗霉素喷施倍数同“苹果树病害”。

草莓灰霉病、白粉病　在初花期、盛花期、末花期及幼果期各喷药 1 次即可。一般每亩次使用 1%水剂 300～400 毫升，或 1.5%水剂 200～250 毫升，或 1.5%可湿性粉剂 200～250 克，或 3%水剂 100～125 毫升，或 3%可湿性粉剂 100～125 克，或 5%水剂 60～75 毫升，或 10%可湿性粉剂 30～40 克，或 15%可湿性粉剂或 16%可溶粒剂 20～25 克，或 20%可湿性粉剂 15～20 克，对水 30～45 千克均匀喷雾。结果后应尽量选用水剂，以免污染果实。

茶饼病　从病害发生初期开始喷药，10 天左右 1 次，连喷 2～

3次。一般使用1%水剂100～150倍液，或1.5%可湿性粉剂或1.5%水剂150～200倍液，或3%可湿性粉剂或3%水剂300～400倍液，或5%水剂500～600倍液，或10%可湿性粉剂800～1 000倍液，或15%可湿性粉剂或16%可溶粒剂1 200～1 500倍液，或20%可湿性粉剂1 500～2 000倍液，均匀喷雾。

烟草赤星病　从初见病斑时开始喷药，10～15天1次，连喷2～3次。一般每亩次使用1%水剂600～800毫升，或1.5%水剂400～500毫升，或1.5%可湿性粉剂400～500克，或3%水剂200～300毫升，或3%可湿性粉剂200～300克，或5%水剂150～200毫升，或10%可湿性粉剂75～100克，或15%可湿性粉剂或16%可溶粒剂40～60克，或20%可湿性粉剂30～40克，对水45～60千克均匀喷雾。

黄瓜、番茄、辣椒、茄子的灰霉病　从初见病斑时或连续阴天2天后立即开始喷药，7天左右1次，每期连喷2～3次。一般每亩次使用1%水剂1 000～1 200毫升，或1.5%水剂700～900毫升，或1.5%可湿性粉剂700～900克，或3%水剂350～450毫升，或3%可湿性粉剂350～450克，或5%水剂200～300毫升，或10%可湿性粉剂100～140克，或15%可湿性粉剂或16%可溶粒剂70～90克，20%可湿性粉剂50～70克，对水60～75千克均匀喷雾。

黄瓜白粉病、霜霉病、炭疽病　以防控霜霉病为主，从霜霉病发生初期或初见霜霉病病斑时立即开始喷药，7天左右1次，与不同类型药剂交替使用，直到生长后期。多抗霉素喷施剂量同“黄瓜灰霉病”。

番茄早疫病、晚疫病、叶霉病、叶斑病　前期以防控晚疫病为主，后期以防控叶霉病为主，兼防其他病害。多从初见病斑时开始喷药，7～10天1次，每期连喷3～4次，注意与不同类型药剂交替使用。多抗霉素喷施剂量同“黄瓜灰霉病”。

马铃薯早疫病、晚疫病　从病害发生初期或植株现蕾期开始喷药，10天左右1次，与不同类型药剂交替使用，连喷5～7次。多抗霉素喷施剂量同“黄瓜灰霉病”。

甜瓜炭疽病、白粉病　从病害发生初期开始喷药，7～10天1次，连喷3～4次。一般每亩次使用1%水剂450～600毫升，或

1.5%水剂300～400毫升，或1.5%可湿性粉剂300～400克，或3%水剂150～200毫升，或3%可湿性粉剂150～200克，或5%水剂100～120毫升，或10%可湿性粉剂50～60克，或15%可湿性粉剂或16%可溶粒剂30～40克，或20%可湿性粉剂25～30克，对水45～60千克均匀喷雾。

西瓜炭疽病　从病害发生初期开始喷药，7～10天1次，连喷3～4次。多抗霉素喷施剂量同“甜瓜炭疽病”。

西瓜、甜瓜、黄瓜、苦瓜的蔓枯病　从病害发生初期开始用药，7～10天1次，连用2～4次。一般每亩次使用1%水剂1 000～1 200毫升，或1.5%水剂700～900毫升，或1.5%可湿性粉剂700～900克，或3%水剂350～450毫升，或3%可湿性粉剂350～450克，或5%水剂200～250毫升，或10%可湿性粉剂100～140克，或15%可湿性粉剂或16%可溶粒剂70～90克，或20%可湿性粉剂60～70克，对水30～45千克均匀喷洒枝蔓。也可使用上述药剂按对水量15千克的浓度涂抹病斑处。

茄子叶斑病　从病害发生初期开始喷药，10天左右1次，连喷2～3次。多抗霉素喷施剂量同“甜瓜炭疽病”。

芹菜叶斑病　从病害发生初期开始喷药，7～10天1次，连喷2～4次。多抗霉素喷施剂量同“甜瓜炭疽病”。

十字花科蔬菜黑斑病　从病害发生初期开始喷药，7～10天1次，连喷1～2次。多抗霉素喷施剂量同“甜瓜炭疽病”。

甜菜褐斑病　从病害发生初期开始喷药，10～15天1次，连喷2～3次。多抗霉素喷施剂量同“甜瓜炭疽病”。

水稻纹枯病、稻瘟病　防控纹枯病时，在分蘖至拔节期、破口前、齐穗期各喷药1次；防控叶部稻瘟病时，在田间出现发病中心时或出现急性叶瘟时进行喷药；防控穗颈瘟时，在破口前、齐穗期各喷药1次。一般每亩次使用1%水剂400～500毫升，或1.5%水剂250～300毫升，或1.5%可湿性粉剂250～300克，或3%水剂125～150毫升，或3%可湿性粉剂125～150克，或5%水剂80～100毫升，或10%可湿性粉剂40～50克，或15%可湿性粉剂或16%可溶粒剂25～30克，或20%可湿性粉剂20～25克，对水30～45千克均匀喷雾。

小麦纹枯病、白粉病　多在拔节期、抽穗期各喷药1次即可，多抗霉素喷施剂量同“水稻纹枯病”。

花生叶斑病　从病害发生初期开始喷药，10～15天1次，连喷2～3次。多抗霉素喷施剂量同“水稻纹枯病”。

棉花褐斑病　从病害发生初期开始喷药，10～15天1次，连喷2次左右。多抗霉素喷施剂量同“水稻纹枯病”。

注意事项　多抗霉素不能与强酸性及碱性药剂或肥料混用。连续喷药时，注意与其他不同类型药剂交替使用。

氟吡菌酰胺 fluopyram

主要含量与剂型　41.7%悬浮剂。

产品特点　氟吡菌酰胺是一种吡啶乙基苯酰胺类新型低毒杀线虫剂、杀菌剂，属线粒体呼吸抑制剂类。其活性机理是作用于线粒体的呼吸链系统，通过抑制琥珀酸脱氢酶（复合物Ⅱ）的活性而阻断电子传递，导致不能提供机体组织的能量需求，进而杀死防控对象或抑制其生长发育。

适用作物防控对象及使用技术

香蕉根结线虫病　从根结线虫病发生为害初期开始药液灌根，15天左右1次，与不同类型药剂交替使用，连灌2～3次。一般每株次使用41.7%悬浮剂0.3～0.4毫升，对水2～4千克灌根。

烟草根结线虫病　从移栽定植后15～20天或根结线虫病发生为害初期开始用药液灌根，15天左右1次，与不同类型药剂交替使用，连灌2～3次。一般每株次使用41.7%悬浮剂0.04～0.05毫升，对水200～250毫升灌根。

西瓜根结线虫病　从移栽定植后15～20天或根结线虫病发生为害初期开始用药液灌根，15天左右1次，与不同类型药剂交替使用，连灌2～3次。一般每株次使用41.7%悬浮剂0.05～0.06毫升，对水200～250毫升灌根。

番茄、黄瓜的根结线虫病　从移栽定植后15天左右或根结线虫病发生为害初期开始用药液灌根，15天左右1次，与不同类型药剂交替使用，连灌2～3次。一般每株次使用41.7%悬浮剂

0.024～0.03 毫升，对水 200～300 毫升灌根。

黄瓜白粉病　从白粉病发生为害初期开始喷药，7～10 天1 次，连喷 2～3 次。一般每亩次使用 41.7%悬浮剂 5～10 毫升，对水 45～60 千克均匀喷雾。

注意事项　氟吡菌酰胺不能与碱性药剂及肥料混用。连续使用时，注意与不同类型药剂交替使用。本剂为悬浮剂型，最好采用二次稀释法配制药液。

氟啶胺 fluazinam

主要含量与剂型　40%、50%、500 克/升悬浮剂，70%水分散粒剂。

产品特点　氟啶胺是一种二硝基苯胺类高效低毒杀菌剂，属线粒体氧化磷酸化解偶联剂，以保护作用为主，兼有一定的治疗活性和内吸性，速效性较好，耐雨水冲刷，持效期较长，药效稳定。其作用机理是通过抑制病菌线粒体氧化磷酸化过程，影响菌体呼吸，而抑制孢子萌发、菌丝生长和侵入、孢子形成等，对病害发生的各个发育阶段都有较好的抑制作用，病菌不易产生抗药性，且与其他药剂无交互抗性。

适用作物防控对象及使用技术

大白菜根肿病　大白菜移栽定植前，每亩使用 40%悬浮剂 380～420 毫升，或 50%悬浮剂或 500 克/升悬浮剂 280～340 毫升，或 70%水分散粒剂 220～240 克，对水 60～70 千克均匀喷施于土壤表面，然后均匀混土 10～15 厘米深，施药后当天立即进行移栽；或在大白菜定植前每亩使用上述药液量均匀浇灌定植穴后当天立即进行移栽。土壤表面喷雾或浇灌定植穴前，应先将大块土壤打碎以保证药效，且不能在大白菜苗床上施药。

马铃薯晚疫病、早疫病　多从病害发生初期或马铃薯现蕾期开始喷药，7～10 天 1 次，与不同类型药剂交替使用，直到生长后期。氟啶胺一般每亩次使用 40%悬浮剂 35～40 毫升，或 50%悬浮剂或 500 克/升悬浮剂 30～40 毫升，或 70%水分散粒剂 20～28 克，对水 45～75 千克均匀喷雾。

番茄晚疫病、灰霉病　防控晚疫病时，从病害发生初期开始喷药，7～10 天 1 次，连喷 3～5 次，注意与不同类型药剂交替使用；防控灰霉病时，从病害发生初期或连续阴天 2 天时开始喷药，7 天左右 1 次，每期连喷 2 次。氟啶胺一般每亩次使用 40%悬浮剂 35～45 毫升，或 50%悬浮剂或 500 克/升悬浮剂 25～35 毫升，或 70%水分散粒剂 18～25 克，对水 45～60 千克均匀喷雾。

辣椒炭疽病、疫病　防控炭疽病时，从病害发生初期开始喷药，7～10 天 1 次，连喷 2～3 次；防控疫病时，从田间初见病株时开始用药，7～10 天 1 次，连续 2 次，重点喷淋植株中下部的茎部。氟啶胺一般每亩次使用 40%悬浮剂 40～45 毫升，或 50%悬浮剂或 500 克/升悬浮剂 30～35 毫升，或 70%水分散粒剂 22～25 克，对水 45～60 千克均匀喷雾或喷淋。

苹果树褐斑病、黑星病　防控褐斑病时，多从苹果树落花后 30 天左右开始喷药，10～15 天 1 次，与不同类型药剂交替使用，连喷 4～6 次，兼防黑星病；防控黑星病时，从病害发生初期或田间初见病叶或病果时开始喷药，10～15 天 1 次，每期连喷 2～3 次，兼防褐斑病。氟啶胺一般使用 40%悬浮剂 1 600～2 000 倍液，或 50%悬浮剂或 500 克/升悬浮剂 2 000～2 500 倍液，或 70%水分散粒剂 3 000～3 500 倍液，均匀喷雾。

葡萄灰霉病、霜霉病　先在葡萄幼穗期（开花前）、落花后各喷药 1 次，有效防控幼穗受害；然后从田间初见霜霉病病斑时立即开始连续喷药，7～10 天 1 次，与不同类型药剂交替使用，直到生长后期。氟啶胺喷施倍数同“苹果树褐斑病”。

柑橘树树脂病（砂皮病）、炭疽病、锈壁虱　防控树脂病时，在春梢萌发前、果实膨大初期及果实转色期各喷药 1 次；防控炭疽病时，在开花前喷药 1 次、幼果膨大期喷药 2～3 次（间隔期 10～15 天）、果实转色期喷药 1～2 次（间隔期 10～15 天）；防控锈壁虱时，多从果实膨大期开始喷药，10～15 天 1 次，连喷 2～4 次。连续喷药时，注意与不同类型药剂交替使用。氟啶胺一般使用 40%悬浮剂 1 200～1 500 倍液，或 50%悬浮剂或 500 克/升悬浮剂 1 500～2 000 倍液，或 70%水分散粒剂 2 500～3 000 倍液，均匀喷雾。

注意事项 氟啶胺不能与强酸性及碱性药剂或肥料混用，不宜在温室内使用。连续用药时，注意与不同类型药剂交替使用，以延缓抗性产生。本剂对瓜类作物有药害，瓜田禁止使用，且施药时注意不要将药液飞散到瓜田。悬浮剂型使用前要充分摇匀，并最好采用二次稀释法配制药液。

氟硅唑 flusilazole

主要含量与剂型 10%、20%、25%水乳剂，8%、20%微乳剂，40%、400 克/升乳油，20%可湿性粉剂。

产品特点 氟硅唑是一种三唑类内吸性高效广谱低毒杀菌剂，具有预防保护和内吸治疗双重作用，喷施后药剂能随降雨和蒸汽进行再分配，药效发挥充分，耐雨水冲刷，持效期较长。其杀菌机理是通过破坏和阻止病菌代谢过程中麦角甾醇的生物合成，使细胞膜不能形成，而导致病菌死亡。该药对高等真菌性病害效果好，对卵菌病害无效。

适用作物防控对象及使用技术

苹果树和梨树的腐烂病、干腐病 主要应用于清园灭菌，即在早春发芽前，使用 40%乳油或 400 克/升乳油 3 000～4 000 倍液，或 25%水乳剂 2 000～2 500 倍液，或 20%水乳剂或 20%微乳剂或 20%可湿性粉剂 1 500～2 000 倍液，或 10%水乳剂或 8%微乳剂 800～1 000 倍液均匀喷洒枝干 1 次。

梨树黑星病、锈病、白粉病、炭疽病、轮纹病、黑斑病 先在花序分离期、落花后各喷药 1 次，有效防控锈病发生和控制黑星病病梢形成；然后从初见黑星病病梢或病叶或病果时开始继续喷药，10～15 天 1 次，与不同类型药剂交替使用，连喷 5～7 次，防控黑星病，兼防黑斑病、炭疽病、轮纹病、白粉病；白粉病较重果园，后期从白粉病发生初期开始再次继续喷药，10～15 天 1 次，连喷 2 次左右。氟硅唑一般使用 40%乳油或 400 克/升乳油 6 000～8 000 倍液，或 25%水乳剂 4 000～5 000 倍液，或 20%水乳剂或 20%微乳剂或 20%可湿性粉剂 3 500～4 000 倍液，或 10%水乳剂 1 500～2 000 倍液，或 8%微乳剂 1 200～1 500 倍液，均匀喷雾。

需要指出，酥梨系品种幼果期慎用，以免导致果面产生果锈。

苹果树锈病、白粉病、黑星病、褐斑病、斑点落叶病　先在花序分离期、落花后和落花后10～15天各喷药1次，有效防控锈病、白粉病及黑星病的早期为害，兼防斑点落叶病；然后从落花后1个月左右开始继续喷药，10～15天1次，与不同类型药剂交替使用，连喷4～6次，有效防控褐斑病的发生为害，兼防斑点落叶病；斑点落叶病发生较重的地区或果园，在春梢生长期内和秋梢生长期内各喷药2次左右，间隔期10～15天；黑星病发生较重果园，在苹果生长中后期的病害发生初期开始再次喷药，10～15天1次，连喷2次左右。氟硅唑喷施倍数同“梨树黑星病”。

葡萄黑痘病、穗轴褐枯病、白粉病、褐斑病、白腐病、炭疽病　先在花蕾期、落花80%和落花后10天各喷药1次，有效防控黑痘病、穗轴褐枯病；防控白粉病、褐斑病时，从初见病斑时开始喷药，10～15天1次，连喷2～4次；防控炭疽病、白腐病时，从果粒膨大中后期开始喷药，10天左右1次，到果实采收前一周结束，兼防褐斑病、白粉病。连续喷药时，注意与不同类型药剂交替使用。氟硅唑喷施倍数同“梨树黑星病”。葡萄采收前一个半月内，不套袋葡萄避免使用乳油剂型，以免影响果面蜡粉。

桃树、李树、杏树的黑星病、褐腐病、白粉病　防控黑星病时，从落花后20天左右开始喷药，10～15天1次，连喷2～4次，兼防白粉病；防控褐腐病时，从果实采收前1～1.5个月开始喷药，10～15天1次，连喷1～2次，兼防白粉病。氟硅唑喷施倍数同“梨树黑星病”。

枣树锈病、轮纹病、炭疽病　从初见锈病病叶时或（一茬花）落花后10～15天开始喷药，10～15天1次，与不同类型药剂交替使用，连喷4～6次。氟硅唑喷施倍数同“梨树黑星病”。

柑橘树黑星病、炭疽病、树脂病　防控黑星病时，从病害发生初期开始喷药，10～15天1次，连喷2～3次，兼防炭疽病；防控炭疽病时，在开花前喷药1次、谢花2/3时喷药1次、幼果膨大期喷药2～3次（间隔期10～15天）、果实转色期喷药1～2次（间隔期10～15天），注意与不同类型药剂交替使用，兼防树脂病；防控树脂病时，在防控炭疽病基础上再于春梢抽发前增加1次喷药即可。氟硅唑喷施倍数同“梨树黑星病”。

枸杞白粉病　从病害发生初期开始喷药，10～15天1次，每期喷药1～2次。氟硅唑喷施倍数同“梨树黑星病”。

黄瓜黑星病、白粉病　从病害发生初期开始喷药，7～10天1次，连喷2～3次。一般每亩次使用40%乳油或400克/升乳油8～12毫升，或25%水乳剂15～20毫升，或20%水乳剂或20%微乳剂23～30毫升，或20%可湿性粉剂25～30克，或10%水乳剂40～50毫升，或8%微乳剂50～70毫升，对水45～75千克均匀喷雾。

甜瓜、西瓜、南瓜、苦瓜的白粉病　从病害发生初期开始喷药，7～10天1次，连喷2～3次。氟硅唑喷施剂量同“黄瓜黑星病”。

番茄叶霉病　从病害发生初期开始喷药，10天左右1次，连喷2～3次，注意喷洒叶片背面。氟硅唑喷施剂量同“黄瓜黑星病”。

芸豆、豇豆等豆类蔬菜的白粉病、锈病、炭疽病　从病害发生初期开始喷药，10天左右1次，连喷2～4次。氟硅唑喷施剂量同“黄瓜黑星病”。

花生锈病、叶斑病、疮痂病　从病害发生初期或开花下针期开始喷药，10～15天1次，连喷2～3次。一般每亩次使用40%乳油或400克/升乳油6～8毫升，或25%水乳剂10～12毫升，或20%水乳剂或20%微乳剂12～15毫升，或20%可湿性粉剂12～15克，或10%水乳剂25～30毫升，或8%微乳剂30～40毫升，对水30～45千克均匀喷雾。

麦类作物的锈病、白粉病　多在拔节初期、孕穗至抽穗期各喷药1次即可。氟硅唑喷施剂量同“花生锈病”。

玉米叶斑病（大斑病、小斑病、灰斑病、圆斑病）、锈病　从病害发生初期开始喷药，10天左右1次，连喷2次左右。氟硅唑喷施剂量同“花生叶斑病”。

注意事项　氟硅唑不能与碱性药剂及肥料混用。连续喷药时，注意与其他不同类型杀菌剂交替使用，以延缓病菌产生抗药性。水果的幼果期尽量避免使用乳油剂型，以免对幼果表面造成伤害。酥梨系列品种的幼果期对本药敏感，应慎重使用。

氟环唑 epoxiconazole

主要含量与剂型 75克/升乳油，12.5%、25%、30%、50%、125克/升悬浮剂，50%、70%水分散粒剂。

产品特点 氟环唑是一种含氟的三唑类内吸性广谱低毒杀菌剂，兼有预防保护和内吸治疗双重功效。其作用机理是通过抑制病菌甾醇生物合成中C-14脱甲基化酶的活性，阻碍病菌细胞膜形成，进而抑制和杀灭病菌；另外，其还可提高作物几丁质酶活性，进而抑制病菌侵染。喷施后，药剂能被植物的茎、叶吸收，并向上、向下传导。正常使用对作物安全、无药害，持效期较长。

适用作物防控对象及使用技术

苹果树褐斑病、斑点落叶病 防控褐斑病时，一般从苹果落花后1个月左右开始喷药，10～15天1次，与不同类型药剂交替使用，连喷4～5次；防控斑点落叶病时，在春梢生长期内喷药1～2次、秋梢生长期内喷药2～3次，间隔期10～15天。氟环唑一般使用75克/升乳油600～800倍液，或12.5%悬浮剂或125克/升悬浮剂1 000～1 200倍液，或25%悬浮剂2 000～2 500倍液，或30%悬浮剂2 500～3 000倍液，或50%悬浮剂或50%水分散粒剂4 000～5 000倍液，或70%水分散粒剂6 000～7 000倍液，均匀喷雾。

葡萄炭疽病、褐斑病、白粉病 防控炭疽病时，从葡萄果粒膨大中后期开始喷药，10～15天1次，直到采收前一周左右（套袋葡萄套袋后不再喷药）；防控褐斑病、白粉病时，从病害发生初期或初见病斑时开始喷药，10～15天1次，连喷3次左右。氟环唑喷施倍数同“苹果树褐斑病”。

香蕉叶斑病、黑星病 从病害发生初期开始喷药，15～20天1次，与不同类型药剂交替使用，连喷3～5次。氟环唑一般使用75克/升乳油500～600倍液，或12.5%悬浮剂或125克/升悬浮剂700～1 000倍液，或25%悬浮剂1 500～2 000倍液，或30%悬浮剂1 800～2 400倍液，或50%悬浮剂或50%水分散粒剂3 000～4 000倍液，或70%水分散粒剂4 000～5 000倍液，均匀喷雾。

柑橘树疮痂病、炭疽病　防控疮痂病时，在春梢生长期喷药1～2次、落花后至幼果生长期喷药2～4次、秋梢生长期喷药1～2次，间隔期10～15天，兼防炭疽病；防控炭疽病时，从生理落果后开始喷药，10～15天1次，连喷2～4次。连续喷药时，注意与不同类型药剂交替使用。氟环唑一般使用75克/升乳油900～1 200倍液，或12.5%悬浮剂或125克/升悬浮剂1 500～2 000倍液，或25%悬浮剂3 000～4 000倍液，或30%悬浮剂3 500～4 500倍液，或50%悬浮剂或50%水分散粒剂6 000～8 000倍液，或70%水分散粒剂8 000～10 000倍液，均匀喷雾。

小麦纹枯病、白粉病、锈病　从病害发生初期开始喷药，10天左右1次，连喷2次左右，重点喷洒植株中下部；或在小麦返青至拔节初期喷药1次、孕穗至抽穗期喷药1～2次。氟环唑一般每亩次使用75克/升乳油75～100毫升，或12.5%悬浮剂或125克/升悬浮剂45～60毫升，或25%悬浮剂22～30毫升，或30%悬浮剂20～25毫升，或50%悬浮剂12～15毫升，或50%水分散粒剂12～15克，或70%水分散粒剂8～10克，对水30～45千克均匀喷雾。

水稻纹枯病、稻瘟病、稻曲病　防控纹枯病时，在分蘖至拔节初期和齐穗初期各喷药1次；防控苗期稻瘟病和叶瘟时，在田间出现发病中心或出现急性病斑时进行喷药；防控穗颈瘟时，在破口初期和齐穗初期各喷药1次；防控稻曲病时，在破口前5～7天和齐穗初期各喷药1次。氟环唑喷施剂量同“小麦纹枯病”。

番茄、辣椒、茄子的炭疽病、叶霉病　从病害发生初期开始喷药，10天左右1次，连喷2～3次。一般每亩次使用75克/升乳油60～80毫升，或12.5%悬浮剂或125克/升悬浮剂40～50毫升，或25%悬浮剂20～25毫升，或30%悬浮剂17～20毫升，或50%悬浮剂10～13毫升，或50%水分散粒剂10～13克，或70%水分散粒剂8～10克，对水45～60千克均匀喷雾。

黄瓜、甜瓜等瓜类的炭疽病、褐斑病　从病害发生初期开始喷药，10天左右1次，连喷2～3次。氟环唑喷施剂量同“番茄炭疽病”。

注意事项　氟环唑不能与碱性或强酸性药剂及肥料混用。连续喷药时，注意与不同类型药剂交替使用或混用。使用剂量偏高时对瓜类等作物苗期有一定抑制生长作用，用药过程中需要注意。在香蕉的蕉仔期施药，应尽量避免药剂喷洒到蕉仔表面，以防产生药害。

氟噻唑吡乙酮 oxathiapiprolin

主要含量与剂型 10%可分散油悬浮剂。

产品特点 氟噻唑吡乙酮是一种哌啶基噻唑异噁唑啉类新型高效微毒杀菌剂，专用于防控低等真菌性病害，具有保护、治疗和抑制病菌产孢等多重功效，与常规防控低等真菌性病害的药剂无交互抗性。药剂喷施后在植物表面能快速被蜡质层吸收，并在植株体内输导，跨层传导和向顶传导能力较强，对新生组织保护作用更佳。适用于病害发生的各阶段，药效稳定，耐雨水冲刷，持效期较长，使用安全。其作用机理是通过强力抑制氧化固醇结合蛋白（OSBP）而达到杀菌作用。由于作用位点单一，故抗性风险较大，需注意与其他不同作用机理的药剂交替使用或混用。

适用作物防控对象及使用技术

葡萄霜霉病 先在幼穗开花前和落花后各喷药1次，有效防控霜霉病为害幼穗；然后从叶片上初见霜霉病病斑时开始连续喷药，10天左右1次，与不同类型药剂交替使用，直到生长后期（雨、雾、露等高湿环境结束时）。氟噻唑吡乙酮一般使用10%可分散油悬浮剂2 000～3 000倍液均匀喷雾，注意喷洒叶片背面。

苹果、梨的果实疫腐病 从病害发生初期或初见病果时开始喷药，10天左右1次，连喷1～2次，重点喷洒树冠中下部果实。一般使用10%可分散油悬浮剂2 000～3 000倍液喷雾。

荔枝霜疫霉病 在花蕾期、幼果期、果实转色初期、果实转色中后期各喷药1次。一般使用10%可分散油悬浮剂2 000～3 000倍液均匀喷雾。

黄瓜霜霉病 从病害发生初期或田间初见病斑时开始喷药，10天左右1次，与不同类型药剂交替使用或混用，直到生长后期。氟噻唑吡乙酮一般每亩次使用10%可分散油悬浮剂13～20毫升，对水 45～75 千克均匀喷雾，注意喷洒叶片背面。

辣椒疫病　从病害发生初期或田间初见病株时，或辣椒移栽定植缓苗后开始喷药，10 天左右 1 次，连喷 2～3 次，注意喷洒植株茎基部。氟噻唑吡乙酮一般每亩次使用 10％可分散油悬浮剂 13～20 毫升，对水 45～60 千克均匀喷雾。

番茄晚疫病　从病害发生初期或田间初见病斑时立即开始喷药，10 天左右 1 次，连喷 2～3 次。氟噻唑吡乙酮一般每亩次使用 10％可分散油悬浮剂 13～20 毫升，对水 45～60 千克均匀喷雾。

马铃薯晚疫病　从病害发生初期或植株现蕾期开始喷药，10 天左右 1 次，与不同类型药剂交替使用，直到生长后期。氟噻唑吡乙酮一般每亩次使用 10％可分散油悬浮剂 13～20 毫升，对水 45～75 千克均匀喷雾。

注意事项　氟噻唑吡乙酮不能与碱性药剂及强酸性药剂或肥料混用。连续喷药时，注意与不同类型药剂交替使用或混用，以延缓病菌产生抗药性。

己唑醇 hexaconazole

主要含量与剂型　5％、10％、25％、30％、40％悬浮剂，5％、10％微乳剂，10％乳油，50％可湿性粉剂，50％、70％水分散粒剂。

产品特点　己唑醇是一种三唑类内吸治疗性广谱高效低毒杀菌剂，具有预防、保护及治疗多重作用。其杀菌机理是通过抑制病菌麦角甾醇的生物合成，使病菌细胞膜功能受到破坏，进而阻止菌丝生长和孢子形成，最终导致病菌死亡。该药内吸渗透性好，在植物体内能上下传导，起效较快，持效期较长，但连续使用易诱使病菌产生抗药性。

适用作物防控对象及使用技术

苹果树白粉病、斑点落叶病、褐斑病、黑星病　防控白粉病时，先在花序分离期、落花后及落花后 10～15 天各喷药 1 次，控制病梢形成及病菌扩散，兼防斑点落叶病、黑星病；白粉病较重果园再于 8、9 月喷药 1～2 次（间隔期 10～15 天），防控病菌侵染芽。防控斑点落叶病时，在春梢生长期和秋梢生长期各喷药 2 次左右，间隔期 10～15 天，兼防褐斑病、黑星病。防控褐斑病时，从苹果落花后 1 个月左右开始喷药，10～15 天 1 次，连喷 4～6 次，兼防斑点落叶病、黑星病。防控黑星病时，从病害发生初期或初见病果或病叶时开始喷药，10～15 天 1 次，连喷 2～3 次。己唑醇一般使用 5%悬浮剂或 5%微乳剂 800～1 000 倍液，或 10%悬浮剂或 10%乳油或 10%微乳剂 1 500～2 000 倍液，或 25%悬浮剂 4 000～5 000 倍液，或 30%悬浮剂 5 000～6 000 倍液，或 40%悬浮剂 6 000～8 000 倍液，或 50%水分散粒剂或 50%可湿性粉剂 8 000～10 000 倍液，或 70%水分散粒剂 11 000～14 000 倍液，均匀喷雾。连续喷药时注意与不同类型药剂交替使用。

葡萄白粉病、褐斑病、锈病　从病害发生初期或初见病斑时开始喷药，10～15 天 1 次，连喷 2～4 次。己唑醇喷施倍数同“苹果树白粉病”。

梨树黑星病、白粉病　防控黑星病时，先在花序分离期和落花后各喷药 1 次；然后从果园内初见黑星病病梢或病叶或病果时开始连续喷药，15 天左右 1 次，与不同类型药剂交替使用，连喷 4～6 次，兼防白粉病发生。防控白粉病时，在果园内初见病叶时开始喷药，10～15 天 1 次，连喷 2 次左右，重点喷洒叶片背面，兼防后期黑星病为害。己唑醇喷施倍数同“苹果树白粉病”。

桃树锈病、白粉病　从病害发生初期或初见病叶时开始喷药，10～15 天 1 次，连喷 2 次左右。己唑醇喷施倍数同“苹果树白粉病”。

枣树锈病　从病害发生初期或初见病叶时开始喷药，10～15 天 1 次，与不同类型药剂交替使用，连喷 3～5 次。己唑醇喷施倍数同“苹果树白粉病”。

核桃白粉病　从病害发生初期或初见病斑时开始喷药，10～15 天 1 次，连喷 2 次左右。己唑醇喷施倍数同“苹果树白粉病”。

花椒锈病　从病害发生初期或初见病叶时开始喷药，10～15 天 1 次，与不同类型药剂交替使用，连喷 2～4 次。己唑醇喷施倍数同“苹果树白粉病”。

香蕉叶斑病、黑星病　从病害发生初期开始喷药，10～15 天

1次，与不同类型药剂交替使用，连喷3～5次。已唑醇一般使用5%悬浮剂或5%微乳剂500～600倍液，或10%悬浮剂或10%乳油或10%微乳剂1 000～1 200倍液，或25%悬浮剂2 500～3 000倍液，或30%悬浮剂3 000～4 000倍液，或40%悬浮剂4 000～5 000倍液，或50%水分散粒剂或50%可湿性粉剂5 000～6 000倍液，或70%水分散粒剂7 000～8 000倍液，均匀喷雾。

水稻纹枯病、稻曲病　防控纹枯病时，在分蘖期至拔节初期、拔节后期至孕穗期各喷药1次；防控稻曲病时，在破口前5～7天、齐穗初期各喷药1次。一般每亩次使用5%悬浮剂或5%微乳剂70～100毫升，或10%悬浮剂或10%乳油或10%微乳剂35～50毫升，或25%悬浮剂15～25毫升，或30%悬浮剂13～20毫升，或40%悬浮剂10～14毫升，或50%水分散粒剂或50%可湿性粉剂8～10克，或70%水分散粒剂6～8克，对水30～45千克均匀喷雾。

小麦纹枯病、白粉病、锈病、赤霉病　先在小麦返青至拔节初期、孕穗期各喷药1次，有效防控纹枯病、白粉病、锈病的发生为害；然后再于齐穗初期和扬花初期各喷药1次，有效防控赤霉病，兼防其他病害。已唑醇喷施剂量同“水稻纹枯病”。

玉米叶斑病、锈病　从病害发生初期开始喷药，10～15天1次，连喷1～2次。已唑醇喷施剂量同“水稻纹枯病”。

花生叶斑病、锈病　从病害发生初期或开花下针期开始喷药，10～15天1次，连喷2～3次。一般每亩次使用5%悬浮剂或5%微乳剂30～50毫升，或10%悬浮剂或10%乳油或10%微乳剂15～25毫升，或25%悬浮剂8～12毫升，或30%悬浮剂7～10毫升，或40%悬浮剂5～7毫升，或50%水分散粒剂或50%可湿性粉剂4～5克，或70%水分散粒剂3～4克，对水30～45千克均匀喷雾。

黄瓜白粉病　从病害发生初期开始喷药，10天左右1次，连喷2～3次。一般每亩次使用5%悬浮剂或5%微乳剂30～50毫升，或10%悬浮剂或10%乳油或10%微乳剂15～25毫升，或25%悬浮剂8～12毫升，或30%悬浮剂7～10毫升，或40%悬浮剂5～7毫升，或50%水分散粒剂或50%可湿性粉剂4～5克，或70%水分散粒剂 3～4 克，对水 45～60 千克均匀喷雾。

烟草白粉病　从病害发生初期开始喷药，10～15 天 1 次，连喷 2 次左右。一般每亩次使用 5%悬浮剂或 5%微乳剂 60～75 毫升，或 10%悬浮剂或 10%乳油或 10%微乳剂 30～40 毫升，或 25%悬浮剂 12～15 毫升，或 30%悬浮剂 10～12 毫升，或 40%悬浮剂 8～10 毫升，或 50%水分散粒剂或 50%可湿性粉剂 6～8 克，或 70%水分散粒剂 4～5 克，对水 45～60 千克均匀喷雾。

注意事项　己唑醇不能与碱性药剂或肥料混用。连续喷药时，注意与不同类型杀菌剂交替使用或混用，以延缓病菌产生抗药性。在阔叶作物上应用时不要随意增加用量，以避免产生药害，抑制作物正常生长。

甲基硫菌灵 thiophanate - methyl

主要含量与剂型　3%糊剂，36%、50%、500 克/升悬浮剂，50%、70%、80%可湿性粉剂，70%、80%水分散粒剂。

产品特点　甲基硫菌灵是一种取代苯类内吸治疗性广谱低毒杀菌剂，具有预防、治疗及内吸传导多种作用方式，对多种高等真菌性病害均有较好的防控效果。其杀菌机理有两个：一是在植物体内部分转化为多菌灵，干扰病菌有丝分裂中纺锤体的形成，影响细胞分裂，导致病菌死亡；二是甲基硫菌灵直接作用于病菌，阻碍其呼吸过程，影响病菌孢子的产生、萌发及菌丝体生长，而导致病菌死亡。该药可混用性好，使用方便，安全性高，残留低。悬浮剂型相对加工颗粒微细、黏着性好、耐雨水冲刷、药效利用率高，使用方便、环保。

适用作物防控对象及使用技术

果树类真菌性根部病害　在清除或刮除病根组织的基础上，于树盘下用土培埂浇灌，每年早春施药效果最好。一般使用 70%可湿性粉剂或 80%可湿性粉剂或 70%水分散粒剂或 80%水分散粒剂 800～1 000 倍液，或 50%可湿性粉剂或 50%悬浮剂或 500 克/升悬浮剂 500～600 倍液，或 36%悬浮剂 300～400 倍液浇灌。浇灌药液量因树体大小而异，以药液将树体大部分根区土壤渗透为宜。1 个月后使用相同药量再浇灌1次效果更好。

苹果树和梨树的腐烂病、干腐病　在刮除病斑的基础上，使用3%糊剂原液，或36%悬浮剂10～15倍液，或50%可湿性粉剂或50%悬浮剂或500克/升悬浮剂20～30倍液，或70%可湿性粉剂或80%可湿性粉剂或70%水分散粒剂或80%水分散粒剂30～50倍液在病斑表面涂抹。1个月后再涂药1次效果更好。

苹果树和梨树的枝干轮纹病　春季轻刮病瘤后涂药。一般使用70%可湿性粉剂与植物油按1∶(20～25)，或80%可湿性粉剂与植物油按1∶(25～30)，或50%可湿性粉剂与植物油按1∶(15～20)的比例，充分搅拌均匀后涂抹枝干，1年内只涂抹1次。

苹果和梨的轮纹烂果病、炭疽病　从落花后7～10天开始喷药，10天左右1次，连喷3次药后套袋；不套袋果仍需继续喷药，10～15天1次，需再喷4～7次。具体喷药间隔期根据降雨情况而定，多雨潮湿时间隔期宜短，少雨干旱时间隔期宜长；不套袋苹果或梨的具体喷药结束期因品种成熟早晚而有一些差异，需根据品种特性、病害防控水平及果实生长后期的降雨情况而灵活掌握；连续喷药时，注意与其他不同类型药剂交替使用或混用，特别是临近套袋前的药剂最好与不同类型药剂混合使用。甲基硫菌灵一般使用70%可湿性粉剂或80%可湿性粉剂或70%水分散粒剂或80%水分散粒剂800～1 000倍液，或50%悬浮剂或500克/升悬浮剂700～800倍液，或50%可湿性粉剂500～600倍液，或36%悬浮剂400～500倍液，均匀喷雾。

苹果树和梨树的锈病　萌芽后开花前（花序分离期）、落花后各喷药1次，严重果园或风景绿化区内的果园落花后10天左右需再喷药1次。甲基硫菌灵喷施倍数同“苹果轮纹烂果病”。

苹果树白粉病　萌芽后开花前（花序分离期）、落花后及落花后10～15天为药剂防控关键期，需各喷药1次；白粉病严重果园，在7～9月的花芽分化期再喷药2次左右（间隔期10～15天）。甲基硫菌灵喷施倍数同“苹果轮纹烂果病”，最好与戊唑醇、烯唑醇、腈菌唑、苯醚甲环唑等药剂交替使用或混用。

苹果树和梨树的花腐病　春季多雨潮湿地区果园，在花序分离期和落花后各喷药1次；一般果园只需在花序分离期至开花前喷药

1次即可。甲基硫菌灵喷施倍数同“苹果轮纹烂果病”。

苹果和梨的霉心病 盛花末期喷药1次即可，落花后用药基本无效。一般使用70%可湿性粉剂或80%可湿性粉剂或70%水分散粒剂或80%水分散粒剂700～800倍液，或50%可湿性粉剂400～500倍液，或50%悬浮剂或500克/升悬浮剂500～600倍液，或36%悬浮剂350～400倍液，均匀喷雾。与多抗霉素或代森锰锌（全络合态）或克菌丹，或吡唑醚菌酯混用效果更好。

苹果和梨的套袋果斑（黑）点病 套袋前5天内喷药效果最好，套袋持续时间较长时需及时再次喷药。一般使用70%可湿性粉剂或80%可湿性粉剂或70%水分散粒剂或80%水分散粒剂700～800倍液，或50%可湿性粉剂400～500倍液，或50%悬浮剂或500克/升悬浮剂500～600倍液，或36%悬浮剂400～500倍液，均匀喷雾。与多抗霉素或代森锰锌（全络合态）、克菌丹、吡唑醚菌酯混用效果更好。

苹果树褐斑病 从历年初见病斑前10天左右的降雨后（多为5月下旬至6月上旬）或落花后1个月左右开始第一次喷药，以后视降雨情况10～15天喷药1次，与不同类型药剂交替使用，连喷4～6次。甲基硫菌灵喷施倍数同“苹果轮纹烂果病”。

苹果和梨的褐腐病 不套袋果褐腐病发生较重的果园，从采收前1个月（中熟品种）至1.5个月（晚熟品种）开始喷药，10～15天1次，连喷2次。甲基硫菌灵喷施倍数同“苹果轮纹烂果病”。

苹果树黑星病 从病害发生初期或初见病果或病叶时开始喷药，10～15天1次，连喷2～4次；病害较重果园，秋梢期再喷药1～2次。甲基硫菌灵喷施倍数同“苹果轮纹烂果病”。

苹果和梨的霉污病 往年病害发生较重的不套袋果园，多从进入雨季初期开始喷药，10～15天1次，连喷2～4次。甲基硫菌灵喷施倍数同“苹果轮纹烂果病”，与克菌丹混合使用效果更好。

苹果和梨的采后烂果病 采后包装贮运前，一般使用70%可湿性粉剂或80%可湿性粉剂或70%水分散粒剂或80%水分散粒剂800～1 000倍液，或50%可湿性粉剂500～600倍液，或50%悬浮剂或500克/升悬浮剂600～700倍液，或36%悬浮剂400～500倍

液浸果，0.5～1 分钟后捞出晾干即可。

梨树黑星病　多从初见病梢（乌码）或病叶、病果时开始喷药，往年黑星病较重果园需从落花后即开始喷药，以后每隔 10～15 天喷药 1 次，与不同类型药剂交替使用或混用，幼果期需喷药 2～3 次，果实膨大至成熟期需喷药 4～6 次。具体喷药间隔期视降雨情况而定，多雨潮湿时间隔期应适当缩短。甲基硫菌灵一般使用 70%可湿性粉剂或 80%可湿性粉剂或 70%水分散粒剂或 80%水分散粒剂 800～1 000 倍液，或 50%可湿性粉剂 500～600 倍液，或 50%悬浮剂或 500 克/升悬浮剂 600～700 倍液，或 36%悬浮剂 400～500 倍液均匀喷雾。与苯醚甲环唑、腈菌唑、戊唑醇、烯唑醇、氟硅唑、吡唑醚菌酯等杀菌剂交替使用或混用效果更好。

梨树白粉病　从病害发生初期或初见病斑时开始喷药，10～15 天 1 次，连喷 2～3 次，注意喷洒叶片背面。甲基硫菌灵喷施倍数同“梨树黑星病”。

梨树褐斑病　从病害发生初期或初见病斑时开始喷药，10～15 天 1 次，连喷 2～3 次。甲基硫菌灵喷施倍数同“梨树黑星病”。

葡萄黑痘病　葡萄开花前（花蕾期）、落花 70%～80%及落花后 10 天左右是防控黑痘病的关键时期，各喷药 1 次即可。甲基硫菌灵喷施倍数同“梨树黑星病”。

葡萄炭疽病、房枯病、溃疡病　多从葡萄果粒膨大中期开始喷药，10 天左右 1 次，与其他不同类型药剂交替使用，连喷 4～6 次。套袋葡萄，套袋后不再喷药。甲基硫菌灵喷施倍数同“梨树黑星病”。

葡萄褐斑病　从病害发生初期或初见病斑时开始喷药，10 天左右 1 次，连喷 2～4 次。甲基硫菌灵喷施倍数同“梨树黑星病”。

葡萄灰霉病　葡萄开花前（幼穗期）、落花后各喷药 1 次，有效防控幼果穗受害；套袋葡萄套袋前 5 天内喷药 1 次，防控套袋后果穗受害；不套袋葡萄在果粒膨大后期至采收前的发病初期继续开始喷药，7～10 天 1 次，连喷 2 次左右。甲基硫菌灵喷施倍数同“梨树黑星病”，与腐霉利、异菌脲、嘧霉胺、嘧菌环胺等药剂交替使用或混用效果更好。

葡萄白粉病、锈病　从病害发生初期或初见病斑时开始喷药，

7～10 天 1 次，连喷 2～3 次。甲基硫菌灵喷施倍数同“梨树黑星病”，注意与其他不同类型药剂交替使用或混用。

桃炭疽病　多从落花后 20～30 天开始喷药，10～15 天 1 次，与不同类型药剂交替使用或混用，连喷 3～5 次，套袋桃套袋后不再喷药。甲基硫菌灵一般使用 70％可湿性粉剂或 80％可湿性粉剂或 70％水分散粒剂或 80％水分散粒剂 800～1 000 倍液，或 50％可湿性粉剂 500～600 倍液，或 50％悬浮剂或 500 克/升悬浮剂 600～700 倍液，或 36％悬浮剂 400～500 倍液均匀喷雾。

桃树黑星病（疮痂病）　油桃系列从落花后 15 天左右开始喷药，毛桃系列从落花后 20～30 天开始喷药，10～15 天 1 次，直到采收前 1 个月结束（套袋桃套袋后不再喷药）。甲基硫菌灵喷施倍数同“桃炭疽病”，连续喷药时注意与不同类型药剂交替使用。

桃树褐腐病　防控花腐及幼果褐腐时，在初花期、落花后及落花后 15 天各喷药 1 次；防控近成熟果褐腐时（不套袋果），一般从果实成熟前 1 个月左右开始喷药，7～10 天 1 次，连喷 2～3 次。甲基硫菌灵喷施倍数同“桃炭疽病”，连续喷药时注意与不同类型药剂交替使用。

桃树缩叶病　在桃芽露红但尚未展开时进行喷药，一般桃园喷药 1 次即可，往年缩叶病严重桃园落花后再喷药 1 次。桃芽露红期一般使用 70％可湿性粉剂或 80％可湿性粉剂或 70％水分散粒剂或 80％水分散粒剂 500～600 倍液，或 50％可湿性粉剂 300～400 倍液，或 50％悬浮剂或 500 克/升悬浮剂 400～500 倍液，或 36％悬浮剂 250～300 倍液均匀喷雾，落花后甲基硫菌灵喷施倍数同“桃炭疽病”。

桃树真菌性穿孔病　多从病害发生初期开始喷药，10～15 天 1 次，连喷 2～4 次。甲基硫菌灵喷施倍数同“桃炭疽病”，注意与不同类型药剂交替使用。

桃树锈病、白粉病　从病害发生初期或初见病斑时开始喷药，10～15 天 1 次，连喷 2 次左右。甲基硫菌灵喷施倍数同“桃炭疽病”。

李红点病　从落花后 10 天左右开始喷药，10～15 天 1 次，与不同类型药剂交替使用或混用，连喷 2～4 次。甲基硫菌灵喷施倍数同“桃炭疽病”。

李袋果病　萌芽后开花前、落花后各喷药1次，即可有效防控袋果病的发生为害。甲基硫菌灵喷施倍数同“桃炭疽病”。

李炭疽病、真菌性穿孔病　从落花后20天左右或真菌性穿孔病发生初期开始喷药，10～15天1次，连喷2～4次。甲基硫菌灵喷施倍数同“桃炭疽病”。

李褐腐病　从果实成熟前45天左右开始喷药，10～15天1次，连喷2次左右。甲基硫菌灵喷施倍数同“桃炭疽病”。

杏疔病　从杏树落花后5～7天开始喷药，10～15天1次，连喷2～3次。甲基硫菌灵喷施倍数同“桃炭疽病”。

杏黑星病、真菌性穿孔病　从杏树落花后20天左右或真菌性穿孔病发生初期开始喷药，10～15天1次，与不同类型药剂交替使用，连喷2～4次。甲基硫菌灵喷施倍数同“桃炭疽病”。

樱桃炭疽病、褐腐病　从樱桃落花后20天左右开始喷药，10～15天1次，连喷2～3次。甲基硫菌灵喷施倍数同“桃炭疽病”。

樱桃真菌性穿孔病　从病害发生初期或初见病斑时开始喷药，10～15天1次，连喷2～3次。甲基硫菌灵喷施倍数同“桃炭疽病”。

核桃树腐烂病、干腐病、溃疡病　先对病斑进行划道割治，然后在割治病斑表面涂抹药剂治疗。一般使用3%糊剂原液，或36%悬浮剂10～15倍液，或50%可湿性粉剂或50%悬浮剂或500克/升悬浮剂20～30倍液，或70%可湿性粉剂或80%可湿性粉剂或70%水分散粒剂或80%水分散粒剂30～50倍液在病斑表面涂抹。1个月后再涂药1次效果更好。

核桃炭疽病、真菌性叶斑病、枝枯病　多从幼果膨大中期或初见病斑时开始喷药，10～15天1次，与不同类型药剂交替使用，连喷2～4次，防控炭疽病前期喷药最为关键。甲基硫菌灵一般使用70%可湿性粉剂或80%可湿性粉剂或70%水分散粒剂或80%水分散粒剂800～1 000倍液，或50%可湿性粉剂500～600倍液，或50%悬浮剂或500克/升悬浮剂600～700倍液，或36%悬浮剂400～500倍液，均匀喷雾。

枣树褐斑病、轮纹病、炭疽病、锈病　先在（一茬花）开花前喷药1次，有效防控褐斑病的早期发生；然后从（一茬花）落花后10～15天开始连续喷药，10～15天1次，与不同类型药剂交替使用，连喷5～7次。具体喷药间隔期及次数视降雨情况灵活掌握，阴雨潮湿多喷、无雨干旱少喷。甲基硫菌灵一般使用70%可湿性粉剂或80%可湿性粉剂或70%水分散粒剂或80%水分散粒剂800～1 000倍液，或50%可湿性粉剂500～600倍液，或50%悬浮剂或500克/升悬浮剂600～700倍液，或36%悬浮剂400～500倍液，均匀喷雾。

柿树角斑病、圆斑病、炭疽病、白粉病　多从柿树落花后15天左右开始喷药，15天左右1次，一般柿园连喷2～3次即可有效控制角斑病、圆斑病及炭疽病的发生为害；但在南方甜柿产区，开花前需增加喷药1～2次，中后期还需继续喷药2～4次；防控白粉病时，从病害发生初期开始喷药，10～15天1次，连喷1～2次即可。甲基硫菌灵喷施倍数同“枣树褐斑病”，连续喷药时注意与不同类型药剂交替使用。

板栗炭疽病、叶斑病　从病害发生初期或栗蓬膨大中期开始喷药，10～15天1次，连喷2～3次。甲基硫菌灵喷施倍数同“枣树褐斑病”。

猕猴桃炭疽病、叶斑病　先在开花前喷药1次，然后从落花后15天左右开始连续喷药，10～15天1次，与不同类型药剂交替使用，连喷3～5次。甲基硫菌灵喷施倍数同“枣树褐斑病”。

石榴炭疽病、麻皮病、叶斑病　先在开花初期喷药1次，然后从（一茬花）坐住果后开始连续喷药，10～15天1次，与不同类型药剂交替使用，连喷3～5次。甲基硫菌灵喷施倍数同“枣树褐斑病”。

山楂锈病、叶斑病、黑星病、轮纹病、炭疽病　在山楂展叶期、初花期和落花后10天各喷药1次，有效防控锈病，兼防叶斑病；防控黑星病时，从初见病斑时开始喷药，10～15天1次，连喷2～3次，兼防炭疽病、叶斑病；防控轮纹病、炭疽病时，从落花后半月左右开始喷药，10～15天1次，连喷3～4次，兼防叶斑病。甲基硫菌灵喷施倍数同“枣树褐斑病”，连续喷药时注意与不同类型药剂交替使用。

草莓病害 从花蕾期开始，使用甲基硫菌灵药液灌根，10～15 天后再浇灌 1 次，对根腐病具有较好的防控效果，药剂灌根浓度同“果树类真菌性根部病害”。防控褐斑病、炭疽病时，从病害发生初期或初见病斑时开始喷药，10～15 天 1 次，与不同类型药剂交替使用，连喷 2～4 次。甲基硫菌灵喷施倍数同“枣树褐斑病”。

花椒病害 以防控锈病为主，兼防黑斑病、炭疽病即可。多从锈病发生初期或初见病斑时开始喷药，10～15 天 1 次，与不同类型药剂交替使用，连喷 2～4 次。甲基硫菌灵喷施倍数同“枣树褐斑病”。

蓝莓炭疽病、叶斑病 从病害发生初期或初见病斑时开始喷药，10～15 天 1 次，连喷 2～3 次。甲基硫菌灵喷施倍数同“枣树褐斑病”。

香蕉炭疽病、轴腐病 香蕉采收后药液浸果，一般使用 70%可湿性粉剂或 80%可湿性粉剂或 70%水分散粒剂或 80%水分散粒剂 600～800 倍液，或 50%可湿性粉剂 400～500 倍液，或 50%悬浮剂或 500 克/升悬浮剂 500～600 倍液，或 36%悬浮剂 300～400 倍液浸泡果实，与咪鲜胺混用效果更好。浸泡 1 分钟后捞出、晾干，而后包装贮运。

香蕉叶斑病、黑星病 从病害发生初期开始喷药，10 天左右 1 次，与不同类型药剂交替使用或混用，连喷 3～5 次。甲基硫菌灵一般使用 70%可湿性粉剂或 80%可湿性粉剂或 70%水分散粒剂或 80%水分散粒剂 700～800 倍液，或 50%可湿性粉剂 400～500 倍液，或 50%悬浮剂或 500 克/升悬浮剂 500～600 倍液，或 36%悬浮剂 300～400 倍液，均匀喷雾。

杧果炭疽病、白粉病、叶斑病 先在杧果开花初期、开花末期及谢花后 20 天各喷药 1 次，有效防控白粉病及早期炭疽病；然后从果实膨大期开始继续喷药，10～15 天 1 次，连喷 2～4 次，防控叶斑病及中后期炭疽病。甲基硫菌灵喷施倍数同“香蕉叶斑病”，连续喷药时注意与不同类型药剂交替使用或混用。

柑橘类炭疽病、疮痂病、黑星病、黄斑病 萌芽 1/3 厘米、谢花2/3是防控疮痂病的关键期，兼防前期叶片炭疽病；谢花2/3、幼果期是防控炭疽病并保果的关键期，兼防疮痂病、黄斑病；果实膨大期至转色期是防控黑星病、黄斑病的关键期，兼防炭疽病；椪柑类果实转色期是防控急性炭疽病的关键期。连续喷药时，注意与不同类型药剂交替使用或混用。甲基硫菌灵一般使用70%可湿性粉剂或80%可湿性粉剂或70%水分散粒剂或80%水分散粒剂700～800倍液，或50%可湿性粉剂400～500倍液，或50%悬浮剂或500克/升悬浮剂500～600倍液，或36%悬浮剂400～500倍液，均匀喷雾。

柑橘类青霉病、绿霉病、蒂腐病、黑腐病　采收后当天药剂浸果，0.5～1分钟后捞出、晾干，而后包装贮运，与咪鲜胺、抑霉唑等药剂混用效果更好。甲基硫菌灵一般使用70%可湿性粉剂或80%可湿性粉剂或70%水分散粒剂或80%水分散粒剂700～800倍液，或50%可湿性粉剂400～500倍液，或50%悬浮剂或500克/升悬浮剂500～600倍液，或36%悬浮剂350～400倍液浸泡。

水稻稻瘟病、纹枯病、稻曲病、鞘腐病、褐变穗　防控苗瘟、叶瘟时，田间出现中心病株或急性病斑时喷药1次；防控穗颈瘟、褐变穗时，破口期、齐穗初期各喷药1次；防控纹枯病和鞘腐病时，拔节期、孕穗期各喷药1次；防控稻曲病时，破口前5～7天、齐穗初期各喷药1次。连续喷药时，注意与不同类型药剂交替使用或混用。甲基硫菌灵一般每亩次使用70%可湿性粉剂或80%可湿性粉剂或70%水分散粒剂或80%水分散粒剂120～150克，或50%可湿性粉剂170～200克，或50%悬浮剂或500克/升悬浮剂150～180毫升，或36%悬浮剂180～220毫升，对水30～45千克均匀喷雾。

麦类作物及玉米黑穗病　一般使用70%可湿性粉剂或80%可湿性粉剂或70%水分散粒剂或80%水分散粒剂130～150克，或50%可湿性粉剂200克，或50%悬浮剂或500克/升悬浮剂200毫升，或36%悬浮剂250毫升，对水4千克搅拌均匀，而后均匀拌种100千克，闷种6小时后播种；或使用70%可湿性粉剂或80%可湿性粉剂或70%水分散粒剂或80%水分散粒剂200～220克，或50%可湿性粉剂300克，或50%悬浮剂或500克/升悬浮剂300毫升，或36%悬浮剂400毫升，对水150千克搅拌均匀，而后浸种100千克36～48小时，捞出晾干后播种。

麦类纹枯病、白粉病、锈病、赤霉病　防控纹枯病、白粉病、锈病时，从病害发生初期或返青至拔节期开始喷药，10天左右1次，连喷2次左右；防控赤霉病时，在齐穗初期和扬花初期各喷药1次，兼防锈病、白粉病。甲基硫菌灵喷施剂量同“水稻稻瘟病”。

玉米大斑病、小斑病、灰斑病、黄斑病、纹枯病、锈病　从病害发生初期开始喷药，10天左右1次，连喷2次左右。甲基硫菌灵喷施剂量同“水稻稻瘟病”。

高粱炭疽病、叶斑病　从病害发生初期开始喷药，10天左右1次，连喷1～2次。甲基硫菌灵喷施剂量同“水稻稻瘟病”。

棉花炭疽病、褐斑病、轮斑病　棉花结铃后，从病害发生初期开始喷药，10～15天1次，连喷1～2次。甲基硫菌灵喷施剂量同“水稻稻瘟病”。

甘薯黑斑病　育秧前浸泡种薯、栽种前浸泡薯秧基部、种薯贮存前药液浸泡薯块。一般使用70%可湿性粉剂或80%可湿性粉剂或70%水分散粒剂或80%水分散粒剂800～1 000倍液，或50%可湿性粉剂600～700倍液，或50%悬浮剂或500克/升悬浮剂700～800倍液，或36%悬浮剂400～500倍液浸泡，浸泡5分钟即可。

马铃薯干腐病　播种前拌种、贮运前药液浸泡薯块。拌种时每100千克种薯使用70%或80%可湿性粉剂80～100克，或50%可湿性粉剂120～150克，混加1～1.5千克滑石粉拌匀，而后均匀混拌种薯。贮运前使用70%可湿性粉剂或80%可湿性粉剂或70%水分散粒剂或80%水分散粒剂600～800倍液，或50%可湿性粉剂400～500倍液，或50%悬浮剂或500克/升悬浮剂500～600倍液，或36%悬浮剂300～400倍液浸泡薯块，浸泡1分钟后捞出、晾干，而后包装贮运。

花生叶斑病、锈病、疮痂病　多从花生封垄后或生长中期的病害发生初期开始喷药，10～15天1次，连喷2～3次。一般每亩次使用70%可湿性粉剂或80%可湿性粉剂或70%水分散粒剂或80%水分散粒剂80～100克，或50%可湿性粉剂120～140克，或50%

悬浮剂或500克/升悬浮剂80～100毫升，或36%悬浮剂120～150毫升，对水30～45千克均匀喷雾。

大豆、绿豆等豆类的根腐病　根腐病发生较重的地块，播种前按每亩使用70%或80%可湿性粉剂0.5～1千克，或50%可湿性粉剂0.7～1.4千克，于播种垄内均匀撒施，而后播种，可有效防控根腐病的发生为害。

大豆、绿豆等豆类的炭疽病、叶斑病、锈病、白粉病　进入结荚期后，从病害发生初期开始喷药，10～15天1次，连喷2次左右。甲基硫菌灵喷施剂量同"花生叶斑病"。

油菜菌核病　从油菜初花期开始喷药，10～15天1次，连喷2次左右，重点喷洒植株中下部及地面。甲基硫菌灵喷施剂量同"花生叶斑病"。

黄瓜炭疽病、白粉病　从病害发生初期开始喷药，10天左右1次，连喷2～3次，与三唑类杀菌剂混用效果更好。甲基硫菌灵一般每亩次使用70%可湿性粉剂或80%可湿性粉剂或70%水分散粒剂或80%水分散粒剂100～120克，或50%可湿性粉剂140～170克，或50%悬浮剂或500克/升悬浮剂120～150毫升，或36%悬浮剂160～200毫升，对水45～60千克均匀喷雾。

黄瓜、西瓜、甜瓜等瓜类的枯萎病　既可于播种前或定植前土壤处理，也可于定植后或生长期灌根。播种前或定植前土壤处理时，按每亩使用70%或80%可湿性粉剂0.5～1千克，或50%可湿性粉剂0.7～1.4千克，混适量细土后在播种或定植垄内均匀撒施，而后播种或定植。灌根用药时，既可浇灌定植药水，也可从田间初见病株时开始灌根，一般使用70%可湿性粉剂或80%可湿性粉剂或70%水分散粒剂或80%水分散粒剂700～800倍液，或50%可湿性粉剂400～500倍液，或50%悬浮剂或500克/升悬浮剂500～600倍液，或36%悬浮剂300～400倍液，按照每株200～300毫升药液量灌根。

茄子、辣椒、番茄等茄果类蔬菜的根腐病　具体措施及药剂使用量同"瓜类枯萎病"。

西瓜、甜瓜的炭疽病、蔓枯病、白粉病　从病害发生初期开始喷药，10天左右1次，每期连喷2～3次。一般每亩次使用70%可湿性粉剂或80%可湿性粉剂或70%水分散粒剂或80%水分散粒剂100～120克，或50%可湿性粉剂120～150克，或50%悬浮剂或500克/升悬浮剂100～120毫升，或36%悬浮剂120～150毫升，对水45～60千克均匀喷雾。连续喷药时，注意与不同类型药剂交替使用或混用。

茄子、辣椒、番茄等茄果类蔬菜的炭疽病、叶斑病、菌核病　从病害发生初期开始喷药，7～10天1次，连喷3次左右，注意与不同类型药剂交替使用。甲基硫菌灵喷施剂量同“西瓜炭疽病”。

番茄叶霉病　从病害发生初期开始喷药，7～10天1次，连喷2～3次，重点喷洒叶片背面。甲基硫菌灵喷施剂量同“西瓜炭疽病”。

芹菜叶斑病　从病害发生初期开始喷药，7～10天1次，连喷3次左右。甲基硫菌灵喷施剂量同“西瓜炭疽病”。

芦笋茎枯病、锈病　从病害发生初期开始喷药，10天左右1次，连喷3次左右，注意喷洒植株中下部的茎部。甲基硫菌灵喷施剂量同“西瓜炭疽病”。

姜叶枯病　从病害发生初期开始喷药，10～15天1次，连喷2～3次。甲基硫菌灵喷施剂量同“西瓜炭疽病”。

甜菜褐斑病　从病害发生初期开始喷药，10～15天1次，连喷2次左右。甲基硫菌灵喷施剂量同“西瓜炭疽病”。

烟草白粉病　从病害发生初期开始喷药，10～15天1次，连喷2～3次。一般使用70%可湿性粉剂或80%可湿性粉剂或70%水分散粒剂或80%水分散粒剂700～800倍液，或50%可湿性粉剂400～500倍液，或50%悬浮剂或500克/升悬浮剂500～600倍液，或36%悬浮剂350～400倍液，均匀喷雾。

注意事项　甲基硫菌灵不能与铜制剂及碱性农药或肥料混用。连续多次用药时，注意与不同类型药剂交替使用或混用。悬浮剂型可能会有一些沉淀，摇匀后使用不影响药效。

克菌丹 captan

主要含量与剂型　40%悬浮剂，50%可湿性粉剂，80%水分散粒剂。

产品特点 克菌丹是一种邻苯二甲酰亚胺类广谱低毒杀菌剂，以保护作用为主，兼有一定的治疗效果，使用较安全，对许多种真菌性病害均有良好的预防效果，特别适用于对铜制剂农药敏感的作物，喷施后在植物表面快速形成保护药膜，黏着性强，耐雨水冲刷。在水果上使用具有美容、去斑、促进果面光洁靓丽的作用。克菌丹能渗透至病菌的细胞膜，通过影响丙酮酸的脱羧作用，使之不能进入三羧酸循环；释放的硫光气与蛋白质中的相关基团反应，抑制酶或辅酶的活性；干扰病菌呼吸过程中电子传递，阻断三羧酸循环，使病菌难以获得正常代谢所需能量；还可干扰病菌细胞膜的形成及细胞分裂。具有多个杀菌作用位点，连续多次使用很难诱使病菌产生抗药性。连续喷施防病效果更加明显，并可显著提高水果采收后的保水性能。

适用作物防控对象及使用技术

落叶果树真菌性根部病害 防控苗期病害时，育苗前按照每亩使用50%可湿性粉剂1 000～2 000克的药量，混适量细干土后均匀撒施在苗圃地内，浅混土后播种。果园内发现病树后，及时在树盘内灌药治疗，一般使用50%可湿性粉剂或40%悬浮剂500～600倍液，或80%水分散粒剂800～1 000倍液浇灌树盘，将病树主要根区范围灌透。防控紫纹羽病、白纹羽病时还要注意对病树根颈部用药。

苹果病害 从落花后10天左右开始喷药，10～15天1次，与相应治疗性杀菌剂交替使用或混用，连续喷施至生长中后期，对轮纹烂果病、炭疽病、褐斑病、斑点落叶病、煤污病、黑星病均有较好的预防效果。特别是在雨季等高湿环境下喷施，对煤污病（霉污病）具有独特防效。克菌丹一般使用50%可湿性粉剂或40%悬浮剂500～600倍液，或80%水分散粒剂800～1 000倍液均匀喷雾。

梨树病害 从落花后10天左右开始喷药，10～15天1次，与相应治疗性杀菌剂交替使用或混用，连续喷施至生长中后期，对黑星病、黑斑病、褐斑病、煤污病（霉污病）、轮纹病、炭疽病、白粉病均有较好的预防效果。特别在阴雨等高湿环境下喷施，对果实煤污病（霉污病）防控效果良好，并可显著提高果面外观质量和采收后的保水性能。克菌丹一般使用50%可湿性粉剂或40%悬浮剂

500～700 倍液，或 80%水分散粒剂 800～1 000 倍液均匀喷雾。

葡萄病害 开花前（幼穗期）、落花后各喷药 1 次，有效防控穗轴褐枯病、黑痘病和霜霉病为害幼果穗；以后从叶片上初见霜霉病病斑时开始继续喷药，10 天左右 1 次，与相应治疗性杀菌剂交替使用或混用，连续喷施至生长后期，对霜霉病、褐斑病、炭疽病、白腐病、白粉病均有较好的预防效果。克菌丹一般使用 50%可湿性粉剂或 40%悬浮剂 500～600 倍液，或 80%水分散粒剂 800～1 000 倍液均匀喷雾。注意不要在红提和薄皮品种的果穗上使用，也不要与有机磷类药剂、乳油类药剂及含有游离金属离子的药剂混用。

桃树、杏树、李树病害 防控炭疽病时，从落花后 15～20 天开始喷药，10～15 天 1 次，与相应治疗性杀菌剂交替使用或混用，连喷 3～5 次，兼防黑星病、真菌性穿孔病；防控黑星病时，从落花后 20 天左右开始喷药，10～15 天 1 次，与相应治疗性杀菌剂交替使用或混用，连喷 3～4 次，兼防炭疽病、真菌性穿孔病；防控褐腐病时，从果实成熟前 1～1.5 个月开始喷药，10 天左右 1 次，连喷 2～3 次，兼防炭疽病、黑星病、真菌性穿孔病。桃树上防控缩叶病时，在花芽膨大期和落花后各喷药 1 次；李树上防控红点病时，从落花后 15～20 天开始喷药，10～15 天 1 次，连喷 2～4 次。克菌丹一般使用 50%可湿性粉剂或 40%悬浮剂 500～600 倍液，或 80%水分散粒剂 800～1 000 倍液均匀喷雾。

枣树褐斑病、锈病、轮纹病、炭疽病 枣树开花前喷药 1 次，防控褐斑病的早期发生；以后从坐住枣果后开始连续喷药，10～15 天 1 次，与相应治疗性杀菌剂交替使用或混用，连喷 4～6 次。克菌丹一般使用 50%可湿性粉剂或 40%悬浮剂 600～800 倍液，或 80%水分散粒剂 1 000～1 200 倍液均匀喷雾。高温干旱季节慎重使用，或提高用药稀释倍数，以防刺激果面产生果锈。

石榴褐斑病、炭疽病、麻皮病 多从石榴幼果期开始喷药，10～15 天 1 次，连喷 4～6 次，与相应治疗性药剂交替使用或混用效果更好。克菌丹一般使用 50%可湿性粉剂或 40%悬浮剂 500～600 倍液，或 80%水分散粒剂 800～1 000 倍液均匀喷雾。

山楂轮纹病、炭疽病、叶斑病 防控轮纹病、炭疽病时，从落

花后15天左右开始喷药，10～15天1次，连喷3～5次；防控叶斑病时，从病害发生初期或初见病斑时开始喷药，10～15天1次，连喷2～3次。克菌丹喷施倍数同“石榴褐斑病”。

草莓病害 在花蕾期、初花期、中花期、末花期各喷药1次，对灰霉病、白粉病、叶斑病均有较好的防控效果；防控繁苗田炭疽病及叶斑病时，多从病害发生初期或初见病斑时开始喷药，10天左右1次，连喷2～4次。克菌丹喷施倍数同“石榴褐斑病”。

柑橘炭疽病、疮痂病、黑星病、树脂病、黄斑病 先在春梢抽生0.5～1厘米时、开花前、落花2/3时各喷药1次；然后从落花后15天左右开始继续喷药，10～15天1次，连喷2～4次；最后再于果实转色期喷药1～2次（间隔期10～15天）。连续喷药时，注意与相应治疗性杀菌剂交替使用或混用。克菌丹一般使用50%可湿性粉剂或40%悬浮剂500～700倍液，或80%水分散粒剂800～1 000倍液均匀喷雾。

杧果病害 先在花蕾初期、开花期及幼果期各喷药1次，对白粉病及幼果期炭疽病具有良好的防控效果；然后再于果实膨大期喷药2次左右（间隔期10～15天），有效防控中后期果实炭疽病；防控煤烟病、叶斑病时，从病害发生初期开始喷药，10～15天1次，连喷2次左右。连续喷药时，注意与相应治疗性杀菌剂交替使用或混用。克菌丹一般使用50%可湿性粉剂或40%悬浮剂500～600倍液，或80%水分散粒剂800～1 000倍液均匀喷雾。

马铃薯黑痣病 播种沟用药或药剂拌种。播种沟用药即在播种时每亩使用50%可湿性粉剂200～250克，或40%悬浮剂200～250毫升，或80%水分散粒剂120～150克，对水30～60千克于播种时喷洒播种沟。药剂拌种时，每100千克种薯使用50%可湿性粉剂100～120克，与适量滑石粉混匀后均匀拌种，阴干后装袋备播。

马铃薯晚疫病、早疫病、炭疽病 从植株现蕾期或初见病斑时开始喷药，10天左右1次，与相应治疗性杀菌剂交替使用或混用，直到生长后期。克菌丹一般每亩次使用40%悬浮剂120～150毫升，或50%可湿性粉剂120～150克，或80%水分散粒剂80～100克，对水45～75千克均匀喷雾。

黄瓜霜霉病、白粉病、炭疽病　以防控霜霉病为主，兼防白粉病、炭疽病。多从初见霜霉病病斑时立即开始喷药，7～10 天1 次，与相应治疗性杀菌剂交替使用或混用，连续喷施，直到生长后期。克菌丹一般每亩次使用 40%悬浮剂 150～200 毫升，或 50%可湿性粉剂 120～180 克，或 80%水分散粒剂 80～120 克，对水 45～75 千克均匀喷雾。

西瓜、甜瓜及西葫芦的霜霉病、白粉病、炭疽病、叶斑病　从病害发生初期开始喷药，7～10 天 1 次，连喷 3～5 次。克菌丹一般每亩次使用 40%悬浮剂 120～150 毫升，或 50%可湿性粉剂 120～150 克，或 80%水分散粒剂 80～100 克，对水 45～60 千克均匀喷雾。

番茄晚疫病、早疫病、叶霉病、叶斑病　以防控晚疫病为主，兼防早疫病、叶斑病、叶霉病。多从田间初见晚疫病病斑时开始喷药，7～10 天 1 次，与相应治疗性杀菌剂交替使用或混用，连喷 5～7 次。克菌丹一般每亩次使用 40%悬浮剂 120～150 毫升，或 50%可湿性粉剂 130～180 克，或 80%水分散粒剂 80～110 克，对水 45～60 千克均匀喷雾。

辣椒炭疽病、白粉病、叶斑病　从病害发生初期开始喷药，7～10 天 1 次，连喷 3～5 次。克菌丹喷施剂量同“番茄晚疫病”。

茄子轮斑病、褐纹病、白粉病　从病害发生初期开始喷药，7～10 天 1 次，连喷 2～4 次。克菌丹喷施剂量同“番茄晚疫病”。

芹菜叶斑病　从病害发生初期或初见病斑时开始喷药，7～10 天 1 次，连喷 2～4 次。克菌丹一般每亩次使用 40%悬浮剂80～100 毫升，或 50%可湿性粉剂 80～100 克，或 80%水分散粒剂 50～60 克，对水 30～45 千克均匀喷雾。

芦笋茎枯病　从病害发生初期或初见病斑时开始喷药，10～15 天 1 次，连喷 3～5 次。克菌丹喷施剂量同“芹菜叶斑病”。

花生叶斑病、疮痂病　从病害发生初期或开花下针期开始喷药，10～15 天 1 次，连喷 2～3 次。克菌丹喷施剂量同“芹菜叶斑病”。

花生、荷兰豆、三七拌种　防控花生、荷兰豆、三七等种传及土传病害时，按每 10 千克种子使用 50%可湿性粉剂 30～50 克的药量均匀拌种。

根颈部浇灌　防控瓜果蔬菜近地面处根颈部病害（疫病、茎基腐病）及根部病害（根腐病、枯萎病、黄萎病）时，常采用顺茎基部向下灌药或淋灌的方式进行防控，一般使用40%悬浮剂或50%可湿性粉剂500～600倍液，或80%水分散粒剂800～1 000倍液浇灌，每株需浇灌药液250～400毫升。

土壤消毒　防控苗床病害时，育苗前每立方米苗床土均匀拌施50%可湿性粉剂50克，而后播种。田间防控瓜果蔬菜土传病害时，定植前按每亩次使用50%可湿性粉剂1～1.5千克药量均匀撒施于定植沟或穴内，混土后定植；或生长期使用40%悬浮剂或50%可湿性粉剂500～600倍液，或80%水分散粒剂800～1 000倍液浇灌植株根颈部及其周围土壤。

注意事项　克菌丹不能与碱性农药或肥料混用，也不能与机油混用；与含锌离子的叶面肥混用时，部分作物较敏感，应先试验、后使用。红提葡萄果穗及有些薄皮品种葡萄的果穗对克菌丹较敏感，不能直接对果穗用药。葡萄上不能与有机磷类杀虫剂及乳油类药剂混用，也不能与植物生长调节剂及含植物生长调节剂叶面肥混用。喷药时必须及时、均匀、周到，以保证防控效果。连续用药时，尽量与相应治疗性杀菌剂交替使用或混用。

喹啉铜 oxine-copper

主要含量与剂型　2%膏剂，33.5%、40%悬浮剂，50%可湿性粉剂，50%水分散粒剂。

产品特点　喹啉铜是一种螯合态广谱低毒铜制剂，以保护作用为主，兼有一定的内吸治疗效果，喷施后在植物表面形成一层严密的保护药膜，与植物亲和力强，耐雨水冲刷，使用安全；铜离子缓控释放，药效稳定，持效期较长。不仅铜离子具有广谱杀菌功效，其结构中的喹啉基团也有广泛的杀菌活性。该药杀菌作用位点多，连续多次使用不易诱使病菌产生抗药性。释放出的铜离子一方面导致病菌细胞膜上的蛋白质变性凝固，另一方面进入细胞内的铜离子可与一些酶结合而影响其活性，最终导致病菌死亡。

在果树枝干病疤上涂抹用药后，能够促使伤口快速愈合，并能有效阻隔病菌的再侵染。

适用作物防控对象及使用技术

苹果树、梨树的腐烂病、干腐病、枝干轮纹病　先在早春树体发芽前喷洒1次枝干进行清园，一般使用50%可湿性粉剂或50%水分散粒剂1 000～1 200倍液，或40%悬浮剂800～1 000倍液，或33.5%悬浮剂600～700倍液均匀喷雾；或在治疗病斑后药剂涂抹病斑伤口，杀灭残余病菌并促进伤口愈合时，一般使用2%膏剂按照每平方米250～300克剂量直接涂抹病疤及伤口周围，或使用50%可湿性粉剂或50%水分散粒剂200～300倍液，或40%悬浮剂150～200倍液，或33.5%悬浮剂120～150倍液涂抹病疤及伤口周围。

苹果果实及叶部病害　防控轮纹病、炭疽病等果实病害时，多从落花后10天左右开始喷药，10天左右1次，连喷3次后套袋。不套袋苹果需继续喷药4～6次，兼防褐斑病、斑点落叶病、黑星病；套袋苹果套袋后继续喷药4次左右，间隔期10～15天，有效防控褐斑病、斑点落叶病、黑星病。一般使用50%可湿性粉剂，或50%水分散粒剂2 500～3 000倍液，或40%悬浮剂2 000～2 500倍液，或33.5%悬浮剂1 500～2 000倍液均匀喷雾。连续喷药时，注意与相应治疗性杀菌剂交替使用或混用。

梨树果实及叶部病害　防控黑星病、轮纹病、炭疽病、褐斑病、黑斑病、白粉病时，从梨树落花后10天左右开始喷药，10～15天1次，连续喷施，直到生长后期，注意与相应治疗性杀菌剂交替使用或混用。喹啉铜一般使用50%可湿性粉剂或50%水分散粒剂2 500～3 000倍液，或40%悬浮剂2 000～2 500倍液，或33.5%悬浮剂1 500～2 000倍液均匀喷雾。

葡萄病害　先在幼穗开花前、落花后及落花后10天左右各喷药1次，有效防控黑痘病，兼防霜霉病为害幼穗；然后从叶片上初见霜霉病病斑时开始连续喷药，10天左右1次，与相应治疗性杀菌剂交替使用或混用，直到生长后期，有效防控霜霉病、炭疽病、褐斑病、白粉病。喹啉铜一般使用50%可湿性粉剂或50%水分散粒剂1 500～2 000倍液，或40%悬浮剂1 000～1 500倍液，或

33.5%悬浮剂 800～1 000 倍液均匀喷雾。

核桃、山核桃病害　防控干腐病、腐烂病、溃疡病、轮纹病等枝干病害时，先在早春树体发芽前喷洒 1 次枝干进行清园，一般使用 50%可湿性粉剂或 50%水分散粒剂 1 000～1 200 倍液，或 40%悬浮剂 800～1 000 倍液，或 33.5%悬浮剂 600～700 倍液均匀喷雾；然后在病斑划道切割后表面涂药，对病斑进行治疗，一般使用 50%可湿性粉剂或 50%水分散粒剂 500～600 倍液，或 40%悬浮剂 300～400 倍液，或 33.5%悬浮剂 250～300 倍液涂抹病疤及其周围，或使用 2%膏剂直接涂抹病疤及其周围。防控黑斑病、炭疽病、褐斑病时，从病害发生初期或初见病斑时开始喷药，10～15 天 1 次，连喷 2～4 次，注意与相应治疗性杀菌剂交替使用或混用。喹啉铜一般使用 50%可湿性粉剂或 50%水分散粒剂 3 000～4 000 倍液，或 40%悬浮剂 2 500～3 000 倍液，或 33.5%悬浮剂 2 000～2 500 倍液均匀喷雾。

柑橘树溃疡病　在春梢抽生 0.5～1 厘米、春梢转绿期、落花 2/3、小幼果期、生理落果后及秋梢抽生初期、秋梢转绿期各喷药 1 次，注意与不同类型药剂交替使用或混用。喹啉铜一般使用 50%可湿性粉剂或 50%水分散粒剂 1 500～1 800 倍液，或 40%悬浮剂 1 200～1 400 倍液，或 33.5%悬浮剂 1 000～1 200 倍液均匀喷雾。

荔枝霜疫霉病　在花蕾期、幼果期、转色期各喷药 1 次，喹啉铜喷施倍数同“柑橘树溃疡病”。

杨梅树褐斑病　从病害发生初期开始喷药，10 天左右 1 次，连喷 2～3 次。喹啉铜喷施倍数同“柑橘树溃疡病”。

黄瓜霜霉病、细菌性角斑病　从病害发生初期或初见病斑时开始喷药，7～10 天 1 次，与不同类型药剂交替使用，直到生长后期。喹啉铜一般每亩次使用 33.5%悬浮剂 70～80 毫升，或 40%悬浮剂 50～70 毫升，或 50%可湿性粉剂或 50%水分散粒剂 40～55 克，对水 45～60 千克喷雾，注意喷洒叶片背面。

番茄晚疫病　从病害发生初期开始喷药，7～10 天 1 次，连喷 3～5 次，注意与不同类型药剂交替使用。喹啉铜一般每亩次使用 33.5%悬浮剂 60～75 毫升，或 40%悬浮剂 50～60 毫升，或 50%可湿性粉剂或 50%水分散粒剂 40～50 克，对水 45～60 千克均匀喷雾。

马铃薯早疫病 从病害发生初期开始喷药，7～10 天 1 次，连喷 3～4 次，注意与不同类型药剂交替使用。喹啉铜喷施剂量同“番茄晚疫病”。

注意事项 喹啉铜不能与碱性药剂及肥料混用，也不能与强酸性药剂混用。连续喷药时，注意与不同类型药剂交替使用。

硫酸铜钙 copper calcium sulphate

主要含量与剂型 77%可湿性粉剂，77%水分散粒剂。

产品特点 硫酸铜钙是一种矿物源广谱保护性低毒杀菌剂，通过释放的铜离子而起杀菌作用，相当于工业化生产的“波尔多粉”，但喷施后对叶面没有明显药斑污染。其杀菌机理是通过释放的铜离子与病原真菌或细菌体内的多种生物基团结合，形成铜的络合物等物质，使蛋白质变性，进而阻碍和抑制代谢过程，导致病菌死亡。独特的“铜”“钙”大分子络合物，遇水或水膜时缓慢释放出杀菌的铜离子，杀菌、防病及时彻底，持效期较长，并对真菌性和细菌性病害同时有效。硫酸铜钙与普通波尔多液不同，药液呈微酸性，可与不含金属离子的非碱性农药混用，使用方便。制剂颗粒微细，呈绒毛状结构，喷施后能均匀分布并紧密黏附在植物的叶片、果实及枝干表面，耐雨水冲刷能力强。另外，硫酸铜钙富含 12%的硫酸钙，在有效防控病害的同时，还具有一定的补钙功效。

适用作物防控对象及使用技术 硫酸铜钙主要用于喷雾，有时也可用于灌根及土壤消毒处理，喷雾时必须在病菌侵染前均匀喷洒才能获得较好的防控效果。

苹果树、梨树等落叶果树的枝干病害 果树萌芽期（发芽前），喷施 1 次 77%可湿性粉剂 200～400 倍液，可有效铲除树体表面带菌（清园），防控枝干病害。

苹果树、梨树、葡萄的根部病害 清除病组织后，使用 77%可湿性粉剂或 77%水分散粒剂 500～600 倍液浇灌病树主要根区范围，杀死残余病菌，促进根系恢复生长。

苹果树褐斑病、黑星病 从果实全套袋后开始喷施，10～15 天 1 次，连喷 4 次左右。一般使用 77%可湿性粉剂或 77%水分散粒剂 500～700 倍液均匀喷雾，重点喷洒树冠下部及内膛。不是全套袋的苹果树慎重使用，或使用 800～1 000 倍液喷雾。

梨树黑星病、炭疽病、褐斑病、白粉病　从果实全套袋后开始喷施，10～15 天 1 次，连喷 4～5 次。一般使用 77%可湿性粉剂或 77%水分散粒剂 600～800 倍液均匀喷雾。在酥梨系统品种上，建议喷施 1 000～1 200 倍液。

葡萄霜霉病、炭疽病、褐斑病、黑痘病　开花前的幼穗期、落花后、落花后 10～15 天各喷药 1 次，有效防控黑痘病及幼穗霜霉病；以后从叶片上初见霜霉病病斑时开始继续喷药，7～10 天1 次，与相应治疗性杀菌剂交替使用，直到生长后期，对霜霉病、炭疽病、褐斑病均有很好的防控效果。硫酸铜钙一般使用 77%可湿性粉剂或 77%水分散粒剂 500～600 倍液均匀喷雾。已有霜霉病发生时，建议与相应治疗性杀菌剂交替使用或混用。

枣树锈病、轮纹病、炭疽病、褐斑病　从 6 月下旬（华北枣区）或落花后（一茬花）20 天左右开始喷药，10～15 天 1 次，与其他类型药剂交替使用，连喷 5～7 次。硫酸铜钙一般使用 77%可湿性粉剂或 77%水分散粒剂 600～800 倍液均匀喷雾，高温干旱季节用药时适当提高喷施倍数。

核桃黑斑病、褐斑病、炭疽病　防控黑斑病、褐斑病时，从叶片上初见病斑时开始喷药，10～15 天 1 次，连喷 3 次左右，兼防炭疽病；防控炭疽病时，从幼果膨大初期开始喷药，10～15 天 1 次，连喷 2～4 次，兼防黑斑病、褐斑病。一般使用 77%可湿性粉剂或 77%水分散粒剂 700～800 倍液均匀喷雾。

柿树角斑病、圆斑病　一般柿园从落花后 20～30 天开始喷药，10～15 天 1 次，连喷 2～3 次。一般使用 77%可湿性粉剂或 77%水分散粒剂 800～1 000 倍液均匀喷雾。

山楂叶斑病、黑星病　从病害发生初期或初见病斑时开始喷药，10～15 天 1 次，连喷 2～4 次。一般使用 77%可湿性粉剂或 77%水分散粒剂 600～700 倍液均匀喷雾。

柑橘树溃疡病、疮痂病、炭疽病、黄斑病　春梢萌生初期、春梢转绿期、谢花 2/3 时、夏梢萌生初期、夏梢转绿期、秋梢萌生初期、秋梢转绿期各喷药 1 次，注意与不同类型药剂交替使用。硫酸铜钙一般使用77%可湿性粉剂或77%水分散粒剂400～600倍液均匀喷雾。

香蕉叶鞘腐败病　在台风发生前、后各喷药1次，或7～10天1次，每期连喷2次，重点喷洒叶片基部及叶鞘上部。一般使用77%可湿性粉剂或77%水分散粒剂400～600倍液喷雾。

烟草野火病、赤星病　从病害发生初期开始喷药，10～15天1次，连喷2～4次。一般使用77%可湿性粉剂或77%水分散粒剂400～600倍液均匀喷雾。

生姜姜瘟病、腐霉茎基腐病（烂脖子病）　先于栽种前使用硫酸铜钙土壤消毒，一般每亩次使用77%可湿性粉剂1～2千克均匀撒施于栽种沟内，混土后摆种；然后再于生长期使用600～800倍液喷淋或浇灌植株根茎基部及其周围土壤（顺水浇灌种植沟），每亩次浇灌77%可湿性粉剂或77%水分散粒剂1千克左右。此外，也可使用400～500倍液浸泡种姜1分钟，而后在种植沟内摆种。

大蒜根腐病、软腐病　按0.1%～0.2%药种量使用77%可湿性粉剂拌种；或每亩次使用77%可湿性粉剂1千克在种植前撒施于种植沟内；也可在生长期使用77%可湿性粉剂或77%水分散粒剂600～700倍液浇灌蒜田，每亩次使用77%可湿性粉剂1千克左右。

黄瓜霜霉病、细菌性叶斑病　从病害发生初期开始喷药，7～10天1次，与不同类型药剂交替使用，连续喷施到生长后期，重点喷洒叶片背面。硫酸铜钙一般每亩次使用77%可湿性粉剂或77%水分散粒剂120～175克，对水60～75千克均匀喷雾。

番茄晚疫病、溃疡病　从病害发生初期开始喷药，7～10天1次，连喷4～6次；或每次整枝打杈后及时喷药1次（主要防控溃疡病）。硫酸铜钙喷施剂量同“黄瓜霜霉病”。

辣椒疫病、疮痂病、炭疽病　从病害发生初期开始喷药，7～10天1次，连喷3～4次。硫酸铜钙喷施剂量同“黄瓜霜霉病”。

甜瓜霜霉病、细菌性叶斑病、细菌性果腐病　从病害发生初期开始喷药，7～10天1次，连喷3～4次，重点喷洒叶片背面及果实表面。一般每亩次使用77%可湿性粉剂或77%水分散粒剂100～150克，对水45～60千克均匀喷雾。

西瓜炭疽病、细菌性果斑病　从病害发生初期开始喷药，7～10天1次，连喷3～5次，喷药必须均匀周到。硫酸铜钙喷施剂量同“甜瓜霜霉病”。

马铃薯晚疫病、青枯病　防控晚疫病时，从病害发生初期（初见病斑时）或植株现蕾期开始喷药，7～10天1次，与相应治疗性杀菌剂交替使用或混用，直到生长后期。一般每亩次使用77%可湿性粉剂或77%水分散粒剂120～150克，对水45～75千克均匀喷雾。防控青枯病时，从马铃薯长到10～15厘米高时或田间初见病株时开始灌药，15天左右1次，连灌2～3次。一般使用77%可湿性粉剂或77%水分散粒剂600～800倍液浇灌。

芹菜叶斑病　从病害发生初期开始喷药，7～10天1次，连喷2～4次。一般每亩次使用77%可湿性粉剂或77%水分散粒剂80～100克，对水30～45千克均匀喷雾。

花生叶斑病　从病害发生初期开始喷药，10天左右1次，连喷2～3次。硫酸铜钙喷施剂量同“芹菜叶斑病”。

瓜果蔬菜的土传病害、根部病害及苗期病害　防控苗床的土传病害及根部病害时，按照每立方米苗床土使用77%可湿性粉剂30～50克均匀拌土；防控苗期病害时，在病害发生初期使用77%可湿性粉剂或77%水分散粒剂600～700倍液喷淋苗床。防控田间土传病害时，在栽植前于栽植沟内撒药，每亩次使用77%可湿性粉剂1～1.5千克。防控根部病害时，使用77%可湿性粉剂或77%水分散粒剂600～700倍液浇灌植株基部及周围土壤，栽植后的植株于10～15天后再浇灌1次。

注意事项　硫酸铜钙可与大多数杀虫剂、杀螨剂混合使用，但不能与含有其他金属离子的药剂或微肥混合使用，也不宜与强碱性或强酸性物质混用。桃树、李树、杏树、梅树、樱桃树、大白菜、菜豆、莴苣、荸荠等对铜离子敏感，在生长期不宜使用；苹果树、梨树的花期、幼果期对铜离子敏感，应当慎用。阴雨连绵季节或地区慎用，高温干旱时应适当提高喷施倍数，以免发生药害。连续喷药时，注意与相应治疗性杀菌剂交替使用或混用。

咪鲜胺 prochloraz

主要含量与剂型 10%悬浮剂，10%、25%、40%、45%、250克/升、450克/升水乳剂，10%、15%、25%、45%微乳剂，25%、45%、250克/升、450克/升乳油。

产品特点 咪鲜胺是一种咪唑类广谱低毒杀菌剂，属甾醇脱甲基化抑制剂，具有保护和触杀活性，无内吸作用，但有一定的渗透传导性能，黏着性好，对许多种高等真菌性病害均有很好的防控效果。其杀菌机理主要是通过抑制麦角甾醇的生物合成，进而影响细胞膜形成，最终导致病菌死亡。

适用作物防控对象及使用技术

水果的采后防腐保鲜 主要用于防控柑橘（青霉病、绿霉病、黑腐病、蒂腐病、炭疽病）、香蕉（轴腐病、冠腐病、炭疽病）、杧果（炭疽病、黑腐病）、荔枝（黑腐病）、苹果（青霉病、绿霉病、褐腐病）、梨（青霉病、绿霉病、褐腐病）及桃（褐腐病）等水果的采后病害，当天采收当天药剂处理。一般使用10%悬浮剂或10%水乳剂或10%微乳剂200～400倍液，或15%微乳剂300～600倍液，或25%水乳剂或25%微乳剂或25%乳油或250克/升水乳剂或250克/升乳油600～800倍液，或40%水乳剂900～1 200倍液，或45%水乳剂或45%微乳剂或45%乳油或450克/升水乳剂或450克/升乳油1 000～1 500倍液浸果，浸果1分钟后捞出晾干、包装、贮存。在杧果上，白象牙、古巴杧、红花杧不推荐使用。

苹果炭疽病、炭疽叶枯病 防控炭疽病时，从落花后半月左右开始喷药，10～15天1次，与不同类型药剂交替使用，连喷5～7次（套袋苹果套袋后停止喷药）；防控炭疽叶枯病时，一般在雨季到来前及时喷药，10～15天1次，连喷2～3次。咪鲜胺一般使用10%悬浮剂或10%水乳剂或10%微乳剂300～400倍液，或15%微乳剂500～600倍液，或25%水乳剂或25%微乳剂或25%乳油或250克/升水乳剂或250克/升乳油800～1 000倍液，或40%水乳剂1 000～1 500倍液，或45%水乳剂或45%微乳剂或45%乳油或450克/升水乳剂或450克/升乳油1 500～2 000倍液均匀喷雾。

梨炭疽病　从落花后 20 天左右开始喷药，10～15 天 1 次，与不同类型药剂交替使用，连喷 5～7 次（套袋梨果套袋后停止喷药）。咪鲜胺喷施倍数同“苹果炭疽病”。

桃褐腐病、炭疽病　主要适用于不套袋桃。多从采收前 2 个月开始喷药，10～15 天 1 次，连喷 3～4 次。咪鲜胺喷施倍数同“苹果炭疽病”。

葡萄黑痘病、炭疽病　先在葡萄花蕾期、落花后及落花后10～15 天各喷药 1 次，有效防控黑痘病；然后从果粒膨大中期开始喷药防控炭疽病，10 天左右 1 次，与不同类型药剂交替使用，到采收前一周结束（套袋葡萄套袋后结束）。咪鲜胺喷施倍数同“苹果炭疽病”。需要指出，不套袋葡萄采收前 1 个多月内喷施咪鲜胺可能会对葡萄风味有一定影响，且乳油类产品还会影响果粒表面蜡粉形成，所以具体应用时需要慎重。

冬枣炭疽病　从坐住果后半月左右开始喷药，10～15 天 1 次，与不同类型药剂交替使用，连喷 4～6 次。咪鲜胺喷施倍数同“苹果炭疽病”。

核桃炭疽病　从果实膨大初期开始喷药，10～15 天 1 次，连喷 2～3 次。咪鲜胺喷施倍数同“苹果炭疽病”。

柑橘树炭疽病、树脂病　防控炭疽病时，在落花 2/3 时、小幼果期、幼果膨大期、秋梢生长期及果实转色期各喷药 1 次，兼防树脂病；防控树脂病时，在春梢抽生期、落花 2/3 时、小幼果期及幼果膨大期各喷药 1 次，兼防炭疽病。连续喷药时，注意与其他类型药剂交替使用。咪鲜胺喷施倍数同“苹果炭疽病”。

杧果炭疽病　花序生长期、初花期、落花后各喷药 1 次，采收前 1 个月连续喷药 2 次（间隔 10 天左右），注意与不同类型药剂交替使用。咪鲜胺喷施倍数同“苹果炭疽病”。白象牙、古巴杧、红花杧上不推荐使用。

荔枝炭疽病　在小幼果期、果实膨大期、果实转色初期各喷药 1 次。一般使用 10%悬浮剂或 10%水乳剂或 10%微乳剂 400～500 倍液，或 15%微乳剂 600～700 倍液，或 25%水乳剂或 25%微乳剂或 25%乳油或 250 克/升水乳剂或 250 克/升乳油 1 000～1 200 倍液，或 40%水乳剂 1 500～1 800 倍液，或 45%水乳剂或 45%微乳剂或 45%乳油或 450 克/升水乳剂或 450 克/升乳油 1 800～2 000 倍液均匀喷雾。

龙眼炭疽病　在小幼果期、中果期、果实膨大中后期各喷药 1 次。咪鲜胺喷施倍数同“荔枝炭疽病”。

杨梅褐斑病、白腐病　从病害发生初期开始喷药，10～15 天 1 次，连喷 2～3 次。咪鲜胺喷施倍数同“荔枝炭疽病”。

水稻恶苗病　通过药液浸种防病。一般使用 10%悬浮剂或 10%水乳剂或 10%微乳剂 1 000～1 500 倍液，或 15%微乳剂 1 500～2 000 倍液，或 25%水乳剂或 25%微乳剂或 25%乳油或 250 克/升水乳剂或 250 克/升乳油 2 500～3 000 倍液，或 40%水乳剂 4 000～6 000 倍液，或 45%水乳剂或 45%微乳剂或 45%乳油或 450 克/升水乳剂或 450 克/升乳油 5 000～8 000 倍液浸种。浸种时间长短因温度高低而定，温度低时间长，温度高时间短；长江流域及其以南地区，一般浸种 1～2 天；黄河流域及华北地区，一般浸种 3～5 天；东北地区，一般浸种 5～7 天。药液使用倍数南方较低、北方较高。浸种后取出，用清水冲洗后进行催芽。

水稻稻瘟病、稻曲病　破口前 5～7 天、齐穗初期各喷药 1 次。一般每亩次使用 10%悬浮剂或 10%水乳剂或 10%微乳剂 200～250 毫升，或 15%微乳剂 130～160 毫升，或 25%水乳剂或 25%微乳剂或 25%乳油或 250 克/升水乳剂或 250 克/升乳油 80～100 毫升，或 40%水乳剂 45～60 毫升，或 45%水乳剂或 45%微乳剂或 45%乳油或 450 克/升水乳剂或 450 克/升乳油 40～55 毫升，对水 30～45 千克均匀喷雾。

小麦白粉病、赤霉病　防控白粉病时，从病害发生初期开始喷药，10 天左右 1 次，连喷 2 次；防控赤霉病时，在齐穗初期和扬花初期各喷药 1 次。咪鲜胺喷施剂量同“水稻稻瘟病”。

甜菜褐斑病　从病害发生初期开始喷药，10 天左右 1 次，连喷 2～3 次。一般每亩次使用 10%悬浮剂或 10%水乳剂或 10%微乳剂 180～220 毫升，或 15%微乳剂 120～150 毫升，或 25%水乳剂或 25%微乳剂或 25%乳油或 250 克/升水乳剂或 250 克/升乳油 70～90 毫升，或 40%水乳剂 45～55 毫升，或 45%水乳剂或 45%

微乳剂或45%乳油或450克/升水乳剂或450克/升乳油40～50毫升，对水45～60千克均匀喷雾。

烟草赤星病　从病害发生初期或初见病斑时开始喷药，10～15天1次，连喷2～3次。咪鲜胺喷施剂量同“甜菜褐斑病”。

油菜菌核病　从油菜初花期或封垄前或病害发生初期开始喷药，10天左右1次，连喷2次左右，重点喷洒植株中下部及地面。咪鲜胺喷施剂量同“甜菜褐斑病”。

辣椒炭疽病、白粉病　从病害发生初期开始喷药，10天左右1次，连喷2～3次。一般每亩次使用10%悬浮剂或10%水乳剂或10%微乳剂200～250毫升，或15%微乳剂120～150毫升，或25%水乳剂或25%微乳剂或25%乳油或250克/升水乳剂或250克/升乳油80～100毫升，或40%水乳剂50～60毫升，或45%水乳剂或45%微乳剂或45%乳油或450克/升水乳剂或450克/升乳油45～55毫升，对水45～60千克均匀喷雾。

西瓜枯萎病　在瓜苗定植时、缓苗后及坐瓜初期各灌根1次，每次每株浇灌药液量200～300毫升。一般使用10%悬浮剂或10%水乳剂或10%微乳剂200～250倍液，或15%微乳剂300～400倍液，或25%水乳剂或25%微乳剂或25%乳油或250克/升水乳剂或250克/升乳油500～700倍液，或40%水乳剂800～1 000倍液，或45%水乳剂或45%微乳剂或45%乳油或450克/升水乳剂或450克/升乳油1 000～1 200倍液灌根。

西瓜炭疽病　从病害发生初期开始喷药，10天左右1次，连喷3～4次。一般每亩次使用10%悬浮剂或10%水乳剂或10%微乳剂250～300毫升，或15%微乳剂150～200毫升，或25%水乳剂或25%微乳剂或25%乳油或250克/升水乳剂或250克/升乳油100～130毫升，或40%水乳剂70～90毫升，或45%水乳剂或45%微乳剂或45%乳油或450克/升水乳剂或450克/升乳油60～80毫升，对水45～60千克均匀喷雾，苗期用药酌情减量使用。

菜豆炭疽病　从病害发生初期开始喷药，10～15天1次，连喷2～4次。一般每亩次使用10%悬浮剂或10%水乳剂或10%微乳剂125～170毫升，或15%微乳剂80～110毫升，或25%水乳剂或25%微乳剂或25%乳油或250克/升水乳剂或250克/升乳油

50～70 毫升，或 40%水乳剂 35～40 毫升，或 45%水乳剂或 45%微乳剂或 45%乳油或 450 克/升水乳剂或 450 克/升乳油 30～36 毫升，对水 45～60 千克均匀喷雾。

芹菜叶斑病　从病害发生初期开始喷药，10 天左右 1 次，连喷 2～3 次。一般每亩次使用 10%悬浮剂或 10%水乳剂或 10%微乳剂 120～160 毫升，或 15%微乳剂 80～100 毫升，或 25%水乳剂或 25%微乳剂或 25%乳油或 250 克/升水乳剂或 250 克/升乳油 50～70 毫升，或 40%水乳剂 35～40 毫升，或 45%水乳剂或 45%微乳剂或 45%乳油或 450 克/升水乳剂或 450 克/升乳油 30～35 毫升，对水 30～45 千克均匀喷雾。

大蒜叶枯病　多从蒜头迅速膨大期或病害发生初期开始喷药，10 天左右 1 次，连喷 1～2 次。一般每亩次使用 10%悬浮剂或 10%水乳剂或 10%微乳剂 250～300 毫升，或 15%微乳剂 150～200 毫升，或 25%水乳剂或 25%微乳剂或 25%乳油或 250 克/升水乳剂或 250 克/升乳油 100～120 毫升，或 40%水乳剂 60～75 毫升，或 45%水乳剂或 45%微乳剂或 45%乳油或 450 克/升水乳剂或 450 克/升乳油 55～65 毫升，对水 45～60 千克均匀喷雾。

葱、洋葱紫斑病　从病害发生初期开始喷药，10～15 天 1 次，连喷 1～2 次。咪鲜胺喷施剂量同“大蒜叶枯病”。

姜炭疽病　从病害发生初期开始喷药，10～15 天 1 次，连喷 2 次左右。一般每亩次使用 10%悬浮剂或 10%水乳剂或 10%微乳剂 150～200 毫升，或 15%微乳剂 100～130 毫升，或 25%水乳剂或 25%微乳剂或 25%乳油或 250 克/升水乳剂或 250 克/升乳油 60～80 毫升，或 40%水乳剂 40～50 毫升，或 45%水乳剂或 45%微乳剂或 45%乳油或 450 克/升水乳剂或 450 克/升乳油 35～45 毫升，对水 45～60 千克均匀喷雾。

山药炭疽病　从病害发生初期开始喷药，10～15 天 1 次，与不同类型药剂交替使用，连喷 4～6 次。咪鲜胺喷施剂量同“姜炭疽病”。

茭白胡麻叶斑病　从病害发生初期开始喷药，10～15 天 1 次，连喷 2～3 次。咪鲜胺喷施剂量同“姜炭疽病”。

蒜薹贮藏期病害　蒜薹收获并挑选后，使用 10%悬浮剂或

10%水乳剂或10%微乳剂80～120倍液，或15%微乳剂150～180倍液，或25%水乳剂或25%微乳剂或25%乳油或250克/升水乳剂或250克/升乳油200～300倍液，或40%水乳剂350～450倍液，或45%水乳剂或45%微乳剂或45%乳油或450克/升水乳剂或450克/升乳油400～500倍液浸蘸蒜薹薹梢，浸渍薹梢1分钟后取出，晾干后贮藏。室温（25℃）贮藏条件下，处理后的蒜薹贮存21天后才能上市；冷藏（0～4℃）时，处理后的蒜薹需贮存60天后才能上市。

注意事项 咪鲜胺不能与强酸性及碱性药剂或肥料混用。用于水果防腐保鲜时，当天采收的果实应在当天用药处理完毕；且浸果前必须将药剂搅拌均匀，并剔除病虫伤果。生长期连续喷用时，注意与不同类型药剂交替使用。

醚菌酯 kresoxim-methyl

主要含量与剂型 10%、30%、40%悬浮剂，30%、50%可湿性粉剂，50%、60%、80%水分散粒剂。

产品特点 醚菌酯是一种甲氧基丙烯酸酯类高效广谱低毒杀菌剂，属醌外抑制剂类，以预防保护作用为主，兼有治疗、铲除作用，并可在一定程度上诱导植物表达其潜在抗病性。作用于病害发生的各个阶段，通过抑制孢子萌发、阻止病菌芽管侵入、抑制菌丝生长、抑制产孢等作用，有效控制病害。其杀菌机理主要是通过阻碍细胞色素b向c1的电子传递而干扰线粒体的呼吸作用，阻止能量形成，最终导致病菌死亡。该药具有渗透层移活性，药剂分布均匀，药效稳定；亲脂性好，易被叶片和果实的表面蜡质层吸附，并呈气态扩散，可长时间缓慢释放，耐雨水冲刷，持效期较长，使用安全。

适用作物防控对象及使用技术

苹果树白粉病、斑点落叶病、黑星病、套袋果斑点病 先在花序分离期、落花80%时和落花后10～15天各喷药1次，有效防控白粉病的早期发生，兼防黑星病、斑点落叶病；春梢生长期内和秋梢生长期内各喷药2次，有效防控斑点落叶病，兼防其他病害；苹

果套袋前喷施 1 次，有效防控套袋果斑点病，兼防其他病害；8～9 月再喷药 1～2 次，防控白粉病菌侵害芽，兼防斑点落叶病、黑星病。连续喷药时，注意与不同类型药剂交替使用。醚菌酯一般使用 10%悬浮剂 600～700 倍液，或 30%悬浮剂或 30%可湿性粉剂 1 500～2 000 倍液，或 40%悬浮剂 2 000～3 000 倍液，或 50%可湿性粉剂或 50%水分散粒剂 3 000～4 000 倍液，或 60%水分散粒剂 4 000～5 000 倍液，或 80%水分散粒剂 5 000～6 000 倍液均匀喷雾。

梨树黑星病、黑斑病、炭疽病、套袋果黑点病、白粉病　以防控黑星病为主，兼防其他病害。多从初见黑星病病梢或病叶或病果时立即开始喷药，15 天左右 1 次，与不同类型药剂交替使用，连喷 5～7 次。防控套袋果黑点病时，在套袋前 5～7 天内喷施 1 次即可；防控白粉病时，从病害发生初期开始喷药，10～15 天 1 次，连喷 1～2 次。醚菌酯喷施倍数同“苹果树白粉病”。

葡萄炭疽病、黑痘病、白粉病、霜霉病　先在葡萄花蕾期、落花后及落花后 15 天左右各喷药 1 次，有效防控黑痘病、幼穗霜霉病，兼防白粉病；然后从叶片上初见霜霉病病斑时立即开始继续喷药，10 天左右 1 次，与其他类型药剂交替使用或混用，直到生长后期，有效防控霜霉病、炭疽病，兼防白粉病。醚菌酯喷施倍数同“苹果树白粉病”。

草莓白粉病　从病害发生初期开始喷药，10～15 天 1 次，连喷 2～4 次。一般每亩次使用 10%悬浮剂 100～120 毫升，或 30%悬浮剂 30～40 毫升，或 30%可湿性粉剂 30～40 克，或 40%悬浮剂 25～30 毫升，或 50%可湿性粉剂或 50%水分散粒剂 20～25 克，或 60%水分散粒剂 15～20 克，或 80%水分散粒剂 12～15 克，对水 45～60 千克均匀喷雾。

香蕉叶斑病、黑星病　从病害发生初期开始喷药，15～20 天 1 次，连喷 2～3 次。一般使用 10%悬浮剂 200～300 倍液，或 30%悬浮剂或 30%可湿性粉剂 600～800 倍液，或 40%悬浮剂 800～1 200 倍液，或 50%可湿性粉剂或 50%水分散粒剂 1 000～1 500 倍液，或 60%水分散粒剂 1 200～1 800 倍液，或 80%水分散粒剂 1 600～2 400 倍液均匀喷雾。

黄瓜、西瓜、甜瓜、苦瓜等瓜类的白粉病、炭疽病　从病害发生初期开始喷药，10～15天1次，连喷3～4次，注意与不同类型药剂交替使用。醚菌酯一般每亩次使用10%悬浮剂90～120毫升，或30%悬浮剂30～40毫升，或30%可湿性粉剂40～50克，或40%悬浮剂25～30毫升，或50%可湿性粉剂或50%水分散粒剂20～25克，或60%水分散粒剂15～20克，或80%水分散粒剂9～12克，对水45～60千克均匀喷雾。

辣椒炭疽病、白粉病　从病害发生初期开始喷药，10～15天1次，连喷2～3次。醚菌酯喷施剂量同"黄瓜白粉病"。

番茄早疫病、叶霉病　从病害发生初期开始喷药，10～15天1次，连喷2～4次。醚菌酯喷施剂量同"黄瓜白粉病"。

豇豆、芸豆等豆类蔬菜的白粉病、锈病　从病害发生初期开始喷药，10～15天1次，连喷2～4次。醚菌酯喷施剂量同"黄瓜白粉病"。

十字花科蔬菜叶斑病　从病害发生初期开始喷药，10～15天1次，连喷1～2次。一般每亩次使用10%悬浮剂70～90毫升，或30%悬浮剂25～30毫升，或30%可湿性粉剂25～30克，或40%悬浮剂20～25毫升，或50%可湿性粉剂或50%水分散粒剂18～22克，或60%水分散粒剂15～20克，或80%水分散粒剂12～15克，对水30～45千克均匀喷雾。

葱、洋葱及蒜的锈病　从病害发生初期开始喷药，10～15天1次，连喷2次左右。醚菌酯喷施剂量同"十字花科蔬菜叶斑病"。

小麦锈病、白粉病　从病害发生初期开始喷药，10天左右1次，连喷1～2次。一般每亩次使用10%悬浮剂150～200毫升，或30%悬浮剂50～70毫升，或30%可湿性粉剂60～80克，或40%悬浮剂40～50毫升，或50%可湿性粉剂或50%水分散粒剂30～40克，或60%水分散粒剂25～35克，或80%水分散粒剂20～25克，对水30～45千克均匀喷雾。

水稻纹枯病　从病害发生初期开始喷药，10～15天1次，连喷1～2次。一般每亩次使用10%悬浮剂80～100毫升，或30%悬浮剂30～40毫升，或30%可湿性粉剂40～50克，或40%悬浮剂25～30毫升，或50%可湿性粉剂或50%水分散粒剂25～30克，或 60%水分散粒剂 20～25 克，或 80%水分散粒剂 15～20 克，对水 30～45 千克均匀喷雾。

烟草白粉病 从病害发生初期开始喷药，10～15 天 1 次，连喷 1～2 次。一般使用 10%悬浮剂 500～700 倍液，或 30%悬浮剂或 30%可湿性粉剂 1 500～2 000 倍液，或 40%悬浮剂 2 000～2 500 倍液，或 50%可湿性粉剂或 50%水分散粒剂 2 500～3 000 倍液，或 60%水分散粒剂 3 000～3 500 倍液，或 80%水分散粒剂 4 000～5 000 倍液均匀喷雾。

注意事项 醚菌酯不能与碱性农药及肥料混用，连续喷药时注意与不同类型杀菌剂交替使用。本品相当于保护性杀菌剂，在病害发生前或发生初期开始用药效果较好。醚菌酯在樱桃上使用易产生药害，田间用药时需要注意。

嘧菌环胺 cyprodinil

主要含量与剂型 30%、40%悬浮剂，50%可湿性粉剂，50%水分散粒剂。

产品特点 嘧菌环胺是一种苯胺基嘧啶类内吸治疗性广谱低毒杀菌剂，具有预防保护和内吸治疗双重活性，既可用于病菌侵入期，又能用于菌丝生长期，且持效期较长。其杀菌机理是通过抑制病菌细胞中蛋氨酸的生物合成和水解酶活性，而干扰病菌细胞的蛋白质正常代谢，最终导致病菌死亡。

适用作物防控对象及使用技术

葡萄灰霉病、穗轴褐枯病、白粉病 先在葡萄花蕾期和落花后各喷药 1 次，有效防控穗轴褐枯病及灰霉病为害幼穗；然后在葡萄套袋前喷药 1 次，或不套袋葡萄近成熟期的灰霉病发生初期开始喷药，10 天左右 1 次，连喷 2 次左右，有效防控灰霉病为害近成熟期果穗；防控白粉病时，从病害发生初期开始喷药，10 天左右 1 次，连喷 2～3 次。嘧菌环胺一般使用 50%水分散粒剂或 50%可湿性粉剂 800～1 000 倍液，或 40%悬浮剂 600～800 倍液，或 30%悬浮剂 500～600 倍液均匀喷雾。

草莓灰霉病、白粉病 从病害发生初期或初花期开始喷药，

10～15 天 1 次，与不同类型药剂交替使用，连喷 3～5 次。嘧菌环胺喷施倍数同“葡萄灰霉病”。

苹果树斑点落叶病、黑星病、褐腐病 防控斑点落叶病时，在春梢生长期内和秋梢生长期内各喷药 2 次左右，间隔期 10～15 天；防控黑星病时，从病害发生初期或初见病叶或病果时开始喷药，10～15 天 1 次，连喷 2～3 次；防控褐腐病时（不套袋苹果），从病害发生初期或采收前 1～1.5 个月开始喷药，10～15 天 1 次，连喷 2 次左右。嘧菌环胺一般使用 50%水分散粒剂或 50%可湿性粉剂 2 000～2 500 倍液，或 40%悬浮剂 1 500～2 000 倍液，或 30%悬浮剂 1 200～1 500 倍液均匀喷雾。

桃树黑星病、褐腐病 防控黑星病时，多从落花后 20 天左右（油桃类 15～20 天、毛桃类 20～30 天）开始喷药，10～15 天1 次，连喷 2～4 次（或到果实采收前 1 个月结束；套袋桃全套袋后结束）；防控不套袋果的褐腐病时，从果实采收前 1～1.5 个月开始喷药，10～15 天 1 次，连喷 2 次左右。嘧菌环胺喷施倍数同“苹果树斑点落叶病”。

番茄、茄子、辣椒及黄瓜、苦瓜、西葫芦等瓜果蔬菜的灰霉病 从病害发生初期或连续阴天 2 天时开始喷药，7～10 天 1 次，每期连喷 2 次。一般每亩次使用 30%悬浮剂 100～150 毫升，或 40%悬浮剂 75～100 毫升，或 50%可湿性粉剂或 50%水分散粒剂 60～90 克，对水 45～60 千克均匀喷雾。

黄瓜、苦瓜、西葫芦等瓜类蔬菜的白粉病 从病害发生初期开始喷药，10～15 天 1 次，连喷 2～3 次。嘧菌环胺喷施剂量同“番茄灰霉病”。

注意事项 嘧菌环胺不能与碱性药剂混用，发病前或发病初期用药效果最好。连续喷药时，注意与不同类型药剂交替使用。本剂耐雨水冲刷，施药后 2 小时遇雨基本不影响药效。

嘧菌酯 azoxystrobin

主要含量与剂型 0.1%、1%颗粒剂，25%、30%、50%、250 克/升、500 克/升悬浮剂，20%、50%、60%、80%水分散粒

剂，10%悬浮种衣剂。

产品特点 嘧菌酯是一种甲氧基丙烯酸酯类内吸性高效广谱低毒杀菌剂，具有保护、治疗、铲除、渗透、内吸及缓慢向顶移动活性，属线粒体呼吸抑制剂。其杀菌机理是通过抑制细胞色素 b 向 c1 间的电子转移，进而抑制线粒体的呼吸，破坏病菌的能量形成，最终使病菌因饥饿而死亡。通过抑制孢子萌发、菌丝生长及孢子产生而发挥防病作用。对 14-脱甲基化酶抑制剂、苯甲酰胺类、二羧酰胺类和苯并咪唑类产生抗性的菌株有效，并可在一定程度上诱导植物表现出其潜在抗性，防止病菌侵染。

适用作物防控对象及使用技术

葡萄霜霉病、黑痘病、白腐病、炭疽病、白粉病 以防控霜霉病为主，兼防其他病害。先在葡萄花蕾期、落花 80%和落花后 10～15 天各喷药 1 次，有效防控黑痘病及霜霉病为害幼穗；然后从叶片上初见霜霉病病斑时立即开始连续喷药，10 天左右 1 次，与不同类型药剂交替使用，直到生长后期。嘧菌酯一般使用 20%水分散粒剂 700～1 000 倍液，或 25%悬浮剂或 250 克/升悬浮剂 1 000～1 200 倍液，或 30%悬浮剂 1 000～1 500 倍液，或 50%水分散粒剂或 50%悬浮剂或 500 克/升悬浮剂 2 000～2 500 倍液，或 60%水分散粒剂 2 500～3 000 倍液，或 80%水分散粒剂 3 500～4 000 倍液均匀喷雾。防控叶片霜霉病时注意喷洒叶片背面。

梨炭疽病、套袋果黑点病 从梨树落花后 15 天左右开始喷药，10～15 天 1 次，连喷 2～3 次，药后套袋（套袋后不再喷药）；不套袋果实需继续喷药 3～5 次，间隔期 10～15 天，与其他不同类型药剂交替使用。需要指出，嘧菌酯在梨树上使用应当单独喷洒，不能与其他药剂混用（特别是乳油类产品），以防有些品种出现药害。嘧菌酯喷施倍数同“葡萄霜霉病”。

桃褐腐病、黑星病 防控黑星病时，从桃树落花后 20 天左右（油桃类 15～20 天、毛桃类 20～30 天）开始喷药，10～15 天1 次，连喷 2～4 次；防控褐腐病时（不套袋果），从果实采收前 1～1.5 个月开始喷药，10 天左右 1 次，连喷 2 次左右。嘧菌酯喷施倍数同“葡萄霜霉病”。

枣树炭疽病、轮纹病、锈病 多从一茬花坐住果后 15 天左右或初见锈病病叶时开始喷药，15 天左右 1 次，与不同类型药剂交替使用，连喷 5～7 次。嘧菌酯一般使用 20%水分散粒剂 1 200～1 500 倍液，或 25%悬浮剂或 250 克/升悬浮剂 1 500～2 000 倍液，或 30%悬浮剂 2 000～2 400 倍液，或 50%水分散粒剂或 50%悬浮剂或 500 克/升悬浮剂 3 000～4 000 倍液，或 60%水分散粒剂 4 000～5 000 倍液，或 80%水分散粒剂 5 000～6 000 倍液均匀喷雾。

草莓炭疽病　主要应用于育苗田。从病害发生初期开始喷药，10～15 天 1 次，与不同类型药剂交替使用，连喷 3～5 次。嘧菌酯一般每亩次使用 20%水分散粒剂 50～75 克，或 25%悬浮剂或 250 克/升悬浮剂 40～60 毫升，或 30%悬浮剂 35～50 毫升，或 50%悬浮剂或 500 克/升悬浮剂 20～30 毫升，或 50%水分散粒剂 20～30 克，或 60%水分散粒剂 20～25 克，或 80%水分散粒剂 15～20 克，对水 45～60 千克均匀喷雾。

柑橘树疮痂病、炭疽病　在春梢生长期、落花期至幼果期、秋梢生长期、果实转色期各喷药 1～2 次，注意与不同类型药剂交替使用。嘧菌酯一般使用 20%水分散粒剂 600～800 倍液，或 25%悬浮剂或 250 克/升悬浮剂 800～1 200 倍液，或 30%悬浮剂 1 000～1 400 倍液，或 50%水分散粒剂或 50%悬浮剂或 500 克/升悬浮剂 1 600～2 400 倍液，或 60%水分散粒剂 2 000～2 500 倍液，或 80%水分散粒剂 2 500～3 500 倍液均匀喷雾。

香蕉叶斑病、黑星病　从病害发生初期开始喷药，15 天左右 1 次，与不同类型药剂交替使用，连喷 3～5 次。嘧菌酯一般使用 20%水分散粒剂 800～1 200 倍液，或 25%悬浮剂或 250 克/升悬浮剂 1 000～1 500 倍液，或 30%悬浮剂 1 200～1 500 倍液，或 50%水分散粒剂或 50%悬浮剂或 500 克/升悬浮剂 2 000～2 500 倍液，或 60%水分散粒剂 2 500～3 000 倍液，或 80%水分散粒剂 4 000～5 000 倍液均匀喷雾。

荔枝霜疫霉病　在花蕾期、幼果期、果实转色期、近成熟期各喷药 1 次。嘧菌酯一般使用 20%水分散粒剂 1 000～1 200 倍液，或 25%悬浮剂或 250 克/升悬浮剂 1 200～1 500 倍液，或 30%悬浮剂 1 500～1 800 倍液，或 50%水分散粒剂或 50%悬浮剂或 500 克/

升悬浮剂 2 500～3 000 倍液，或 60%水分散粒剂 3 000～3 500 倍液，或 80%水分散粒剂 4 000～5 000 倍液均匀喷雾。

杧果炭疽病、白粉病　先在花蕾期、落花后、落花后 15 天左右各喷药 1 次，然后再于成熟前 1 个月内间隔 10～15 天再喷药 2 次。嘧菌酯喷施倍数同“荔枝霜疫霉病”。

杨梅树褐斑病　从病害发生初期开始喷药，10～15 天 1 次，连喷 2～3 次。嘧菌酯喷施倍数同“荔枝霜疫霉病”。

枇杷角斑病　从病害发生初期开始喷药，10～15 天 1 次，连喷 2～3 次。嘧菌酯一般使用 20%水分散粒剂 600～800 倍液，或 25%悬浮剂或 250 克/升悬浮剂 800～1 000 倍液，或 30%悬浮剂 1 000～1 200 倍液，或 50%水分散粒剂或 50%悬浮剂或 500 克/升悬浮剂 1 500～2 000 倍液，或 60%水分散粒剂 2 000～2 500 倍液，或 80%水分散粒剂 2 500～3 000 倍液均匀喷雾。

黄瓜霜霉病、白粉病、黑星病、炭疽病、蔓枯病　以防控霜霉病为主，从定植后 3～5 天或初见霜霉病病斑时立即开始喷药，7～10 天 1 次，与不同类型药剂交替使用，直到生长后期，兼防其他病害。嘧菌酯一般每亩次使用 20%水分散粒剂 75～100 克，或 25%悬浮剂或 250 克/升悬浮剂 60～80 毫升，或 30%悬浮剂 50～70 毫升，或 50%悬浮剂或 500 克/升悬浮剂 30～40 毫升，或 50%水分散粒剂 30～40 克，或 60%水分散粒剂 25～35 克，或 80%水分散粒剂 20～25 克，对水 60～75 千克均匀喷雾，注意喷洒叶片背面。

丝瓜霜霉病、炭疽病　从病害发生初期开始喷药，7～10 天 1 次，连喷 2～4 次。嘧菌酯喷施剂量同“黄瓜霜霉病”。

冬瓜霜霉病、疫病、炭疽病　从病害发生初期开始喷药，7～10 天 1 次，连喷 2～4 次。嘧菌酯喷施剂量同“黄瓜霜霉病”。

番茄晚疫病、早疫病、叶霉病　前期以防控晚疫病为主，兼防早疫病，从初见晚疫病病斑时开始喷药，10 天左右 1 次，与不同类型药剂交替使用，连喷 3～5 次；后期以防控叶霉病为主，兼防其他病害，从初见叶霉病病斑时开始喷药，10 天左右 1 次，连喷 2～3 次。嘧菌酯喷施剂量同“黄瓜霜霉病”。

西瓜炭疽病、蔓枯病、白粉病　从病害发生初期或初见病斑时开始喷药，10～15 天 1 次，连喷 3～4 次。嘧菌酯一般每亩次使用 20%水分散粒剂 60～80 克，或 25%悬浮剂或 250 克/升悬浮剂50～70 毫升，或 30%悬浮剂 40～60 毫升，或 50%悬浮剂或 500 克/升悬浮剂 25～35 毫升，或 50%水分散粒剂 30～35 克，或 60%水分散粒剂 20～30 克，或 80%水分散粒剂 15～20 克，对水 45～60 千克均匀喷雾。

西瓜、黄瓜的枯萎病　既可在瓜苗定植前土壤撒施用药，也可于定植后病害发生初期药液灌根。定植前用药时，每亩使用 0.1%颗粒剂 20～30 千克或 1%颗粒剂 2～3 千克，均匀撒施于定植沟内，混土均匀后定植瓜苗，每季施用 1 次。生长期灌根时，多从田间初见病株时或定植后 1 个月左右开始灌药，15 天左右 1 次，连灌 2 次。一般使用 20%水分散粒剂 800～1 200 倍液，或 25%悬浮剂或 250 克/升悬浮剂 1 000～1 500 倍液，或 30%悬浮剂 1 200～1 800 倍液，或 50%水分散粒剂或 50%悬浮剂或 500 克/升悬浮剂 2 000～3 000 倍液，或 60%水分散粒剂 2 500～3 500 倍液，或 80%水分散粒剂 3 500～4 500 倍液灌根，每株次浇灌药液 200～300 毫升。

辣椒炭疽病、疫病　从病害发生初期开始喷药，10～15 天 1 次，连喷 3～4 次。嘧菌酯每亩次使用 20%水分散粒剂 50～85 克，或 25%悬浮剂或 250 克/升悬浮剂 40～70 毫升，或 30%悬浮剂 35～55 毫升，或 50%水分散粒剂 25～35 克，或 50%悬浮剂或 500 克/升悬浮剂 20～35 毫升，或 60%水分散粒剂 20～30 克，或 80%水分散粒剂 15～20 克，对水 45～75 千克均匀喷雾。

十字花科蔬菜霜霉病、黑斑病　从病害发生初期或初见病斑时开始喷药，10 天左右 1 次，连喷 2 次左右，注意喷洒叶片背面。嘧菌酯每亩次使用 20%水分散粒剂 50～80 克，或 25%悬浮剂或 250 克/升悬浮剂 40～70 毫升，或 30%悬浮剂 35～50 毫升，或 50%水分散粒剂 25～35 克，或 50%悬浮剂或 500 克/升悬浮剂 20～35 毫升，或 60%水分散粒剂 20～30 克，或 80%水分散粒剂 15～20 克，对水 30～60 千克均匀喷雾。

花椰菜霜霉病　从病害发生初期开始喷药，10 天左右 1 次，连喷 2 次左右。嘧菌酯喷施剂量同“十字花科蔬菜霜霉病”。

蕹菜白锈病　从病害发生初期开始喷药，10～15 天 1 次，连喷 2 次左右。嘧菌酯喷施剂量同“十字花科蔬菜霜霉病”。

大豆锈病、紫斑病　从病害发生初期开始喷药，10～15 天 1 次，连喷 2 次左右。一般每亩次使用 20%水分散粒剂 50～75 克，或 25%悬浮剂或 250 克/升悬浮剂 40～60 毫升，或 30%悬浮剂 35～50 毫升，或 50%水分散粒剂 25～30 克，或 50%悬浮剂或 500 克/升悬浮剂 20～30 毫升，或 60%水分散粒剂 20～25 克，或 80%水分散粒剂 15～18 克，对水 30～60 千克均匀喷雾。

姜炭疽病　从病害发生初期开始喷药，10～15 天 1 次，连喷 2 次左右。嘧菌酯喷施剂量同“大豆锈病”。

芋头疫病　从病害发生初期开始喷药，10～15 天 1 次，连喷 2～3 次。嘧菌酯喷施剂量同“大豆锈病”。

莲藕叶斑病　从病害发生初期开始喷药，10～15 天 1 次，连喷 2～3 次。一般使用 20%水分散粒剂 1 200～1 500 倍液，或 25%悬浮剂或 250 克/升悬浮剂 1 500～2 000 倍液，或 30%悬浮剂 2 000～2 500 倍液，或 50%水分散粒剂或 50%悬浮剂或 500 克/升悬浮剂 3 000～4 000 倍液，或 60%水分散粒剂 4 000～5 000 倍液，或 80%水分散粒剂 5 000～6 000 倍液均匀喷雾。

马铃薯黑痣病　播种时药液喷洒播种沟，即在马铃薯开沟下种后，向种薯及种薯两侧沟面喷药，最好覆土一半后再喷洒 1 次，最后覆土，每季最多使用 1 次。一般每亩次使用 20%水分散粒剂 60～75 克，或 25%悬浮剂或 250 克/升悬浮剂 50～60 毫升，或 30%悬浮剂 40～50 毫升，或 50%水分散粒剂 25～30 克，或 50%悬浮剂或 500 克/升悬浮剂 25～30 毫升，或 60%水分散粒剂 20～25 克，或 80%水分散粒剂 15～18 克，对水 45～60 千克均匀喷洒播种沟。

马铃薯晚疫病、早疫病　多从植株现蕾期或初见病斑时开始喷药，10 天左右 1 次，与不同类型药剂交替使用，直到生长后期。嘧菌酯一般每亩次使用 20%水分散粒剂 75～110 克，或 25%悬浮剂或 250 克/升悬浮剂 60～90 毫升，或 30%悬浮剂 50～75 毫升，或 50%水分散粒剂 35～45 克，或 50%悬浮剂或 500 克/升悬浮剂 30～45 毫升，或 60%水分散粒剂 25～35 克，或 80%水分散粒剂

20～25 克，对水 60～75 千克均匀喷雾。

麦类锈病、白粉病、纹枯病、赤霉病　防控锈病、白粉病时，从病害发生初期开始喷药，10～15 天 1 次，连喷 2 次左右，兼防纹枯病；防控纹枯病时，在拔节初期、孕穗至破口期各喷药 1 次，兼防锈病、白粉病；防控赤霉病时，在齐穗初期和扬花初期各喷药 1 次。一般每亩次使用 20%水分散粒剂 75～100 克，或 25%悬浮剂或 250 克/升悬浮剂 60～80 毫升，或 30%悬浮剂 50～65 毫升，或 50%水分散粒剂 35～40 克，或 50%悬浮剂或 500 克/升悬浮剂 30～40 毫升，或 60%水分散粒剂 25～30 克，或 80%水分散粒剂 20～25 克，对水 30～45 千克均匀喷雾。

水稻纹枯病、稻瘟病、稻曲病　防控纹枯病时，在分蘖末期至拔节初期和孕穗期至破口初期各喷药 1 次；防控叶瘟时，在田间出现发病中心时或有急性病斑时喷药 1 次；防控穗颈瘟时，在破口初期和齐穗期各喷药 1 次；防控稻曲病时，在破口前 5～7 天和齐穗初期各喷药 1 次。嘧菌酯喷施剂量同“麦类锈病”。

花生叶斑病、锈病、疮痂病　从病害发生初期或开花下针期开始喷药，10～15 天 1 次，连喷 2～3 次。一般每亩次使用 20%水分散粒剂 60～80 克，或 25%悬浮剂或 250 克/升悬浮剂 50～60 毫升，或 30%悬浮剂 40～50 毫升，或 50%悬浮剂或 500 克/升悬浮剂 25～30 毫升，或 50%水分散粒剂 25～30 克，或 60%水分散粒剂 20～25 克，或 80%水分散粒剂 15～20 克，对水 30～45 千克均匀喷雾。

小麦全蚀病　种子包衣用药。每 100 千克种子使用 10%悬浮种衣剂 250～350 毫升，对适量水均匀拌种，晾干后播种或存放。

玉米丝黑穗病　种子包衣用药。每 100 千克种子使用 10%悬浮种衣剂 250～350 毫升，对适量水均匀拌种，晾干后播种或存放。

棉花立枯病　种子包衣用药。每 100 千克种子使用 10%悬浮种衣剂 300～500 毫升，对适量水均匀拌种，晾干后播种或存放。

注意事项　嘧菌酯不能与碱性药剂或肥料混用，并避免与乳油类药剂及有机硅助剂混用。连续喷药时，注意与不同类型药剂交替使用，以延缓病菌产生抗药性。苹果、樱桃对本剂较敏感，请勿在苹果树和樱桃树上使用，并避免药剂雾滴飘移。种子处理用药时，避免药液接触皮肤、眼睛和污染衣物，且避免吸入；处理过的种子必须存放在有明显标签的容器内，勿与食物、饲料堆放一起，不得饲喂禽畜，更不能用来加工饲料或食品。

嘧霉胺 pyrimethanil

主要含量与剂型 20%、30%、40%、400 克/升悬浮剂，20%、40%可湿性粉剂，40%、70%、80%水分散粒剂。

产品特点 嘧霉胺是一种苯氨基嘧啶类低毒杀菌剂，以触杀作用为主，兼有较好的治疗和铲除作用，专用于防控灰霉类真菌病害。其杀菌机理是通过抑制病菌细胞中蛋氨酸的生物合成，进而抑制病菌侵染酶的分泌，阻止病菌侵染，并能迅速渗透至植物组织内杀死病菌，抑制病害扩展蔓延。与苯并咪唑类、二羧酰亚胺类、乙霉威等杀菌剂没有交互抗性。该药具有内吸传导和熏蒸活性，施药后可迅速到达植株的花、幼果等新鲜幼嫩组织而杀死病菌，药效快而稳定，黏着性好，持效期较长。嘧霉胺对温度不敏感，低温时也能充分发挥药效。

适用作物防控对象及使用技术

草莓灰霉病 初花期、盛花期、末花期、幼果期各喷药 1 次，或在连续阴天 2 天后开始喷药，7～10 天 1 次，每期连喷 2 次左右。嘧霉胺一般每亩次使用 20%悬浮剂 100～130 毫升，或 20%可湿性粉剂 120～150 克，或 30%悬浮剂 70～90 毫升，或 40%悬浮剂或 400 克/升悬浮剂 50～65 毫升，或 40%可湿性粉剂或 40%水分散粒剂 60～75 克，或 70%水分散粒剂 35～40 克，或 80%水分散粒剂 30～37 克，对水 45～60 千克均匀喷雾。连续用药时，注意与不同类型药剂交替使用。

葡萄灰霉病 先在花蕾期和落花后各喷药 1 次，有效防控灰霉病为害幼穗；然后套袋葡萄于套袋前喷药 1 次，不套袋葡萄于果粒转色期至采收前喷药 1～2 次（间隔期 10 天左右），有效防控近成熟穗受害。嘧霉胺一般使用 20%悬浮剂或 20%可湿性粉剂 500～700 倍液，或 30%悬浮剂 800～1 000 倍液，或 400 克/升悬浮剂或 40%悬浮剂或 40%可湿性粉剂或 40%水分散粒剂 1 000～1 500 倍液，或70%水分散粒剂2 000～2 500倍液，或80%水分散粒剂2 000～3 000倍液均匀喷雾，重点喷洒果穗即可。

桃、李、樱桃的灰霉病　从病害发生初期开始喷药，7天左右1次，连喷1～2次。嘧霉胺喷施倍数同“葡萄灰霉病”。

桃、李的褐腐病　从病害发生初期或果实采收前1个月开始喷药，10天左右1次，连喷2次左右。嘧霉胺喷施倍数同“葡萄灰霉病”。

苹果花腐病、黑星病　苹果花序分离期、落花后各喷药1次，有效防控花腐病，兼防黑星病；然后从黑星病发生初期或初见病叶或病果时开始喷药，10～15天1次，连喷2～3次。嘧霉胺喷施倍数同“葡萄灰霉病”。

梨树黑星病、褐腐病　防控黑星病时，从病害发生初期或田间初见黑星病病梢、病叶、病果时开始喷药，10～15天1次，与不同类型药剂交替使用，连喷5～7次；防控褐腐病（不套袋果）时，从病害发生初期开始喷药，10天左右1次，连喷2次左右。嘧霉胺喷施倍数同“葡萄灰霉病”。

柿灰霉病　南方柿树开花期遇多雨潮湿天气时，在开花前、落花后各喷药1次，即可有效防控灰霉病的为害。嘧霉胺喷施倍数同“葡萄灰霉病”。

蓝莓灰霉病　从病害发生初期开始喷药，10天左右1次，连喷2次左右。嘧霉胺喷施倍数同“葡萄灰霉病”。

番茄、辣椒、茄子、黄瓜、西葫芦、苦瓜、芸豆、韭菜、莴笋等瓜果蔬菜及豆类的灰霉病、菌核病　多在连续阴天2天后或初见病斑时立即开始喷药，7～10天1次，每期连喷2～3次。一般每亩次使用20%悬浮剂100～180毫升，或20%可湿性粉剂120～200克，或30%悬浮剂80～120毫升，或40%悬浮剂或400克/升悬浮剂60～90毫升，或40%可湿性粉剂或40%水分散粒剂70～100克，或70%水分散粒剂40～55克，或80%水分散粒剂30～45克，对水45～60千克均匀喷雾。

注意事项　嘧霉胺不能与强酸性药剂或碱性药剂及肥料混用。连续喷药时，注意与不同类型药剂交替使用。在通风不良的棚室中使用时，避免高温时段用药，且浓度过高可能会导致有些作物的叶片上出现褐色斑点。

氢氧化铜 copper hydroxide

主要含量与剂型 37.5%悬浮剂，77%可湿性粉剂，46%、53.8%水分散粒剂。

产品特点 氢氧化铜是一种矿物源类无机铜素广谱保护性低毒杀菌剂，对真菌性和细菌性病害均有很好的防控效果。其杀菌机理是通过释放的铜离子与病菌体内或芽管内蛋白质中的—SH、—NH_2、—COOH、—OH 等基团结合，形成铜的络合物，使蛋白质变性，进而阻碍和抑制病菌代谢，最终导致病菌死亡。该药杀菌防病范围广，渗透性好，但没有内吸作用，且使用不当易发生药害。喷施在植物表面后没有明显药斑残留。

适用作物防控对象及使用技术 氢氧化铜主要应用于喷雾，有时也可灌根用药、涂抹用药等。喷雾时必须及时均匀周到，但不要在高温、高湿环境下使用。

葡萄霜霉病、黑痘病、穗轴褐枯病、褐斑病、炭疽病 先在幼穗开花前、落花后、落花后 15 天左右各喷药 1 次，有效防控穗轴褐枯病、黑痘病及幼穗霜霉病；然后从叶片上初见霜霉病病斑时开始继续喷药，10 天左右 1 次，与不同类型药剂交替使用，连喷 5～7 次，有效防控霜霉病、褐斑病、炭疽病。氢氧化铜一般使用 37.5%悬浮剂 400～600 倍液，或 46%水分散粒剂 800～1 000 倍液，或 53.8%水分散粒剂 1 200～1 500 倍液，或 77%可湿性粉剂 600～800 倍液均匀喷雾。

苹果树、梨树、山楂树的烂根病、腐烂病、干腐病、枝干轮纹病 治疗烂根病时，将病残组织清除后直接灌药治疗，浇灌药液量要求将病树的主要根区渗透。一般使用 37.5%悬浮剂 500～600 倍液，或 46%水分散粒剂 800～1 000 倍液，或 53.8%水分散粒剂 1 000～1 200 倍液，或 77%可湿性粉剂 1 200～1 500 倍液浇灌。预防腐烂病等枝干病害时，在树体发芽前喷药清园，一般使用

37.5%悬浮剂300～400倍液，或46%水分散粒剂400～500倍液，或53.8%水分散粒剂500～600倍液，或77%可湿性粉剂600～800倍液喷洒枝干。腐烂病及干腐病病斑刮除后，也可在病斑表面涂抹用药，一般使用37.5%悬浮剂80～100倍液，或46%水分散粒剂100～150倍液，或53.8%水分散粒剂150～200倍液，或77%可湿性粉剂200～300倍液涂抹。

桃树、杏树、李树及樱桃树的流胶病 在树体发芽前对枝干喷药1次，生长期严禁使用。一般使用37.5%悬浮剂400～500倍液，或46%水分散粒剂500～600倍液，或53.8%水分散粒剂600～700倍液，或77%可湿性粉剂700～800倍液喷洒枝干。

柑橘树溃疡病、疮痂病 在春梢生长初期、春梢转绿期、小幼果期、幼果膨大初期、夏梢生长初期、夏梢转绿期、秋梢生长初期、秋梢转绿期各喷药1次，注意与不同类型药剂交替使用。氢氧化铜一般使用37.5%悬浮剂400～500倍液，或46%水分散粒剂700～900倍液，或53.8%水分散粒剂800～1 000倍液，或77%可湿性粉剂600～800倍液均匀喷雾。

荔枝霜疫霉病 在花蕾期、幼果期、中果期、果实转色期各喷药1次。氢氧化铜喷施倍数同“柑橘树溃疡病”。

杧果细菌性黑斑病 从病害发生初期开始喷药，7～10天1次，连喷2～3次。一般使用37.5%悬浮剂500～600倍液，或46%水分散粒剂1 000～1 200倍液，或53.8%水分散粒剂1 200～1 500倍液，或77%可湿性粉剂1 000～1 500倍液均匀喷雾。

香蕉叶鞘腐败病 从病害发生初期或台风过后立即开始喷药，7～10天1次，连喷1～2次。一般使用37.5%悬浮剂400～500倍液，或46%水分散粒剂800～1 000倍液，或53.8%水分散粒剂1 200～1 500倍液，或77%可湿性粉剂600～800倍液均匀喷雾。

茶树炭疽病 从病害发生初期开始喷药，7～10天1次，连喷2～3次。一般使用37.5%悬浮剂400～500倍液，或46%水分散粒剂800～1 000倍液，或53.8%水分散粒剂1 000～1 200倍液，或77%可湿性粉剂600～800倍液均匀喷雾。

西瓜、甜瓜的炭疽病、细菌性果斑病、枯萎病 防控炭疽病、细菌性果斑病时，从病害发生初期开始喷药，7～10天1次，连喷

3～4 次。一般每亩次使用 37.5%悬浮剂 100～120 毫升，或 46%水分散粒剂 60～80 克，或 53.8%水分散粒剂 70～100 克，或 77%可湿性粉剂 80～100 克，对水 45～60 千克均匀喷雾。防控枯萎病时，从坐瓜后开始灌根，每株浇灌药液 200～250 毫升，15 天后再浇灌 1 次，一般使用 37.5%悬浮剂 400～500 倍液，或 46%水分散粒剂 600～800 倍液，或 53.8%水分散粒剂 700～900 倍液，或 77%可湿性粉剂 600～700 倍液。

番茄溃疡病、早疫病、晚疫病　防控溃疡病时，在每次整枝打杈后及时喷药 1 次；或从病害发生初期开始喷药，7～10 天 1 次，连喷 2～3 次。防控早疫病、晚疫病时，从病害发生初期或田间初见病叶时立即开始喷药，7～10 天 1 次，与不同类型药剂交替使用，连喷 4～6 次。氢氧化铜一般每亩次使用 37.5%悬浮剂 100～120 毫升，或 46%水分散粒剂 60～80 克，或 53.8%水分散粒剂 150～200 克，或 77%可湿性粉剂 100～150 克，对水 45～75 千克均匀喷雾。

马铃薯晚疫病、早疫病　从病害发生初期或植株现蕾期开始喷药，10 天左右 1 次，与不同类型药剂交替使用，直到生长后期。氢氧化铜喷施剂量同“番茄溃疡病”。

黄瓜霜霉病、细菌性叶斑病　从病害发生初期开始喷药，7～10 天 1 次，与不同类型药剂交替使用，连喷喷施，直到生长后期，重点喷洒叶片背面。氢氧化铜喷施剂量同“番茄溃疡病”。

辣椒疫病、疮痂病、炭疽病　从病害发生初期开始喷药，7～10 天 1 次，连喷 3～4 次，防控疫病时注意喷洒植株茎基部。氢氧化铜一般每亩次使用 37.5%悬浮剂 100～120 毫升，或 46%水分散粒剂 60～80 克，或 53.8%水分散粒剂 80～100 克，或 77%可湿性粉剂 100～120 克，对水 45～75 千克均匀喷雾。

白菜软腐病　多从莲座期或田间初见病株时开始喷药，7～10 天 1 次，连喷 2～3 次，重点喷洒植株基部的叶片背面。一般每亩次使用 37.5%悬浮剂 50～75 毫升，或 46%水分散粒剂 30～45 克，或 53.8%水分散粒剂 40～50 克，或 77%可湿性粉剂 40～60 克，对水 30～45 千克均匀喷雾。

芹菜叶斑病　从病害发生初期开始喷药，7～10 天 1 次，连喷

2～4 次。一般每亩次使用 37.5%悬浮剂 60～80 毫升，或 46%水分散粒剂 40～50 克，或 53.8%水分散粒剂 50～60 克，或 77%可湿性粉剂 60～80 克，对水 30～45 千克均匀喷雾。

花生叶斑病、疮痂病　从病害发生初期或开花下针期开始喷药，10 天左右 1 次，连喷 2～3 次。氢氧化铜喷施剂量同“芹菜叶斑病”。

水稻稻曲病　在破口前 5～7 天和齐穗初期各喷药 1 次。一般每亩次使用 37.5%悬浮剂 60～80 毫升，或 46%水分散粒剂 30～45 克，或 53.8%水分散粒剂 35～50 克，或 77%可湿性粉剂 50～75 克，对水 30～45 千克均匀喷雾。

姜腐烂病、姜瘟病　栽种时，在摆种沟内均匀撒施药剂，而后摆种，每亩使用 77%可湿性粉剂 1～1.5 千克，或 53.8%水分散粒剂 1～1.2 千克，或 46%水分散粒剂 0.8～1 千克。生长期，从病害发生初期开始灌药，10～15 天后再浇灌 1 次，一般每亩次随水浇灌 37.5%悬浮剂 1 000～1 500 毫升，或 46%水分散粒剂 0.6～0.8 千克，或 53.8%水分散粒剂 0.5～0.7 千克，或 77%可湿性粉剂 0.5～0.8 千克。

烟草野火病　从病害发生初期开始喷药，10 天左右 1 次，连喷 2～3 次。一般每亩次使用 37.5%悬浮剂 80～100 毫升，或 46%水分散粒剂 40～50 克，或 53.8%水分散粒剂 50～70 克，或 77%可湿性粉剂 100～120 克，对水 45～60 千克均匀喷雾。

注意事项　氢氧化铜不能与碱性药剂、强酸性药剂、三乙膦酸铝、多硫化钙及怕铜农药混用。在桃树、杏树、李树、樱桃树等核果类果树上仅限于发芽前喷施，发芽后的生长期禁止使用。苹果树、梨树的花期和幼果期禁用。阴雨天、多雾天及露水未干时不要施药，高温、高湿天气应当慎用。

氰霜唑 cyazofamid

主要含量与剂型　20%、35%、50%、100 克/升悬浮剂，50%水分散粒剂。

产品特点　氰霜唑是一种磺胺咪唑类低毒杀菌剂，属线粒体呼吸抑制剂，以保护作用为主，专用于防控卵菌类真菌病害，对卵菌的各生长阶段均有杀灭活性，用药时期灵活，持效期较长，尤其对甲霜灵等产生抗药性的病菌仍有很高的防控效果。其杀菌机理是通过阻断卵菌线粒体内细胞色素 bc1 复合体的电子传递，干扰能量供应，而导致病菌死亡。其结合部位是酶的 Q 中心，因此与其他类型杀菌剂无交互抗性。因其作用点对靶标酶的差异性表现高度敏感，所以其对病菌具有显著选择活性。该药剂杀菌活性高，耐雨水冲刷，正常使用对作物安全。

适用作物防控对象及使用技术

葡萄霜霉病　先在葡萄花蕾期（开花前）、落花后各喷药 1 次，有效防控霜霉病为害幼果穗；然后从霜霉病发生初期或叶片上初见病斑时立即开始连续喷药，10 天左右 1 次，与不同类型药剂交替使用，直到生长后期。氰霜唑一般使用 100 克/升悬浮剂 2 000～2 500 倍液，或 20%悬浮剂 4 000～5 000 倍液，或 35%悬浮剂 7 000～8 000 倍液，或 50%悬浮剂或 50%水分散粒剂 10 000～12 000 倍液均匀喷雾，注意喷洒叶片背面。

荔枝霜疫霉病　在花蕾期、幼果期、中果期、果实转色期各喷药 1 次。氰霜唑喷施倍数同“葡萄霜霉病”。

黄瓜霜霉病　从病害发生初期或田间初见病斑时立即开始喷药，7～10 天 1 次，与不同类型药剂交替使用，直到生长后期。氰霜唑一般每亩次使用 100 克/升悬浮剂 55～65 毫升，或 20%悬浮剂 30～40 毫升，或 35%悬浮剂 16～20 毫升，或 50%悬浮剂 11～13 毫升，或 50%水分散粒剂 12～15 克，对水 45～75 千克均匀喷雾，重点喷洒叶片背面。

西瓜、甜瓜等瓜类的疫病　从病害发生初期开始喷药，7 天左右 1 次，连喷 2 次左右，重点喷洒植株近地面处。氰霜唑喷施剂量同“黄瓜霜霉病”。

番茄晚疫病　从病害发生初期或初见病斑时立即开始喷药，7～10 天 1 次，与不同类型药剂交替使用，连喷 3～5 次。氰霜唑喷施剂量同“黄瓜霜霉病”。

马铃薯晚疫病　从病害发生初期或植株现蕾期开始喷药，7～10 天 1 次，与不同类型药剂交替使用，直到生长后期。氰霜唑一般每亩次使用100克/升悬浮剂55～70毫升，或20%悬浮剂30～35毫升，或35%悬浮剂15～20毫升，或50%悬浮剂10～15毫升，或50%水分散粒剂10～15克，对水60～75千克均匀喷雾。

白菜等十字花科蔬菜根肿病　育苗时，每立方米苗床土使用100克/升悬浮剂80～100毫升，或20%悬浮剂40～50毫升，或35%悬浮剂25～30毫升，或50%悬浮剂16～20毫升，或50%水分散粒剂16～20克，对适量水后均匀混土，防控幼苗受害。移栽时用药液灌根或浇灌定植药水，生长期田间初见病苗后及时浇灌药液进行治疗。灌根或浇灌时，一般使用100克/升悬浮剂800～1 200倍液，或20%悬浮剂2 000～2 500倍液，或35%悬浮剂3 000～4 000倍液，或50%悬浮剂或50%水分散粒剂5 000～7 000倍液灌根。

注意事项　氰霜唑不能与碱性药剂及强酸性药剂或肥料混用。连续用药时，注意与不同类型药剂交替使用，以避免或延缓病菌产生抗药性。本剂仅对低等真菌性病害有效，若有高等真菌性病害同时发生时，应注意与其他有效药剂配合使用。

噻呋酰胺 thifluzamide

主要含量与剂型　0.5%、4%颗粒剂，30%、35%、40%、240克/升悬浮剂，40%、50%水分散粒剂，19%干拌种剂。

产品特点　噻呋酰胺是一种噻唑酰胺类低毒杀菌剂，具有预防、治疗双重功效，内吸传导性强，可被作物根或叶片迅速内吸并传导到植株各部位，杀菌作用稳定，持效期较长。其杀菌机理主要是通过抑制病菌三羧酸循环中琥珀酸脱氢酶的活性，而致病菌死亡。由于其结构中含有氟，且在生化过程中竞争力很强，与底物或酶结合后很难恢复，所以药效非常稳定。

适用作物防控对象及使用技术

水稻纹枯病　既可药剂拌种，又可育秧盘撒施颗粒剂用药，还可生长期喷雾。拌种时，按照每100千克种子使用19%干拌种剂1 000～1 600克剂量，于浸种后播种前进行拌种，使药剂均匀包裹在种子表面。育秧盘用药时，以每亩大田所需秧苗盘（育秧盘）数量为基础，按照每亩大田使用4%颗粒剂500～700克剂量，于插秧当日或前一天均匀撒施在育秧盘上，撒施后掸落黏附在叶片上的颗粒，然后喷洒适量清水使颗粒黏附在育秧盘土上。撒施前如果叶片潮湿或有露水，需先掸落叶片上的露水使叶片干爽后再撒施颗粒剂。喷雾用药时，在水稻封垄前和孕穗期至齐穗初期各喷药1次；或在病害发生初期开始喷药，15～20天后再喷药1次。一般每亩次使用240克/升悬浮剂20～30毫升，或30%悬浮剂15～20毫升，或35%悬浮剂13～18毫升，或40%悬浮剂12～15毫升，或40%水分散粒剂10～15克，或50%水分散粒剂8～12克，对水30～45千克均匀喷雾，注意喷洒植株中下部。

小麦纹枯病　从病害发生初期开始喷药，15～20天1次，连喷1～2次；或在小麦分蘖中后期至拔节期和抽穗期各喷药1次。一般每亩次使用240克/升悬浮剂20～25毫升，或30%悬浮剂18～22毫升，或35%悬浮剂15～18毫升，或40%悬浮剂13～16毫升，或40%水分散粒剂14～17克，或50%水分散粒剂11～14克，对水30～45千克均匀喷雾，注意喷洒植株中下部。

马铃薯黑痣病　多为播种沟喷药，即在种薯播种到垄沟内后覆土前喷洒垄沟内的种薯及其周围土壤，然后覆土合垄，一般每亩次使用240克/升悬浮剂90～120毫升，或30%悬浮剂80～100毫升，或35%悬浮剂70～90毫升，或40%悬浮剂60～75毫升，或40%水分散粒剂60～80克，或50%水分散粒剂50～65克，对水45～60千克均匀喷洒播种沟，每季用药1次。

花生白绢病　既可播种时撒施颗粒药剂，又可生长期喷雾。播种时用药，每亩使用0.5%颗粒剂3 000～4 000克，在花生播种前或播种时将药剂与细土、肥料拌匀后开沟均匀撒施，每季使用1次。生长期喷药时，多从花生下针期开始喷药，10～15天1次，连喷1～2次。一般每亩次使用240克/升悬浮剂40～60毫升，或30%悬浮剂35～50毫升，或35%悬浮剂30～45毫升，或40%悬浮剂26～40毫升，或40%水分散粒剂30～45克，或50%水分散粒剂25～35克，对水30～45千克均匀喷洒花生茎基部。

花生锈病　从病害发生初期开始喷药，15～20天1次，连喷1～2次。一般每亩次使用240克/升悬浮剂30～40毫升，或30%

悬浮剂 28～35 毫升，或 35%悬浮剂 25～30 毫升，或 40%悬浮剂 23～27 毫升，或 40%水分散粒剂 25～30 克，或 50%水分散粒剂 20～25 克，对水 30～45 千克均匀喷雾。

茭白纹枯病　从病害发生初期开始喷药，15～20 天 1 次，连喷 1～2 次。一般使用 240 克/升悬浮剂 1 800～2 200 倍液，或 30%悬浮剂 2 000～2 500 倍液，或 35%悬浮剂 2 300～2 800 倍液，或 40%悬浮剂 2 800～3 200 倍液，或 40%水分散粒剂 2 500～3 000 倍液，或 50%水分散粒剂 3 000～3 500 倍液均匀喷雾。

注意事项　噻呋酰胺不能与强酸性及碱性药剂或肥料混用。连续喷药时，注意与不同类型药剂交替使用或混用，以延缓病菌产生抗药性。水稻育秧盘用药时，软弱徒长苗、立枯苗、生长不良或错过移栽时间的秧苗上容易发生药害，需要慎重。

噻霉酮 benziothiazolinone

主要含量与剂型　5%悬浮剂，1.5%水乳剂，3%微乳剂，3%可湿性粉剂，3%水分散粒剂，1.6%涂抹剂。

产品特点　噻霉酮是一种噻唑类广谱低毒杀菌剂，对多种真菌性和细菌性病害均有预防保护和治疗作用。耐雨水冲刷，使用安全。其杀菌作用机理具有两种，一是破坏病菌细胞核结构，使其失去“心脏”部位而衰竭死亡；二是干扰病菌细胞的新陈代谢，使病菌出现生理活动紊乱，最终导致其死亡。

适用作物防控对象及使用技术

苹果树、梨树的腐烂病、干腐病　在病斑手术治疗的基础上于病疤表面涂药，使用 1.6%涂抹剂直接涂抹病疤表面，一般每平方米使用制剂 80～120 克。

苹果轮纹病、炭疽病、黑星病　防控轮纹病、炭疽病时，从苹果落花后 10 天左右开始喷药，10 天左右 1 次，连喷 3 次药后套袋，不套袋苹果需继续喷药 4～6 次（间隔期 10～15 天），兼防黑星病；防控黑星病时，一般果园从初见黑星病病斑时开始喷药，10～15 天 1 次，连喷 2～3 次。噻霉酮一般使用 1.5%水乳剂500～600 倍液，或 3%可湿性粉剂或 3%水分散粒剂或 3%微乳剂 1 000～

1 200 倍液，或 5%悬浮剂 1 500～2 000 倍液均匀喷雾，连续喷药时最好与不同类型药剂交替使用或混用。

梨树火疫病、黑星病、轮纹病、炭疽病　防控火疫病时，先在早春发芽前喷施 1 次清园药剂，一般使用 1.5% 水乳剂 200～300 倍液，或 3%可湿性粉剂或 3%水分散粒剂或 3%微乳剂 400～600 倍液，或 5%悬浮剂 800～1 000 倍液均匀喷洒枝干；然后再于发芽后开花前、落花后及落花后 10～15 天各喷药 1 次。防控黑星病、轮纹病、炭疽病时，从黑星病发生初期或落花后 10 天左右开始喷药，10～15 天 1 次，与不同类型药剂交替使用或混用，直到采收前期。梨树生长期噻霉酮一般使用 1.5% 水乳剂 500～600 倍液，或 3%可湿性粉剂或 3%水分散粒剂或 3%微乳剂 1 000～1 200 倍液，或 5%悬浮剂 1 500～2 000 倍液均匀喷雾。

桃树黑星病、炭疽病、穿孔病　一般桃园多从桃树落花后15～20 天开始喷药，10～15 天 1 次，与不同类型药剂交替使用或混用，连喷 3～5 次。噻霉酮一般使用 1.5% 水乳剂 500～600 倍液，或 3%可湿性粉剂或 3%水分散粒剂或 3%微乳剂 1 000～1 200 倍液，或 5%悬浮剂 1 500～2 000 倍液均匀喷雾。

葡萄黑痘病、炭疽病　防控黑痘病时，在幼穗开花前、落花后及落花后 10～15 天各喷药 1 次；防控炭疽病时，从葡萄果粒膨大中期开始喷药，10 天左右 1 次，连喷 3～4 次（或至套袋后结束）。噻霉酮喷施倍数同“桃树黑星病”。

黄瓜霜霉病、细菌性角斑病　从病害发生初期或田间初见病斑时开始喷药，7～10 天 1 次，与相应不同类型药剂交替使用或混用，直到生长后期。噻霉酮一般每亩次使用 1.5% 水乳剂 120～175 毫升，或 3%微乳剂 70～90 毫升，或 3%可湿性粉剂或 3%水分散粒剂 75～100 克，或 5%悬浮剂 40～50 毫升，对水 45～75 千克均匀喷雾，注意喷洒叶片背面。

水稻细菌性条斑病　从病害发生初期开始喷药，10 天左右 1 次，连喷 2 次左右。一般每亩次使用 1.5% 水乳剂 120～200 毫升，或 3%微乳剂 60～100 毫升，或 3%可湿性粉剂或 3%水分散粒剂 80～100 克，或 5%悬浮剂 35～50 毫升，对水 30～45 千克均匀喷雾。

小麦赤霉病　在齐穗初期和扬花初期各喷药1次。一般每亩次使用1.5%水乳剂80～100毫升，或3%微乳剂40～50毫升，或3%可湿性粉剂或3%水分散粒剂40～50克，或5%悬浮剂25～30毫升，对水30～45千克均匀喷雾。

烟草野火病　从病害发生初期开始喷药，7～10天1次，连喷2～3次。一般每亩次使用1.5%水乳剂120～200毫升，或3%微乳剂60～100毫升，或3%可湿性粉剂或3%水分散粒剂80～100克，或5%悬浮剂35～50毫升，对水45～60千克均匀喷雾。

注意事项　噻霉酮不能与碱性药剂及强酸性药剂或肥料混用。连续喷药时，注意与不同类型药剂交替使用或混用。

三环唑 tricyclazole

主要含量与剂型　20%、30%、40%悬浮剂，20%、75%可湿性粉剂，75%水分散粒剂。

产品特点　三环唑是一种三唑类保护性杀菌剂，低毒至中等毒性，具有较强内吸性，能迅速被水稻根、茎、叶吸收，并输送到植株各部位，对稻瘟病具有独特防效。其杀菌机理主要是通过抑制还原酶活性而抑制附着胞黑色素形成，进而抑制孢子萌发和附着胞形成，最终有效阻止病菌侵入和减少病菌孢子产生。三环唑耐雨水冲刷能力强，喷药1小时后遇雨不需要补喷，且持效期较长。

适用作物防控对象及使用技术　三环唑主要用于防控水稻稻瘟病。防控叶瘟时，从病害发生初期或田间有急性病斑出现时立即开始喷药，10天左右1次，连喷1～2次；防控穗颈瘟时，在孕穗末期至破口前和齐穗初期各喷药1次，第1次喷药最迟不能晚于破口后3天。一般每亩次使用20%可湿性粉剂100～120克，或20%悬浮剂80～100毫升，或30%悬浮剂55～70毫升，或40%悬浮剂40～50毫升，或75%可湿性粉剂或75%水分散粒剂30～35克，对水30～45千克均匀喷雾。

注意事项　三环唑不能与碱性药剂及肥料混用，也不能与含铜制剂混用。连续喷药时，注意与不同类型药剂交替使用。本剂对梨树、瓜类及蔬菜幼苗较敏感，用药时应避免药液飘移到上述作物上。

双胍三辛烷基苯磺酸盐 iminoctadine tris (albesilate)

主要含量与剂型 40％可湿性粉剂。

产品特点 双胍三辛烷基苯磺酸盐是一种双胍盐类广谱保护性低毒杀菌剂，具有触杀和预防作用，局部渗透性较强。其杀菌机理主要是影响病菌类脂化合物的生物合成和细胞膜机能，具有两个作用位点，表现为抑制孢子萌发、芽管伸长、附着胞和菌丝的形成，可作用于病害发生的整个过程。

适用作物防控对象及使用技术

柑橘类果实防腐（青霉病、绿霉病、蒂腐病、酸腐病等）保鲜 当天采收的新鲜果实剔除病虫伤果后，使用40％可湿性粉剂1 000～1 500倍液浸果0.5～1分钟，捞出后晾干，包装贮运。与咪鲜胺、抑霉唑混用防腐保鲜效果更好。

苹果树斑点落叶病、褐腐病、霉污病、蝇粪病、炭疽病 防控斑点落叶病时，在春梢生长期内和秋梢生长期内各喷药2次左右，间隔期10～15天；防控不套袋苹果的褐腐病时，从采收前1.5个月开始喷药，10～15天1次，连喷2次左右，兼防炭疽病、霉污病、蝇粪病；防控不套袋苹果的霉污病、蝇粪病时，多从8月中下旬开始喷药，10～15天1次，连喷2次左右，兼防炭疽病。一般使用40％可湿性粉剂1 500～2 000倍液均匀喷雾。

葡萄灰霉病、白粉病、炭疽病、酸腐病 先在葡萄花蕾期和落花后各喷药1次，有效防控灰霉病为害幼穗；防控白粉病时，从病害发生初期开始喷药，10天左右1次，连喷2～3次；果穗套袋葡萄，在套袋前重点喷洒1次果穗，有效控制灰霉病、炭疽病及酸腐病的发生为害；不套袋葡萄从果粒膨大中期开始喷药，10～15天1次，与不同类型药剂交替使用，连喷3～5次，有效防控炭疽病，兼防灰霉病、酸腐病。双胍三辛烷基苯磺酸盐一般使用40％可湿性粉剂1 500～2 000倍液均匀喷雾。

梨树黑星病、褐腐病、白粉病、炭疽病 以防控黑星病为主，兼防炭疽病、白粉病、褐腐病。从初见黑星病病梢或病叶或病果时开始喷药，10～15天1次，与不同类型药剂交替使用，连喷5～

7次。双胍三辛烷基苯磺酸盐一般使用40%可湿性粉剂1 500～2 000倍液均匀喷雾。

桃、杏、李的黑星病、褐腐病　防控黑星病时，多从落花后20～30天开始喷药，10～15天1次，连喷2～3次；防控褐腐病时，从果实采收前1～1.5个月开始喷药，10天左右1次，连喷2次左右。一般使用40%可湿性粉剂1 500～2 000倍液均匀喷雾。

柿树黑星病、炭疽病、白粉病　防控黑星病、白粉病时，从病害发生初期开始喷药，10～15天1次，连喷2～3次；防控炭疽病时，一般柿园从落花后10天左右开始喷药，10～15天1次，连喷2～5次（南方甜柿产区喷药次数较多，且最好于开花前增加1次喷药）。一般使用40%可湿性粉剂1 500～2 000倍液均匀喷雾。

猕猴桃灰霉病　从病害发生初期或初见病斑时开始喷药，10天左右1次，连喷2～3次。一般使用40%可湿性粉剂1 500～2 000倍液均匀喷雾。

草莓灰霉病、白粉病　在初花期、盛花期、末花期及幼果期各喷药1次；或从病害发生初期开始喷药，10天左右1次，连喷3～5次。一般使用40%可湿性粉剂1 200～1 500倍液均匀喷雾。

番茄灰霉病、叶霉病　从连续阴天2天时或初见病斑时开始喷药，7～10天1次，连喷3～4次。一般每亩次使用40%可湿性粉剂30～50克，对水45～60千克均匀喷雾。

黄瓜、西瓜、甜瓜、哈密瓜等瓜类蔓枯病　从病害发生初期或初见病斑时开始喷药，7～10天1次，连喷2次，重点喷洒植株中下部的茎部，一般使用40%可湿性粉剂1 000～1 500倍液。也可使用40%可湿性粉剂500～600倍液直接涂抹病斑。

黄瓜、西瓜、甜瓜、哈密瓜、南瓜等瓜类炭疽病、白粉病　从病害发生初期开始喷药，7～10天1次，连喷3～4次。一般使用40%可湿性粉剂1 000～1 500倍液均匀喷雾。

黄瓜、苦瓜、西葫芦的灰霉病　从连续阴天2天时或初见病斑时开始喷药，7～10天1次，连喷2～3次。一般使用40%可湿性粉剂1 000～1 500倍液均匀喷雾。

茄子灰霉病、白粉病　进入开花期后，从连续阴天2天时或初见病斑时开始喷药，7～10天1次，连喷2～4次。一般使用40%

可湿性粉剂 1 000～1 500 倍液均匀喷雾。

芦笋茎枯病 从地上茎嫩枝开始伸展时或初见病斑时开始喷药，7～10 天 1 次，连喷 2～4 次。一般使用 40%可湿性粉剂 1 000～1 200 倍液均匀喷雾。

注意事项 双胍三辛烷基苯磺酸盐不能与强酸性及碱性药剂或肥料混用。喷雾用药时应均匀周到，在发病前或初期开始喷药效果较好。苹果、梨落花后 20 天内喷雾会造成果锈，应当慎用。有些葡萄品种对本剂较敏感，具体应用时需要注意。该药会造成芦笋嫩茎轻微弯曲，但不影响母茎生长。

双炔酰菌胺 mandipropamid

主要含量与剂型 23.4%悬浮剂。

产品特点 双炔酰菌胺是一种酰胺类微毒专用杀菌剂，具有预防保护和内吸治疗双重功效，对地上部的绝大多数卵菌纲真菌病害均有很好的防控效果。既对处于萌发阶段的病菌孢子具有很高活性，又可抑制菌丝生长和孢子形成，还对处于潜伏期的病害有较强的治疗作用。其杀菌机理是通过抑制病菌细胞磷脂的生物合成和细胞壁的生物合成，而导致病菌死亡。喷施后药剂与植物表面的蜡质层亲和力较强，耐雨水冲刷，持效期较长。

适用作物防控对象及使用技术

葡萄霜霉病 先在葡萄花蕾期（开花前）和落花后各喷药 1 次，有效防控霜霉病为害幼穗；然后从叶片上初见霜霉病病斑时开始连续喷药，10 天左右 1 次，与不同类型药剂交替使用或混用，直到生长后期。双炔酰菌胺一般使用 23.4%悬浮剂 1 500～2 000 倍液喷雾，防控叶片受害时注意喷洒叶片背面。

梨疫腐病 主要适用于不套袋梨。多从病害发生初期或初见病果时开始喷药，10 天左右 1 次，连喷 1～2 次。一般使用 23.4%悬浮剂 1 500～2 000 倍液均匀喷雾。

荔枝霜疫霉病 在花蕾期、幼果期、中果期、果实转色期各喷药 1 次。一般使用 23.4%悬浮剂 1 000～2 000 倍液均匀喷雾。

柑橘褐腐病（疫腐病） 从病害发生初期或初见病果时开始喷

药，10天左右1次，连喷1～2次，重点喷洒植株中下部果实。一般使用23.4%悬浮剂1 000～2 000倍液喷雾。

番茄晚疫病　从病害发生初期或初见病斑时开始喷药，10天左右1次，与不同类型药剂交替使用，连喷3～5次。双炔酰菌胺每亩次使用23.4%悬浮剂30～40毫升，对水45～60千克均匀喷雾。

辣椒疫病　从病害发生初期开始喷药，10天左右1次，与不同类型药剂交替使用，连喷2～4次，重点喷洒植株中下部的茎部及其周围土壤。双炔酰菌胺喷施剂量同“番茄晚疫病”。

西瓜疫病　从病害发生初期或田间初见病果时开始喷药，10天左右1次，连喷2次左右。双炔酰菌胺喷施剂量同“番茄晚疫病”。

马铃薯晚疫病　从病害发生初期或植株现蕾期开始喷药，10天左右1次，与不同类型药剂交替使用，直到生长后期。双炔酰菌胺每亩次使用23.4%悬浮剂30～50毫升，对水60～75千克均匀喷雾。

注意事项　双炔酰菌胺不能与强酸性及碱性药剂或肥料混用。连续喷药时，注意与不同类型药剂交替使用或混用。在连续阴雨或湿度较大的环境中，或病情较重时，建议使用较高剂量。

霜霉威盐酸盐 propamocarb hydrochloride

主要含量与剂型　35%、66.5%、722克/升水剂。

产品特点　霜霉威盐酸盐是一种氨基甲酸酯类内吸治疗性低毒杀菌剂，专用于防控低等真菌性病害，具有预防保护和内吸治疗双重作用，与其他类型杀菌剂无交互抗性。通过植物的根和叶片吸收，向顶传导，使用安全，并对根、茎、叶有明显的刺激生长作用。其杀菌机理是通过抑制病菌细胞膜成分的磷脂和脂肪酸的生物合成，而影响细胞膜透性，进而抑制菌丝生长、孢子囊形成和萌发等。

适用作物防控对象及使用技术

葡萄霜霉病　先在葡萄花蕾期和落花后各喷药1次，有效防控霜霉病为害幼果穗；然后从叶片上初见霜霉病病斑时立即继续喷药，10天左右1次，与不同类型药剂交替使用，直到生长后期（雨雾露等高湿条件不再出现时）。霜霉威盐酸盐一般使用35%水剂300～400倍液，或66.5%水剂或722克/升水剂600～800倍液喷雾，防控叶片受害时重点喷洒叶片背面。

荔枝霜疫霉病　在花蕾期、幼果期、果实膨大期、果实转色期各喷药1次。霜霉威盐酸盐喷施倍数同“葡萄霜霉病”。

黄瓜、甜瓜、哈密瓜等瓜类霜霉病　从病害发生初期或初见病斑时开始喷药，7～10天1次，与不同类型药剂交替使用。霜霉威盐酸盐一般每亩次使用722克/升水剂或66.5%水剂80～110毫升，或35%水剂150～200毫升，对水45～60千克均匀喷雾，重点喷洒叶片背面。

番茄晚疫病　从病害发生初期开始喷药，7～10天1次，与不同类型药剂交替使用，连喷3～5次。霜霉威盐酸盐喷施剂量同“黄瓜霜霉病”。

辣椒（含甜椒）疫病　从病害发生初期或田间初见病株时开始喷药，7～10天1次，连喷2次左右，注意喷洒植株茎基部及其周围土壤。霜霉威盐酸盐喷施剂量同“黄瓜霜霉病”。

十字花科蔬菜霜霉病　从病害发生初期开始喷药，7～10天1次，连喷2次左右，重点喷洒叶片背面。一般每亩次使用722克/升水剂或66.5%水剂80～100毫升，或35%水剂150～200毫升，对水30～45千克均匀喷雾。

莴苣、菠菜、花椰菜霜霉病　从病害发生初期开始喷药，7～10天1次，连喷2次左右。霜霉威盐酸盐喷施剂量同“十字花科蔬菜霜霉病”。

瓜果蔬菜的猝倒病、苗疫病　从病害发生初期或苗床上初见病株时开始用药液浇灌苗床，5～7天1次，连灌1～2次。一般每平方米苗床使用722克/升水剂或66.5%水剂5～8毫升，或35%水剂10～15毫升，对水2～3千克均匀浇灌。

马铃薯晚疫病　从病害发生初期或植株现蕾期开始喷药，7～10天1次，与不同类型药剂交替使用，直到生长后期。霜霉威盐酸盐一般每亩次使用722克/升水剂或66.5%水剂80～120毫升，或35%水剂150～200毫升，对水60～75千克均匀喷雾。

烟草黑胫病　从病害发生初期或田间初见病株时开始喷药，7～10天1次，连喷2～3次，重点喷洒植株中下部的茎部。一般使用722克/升水剂或66.5%水剂600～800倍液，或35%水剂300～400倍液喷雾或喷淋。

注意事项　霜霉威盐酸盐不能与碱性药剂混用，也不能与液体化肥及植物生长调节剂混用。连续喷药时，注意与其他不同类型药剂交替使用或混用，以延缓病菌产生抗药性。

肟菌酯 trifloxystrobin

主要含量与剂型　25%、30%、40%、50%悬浮剂，50%、60%水分散粒剂。

产品特点　肟菌酯是一种含氟原子的甲氧基丙烯酸酯类高效广谱低毒杀菌剂，以保护作用为主，兼有一定的治疗活性，使用安全，对环境友好。喷施后能被植物蜡质层较强吸附，药剂渗透性好、分布快，并可内吸向顶传导，耐雨水冲刷，持效期较长，对多种真菌性病害均有较好的防控效果。其杀菌机理是通过抑制病菌线粒体中细胞色素b与c1间的电子传递，阻止细胞三磷酸腺苷ATP酶合成，进而抑制线粒体的呼吸作用，使细胞无法获得正常萌发及生长代谢所需的能量，而导致病菌死亡。但其作用位点相对单一，易诱使病菌产生抗性，故不宜单独使用，最好与不同作用机理的药剂复配或混合使用。

适用作物防控对象及使用技术

苹果树褐斑病、斑点落叶病、炭疽叶枯病、白粉病　先在花序分离期、落花80%和落花后10～15天各喷药1次，有效防控白粉病的早期为害，兼防斑点落叶病；往年白粉病发生较重果园，再于8～9月的花芽分化期喷药1～2次（间隔期10～15天），有效防控病菌侵害芽，控制越冬菌量。防控褐斑病时，从落花后1个月左右开始喷药，10～15天1次，与不同类型药剂交替使用，连喷4～6次，兼防斑点落叶病、炭疽叶枯病；防控斑点落叶病时，在春梢生长期内和秋梢生长期内各喷药2次左右（间隔期10～15天）；防控炭疽叶枯病时，在7、8月份的降雨前2～3天及时喷药，最好每次有效降雨前喷药 1 次。肟菌酯一般使用 25%悬浮剂 2 500～3 000 倍液，或 30%悬浮剂 3 000～3 500 倍液，或 40%悬浮剂 4 000～5 000 倍液，或 50%悬浮剂或 50%水分散粒剂 5 000～6 000 倍液，或 60%水分散粒剂 6 000～7 000 倍液均匀喷雾。连续喷药时，注意与不同类型药剂交替使用或混用。

梨树褐斑病、白粉病　从病害发生初期开始喷药，10～15 天 1 次，连喷 2～3 次。肟菌酯喷施倍数同“苹果树褐斑病”。

葡萄黑痘病、穗轴褐枯病、霜霉病、白粉病、炭疽病、白腐病　先在葡萄花蕾期、落花后及落花后 10～15 天各喷药 1 次，有效防控黑痘病、穗轴褐枯病及霜霉病为害幼果穗；然后从叶片上初见霜霉病病斑时立即开始继续喷药，10 天左右 1 次，与相应不同类型药剂交替使用或混用，直到生长后期，有效防控霜霉病为害叶片，兼防白粉病、炭疽病、白腐病。肟菌酯一般使用 25%悬浮剂 1 500～2 000 倍液，或 30%悬浮剂 2 000～2 500 倍液，或 40%悬浮剂 2 500～3 000 倍液，或 50%悬浮剂或 50%水分散粒剂 3 000～4 000 倍液，或 60%水分散粒剂 4 000～5 000 倍液均匀喷雾，防控叶片霜霉病时注意喷洒叶片背面。

桃树白粉病　从病害发生初期开始喷药，10～15 天 1 次，连喷 2 次左右。肟菌酯喷施倍数同“葡萄黑痘病”。

枣炭疽病　从幼果膨大中期开始喷药，10～15 天 1 次，与不同类型药剂交替使用或混用，连喷 3～5 次。肟菌酯喷施倍数同“葡萄黑痘病”。

草莓白粉病　从病害发生初期开始喷药，10 天左右 1 次，与不同类型药剂交替使用或混用，连喷 3～5 次。肟菌酯喷施倍数同“葡萄黑痘病”。

柑橘树炭疽病　一般品种在开花前、落花 2/3、落花后 15 天左右及落花后 1 个月左右各喷药 1 次，椪柑类品种再于果实转色期喷药 1～2 次（间隔期 10～15 天），注意与不同类型药剂交替使用或混用。肟菌酯一般使用 25%悬浮剂 1 200～1 500 倍液，或 30%悬浮剂 1 500～1 800 倍液，或 40%悬浮剂 2 000～2 500 倍液，或 50%悬浮剂或 50%水分散粒剂 2 500～3 000 倍液，或 60%水分散粒剂 3 000～3 500 倍液均匀喷雾。

香蕉叶斑病、黑星病　从病害发生初期开始喷药，15～20天1次，与不同类型药剂交替使用或混用，连喷3～5次。肟菌酯一般使用25%悬浮剂2 500～3 000倍液，或30%悬浮剂3 000～3 500倍液，或40%悬浮剂4 000～5 000倍液，或50%悬浮剂或50%水分散粒剂5 000～6 000倍液，或60%水分散粒剂6 000～7 000倍液均匀喷雾。

辣椒炭疽病　从病害发生初期开始喷药，10～15天1次，连喷2～4次。一般每亩次使用25%悬浮剂30～40毫升，或30%悬浮剂25～35毫升，或40%悬浮剂20～25毫升，或50%悬浮剂15～20毫升，或50%水分散粒剂15～20克，或60%水分散粒剂13～18克，对水45～60千克均匀喷雾。

番茄早疫病　从病害发生初期开始喷药，10～15天1次，连喷2～4次。一般每亩次使用25%悬浮剂20～25毫升，或30%悬浮剂15～20毫升，或40%悬浮剂12～15毫升，或50%悬浮剂9～12毫升，或50%水分散粒剂9～12克，或60%水分散粒剂8～10克，对水45～60千克均匀喷雾。

马铃薯晚疫病　从病害发生初期或初花期开始喷药，10天左右1次，与不同类型药剂交替使用或混用，直到生长后期。肟菌酯一般每亩次使用25%悬浮剂40～50毫升，或30%悬浮剂30～40毫升，或40%悬浮剂25～30毫升，或50%悬浮剂20～25毫升，或50%水分散粒剂20～25克，或60%水分散粒剂15～20克，对水60～75千克均匀喷雾。

小麦白粉病、锈病　从病害发生初期开始喷药，10～15天1次，连喷1～2次。一般每亩次使用25%悬浮剂25～40毫升，或30%悬浮剂20～30毫升，或40%悬浮剂18～25毫升，或50%悬浮剂15～20毫升，或50%水分散粒剂15～20克，或60%水分散粒剂10～15克，对水30～45千克均匀喷雾。

玉米叶斑病、锈病　从病害发生初期开始喷药，10～15天1次，连喷1～2次。肟菌酯喷施剂量同“小麦白粉病”。

水稻稻瘟病、稻曲病、纹枯病　防控叶瘟时，从病害发生初期或出现急性病斑时开始喷药，10天左右1次，连喷1～2次；防控穗颈瘟时，在破口初期和齐穗初期各喷药1次；防控稻曲病时，在破口前5～7天和齐穗初期各喷药1次；防控纹枯病时，在拔节期和破口至齐穗初期各喷药1次。肟菌酯喷施剂量同“小麦白粉病”。

花生叶斑病、锈病 从病害发生初期或初花期开始喷药，10～15天1次，连喷2～3次。一般每亩次使用25%悬浮剂25～35毫升，或30%悬浮剂23～30毫升，或40%悬浮剂20～25毫升，或50%悬浮剂13～18毫升，或50%水分散粒剂15～20克，或60%水分散粒剂12～15克，对水30～45千克均匀喷雾。

注意事项 肟菌酯不能与碱性药剂及肥料混用，也不能与乳油类产品及有机硅类助剂混用。连续喷药时，注意与不同类型药剂交替使用或混用。本剂以保护作用为主，尽量在发病前或发病初期使用。

戊唑醇 tebuconazole

主要含量与剂型 1%糊剂，12.5%、25%、250克/升水乳剂，12.5%微乳剂，12.5%、25%、30%、43%、50%、430克/升悬浮剂，25%、250克/升乳油，25%、80%可湿性粉剂，80%、85%水分散粒剂，0.2%、0.25%、2%、6%、60克/升、80克/升悬浮种衣剂，6%、60克/升种子处理悬浮剂，2%湿拌种剂。

产品特点 戊唑醇是一种三唑类内吸治疗性广谱低毒杀菌剂，杀菌活性高，持效期长，使用较安全，可混用性好。使用后，既可杀灭植物表面或附着在种子表面的病菌，也可在植物体内向顶（上）传导，进而杀死植物体内的病菌。其杀菌机理是通过抑制病菌细胞膜上麦角甾醇的去甲基化，使病菌无法形成细胞膜，进而杀死病原菌。该药不仅能有效防控多种真菌性病害，还可促进作物生长、根系发达、叶色浓绿、植株健壮、提高产量等。

适用作物防控对象及使用技术

苹果树、梨树的腐烂病、干腐病 在手术治疗病斑的基础上，使用1%糊剂直接涂抹病疤，杀灭残余病菌，并促进伤口愈合，1个月后再涂药1次效果更好。

苹果树白粉病、锈病、花腐病、黑星病、炭疽病、轮纹病、褐斑病、斑点落叶病 先在花序分离期和落花后各喷药1次，有效防控锈病、白粉病及花腐病，兼防黑星病；然后从落花后 10 天左右开始连续喷药，10～15 天 1 次，与不同类型药剂交替使用，连喷 6～8 次，有效防控炭疽病、轮纹病、黑星病、斑点落叶病及褐斑病的发生为害。斑点落叶病的防控关键为春梢生长期和秋梢生长期及时喷药，褐斑病的防控关键一般为落花后 1 个月左右及时开始喷药，往年白粉病较重果园在 8、9 月份的花芽分化期再追加喷药1～2 次。戊唑醇一般使用 12.5%水乳剂或 12.5%微乳剂或 12.5%悬浮剂 1 000～1 200 倍液，或 25%悬浮剂或 25%乳油或 25%水乳剂或 250 克/升水乳剂或 250 克/升乳油或 25%可湿性粉剂 2 000～2 500 倍液，或 30%悬浮剂 2 500～3 000 倍液，或 43%悬浮剂或 430 克/升悬浮剂 3 000～4 000 倍液，或 50%悬浮剂 4 000～5 000 倍液，或 80%可湿性粉剂或 80%水分散粒剂或 85%水分散粒剂 7 000～8 000 倍液均匀喷雾。

梨树黑星病、锈病、黑斑病、炭疽病、轮纹病、白粉病、褐斑病 先在花序分离期和落花后各喷药 1 次，有效防控锈病为害及黑星病病梢形成；然后从落花后 10 天左右开始连续喷药，10～15 天 1 次，与不同类型药剂交替使用，连喷 6～8 次，对炭疽病、轮纹病、黑星病及黑斑病均有很好的防控效果，兼防白粉病、褐斑病。戊唑醇喷施倍数同“苹果树白粉病”。

葡萄黑痘病、穗轴褐枯病、炭疽病、白腐病、溃疡病、房枯病、白粉病、褐斑病 先在开花前（花蕾期）、落花后各喷药 1 次，有效防控黑痘病、穗轴褐枯病，往年黑痘病严重果园，落花后10～15 天再喷药 1 次。防控套袋葡萄炭疽病、白腐病、溃疡病时，在套袋前 5 天内喷药 1 次即可；防控不套袋葡萄炭疽病、白腐病、溃疡病时，从果粒膨大中后期开始喷药，10 天左右 1 次，与不同类型药剂交替喷施，直到果实采收前一周，兼防房枯病。防控褐斑病、白粉病时，从病害发生初期或初见病斑时开始喷药，10～15 天 1 次，连喷 2～4 次。戊唑醇喷施倍数同“苹果树白粉病”。

桃树黑星病、炭疽病、褐腐病、真菌性穿孔病、锈病、白粉病 防控黑星病（疮痂病）时，多从桃树落花后 20 天左右开始喷药，10～15 天 1 次，直到采收前 1 个月结束（套袋果套袋后不再喷药），兼防炭疽病、真菌性穿孔病；防控不套袋果褐腐病时，从果

实采收前1～1.5个月开始喷药，10～15天1次，连喷2次左右，兼防炭疽病、真菌性穿孔病、锈病；防控真菌性穿孔病、锈病、白粉病等叶部病害时，从病害发生初期开始喷药，10～15天1次，连喷2～3次。戊唑醇喷施倍数同“苹果树白粉病”。

杏树杏疔病、黑星病、褐腐病、真菌性穿孔病 防控杏疔病时，从杏树落花后5～7天开始喷药，10～15天1次，连喷1～2次；防控黑星病时，从杏树落花后20天左右开始喷药，10～15天1次，连喷2次左右，兼防真菌性穿孔病；防控褐腐病时，从果实采收前1个月开始喷药，10天左右1次，连喷2次左右，兼防真菌性穿孔病。戊唑醇喷施倍数同“苹果树白粉病”。

李树袋果病、红点病、炭疽病、褐腐病、真菌性穿孔病、白粉病 防控袋果病时，在花芽露红期和落花后各喷药1次；防控红点病时，从落花后15天左右开始喷药，10～15天1次，连喷2～4次，兼防炭疽病、真菌性穿孔病；防控白粉病时，从病害发生初期开始喷药，10～15天1次，连喷1～2次；防控褐腐病时，从果实采收前1～1.5个月开始喷药，10～15天1次，连喷2次左右，兼防真菌性穿孔病、炭疽病。戊唑醇喷施倍数同“苹果树白粉病”。

枣树褐斑病、锈病、炭疽病、轮纹病、果实斑点病 先在（一茬花）开花前、落花后各喷药1次，有效防控褐斑病的早期发生；然后从（一茬花）落花后20天左右开始继续喷药，10～15天1次，与不同类型药剂交替使用，连喷4～7次，有效防控锈病、炭疽病、轮纹病、果实斑点病及褐斑病。戊唑醇喷施倍数同“苹果树白粉病”。

核桃树腐烂病、干腐病、溃疡病 先对病斑进行划道切割，然后使用1%糊剂在病斑表面涂药，1个月后再涂药1次效果更好。

核桃树白粉病、褐斑病、炭疽病 防控白粉病、褐斑病时，从病害发生初期或初见病斑时开始喷药，10～15天1次，连喷2～3次；防控炭疽病时，多从果实膨大初期开始喷药，10～15天1次，连喷2～4次。戊唑醇喷施倍数同“苹果树白粉病”。

柿树角斑病、圆斑病、白粉病、炭疽病 防控角斑病、圆斑病时，从落花后15～20天开始喷药，15～20天1次，连喷2次，兼防白粉病、炭疽病；主要防控白粉病时，在初见病斑时喷药1次即可；主要防控炭疽病时，多从落花后15天左右开始喷药，10～15天1次，连喷2～3次（南方甜柿产区需喷药4～6次，并在开花前增加1次喷药）。戊唑醇喷施倍数同“苹果树白粉病”。

山楂树白粉病、锈病、炭疽病、轮纹病、叶斑病　先在花序分离期和落花后各喷药1次，有效防控白粉病、锈病的发生为害；防控炭疽病、轮纹病时，从果实膨大初期开始喷药，10～15天1次，连喷2～3次；防控叶斑病时，从病害发生初期开始喷药，10～15天1次，连喷2次左右。戊唑醇喷施倍数同“苹果树白粉病”。

石榴树褐斑病、炭疽病、麻皮病　先在（一茬花）开花前喷药1次，兼防三种病害；然后从（一茬花）落花后10～15天开始连续喷药，10～15天1次，连喷3～5次。戊唑醇喷施倍数同“苹果树白粉病”。

草莓白粉病、褐斑病、炭疽病　从病害发生初期或初见病斑时开始喷药，10～15天1次，连喷2～4次。戊唑醇喷施倍数同“苹果树白粉病”。

猕猴桃叶斑病　从病害发生初期或初见病斑时开始喷药，10～15天1次，连喷2～3次。戊唑醇喷施倍数同“苹果树白粉病”。

花椒树锈病　从病害发生初期或初见病斑时开始喷药，10～15天1次，连喷2～4次。戊唑醇喷施倍数同“苹果树白粉病”。

蓝莓叶斑病　从病害发生初期或初见病斑时开始喷药，10～15天1次，连喷2次左右。戊唑醇喷施倍数同“苹果树白粉病”。

枸杞白粉病、黑斑病、灰斑病　从病害发生初期或初见病斑时开始喷药，10～15天1次，连喷2～4次。戊唑醇喷施倍数同“苹果树白粉病”。

香蕉叶斑病、黑星病　从病害发生初期开始喷药，10～15天1次，与不同类型药剂交替使用，连喷3～5次。戊唑醇一般使用12.5%水乳剂或12.5%微乳剂或12.5%悬浮剂500～700倍液，或25%悬浮剂或25%乳油或25%水乳剂或250克/升水乳剂或250克/升乳油或25%可湿性粉剂1 000～1 500倍液，或30%悬浮剂1 200～1 500倍液，或43%悬浮剂或430克/升悬浮剂2 000～2 500倍液，或50%悬浮剂2 500～3 000倍液，或80%可湿性粉剂或80%水分散粒剂或85%水分散粒剂3 500～4 000倍液均匀喷雾。

蕉仔期尽量不要用药，以免蕉仔出现药害。

杧果炭疽病　在花序伸长期、落花 2/3、落花后 15 天左右及果实膨大期、果实转色期各喷药 1 次，注意与不同类型药剂交替使用。戊唑醇一般使用 12.5％水乳剂或 12.5％微乳剂或 12.5％悬浮剂 800～1 000 倍液，或 25％悬浮剂或 25％乳油或 25％水乳剂或 250 克/升水乳剂或 250 克/升乳油或 25％可湿性粉剂 1 500～2 000 倍液，或 30％悬浮剂 2 000～2 400 倍液，或 43％悬浮剂或 430 克/升悬浮剂 2 500～3 000 倍液，或 50％悬浮剂 3 000～4 000 倍液，或 80％可湿性粉剂或 80％水分散粒剂或 85％水分散粒剂 5 000～6 000 倍液均匀喷雾。

柑橘树疮痂病、炭疽病、黑星病、黄斑病、砂皮病　在春梢萌发初期、春梢转绿期、落花 2/3 时、落花后 15 天左右、夏梢抽生初期、夏梢转绿期、秋梢抽生初期、秋梢转绿期各喷药 1 次，注意与不同类型药剂交替使用。戊唑醇喷施倍数同“杧果炭疽病”。

茶树炭疽病、茶饼病　从病害发生初期开始喷药，10～15 天 1 次，连喷 2～3 次。戊唑醇喷施倍数同“杧果炭疽病”。

枇杷炭疽病　从病害发生初期开始喷药，10～15 天 1 次，连喷 2 次左右。一般使用 12.5％水乳剂或 12.5％微乳剂或 12.5％悬浮剂 1 500～2 000 倍液，或 25％悬浮剂或 25％乳油或 25％水乳剂或 250 克/升水乳剂或 250 克/升乳油或 25％可湿性粉剂 3 000～4 000 倍液，或 30％悬浮剂 4 000～4 500 倍液，或 43％悬浮剂或 430 克/升悬浮剂 5 000～6 000 倍液，或 50％悬浮剂 6 000～7 000 倍液，或 80％可湿性粉剂或 80％水分散粒剂或 85％水分散粒剂 8 000～10 000 倍液均匀喷雾。

麦类作物黑穗病、全蚀病　通过药剂拌种或包衣进行用药。一般每 100 千克种子使用 0.2％悬浮种衣剂 1 000～1 500 毫升，或 0.25％悬浮种衣剂 800～1 200 毫升，或 2％悬浮种衣剂 100～150 毫升，或 2％湿拌种剂 120～180 克，或 6％悬浮种衣剂或 60 克/升悬浮种衣剂或 6％种子处理悬浮剂或 60 克/升种子处理悬浮剂 40～60 毫升，或 80 克/升悬浮种衣剂 25～35 毫升，对适量水均匀拌种或包衣，而后晾干待播。

小麦纹枯病、白粉病、锈病、赤霉病　防控纹枯病、白粉病、锈病时，在分蘖期至拔节初期和拔节至孕穗期各喷药1次；或从病害发生初期开始喷药，10～15天1次，连喷2次左右。防控赤霉病时，在齐穗初期和扬花初期各喷药1次。一般每亩次使用12.5%水乳剂或12.5%微乳剂或12.5%悬浮剂50～70毫升，或25%悬浮剂或25%乳油或25%水乳剂或250克/升水乳剂或250克/升乳油25～35毫升，或25%可湿性粉剂25～35克，或30%悬浮剂20～30毫升，或43%悬浮剂或430克/升悬浮剂15～20毫升，或50%悬浮剂13～18毫升，或80%可湿性粉剂或80%水分散粒剂或85%水分散粒剂8～10克，对水30～45千克均匀喷雾。

水稻纹枯病、稻瘟病、稻曲病　防控纹枯病时，从病害发生初期开始喷药，10～15天1次，连喷2次左右；或在分蘖期至拔节初期和拔节期至破口初期各喷药1次。防控叶瘟病时，在田间出现发病中心时或出现急性病斑时开始喷药，7～10天1次，连喷1～2次；防控穗颈瘟时，在破口初期和齐穗初期各喷药1次。防控稻曲病时，在破口前5～7天和齐穗初期各喷药1次。戊唑醇喷施剂量同“小麦纹枯病”。

水稻恶苗病、立枯病　通过种子包衣进行用药。一般每100千克种子使用0.2%悬浮种衣剂2 500～3 000毫升，或0.25%悬浮种衣剂2 000～2 500毫升，或2%悬浮种衣剂250～300毫升，或2%湿拌种剂250～300克，或6%悬浮种衣剂或60克/升悬浮种衣剂或6%种子处理悬浮剂或60克/升种子处理悬浮剂80～100毫升，或80克/升悬浮种衣剂60～75毫升，加适量水均匀拌种包衣，包衣种子阴干3天后再浸种催芽。

玉米大斑病、小斑病、灰斑病、锈病　从病害发生初期开始喷药，10～15天1次，连喷2次左右。戊唑醇喷施剂量同“小麦纹枯病”。

玉米丝黑穗病　通过药剂拌种或包衣进行用药。一般每100千克种子使用0.2%悬浮种衣剂3 000～5 000毫升，或0.25%悬浮种衣剂2 500～4 000毫升，或2%悬浮种衣剂300～500毫升，或2%湿拌种剂400～600克，或6%悬浮种衣剂或60克/升悬浮种衣剂或6%种子处理悬浮剂或60克/升种子处理悬浮剂150～200毫升，或80克/升悬浮种衣剂110～140毫升，对适量水均匀拌种或包衣，晾干后待播。

高粱黑穗病 通过药剂拌种或包衣进行用药。一般每100千克种子使用0.2%悬浮种衣剂3 000～4 500毫升，或0.25%悬浮种衣剂2 500～3 500毫升，或2%悬浮种衣剂300～450毫升，或2%湿拌种剂300～450克，或6%悬浮种衣剂或60克/升悬浮种衣剂或6%种子处理悬浮剂或60克/升种子处理悬浮剂100～150毫升，或80克/升悬浮种衣剂75～100毫升，对适量水均匀拌种或包衣，晾干后待播。

花生叶斑病、疮痂病、锈病 从病害发生初期或开花下针期开始喷药，10～15天1次，连喷2～3次。一般每亩次使用12.5%水乳剂或12.5%微乳剂或12.5%悬浮剂50～60毫升，或25%悬浮剂或25%乳油或25%水乳剂或250克/升水乳剂或250克/升乳油25～30毫升，或25%可湿性粉剂25～30克，或30%悬浮剂20～25毫升，或43%悬浮剂或430克/升悬浮剂15～18毫升，或50%悬浮剂13～15毫升，或80%可湿性粉剂或80%水分散粒剂或85%水分散粒剂8～10克，对水30～45千克均匀喷雾。

大豆、绿豆的锈病、白粉病 从病害发生初期开始喷药，10～15天1次，连喷1～2次。戊唑醇喷施剂量同“花生叶斑病”。

油菜菌核病 多从初花期或封垄前开始喷药，10～15天1次，连喷2次左右，重点喷洒植株中下部。戊唑醇喷施剂量同“花生叶斑病”。

芦笋茎枯病 从病害发生初期开始喷药，10天左右1次，连喷2～4次，重点喷洒植株中下部。一般使用12.5%水乳剂或12.5%微乳剂或12.5%悬浮剂800～1 000倍液，或25%悬浮剂或25%乳油或25%水乳剂或250克/升水乳剂或250克/升乳油或25%可湿性粉剂1 500～2 000倍液，或30%悬浮剂1 800～2 400倍液，或43%悬浮剂或430克/升悬浮剂2 500～3 500倍液，或50%悬浮剂3 000～4 000倍液，或80%可湿性粉剂或80%水分散粒剂或85%水分散粒剂5 000～6 000倍液均匀喷雾。

黄瓜白粉病、黑星病、炭疽病 从病害发生初期开始喷药，10天左右1次，连喷2～3次。一般每亩次使用12.5%水乳剂或12.5%微乳剂或12.5%悬浮剂40～60毫升，或25%悬浮剂或

25%乳油或25%水乳剂或250克/升水乳剂或250克/升乳油20～30毫升，或25%可湿性粉剂25～30克，或30%悬浮剂18～25毫升，或43%悬浮剂或430克/升悬浮剂15～20毫升，或50%悬浮剂13～18毫升，或80%可湿性粉剂或80%水分散粒剂或85%水分散粒剂7～10克，对水45～60千克均匀喷雾。

西瓜、甜瓜、苦瓜、南瓜的白粉病、炭疽病　从病害发生初期开始喷药，10天左右1次，连喷2～4次。戊唑醇喷施剂量同“黄瓜白粉病”。

芸豆、豇豆的锈病、炭疽病　从病害发生初期开始喷药，10天左右1次，连喷2～3次。戊唑醇喷施剂量同“黄瓜白粉病”。

十字花科蔬菜黑斑病　从病害发生初期开始喷药，10天左右1次，连喷1～2次。一般每亩次使用12.5%水乳剂或12.5%微乳剂或12.5%悬浮剂50～60毫升，或25%悬浮剂或25%乳油或25%水乳剂或250克/升水乳剂或250克/升乳油25～30毫升，或25%可湿性粉剂25～30克，或30%悬浮剂20～25毫升，或43%悬浮剂或430克/升悬浮剂15～20毫升，或50%悬浮剂13～15毫升，或80%可湿性粉剂或80%水分散粒剂或85%水分散粒剂8～10克，对水30～45千克均匀喷雾。

注意事项　戊唑醇可混用性好，但不能与碱性药剂及肥料混用。连续喷药时，注意与不同类型药剂交替使用或混用，以延缓病菌产生抗药性。本剂在一定浓度下具有刺激植物生长作用，但用量过大时则显著抑制植物生长。种子处理用药时只能使用1次，且药剂处理过的种子严禁用作饲料或食用。

烯酰吗啉 dimethomorph

主要含量与剂型　10%水乳剂，10%、20%、25%、40%、50%悬浮剂，25%、50%可湿性粉剂，40%、50%、80%水分散粒剂。

产品特点　烯酰吗啉是一种肉桂酰胺类内吸治疗性低毒杀菌剂，属有机杂环吗啉类，专用于防控卵菌类植物病害，具有内吸治疗和预防保护双重作用，内吸性强，耐雨水冲刷，持效期较长。其作用机理是通过抑制磷脂的生物合成和细胞壁的形成而导致病菌死亡。在卵菌生活史中除游动孢子形成和孢子游动期外，对其余各个阶段均有作用，尤其对孢囊梗、孢子囊和卵孢子的形成阶段更敏感，若在孢子囊和卵孢子形成前用药，则可完全抑制孢子的产生。烯酰吗啉与甲霜灵等苯基酰胺类杀菌剂没有交互抗性，但单一使用易诱使病菌产生抗药性。该药内吸性强，能通过根、叶等部位吸收进入植物体内，并传导到各部位发挥作用。

适用作物防控对象及使用技术

葡萄霜霉病　先在葡萄花蕾期和落花后各喷药 1 次，有效防控霜霉病为害幼果穗；然后从叶片上初见霜霉病病斑时开始连续喷药，10 天左右 1 次，与不同类型药剂交替使用，直到生长后期。烯酰吗啉一般使用 10%水乳剂或 10%悬浮剂 400～500 倍液，或 20%悬浮剂 800～1 000 倍液，或 25%悬浮剂或 25%可湿性粉剂 1 000～1 200 倍液，或 40%悬浮剂或 40%水分散粒剂 1 500～2 000 倍液，或 50%悬浮剂或 50%可湿性粉剂或 50%水分散粒剂 2 000～2 500 倍液，或 80%水分散粒剂 3 000～4 000 倍液均匀喷雾，防控叶片受害时注意喷洒叶片背面。

苹果疫腐病　主要是防控不套袋果实的受害，从病害发生初期或初见病果时开始喷药，10 天左右 1 次，连喷 1～2 次，重点喷洒树冠中下部。烯酰吗啉喷施倍数同“葡萄霜霉病”。

梨疫腐病　主要是防控不套袋果实的受害，从病害发生初期或初见病果时开始喷药，10 天左右 1 次，连喷 1～2 次，重点喷洒树冠中下部。烯酰吗啉喷施倍数同“葡萄霜霉病”。

荔枝霜疫霉病　在花蕾期、幼果期、果实膨大期及果实转色期各喷药 1 次，注意与不同类型药剂交替使用。烯酰吗啉喷施倍数同“葡萄霜霉病”。

黄瓜、甜瓜、苦瓜等瓜类的霜霉病　从田间初见病斑时开始喷药，7～10 天 1 次，与不同类型药剂交替使用，直到生长后期，重点喷洒叶片背面。烯酰吗啉一般每亩次使用 10%水乳剂或 10%悬浮剂 150～200 毫升，或 20%悬浮剂 80～100 毫升，或 25%悬浮剂 60～80 毫升，或 25%可湿性粉剂 60～80 克，或 40%悬浮剂 40～50 毫升，或 40%水分散粒剂 40～50 克，或 50%悬浮剂 30～40 毫升，或50%可湿性粉剂或50%水分散粒剂30～40克，或80%水分散粒剂20～25克，对水45～75千克均匀喷雾。

番茄晚疫病、褐腐病　从病害发生初期开始喷药，7～10天1次，与不同类型药剂交替使用，连喷3～5次。烯酰吗啉喷施剂量同“黄瓜霜霉病”。

辣椒、茄子疫病　从病害发生初期开始喷药，7～10天1次，与不同类型药剂交替使用，连喷2～4次，重点喷洒植株中下部及茎基部周围土壤。烯酰吗啉喷施剂量同“黄瓜霜霉病”。

菠菜霜霉病　从病害发生初期开始喷药，7～10天1次，连喷2次左右。烯酰吗啉一般每亩次使用10%水乳剂或10%悬浮剂120～150毫升，或20%悬浮剂60～80毫升，或25%悬浮剂50～60毫升，或25%可湿性粉剂60～70克，或40%悬浮剂30～40毫升，或40%水分散粒剂35～45克，或50%悬浮剂25～30毫升，或50%可湿性粉剂或50%水分散粒剂30～35克，或80%水分散粒剂18～20克，对水30～45千克均匀喷雾。

十字花科蔬菜霜霉病　从病害发生初期开始喷药，7～10天1次，连喷2次左右，重点喷洒叶片背面。烯酰吗啉喷施剂量同“菠菜霜霉病”。

花椰菜、叶用莴苣霜霉病　从病害发生初期开始喷药，7～10天1次，连喷2次左右。烯酰吗啉喷施剂量同“菠菜霜霉病”。

马铃薯晚疫病　从病害发生初期或初花期开始喷药，7～10天1次，与不同类型药剂交替使用，直到生长后期。烯酰吗啉一般每亩次使用10%水乳剂或10%悬浮剂150～200毫升，或20%悬浮剂80～100毫升，或25%悬浮剂60～80毫升，或25%可湿性粉剂70～90克，或40%悬浮剂40～50毫升，或40%水分散粒剂45～55克，或50%悬浮剂30～40毫升，或50%可湿性粉剂或50%水分散粒剂35～45克，或80%水分散粒剂20～25克，对水60～75千克均匀喷雾。

烟草黑胫病　从病害发生初期或田间初见病株时开始喷药，7～10天1次，连喷2～3次，重点喷洒植株中下部的茎部。烯酰吗啉一般每亩次使用10%水乳剂或10%悬浮剂150～200毫升，或20%悬浮剂80～100毫升，或25%悬浮剂60～80毫升，或25%可湿性粉剂 60～80 克，或 40%悬浮剂 40～50 毫升，或 40%水分散粒剂 40～50 克，或 50%悬浮剂 30～40 毫升，或 50%可湿性粉剂或 50%水分散粒剂 30～40 克，或 80%水分散粒剂 20～25 克，对水 45～60 千克均匀喷雾或喷淋。

瓜果蔬菜的苗疫病、猝倒病、茎基部疫病 从初见病株时开始用药液喷淋苗床或植株茎基部，7～10 天 1 次，连续用药 1～2 次。一般使用 10%水乳剂或 10%悬浮剂 250～350 倍液，或 20%悬浮剂 500～700 倍液，或 25%悬浮剂或 25%可湿性粉剂 600～900 倍液，或 40%悬浮剂或 40%水分散粒剂 1 000～1 500 倍液，或 50%悬浮剂或 50%可湿性粉剂或 50%水分散粒剂 1 500～1 800 倍液，或 80%水分散粒剂 2 000～3 000 倍液均匀喷淋。

注意事项 烯酰吗啉不能与强酸性或碱性药剂及肥料混用。连续喷药时，注意与其他不同类型药剂交替使用或混用，以延缓病菌产生抗药性。本剂虽有内吸治疗作用，但具体用药时还应尽量早喷，并喷洒均匀周到。

异菌脲 iprodione

主要含量与剂型 25%、45%、255 克/升、500 克/升悬浮剂，50%可湿性粉剂。

产品特点 异菌脲是一种二羧甲酰亚胺类触杀型广谱保护性低毒杀菌剂，能够渗透到植物体内，具有一定的治疗作用，使用安全。其杀菌机理是抑制病菌蛋白激酶，干扰细胞内信号和碳水化合物正常进入细胞组分等，而导致病菌死亡。该机理作用于病菌生长为害的各个发育阶段，既可抑制病菌孢子萌发，又可抑制菌丝生长，还可抑制病菌孢子的产生。

适用作物防控对象及使用技术

水果防腐保鲜 主要用于防控柑橘的蒂腐病、青霉病、绿霉病、灰霉病，香蕉的冠腐病、轴腐病，苹果的青霉病、绿霉病、褐腐病，桃、杏、李的褐腐病、软腐病等。一般使用 25%悬浮剂或 255 克/升悬浮剂 200～250 倍液，或 45%悬浮剂或 500 克/升悬浮剂或 50%可湿性粉剂 400～500 倍液浸果 0.5～1 分钟，捞出晾干

后包装贮运。当天采收果实最好当天处理。

苹果树花腐病、褐斑病、斑点落叶病、轮纹病、炭疽病、褐腐病　先在花序分离期和落花后各喷药1次，有效防控花腐病；然后从苹果落花后10天左右开始继续喷药，10～15天1次，连喷3次药后套袋，套袋后继续喷药3～4次，有效防控轮纹病、炭疽病及褐斑病，兼防斑点落叶病。斑点落叶病发生较重的果园或品种，注重在春梢生长期内和秋梢生长期内各喷药2次，间隔期10～15天；不套袋果采收前1个半月和1个月各喷药1次，有效防控褐腐病，兼防其他病害。异菌脲一般使用25%悬浮剂或255克/升悬浮剂600～800倍液，或45%悬浮剂或500克/升悬浮剂或50%可湿性粉剂1 200～1 500倍液均匀喷雾。连续喷药时，注意与不同类型药剂交替使用。

梨树黑斑病、褐腐病　防控黑斑病时，从病害发生初期或初见病斑时开始喷药，10～15天1次，连喷2～4次；防控不套袋果的褐腐病时，从病害发生初期开始喷药，10～15天1次，连喷2次左右。异菌脲喷施倍数同“苹果树花腐病”。

桃、杏、李、樱桃的花腐病、褐腐病、灰霉病　先在开花前、落花后各喷药1次，有效防控花腐病，兼防灰霉病；然后于果实近成熟采收期，从初见病果时立即开始喷药，10天左右1次，连喷1～2次，有效防控果实近成熟期的褐腐病、灰霉病。异菌脲喷施倍数同“苹果树花腐病”。

葡萄穗轴褐枯病、灰霉病　先在花蕾期（开花前）、落花后各喷药1次，有效防控穗轴褐枯病及幼穗灰霉病；而后套袋葡萄再于果穗套袋前喷洒1次果穗，防控灰霉病为害果穗；不套袋葡萄在果穗近成熟期，从初见灰霉病病果时开始喷药，10天左右1次，连喷1～2次，重点喷洒果穗即可。异菌脲一般使用25%悬浮剂或255克/升悬浮剂500～600倍液，或45%悬浮剂或500克/升悬浮剂或50%可湿性粉剂1 000～1 200倍液均匀喷雾。

草莓灰霉病　在初花期、盛花期、末花期各喷药1次。一般每亩次使用25%悬浮剂或225克/升悬浮剂100～120毫升，或45%悬浮剂或500克/升悬浮剂50～60毫升，或50%可湿性粉剂60～70克，对水45～60千克均匀喷雾。

黄瓜、西葫芦、苦瓜、冬瓜、西瓜、甜瓜、番茄、茄子、辣椒、豇豆、芸豆等瓜果及豆类蔬菜的灰霉病、菌核病 在连续阴天2天后或病害发生初期开始喷药，7天左右1次，每期连喷2～3次。一般每亩次使用25%悬浮剂或255克/升悬浮剂100～150毫升，或45%悬浮剂或500克/升悬浮剂60～80毫升，或50%可湿性粉剂80～100克，对水45～60千克均匀喷雾。

番茄早疫病 从病害发生初期开始喷药，7～10天1次，连喷2～3次。异菌脲喷施剂量同“黄瓜灰霉病”。

西瓜炭疽病、叶斑病 从病害发生初期开始喷药，7～10天1次，连喷2～3次。异菌脲喷施剂量同“黄瓜灰霉病”。

辣椒、番茄苗期立枯病 从病害发生初期或苗床上初见病株时立即开始用药，5～7天1次，连续1～2次。一般每平方米苗床使用25%悬浮剂或255克/升悬浮剂4～8毫升，或45%悬浮剂或500克/升悬浮剂2～4毫升，或50%可湿性粉剂2～4克，对水2千克左右泼浇或喷淋苗床。

油菜菌核病 从油菜初花期或封垄前开始喷药，10～15天1次，连喷2次左右，重点喷洒植株中下部及地面。一般每亩次使用25%悬浮剂或255克/升悬浮剂150～200毫升，或45%悬浮剂或500克/升悬浮剂80～100毫升，或50%可湿性粉剂100～120克，对水45～60千克均匀喷雾。

花生叶斑病 从病害发生初期或开花下针期开始喷药，10～15天1次，连喷2～3次。一般每亩次使用25%悬浮剂或255克/升悬浮剂100～120毫升，或45%悬浮剂或500克/升悬浮剂50～60毫升，或50%可湿性粉剂60～70克，对水30～45千克均匀喷雾。

烟草赤星病 从病害发生初期开始喷药，10～15天1次，连喷2次左右。一般每亩次使用25%悬浮剂或255克/升悬浮剂150～200毫升，或45%悬浮剂或500克/升悬浮剂80～100毫升，或50%可湿性粉剂80～100克，对水45～60千克均匀喷雾。

马铃薯早疫病 从病害发生初期开始喷药，10～15天1次，连喷2～4次。一般每亩次使用25%悬浮剂或255克/升悬浮剂150～200毫升，或45%悬浮剂或500克/升悬浮剂80～100毫升，或 50%可湿性粉剂 90～110 克，对水 60～75 千克均匀喷雾。

水稻纹枯病、菌核病　在拔节期至孕穗期、破口初期至齐穗初期各喷药 1 次，重点喷洒植株中下部。一般每亩次使用 25%悬浮剂或 255 克/升悬浮剂 100～150 毫升，或 45%悬浮剂或 500 克/升悬浮剂 60～80 毫升，或 50%可湿性粉剂 80～100 克，对水 30～45 千克均匀喷雾。

注意事项　异菌脲不能与强酸性药剂或碱性药剂及肥料混用，也不能与腐霉利、乙烯菌核利、乙霉威等杀菌机制相同的药剂混用或交替使用。本剂以保护作用为主，最好在病害发生初期用药，以获得最佳防控效果。

抑霉唑 imazalil

主要含量与剂型　3%膏剂，20%水乳剂，22.2%、50%、500 克/升乳油。

产品特点　抑霉唑是一种咪唑类内吸性广谱低毒杀菌剂，具有预防保护和内吸治疗双重作用，广泛用于水果采后的防腐保鲜处理，能显著延长果品的货架期；生长期用药，使用安全，持效期较长。其杀菌机理主要是通过抑制麦角甾醇脱甲基化酶的活性，使麦角甾醇生物合成受阻，进而影响病菌细胞膜的渗透性、生理功能和脂类合成代谢，最终导致病菌死亡。

适用作物防控对象及使用技术

柑橘青霉病、绿霉病、黑腐病、蒂腐病、炭疽病　果实采后浸果用药，当天采收当天处理，浸果前剔除病、虫、伤果及脱蒂果。一般使用 20%水乳剂 400～500 倍液，或 22.2%乳油 400～600 倍液，或 50%乳油或 500 克/升乳油 1 000～1 500 倍液浸果，0.5～1 分钟后捞起晾干，而后包装、贮运。

苹果、梨果实的青霉病、绿霉病　果实采摘并初步挑选后（剔除病虫伤果），使用 20%水乳剂或 22.2%乳油 400～600 倍液，或 50%乳油或 500 克/升乳油 1 000～1 500 倍液浸泡果实，浸果 0.5～1 分钟后捞起、晾干，而后包装、贮运。

苹果树腐烂病　刮治病斑后伤口涂药。一般使用 3%膏剂直接涂抹刮治后的病斑伤口，每平方米涂抹药剂200～300克。

苹果炭疽病 从苹果落花后10天左右开始喷药，10天左右1次，连喷3次药后套袋；不套袋苹果需继续喷药，15天左右1次，再需喷3～5次。注意与不同类型药剂交替使用。抑霉唑一般使用20%水乳剂或22.2%乳油800～1 000倍液，或50%乳油或500克/升乳油1 500～2 000倍液均匀喷雾。

梨炭疽病 从梨树落花后10～15天开始喷药，10天左右1次，连喷3次药后套袋；不套袋梨需继续喷药3～5次，间隔期15天左右。注意与不同类型药剂交替使用。抑霉唑喷施倍数同“苹果炭疽病”。

葡萄炭疽病、灰霉病 防控炭疽病时，从果粒膨大中期开始喷药，10～15天1次，连喷3～5次（套袋葡萄套袋后不再喷药），注意与不同类型药剂交替使用；防控灰霉病时，一般在花蕾期（开花前）、落花后及果穗套袋前各喷药1次，不套袋葡萄近成熟期的发病初期需再喷药1～2次（间隔期10天左右）。抑霉唑喷施倍数同“苹果炭疽病”。

草莓炭疽病 主要应用于育秧田。从炭疽病发生初期开始喷药，10～15天1次，连喷3～4次。抑霉唑喷施倍数同“苹果炭疽病”。

柿炭疽病 主要应用于南方甜柿产区。一般先在开花前喷药1次，然后从落花后10天左右开始连续喷药，15天左右1次，连喷4～6次，与不同类型药剂交替使用。抑霉唑喷施倍数同“苹果炭疽病”。

杨梅树褐斑病 从病害发生初期开始喷药，10～15天1次，连喷2次左右。抑霉唑喷施倍数同“苹果炭疽病”。

番茄叶霉病 从病害发生初期开始喷药，10天左右1次，连喷2～4次。一般使用20%水乳剂或22.2%乳油600～800倍液，或50%乳油或500克/升乳油1 200～1 500倍液均匀喷雾。

烟草炭疽病 从病害发生初期开始喷药，10～15天1次，连喷2次左右。一般每亩次使用20%水乳剂或22.2%乳油80～100毫升，或50%乳油或500克/升乳油40～50毫升，对水45～60千克均匀喷雾。

注意事项 抑霉唑不能与碱性药剂及肥料混用，用药浓度也不能随意加大。连续喷药时，注意与不同类型药剂交替使用。处理水果后的残余药液，严禁倒入河流、湖泊、池塘等水域，避免污染水源。

中生菌素 zhongshengmycin

主要含量与剂型 0.5%颗粒剂，3%水剂，3%可溶液剂，3%、5%、12%可湿性粉剂。

产品特点 中生菌素是由淡紫灰链霉菌海南变种发酵产生的一种N-糖苷类高效广谱低毒杀菌剂，属农用抗生素类，具有触杀和渗透作用，保护效果明显，对多种真菌性病害均有较好的防控效果，对部分细菌性病害也有一定的抑制作用。其杀菌机理主要是抑制病菌菌体蛋白质的合成，并能使丝状真菌畸形，抑制孢子萌发和杀死孢子。该药残留低、无污染，喷施后能够刺激植物体内植保素和木质素前体物质的生成，进而提高植株的抗病能力。

适用作物防控对象及使用技术

苹果霉心病、轮纹病、炭疽病、斑点落叶病 先在花序分离后开花前和盛花末期各喷药1次，有效防控霉心病，兼防斑点落叶病；然后从落花后7～10天开始继续喷药，10天左右1次，连喷3次药后套袋，有效防控轮纹病、炭疽病及春梢期的斑点落叶病；秋梢生长期，间隔10～15天再喷药2次左右，防控秋梢期的斑点落叶病。中生菌素一般使用3%可湿性粉剂或3%水剂或3%可溶液剂600～800倍液，或5%可湿性粉剂1 000～1 200倍液，或12%可湿性粉剂2 500～3 000倍液均匀喷雾。连续喷药时，注意与不同类型药剂交替使用。

桃树、李树、杏树的黑星病、细菌性穿孔病 多从落花后20～30天开始喷药，10～15天1次，连喷2～4次，注意与不同类型药剂交替使用。中生菌素一般使用3%可湿性粉剂或3%水剂或3%可溶液剂600～700倍液，或5%可湿性粉剂1 000～1 200倍液，或12%可湿性粉剂2 500～3 000倍液均匀喷雾。

核桃黑斑病 从病害发生初期开始喷药，10～15天1次，连喷 2～4 次。中生菌素喷施倍数同“桃树黑星病”。

柑橘树溃疡病、疮痂病　在春梢萌发初期、春梢转绿期、落花 2/3 时、落花后 15 天左右、夏梢抽生初期、夏梢转绿期、秋梢抽生初期、秋梢转绿期各喷药 1 次，注意与不同类型药剂交替使用。中生菌素一般使用 3%可湿性粉剂或 3%水剂或 3%可溶液剂 500～600 倍液，或 5%可湿性粉剂 800～1 000 倍液，或 12%可湿性粉剂 2 000～2 500 倍液均匀喷雾。

黄瓜、甜瓜、哈密瓜的细菌性叶斑病　从病害发生初期开始喷药，7～10 天 1 次，连喷 2～4 次，重点喷洒叶片背面。一般每亩次使用 3%可湿性粉剂 100～120 克，或 3%水剂或 3%可溶液剂 100～120 毫升，或 5%可湿性粉剂 50～70 克，或 12%可湿性粉剂 25～30 克，对水 45～60 千克均匀喷雾。

番茄、辣椒、烟草的青枯病　先于移栽时定植穴施药，一般每亩使用 0.5%颗粒剂 2 500～3 000 克于移栽时均匀穴施。然后从定植后 1 个月或田间出现病株时开始用药液灌根，10～15 天 1 次，连灌 2～3 次。一般使用 3%可湿性粉剂或 3%水剂或 3%可溶液剂 600～800 倍液，或 5%可湿性粉剂 1 000～1 300 倍液，或 12%可湿性粉剂 2 500～3 000 倍液浇灌，每株（穴）次浇灌药液 250～300 毫升。

辣椒疮痂病　从病害发生初期开始喷药，7～10 天 1 次，连喷 2～4 次。一般每亩次使用 3%可湿性粉剂 80～100 克，或 3%水剂或 3%可溶液剂 80～100 毫升，或 5%可湿性粉剂 50～60 克，或 12%可湿性粉剂 20～25 克，对水 45～60 千克均匀喷雾。

芦笋茎枯病　从病害发生初期或初见病斑时开始喷药，10 天左右 1 次，连喷 2～4 次。中生菌素喷施剂量同“辣椒疮痂病”。

豇豆细菌性疫病　先使用 3%可湿性粉剂或 3%水剂或 3%可溶液剂 300～500 倍液，或 5%可湿性粉剂 500～800 倍液，或 12%可湿性粉剂 1 200～2 000 倍液浸种 1～2 小时，而后捞出、晾干、播种。然后从生长期病害发生初期开始喷药，7～10 天 1 次，连喷 2～4 次。每亩次使用 3%可湿性粉剂 60～80 克，或 3%水剂或 3%可溶液剂 60～80 毫升，或 5%可湿性粉剂 40～50 克，或 12%可湿性粉剂 15～20 克，对水 45～60 千克均匀喷雾。

黄瓜、西瓜、甜瓜、哈密瓜等瓜类的枯萎病　从定植后1个月或田间初见病株时开始用药液灌根，10～15天1次，连灌2～3次。一般使用3%可湿性粉剂或3%水剂或3%可溶液剂600～800倍液，或5%可湿性粉剂1 000～1 200倍液，或12%可湿性粉剂2 500～3 000倍液灌根，每株（穴）次浇灌药液250～300毫升。

姜瘟病　从病害发生初期开始用药液灌根，顺种植沟灌药。中生菌素浇灌药液量同“黄瓜枯萎病”。

白菜软腐病　从田间出现病株时或白菜莲座期开始喷药，10～15天1次，连喷2～3次，重点喷洒植株基部的叶片背面。一般使用3%可湿性粉剂或3%水剂或3%可溶液剂600～800倍液，或5%可湿性粉剂1 000～1 200倍液，或12%可湿性粉剂2 500～3 000倍液喷雾。

水稻白叶枯病、细菌性条斑病　先使用3%可湿性粉剂或3%水剂或3%可溶液剂300倍液，或5%可湿性粉剂500倍液，或12%可湿性粉剂1 200倍液浸泡种子，浸种1～2小时后捞出、催芽、播种。而后生长期从病害发生初期开始喷药，7～10天1次，连喷2～3次。一般每亩次使用3%可湿性粉剂120～180克，或3%水剂或3%可溶液剂120～180毫升，或5%可湿性粉剂70～100克，或12%可湿性粉剂30～40克，对水30～45千克均匀喷雾。

小麦赤霉病　在小麦齐穗初期和扬花期各喷药1次。中生菌素喷施剂量同“水稻白叶枯病”。

注意事项　中生菌素不能与碱性药剂及肥料混用。喷药时需现配现用，不能久存。可湿性粉剂容易吸潮，开过包装的药剂应及时封口保存。

第二节　混配制剂

苯甲·吡唑酯

有效成分　苯醚甲环唑（difenoconazole）＋吡唑醚菌酯（pyraclostrobin）。

主要含量与剂型 25%（12.5%＋12.5%；10%＋15%）、30%（22%＋8%；20%＋10%；15%＋15%）、35%（17.5%＋17.5%；10%＋25%）、40%（15%＋25%；25%＋15%；30%＋10%）悬浮剂，30%（10%＋20%；20%＋10%）、40%（20%＋20%；25%＋15%）、50%（30%＋20%）乳油，30%（10%＋20%）可湿性粉剂，25%（10%＋15%）、50%（25%＋25%）水分散粒剂。括号内有效成分含量均为苯醚甲环唑的含量加吡唑醚菌酯的含量。

产品特点 苯甲·吡唑酯是由苯醚甲环唑（三唑类）与吡唑醚菌酯（甲氧基丙烯酸酯类）按一定比例科学混配的一种内吸治疗性高效广谱低毒复合杀菌剂，具有预防保护、内吸治疗和一定的诱抗作用。混剂使用安全方便，防病范围广，两种有效成分，协同增效，既可抑制病菌细胞膜形成，又能抑制病菌呼吸作用，使病菌不易产生抗药性，适用于病害的综合治理。

适用作物防控对象及使用技术

苹果树轮纹病、炭疽病、套袋果斑点病、斑点落叶病、褐斑病 防控轮纹病、炭疽病及套袋果斑点病时，从苹果落花后7～10天开始喷药，10天左右1次，连喷3次药后套袋；不套袋苹果需继续喷药4～6次，间隔期10～15天。防控斑点落叶病时，在春梢生长期内和秋梢生长期内各喷药2次左右，间隔期10～15天。防控褐斑病时，一般果园从落花后1个月左右或苹果套袋前或初见褐斑病病叶时开始喷药，10～15天1次，连喷4～6次。连续喷药时，注意与不同类型药剂交替使用。苯甲·吡唑酯一般使用25%悬浮剂或25%水分散粒剂1 200～1 500倍液，或30%可湿性粉剂1 500～2 000倍液，或30%悬浮剂或30%乳油2 000～3 000倍液，或35%悬浮剂2 000～2 500倍液，或40%悬浮剂2 000～4 000倍液，或40%乳油3 000～4 000倍液，或50%乳油4 000～5 000倍液，或50%水分散粒剂3 500～4 000倍液均匀喷雾。

梨树黑星病、黑斑病、炭疽病、轮纹病、褐斑病、白粉病 以防控黑星病为主导，兼防其他病害即可。一般梨园从梨树落花后即开始喷药，10～15天1次，与不同类型药剂交替使用，直到生长后期；白粉病发生较重果园，中后期喷药时注意喷洒叶片背面。苯

甲·吡唑酯喷施倍数同“苹果树轮纹病”。

葡萄穗轴褐枯病、黑痘病、炭疽病、白腐病、溃疡病、白粉病、褐斑病 先于葡萄花蕾期、落花后及落花后10天各喷药1次，有效防控穗轴褐枯病和黑痘病的发生为害；然后套袋葡萄于套袋前喷药1次，有效防控炭疽病、白腐病、溃疡病；不套袋葡萄则从果粒膨大中期开始连续喷药，10～15天1次，与不同类型药剂交替使用，直到采收前1周左右，有效防控不套袋葡萄的炭疽病、白腐病、溃疡病，兼防白粉病、褐斑病。防控白粉病、褐斑病时，从病害发生初期开始喷药，10～15天1次，连喷2～3次。苯甲·吡唑酯喷施倍数同“苹果树轮纹病”。不套袋葡萄采收前1个月内尽量避免选用乳油制剂，以免影响果粉。

枣树褐斑病、炭疽病、轮纹病、锈病 先于（一茬花）开花前喷药1次，有效防控褐斑病的早期为害；然后从（一茬花）坐住果后10天左右开始连续喷药，10～15天1次，与不同类型药剂交替使用，连喷4～6次。苯甲·吡唑酯喷施倍数同“苹果树轮纹病”。吡唑醚菌酯对冬枣果实较敏感，特别是在棚室内，用药时需要注意。

草莓炭疽病、白粉病 防控育秧田炭疽病时，从病害发生初期开始喷药，10～15天1次，连喷3～5次，注意与不同类型药剂交替使用；防控白粉病时，从病害发生初期开始喷药，10～15天1次，连喷2～4次。苯甲·吡唑酯喷施倍数同“苹果树轮纹病”。

柑橘树炭疽病、疮痂病、脂点黄斑病 一般果园先于春梢萌发初期、落花2/3时、落花后15天左右、落花后1个月左右各喷药1次，然后再于果实转色初期及转色中期各喷药1次，注意与不同类型药剂交替使用。苯甲·吡唑酯喷施倍数同“苹果树轮纹病”。

香蕉黑星病、叶斑病 从病害发生初期开始喷药，15～20天1次，与不同类型药剂交替使用，连喷3～5次。苯甲·吡唑酯一般使用25%悬浮剂或25%水分散粒剂1 200～1 500倍液，或30%可湿性粉剂1 500～2 000倍液，或30%悬浮剂或30%乳油或35%悬浮剂2 000～2 500倍液，或40%悬浮剂2 000～4 000倍液，或40%乳油2 000～3 000倍液，或50%乳油3 000～4 000倍液，或50%水分散粒剂3 000～3 500倍液均匀喷雾。

辣椒炭疽病　从病害发生初期开始喷药，10 天左右 1 次，连喷 2～3 次。一般每亩次使用 25%悬浮剂 30～35 毫升，或 25%水分散粒剂或 30%可湿性粉剂 30～35 克，或 30%悬浮剂或 30%乳油或 35%悬浮剂 25～30 毫升，或 40%悬浮剂或 40%乳油 20～25 毫升，或 50%乳油 15～20 毫升，或 50%水分散粒剂 15～20 克，对水 45～60 千克均匀喷雾。

黄瓜白粉病、炭疽病　从病害发生初期开始喷药，10 天左右 1 次，连喷 2～4 次。苯甲·吡唑酯喷施剂量同“辣椒炭疽病”。

西瓜白粉病、炭疽病、蔓枯病　从病害发生初期开始喷药，10 天左右 1 次，连喷 2～3 次。苯甲·吡唑酯喷施剂量同“辣椒炭疽病”。

注意事项　苯甲·吡唑酯不能与碱性药剂及肥料混用。连续喷药时，注意与不同类型药剂交替使用。本剂生产企业较多，配方比例差异较大，具体选用时应以其标签说明为准。

苯甲·丙环唑

有效成分　苯醚甲环唑（difenoconazole）+ 丙环唑（propiconazol）。

主要含量与剂型　30%（15%+15%）悬浮剂，30%（15%+15%）、50%（25%+25%）、60%（30%+30%）、300 克/升（150 克/升+150 克/升）水乳剂，30%（15%+15%）、40%（20%+20%）、50%（25%+25%）、300 克/升（150 克/升+150 克/升）微乳剂，30%（15%+15%）、50%（25%+25%）、60%（30%+30%）、300 克/升（150 克/升+150 克/升）、500 克/升（250 克/升+250 克/升）乳油。括号内有效成分含量均为苯醚甲环唑的含量加丙环唑的含量。

产品特点　苯甲·丙环唑又称苯醚·丙环唑，是由苯醚甲环唑与丙环唑按科学比例混配的一种内吸治疗性广谱低毒复合杀菌剂，对多种高等真菌性病害均具有保护、治疗和内吸传导作用，与丙环唑单剂相比使用较安全。两种三唑类杀菌成分混配，虽然均是抑制病菌细胞膜形成，但作用位点不同，协同增效作用明显，防病范围更广，施药后能快速被叶片吸收，耐雨水冲刷能力更强。混剂速效性好，持效期较长，并对禾本科作物具有调节生长、促使叶片浓绿的功效。

适用作物防控对象及使用技术

苹果树褐斑病、斑点落叶病、黑星病　防控褐斑病时，多从苹果落花后1个月左右或初见褐斑病病叶时开始喷药，10～15天1次，连喷4～6次；防控斑点落叶病时，在春梢生长期内和秋梢生长期内各喷药2次左右，间隔期10～15天；防控黑星病时，从病害发生初期开始喷药，10～15天1次，连喷2～3次。连续喷药时，注意与不同类型药剂交替使用。苯甲·丙环唑一般使用30%乳油或30%悬浮剂或30%微乳剂或30%水乳剂或300克/升乳油或300克/升微乳剂或300克/升水乳剂2 000～3 000倍液，或40%微乳剂3 000～4 000倍液，或50%乳油或50%微乳剂或50%水乳剂或500克/升乳油4 000～5 000倍液，或60%乳油或60%水乳剂5 000～6 000倍液均匀喷雾。苹果幼果期或套袋前尽量避免使用乳油制剂。

冬枣褐斑病　从病害发生初期开始喷药，10～15天1次，连喷2～3次。棚室内高温时用药尽量避免使用乳油类制剂，且应适当降低喷药浓度。苯甲·丙环唑喷施倍数同“苹果树褐斑病”。

葡萄白粉病、褐斑病、炭疽病、黑痘病　防控白粉病、褐斑病时，从病害发生初期开始喷药，10～15天1次，连喷2～3次。防控炭疽病时，从葡萄果粒膨大中期开始喷药，10～15天1次，到套袋后结束或采收前1周（不套袋葡萄）结束。防控黑痘病时，在葡萄花蕾期、落花80%时及落花后10天左右各喷药1次。苯甲·丙环唑喷施倍数同“苹果树褐斑病”。不套袋葡萄采收前1个月内尽量避免使用乳油类制剂。

核桃树白粉病　从病害发生初期开始喷药，10～15天1次，连喷2次左右。苯甲·丙环唑喷施倍数同“苹果树褐斑病”。

榛子树白粉病　从病害发生初期开始喷药，10～15天1次，连喷2次左右。苯甲·丙环唑喷施倍数同“苹果树褐斑病”。

香蕉叶斑病、黑星病　从病害发生初期开始喷药，15～20天1次，连喷3～5次。一般使用30%悬浮剂或30%水乳剂或30%微乳剂或30%乳油或300克/升水乳剂或300克/升微乳剂或300克/升乳油1 500～2 000倍液，或40%微乳剂2 000～2 500倍液，或50%水乳剂或50%微乳剂或50%乳油或500克/升乳油3 000～3 500倍液，或60%水乳剂或60%乳油3 500～4 000倍液均匀喷雾。

辣椒、茄子、黄瓜、西瓜、甜瓜等瓜果蔬菜的白粉病、炭疽病、叶斑病　从病害发生初期开始喷药，10～15天1次，连喷2～4次。一般每亩次使用30%悬浮剂或30%水乳剂或30%微乳剂或30%乳油或300克/升水乳剂或300克/升微乳剂或300克/升乳油20～25毫升，或40%微乳剂15～20毫升，或50%水乳剂或50%微乳剂或50%乳油或500克/升乳油12～15毫升，或60%水乳剂或60%乳油10～12毫升，对水45～60千克均匀喷雾。

水稻纹枯病、稻曲病、稻瘟病　防控纹枯病时，从病害发生初期开始喷药，10～15天1次，连喷2次左右；或在分蘖期至拔节期、孕穗期至破口初期各喷药1次。防控稻曲病时，在破口前5～7天和齐穗初期各喷药1次。防控叶瘟病时，在田间出现发病中心时或出现急性病斑时开始喷药，10天左右1次，连喷1～2次；防控穗颈瘟时，在破口初期和齐穗初期各喷药1次。一般每亩次使用30%悬浮剂或30%水乳剂或30%微乳剂或30%乳油或300克/升水乳剂或300克/升微乳剂或300克/升乳油25～30毫升，或40%微乳剂20～25毫升，或50%水乳剂或50%微乳剂或50%乳油或500克/升乳油15～20毫升，或60%水乳剂或60%乳油12～15毫升，对水30～45千克均匀喷雾。

小麦、大麦等麦类作物的纹枯病、白粉病、锈病、赤霉病　防控纹枯病、白粉病、锈病时，多从病害发生初期开始喷药，10～15天1次，连喷2次左右；或在分蘖后期至拔节初期和孕穗期至齐穗初期各喷药1次。防控赤霉病时，在齐穗初期和扬花初期各喷药1次。苯甲·丙环唑喷施剂量同“水稻纹枯病”。

玉米纹枯病、叶斑病　从病害发生初期开始喷药，10～15天1次，连喷2次左右。苯甲·丙环唑喷施剂量同“水稻纹枯病”；若玉米生长中后期用药，应适当增加用药量，以保证药剂分布均匀。

马铃薯早疫病、炭疽病　从病害发生初期开始喷药，10天左右1次，连喷2～3次。一般每亩次使用30%悬浮剂或30%水乳剂或30%微乳剂或30%乳油或300克/升水乳剂或300克/升微乳剂或300克/升乳油25～30毫升，或40%微乳剂20～25毫升，或50%水乳剂或50%微乳剂或50%乳油或500克/升乳油15～20毫升，或60%水乳剂或60%乳油12～15毫升，对水60～75千克均匀喷雾。

花生叶斑病、锈病　从病害发生初期或初花期开始喷药，10～15天1次，连喷2～3次。一般每亩次使用30%悬浮剂或30%水乳剂或30%微乳剂或30%乳油或300克/升水乳剂或300克/升微乳剂或300克/升乳油20～30毫升，或40%微乳剂15～22毫升，或50%水乳剂或50%微乳剂或50%乳油或500克/升乳油12～18毫升，或60%水乳剂或60%乳油10～15毫升，对水30～45千克均匀喷雾。

大豆锈病、紫斑病　从病害发生初期开始喷药，10～15天1次，连喷2次左右。苯甲·丙环唑喷施剂量同“花生叶斑病”。

注意事项　苯甲·丙环唑不能与碱性药剂及肥料混用，也不能与铜制剂混用。连续喷药时，注意与不同类型药剂交替使用。瓜果类蔬菜上用药量偏高时会对植株生长有一定抑制作用，实际应用时需要慎重。

苯甲·氟酰胺

有效成分　苯醚甲环唑（difenoconazole）＋氟唑菌酰胺（fluxapyroxad）。

主要含量与剂型　12%（5%苯醚甲环唑＋7%氟唑菌酰胺）悬浮剂。

产品特点　苯甲·氟酰胺是由苯醚甲环唑（三唑类）与氟唑菌酰胺（吡唑酰胺类）按科学比例混配的一种内吸治疗性广谱低毒复合杀菌剂，对多种高等真菌性病害具有保护、治疗及铲除功效。混剂配比科学合理，既能抑制病菌细胞膜形成，又能阻碍线粒体呼吸，互补增效作用明显，使用适期广，持效期长，安全性高。

适用作物防控对象及使用技术

苹果树斑点落叶病　在春梢生长期内和秋梢生长期内各喷药2次左右，多从病害发生初期开始喷药，间隔期10～15天。一般使用12%悬浮剂1 500～2 000倍液均匀喷雾。

梨树黑星病、黑斑病、白粉病　以防控黑星病为主导，兼防黑斑病、白粉病即可。一般梨园从落花后即开始喷药，10～15天1次，与不同类型药剂交替使用，直到生长后期；防控白粉病时注意喷洒叶片背面。苯甲·氟酰胺一般使用12%悬浮剂1 500～2 000倍液均匀喷雾。

葡萄穗轴褐枯病　在葡萄花蕾期、落花后各喷药1次。一般使用12%悬浮剂1 200～1 500倍液均匀喷雾。

香蕉叶斑病、黑星病　从病害发生初期开始喷药，半月左右1次，连喷3～4次。一般使用12%悬浮剂1 000～1 500倍液均匀喷雾。

柑橘树疮痂病、炭疽病、黑星病　在春梢萌发初期、春梢转绿期、落花2/3、落花后半月左右、落花后1个月左右、夏梢抽生初期、夏梢转绿期、秋梢抽生初期、秋梢转绿期各喷药1次，注意与不同类型药剂交替使用。苯甲·氟酰胺一般使用12%悬浮剂1 200～1 500倍液均匀喷雾。

黄瓜靶斑病、白粉病　从病害发生初期开始喷药，7～10天1次，连喷2～4次。一般每亩次使用12%悬浮剂55～70毫升，对水45～60千克均匀喷雾。

西瓜叶枯病、炭疽病　从病害发生初期开始喷药，7～10天1次，连喷2～3次。一般每亩次使用12%悬浮剂40～65毫升，对水45～60千克均匀喷雾。

番茄叶斑病、叶霉病、早疫病　从病害发生初期开始喷药，7～10天1次，与不同类型药剂交替使用，连喷3～4次。苯甲·氟酰胺一般每亩次使用12%悬浮剂50～65毫升，对水45～60千克均匀喷雾。

辣椒白粉病　从病害发生初期开始喷药，7～10天1次，连喷2～3次。一般每亩次使用12%悬浮剂40～65毫升，对水45～60千克均匀喷雾。

菜豆锈病、炭疽病　从病害发生初期开始喷药，7～10天1次，连喷2～4次。一般每亩次使用12%悬浮剂40～65毫升，对水45～60千克均匀喷雾。

马铃薯早疫病　从病害发生初期开始喷药，10天左右1次，与不同类型药剂交替使用，连喷3～4次。苯甲·氟酰胺一般每亩次使用12%悬浮剂56～70毫升，对水45～75千克均匀喷雾。

花生叶斑病　从病害发生初期或开花下针期开始喷药，10天左右1次，连喷2～3次。一般每亩次使用12%悬浮剂30～50毫升，对水30～45千克均匀喷雾。

注意事项　苯甲·氟酰胺不能与波尔多液等碱性药剂及肥料混用。连续喷药时，注意与不同类型药剂交替使用。

苯醚·甲硫

有效成分　苯醚甲环唑（difenoconazole）＋甲基硫菌灵（thiophanate - methyl）。

主要含量与剂型　34%（4.2%＋29.8%）、40%（5%＋35%）、50%（8%＋42%）悬浮剂，40%（5%＋35%）、45%（3%＋42%；5%＋40%）、50%（6%＋44%）、55%（5%＋50%）、70%（8.4%＋61.6%）可湿性粉剂。括号内有效成分含量均为苯醚甲环唑的含量加甲基硫菌灵的含量。

产品特点　苯醚·甲硫是由苯醚甲环唑（三唑类）与甲基硫菌灵（取代苯类）按一定比例混配的一种内吸治疗性高效广谱低毒复合杀菌剂，具有预防保护和内吸治疗作用。混剂具有多种杀菌作用机理，既能抑制病菌细胞膜形成，又能阻碍病菌的呼吸过程，还可影响细胞分裂，防病治病效果更好、范围更广，使用安全，病菌不易产生抗药性。

适用作物防控对象及使用技术

苹果树炭疽病、轮纹病、斑点落叶病、褐斑病、黑星病、白粉病　防控炭疽病、轮纹病时，从苹果落花后7～10天开始喷药，10天左右1次，连喷3次药后套袋（套袋后不再喷药）；不套袋苹果需继续喷药 4～6 次，间隔期 10～15 天。防控斑点落叶病时，在春梢生长期内和秋梢生长期内各喷药 2 次左右，间隔期 10～15 天。防控褐斑病时，一般果园从落花后 1 个月左右或套袋前或初见褐斑病病叶时开始喷药，10～15 天 1 次，连喷 4～6 次。防控黑星病时，从病害发生初期开始喷药，10～15 天 1 次，连喷 2～3 次。防控白粉病时，在花序分离期、落花 80%及落花后 10 天左右各喷药1 次；往年病害严重果园，再于 8、9 月份花芽分化期增加喷药 1～2 次，防控病菌侵染芽。具体喷药时，注意与不同类型药剂交替使用。苯醚·甲硫一般使用 34%悬浮剂或 40%悬浮剂或 40%可湿性粉剂或 45%可湿性粉剂 800～1 000 倍液，或 50%可湿性粉剂或 55%可湿性粉剂 1 000～1 200 倍液，或 50%悬浮剂或 70%可湿性粉剂 1 200～1 500 倍液均匀喷雾。

梨树黑星病、轮纹病、炭疽病、褐斑病、白粉病　以防控黑星病为主导，兼防其他病害即可。一般梨园从落花后即开始喷药，10～15 天 1 次，与不同类型药剂交替使用，直到生长后期，中早熟品种果实采收后还需喷药 1～2 次。中后期喷药防控白粉病时，注意喷洒叶片背面。苯醚·甲硫喷施倍数同“苹果树炭疽病”。

桃树黑星病、炭疽病、真菌性穿孔病　一般桃园从落花后 20 天左右开始喷药，10～15 天 1 次，连喷 2～3 次；往年病害发生较重桃园，再增加喷药 1～2 次。苯醚·甲硫喷施倍数同“苹果树炭疽病”。

李树红点病、炭疽病、真菌性穿孔病　防控红点病时，从展叶期开始喷药，10～15 天 1 次，连喷 2～4 次，兼防炭疽病；防控炭疽病时，一般从落花后 15 天左右开始喷药，10～15 天 1 次，连喷 3～5 次，兼防真菌性穿孔病；防控真菌性穿孔病时，从病害发生初期开始喷药，10～15 天 1 次，连喷 2～3 次。连续喷药时，注意与不同类型药剂交替使用。苯醚·甲硫喷施倍数同“苹果树炭疽病”。

葡萄黑痘病、炭疽病、褐斑病　防控黑痘病时，在葡萄花蕾期、落花 80%和落花后 10～15 天各喷药 1 次。防控炭疽病时，套袋葡萄套袋前喷药 1 次即可；不套袋葡萄需从果粒膨大中后期开始喷药，10 天左右 1 次，与不同类型药剂交替使用，直到采收前1周左右，兼防褐斑病。防控褐斑病时，从病害发生初期开始喷药，10～15天1次，连喷2～4次。苯醚·甲硫喷施倍数同“苹果树炭疽病”。

柿树炭疽病、角斑病、圆斑病、黑星病　南方甜柿产区，先于柿树开花前喷药1次，然后从落花后10天左右开始连续喷药，10～15天1次，与不同类型药剂交替使用，直到生长后期；北方柿产区，一般从落花后20天左右开始喷药，15天左右1次，连喷2～3次。苯醚·甲硫喷施倍数同“苹果树炭疽病”。

枣树炭疽病、轮纹病、锈病　一般枣园从枣果坐住后10天左右开始喷药，10～15天1次，与不同类型药剂交替使用，连喷5～7次。苯醚·甲硫喷施倍数同“苹果树炭疽病”。

核桃炭疽病、褐斑病、白粉病　防控炭疽病时，一般果园从果实膨大中期开始喷药，10～15天1次，连喷2～4次，兼防褐斑病；防控褐斑病时，从病害发生初期开始喷药，10～15天1次，连喷2次左右；防控白粉病时，从病害发生初期开始喷药，10～15天1次，连喷1～2次。苯醚·甲硫喷施倍数同“苹果树炭疽病”。

山楂炭疽病、轮纹病、叶斑病　从落花后半月左右开始喷药，10～15天1次，连喷2～4次即可。苯醚·甲硫喷施倍数同“苹果树炭疽病”。

石榴褐斑病、黑斑病、炭疽病、麻皮病　一般果园在开花前、落花后、幼果期、套袋前及套袋后各喷药1次即可，注意与不同类型药剂交替使用。苯醚·甲硫喷施倍数同“苹果树炭疽病”。

花椒锈病　从病害发生初期开始喷药，10～15天1次，与不同类型药剂交替使用，连喷2～5次。苯醚·甲硫喷施倍数同“苹果树炭疽病”。

草莓炭疽病　主要应用于育秧田。从炭疽病发生初期开始喷药，10～15天1次，与不同类型药剂交替使用，连喷3～5次。苯醚·甲硫喷施倍数同“苹果树炭疽病”。

柑橘树疮痂病、炭疽病、砂皮病、黑星病　在春梢萌发初期、春梢转绿期、落花2/3时、落花后半月左右、落花后1个月左右、夏梢抽生初期、夏梢转绿期、秋梢抽生初期、秋梢转绿期各喷药1次，注意与不同类型药剂交替使用。苯醚·甲硫一般使用34%悬浮剂或40%悬浮剂或40%可湿性粉剂或45%可湿性粉剂600～800倍液，或50%可湿性粉剂或55%可湿性粉剂800～1 000倍液，或50%悬浮剂或70%可湿性粉剂1 000～1 200倍液均匀喷雾。

香蕉叶斑病、黑星病　从病害发生初期开始喷药，10～15天1次，与不同类型药剂交替使用，连喷4～5次。苯醚·甲硫喷施倍数同“柑橘树疮痂病”。

杧果炭疽病、白粉病　在花序分离期、落花2/3时、落花后半月左右及果实转色期各喷药1次，注意与不同类型药剂交替使用。苯醚·甲硫喷施倍数同“柑橘树疮痂病”。

荔枝炭疽病　在果实膨大期、转色期各喷药1次。苯醚·甲硫喷施倍数同“柑橘树疮痂病”。

黄瓜、苦瓜、西瓜、甜瓜、哈密瓜等瓜类炭疽病、白粉病　从病害发生初期开始喷药，7～10天1次，与不同类型药剂交替使用，连喷2～4次。苯醚·甲硫一般每亩次使用34%悬浮剂或40%悬浮剂100～150毫升，或40%可湿性粉剂或45%可湿性粉剂100～150克，或50%可湿性粉剂或55%可湿性粉剂80～120克，或50%悬浮剂70～100毫升，或70%可湿性粉剂70～100克，对水45～60千克均匀喷雾。

辣椒炭疽病　从病害发生初期开始喷药，7～10天1次，连喷2～3次。苯醚·甲硫喷施剂量同“黄瓜炭疽病”。

茄子褐纹病　从病害发生初期开始喷药，7～10天1次，连喷2～4次，重点喷洒植株中下部果实。苯醚·甲硫喷施剂量同“黄瓜炭疽病”。

番茄早疫病、芝麻斑病　从病害发生初期开始喷药，7～10天1次，与不同类型药剂交替使用，连喷2～4次。苯醚·甲硫喷施剂量同“黄瓜炭疽病”。

豇豆、芸豆炭疽病、白粉病、锈病　从病害发生初期开始喷药，7～10天1次，与不同类型药剂交替使用，连喷2～4次。苯醚·甲硫喷施剂量同“黄瓜炭疽病”。

小麦赤霉病　在齐穗初期和扬花初期各喷药1次。一般每亩次使用34%悬浮剂或40%悬浮剂50～65毫升，或40%可湿性粉剂或45%可湿性粉剂45～55克，或50%可湿性粉剂或55%可湿性粉剂35～45克，或50%悬浮剂30～40毫升，或70%可湿性粉剂25～35克，对水30～45千克均匀喷雾。

玉米叶斑病、锈病 从病害发生初期开始喷药，10～15天1次，连喷2次左右。苯醚·甲硫喷施剂量同“小麦赤霉病”。

花生叶斑病、锈病、疮痂病 从病害发生初期或开花下针期开始喷药，10～15天1次，连喷2～3次。苯醚·甲硫喷施剂量同“小麦赤霉病”。

马铃薯早疫病、炭疽病 从病害发生初期开始喷药，10天左右1次，与不同类型药剂交替使用，连喷2～4次。苯醚·甲硫一般每亩次使用34%悬浮剂或40%悬浮剂100～150毫升，或40%可湿性粉剂或45%可湿性粉剂100～150克，或50%可湿性粉剂或55%可湿性粉剂80～120克，或50%悬浮剂70～100毫升，或70%可湿性粉剂70～100克，对水60～75千克均匀喷雾。

注意事项 苯醚·甲硫不能与碱性药剂及强酸性药剂或肥料混用，也不建议与铜制剂混用。连续喷药时，注意与不同类型药剂交替使用。

苯醚·戊唑醇

有效成分 苯醚甲环唑（difenoconazole）＋戊唑醇（tebuconazole）。

主要含量与剂型 40%（20%＋20%）、45%（20%＋25%）悬浮剂，20%（2%＋18%）可湿性粉剂，20%（2%＋18%）水分散粒剂。括号内有效成分含量均为苯醚甲环唑的含量加戊唑醇的含量。

产品特点 苯醚·戊唑醇又称苯甲·戊唑醇，是由苯醚甲环唑（三唑类）与戊唑醇（三唑类）按一定比例混配的一种内吸治疗性高效广谱低毒复合杀菌剂，对多种高等真菌性病害具有保护和治疗作用。两种有效成分的杀菌作用机理虽然均是抑制病菌细胞膜形成，但作用位点不同，优势互补，协同增效，防病范围更广，用药时期更宽，使用更方便。

适用作物防控对象及使用技术

苹果树轮纹病、炭疽病、斑点落叶病、褐斑病、黑星病、白粉病、锈病　先于花序分离期、落花80%和落花后10天左右各喷药1次，有效防控白粉病、锈病，兼防轮纹病、炭疽病及斑点落叶病；然后从落花后20天左右开始继续喷药，10～15天1次，与不同类型药剂交替使用，连喷5～7次，有效防控轮纹病、炭疽病、褐斑病、斑点落叶病。往年白粉病较重果园，在8、9月份花芽分化期再增加喷药1～2次。苯醚·戊唑醇一般使用20%可湿性粉剂或20%水分散粒剂1 000～1 200倍液，或40%悬浮剂或45%悬浮剂3 000～4 000倍液均匀喷雾。

梨树黑星病、轮纹病、炭疽病、黑斑病、褐斑病、白粉病、锈病　先于花序分离期、落花80%和落花后10天左右各喷药1次，有效防控锈病及黑星病的早期为害；然后从落花后20天左右开始连续喷药，10～15天1次，与不同类型药剂交替使用，直到生长后期，中早熟品种果实采收后仍需喷药1～2次。白粉病较重果园，中后期喷药时注意喷洒叶片背面。苯醚·戊唑醇喷施倍数同“苹果树轮纹病”。

葡萄炭疽病、褐斑病、白粉病　套袋葡萄在套袋前喷药1次，即可有效防控炭疽病；不套袋葡萄从果粒膨大中期开始喷药，10～15天1次，与不同类型药剂交替使用，直到采收前1周左右，有效防控炭疽病，兼防褐斑病、白粉病；后期白粉病较重果园，葡萄采收后再喷药1～2次。苯醚·戊唑醇喷施倍数同“苹果树轮纹病”。

桃树黑星病、炭疽病、真菌性穿孔病、锈病　一般桃园从落花后20天左右开始喷药，10～15天1次，与不同类型药剂交替使用，连喷3～5次；后期锈病较重果园，从病害发生初期开始喷药，10～15天1次，连喷2～3次。苯醚·戊唑醇喷施倍数同“苹果树轮纹病”。

李树红点病、炭疽病、真菌性穿孔病　从叶片展开期开始喷药，10～15天1次，连喷2～4次；晚熟品种或中后期真菌性穿孔病较重果园，中后期再增加喷药2次左右。苯醚·戊唑醇喷施倍数同“苹果树轮纹病”。

杏树黑星病、真菌性穿孔病　一般果园从落花后20天左右开始喷药，10～15天1次，连喷2次左右；中后期真菌性穿孔病较重果园，需再增加喷药1～2次。苯醚·戊唑醇喷施倍数同“苹果树轮纹病”。

核桃炭疽病、褐斑病、白粉病　一般果园从果实膨大中期开始喷药，10～15天1次，连喷2～3次；中后期褐斑病、白粉病较重果园，需再增加喷药1～2次。苯醚·戊唑醇喷施倍数同“苹果树轮纹病”。

板栗炭疽病、叶斑病　从病害发生初期开始喷药，10～15天1次，连喷2次左右。苯醚·戊唑醇喷施倍数同“苹果树轮纹病”。

柿树炭疽病、圆斑病、角斑病、白粉病、黑星病　一般柿园从落花后20天左右开始喷药，15天左右1次，连喷2～3次即可。南方甜柿产区病害较重果园，先于开花前喷药1次，然后从落花后10天左右开始连续喷药，10～15天1次，连喷4～6次。苯醚·戊唑醇喷施倍数同“苹果树轮纹病”。

枣树褐斑病、锈病、轮纹病、炭疽病　先于（一茬花）开花前喷药1次，有效防控褐斑病的早期为害；然后从枣果坐住后10天左右或初见锈病病叶时开始继续喷药，10～15天1次，连喷4～6次。苯醚·戊唑醇喷施倍数同“苹果树轮纹病”。

山楂白粉病、锈病、叶斑病、炭疽病、轮纹病　先于花序分离期、落花后和落花后10～15天各喷药1次，有效防控白粉病、锈病；然后从落花后20天左右开始继续喷药，10～15天1次，连喷2～5次，有效防控叶斑病、炭疽病及轮纹病。苯醚·戊唑醇喷施倍数同“苹果树轮纹病”。

石榴褐斑病、黑斑病、炭疽病、麻皮病　一般果园于（一茬花）开花前、落花后、幼果期、套袋前及套袋后各喷药1次即可；后期雨水较多时，再增加喷药1～2次，间隔期10～15天。苯醚·戊唑醇喷施倍数同“苹果树轮纹病”。

花椒锈病　从病害发生初期开始喷药，10～15天1次，与不同类型药剂交替使用，连喷2～5次。苯醚·戊唑醇喷施倍数同“苹果树轮纹病”。

柑橘树疮痂病、炭疽病、砂皮病、黑星病　在春梢萌发初期、春梢转绿期、落花2/3时、落花后半月左右、落花后1个月左右、夏梢抽生初期、夏梢转绿期、秋梢抽生初期、秋梢转绿期各喷药1次，注意与不同类型药剂交替使用。苯醚·戊唑醇一般使用20%可湿性粉剂或20%水分散粒剂800～1 000倍液，或40%悬浮剂或45%悬浮剂2 500～3 000倍液均匀喷雾。

香蕉叶斑病、黑星病　从病害发生初期开始喷药，10～15天1次，与不同类型药剂交替使用，连喷4～5次。苯醚·戊唑醇喷施倍数同“柑橘树疮痂病”。

杧果炭疽病、白粉病　在花序分离期、落花2/3时、落花后半月左右及果实转色期各喷药1次，注意与不同类型药剂交替使用。苯醚·戊唑醇喷施倍数同“柑橘树疮痂病”。

荔枝炭疽病　在果实膨大期、转色期各喷药1次。苯醚·戊唑醇喷施倍数同“柑橘树疮痂病”。

小麦纹枯病、锈病、白粉病、赤霉病　防控纹枯病、锈病、白粉病时，从病害发生初期开始喷药，10天左右1次，连喷2次左右；防控赤霉病时，在齐穗初期和扬花初期各喷药1次。苯醚·戊唑醇一般每亩次使用20%可湿性粉剂或20%水分散粒剂40～50克，或40%悬浮剂或45%悬浮剂20～25毫升，对水30～45千克均匀喷雾。

水稻纹枯病　从病害发生初期开始喷药，10～15天1次，连喷2～3次；或在分蘖期至拔节期和孕穗期至破口期各喷药1次。苯醚·戊唑醇喷施剂量同“小麦纹枯病”。

玉米叶斑病、锈病　从病害发生初期开始喷药，10～15天1次，连喷2次左右。苯醚·戊唑醇喷施剂量同“小麦纹枯病”。

花生叶斑病、锈病、疮痂病　从病害发生初期或开花下针期开始喷药，10～15天1次，连喷2～3次。苯醚·戊唑醇喷施剂量同“小麦纹枯病”。

注意事项　苯醚·戊唑醇不能与碱性药剂及肥料混用。连续喷药时，注意与不同类型药剂交替使用。瓜果类蔬菜在苗期不建议使用，以免抑制幼苗生长。

丙环·嘧菌酯

有效成分 丙环唑（propiconazol）+嘧菌酯（azoxystrobin）。

主要含量与剂型 18.7%（11.7%+7%）、19%（11.8%+7.2%）、28%（17.5%+10.5%）、30%（18%+12%）、32%（12%+20%）、40%（24%+16%）悬浮剂。括号内有效成分含量均为丙环唑的含量加嘧菌酯的含量。

产品特点 丙环·嘧菌酯是由丙环唑（三唑类）与嘧菌酯（甲氧基丙烯酸酯类）按一定比例科学混配的一种内吸治疗性高效广谱低毒复合杀菌剂，具有诱导抗性、预防保护和治疗多重功效，内吸渗透性好，耐雨水冲刷。混剂具有两种杀菌作用机理，既能抑制病菌细胞膜形成，又可抑制线粒体的呼吸作用，使病菌不易产生抗药性，使用方便。

适用作物防控对象及使用技术

葡萄白粉病、炭疽病 防控白粉病时，从病害发生初期开始喷药，10～15天1次，连喷2～3次。防控炭疽病时，套袋葡萄于套袋前喷药1次即可；不套袋葡萄从果粒膨大中期开始喷药，10～15天1次，与不同类型药剂交替使用，直到采收前1周左右。丙环·嘧菌酯一般使用18.7%悬浮剂或19%悬浮剂800～1 000倍液，或28%悬浮剂或30%悬浮剂或32%悬浮剂1 200～1 500倍液，或40%悬浮剂1 500～2 000倍液均匀喷雾。

核桃树白粉病 从病害发生初期开始喷药，10～15天1次，连喷2次左右。丙环·嘧菌酯喷施倍数同“葡萄白粉病”。

香蕉叶斑病、黑星病 从病害发生初期开始喷药，10～15天1次，与不同类型药剂交替使用，连喷3～5次。丙环·嘧菌酯一般使用18.7%悬浮剂或19%悬浮剂700～800倍液，或28%悬浮剂或30%悬浮剂或32%悬浮剂1 000～1 200倍液，或40%悬浮剂1 200～1 500倍液均匀喷雾。

水稻纹枯病 从病害发生初期开始喷药，7～10天1次，连喷2次左右。一般每亩次使用18.7%悬浮剂或19%悬浮剂40～60毫升，或28%悬浮剂或30%悬浮剂或32%悬浮剂35～45毫升，或

40%悬浮剂 20～30 毫升，对水 30～45 千克均匀喷雾。

小麦纹枯病、白粉病　从病害发生初期开始喷药，7～10 天 1 次，连喷 2 次左右。丙环・嘧菌酯喷施剂量同“水稻纹枯病”。

玉米大斑病、小斑病、圆斑病　从病害发生初期开始喷药，7～10 天 1 次，连喷 1～2 次。一般每亩次使用 18.7%悬浮剂或 19%悬浮剂 50～70 毫升，或 28%悬浮剂或 30%悬浮剂或 32%悬浮剂 40～50 毫升，或 40%悬浮剂 25～35 毫升，对水 45～60 千克均匀喷雾。

注意事项　丙环・嘧菌酯不能与碱性药剂及强酸性药剂或肥料混用，也不能与乳油类药剂及有机硅类助剂混用。连续喷药时，注意与不同类型药剂交替使用。苹果及樱桃的某些品种对嘧菌酯较敏感，用药时避免药液飘移到上述作物上。

稻瘟・三环唑

有效成分　稻瘟酰胺（fenoxanil）＋三环唑（tricyclazole）。

主要含量与剂型　30%（10%＋20%）、40%（15%＋25%；20%＋20%）悬浮剂。括号内有效成分含量均为稻瘟酰胺的含量加三环唑的含量。

产品特点　稻瘟・三环唑是由稻瘟酰胺（苯氧酰胺类）与三环唑（三唑类）按一定比例科学混配的一种高效低毒复合杀菌剂，专用于防控水稻稻瘟病，内吸性强，耐雨水冲刷，持效期较长。两种有效成分杀菌作用位点不同，协同增效，优势互补，防控稻瘟病效果更优异。

适用作物防控对象及使用技术　稻瘟・三环唑专用于防控水稻稻瘟病。防控叶瘟时，在田间出现中心病株时或出现急性病斑时开始喷药，7～10 天 1 次，连喷 1～2 次；防控穗颈瘟时，在破口初期和齐穗初期各喷药 1 次。一般每亩次使用 30%悬浮剂 75～100 毫升，或 40%悬浮剂 60～80 毫升，对水 30～45 千克均匀喷雾。

注意事项　稻瘟・三环唑不能与碱性药剂及肥料混用。尽量避开高温时段喷药，以免产生药害。瓜类作物对本剂较敏感，用药时避免药液飘移到瓜类作物上。

噁霜·锰锌

有效成分 噁霜灵（hymexazol）＋代森锰锌（mancozeb）。

主要含量与剂型 64％（8％噁霜灵＋56％代森锰锌）可湿性粉剂。

产品特点 噁霜·锰锌是由噁霜灵（苯基酰胺类）与代森锰锌（硫代氨基甲酸酯类）按一定比例科学混配的一种低毒复合杀菌剂，专用于防控低等真菌性病害，具有预防保护、内吸治疗及铲除作用。混剂使用安全方便，持效期较长，多种杀菌活性机理，既能通过抑制RNA聚合酶活性而影响蛋白质合成，又能干扰脂质代谢、呼吸作用及能量的供应，具有显著增效作用，病菌不易产生抗药性。

适用作物防控对象及使用技术

葡萄霜霉病 先于葡萄花蕾期和落花后各喷药1次，有效防控幼果穗受害；然后从叶片上初见霜霉病病斑时立即开始继续喷药，10天左右1次，与不同类型药剂交替使用，直到生长后期，中早熟品种果实采收后仍需喷药1～2次。噁霜·锰锌一般使用64％可湿性粉剂600～800倍液均匀喷雾。

苹果树、梨树的疫腐病 防控树干茎基部受害时，一般使用64％可湿性粉剂300～400倍液喷淋用药，或使用64％可湿性粉剂100～150倍液喷涂茎基部。防控不套袋的果实受害时，多从果园内初见病果时立即开始喷药，10天左右1次，连喷1～2次，重点喷洒树冠中下部果实及地面，一般使用64％可湿性粉剂600～800倍液喷雾。

荔枝霜疫霉病 在花蕾期、幼果期、果实膨大期、果实转色期各喷药1次。一般使用64％可湿性粉剂500～700倍液均匀喷雾。

黄瓜、甜瓜、哈密瓜等瓜类霜霉病 从田间初见霜霉病病斑时开始喷药，10天左右1次，与不同类型药剂交替使用，连续喷施到生长后期，重点喷洒叶片背面。噁霜·锰锌一般每亩次使用64％可湿性粉剂150～200克，对水60～75千克均匀喷雾。

黄瓜、甜瓜、哈密瓜、西瓜等瓜类疫腐病 防控茎基部受害时，从田间初见病株时开始用药液浇灌或喷淋植株茎基部及其周围土壤，10～15 天后再用药 1 次，一般使用 64%可湿性粉剂 500～600 倍液浇灌或喷淋，每株淋灌药液 150～200 毫升。防控瓜果受害时，从田间初见病瓜时开始喷药，7～10 天 1 次，连喷 1～2 次，一般使用 64%可湿性粉剂 600～700 倍液喷雾。

番茄晚疫病、褐腐病　从病害发生初期或田间初见病斑时开始喷药，7～10 天 1 次，与不同类型药剂交替使用，连喷 3～5 次。噁霜·锰锌一般每亩次使用 64%可湿性粉剂 120～150 克，对水 45～60 千克均匀喷雾。

辣椒、茄子的绵疫病、疫病　防控绵疫病时，从病害发生初期或处雨露潮湿等高湿环境下开始喷药，7～10 天 1 次，连喷 1～2 次，重点喷洒植株中下部，一般使用 64%可湿性粉剂 600～800 倍液喷雾。防控茎基部疫病时，从田间初见病株时开始用药液浇灌或喷淋植株茎基部及其周围土壤，10～15 天后再用药 1 次，一般使用 64%可湿性粉剂 500～600 倍液浇灌或喷淋，每株淋灌药液 150～200 毫升。

马铃薯晚疫病　从田间初见病斑时或植株现蕾期开始喷药，10 天左右 1 次，与不同类型药剂交替使用，直到生长后期。噁霜·锰锌一般每亩次使用 64%可湿性粉剂 120～150 克，对水 60～75 千克均匀喷雾。

十字花科蔬菜霜霉病　从病害发生初期开始喷药，7～10 天 1 次，连喷 2 次左右，重点喷洒叶片背面。一般每亩次使用 64%可湿性粉剂 70～100 克，对水 30～45 千克均匀喷雾。

瓜果蔬菜苗期的苗疫病、猝倒病　播种后出苗前或苗床上初见病株时开始用药，5～7 天 1 次，连用 1～2 次。一般使用 64%可湿性粉剂 500～600 倍液喷淋苗床。

烟草黑胫病　从田间初见病株时开始喷药，10 天左右 1 次，连喷 2～3 次，重点喷洒植株茎部的中下部及茎基部周围土壤。一般每亩次使用 64%可湿性粉剂 150～200 克，对水 45～60 千克均匀喷雾或喷淋。

注意事项　噁霜·锰锌不能与碱性药剂、强酸性药剂及含铜药剂混用。连续喷药时，注意与不同类型药剂交替使用。

噁酮·霜脲氰

有效成分 噁唑菌酮（famoxadone）＋霜脲氰（cymoxanil）。

主要含量与剂型 40%（17%＋23%）悬浮剂，52.5%（22.5%＋30%）水分散粒剂。括号内有效成分含量均为噁唑菌酮的含量加霜脲氰的含量。

产品特点 噁酮·霜脲氰是由噁唑菌酮（噁唑烷酮类）与霜脲氰（酰胺脲类）按一定比例混配的一种内吸治疗性低毒复合杀菌剂，专用于防控低等真菌性病害，兼有保护和治疗作用，对病害发生的全过程均有很好的防控效果。混剂耐雨水冲刷，持效期较长，使用安全，喷施后植物表面没有明显药斑残留；既能通过抑制线粒体的电子传递而阻碍能量供应，又能抑制病菌细胞膜形成，所以病菌不易产生抗药性。

适用作物防控对象及使用技术

葡萄霜霉病　先于葡萄花蕾期和落花后各喷药1次，有效预防幼果穗受害；然后从叶片上初见霜霉病病斑时立即开始连续喷药，10天左右1次，与不同类型药剂交替使用，直到生长后期或雨露雾高湿环境不再出现时。噁酮·霜脲氰一般使用52.5%水分散粒剂2 000～2 500倍液，或40%悬浮剂1 500～2 000倍液喷雾，防控叶片受害时重点喷洒叶片背面。

苹果、梨的疫腐病　适用于不套袋的苹果或梨。从果园内初见病果时立即开始喷药，10天左右1次，连喷1～2次，重点喷洒树冠中下部果实及地面。噁酮·霜脲氰喷施倍数同“葡萄霜霉病”。

荔枝霜疫霉病　在花蕾期、幼果期、果实膨大期、果实转色期各喷药1次，注意与不同类型药剂交替使用。噁酮·霜脲氰一般使用52.5%水分散粒剂1 500～2 500倍液，或40%悬浮剂1 200～1 800倍液均匀喷雾。

柑橘疫霉褐腐病　从果园内初见病果时开始喷药，7～10天1次，连喷1～2次，重点喷洒树冠中下部。噁酮·霜脲氰喷施倍数同“荔枝霜疫霉病”。

黄瓜、甜瓜、哈密瓜、苦瓜等瓜类霜霉病　从初见霜霉病病斑时立即开始喷药，7～10 天 1 次，与不同类型药剂交替使用，直到生长后期。噁酮·霜脲氰一般每亩次使用 52.5％水分散粒剂 30～40 克或 40％悬浮剂 40～50 毫升，对水 45～60 千克均匀喷雾，注意喷洒叶片背面。

番茄晚疫病、早疫病　从病害发生初期开始喷药，7～10 天 1 次，与不同类型药剂交替使用，连喷 4～6 次。噁酮·霜脲氰喷施剂量同“黄瓜霜霉病”。

辣椒疫病　从病害发生初期开始喷药，7～10 天 1 次，与不同类型药剂交替使用，连喷 2～4 次，重点喷洒植株茎基部及其周围土壤。噁酮·霜脲氰喷施剂量同“黄瓜霜霉病”。

十字花科蔬菜霜霉病　从病害发生初期或田间初见病斑时开始喷药，7～10 天 1 次，连喷 2 次左右，重点喷洒叶片背面。一般每亩次使用 52.5％水分散粒剂 20～30 克或 40％悬浮剂 30～40 毫升，对水 30～45 千克均匀喷雾。

烟草黑胫病　从田间初见病株时开始喷药，7～10 天 1 次，连喷 2～3 次，重点喷洒植株中下部的茎部及其周围土壤。一般每亩次使用 52.5％水分散粒剂 30～40 克或 40％悬浮剂 40～50 毫升，对水 45～60 千克喷雾或喷淋。

马铃薯晚疫病　从田间初见病斑时或植株现蕾期开始喷药，10 天左右 1 次，与不同类型药剂交替使用，直到生长后期。噁酮·霜脲氰一般每亩次使用 52.5％水分散粒剂 30～40 克或 40％悬浮剂 40～50 毫升，对水 60～75 千克均匀喷雾。

注意事项　噁酮·霜脲氰不能与碱性药剂及肥料混用。连续喷药时，注意与不同类型药剂交替使用。喷药时应均匀周到，从发病前或发病初期开始喷药效果最好。

氟吡菌胺·烯酰吗啉

有效成分　氟吡菌胺（fluopicolide）＋烯酰吗啉（dimethomorph）。

主要含量与剂型　36％（6％＋30％）、40％（10％＋30％）悬浮剂。括号内有效成分含量均为氟吡菌胺的含量加烯酰吗啉的含量。

产品特点 氟吡菌胺·烯酰吗啉又称烯酰·氟吡菌，是由氟吡菌胺（苯甲酰胺类）与烯酰吗啉（肉桂酰胺类）按一定比例科学混配的一种内吸治疗性高效低毒复合杀菌剂，专用于防控卵菌类真菌病害，具有保护和治疗双重作用。药剂渗透内吸性强，耐雨水冲刷，杀菌活性高，持效期较长，对卵菌类病菌各生活史形态均有较好的抑制作用，施药适期长。两种杀菌作用机理，既能作用于病菌细胞膜与细胞间的特异性蛋白，又能抑制磷脂生物合成及细胞壁形成，病菌不易产生抗药性。

适用作物防控对象及使用技术

葡萄霜霉病 先于花蕾期、落花后各喷药1次，有效防控葡萄幼穗受害；然后从叶片上初显霜霉病病斑时立即开始连续喷药，10天左右1次，与不同类型药剂交替使用，直到生长后期，中早熟品种葡萄采收后仍需喷药1～2次。氟吡菌胺·烯酰吗啉一般使用36%悬浮剂1 200～1 500倍液，或40%悬浮剂1 500～2 000倍液均匀喷雾。

荔枝霜疫霉病 在花蕾期、幼果期、果实膨大期、果实转色期各喷药1次，注意与不同类型药剂交替使用。氟吡菌胺·烯酰吗啉喷施倍数同“葡萄霜霉病”。

番茄晚疫病 从病害发生初期开始喷药，7～10天1次，与不同类型药剂交替使用，连喷3～5次。氟吡菌胺·烯酰吗啉一般每亩次使用36%悬浮剂50～70毫升或40%悬浮剂40～50毫升，对水45～60千克均匀喷雾。

辣椒疫病 从病害发生初期或田间初见病株时开始喷淋用药，重点喷洒植株茎基部及其周围土壤，10～15天1次，连喷1～2次。氟吡菌胺·烯酰吗啉喷施剂量同“番茄晚疫病”。

黄瓜霜霉病 从病害发生初期或叶片上初见霜霉病病斑时立即开始喷药，7～10天1次，与不同类型药剂交替使用，直到生长后期。氟吡菌胺·烯酰吗啉一般每亩次使用36%悬浮剂40～70毫升或40%悬浮剂30～50毫升，对水45～60千克均匀喷雾，注意喷洒叶片背面。

甜瓜、哈密瓜霜霉病 从病害发生初期开始喷药，7～10天1次，与不同类型药剂交替使用，连喷3～5次。氟吡菌胺·烯酰

吗啉喷施剂量同“黄瓜霜霉病”。

西瓜疫病 从病害发生初期开始喷药，7～10 天 1 次，连喷 2～3 次。氟吡菌胺·烯酰吗啉喷施剂量同“黄瓜霜霉病”。

大白菜霜霉病 从病害发生初期开始喷药，7～10 天 1 次，连喷 1～2 次，注意喷洒叶片背面。氟吡菌胺·烯酰吗啉一般每亩次使用 36%悬浮剂 30～40 毫升或 40%悬浮剂 25～30 毫升，对水 30～45 千克均匀喷雾。

洋葱疫病 从病害发生初期开始喷药，7～10 天 1 次，连喷 2 次左右。氟吡菌胺·烯酰吗啉喷施剂量同“大白菜霜霉病”。

马铃薯晚疫病 从病害发生初期或植株现蕾期开始喷药，7～10 天 1 次，与不同类型药剂交替使用，直到生长后期。氟吡菌胺·烯酰吗啉一般每亩次使用 36%悬浮剂 50～70 毫升或 40%悬浮剂 40～60 毫升，对水 60～75 千克均匀喷雾。

注意事项 氟吡菌胺·烯酰吗啉不能与碱性药剂或肥料混用。连续喷药时，注意与不同类型药剂交替使用。

氟环·嘧菌酯

有效成分 氟环唑（epoxiconazole）＋嘧菌酯（azoxystrobin）。

主要含量与剂型 28%（8%＋20%）、30%（15%＋15%）、32%（12%＋20%）、35%（15%＋20%；30%＋5%）、45%（15%＋30%）、50%（25%＋25%）悬浮剂，70%（35%＋35%）水分散粒剂。括号内有效成分含量均为氟环唑的含量加嘧菌酯的含量。

产品特点 氟环·嘧菌酯是由氟环唑（三唑类）与嘧菌酯（甲氧基丙烯酸酯类）按一定比例科学混配的一种高效广谱低毒复合杀菌剂，兼具保护和治疗双重作用，杀菌活性较高，持效期较长，耐雨水冲刷。两种杀菌作用机理，既能抑制病菌细胞膜形成，又能抑制线粒体呼吸、阻碍病菌能量供应，是病害综合治理的一种有效方法。

适用作物防控对象及使用技术

葡萄白粉病、褐斑病、炭疽病 防控白粉病、褐斑病时，从病害发生初期开始喷药，10～15 天 1 次，连喷 2～3 次；防控炭疽病时，套袋葡萄套袋前喷药 1 次即可，不套袋葡萄从果粒膨大中期开始喷药，10～15 天 1 次，与不同类型药剂交替使用，连喷 2～4 次。氟环·嘧菌酯一般使用 28%悬浮剂 1 000～1 200 倍液，或 30%悬浮剂或 32%悬浮剂或 35%（15%＋20%）悬浮剂 1 500～2 000 倍液，或 35%（30%＋5%）悬浮剂 2 500～3 000 倍液，或 45%悬浮剂 2 000～2 500 倍液，或 50%悬浮剂 2 000～3 000 倍液，或 70%水分散粒剂 3 500～4 000 倍液均匀喷雾。

香蕉叶斑病、黑星病　从病害发生初期开始喷药，半月左右 1 次，与不同类型药剂交替使用，连喷 3～5 次。氟环·嘧菌酯一般使用 28%悬浮剂 1 000～1 200 倍液，或 30%悬浮剂或 32%悬浮剂或 35%（15%＋20%）悬浮剂 1 200～1 500 倍液，或 35%（30%＋5%）悬浮剂 1 500～2 000 倍液，或 45%悬浮剂 2 000～2 500 倍液，或 50%悬浮剂 2 500～3 000 倍液，或 70%水分散粒剂 3 000～3 500 倍液均匀喷雾。

水稻纹枯病、稻曲病、稻瘟病　防控纹枯病时，从病害发生初期开始喷药，10～15 天 1 次，连喷 2～3 次，或在分蘖末期至拔节期、孕穗期至破口期各喷药 1 次；防控稻曲病时，在破口前 5～7 天和齐穗初期各喷药 1 次；防控叶瘟时，在田间出现中心病株时或出现急性病斑时开始喷药，7～10 天 1 次，连喷 1～2 次；防控穗颈瘟时，在破口期和齐穗初期各喷药 1 次。连续喷药时，注意与不同类型药剂交替使用。氟环·嘧菌酯一般每亩次使用 28%悬浮剂 45～60 毫升，或 30%悬浮剂或 32%悬浮剂或 35%（15%＋20%）悬浮剂 35～45 毫升，或 35%（30%＋5%）悬浮剂 25～30 毫升，或 45%悬浮剂 30～40 毫升，或 50%悬浮剂 25～35 毫升，或 70%水分散粒剂 20～25 克，对水 30～45 千克均匀喷雾。

小麦锈病　从病害发生初期开始喷药，10～15 天 1 次，连喷 2 次左右。氟环·嘧菌酯喷施剂量同“水稻纹枯病”。

玉米叶斑病、锈病　从病害发生初期开始喷药，10～15 天 1 次，连喷 2 次左右。氟环·嘧菌酯喷施剂量同“水稻纹枯病”，当植株较高时应适当增加喷药剂量。

注意事项　氟环·嘧菌酯不能与碱性药剂及肥料混用，也不能与乳油类药剂及有机硅类助剂混用。苹果树、樱桃树对本剂较敏感，切勿在上述树体上使用；在邻近苹果树和樱桃树的作物上喷施时，应避免药液飘移至上述树体上。本剂生产企业较多，配方比例差异较大，具体选用时应以其标签说明为准。

氟菌·霜霉威

有效成分 氟吡菌胺（fluopicolide）＋霜霉威盐酸盐（propamocarb hydrochloride）。

主要含量与剂型 70%（7%＋63%）、687.5 克/升（62.5 克/升＋625 克/升）悬浮剂。括号内有效成分含量均为氟吡菌胺的含量加霜霉威盐酸盐的含量。

产品特点 氟菌·霜霉威是由氟吡菌胺（苯甲酰胺类）与霜霉威盐酸盐（氨基甲酸酯类）按科学比例混配的一种内吸治疗性低毒复合杀菌剂，专用于防控低等真菌性病害，具有预防保护和内吸治疗作用，耐雨水冲刷，使用安全，持效期较长，并具有刺激生长、增强作物活力、促进生根和开花的作用。特别适合在阴雨季节用药，施药后 1 小时下雨，基本不影响药效。该药渗透传导性好，叶基用药，能迅速传导到叶尖，有利于对新叶的保护；叶片正面用药，快速向背面穿透，并迅速形成药膜；植株下部用药，可迅速向上传导扩散，有利于植株的全面保护。在卵菌病害发生的各个阶段用药都能获得较好的防控效果，既能有效抑制孢子囊的产生与萌发，又可抑制游动孢子的释放、移动及萌发，还可抑制菌丝生长及有性交配等。两种杀菌作用机理，既作用于病菌细胞膜与细胞间的特异性蛋白，又能通过抑制磷脂和脂肪酸的生物合成而阻碍细胞膜形成，使病菌不易产生抗药性。

适用作物防控对象及使用技术

葡萄霜霉病 先于葡萄花蕾期和落花后各喷药 1 次，有效防控霜霉病为害幼穗；然后从叶片上初见霜霉病病斑时立即开始连续喷药，10 天左右 1 次，与不同类型药剂交替使用，直到生长后期（中早熟葡萄品种采收后仍需喷药 1～2 次）。氟菌·霜霉威一般使用 687.5 克/升悬浮剂或 70%悬浮剂 600～800 倍液均匀喷雾。

黄瓜、甜瓜、哈密瓜、苦瓜等瓜类霜霉病　从病害发生初期或叶片上初见霜霉病病斑时立即开始喷药，7～10 天 1 次，与不同类型药剂交替使用，直到生长后期，重点喷洒叶片背面。氟菌·霜霉威一般每亩次使用 687.5 克/升悬浮剂或 70%悬浮剂 60～80 毫升，对水 45～60 千克均匀喷雾。

西瓜、甜瓜疫病　从病害发生初期或田间初见病瓜时立即开始喷药，7～10 天 1 次，连喷 1～2 次，重点喷洒瓜果。氟菌·霜霉威喷施剂量同“黄瓜霜霉病”。

番茄晚疫病　从病害发生初期开始喷药，7～10 天 1 次，与不同类型药剂交替使用，连喷 3～5 次。氟菌·霜霉威喷施剂量同“黄瓜霜霉病”。

黄瓜、甜瓜、哈密瓜、苦瓜、西葫芦、番茄、辣椒、茄子等瓜果类蔬菜的茎基部疫病　从田间初见病株时立即开始喷药，7～10 天 1 次，连喷 1～2 次，重点喷洒植株中下部的茎部及茎基部周围土壤。氟菌·霜霉威一般使用 687.5 克/升悬浮剂或 70%悬浮剂 500～600 倍液喷淋植株茎基部及其周围土壤，适当加大喷洒药液量效果较好。

瓜果类蔬菜苗床的苗疫病、猝倒病　播种后出苗前或苗床上初见病株时立即开始用药，5～7 天 1 次，连续 1～2 次。一般使用 687.5 克/升悬浮剂或 70%悬浮剂 500～600 倍液均匀喷淋苗床。

十字花科蔬菜霜霉病　从病害发生初期开始喷药，7～10 天 1 次，连喷 2 次左右，重点喷洒叶片背面。氟菌·霜霉威一般每亩次使用 687.5 克/升悬浮剂或 70%悬浮剂 50～60 毫升，对水 30～45 千克均匀喷雾。

洋葱疫病　从病害发生初期开始喷药，7～10 天 1 次，连喷 2 次左右。一般每亩次使用 687.5 克/升悬浮剂或 70%悬浮剂 80～100 毫升，对水 60～75 千克均匀喷雾或喷淋。

马铃薯晚疫病　从病害发生初期或植株现蕾期开始喷药，10 天左右 1 次，与不同类型药剂交替使用，直到生长后期。氟菌·霜霉威一般每亩次使用 687.5 克/升悬浮剂或 70%悬浮剂 75～100 毫升，对水 60～75 千克均匀喷雾。

烟草黑胫病　从田间初见病株时立即开始喷药，7～10 天1 次，连喷 2～3 次，重点喷洒植株中下部的茎部及茎基部周围土壤。一般使用 687.5 克/升悬浮剂或 70%悬浮剂 500～700 倍液喷雾或喷淋。

注意事项 氟菌·霜霉威不能与碱性药剂及肥料混用，也不要与液体肥料或植物生长调节剂混用。连续喷药时，注意与不同类型药剂交替使用，以延缓病菌产生抗药性。

氟菌·肟菌酯

有效成分 氟吡菌酰胺（fluopyram）＋肟菌酯（trifloxystrobin）。

主要含量与剂型 43%（21.5%氟吡菌酰胺＋21.5%肟菌酯）悬浮剂。

产品特点 氟菌·肟菌酯是由氟吡菌酰胺（吡啶乙基苯酰胺类）与肟菌酯（甲氧基丙烯酸酯类）按科学比例混配的一种广谱高效低毒复合杀菌剂，具有较强的保护作用和一定的治疗作用，杀菌活性高，内吸性较强，持效期较长，使用安全。两种有效成分虽然均影响病菌能量代谢，但作用位点及过程不同，优势互补，协同增效，病菌不易产生抗药性。

适用作物防控对象及使用技术

草莓白粉病、灰霉病 从病害发生初期开始喷药，10 天左右 1 次，与不同类型药剂交替使用，连喷 3～5 次。氟菌·肟菌酯一般每亩次使用 43%悬浮剂 20～30 毫升，对水 30～45 千克均匀喷雾。

葡萄黑痘病、灰霉病、白腐病 防控黑痘病时，在葡萄花蕾期、落花 80%和落花后 10 天左右各喷药 1 次，兼防灰霉病为害幼穗。防控灰霉病为害成穗时，套袋葡萄在套袋前喷药 1 次即可，兼防白腐病；不套袋葡萄在近成熟期果穗上初见灰霉病发生时立即开始喷药，10 天左右 1 次，连喷 1～2 次。防控不套袋葡萄白腐病时，多从果粒膨大后期或转色初期开始喷药，10 天左右 1 次，与不同类型药剂交替使用，直到采收前 1 周左右。氟菌·肟菌酯一般使用 43%悬浮剂 2 000～3 000 倍液均匀喷雾。

黄瓜靶斑病、白粉病、炭疽病 从病害发生初期开始喷药，

7～10 天 1 次，与相应治疗性药剂交替使用，连喷 2～4 次。氟菌·肟菌酯一般每亩次使用 43%悬浮剂 15～25 毫升，对水 45～60 千克均匀喷雾。

西瓜、黄瓜、甜瓜的蔓枯病　从病害发生初期或田间初见病株时立即开始喷药，7～10 天 1 次，连喷 2 次左右。一般每亩次使用 43%悬浮剂 15～25 毫升，对水 30～45 千克喷洒枝蔓及病斑处。

番茄灰霉病、叶霉病、早疫病　从病害发生初期开始喷药，7～10 天 1 次，与相应不同类型药剂交替使用，连喷 2～4 次。氟菌·肟菌酯一般每亩次使用 43%悬浮剂 30～45 毫升，对水 45～60 千克均匀喷雾。

辣椒炭疽病　从病害发生初期开始喷药，7～10 天 1 次，与不同类型药剂交替使用，连喷 2～3 次。氟菌·肟菌酯一般每亩次使用 43%悬浮剂 20～30 毫升，对水 45～60 千克均匀喷雾。

洋葱、大葱的紫斑病　从病害发生初期开始喷药，7～10 天 1 次，连喷 2 次左右。一般每亩次使用 43%悬浮剂 20～30 毫升，对水 30～45 千克均匀喷雾。

注意事项　氟菌·肟菌酯不能与碱性药剂及肥料混用。连续喷药时，注意与不同类型药剂交替使用。

己唑·醚菌酯

有效成分　己唑醇（hexaconazole）＋醚菌酯（kresoxim-methyl）。

主要含量与剂型　30%（5%＋25%）、32%（8%＋24%）、35%（10%＋25%）、40%（25%＋15%）悬浮剂。括号内有效成分含量均为己唑醇的含量加醚菌酯的含量。

产品特点　己唑·醚菌酯是由己唑醇（三唑类）与醚菌酯（甲氧基丙烯酸酯类）按一定比例科学混配的一种高效低毒复合杀菌剂，具有预防保护和内吸治疗作用，持效期较长，正常使用对作物安全。两种杀菌机理，既能抑制病菌细胞膜形成，又能阻碍病菌能量代谢过程，作用互补，协同增效，能有效延缓病菌产生抗药性。

适用作物防控对象及使用技术

苹果树斑点落叶病、褐斑病、白粉病、锈病、黑星病　防控斑点落叶病时，在春梢生长期内和秋梢生长期内各喷药 2 次，间隔期 10～15 天；防控褐斑病时，多从落花后 1 个月左右或病害发生初期或套袋前开始喷药，10～15 天 1 次，连喷 4～6 次；防控白粉病、锈病时，在花序分离期、落花 80%时、落花后 10～15 天各喷药 1 次，往年白粉病较重果园，再于 8、9 月份的花芽分化期增加喷药 1～2 次（防控白粉病菌侵染芽）；防控黑星病时，从病害发生初期或初见病叶或病果时开始喷药，10～15 天 1 次，连喷 2～3 次。连续喷药时，注意与不同类型药剂交替使用。己唑·醚菌酯一般使用 30%悬浮剂 1 200～1 500 倍液，或 32%悬浮剂 1 500～2 000 倍液，或 35%悬浮剂 2 000～2 500 倍液，或 40%悬浮剂 5 000～6 000 倍液均匀喷雾。

梨树黑星病、黑斑病、白粉病、锈病　先于花序分离期和落花后各喷药 1 次，有效防控锈病，兼防黑星病早期发生；然后从落花后 10～15 天或初见黑星病病叶或病果时开始连续喷药，10～15 天 1 次，与不同类型药剂交替使用，直到生长后期。己唑·醚菌酯喷施倍数同“苹果树斑点落叶病”。

葡萄白粉病、褐斑病　从病害发生初期开始喷药，10～15 天 1 次，连喷 2～3 次。己唑·醚菌酯喷施倍数同“苹果树斑点落叶病”。

香蕉叶斑病、黑星病　从病害发生初期开始喷药，10～15 天 1 次，与不同类型药剂交替使用，连喷 3～5 次。己唑·醚菌酯喷施倍数同“苹果树斑点落叶病”。

黄瓜白粉病、炭疽病　从病害发生初期开始喷药，7～10 天 1 次，与不同类型药剂交替使用，连喷 2～4 次。己唑·醚菌酯一般每亩次使用 30%悬浮剂 30～40 毫升，或 32%悬浮剂 25～35 毫升，或 35%悬浮剂 15～20 毫升，或 40%悬浮剂 8～10 毫升，对水 45～60 千克均匀喷雾。

番茄早疫病　从病害发生初期开始喷药，10～15 天 1 次，连喷 2～3 次。己唑·醚菌酯喷施剂量同“黄瓜白粉病”。

小麦白粉病、锈病　从病害发生初期开始喷药，10～15 天 1 次，连喷 2 次左右。一般每亩次使用 30%悬浮剂 25～30 毫升，或 32%悬浮剂 15～20 毫升，或 35%悬浮剂 10～15 毫升，或 40%

悬浮剂 6～8 毫升，对水 30～45 千克均匀喷雾。

玉米锈病、叶斑病　从病害发生初期开始喷药，10～15 天 1 次，连喷 1～2 次。已唑·醚菌酯喷施剂量同“小麦白粉病”。

花生叶斑病、锈病　从病害发生初期或开花下针期开始喷药，10～15 天 1 次，连喷 2～3 次。已唑·醚菌酯喷施剂量同“小麦白粉病”。

注意事项　已唑·醚菌酯不能与碱性药剂及肥料混用。连续喷药时，注意与不同类型药剂交替使用。具体用药时，不要随意加大药量，以免造成药害。

甲硫·戊唑醇

有效成分　甲基硫菌灵（thiophanate - methyl）＋ 戊唑醇（tebuconazole）。

主要含量与剂型　25%（20%＋5%）、30%（25%＋5%）、35%（25%＋10%）、41%（34.2%＋6.8%）、43%（30%＋13%）、48%（36%＋12%）、50%（40%＋10%）悬浮剂，48%（38%＋10%）、55%（45%＋10%）、60%（50%＋10%）、80%（72%＋8%）可湿性粉剂，60%（50%＋10%）、80%（72%＋8%）水分散粒剂。括号内有效成分含量均为甲基硫菌灵的含量加戊唑醇的含量。

产品特点　甲硫·戊唑醇是由甲基硫菌灵（取代苯类）与戊唑醇（三唑类）按一定比例混配的一种内吸性广谱低毒复合杀菌剂，对多种高等真菌性病害均有预防保护和内吸治疗双重活性，持效期较长；两种有效成分协同增效，优势互补，既能阻碍病菌呼吸代谢过程，又能抑制病菌细胞分裂，还可抑制病菌细胞膜形成，防病范围更广，防效更好，且病菌不宜产生抗药性。

适用作物防控对象及使用技术

苹果树、梨树的腐烂病、枝干轮纹病　预防病害发生时，一般果园在早春发芽前喷洒 1 次干枝；病害发生较严重果区，还可在 7～9 月用药剂喷涂枝干 1 次。治疗腐烂病病斑时，刮治病斑后于病疤表面涂药，1 个月后再涂 1 次效果更好；治疗枝干轮纹病时，轻刮病瘤后表面涂药。早春喷洒枝干时，一般使用25%悬浮剂100～150倍液，或30%悬浮剂150～200倍液，或35%悬浮剂350～400倍液，或41%悬浮剂300～400倍液，或43%悬浮剂或48%悬浮剂或50%悬浮剂500～600倍液，或48%可湿性粉剂400～500倍液，或55%可湿性粉剂或60%可湿性粉剂或60%水分散粒剂或80%可湿性粉剂或80%水分散粒剂500～600倍液均匀喷雾；生长期喷涂枝干时，药剂喷涂倍数同上述。刮治病斑后涂药时，一般使用25%悬浮剂10～15倍液，或30%悬浮剂15～20倍液，或35%悬浮剂或41%悬浮剂30～40倍液，或43%悬浮剂或48%悬浮剂或50%悬浮剂60～70倍液，或48%可湿性粉剂50～60倍液，或55%可湿性粉剂或60%可湿性粉剂或60%水分散粒剂或80%可湿性粉剂或80%水分散粒剂60～80倍液涂抹病疤。

苹果树轮纹病、炭疽病、套袋果斑点病、斑点落叶病、褐斑病、黑星病、白粉病　防控轮纹病、炭疽病、套袋果斑点病时，多从苹果落花后7～10天开始喷药，10天左右1次，连喷3次药后套袋（套袋后停止喷药）；不套袋苹果需继续喷药4～6次，间隔期10～15天。防控斑点落叶病时，在春梢生长期内和秋梢生长期内各喷药2次左右，间隔期10～15天。防控褐斑病时，多从落花后1个月左右或初见褐斑病病叶时或套袋前开始喷药，10～15天1次，连喷4～6次。防控黑星病时，从病害发生初期或初见病叶或病果时开始喷药，10～15天1次，连喷2～3次。防控白粉病时，一般果园在花序分离期、落花80%和落花后10天左右各喷药1次即可；往年病害发生严重果园，在8、9月份的花芽分化期再增加喷药1～2次。具体喷药时，注意与不同类型药剂交替使用。甲硫·戊唑醇一般使用25%悬浮剂350～400倍液，或30%悬浮剂400～500倍液，或35%悬浮剂或48%可湿性粉剂800～1 000倍液，或41%悬浮剂700～800倍液，或43%悬浮剂或48%悬浮剂或50%悬浮剂或55%可湿性粉剂或60%可湿性粉剂或60%水分散粒剂或80%可湿性粉剂或80%水分散粒剂1 000～1 200倍液均匀喷雾。

梨树黑星病、轮纹病、炭疽病、套袋果黑点病、黑斑病、褐斑病、白粉病　以防控黑星病为主导，兼防其他病害即可。一般果园从梨树落花后即开始喷药，10～15 天 1 次，与不同类型药剂交替使用，直到生长后期；中早熟品种果实采收后仍需喷药 1～2 次。防控套袋果黑点病时，套袋前 5～7 天内喷药是该病的防控关键；防控白粉病时，应重点喷洒叶片背面。甲硫・戊唑醇喷施倍数同“苹果树轮纹病”。

葡萄黑痘病、炭疽病、白腐病、溃疡病、褐斑病、白粉病　防控黑痘病时，在葡萄花蕾期、落花 80%及落花后 10 天左右各喷药 1 次。防控炭疽病、白腐病、溃疡病时，套袋葡萄在套袋前喷药 1 次即可；不套袋葡萄需从果粒膨大中期开始喷药，10 天左右 1 次，直到采收前 1 周左右。防控褐斑病、白粉病时，从病害发生初期开始喷药，10～15 天 1 次，连喷 2～4 次。连续喷药时，注意与不同类型药剂交替使用。甲硫・戊唑醇喷施倍数同“苹果树轮纹病”。

枣树褐斑病、轮纹病、炭疽病、锈病　先于开花前喷药 1 次，有效防控褐斑病的早期为害；然后从枣果坐住后半月左右开始连续喷药，10～15 天 1 次，与不同类型药剂交替使用，连喷 5～7 次。甲硫・戊唑醇喷施倍数同“苹果树轮纹病”。

桃树缩叶病、黑星病、炭疽病、真菌性穿孔病、锈病　防控缩叶病时，在花芽露红期和落花后各喷药 1 次即可。防控黑星病时，毛桃类从落花后 20 天左右开始喷药，油桃类从落花后 10 天左右开始喷药，10～15 天 1 次，连喷 2～4 次；如往年黑星病发生较重，需连续喷药到采收前 1 个月（套袋桃套袋后停止喷药）。防控炭疽病时，在防控黑星病的基础上继续喷药，到采收前 1 周左右结束（套袋桃套袋后停止喷药）。防控真菌性穿孔病时，从病害发生初期开始喷药，10～15 天 1 次，连喷 2～4 次。防控锈病时，从病害发生初期开始喷药，10～15 天 1 次，连喷 2 次左右。连续喷药时，注意与不同类型药剂交替使用。甲硫・戊唑醇喷施倍数同“苹果树轮纹病”。

李树红点病、炭疽病、真菌性穿孔病　防控红点病时，从叶片展开期开始喷药，10～15 天 1 次，连喷 3～5 次；防控炭疽病时，从落花后半月左右开始喷药，10～15 天 1 次，连喷 2～4 次；防控真菌性穿孔病时，从病害发生初期开始喷药，10～15 天 1 次，连喷2～3次。连续喷药时，注意与不同类型药剂交替使用。甲硫·戊唑醇喷施倍数同“苹果树轮纹病”。

柿树炭疽病、圆斑病、角斑病、黑星病　北方柿产区，多从落花后20天左右开始喷药，10～15天1次，连喷2～3次；南方柿产区病害发生较重果园，先于开花前喷药1次，然后从落花后10天左右开始连续喷药，10～15天1次，与不同类型药剂交替使用，连喷4～6次。甲硫·戊唑醇喷施倍数同“苹果树轮纹病”。

核桃炭疽病　多从核桃果实膨大中期开始喷药，10～15天1次，连喷2～4次。甲硫·戊唑醇喷施倍数同“苹果树轮纹病”。

板栗炭疽病　多从栗蓬膨大中期或病害发生初期开始喷药，10～15天1次，连喷1～2次。甲硫·戊唑醇喷施倍数同“苹果树轮纹病”。

山楂锈病、白粉病、叶斑病　防控锈病、白粉病时，在花序分离期、落花后及落花后10～15天各喷药1次即可；防控叶斑病时，从病害发生初期开始喷药，10～15天1次，连喷2～4次。连续喷药时，注意与不同类型药剂交替使用。甲硫·戊唑醇喷施倍数同“苹果树轮纹病”。

草莓炭疽病、蛇眼病　主要应用于育秧田。从病害发生初期开始喷药，10～15天1次，与不同类型药剂交替使用，连喷3～5次。甲硫·戊唑醇喷施倍数同“苹果树轮纹病”。

石榴炭疽病、褐斑病、麻皮病　一般果园在开花前、落花后、幼果期、套袋前、套袋后及套袋后10～15天各喷药1次即可；中后期多雨潮湿时，需增加喷药1～2次。甲硫·戊唑醇喷施倍数同“苹果树轮纹病”。连续喷药时，注意与不同类型药剂交替使用。

花椒锈病　从病害发生初期开始喷药，10～15天1次，与不同类型药剂交替使用，连喷2～5次。甲硫·戊唑醇喷施倍数同“苹果树轮纹病”。

柑橘树疮痂病、炭疽病、黑星病　在春梢萌发初期、春梢转绿期、落花2/3、落花后15天左右、落花1个月左右、夏梢抽生初期、夏梢转绿期、秋梢抽生初期、秋梢转绿期各喷药1次，连续喷药时注意与不同类型药剂交替使用。甲硫·戊唑醇喷施倍数同“苹果树轮纹病”。

杧果炭疽病、白粉病　在花序伸长期、开花初期及小幼果期各喷药1次；往年成果炭疽病较重的果园果实膨大期再喷药2～3次，间隔期10～15天。甲硫·戊唑醇喷施倍数同“苹果树轮纹病”。

香蕉叶斑病、黑星病　从病害发生初期开始喷药，10～15天1次，与不同类型药剂交替使用，连喷4～5次。甲硫·戊唑醇一般使用25%悬浮剂250～300倍液或30%悬浮剂300～400倍液，或35%悬浮剂或41%悬浮剂或48%可湿性粉剂500～600倍液，或43%悬浮剂或48%悬浮剂或50%悬浮剂800～1 000倍液，或55%可湿性粉剂或60%可湿性粉剂或60%水分散粒剂或80%可湿性粉剂或80%水分散粒剂600～800倍液均匀喷雾。

黄瓜、西瓜、甜瓜、苦瓜等瓜类炭疽病、叶斑病　在开始坐瓜后或坐住瓜后的病害发生初期开始喷用本剂，10天左右1次，与不同类型药剂交替使用，连喷2～4次。甲硫·戊唑醇一般每亩次使用25%悬浮剂或30%悬浮剂120～150毫升，或35%悬浮剂80～100毫升，或41%悬浮剂100～120毫升，或43%悬浮剂或48%悬浮剂或50%悬浮剂60～80毫升，或48%可湿性粉剂70～90克，或55%可湿性粉剂或60%可湿性粉剂或60%水分散粒剂或80%可湿性粉剂或80%水分散粒剂60～80克，对水45～60千克均匀喷雾。

辣椒炭疽病　从病害发生初期开始喷药，7～10天1次，连喷2～3次。甲硫·戊唑醇喷施剂量同“黄瓜炭疽病”。门椒坐住前慎用。

番茄早疫病、叶斑病　从病害发生初期开始喷药，7～10天1次，与不同类型药剂交替使用，连喷2～4次。甲硫·戊唑醇喷施剂量同“黄瓜炭疽病”。第一穗果坐住前慎用。

黄瓜、西瓜、甜瓜、苦瓜等瓜类枯萎病　从田间初见病株时开始用药液灌根，10～15天1次，连灌2次左右，每次每株浇灌药液250～300毫升。一般使用25%悬浮剂300～350倍液，或30%悬浮剂350～400倍液，或35%悬浮剂600～800倍液，或41%悬浮剂500～700倍液，或43%悬浮剂或48%悬浮剂或50%悬浮剂1 000～1 200倍液，或48%可湿性粉剂700～800倍液，或55%可湿性粉剂或60%可湿性粉剂或60%水分散粒剂或80%可湿性粉剂或 80%水分散粒剂 800～1 000 倍液灌根。

水稻纹枯病、稻瘟病、稻曲病　防控纹枯病时，在封行前喷药 1 次，孕穗期至齐穗期喷药 1～2 次。防控叶瘟病时，在田间出现发病中心时或出现急性病斑时开始喷药，7～10 天 1 次，连喷 1～2 次。防控穗颈瘟时，在破口期和齐穗初期各喷药 1 次。防控稻曲病时，在破口前 5～7 天和齐穗初期各喷药 1 次。甲硫·戊唑醇一般每亩次使用 25%悬浮剂 100～120 毫升，或 30%悬浮剂 80～100 毫升，或 35%悬浮剂或 41%悬浮剂 50～70 毫升，或 43%悬浮剂或 48%悬浮剂或 50%悬浮剂 40～50 毫升，或 48%可湿性粉剂 50～60 克，或 55%可湿性粉剂或 60%可湿性粉剂或 60%水分散粒剂或 80%可湿性粉剂或 80%水分散粒剂 40～50 克，对水 30～45 千克均匀喷雾。

小麦纹枯病、锈病、赤霉病　防控纹枯病时，拔节中期至抽穗期是用药关键期，从病害发生初期开始喷药，10～15 天 1 次，连喷 1～2 次；防控锈病时，从病害发生初期开始喷药，10 天左右 1 次，连喷 1～2 次；防控赤霉病时，在齐穗初期和扬花初期各喷药 1 次，往年病害严重田块扬花后再喷药 1 次。甲硫·戊唑醇喷施剂量同“水稻纹枯病”。

玉米大斑病、小斑病、黄斑病、灰斑病、纹枯病　从病害发生初期开始喷药，10～15 天 1 次，连喷 2 次左右。甲硫·戊唑醇喷施剂量同“水稻纹枯病”。玉米中后期植株高大时用药适当增加药量。

花生叶斑病、锈病　从病害发生初期或初花期开始喷药，10～15 天 1 次，连喷 2～3 次。一般每亩次使用 25%悬浮剂 100～120 毫升，或 30%悬浮剂 80～100 毫升，或 35%悬浮剂 40～50 毫升，或 41%悬浮剂 50～60 毫升，或 43%悬浮剂或 48%悬浮剂或 50%悬浮剂 30～40 毫升，或 48%可湿性粉剂或 55%可湿性粉剂或 60%可湿性粉剂或 60%水分散粒剂或 80%可湿性粉剂或 80%水分散粒剂 40～50 克，对水 30～45 千克均匀喷雾。

注意事项　甲硫·戊唑醇不能与碱性药剂及肥料混用，也不能与含铜药剂混用。连续喷药时，注意与不同类型药剂交替使用。本剂生产企业较多，且不同企业生产的混剂配方比例多有不同，具体选用时应以相应标签说明为准。瓜果类作物上用药过量可能会抑制生长，实际使用时建议在中后期合理选择。

甲霜·锰锌

有效成分 甲霜灵（metalaxyl）＋代森锰锌（mancozeb）。

主要含量与剂型 36%（4%＋32%）悬浮剂，58%（10%＋48%）、72%（8%＋64%）可湿性粉剂。括号内有效成分含量均为甲霜灵的含量加代森锰锌的含量。

产品特点 甲霜·锰锌是由甲霜灵（苯基酰胺类）与代森锰锌（硫代氨基甲酸酯类）按科学比例混配的一种广谱低毒复合杀菌剂，专用于防控低等真菌性病害，具有保护和治疗双重活性，使用方便；多种杀菌机理优势互补、协同增效，既能通过影响病菌 RNA 的生物合成而抑制蛋白质合成，又能干扰病菌的脂质代谢、呼吸作用及能量供应，有效延缓了病菌抗药性的产生。

适用作物防控对象及使用技术

葡萄霜霉病 先于葡萄花蕾期和落花后各喷药 1 次，有效预防幼穗受害；然后从叶片上初见霜霉病病斑时立即开始连续喷药，10 天左右 1 次，与不同类型药剂交替使用，直到生长后期，中早熟品种葡萄采收后仍需喷药 1～2 次。甲霜·锰锌一般使用 72%可湿性粉剂 600～700 倍液，或 58%可湿性粉剂 500～700 倍液，或 36%悬浮剂 300～400 倍液均匀喷雾。

苹果疫腐病 仅适用于不套袋苹果。在果实膨大后期的多雨季节，从果园内初见病果时立即开始喷药，10 天左右 1 次，连喷 1～2 次，重点喷洒树冠中下部果实及地面。甲霜·锰锌喷施倍数同“葡萄霜霉病”。

梨疫腐病 仅适用于不套袋梨。在果实膨大后期的多雨季节，从果园内初见病果时立即开始喷药，10 天左右 1 次，连喷 1～2 次，重点喷洒树冠中下部果实及地面。甲霜·锰锌喷施倍数同“葡萄霜霉病”。

荔枝霜疫霉病 在花蕾期、幼果期、果实膨大期、果实转色期各喷药 1 次，注意与不同类型药剂交替使用。甲霜·锰锌喷施倍数

同“葡萄霜霉病”。

黄瓜、西瓜、甜瓜、哈密瓜、苦瓜等瓜类霜霉病、果实疫腐病 从病害发生初期开始喷药，7～10 天 1 次，与不同类型药剂交替使用，连续喷药至生长后期，重点喷洒叶片背面及果实整个表面。甲霜·锰锌一般每亩次使用 58%可湿性粉剂 120～150 克，或 72%可湿性粉剂 100～150 克，或 36%悬浮剂 200～250 毫升，对水 45～75 千克均匀喷雾。

番茄晚疫病 从病害发生初期开始喷药，7～10 天 1 次，与不同类型药剂交替使用，连喷 4～6 次。甲霜·锰锌喷施剂量同“黄瓜霜霉病”。

辣椒疫病 从病害发生初期开始喷药，7～10 天 1 次，连喷 2～3 次，重点喷洒植株中下部及茎基部周围土壤。甲霜·锰锌喷施剂量同“黄瓜霜霉病”。

茄子绵疫病 主要适用于露地茄子。从雨季到来前或初见病果时开始喷药，10 天左右 1 次，连喷 2～3 次，重点喷洒植株中下部果实。一般每亩次使用 58%可湿性粉剂 80～100 克，或 72%可湿性粉剂 70～100 克，或 36%悬浮剂 150～200 毫升，对水 45～60 千克均匀喷雾。

十字花科蔬菜霜霉病 从病害发生初期或初见病斑时开始喷药，7～10 天 1 次，连喷 2 次左右，重点喷洒叶片背面。一般每亩次使用 36%悬浮剂 120～150 毫升，或 58%可湿性粉剂 70～100 克，或 72%可湿性粉剂 80～100 克，对水 30～45 千克均匀喷雾。

瓜果类蔬菜的茎基部疫病 从田间初见病株时开始用药，7～10 天 1 次，连续 1～2 次。一般使用 58%可湿性粉剂 500～600 倍液，或 72%可湿性粉剂 600～800 倍液，或 36%悬浮剂 300～400 倍液喷淋植株茎基部及其周围土壤，每株喷淋药液 30～50 毫升。

瓜果类蔬菜苗床的猝倒病、苗疫病 播种后出苗前或苗床上出现病株时开始用药，5～7 天 1 次，连用 1～2 次。一般使用 58%可湿性粉剂 500～600 倍液，或 72%可湿性粉剂 600～800 倍液，或 36%悬浮剂 300～400 倍液喷淋苗床。

马铃薯晚疫病　从田间出现病斑时或植株现蕾期开始喷药，10天左右1次，与不同类型药剂交替使用，直到生长后期。甲霜·锰锌一般每亩次使用58%可湿性粉剂120～150克，或72%可湿性粉剂100～150克，或36%悬浮剂200～250毫升，对水60～75千克均匀喷雾。

烟草黑胫病　从田间初见病株时开始喷药，10天左右1次，连喷2～3次，重点喷洒植株中下部的茎部及其周围土壤。一般每亩次使用58%可湿性粉剂100～150克，或72%可湿性粉剂100～120克，或36%悬浮剂150～200毫升，对水45～60千克均匀喷雾或喷淋。

注意事项　甲霜·锰锌不能与碱性药剂及肥料混用，也不能与铜制剂混用，喷过铜制剂或碱性药剂后需间隔1周后才能喷用本剂。连续喷药时，注意与不同类型药剂交替使用。尽量在发病前或发病初期开始用药，且喷药应均匀周到。

嘧胺·乙霉威

有效成分　嘧霉胺（pyrimethanil）＋乙霉威（diethofencarb）。

主要含量与剂型　26%（10%嘧霉胺＋16%乙霉威）水分散粒剂。

产品特点　嘧胺·乙霉威是由嘧霉胺（苯氨基嘧啶类）与乙霉威（氨基甲酸酯类）按一定比例科学混配的一种高效低毒复合杀菌剂，具有预防保护和一定的治疗作用，专用于防控灰霉病类病害，使用安全。两种杀菌作用机理协同增效，既能抑制病菌侵染酶分泌而阻碍病菌侵染，又能抑制病菌芽孢纺锤体形成，使病菌不易产生抗药性。

适用作物防控对象及使用技术

葡萄灰霉病　先于葡萄花蕾期和落花后各喷药1次，有效防控幼穗受害；然后套袋葡萄再于套袋前喷药1次，不套袋葡萄于果实近成熟期初见病果粒时开始喷药，7～10天1次，连喷1～2次，重点喷洒果穗。嘧胺·乙霉威一般使用26%水分散粒剂600～800倍液均匀喷雾。

草莓灰霉病　从病害发生初期开始喷药，7～10 天 1 次，连喷 2～4 次。嘧胺·乙霉威一般使用 26%水分散粒剂 500～700 倍液均匀喷雾。

棚室桃树灰霉病　棚室桃树开花前后遇连阴天时开始喷药，7～10 天 1 次，连喷 1～2 次；或在桃树开花前、落花后各喷药1 次。嘧胺·乙霉威一般使用 26%水分散粒剂 600～800 倍液均匀喷雾。

桃、李、杏褐腐病　仅适用于不套袋果实。从田间初见病果时或果实采收前 1 个月左右开始喷药，10 天左右 1 次，连喷 1～2 次。嘧胺·乙霉威一般使用 26%水分散粒剂 600～800 倍液均匀喷雾。

黄瓜、西葫芦、番茄、茄子等瓜果类蔬菜灰霉病　从病害发生初期开始喷药，或在持续阴天 2 天后立即开始喷药，7～10 天1 次，每期连喷 2 次左右。嘧胺·乙霉威一般每亩次使用 26%水分散粒剂 100～150 克，对水 45～60 千克均匀喷雾。

莴苣灰霉病　从病害发生初期开始喷药，7～10 天 1 次，连喷 2 次左右。一般每亩次使用 26%水分散粒剂 80～100 克，对水30～45 千克均匀喷雾。

注意事项　嘧胺·乙霉威不能与碱性药剂及肥料混用。连续喷药时，注意与不同类型药剂交替使用，以延缓病菌产生抗药性。

嘧霉·啶酰菌

有效成分　嘧霉胺（pyrimethanil）＋啶酰菌胺（boscalid）。

主要含量与剂型　40%（20%＋20%）悬浮剂，50%（27.5%＋22.5%）、70%（40%＋30%）水分散粒剂。括号内有效成分含量均为嘧霉胺的含量加啶酰菌胺的含量。

产品特点　嘧霉·啶酰菌是由嘧霉胺（苯氨基嘧啶类）与啶酰菌胺（吡啶甲酰胺类）按一定比例科学混配的一种高效低毒复合杀菌剂，具有预防保护、内吸传导和熏蒸作用，专用于防控灰霉病类病害，黏着性好，耐雨水冲刷，使用安全。双重杀菌作用机理，既能抑制病菌侵染酶分泌而阻止病菌侵染，又能阻碍病菌三羧酸代谢循环而影响能量供应，使病菌不易产生抗药性。

适用作物防控对象及使用技术

葡萄灰霉病　先于葡萄花蕾期和落花后各喷药1次，有效防控幼穗受害；然后套袋葡萄再于套袋前喷药1次，不套袋葡萄于果实近成熟期初见病果粒时开始喷药，7～10天1次，连喷1～2次，重点喷洒果穗。连续喷药时，注意与不同类型药剂交替使用。嘧霉·啶酰菌一般使用40%悬浮剂700～800倍液，或50%水分散粒剂800～1 000倍液，或70%水分散粒剂1 200～1 500倍液均匀喷雾。

草莓灰霉病　从病害发生初期开始喷药，7～10天1次，与不同类型药剂交替使用，连喷2～4次。嘧霉·啶酰菌喷施倍数同“葡萄灰霉病”。

棚室桃树灰霉病　棚室桃树开花前后遇连阴天时开始喷药，7～10天1次，连喷1～2次；或在桃树开花前、落花后各喷药1次。嘧霉·啶酰菌喷施倍数同“葡萄灰霉病”。

黄瓜、甜瓜、西葫芦、番茄、辣椒、茄子、芸豆等瓜果豆类蔬菜灰霉病　从病害发生初期开始喷药，或在持续阴天2天后立即开始喷药，7～10天1次，每期连喷2次左右。嘧霉·啶酰菌一般每亩次使用40%悬浮剂110～130毫升，或50%水分散粒剂60～80克，或70%水分散粒剂40～60克，对水45～60千克均匀喷雾。

注意事项　嘧霉·啶酰菌不能与碱性药剂及肥料混用。连续喷药时，注意与不同类型药剂交替使用，以延缓病菌产生抗药性。

噻呋·戊唑醇

有效成分　噻呋酰胺（thifluzamide）＋戊唑醇（tebuconazole）。

主要含量与剂型　15%（3%＋12%）、27%（9%＋18%）、30%（10%＋20%；25%＋5%）、32%（10%＋22%）、40%（15%＋25%）、45%（15%＋30%）、52%（20%＋32%）悬浮剂，30%（20%＋10%）水分散粒剂。括号内有效成分含量均为噻呋酰胺的含量加戊唑醇的含量。

产品特点　噻呋·戊唑醇是由噻呋酰胺（噻唑酰胺类）与戊唑醇（三唑类）按一定比例科学混配的一种高效低毒复合杀菌剂，内吸传导性强，治疗活性高，预防持效期较长。两种杀菌作用机理，既能影响病菌三羧酸代谢循环，又能抑制病菌细胞膜形成，优势互补，病菌不易产生抗药性。

适用作物防控对象及使用技术

苹果树褐斑病　仅适用于套袋苹果，从苹果套袋后开始喷施本剂，10～15 天 1 次，与不同类型药剂交替使用，连喷 3～4 次。噻呋·戊唑醇一般使用 15%悬浮剂 600～800 倍液，或 27%悬浮剂 1 200～1 500 倍液，或 30%（10%+20%）悬浮剂或 32%悬浮剂 1 300～1 600 倍液，或 30%（25%+5%）悬浮剂或 52%悬浮剂 3 000～3 500 倍液，或 40%悬浮剂或 45%悬浮剂 2 000～2 500 倍液，或 30%水分散粒剂 2 500～3 000 倍液均匀喷雾。

梨树锈病　在花序分离期和落花后各喷药 1 次。一般使用 15%悬浮剂 1 000～1 200 倍液，或 27%悬浮剂 2 500～3 000 倍液，或 30%（10%+20%）悬浮剂或 32%悬浮剂 2 600～3 200 倍液，或 30%（25%+5%）悬浮剂或 52%悬浮剂 6 000～7 000 倍液，或 40%悬浮剂或 45%悬浮剂 4 000～5 000 倍液，或 30%水分散粒剂 5 000～6 000 倍液均匀喷雾。

水稻纹枯病、稻曲病　防控纹枯病时，从病害发生初期开始喷药 10～15 天 1 次，连喷 2 次左右；或在分蘖中后期至拔节初期和孕穗期至破口期各喷药 1 次。防控稻曲病时，在破口前 5～7 天和齐穗初期各喷药 1 次。一般每亩次使用 15%悬浮剂 80～100 毫升，或 27%悬浮剂 30～45 毫升，或 30%（10%+20%）悬浮剂或 32%悬浮剂 30～40 毫升，或 30%（25%+5%）悬浮剂或 52%悬浮剂 12～15 毫升，或 40%悬浮剂或 45%悬浮剂 25～30 毫升，或 30%水分散粒剂 15～18 克，对水 30～45 千克均匀喷雾。

小麦纹枯病、白粉病、锈病　从病害发生初期开始喷药，10～15 天 1 次，连喷 2 次左右；或在小麦拔节初期和孕穗期各喷药 1 次。噻呋·戊唑醇喷施剂量同“水稻纹枯病”。

玉米叶斑病、锈病　从病害发生初期开始喷药，10～15 天 1 次，连喷 2 次左右。噻呋·戊唑醇喷施剂量同“水稻纹枯病”，植株较高大时适当增加喷药量。

花生叶斑病、白绢病　防控叶斑病时，从病害发生初期或初花期开始喷药，10～15天1次，连喷2～3次；防控白绢病时，从病害发生初期或封垄前开始喷药，7～10天1次，连喷2次，重点喷洒植株茎基部及其周围地面。噻呋·戊唑醇一般每亩次使用15%悬浮剂80～100毫升，或27%悬浮剂35～45毫升，或30%（10%+20%）悬浮剂或32%悬浮剂30～40毫升，或30%（25%+5%）悬浮剂或52%悬浮剂15～20毫升，或40%悬浮剂或45%悬浮剂25～30毫升，或30%水分散粒剂15～20克，对水30～45千克均匀喷雾。

注意事项 噻呋·戊唑醇不能与碱性药剂及肥料混用。本剂生产企业较多，配方比例差异较大，具体选用时应以其标签说明为准。

霜脲·锰锌

有效成分 霜脲氰（cymoxanil）+代森锰锌（mancozeb）。

主要含量与剂型 36%（4%+32%）悬浮剂，36%（4%+32%）、72%（8%+64%）可湿性粉剂，44%（4%+40%）水分散粒剂。括号内有效成分含量均为霜脲氰的含量加代森锰锌的含量。

产品特点 霜脲·锰锌是由霜脲氰（酰胺脲类）与代森锰锌（硫代氨基甲酸酯类）按科学比例混配的一种低毒复合杀菌剂，专用于防控低等真菌性病害，具有预防保护和内吸治疗双重作用，使用方便安全，持效期较长。两种有效成分，多种杀菌机理，既能阻止病菌孢子萌发，又能干扰病菌脂质代谢、呼吸作用及能量供应等，作用互补，病菌不易产生抗药性，有效延缓了病菌对霜脲氰的抗药性产生。

适用作物防控对象及使用技术

葡萄霜霉病 先于葡萄花蕾期和落花后各喷药1次，有效防控幼果穗受害；然后从叶片上初见霜霉病病斑时立即开始连续喷药，10天左右1次，与不同类型药剂交替使用，直到生长后期，中早熟品种葡萄采收后仍需喷药1～2次。霜脲·锰锌一般使用72%可湿性粉剂600～800倍液，或44%水分散粒剂350～450倍液，或

36%可湿性粉剂或36%悬浮剂300～400倍液均匀喷雾。

苹果、梨疫腐病　适用于不套袋苹果或梨。在果实膨大后期的多雨季节，从果园内初见病果时立即开始喷药，10天左右1次，连喷1～2次，重点喷洒树冠中下部果实及地面。霜脲·锰锌喷施倍数同“葡萄霜霉病”。

柑橘疫霉褐腐病　在果实转色期前后的多雨季节，从果园内初见病果时立即开始喷药，10天左右1次，连喷1～2次，重点喷洒树冠中下部果实及地面。霜脲·锰锌喷施倍数同“葡萄霜霉病”。

荔枝霜疫霉病　在花蕾期、幼果期、果实膨大期、果实转色期各喷药1次。霜脲·锰锌一般使用72%可湿性粉剂500～600倍液，或44%水分散粒剂300～400倍液，或36%可湿性粉剂或36%悬浮剂250～300倍液均匀喷雾。

黄瓜、甜瓜、哈密瓜、西瓜、西葫芦等瓜类霜霉病　从叶片上初显霜霉病病斑时立即开始喷药，7～10天1次，与不同类型药剂交替使用，直到生长后期，重点喷洒叶片背面。霜脲·锰锌一般每亩次使用72%可湿性粉剂120～150克，或44%水分散粒剂200～250克，或36%可湿性粉剂250～300克，或36%悬浮剂200～250毫升，对水45～60千克均匀喷雾。

黄瓜、甜瓜、哈密瓜、西瓜、西葫芦等瓜类疫腐病、绵疫病　从病害发生初期或田间初见病瓜时立即开始喷药，7～10天1次，连喷2～3次。霜脲·锰锌喷施剂量同“黄瓜霜霉病”。

番茄晚疫病、疫霉褐腐病　从病害发生初期开始喷药，7～10天1次，与不同类型药剂交替使用，连喷4～6次。霜脲·锰锌喷施剂量同“黄瓜霜霉病”。

辣椒疫病　从病害发生初期开始喷药，7～10天1次，与不同类型药剂交替使用，连喷3～4次。霜脲·锰锌一般每亩次使用72%可湿性粉剂100～130克，或44%水分散粒剂180～200克，或36%可湿性粉剂200～250克，或36%悬浮剂180～200毫升，对水45～60千克均匀喷雾。

茄子绵疫病　在雨季到来初期，从田间初见病果时开始喷药，10天左右1次，与不同类型药剂交替使用，连喷2～4次，重点喷洒中下部果实。霜脲·锰锌喷施剂量同“辣椒疫病”。

十字花科蔬菜霜霉病　从病害发生初期开始喷药，7～10天1次，连喷2次左右，重点喷洒叶片背面。一般每亩次使用72%可湿性粉剂60～80克，或44%水分散粒剂100～120克，或36%可湿性粉剂120～150克，或36%悬浮剂100～120毫升，对水30～45千克均匀喷雾。

莴苣、菠菜霜霉病　从病害发生初期开始喷药，7～10天1次，连喷2～3次。霜脲·锰锌喷施剂量同“十字花科蔬菜霜霉病”。

瓜果蔬菜的茎基部疫病　从田间初见病株时开始用药，10天左右1次，连用2次，重点喷洒植株茎基部及周围土壤，每株次喷洒药液30～50毫升。一般使用72%可湿性粉剂500～600倍液，或44%水分散粒剂或36%悬浮剂300～400倍液，或36%可湿性粉剂250～300倍液喷雾或喷淋。

瓜果蔬菜苗床的猝倒病、苗疫病　播种后出苗前或苗床上出现病株时开始用药液喷淋苗床，5～7天后再喷淋1次。霜脲·锰锌喷施倍数同“瓜果蔬菜的茎基部疫病”。

马铃薯晚疫病　从病害发生初期或植株现蕾期开始喷药，10天左右1次，与不同类型药剂交替使用，直到生长后期。霜脲·锰锌一般每亩次使用72%可湿性粉剂120～150克，或44%水分散粒剂200～250克，或36%可湿性粉剂250～300克，或36%悬浮剂200～250毫升，对水60～75千克均匀喷雾。

注意事项　霜脲·锰锌不能与碱性药剂及强酸性药剂或肥料混用，也不能与含铜药剂混用。悬浮剂型可能会有一些沉降，摇匀后使用不影响药效。

霜脲·氰霜唑

有效成分　霜脲氰（cymoxanil）＋氰霜唑（cyazofamid）。

主要含量与剂型　24%（16%＋8%）悬浮剂，40%（30%＋10%）可湿性粉剂，40%（32%＋8%）、60%（50%＋10%）、70%（56%＋14%）水分散粒剂。括号内有效成分含量均为霜脲氰的含量加氰霜唑的含量。

产品特点　霜脲·氰霜唑是由霜脲氰（酰胺脲类）与氰霜唑

（磺胺咪唑类）按一定比例科学混配的一种高效低毒复合杀菌剂，专用于防控低等真菌性病害，具有良好的治疗和保护活性，叶片渗透性强，耐雨水冲刷，效果稳定，使用安全。两种有效成分，作用机理优势互补，既能阻止病菌孢子萌发而抑制病菌侵染，又能干扰病菌能量供应，使病菌不易产生抗药性。

适用作物防控对象及使用技术

葡萄霜霉病　先于葡萄花蕾期和落花后各喷药1次，有效防控幼穗受害；然后从叶片上初见霜霉病病斑时立即开始连续喷药，10天左右1次，与不同类型药剂交替使用，直到生长后期，中早熟品种葡萄采收后仍需喷药1～2次。霜脲·氰霜唑一般使用24%悬浮剂1 500～2 000倍液，或40%可湿性粉剂或40%水分散粒剂2 000～2 500倍液，或60%水分散粒剂3 500～4 000倍液，或70%水分散粒剂4 000～5 000倍液均匀喷雾。

荔枝霜疫霉病　在花蕾期、幼果期、果实膨大期、果实转色期各喷药1次，注意与不同类型药剂交替使用。霜脲·氰霜唑喷施倍数同“葡萄霜霉病”。

黄瓜霜霉病　从病害发生初期或叶片上初见霜霉病病斑时立即开始喷药，7～10天1次，与不同类型药剂交替使用，直到生长后期。霜脲·氰霜唑一般每亩次使用24%悬浮剂60～80毫升，或40%可湿性粉剂或40%水分散粒剂50～65克，或60%水分散粒剂30～40克，或70%水分散粒剂28～35克，对水45～60千克均匀喷雾。

番茄晚疫病　从病害发生初期开始喷药，7～10天1次，与不同类型药剂交替使用，连喷3～5次。霜脲·氰霜唑喷施剂量同“黄瓜霜霉病”。

马铃薯晚疫病　从病害发生初期或植株现蕾期开始喷药，10天左右1次，与不同类型药剂交替使用，直到生长后期。霜脲·氰霜唑一般每亩次使用24%悬浮剂50～60毫升，或40%可湿性粉剂或40%水分散粒剂30～40克，或60%水分散粒剂20～25克，或70%水分散粒剂18～23克，对水60～75千克均匀喷雾。

注意事项　霜脲·氰霜唑不能与碱性药剂及肥料混用，也不能用碱性水或浊水稀释药液。连续喷药时，注意与不同类型药剂交替使用。

肟菌·戊唑醇

有效成分 肟菌酯（trifloxystrobin）+戊唑醇（tebuconazole）。

主要含量与剂型 30%（10%+20%）、36%（12%+24%）、42%（14%+28%）、45%（15%+30%）、48%（16%+32%）悬浮剂，75%（25%+50%）可湿性粉剂，70%（20%+50%）、75%（25%+50%）、80%（25%+55%）水分散粒剂。括号内有效成分含量均为肟菌酯的含量加戊唑醇的含量。

产品特点 肟菌·戊唑醇是由肟菌酯（甲氧基丙烯酸酯类）与戊唑醇（三唑类）按一定比例混配的一种广谱低毒复合杀菌剂，具有治疗、铲除及保护多重防病活性。在病菌侵染前、侵染初期及侵染后使用均可获得良好的防病效果，杀菌活性较高，内吸性较强，持效期较长，耐雨水冲刷，使用安全。两种有效成分，既能阻止线粒体的电子传递而影响能量供应，又能抑制病菌细胞膜形成，作用互补，协同增效，病菌不易产生抗药性。

适用作物防控对象及使用技术

苹果树褐斑病、斑点落叶病、轮纹病、炭疽病、套袋果斑点病 防控褐斑病时，多从苹果落花后1个月左右或初见褐斑病病叶时或套袋前开始喷药，10～15天1次，连喷4～6次。防控斑点落叶病时，在春梢生长期内和秋梢生长期内各喷药2次左右，间隔期10～15天。防控轮纹病、炭疽病及套袋果斑点病时，从苹果落花后7～10天开始喷药，10天左右1次，连喷3次药后套袋（套袋后停止喷药）；不套袋苹果需继续喷药4～6次，间隔期10～15天。连续喷药时，注意与不同类型药剂交替使用。肟菌·戊唑醇一般使用30%悬浮剂1 500～2 000倍液，或36%悬浮剂2 000～2 500倍液，或42%悬浮剂2 500～3 000倍液，或45%悬浮剂3 000～3 500倍液，或48%悬浮剂3 000～4 000倍液，或70%水分散粒剂3 500～4 000倍液，或75%水分散粒剂或75%可湿性粉剂4 000～5 000倍液，或80%水分散粒剂4 000～6 000倍液均匀喷雾。

梨树轮纹病、炭疽病、套袋果黑点病、黑斑病 防控轮纹病、炭疽病、套袋果黑点病时，从梨树落花后10天左右开始喷药，10天左右 1 次，连喷 2～3 次药后套袋（套袋后停止喷药）；不套袋梨需继续喷药 4～6 次，间隔期 10～15 天。防控黑斑病时，从病害发生初期或初见病叶时开始喷药，10～15 天 1 次，连喷 2～4 次。连续喷药时，注意与不同类型药剂交替使用。肟菌·戊唑醇喷施倍数同“苹果树褐斑病”。

葡萄黑痘病、白腐病、炭疽病　防控黑痘病时，在葡萄花蕾期、落花 80%和落花后 10 天左右各喷药 1 次。防控白腐病、炭疽病时，套袋葡萄在果穗套袋前喷药 1 次即可；不套袋葡萄多从果粒膨大中期开始喷药，10 天左右 1 次，与不同类型药剂交替使用，直到采收前 1 周左右。肟菌·戊唑醇喷施倍数同“苹果树褐斑病”。

桃树真菌性穿孔病、黑星病、炭疽病　毛桃类品种多从桃树落花后 20～25 天开始喷药，油桃类品种多从桃树落花后 10～15 天开始喷药，10～15 天 1 次，连喷 2～4 次；往年病害发生较重果园，后期增加喷药 1～2 次。肟菌·戊唑醇喷施倍数同“苹果树褐斑病”。

草莓白粉病　从病害发生初期开始喷药，10 天左右 1 次，与不同类型药剂交替使用，连喷 3～5 次。肟菌·戊唑醇喷施倍数同“苹果树褐斑病”。

柑橘树疮痂病、炭疽病、脂点黄斑病　在春梢萌发初期、春梢转绿期、落花 2/3 时、落花后 15 天左右、落花后 30 天左右、夏梢抽生初期、夏梢转绿期、秋梢抽生初期、秋梢转绿期各喷药 1 次，注意与不同类型药剂交替使用。肟菌·戊唑醇喷施倍数同“苹果树褐斑病”。

香蕉叶斑病、黑星病　从病害发生初期开始喷药，10～15 天 1 次，与不同类型药剂交替使用，连喷 3～5 次，避免将药液喷到幼果（蕉仔）上。肟菌·戊唑醇一般使用 30%悬浮剂或 36%悬浮剂 1 000～1 500 倍液，或 42%悬浮剂或 45%悬浮剂或 48%悬浮剂 1 500～2 000 倍液，或 70%水分散粒剂 2 500～3 000 倍液，或 75%水分散粒剂或 75%可湿性粉剂 3 000～3 500 倍液，或 80%水分散粒剂 3 000～4 000 倍液均匀喷雾。

黄瓜、甜瓜、西瓜的炭疽病、白粉病　从病害发生初期开始喷药，10 天左右 1 次，与不同类型药剂交替使用，连喷 2～4 次。肟菌·戊唑醇一般每亩次使用 30%悬浮剂或 36%悬浮剂 30～35 毫升，或42%悬浮剂或45%悬浮剂或48%悬浮剂25～30毫升，或70%水分散粒剂12～17克，或75%水分散粒剂或75%可湿性粉剂10～15克，或80%水分散粒剂10～14克，对水45～60千克均匀喷雾。

辣椒炭疽病　从病害发生初期开始喷药，10天左右1次，连喷2～3次。肟菌·戊唑醇喷施剂量同“黄瓜炭疽病”。

番茄早疫病、芝麻斑病　从病害发生初期开始喷药，10天左右1次，与不同类型药剂交替使用，连喷2～4次。肟菌·戊唑醇喷施剂量同“黄瓜炭疽病”。

马铃薯早疫病、炭疽病　从病害发生初期开始喷药，10天左右1次，与不同类型药剂交替使用，连喷2～4次。肟菌·戊唑醇一般每亩次使用30%悬浮剂或36%悬浮剂40～50毫升，或42%悬浮剂或45%悬浮剂或48%悬浮剂30～35毫升，或70%水分散粒剂20～25克，或75%水分散粒剂或75%可湿性粉剂16～20克，或80%水分散粒剂13～17克，对水60～75千克均匀喷雾。

水稻稻瘟病、稻曲病、纹枯病　防控叶瘟病时，在田间出现中心病株时或出现急性病斑时开始喷药，7～10天1次，连喷1～2次；防控穗颈瘟时，在破口初期和齐穗初期各喷药1次。防控稻曲病时，在破口前5～7天和齐穗初期各喷药1次。防控纹枯病时，从病害发生初期开始喷药，10～15天1次，连喷2次；或在分蘖末期至拔节初期和孕穗期至破口初期各喷药1次。肟菌·戊唑醇一般每亩次使用30%悬浮剂或36%悬浮剂35～40毫升，或42%悬浮剂或45%悬浮剂或48%悬浮剂20～25毫升，或70%水分散粒剂17～22克，或75%水分散粒剂或75%可湿性粉剂15～20克，或80%水分散粒剂14～18克，对水30～45千克均匀喷雾。

小麦纹枯病、白粉病、锈病、赤霉病　防控纹枯病、白粉病、锈病时，从病害发生初期开始喷药，10～15天1次，连喷1～2次；防控赤霉病时，在齐穗初期和扬花初期各喷药1次。肟菌·戊唑醇喷施剂量同“水稻稻瘟病”。

玉米大斑病、小斑病、圆斑病、灰斑病、锈病　从病害发生初期开始喷药，10～15天1次，连喷2次左右。肟菌·戊唑醇喷施剂量同“水稻稻瘟病”，植株高大时适当提高用药量。

花生叶斑病、锈病　从病害发生初期或开花下针期开始喷药，10～15 天 1 次，连喷 2～3 次。肟菌·戊唑醇一般每亩次使用 30%悬浮剂或 36%悬浮剂 25～30 毫升，或 42%悬浮剂或 45%悬浮剂或 48%悬浮剂 20～25 毫升，或 70%水分散粒剂 12～15 克，或 75%水分散粒剂或 75%可湿性粉剂 10～12 克，或 80%水分散粒剂 8～10 克，对水 30～45 千克均匀喷雾。

注意事项　肟菌·戊唑醇不能与碱性药剂及肥料混用，也不要与乳油类产品及有机硅类助剂混用。连续喷药时，注意与不同类型药剂交替使用。本剂生产企业较多，配方比例有较大差异，具体选用时应以其标签说明为准。

戊唑·多菌灵

有效成分　戊唑醇（tebuconazole）＋多菌灵（carbendazim）。

主要含量与剂型　24%（12%＋12%）、30%（8%＋22%）、32%（8%＋24%）、40%（5%＋35%）、42%（12%＋30%）、48%（8%＋40%）、50%（22%＋28%）悬浮剂，20%（10%＋10%）、30%（8%＋22%）、45%（6%＋39%）、55%（25%＋30%）、80%（12%＋68%；16%＋64%；30%＋50%）可湿性粉剂，45%（6%＋39%）、60%（15%＋45%）水分散粒剂。括号内有效成分含量均为戊唑醇的含量加多菌灵的含量。

产品特点　戊唑·多菌灵是由戊唑醇（三唑类）与多菌灵（苯并咪唑类）按一定比例混配的一种广谱低毒复合杀菌剂，具有保护和治疗双重作用。两种有效成分，既能抑制病菌细胞膜形成，又能干扰病菌细胞分裂，优势互补，协同增效，防病范围更广，杀菌治病更彻底，病菌较难产生抗药性。优质悬浮剂型颗粒微细，性能稳定，黏着性好，渗透性强，耐雨水冲刷，使用安全，连续喷施后果面光洁靓丽，外观质量显著提高。

适用作物防控对象及使用技术

苹果树、梨树的腐烂病、干腐病、枝干轮纹病　预防病害发生时，先在树体萌芽前喷洒 1 次枝干清园，铲除树体上的潜伏携带病菌，一般使用 24%悬浮剂 500～600 倍液，或 30%悬浮剂或 32%

悬浮剂或48%悬浮剂400～600倍液，或40%悬浮剂或20%可湿性粉剂或30%可湿性粉剂或45%可湿性粉剂或45%水分散粒剂400～500倍液，或42%悬浮剂600～800倍液，或50%悬浮剂或55%可湿性粉剂或80%（16%+64%）可湿性粉剂1 000～1 200倍液，或60%水分散粒剂800～1 000倍液，或80%（12%+68%）可湿性粉剂700～800倍液，或80%（30%+50%）可湿性粉剂1 200～1 500倍液均匀喷洒；病害发生严重地区或果园，再于果实套袋后或7～9月，进行1次枝干喷涂用药，预防病菌侵染并杀灭枝干表面附带病菌，一般使用24%悬浮剂或42%悬浮剂200～250倍液，或30%悬浮剂或32%悬浮剂或40%悬浮剂或48%悬浮剂或20%可湿性粉剂或30%可湿性粉剂或45%可湿性粉剂或45%水分散粒剂150～200倍液，或50%悬浮剂或55%可湿性粉剂或80%（16%+64%）可湿性粉剂400～500倍液，或60%水分散粒剂或80%（12%+68%）可湿性粉剂300～350倍液，或80%（30%+50%）可湿性粉剂500～600倍液喷涂主干及较大主侧枝。治疗相应病斑时，在刮治病斑的基础上于病疤表面涂药，1个月后再涂抹1次效果更好，一般使用24%悬浮剂或42%悬浮剂100～120倍液，或30%悬浮剂或32%悬浮剂或40%悬浮剂或48%悬浮剂或20%可湿性粉剂或30%可湿性粉剂或45%可湿性粉剂或45%水分散粒剂80～100倍液，或50%悬浮剂或55%可湿性粉剂或80%（16%+64%）可湿性粉剂200～250倍液，或60%水分散粒剂或80%（12%+68%）可湿性粉剂150～200倍液，或80%（30%+50%）可湿性粉剂250～300倍液涂抹病疤。

苹果树炭疽病、果实轮纹病、套袋果斑点病、褐斑病、斑点落叶病、锈病、白粉病、黑星病、花腐病 先于花序分离期和落花后各喷药1次，有效防控锈病、白粉病、花腐病，兼防斑点落叶病、黑星病；然后从落花后10天左右开始连续喷药，10天左右1次，连喷3次药后套袋，有效防控炭疽病、果实轮纹病、套袋果斑点病，兼防锈病、白粉病、黑星病、褐斑病及斑点落叶病；苹果套袋后或不套袋苹果的3次药后继续喷药，10～15天1次，连喷4～6次，有效防控褐斑病、斑点落叶病及不套袋苹果的炭疽病、果实轮纹病，兼防黑星病、白粉病。连续喷药时，注意与不同类型药剂

交替使用。戊唑·多菌灵一般使用24%悬浮剂或48%悬浮剂800～1 000倍液，或30%悬浮剂或32%悬浮剂或20%可湿性粉剂700～900倍液，或40%悬浮剂或30%可湿性粉剂或45%可湿性粉剂或45%水分散粒剂600～800倍液，或42%悬浮剂或80%（12%+68%）可湿性粉剂1 000～1 200倍液，或50%悬浮剂或55%可湿性粉剂2 000～2 500倍液，或60%水分散粒剂1 200～1 500倍液，或80%（16%+64%）可湿性粉剂1 500～1 800倍液，或80%（30%+50%）可湿性粉剂2 500～3 000倍液均匀喷雾。

梨树黑星病、黑斑病、轮纹病、炭疽病、套袋果黑点病、锈病、白粉病、褐斑病　先于花序分离期和落花后各喷药1次，有效防控锈病，兼防黑星病；然后从落花后10天左右开始继续喷药，10天左右1次，连喷2～3次药后套袋，有效防控黑星病、轮纹病、炭疽病、套袋果黑点病，兼防锈病、黑斑病、褐斑病；果实套袋后或不套袋果的2～3次药后继续喷药，10～15天1次，直到生长后期，有效防控黑星病、黑斑病、褐斑病及不套袋果的轮纹病、炭疽病，兼防白粉病。连续喷药时，注意与不同类型药剂交替使用。戊唑·多菌灵喷施倍数同"苹果树炭疽病"。

山楂锈病、白粉病、炭疽病、轮纹病、叶斑病　先于花序分离期、落花80%和落花后10天左右各喷药1次，有效防控锈病、白粉病；然后从落花后20～30天开始连续喷药，10～15天1次，连喷2～4次，有效防控炭疽病、轮纹病、叶斑病。连续喷药时，注意与不同类型药剂交替使用。戊唑·多菌灵喷施倍数同"苹果树炭疽病"。

葡萄黑痘病、穗轴褐枯病、白腐病、炭疽病、房枯病、溃疡病、黑腐病、褐斑病、白粉病　先于葡萄发芽前喷药1次清园，铲除枝蔓表面携带病菌，戊唑·多菌灵喷施倍数同"苹果树腐烂病枝干清园喷药"。其次在葡萄花蕾期、落花后和落花后10～15天各喷药1次，有效防控穗轴褐枯病、黑痘病；然后从葡萄果粒膨大中期开始继续喷药，10天左右1次，与不同类型药剂交替使用，连喷4～6次，有效防控白腐病、炭疽病、褐斑病、白粉病、房枯病、溃疡病、黑腐病。葡萄生长期戊唑·多菌灵喷施倍数同"苹果树炭疽病"。

桃树、杏树的黑星病、炭疽病、褐腐病、真菌性流胶病、真菌性穿孔病 先于树体萌芽前喷药1次清园，铲除树体携带带菌，戊唑·多菌灵喷施倍数同“苹果树腐烂病枝干清园喷药”。然后从落花后20天左右开始继续喷药，10～15天1次，连喷2～4次，有效防控黑星病、炭疽病、真菌性流胶病、真菌性穿孔病，兼防褐腐病；不套袋果在果实成熟前1个月内再喷药1～2次，有效防控褐腐病，兼防真菌性流胶病、炭疽病、真菌性穿孔病。连续喷药时，注意与不同类型药剂交替使用。落花后用药戊唑·多菌灵喷施倍数同“苹果树炭疽病”。

李树红点病、真菌性流胶病 先于萌芽前喷药1次清园，铲除树体携带病菌，戊唑·多菌灵喷施倍数同“苹果树腐烂病枝干清园喷药”。然后从落花后叶片展开时继续喷药，10～15天1次，与不同类型药剂交替使用，连喷3～5次，戊唑·多菌灵喷施倍数同“苹果树炭疽病”。

枣树锈病、轮纹病、炭疽病、黑斑病、褐斑病 先于枣树开花前喷药1次，有效防控褐斑病的早期为害；然后从枣果坐住后10～15天开始连续喷药，10～15天1次，与不同类型药剂交替使用，连喷5～7次。戊唑·多菌灵喷施倍数同“苹果树炭疽病”。

核桃炭疽病、白粉病 防控炭疽病时，多从果实膨大中期开始喷药，10～15天1次，连喷2～4次；防控白粉病时，从病害发生初期开始喷药，10～15天1次，连喷2次左右。连续喷药时，注意与不同类型药剂交替使用。戊唑·多菌灵喷施倍数同“苹果树炭疽病”。

柿树炭疽病、黑星病、角斑病、圆斑病 南方甜柿产区病害发生较重果园，先于柿树开花前喷药1次，然后从落花后10天左右开始连续喷药，10～15天1次，连喷5～7次；北方柿产区多从落花后20天左右开始喷药，10～15天1次，连喷2～3次。连续喷药时，注意与不同类型药剂交替使用。戊唑·多菌灵喷施倍数同“苹果树炭疽病”。

石榴炭疽病、褐斑病、麻皮病 一般果园在开花前、落花后、幼果期、套袋前及套袋后各喷药1次即可；中后期病害较重时，需酌情增加喷药1～2次，间隔期10～15天。连续喷药时，注意与不

同类型药剂交替使用。戊唑·多菌灵喷施倍数同“苹果树炭疽病”。

花椒炭疽病、锈病　防控炭疽病时，多从果实转色初期开始喷药，10～15 天 1 次，连喷 2 次左右；防控锈病时，从病害发生初期开始喷药，10～15 天 1 次，连喷 2～4 次。连续喷药时，注意与不同类型药剂交替使用。戊唑·多菌灵喷施倍数同“苹果树炭疽病”。

草莓蛇眼病、炭疽病　多应用于育秧田。从病害发生初期开始喷药，10 天左右 1 次，与不同类型药剂交替使用，连喷 3～5 次。戊唑·多菌灵喷施倍数同“苹果树炭疽病”。

柑橘树炭疽病、疮痂病、脂点黄斑病、黑点病、黑星病　在春梢萌发期、春梢转绿期、落花 2/3 时、落花后 15 天左右、落花后 30 天左右、夏梢抽生初期、夏梢转绿期、秋梢抽生初期、秋梢转绿期各喷药 1 次，注意与不同类型药剂交替使用。戊唑·多菌灵喷施倍数同“苹果树炭疽病”。

杧果炭疽病、白粉病、叶斑病　先于花蕾期、落花 2/3 时及落花后半月左右各喷药 1 次，有效防控白粉病及幼穗期炭疽病；然后再于果实近成熟期喷药 1～2 次，有效防控果实炭疽病，兼防叶斑病。戊唑·多菌灵喷施倍数同“苹果树炭疽病”。

荔枝炭疽病、叶斑病　从病害发生初期开始喷药，10 天左右 1 次，连喷 2～3 次。戊唑·多菌灵喷施倍数同“苹果树炭疽病”。

香蕉叶斑病、黑星病　从病害发生初期开始喷药，10～15 天 1 次，与不同类型药剂交替使用，连喷 3～5 次。戊唑·多菌灵喷施倍数同“苹果树炭疽病”。在香蕉抽蕾期和蕉仔期适当提高喷药倍数，并尽量不要喷洒到蕉仔上。

水稻纹枯病、稻瘟病、稻曲病、鞘腐病、褐变穗　防控纹枯病时，在分蘖末期至拔节期和孕穗期至破口前各喷药 1 次，兼防鞘腐病；防控苗瘟、叶瘟时，在田间出现中心病株时或出现急性病斑时开始喷药，7～10 天 1 次，连喷 1～2 次；防控穗颈瘟时，在破口期和齐穗初期各喷药 1 次，兼防褐变穗；防控稻曲病时，在破口前 5～7 天和齐穗初期各喷药 1 次。连续喷药时，注意与不同类型药剂交替使用。戊唑·多菌灵一般每亩次使用 24%悬浮剂或 48%悬浮剂 70～90 毫升，或 30%悬浮剂或 32%悬浮剂 75～100 毫升，或

40%悬浮剂 80～100 毫升，或 42%悬浮剂 60～80 毫升，或 50%悬浮剂 30～40 毫升，或 20%可湿性粉剂或 30%可湿性粉剂或 45%可湿性粉剂或 45%水分散粒剂 80～100 克，或 55%可湿性粉剂 35～45 克，或 80%（12%＋68%）可湿性粉剂 60～80 克，或 80%（16%＋64%）可湿性粉剂或 60%水分散粒剂 40～50 克，或 80%（30%＋50%）可湿性粉剂 20～25 克，对水 30～45 千克均匀喷雾。

小麦纹枯病、白粉病、锈病、赤霉病　防控纹枯病、白粉病、锈病时，从病害发生初期（一般病株率 10%～20%时）开始喷药，10～15 天 1 次，连喷 2 次左右；或在拔节中早期和孕穗期至抽穗前各喷药 1 次。防控赤霉病时，在齐穗初期和扬花初期各喷药 1 次，往年病害严重地块扬花后立即再喷药 1 次。戊唑・多菌灵喷施剂量同“水稻纹枯病”，孕穗前喷药可酌情减少药量。

玉米纹枯病、大斑病、小斑病、灰斑病、圆斑病、锈病　从病害发生初期开始喷药，10～15 天 1 次，连喷 2 次左右。戊唑・多菌灵喷施剂量同“水稻纹枯病”。玉米生长前期用药量可酌情减少，玉米生长中后期用药量应适当增加。

花生叶斑病、锈病　从病害发生初期或开花下针期开始喷药，10～15 天 1 次，连喷 2～3 次。戊唑・多菌灵一般每亩次使用 24%悬浮剂或 30%悬浮剂或 32%悬浮剂或 48%悬浮剂 50～60 毫升，或 40%悬浮剂 60～80 毫升，或 42%悬浮剂 40～50 毫升，或 50%悬浮剂 20～25 毫升，或 20%可湿性粉剂或 30%可湿性粉剂或 45%可湿性粉剂或 45%水分散粒剂 55～70 克，或 55%可湿性粉剂 25～30 克，或 80%（12%＋68%）可湿性粉剂 40～50 克，或 80%（16%＋64%）可湿性粉剂或 60%水分散粒剂 27～33 克，或 80%（30%＋50%）可湿性粉剂 15～20 克，对水 30～45 千克均匀喷雾。

大豆菌核病　在大豆封垄前喷药防控，重点喷洒植株中下部及土壤表面，一般需喷药 1～2 次。戊唑・多菌灵喷施剂量同“花生叶斑病”。

绿豆白粉病、叶斑病　从病害发生初期开始喷药，10～15 天 1 次，连喷 2 次左右。戊唑・多菌灵喷施剂量同“花生叶斑病”。

油菜菌核病　从病害发生初期或初花期开始喷药，10 天左右

1 次，连喷 2 次左右，重点喷洒植株中下部。戊唑·多菌灵喷施剂量同“花生叶斑病”。

甜菜褐斑病　从病害发生初期开始喷药，10～15 天 1 次，连喷 2 次左右。戊唑·多菌灵喷施剂量同“花生叶斑病”。

麻山药炭疽病　从病害发生初期开始喷药，10 天左右 1 次，与不同类型药剂交替使用，连喷 4～6 次。戊唑·多菌灵一般使用 24%悬浮剂或 30%悬浮剂或 32%悬浮剂或 48%悬浮剂或 20%可湿性粉剂 800～1 000 倍液，或 40%悬浮剂或 30%可湿性粉剂或 45%可湿性粉剂或 45%水分散粒剂 600～800 倍液，或 42%悬浮剂或 80%（12%+68%）可湿性粉剂 1 000～1 200 倍液，或 50%悬浮剂或 55%可湿性粉剂 2 000～2 500 倍液，或 60%水分散粒剂 1 200～1 500 倍液，或 80%（16%+64%）可湿性粉剂 1 500～1 800 倍液，或 80%（30%+50%）可湿性粉剂 2 500～3 000 倍液均匀喷雾。

黄瓜、甜瓜、西瓜等瓜类炭疽病、白粉病、叶斑病、蔓枯病　从坐住瓜后的病害发生初期开始喷药，10 天左右 1 次，连喷 3～4 次。戊唑·多菌灵一般每亩次使用 24%悬浮剂或 30%悬浮剂或 32%悬浮剂或 48%悬浮剂 50～70 毫升，或 40%悬浮剂 60～80 毫升，或 42%悬浮剂 40～50 毫升，或 50%悬浮剂 25～30 毫升，或 20%可湿性粉剂或 30%可湿性粉剂或 45%可湿性粉剂或 45%水分散粒剂 60～80 克，或 55%可湿性粉剂 30～35 克，或 80%（12%+68%）可湿性粉剂 50～60 克，或 80%（16%+64%）可湿性粉剂或 60%水分散粒剂 30～40 克，或 80%（30%+50%）可湿性粉剂 15～20 克，对水 45～60 千克均匀喷雾。

番茄早疫病、叶霉病、叶斑病　从坐住果后的病害发生初期开始喷药，7～10 天 1 次，与不同类型药剂交替使用，连喷 3～4 次。戊唑·多菌灵喷施剂量同“黄瓜炭疽病”。

辣椒炭疽病、叶斑病　从坐住果后的病害发生初期开始喷药，10 天左右 1 次，连喷 2～4 次。戊唑·多菌灵喷施剂量同“黄瓜炭疽病”。

芦笋茎枯病　从病害发生初期开始喷药，7～10 天 1 次，与不同类型药剂交替使用，连喷 3～4 次，重点喷洒植株中下部。戊唑·多菌灵一般使用 24%悬浮剂或 48%悬浮剂 800～1 000 倍液，或 30%悬浮剂或 32%悬浮剂或 20%可湿性粉剂 600～800 倍液，或

40%悬浮剂或30%可湿性粉剂或45%可湿性粉剂或45%水分散粒剂500～700倍液，或42%悬浮剂或80%（12%+68%）可湿性粉剂1 000～1 200倍液，或50%悬浮剂或55%可湿性粉剂2 000～2 500倍液，或60%水分散粒剂1 200～1 500倍液，或80%（16%+64%）可湿性粉剂1 500～1 800倍液，或80%（30%+50%）可湿性粉剂2 500～3 000倍液均匀喷雾。

注意事项 戊唑·多菌灵不能与碱性药剂及肥料混用。连续喷药时，注意与不同类型药剂交替使用。本剂生产企业较多，配方比例也差异较大，具体选用时应以其标签说明为准。

烯酰·吡唑酯

有效成分 烯酰吗啉（dimethomorph）+ 吡唑醚菌酯（pyraclostrobin）。

主要含量与剂型 22%（14%+8%）、37%（24%+13%）、40%（25%+15%）、45%（30%+15%）、47%（35%+12%）悬浮剂，18.7%（12%+6.7%）、19%（12.3%+6.7%）、27%（17.5%+9.5%）、45%（30%+15%）、48%（32%+16%；38%+10%）、56%（36%+20%）、60%（45%+15%）、66%（60%+6%）、78%（50%+28%）水分散粒剂。括号内有效成分含量均为烯酰吗啉的含量加吡唑醚菌酯的含量。

产品特点 烯酰·吡唑酯是由烯酰吗啉（肉桂酰胺类）与吡唑醚菌酯（甲氧基丙烯酸酯类）按一定比例混配的一种低毒复合杀菌剂，专用于防控低等真菌性病害。作用迅速，使用安全，持效期较长，既可有效阻止病菌侵染，又能抑制病菌扩展和杀死体内病菌，早期使用还能提高寄主抗病性能，降低发病程度、减少用药次数。两种有效成分，作用互补，既能抑制磷脂生物合成而影响细胞壁形成，又能阻止线粒体的电子传递而影响能量供应，病菌不易产生抗药性。

适用作物防控对象及使用技术

葡萄霜霉病 先于葡萄花蕾期和落花后各喷药1次，有效防控霜霉病为害幼穗；然后从叶片上初见霜霉病病斑时立即开始连续喷药，10天左右1次，与不同类型药剂交替使用，直到生长后期或

雨露雾高湿环境不再出现时，中早熟品种葡萄采收后仍需喷药 1～2 次。烯酰·吡唑酯一般使用 18.7％水分散粒剂或 19％水分散粒剂 600～800 倍液，或 22％悬浮剂 800～1 000 倍液，或 27％水分散粒剂 1 000～1 200 倍液，或 37％悬浮剂或 40％悬浮剂 1 200～1 500 倍液，或 45％悬浮剂或 45％水分散粒剂 1 500～2 000 倍液，或 47％悬浮剂或 48％水分散粒剂 2 000～2 500 倍液，或 56％水分散粒剂 2 500～3 000 倍液，或 60％水分散粒剂 3 000～3 500 倍液，或 66％水分散粒剂或 78％水分散粒剂 3 500～4 000 倍液喷雾，防控叶片受害时注意喷洒叶片背面。

苹果、梨疫腐病　应用于不套袋的苹果或梨。在果实膨大后期的多雨季节，从果园内初见病果时立即开始喷药，10 天左右 1 次，连喷 1～2 次，重点喷洒树冠中下部果实及地面。烯酰·吡唑酯喷施倍数同“葡萄霜霉病”。

荔枝霜疫霉病　在花蕾期、幼果期、果实膨大期、果实转色期各喷药 1 次，注意与不同类型药剂交替使用。烯酰·吡唑酯喷施倍数同“葡萄霜霉病”。

黄瓜、西瓜、甜瓜、冬瓜等瓜类霜霉病、疫病　以防控霜霉病为主，兼防疫病。从田间初见霜霉病病斑时立即开始喷药，7～10 天 1 次，与不同类型药剂交替使用，直到生长后期。烯酰·吡唑酯一般每亩次使用 18.7％水分散粒剂或 19％水分散粒剂 100～125 克，或 27％水分散粒剂 70～90 克，或 45％水分散粒剂 60～70 克，或 48％水分散粒剂 50～60 克，或 56％水分散粒剂 35～40 克，或 60％水分散粒剂 30～35 克，或 66％水分散粒剂或 78％水分散粒剂 25～30 克，或 22％悬浮剂 100～120 毫升，或 37％悬浮剂或 40％悬浮剂 70～80 毫升，或 45％悬浮剂 60～70 毫升，或 47％悬浮剂 50～60 毫升，对水 45～75 千克均匀喷雾。重点喷洒叶片背面及茎基部，植株较小时可适当降低用药量。

番茄晚疫病　从病害发生初期开始喷药，7～10 天 1 次，与不同类型药剂交替使用，连喷 4～5 次。烯酰·吡唑酯喷施剂量同“黄瓜霜霉病”。

辣椒疫病　从病害发生初期开始喷药，7～10 天 1 次，与不同类型药剂交替使用，连喷 2～4 次，注意喷洒叶片背面及植株茎基部。烯酰·吡唑酯喷施剂量同“黄瓜霜霉病”。

十字花科蔬菜霜霉病　从病害发生初期开始喷药，7～10天1次，连喷2次左右。一般每亩次使用18.7%水分散粒剂或19%水分散粒剂60～80克，或27%水分散粒剂50～60克，或45%水分散粒剂40～45克，或48%水分散粒剂35～40克，或56%水分散粒剂25～35克，或60%水分散粒剂20～25克，或66%水分散粒剂或78%水分散粒剂17～20克，或22%悬浮剂60～80毫升，或37%悬浮剂或40%悬浮剂50～60毫升，或45%悬浮剂40～50毫升，或47%悬浮剂35～40毫升，对水30～45千克均匀喷雾，重点喷洒叶片背面。

菠菜霜霉病　从病害发生初期开始喷药，10天左右1次，连喷2次左右，注意喷洒叶片背面。烯酰·吡唑酯喷施剂量同“十字花科蔬菜霜霉病”。

马铃薯晚疫病　从田间初见病株时或植株现蕾期开始喷药，10天左右1次，与不同类型药剂交替使用，直到生长后期。烯酰·吡唑酯一般每亩次使用18.7%水分散粒剂或19%水分散粒剂100～125克，或27%水分散粒剂70～90克，或45%水分散粒剂60～70克，或48%水分散粒剂50～60克，或56%水分散粒剂35～40克，或60%水分散粒剂30～35克，或66%水分散粒剂或78%水分散粒剂25～30克，或22%悬浮剂100～120毫升，或37%悬浮剂或40%悬浮剂70～80毫升，或45%悬浮剂60～70毫升，或47%悬浮剂50～60毫升，对水60～75千克均匀喷雾。

注意事项　烯酰·吡唑酯不能与碱性药剂及肥料混用。连续喷药时，注意与不同类型药剂交替使用，以延缓病菌产生抗药性。本剂生产企业较多，配方比例差异较大，具体选用时应注意参考其标签说明。

烯酰·锰锌

有效成分　烯酰吗啉（dimethomorph）＋代森锰锌（mancozeb）。

主要含量与剂型　50%（6%＋44%）、69%（9%＋60%）、72%（12%＋60%）、80%（10%＋70%）可湿性粉剂，69%（9%＋

60%）水分散粒剂。括号内有效成分含量均为烯酰吗啉的含量加代森锰锌的含量。

产品特点 烯酰·锰锌是由烯酰吗啉（肉桂酰胺类）与代森锰锌（硫代氨基甲酸酯类）按一定比例混配的一种低毒复合杀菌剂，主要用于防控低等真菌性病害，具有内吸治疗和预防保护双重活性。两种有效成分，多种杀菌机理，既能通过抑制磷脂生物合成而影响细胞壁形成，又能干扰病菌脂质代谢、呼吸作用和能量供应，作用互补，能显著延缓病菌产生抗药性，使用方便。

适用作物防控对象及使用技术

葡萄霜霉病 先于葡萄花蕾期和落花后各喷药1次，有效防控幼果穗受害；然后从叶片上初见霜霉病病斑时开始连续喷药，10天左右1次，与不同类型药剂交替使用，直到生长后期或雨露雾高湿环境不再出现时，中早熟品种葡萄采收后仍需喷药1～2次。烯酰·锰锌一般使用50%可湿性粉剂400～500倍液，或69%可湿性粉剂或69%水分散粒剂600～800倍液，或72%可湿性粉剂或80%可湿性粉剂800～1 000倍液均匀喷雾，注意喷洒叶片背面。

苹果、梨疫腐病 应用于不套袋的苹果或梨。在果实膨大后期的多雨季节，从果园内初见病果时立即开始喷药，10天左右1次，连喷1～2次，重点喷洒树冠中下部果实及地面。烯酰·锰锌喷施倍数同"葡萄霜霉病"。

柑橘疫霉褐腐病 在果实生长后期的多雨季节，从果园内初见病果时立即开始喷药，7～10天1次，连喷1～2次，重点喷洒树冠中下部果实及地面。烯酰·锰锌喷施倍数同"葡萄霜霉病"。

荔枝霜疫霉病 在花蕾期、幼果期、果实膨大期、果实转色期各喷药1次，注意与不同类型药剂交替使用。烯酰·锰锌一般使用50%可湿性粉剂300～400倍液，或69%可湿性粉剂或69%水分散粒剂500～600倍液，或72%可湿性粉剂或80%可湿性粉剂700～800倍液均匀喷雾。

黄瓜、甜瓜、西瓜、苦瓜等瓜类霜霉病、疫腐病 从病害发生初期或初见病叶或病果时开始喷药，7～10天1次，与不同类型药剂交替使用，直到生长后期。烯酰·锰锌一般每亩次使用50%可湿性粉剂150～200克，或69%可湿性粉剂或69%水分散粒剂

110～150克，或72%可湿性粉剂或80%可湿性粉剂80～120克，对水45～75千克均匀喷雾，使叶片背面及果实表面均要着药，植株较小时酌情减少用药量。

番茄晚疫病　从病害发生初期开始喷药，7～10天1次，与不同类型药剂交替使用，连喷4～6次。烯酰·锰锌一般每亩次使用50%可湿性粉剂150～180克，或69%可湿性粉剂或69%水分散粒剂120～150克，或72%可湿性粉剂或80%可湿性粉剂90～120克，对水45～60千克均匀喷雾。

茄子绵疫病　适用于露地栽培。从雨季到来前或病害发生初期开始喷药，7～10天1次，连喷2～4次，重点喷洒植株中下部果实。烯酰·锰锌喷施剂量同“番茄晚疫病”。

辣椒疫病　从病害发生初期或田间初见病株时开始喷药，7～10天1次，与不同类型药剂交替使用，连喷3～4次。烯酰·锰锌一般每亩次使用50%可湿性粉剂150～200克，或69%可湿性粉剂或69%水分散粒剂110～150克，或72%可湿性粉剂或80%可湿性粉剂100～120克，对水45～60千克均匀喷雾或喷淋（植株茎基部）。

马铃薯晚疫病　从病害发生初期或田间初见病斑时或植株现蕾期开始喷药，10天左右1次，与不同类型药剂交替使用，直到生长后期。烯酰·锰锌一般每亩次使用50%可湿性粉剂150～200克，或69%可湿性粉剂或69%水分散粒剂120～150克，或72%可湿性粉剂或80%可湿性粉剂90～110克，对水60～75千克均匀喷雾。

十字花科蔬菜霜霉病　从病害发生初期开始喷药，7～10天1次，连喷2次左右，重点喷洒叶片背面。一般每亩次使用50%可湿性粉剂100～140克，或69%可湿性粉剂或69%水分散粒剂70～100克，或72%可湿性粉剂或80%可湿性粉剂60～80克，对水30～45千克均匀喷雾。

菠菜霜霉病　从病害发生初期开始喷药，7～10天1次，连喷2次左右，重点喷洒叶片背面。烯酰·锰锌喷施剂量同“十字花科蔬菜霜霉病”。

莴苣霜霉病　从病害发生初期开始喷药，7～10天1次，连喷2次左右，注意喷洒叶片背面。烯酰·锰锌喷施剂量同“十字花科蔬菜霜霉病”。

黄瓜、甜瓜、辣椒、茄子等瓜果蔬菜的茎基部疫病 从田间出现病株时开始喷药，10 天左右 1 次，连喷 2～3 次，重点喷洒植株茎基部及其周围土壤，每株喷洒药液 30～50 毫升。一般使用 50%可湿性粉剂 350～400 倍液，或 69%可湿性粉剂或 69%水分散粒剂 500～700 倍液，或 72%可湿性粉剂或 80%可湿性粉剂 600～800 倍液喷雾或喷淋。

瓜果蔬菜苗床的猝倒病、苗疫病 播种后出苗前或苗床上出现病株时开始用药液喷淋苗床，5～7 天 1 次，连喷 1～2 次。烯酰·锰锌喷施倍数同“黄瓜茎基部疫病”。

烟草黑胫病 从田间出现病株时开始喷药，7～10 天 1 次，与不同类型药剂交替使用，连喷 2～4 次，重点喷洒植株中下部的茎部及其周围土壤。烯酰·锰锌一般使用 50%可湿性粉剂 350～400 倍液，或 69%可湿性粉剂或 69%水分散粒剂 500～700 倍液，或 72%可湿性粉剂或 80%可湿性粉剂 600～800 倍液喷雾或喷淋。

注意事项 烯酰·锰锌不能与碱性药剂及肥料混用，也不能与含有金属离子的药剂混用。喷药应均匀周到，特别注意植株下部及内部叶片，使叶片背面一定着药。瓜果蔬菜喷雾用药时，植株较小时应酌情减少用药量，使叶、果表面均匀覆盖药液即可。

烯酰·氰霜唑

有效成分 烯酰吗啉（dimethomorph）＋氰霜唑（cyazofamid）。

主要含量与剂型 30%（25%＋5%）、40%（30%＋10%；32%＋8%）、48%（40%＋8%）悬浮剂。括号内有效成分含量均为烯酰吗啉的含量加氰霜唑的含量。

产品特点 烯酰·氰霜唑是由烯酰吗啉（肉桂酰胺类）与氰霜唑（咪唑酰胺类）按一定比例混配的一种内吸治疗性低毒复合杀菌剂，专用于防控低等真菌性病害，速效性好，杀菌活性高，持效期较长，使用安全。两种杀菌作用机理，既能通过抑制磷脂生物合成而影响细胞壁形成，又能干扰病菌能量形成及供应，优势互补，协同增效，病菌不易产生抗药性。

适用作物防控对象及使用技术

葡萄霜霉病 先于葡萄花蕾期和落花后各喷药1次，有效防控霜霉病为害幼穗；然后从叶片上初见霜霉病病斑时立即开始连续喷药，10天左右1次，与不同类型药剂交替使用，直到生长后期或雨雾露等高湿环境不再出现时，中早熟品种葡萄采收后仍需喷药1～2次。烯酰·氰霜唑一般使用30%悬浮剂1 500～2 000倍液，或40%悬浮剂2 000～2 500倍液，或48%悬浮剂2 500～3 000倍液喷雾，防控叶片受害时注意喷洒叶片背面。

荔枝霜疫霉病 在花蕾期、幼果期、果实膨大期、果实转色期各喷药1次，注意与不同类型药剂交替使用。烯酰·氰霜唑喷施倍数同“葡萄霜霉病”。

黄瓜霜霉病 从病害发生初期或叶片上初见霜霉病病斑时立即开始喷药，7～10天1次，与不同类型药剂交替使用，直到生长后期。烯酰·氰霜唑一般每亩次使用30%悬浮剂50～60毫升，或40%悬浮剂40～50毫升，或48%悬浮剂30～40毫升，对水45～60千克均匀喷雾，重点喷洒叶片背面。

番茄晚疫病 从病害发生初期开始喷药，7～10天1次，与不同类型药剂交替使用，连喷3～5次。烯酰·氰霜唑喷施剂量同“黄瓜霜霉病”。

马铃薯晚疫病 从病害发生初期或田间初见病斑时或植株现蕾期开始喷药，10天左右1次，与不同类型药剂交替使用，直到生长后期。烯酰·氰霜唑一般每亩次使用30%悬浮剂35～45毫升，或40%悬浮剂25～35毫升，或48%悬浮剂20～30毫升，对水60～75千克均匀喷雾。

注意事项 烯酰·氰霜唑不能与碱性药剂及肥料混用。连续喷药时，注意与不同类型药剂交替使用，以延缓病菌产生抗药性。

烯酰·霜脲氰

有效成分 烯酰吗啉（dimethomorph）＋霜脲氰（cymoxanil）。

主要含量与剂型 35%（30%＋5%）、40%（30%＋10%；25%＋15%）、48%（40%＋8%）悬浮剂，25%（20%＋5%）、

50%（40%+10%）可湿性粉剂，70%（50%+20%）水分散粒剂。括号内有效成分含量均为烯酰吗啉的含量加霜脲氰的含量。

产品特点 烯酰·霜脲氰是由烯酰吗啉（肉桂酰胺类）与霜脲氰（酰胺脲类）按一定比例混配的一种低毒复合杀菌剂，专用于防控低等真菌性病害，具有预防、治疗及铲除三重功效，内吸性较强，杀菌较迅速，持效期较长，并可抑制病菌孢子产生。两种杀菌作用机理，既能通过抑制磷脂生物合成而影响细胞壁形成，又能阻止病菌孢子萌发及侵染，协同增效，可显著延缓病菌产生抗药性，使用方便。

适用作物防控对象及使用技术

葡萄霜霉病 先于葡萄花蕾期和落花后各喷药1次，有效防控幼果穗受害；然后从叶片上初见霜霉病病斑时立即开始连续喷药，10天左右1次，与不同类型药剂交替使用，直到生长后期或雨露雾高湿环境不再出现时，中早熟品种葡萄采收后仍需喷药1～2次。烯酰·霜脲氰一般使用25%可湿性粉剂1 200～1 500倍液，或35%悬浮剂1 500～1 800倍液，或40%悬浮剂1 500～2 000倍液，或48%悬浮剂或50%可湿性粉剂2 000～2 500倍液，或70%水分散粒剂3 000～4 000倍液均匀喷雾，防控叶片受害时注意喷洒叶片背面。

苹果、梨疫腐病 应用于不套袋的苹果或梨。在果实膨大后期的多雨季节，从果园内初见病果时立即开始喷药，10天左右1次，连喷1～2次，重点喷洒树冠中下部果实及地面。烯酰·霜脲氰喷施倍数同“葡萄霜霉病”。

柑橘疫霉褐腐病 在柑橘果实生长后期的多雨季节，从果园内初见病果时立即开始喷药，7～10天1次，连喷1～2次，重点喷洒树冠中下部果实及地面。烯酰·霜脲氰喷施倍数同“葡萄霜霉病”。

荔枝霜疫霉病 在花蕾期、幼果期、果实膨大期、果实转色期各喷药1次，注意与不同类型药剂交替使用。烯酰·霜脲氰喷施倍数同“葡萄霜霉病”。

黄瓜、甜瓜、哈密瓜、苦瓜等瓜类霜霉病 从病害发生初期或初见病斑时开始喷药，7～10天1次，与不同类型药剂交替使用，直到生长后期。烯酰·霜脲氰一般每亩次使用35%悬浮剂40～60毫升，或40%悬浮剂40～50毫升，或48%悬浮剂30～40毫升，或25%可湿性粉剂60～80克，或50%可湿性粉剂30～40克，或70%水分散粒剂25～35克，对水45～60千克均匀喷雾，注意喷洒叶片背面。

辣椒疫病 从病害发生初期开始喷药，7～10天1次，与不同类型药剂交替使用，连喷2～4次，注意喷洒叶片背面及植株茎基部。烯酰·霜脲氰喷施剂量同“黄瓜霜霉病”。

番茄晚疫病 从病害发生初期开始喷药，7～10天1次，与不同类型药剂交替使用，连喷3～5次。烯酰·霜脲氰喷施剂量同“黄瓜霜霉病”。

马铃薯晚疫病 从病害发生初期或田间初见病株时或植株现蕾期开始喷药，10天左右1次，与不同类型药剂交替使用，直到生长后期。烯酰·霜脲氰一般每亩次使用35%悬浮剂40～60毫升，或40%悬浮剂40～50毫升，或48%悬浮剂30～40毫升，或25%可湿性粉剂60～80克，或50%可湿性粉剂30～40克，或70%水分散粒剂25～35克，对水60～75千克均匀喷雾。

烟草黑胫病 从病害发生初期或田间初见病株时开始喷药，7～10天1次，与不同类型药剂交替使用，连喷2～4次，重点喷洒植株中下部的茎部及茎基部周围土壤。烯酰·霜脲氰一般使用25%可湿性粉剂1 000～1 200倍液，或35%悬浮剂1 200～1 500倍液，或40%悬浮剂1 500～2 000倍液，或48%悬浮剂或50%可湿性粉剂2 000～2 500倍液，或70%水分散粒剂3 000～3 500倍液均匀喷雾或喷淋。

注意事项 烯酰·霜脲氰不能与碱性药剂及肥料混用。连续喷药时，注意与不同类型药剂交替使用，以延缓病菌产生抗药性。本剂生产企业较多，配方比例有较大差异，具体选用时应以其标签说明为准。

唑醚·代森联

有效成分 吡唑醚菌酯（pyraclostrobin）＋代森联（metiram）。

主要含量与剂型 60%（5%＋55%）、72%（6%＋66%）水分散粒剂。括号内有效成分含量均为吡唑醚菌酯的含量加代森联的含量。

产品特点 唑醚·代森联是由吡唑醚菌酯（甲氧基丙烯酸酯

类）与代森联（有机硫类）按一定比例混配的一种广谱低毒复合杀菌剂，以预防保护作用为主，耐雨水冲刷，持效期较长，使用安全，并有提高植物生理活性、激发免疫力和抗病性、提高产品质量等功效。两种有效成分，既能抑制病菌呼吸作用而阻碍能量供应，又能抑制病菌多种酶活性而阻止孢子萌发、干扰芽管伸长等，作用互补，协同增效，病菌不易产生抗药性。

适用作物防控对象及使用技术

苹果树轮纹病、炭疽病、套袋果斑点病、褐斑病、斑点落叶病、黑星病、霉心病　先于花序分离期和落花80%左右时各喷药1次，有效防控霉心病；然后从苹果落花后7～10天开始喷药，10天左右1次，连喷3次药后套袋，有效防控套袋苹果的轮纹病、炭疽病及套袋果斑点病，兼防春梢期斑点落叶病和褐斑病、黑星病；苹果套袋后（不套袋苹果连续喷药即可）继续喷药4～6次，间隔期10～15天，有效防控褐斑病、秋梢期斑点落叶病及不套袋苹果的轮纹病、炭疽病，兼防黑星病。连续喷药时，注意与不同类型药剂交替使用。唑醚·代森联一般使用60%水分散粒剂800～1 000倍液或72%水分散粒剂1 000～1 200倍液均匀喷雾。

梨树炭疽病、轮纹病、套袋果黑点病、黑斑病、白粉病　多从梨树落花后10天左右开始喷药，10天左右1次，连喷2～3次药后套袋，有效防控套袋梨的炭疽病、轮纹病及套袋果黑点病，兼防黑斑病；套袋后（不套袋梨连续喷药即可）继续喷药4～6次，间隔期10～15天，有效防控黑斑病、白粉病及不套袋梨的炭疽病、轮纹病。连续喷药时，注意与不同类型药剂交替使用。唑醚·代森联喷施倍数同“苹果树轮纹病”。

葡萄霜霉病、白腐病、炭疽病、褐斑病、穗轴褐枯病　先于葡萄花蕾期和落花后各喷药1次，有效防控穗轴褐枯病及霜霉病为害幼穗；然后以防控霜霉病为主，兼防白腐病、炭疽病、褐斑病即可，即从叶片上初见霜霉病病斑时立即开始连续喷药，10天左右1次，与不同类型药剂交替使用，直到生长后期或雨露雾等高湿气候不再出现时，中早熟品种葡萄采收后仍需喷药1～2次。唑醚·代森联喷施倍数同“苹果树轮纹病”。

桃树黑星病、炭疽病、真菌性穿孔病　毛桃类多从桃树落花后

20～30 天开始喷药，油桃类多从桃树落花后 10～15 天开始喷药，10～15 天 1 次，与不同类型药剂交替使用，连喷 2～4 次，往年病害发生较重果园，再增加喷药 1～2 次。唑醚·代森联喷施倍数同“苹果树轮纹病”。

枣树炭疽病、轮纹病　多从枣果坐住后半月左右开始喷药，10～15 天 1 次，与不同类型药剂交替使用，连喷 4～6 次。唑醚·代森联喷施倍数同“苹果树轮纹病”。

核桃炭疽病　多从果实膨大中期开始喷药，10～15 天 1 次，连喷 2～3 次。唑醚·代森联喷施倍数同“苹果树轮纹病”。

柿树炭疽病、圆斑病、角斑病　南方甜柿病害发生较重果园或产区，先于柿树开花前喷药 1 次，然后从落花后 10 天左右开始连续喷药，10～15 天 1 次，与不同类型药剂交替使用，连喷 5～7 次；北方柿树产区，多从落花后 20 天左右开始喷药，10～15 天 1 次，连喷 2～3 次即可。唑醚·代森联喷施倍数同“苹果树轮纹病”。

石榴炭疽病、褐斑病、麻皮病　一般果园在开花前、落花后、幼果期、套袋前及套袋后各喷药 1 次即可，中后期多雨潮湿时需增加喷药 1～2 次，注意与不同类型药剂交替使用。唑醚·代森联喷施倍数同“苹果树轮纹病”。

柑橘树疮痂病、炭疽病、黑星病、黄斑病　在春梢萌发初期、春梢转绿期、落花 2/3 时、落花后 15 天左右、落花后 30 天左右、夏梢抽生初期、夏梢转绿期、秋梢抽生初期、秋梢转绿期各喷药 1 次，注意与不同类型药剂交替使用。唑醚·代森联喷施倍数同“苹果树轮纹病”。

香蕉黑星病、叶斑病　从病害发生初期开始喷药，10～15 天 1 次，与不同类型药剂交替使用，连喷 3～5 次。唑醚·代森联一般使用 60%水分散粒剂 600～800 倍液或 72%水分散粒剂 800～1 000 倍液均匀喷雾。

荔枝霜疫霉病　在花蕾期、幼果期、果实膨大期、果实转色期各喷药 1 次，注意与不同类型药剂交替使用。唑醚·代森联喷施倍数同“香蕉黑星病”。

黄瓜霜霉病、疫病、炭疽病、黑星病、靶斑病　以防控霜霉病为主，兼防其他病害即可。从定植缓苗后或初见霜霉病病斑时立即开始喷药，7～10 天 1 次，与不同类型药剂交替使用，直到生长后期。唑醚·代森联一般每亩次使用 60%水分散粒剂 80～120 克或 72%水分散粒剂 60～80 克，对水 45～60 千克均匀喷雾，植株较小时适当降低用药量。

西瓜疫病、炭疽病、蔓枯病　从相应病害发生初期开始喷药，7～10 天 1 次，与相应不同类型药剂交替使用，连喷 3～4 次。唑醚·代森联喷施剂量同“黄瓜霜霉病”。

甜瓜霜霉病、炭疽病　从相应病害发生初期开始喷药，7～10 天 1 次，与相应不同类型药剂交替使用，连喷 3～4 次。唑醚·代森联喷施剂量同“黄瓜霜霉病”。

辣椒疫病、炭疽病　从相应病害发生初期开始喷药，7～10 天 1 次，与相应不同类型药剂交替使用，连喷 2～4 次。唑醚·代森联喷施剂量同“黄瓜霜霉病”，防控疫病时注意喷洒植株中下部的茎部及茎基部周围土壤。

番茄晚疫病、早疫病、叶霉病　从相应病害发生初期开始喷药，7～10 天 1 次，与相应不同类型药剂交替使用，连喷 3～5 次。唑醚·代森联喷施剂量同“黄瓜霜霉病”。

白菜、甘蓝等十字花科蔬菜的炭疽病、霜霉病、黑斑病　从相应病害发生初期开始喷药，7～10 天 1 次，连喷 2 次左右。唑醚·代森联一般每亩次使用 60%水分散粒剂 40～60 克或 72%水分散粒剂 35～50 克，对水 30～45 千克均匀喷雾。

马铃薯早疫病、晚疫病、炭疽病　从病害发生初期或田间初见病斑时或植株现蕾期开始喷药，7～10 天 1 次，与相应不同类型药剂交替使用，直到生长后期。唑醚·代森联一般每亩次使用 60%水分散粒剂 100～120 克或 72%水分散粒剂 80～100 克，对水 60～75 千克均匀喷雾。

花生叶斑病　从病害发生初期或开花下针期开始喷药，10～15 天 1 次，连喷 2～3 次。一般每亩次使用 60%水分散粒剂 60～100 克或 72%水分散粒剂 50～70 克，对水 30～45 千克均匀喷雾。

洋葱、大葱紫斑病　从病害发生初期开始喷药，10 天左右 1 次，连喷 2 次左右。唑醚·代森联喷施剂量同“花生叶斑病”。

大蒜叶枯病　从病害发生初期开始喷药，7～10 天 1 次，连喷

2次左右。唑醚·代森联喷施剂量同“花生叶斑病”。

姜叶斑病　从病害发生初期开始喷药，7～10天1次，连喷2次左右。唑醚·代森联喷施剂量同“花生叶斑病”。

棉花立枯病　多在棉花出苗期至第一真叶展开期，遇阴雨天之前及时进行喷药，以后根据气候因素和田间病情安排喷药次数。一般每亩次使用60%水分散粒剂60～100克或72%水分散粒剂50～70克，对水30～45千克均匀喷雾，并连同苗垄周围的地表一同喷洒。

玉米大斑病、小斑病、圆斑病、灰斑病、黄斑病　从病害发生初期开始喷药，10～15天1次，连喷1～2次。一般每亩次使用60%水分散粒剂60～100克或72%水分散粒剂50～70克，对水30～45千克均匀喷雾；当植株较高大时（玉米生长中后期），适当增加用药量。

小麦赤霉病　在小麦齐穗初期和扬花初期各喷药1次，往年赤霉病严重地区且遇扬花期多雨潮湿时，7～10天后再喷药1次。一般每亩次使用60%水分散粒剂60～90克或72%水分散粒剂50～70克，对水30～45千克均匀喷雾。

烟草赤星病　从病害发生初期开始喷药，10天左右1次，连喷2～3次。一般每亩次使用60%水分散粒剂80～100克或72%水分散粒剂70～80克，对水45～60千克均匀喷雾。

注意事项　唑醚·代森联不能与碱性药剂及肥料混用，也不能与含铜药剂混用。在病害发生前或病菌侵染前开始喷药效果最好，且喷药应均匀周到。吡唑醚菌酯对冬枣果实较敏感，特别是棚室内，用药时需要注意。

唑醚·啶酰菌

有效成分　吡唑醚菌酯（pyraclostrobin）＋啶酰菌胺（boscalid）。

主要含量与剂型　30%（10%＋20%）、33%（6.5%＋26.5%）、35%（10%＋25%）、38%（12.8%＋25.2%）悬浮剂，38%（12.7%＋25.3%；12.8%＋25.2%；13%＋25%）、40%（13%＋27%；13.3%＋26.7%）水分散粒剂。括号内有效成分含量均为吡唑醚菌酯的含量加啶酰菌胺的含量。

产品特点 唑醚·啶酰菌是由吡唑醚菌酯（甲氧基丙烯酸酯类）与啶酰菌胺（吡啶甲酰胺类）按一定比例混配的一种广谱低毒复合杀菌剂，具有保护和治疗双重作用，速效性较好，内吸渗透性较强，耐雨水冲刷，持效期较长；两种有效成分虽然均是通过抑制线粒体呼吸而影响病菌能量供应，但作用位点不同，协同增效显著。

适用作物防控对象及使用技术

葡萄灰霉病、白腐病、白粉病 防控灰霉病时，先于葡萄花蕾期和落花后各喷药1次，有效防控幼穗受害；套袋葡萄，在套袋前喷药1次，防控袋内果穗受害；不套袋葡萄，于葡萄近成熟期果穗上初见灰霉病病粒时立即开始喷药，7～10天1次，连喷1～2次。防控白腐病时，套袋葡萄于套袋前喷药1次即可，不套袋葡萄多从果粒膨大后期开始喷药，7～10天1次，与不同类型药剂交替使用，直到采收前1周左右。防控白粉病时，从病害发生初期开始喷药，10天左右1次，连喷2～3次。唑醚·啶酰菌一般使用30%悬浮剂或35%悬浮剂或38%悬浮剂或38%水分散粒剂1 000～1 500倍液，或33%悬浮剂800～1 000倍液，或40%水分散粒剂1 500～2 000倍液均匀喷雾。

桃树灰霉病、褐腐病 防控灰霉病时，适用于棚室内桃树，在开花前、落花后各喷药1次。防控褐腐病时，套袋桃在套袋前喷药1次即可；不套袋桃多从果实采收前1个月左右或初见病果时开始喷药，7～10天1次，连喷2次左右。唑醚·啶酰菌喷施倍数同“葡萄灰霉病”。

草莓灰霉病、白粉病 多从草莓初花期或病害发生初期开始喷药，10天左右1次，与不同类型药剂交替使用，直到果实采收后期。唑醚·啶酰菌一般每亩次使用30%悬浮剂或33%悬浮剂或35%悬浮剂或38%悬浮剂40～60毫升，或38%水分散粒剂或40%水分散粒剂40～60克，对水30～45千克均匀喷雾。

香蕉叶斑病 从病害发生初期开始喷药，10～15天1次，与不同类型药剂交替使用，连喷3～5次。唑醚·啶酰菌一般使用30%悬浮剂或35%悬浮剂或38%悬浮剂或38%水分散粒剂800～1 000倍液，或33%悬浮剂600～700倍液，或40%水分散粒剂1 000～1 200倍液均匀喷雾。

黄瓜灰霉病、白粉病 从病害发生初期开始喷药，7～10天1次，与不同类型药剂交替使用，连喷3～5次。唑醚·啶酰菌一般每亩次使用33%悬浮剂50～70毫升，或30%悬浮剂或35%悬浮剂或38%悬浮剂40～60毫升，或38%水分散粒剂50～70克，或40%水分散粒剂40～60克，对水45～60千克均匀喷雾。

西瓜灰霉病 从病害发生初期开始喷药，7～10天1次，连喷2次左右。唑醚·啶酰菌喷施剂量同“黄瓜灰霉病”。

番茄灰霉病 从病害发生初期或连续阴天2天时开始喷药，7～10天1次，连喷2次左右。唑醚·啶酰菌喷施剂量同“黄瓜灰霉病”。

注意事项 唑醚·啶酰菌不能与碱性药剂及肥料混用。连续喷药时，注意与不同类型药剂交替使用，以延缓病菌产生抗药性。

唑醚·氰霜唑

有效成分 吡唑醚菌酯（pyraclostrobin）＋氰霜唑（cyazofamid）。

主要含量与剂型 24%（20%＋4%）、25%（20%＋5%）、30%（8%＋22%；20%＋10%）、32%（14%＋18%）、35%（25%＋10%）、36%（28%＋8%）悬浮剂，40%（28%＋12%）水分散粒剂。括号内有效成分含量均为吡唑醚菌酯的含量加氰霜唑的含量。

产品特点 唑醚·氰霜唑是由吡唑醚菌酯（甲氧基丙烯酸酯类）与氰霜唑（磺胺咪唑类）按一定比例科学混配的一种高效低毒复合杀菌剂，主要用于防控低等真菌性病害，以保护作用为主，兼有一定治疗效果，内吸渗透性好，持效期较长。两种有效成分虽然均是通过抑制呼吸作用，影响病菌能量供应而杀菌，但作用位点不同，具有互补增效作用，防病效果更好，且病菌不易产生抗药性。

适用作物防控对象及使用技术

葡萄霜霉病 先于花蕾期和落花后各喷药1次，有效防控葡萄幼穗受害；然后从叶片上初见霜霉病病斑时立即开始连续喷药，10天左右1次，与不同类型药剂交替使用，直到生长后期，中早熟品种葡萄采收后仍需喷药1～2次。唑醚·氰霜唑一般使用24%悬浮剂

或25%悬浮剂1 000～1 200倍液，或30%（20%＋10%）悬浮剂2 000～2 500倍液，或30%（8%＋22%）悬浮剂4 000～5 000倍液，或32%悬浮剂3 500～4 000倍液，或35%悬浮剂或36%悬浮剂2 500～3 000倍液，或40%水分散粒剂3 000～3 500倍液均匀喷雾。

荔枝霜疫霉病 在花蕾期、幼果期、果实膨大期、果实转色期各喷药1次，注意与不同类型药剂交替使用。唑醚·氰霜唑喷施倍数同“葡萄霜霉病”。

黄瓜霜霉病 从病害发生初期或叶片上初见霜霉病病斑时立即开始喷药，7～10天1次，与不同类型药剂交替使用，直到生长后期。唑醚·氰霜唑一般每亩次使用24%悬浮剂或25%悬浮剂40～50毫升，或30%（20%＋10%）悬浮剂35～40毫升，或30%（8%＋22%）悬浮剂25～30毫升，或32%悬浮剂30～40毫升，或35%悬浮剂或36%悬浮剂25～35毫升，或40%水分散粒剂30～40克，对水45～60千克均匀喷雾。

番茄晚疫病 从病害发生初期开始喷药，7～10天1次，与不同类型药剂交替使用，连喷3～5次。唑醚·氰霜唑喷施剂量同“黄瓜霜霉病”。

马铃薯晚疫病 从病害发生初期或田间初见病株时或植株现蕾期开始喷药，10天左右1次，与不同类型药剂交替使用，直到生长后期。唑醚·氰霜唑一般每亩次使用24%悬浮剂或25%悬浮剂35～45毫升，或30%（20%＋10%）悬浮剂30～40毫升，或30%（8%＋22%）悬浮剂18～20毫升，或32%悬浮剂20～25毫升，或35%悬浮剂或36%悬浮剂20～30毫升，或40%水分散粒剂25～35克，对水60～75千克均匀喷雾。

注意事项 唑醚·氰霜唑不能与碱性药剂及肥料混用。连续喷药时，注意与不同类型药剂交替使用。本剂生产企业较多，配方比例差异较大，具体选用时应以其标签说明为准。

唑醚·戊唑醇

有效成分 吡唑醚菌酯（pyraclostrobin）＋戊唑醇（tebuconazole）。

主要含量与剂型 30%（10%＋20%；18%＋12%）、35%（7%＋28%）、38%（7%＋31%）、40%（10%＋30%；13.3%＋26.7%）、42%（10%＋32%）、45%（15%＋30%）、48%（16%＋32%）悬浮剂，42%（28%＋14%）乳油，45%（8%＋37%）可湿性粉剂，40%（10%＋30%）、60%（20%＋40%）水分散粒剂。括号内有效成分含量均为吡唑醚菌酯的含量加戊唑醇的含量。

产品特点 唑醚·戊唑醇又称吡唑·戊唑醇，是由吡唑醚菌酯（甲氧基丙烯酸酯类）与戊唑醇（三唑类）按一定比例科学混配的一种高效低毒复合杀菌剂，具有预防保护和内吸治疗双重作用，杀菌活性高，渗透、内吸性强，耐雨水冲刷，药效稳定，持效期较长。两种杀菌作用机理优势互补，既能通过抑制呼吸作用而影响病菌能量供应，又能抑制病菌细胞膜形成，防病范围更广，且病菌不易产生抗药性。

适用作物防控对象及使用技术

苹果树轮纹病、炭疽病、套袋果斑点病、斑点落叶病、褐斑病、炭疽叶枯病、黑星病、锈病、白粉病 防控轮纹病、炭疽病、套袋果斑点病时，从苹果落花后7～10天开始喷药，10天左右1次，连喷3次药后套袋（套袋后停止喷药）；不套袋苹果需继续喷药4～6次，间隔期10～15天。防控斑点落叶病时，在春梢生长期内和秋梢生长期内各喷药2次左右，间隔期10～15天。防控褐斑病时，多从落花后1个月左右或初见褐斑病病叶时或套袋前开始喷药，10～15天1次，连喷4～6次。防控炭疽叶枯病时，在雨季（7、8月份）降雨前2天开始喷药，10天左右1次，连喷2～3次。防控黑星病时，从病害发生初期开始喷药，10～15天1次，连喷2～4次。防控锈病、白粉病时，在花序分离期、落花80%及落花后10天左右各喷药1次；往年白粉病发生较重果园，再于花芽分化期（8、9月份）增加喷药1～2次。连续喷药时，注意与不同类型药剂交替使用，并根据具体防控病害综合考虑。唑醚·戊唑醇一般使用30%悬浮剂1 500～2 000倍液，或35%悬浮剂2 000～2 500倍液，或38%悬浮剂或40%悬浮剂或42%悬浮剂或40%水分散粒剂2 000～3 000倍液，或45%悬浮剂或48%悬浮剂3 000～3 500倍液，或42%乳油或45%可湿性粉剂2 500～3 000倍液，或

60%水分散粒剂 3 500～4 000 倍液均匀喷雾。

梨树黑星病、轮纹病、炭疽病、套袋果黑点病、黑斑病、褐斑病、锈病、白粉病　先于花序分离期和落花后各喷药 1 次，有效防控锈病，兼防黑星病。然后以防控黑星病为主导，兼防其他病害即可，多从梨树落花后 10～15 天开始继续喷药，10～15 天 1 次，连喷 2～3 次药后套袋。套袋后继续喷药 4～6 次，间隔期 10～15 天。连续喷药时，注意与不同类型药剂交替使用。唑醚·戊唑醇喷施倍数同“苹果树轮纹病”。

山楂白粉病、锈病、炭疽病、轮纹病、叶斑病　防控白粉病、锈病时，在新梢抽生期、花序分离期、落花后和落花后 10～15 天各喷药 1 次；防控炭疽病、轮纹病、叶斑病时，多从落花后 20 天左右开始喷药，10～15 天 1 次，连喷 3～5 次。连续喷药时，注意与不同类型药剂交替使用。唑醚·戊唑醇喷施倍数同“苹果树轮纹病”。

葡萄炭疽病、褐斑病、白粉病　防控炭疽病时，套袋葡萄在套袋前喷药 1 次即可，不套袋葡萄多从果粒膨大中期开始喷药，10 天左右 1 次，与不同类型药剂交替使用，直到采收前 1 周左右；防控褐斑病、白粉病时，从相应病害发生初期开始喷药，10 天左右 1 次，连喷 2～4 次。唑醚·戊唑醇喷施倍数同“苹果树轮纹病”。

桃树黑星病、炭疽病、真菌性穿孔病、锈病、白粉病　防控黑星病、炭疽病时，毛桃类多从桃树落花后 20 天左右开始喷药，油桃类多从桃树落花后 10～15 天开始喷药，10～15 天 1 次，连喷 3～5 次（套袋桃套袋后结束）；防控真菌性穿孔病、锈病、白粉病时，从相应病害发生初期开始喷药，10～15 天 1 次，连喷 2～4 次。连续喷药时，注意与不同类型药剂交替使用。唑醚·戊唑醇喷施倍数同“苹果树轮纹病”。

李树红点病、炭疽病、真菌性穿孔病　防控红点病时，从叶片展开期开始喷药，10～15 天 1 次，连喷 3～4 次；防控炭疽病、真菌性穿孔病时，多从落花后 20 天左右开始喷药，10～15 天 1 次，连喷 3～5 次。连续喷药时，注意与不同类型药剂交替使用。唑醚·戊唑醇喷施倍数同“苹果树轮纹病”。

核桃炭疽病、褐斑病　多从果实膨大中期开始喷药，10～15 天 1 次，连喷 2～4 次。唑醚·戊唑醇喷施倍数同“苹果树轮纹病”。

柿树炭疽病、角斑病、圆斑病、黑星病 北方柿树产区，多从落花后20天左右开始喷药，15天左右1次，连喷2～3次；南方甜柿产区病害发生较重果园，先于开花前喷药1次，然后从落花后10天左右开始连续喷药，10～15天1次，与不同类型药剂交替使用，连喷5～7次。唑醚·戊唑醇喷施倍数同"苹果树轮纹病"。

枣树锈病、炭疽病、轮纹病 多从枣果坐住后10～15天或初见锈病病叶时开始喷药，10～15天1次，与不同类型药剂交替使用，连喷4～6次。唑醚·戊唑醇喷施倍数同"苹果树轮纹病"。

石榴炭疽病、褐斑病、麻皮病 一般果园在开花前、落花后、幼果期、套袋前、套袋后各喷药1次即可。中后期多雨潮湿时或病害发生较重时，需增加喷药1～2次。注意与不同类型药剂交替使用。唑醚·戊唑醇喷施倍数同"苹果树轮纹病"。

花椒锈病 从病害发生初期开始喷药，10～15天1次，与不同类型药剂交替使用，连喷2～4次。唑醚·戊唑醇喷施倍数同"苹果树轮纹病"。

枸杞白粉病 从病害发生初期开始喷药，10～15天1次，连喷2次左右。唑醚·戊唑醇喷施倍数同"苹果树轮纹病"。

柑橘树炭疽病、疮痂病、砂皮病、黑星病、黄斑病 在春梢萌发初期、春梢转绿期、落花2/3时、落花后15天左右、落花后30天左右、夏梢抽生初期、夏梢转绿期、秋梢抽生初期、秋梢转绿期各喷药1次，注意与不同类型药剂交替使用。唑醚·戊唑醇喷施倍数同"苹果树轮纹病"。

香蕉叶斑病、黑星病 从病害发生初期开始喷药，10～15天1次，与不同类型药剂交替使用，连喷3～5次。唑醚·戊唑醇一般使用30%悬浮剂1 000～1 200倍液，或35%悬浮剂1 200～1 500倍液，或38%悬浮剂或40%悬浮剂或42%悬浮剂或40%水分散粒剂1 600～2 000倍液，或45%悬浮剂或48%悬浮剂1 800～2 000倍液，或42%乳油或45%可湿性粉剂1 500～1 800倍液，或60%水分散粒剂2 000～2 500倍液均匀喷雾。

黄瓜白粉病、黑星病、炭疽病 从病害发生初期开始喷药，7～10天1次，与不同类型药剂交替使用，连喷2～4次。唑醚·戊唑醇一般每亩次使用30%悬浮剂30～40毫升，或35%悬浮剂30～

35毫升，或38%悬浮剂或40%悬浮剂或42%悬浮剂或45%悬浮剂或48%悬浮剂26～30毫升，或42%乳油25～30毫升，或40%水分散粒剂30～35克，或45%可湿性粉剂25～30克，或60%水分散粒剂16～20克，对水45～60千克均匀喷雾。

西瓜炭疽病　从坐住瓜后的病害发生初期开始喷药，10天左右1次，连喷2～4次。唑醚·戊唑醇喷施剂量同“黄瓜白粉病”。

辣椒炭疽病　从病害发生初期开始喷药，7～10天1次，与不同类型药剂交替使用，连喷2～4次。唑醚·戊唑醇一般每亩次使用30%悬浮剂50～70毫升，或35%悬浮剂50～60毫升，或38%悬浮剂或40%悬浮剂或42%悬浮剂或45%悬浮剂或48%悬浮剂40～50毫升，或42%乳油30～40毫升，或40%水分散粒剂50～60克，或45%可湿性粉剂40～50克，或60%水分散粒剂25～30克，对水45～60千克均匀喷雾。

小麦白粉病、锈病、赤霉病　防控白粉病、锈病时，从病害发生初期开始喷药，10～15天1次，连喷2次左右；或在拔节期和孕穗期至抽穗期各喷药1次。防控赤霉病时，在齐穗初期和扬花期各喷药1次。唑醚·戊唑醇一般每亩次使用30%悬浮剂40～50毫升，或35%悬浮剂25～30毫升，或38%悬浮剂或40%悬浮剂或42%悬浮剂或45%悬浮剂或48%悬浮剂20～25毫升，或42%乳油18～25毫升，或40%水分散粒剂25～30克，或45%可湿性粉剂20～25克，或60%水分散粒剂12～15克，对水30～45千克均匀喷雾。

玉米大斑病、小斑病、灰斑病、圆斑病　从病害发生初期开始喷药，10～15天1次，连喷2次左右。唑醚·戊唑醇喷施剂量同“小麦白粉病”。

花生叶斑病　从病害发生初期或开花下针期开始喷药，10～15天1次，连喷2～3次。唑醚·戊唑醇喷施剂量同“小麦白粉病”。

注意事项　唑醚·戊唑醇不能与碱性药剂及肥料混用。吡唑醚菌酯对冬枣果实较敏感，特别是棚室内，用药时需要注意。苹果和梨的幼果期尽量避免选用乳油制剂，不套袋葡萄的近成熟期亦尽量避免选用乳油制剂。本剂生产企业较多，配方比例差异较大，具体选用时应以其标签说明为准。

第二章 杀虫剂

第一节 单 剂

阿维菌素 abamectin

主要含量与剂型 0.5%、0.9%、1%、1.8%、2%、3%、3.2%、5%、18克/升乳油，0.5%、1%、1.8%、3%、3.2%、5%微乳剂，3%、5%、18克/升水乳剂，0.5%、5%可溶液剂，3%、5%、10%悬浮剂，2%、5%、10%微囊悬浮剂，1.5%超低容量液剂，1.8%可湿性粉剂，3%、5%、6%、10%水分散粒剂，0.5%、1%、1.5%、2.5%、3%颗粒剂，1%缓释粒，0.1%浓饵剂。

产品特点 阿维菌素是一种农用抗生素类（大环内酯双糖类）高效广谱杀虫、杀螨剂，属昆虫神经毒剂，制剂低毒或中毒。对昆虫和螨类以触杀和胃毒作用为主，并有微弱的熏蒸作用，无内吸作用，但对叶片有较强的渗透性，并能在植物体内横向传导，可杀死表皮下的害虫，且持效期较长。制剂杀虫（螨）活性高，对胚胎已发育的后期卵有较强的杀卵活性，但对胚胎未发育的初产卵无毒杀作用。其作用机理是干扰害虫（螨）神经生理活动，刺激释放γ-氨基丁酸，抑制害虫（螨）神经信息传导，使氯离子通道活化，导致害虫（螨）在几小时内迅速麻痹、拒食、缓动或不动，2～4天后死亡。阿维菌素具有强烈杀虫、杀螨、杀线虫活性，杀虫谱广，使用安全，害虫（螨）不易产生抗药性，但对蜜蜂和水生生物高毒。

适用作物防控对象及使用技术 阿维菌素广泛应用于果树及林

木、瓜果蔬菜、粮棉油及糖烟茶、观赏植物、药用植物等多种植物上，主要用于防控害螨类、鳞翅目食叶及蛀果害虫、跳甲及叶甲类、木虱类、果食蝇类、潜叶蝇类、线虫类等多种害虫。

苹果树叶螨类（红蜘蛛、白蜘蛛） 先于苹果花序分离期喷药1次，然后从害螨发生初盛期（树冠内膛下部叶片平均每叶有螨3～4头时）开始继续喷药，1～1.5个月1次，连喷3次左右。一般使用0.5%乳油或0.5%微乳剂或0.5%可溶液剂600～700倍液，或0.9%乳油或1%乳油或1%微乳剂1 200～1 500倍液，或1.8%乳油或1.8%微乳剂或1.8%可湿性粉剂或18克/升乳油或18克/升水乳剂2 000～2 500倍液，或2%乳油或2%微囊悬浮剂2 000～3 000倍液，或3%乳油或3%水乳剂或3%微乳剂或3%悬浮剂或3%水分散粒剂3 000～4 000倍液，或3.2%乳油或3.2%微乳剂3 500～4 000倍液，或5%乳油或5%水乳剂或5%微乳剂或5%可溶液剂或5%悬浮剂或5%微囊悬浮剂或5%水分散粒剂5 000～6 000倍液，或6%水分散粒剂6 000～6 500倍液，或10%悬浮剂或10%微囊悬浮剂或10%水分散粒剂10 000～12 000倍液均匀喷雾。需要注意，不同区域该药已使用年数或次数不同，耐药性或抗药性存在一定差异，具体用药时还应根据当地实际情况酌情增减用药浓度，以确保防控效果。

梨树叶螨类 先于梨树花序分离期喷药1次，然后再从叶螨发生初盛期开始继续喷药，1～1.5个月1次，连喷3次左右。阿维菌素喷施倍数同“苹果树叶螨类”。

枣树叶螨类 先于枣树萌芽期喷药1次，连同地面一起喷洒；然后再从害螨发生初盛期开始继续喷药，1个月左右1次，连喷3次左右。阿维菌素喷施倍数同“苹果树叶螨类”。

桃树、杏树、山楂树等其他落叶果树的叶螨类 多从害螨发生为害初期开始喷药，1个月左右1次，连喷2～3次。阿维菌素喷施倍数同“苹果树叶螨类”。

葡萄瘿螨 多从葡萄嫩梢长至15厘米左右时开始喷药，15～20天1次，连喷1～2次。阿维菌素喷施倍数同“苹果树叶螨类”。

枸杞瘿螨 多从嫩叶上初显瘿螨虫瘿时开始喷药，15～20天1次，连喷2次左右。阿维菌素喷施倍数同“苹果树叶螨类”。

苹果树金纹细蛾　先于苹果落花后和落花后 40 天左右各喷药 1 次，有效防控金纹细蛾的第 1、2 代幼虫；然后每 30～35 天喷药 1 次，连喷 2～3 次，有效防控第 3、4 代甚至第 5 代金纹细蛾幼虫。总体而言，以每代初见新鲜虫斑时即进行喷药效果最好。阿维菌素喷施倍数同“苹果树叶螨类”。

苹果、梨、桃、山楂、枣等果实的食心虫类（桃小食心虫、梨小食心虫、桃蛀螟等）　于害虫卵孵化盛期至初孵幼虫蛀果前及时喷药，每代喷药 1 次即可。阿维菌素喷施倍数同“苹果树叶螨类”。

苹果树、梨树、山楂树、桃树、枣树、核桃树等落叶果树的卷叶蛾类、鳞翅目食叶害虫　防控卷叶蛾类时，在害虫发生为害初期至卷叶前及时喷药防控；防控鳞翅目食叶害虫时，在害虫发生为害初期或卵孵化盛期至低龄幼虫期及时喷药防控。每代喷药 1～2 次。阿维菌素喷施倍数同“苹果树叶螨类”。

梨树梨木虱　先于梨树落花 80%和落花后 30 天左右喷药1 次，有效防控第 1、2 代梨木虱若虫；然后每 30 天左右喷药 1 次，有效防控第 3 代及以后各代若虫。即每代若虫发生初期至未被黏液完全覆盖前及时喷药防控，一般果园每代均匀喷药 1 次即可。若成虫、若虫出现世代重叠，最好用阿维菌素与菊酯类杀虫剂混合喷洒，以兼防成虫。阿维菌素喷施倍数同“苹果树叶螨类”。

梨树缩叶壁虱、叶肿壁虱　在叶片（嫩叶）上初显受害状（叶疹或叶缘卷曲）时立即开始喷药，15 天左右 1 次，连喷 1～2 次。阿维菌素喷施倍数同“苹果树叶螨类”。

桃潜叶蛾　在害虫发生为害初期或叶片上初见“虫道”时及时喷药防控，1 个月左右 1 次，连喷 2～4 次。阿维菌素喷施倍数同“苹果树叶螨类”。

樱桃果实蝇　在果实蝇发生前（果实转色前），每亩使用 0.1%浓饵剂 200～300 毫升，稀释成 2～3 倍液后均匀分到 10～15 个诱罐内，而后将诱罐均匀悬挂在樱桃树背阴面高约 1.5 米处，诱杀果实蝇成虫。7～10 天更换 1 次诱罐内药液，直到果实采收完毕。

柑橘树红蜘蛛、黄蜘蛛、锈壁虱、潜叶蛾、柑橘木虱　防控红蜘蛛、黄蜘蛛时，在害螨发生为害初期开始喷药，1 个月左右1 次，早春至初夏需喷药3次左右，初秋至初冬需喷药2～3次。防控锈壁虱时，多从田间初显瘿螨为害状时立即开始喷药，15～20天1次，连喷3次左右。防控潜叶蛾时，在每代新梢抽生1厘米左右时开始喷药，7～10天1次，每代新梢喷药2～3次，兼防柑橘木虱。一般使用0.5%乳油或0.5%微乳剂或0.5%可溶液剂500～700倍液，或0.9%乳油或1%乳油或1%微乳剂1 000～1 500倍液，或1.8%乳油或1.8%微乳剂或1.8%可湿性粉剂或18克/升乳油或18克/升水乳剂2 000～2 500倍液，或2%乳油或2%微囊悬浮剂2 000～3 000倍液，或3%乳油或3%水乳剂或3%微乳剂或3%悬浮剂或3%水分散粒剂3 000～4 000倍液，或3.2%乳油或3.2%微乳剂3 500～4 000倍液，或5%乳油或5%水乳剂或5%微乳剂或5%可溶液剂或5%悬浮剂或5%微囊悬浮剂或5%水分散粒剂5 000～6 000倍液，或6%水分散粒剂6 000～6 500倍液，或10%悬浮剂或10%微囊悬浮剂或10%水分散粒剂10 000～12 000倍液均匀喷雾。

柑橘果实蝇（橘大实蝇、橘小实蝇） 在果实蝇发生前（柑橘果实转色前），每亩使用0.1%浓饵剂200～300毫升，稀释成2～3倍液后均匀分到10个诱罐内，而后将诱罐均匀悬挂在柑橘树背阴面高约1.5米处，诱杀果实蝇成虫。7～10天更换1次诱罐内药液。

杨梅果实蝇 在果实蝇发生前（杨梅果实转色前），每亩使用0.1%浓饵剂200～300毫升，稀释成2～3倍液后均匀分到15～20个诱罐内，而后将诱罐均匀悬挂在杨梅树背阴面的高约1.5米处，诱杀果实蝇成虫。7～10天更换1次诱罐内药液。

甘蓝、白菜、萝卜等十字花科蔬菜的菜青虫、小菜蛾、甜菜夜蛾、甘蓝夜蛾、斜纹夜蛾等鳞翅目食叶害虫及叶甲和跳甲类食叶害虫 多从害虫发生初期或卵孵化盛期至低龄幼虫期（2～3龄）开始喷药，7～10天1次，连喷2次左右。一般每亩次使用0.5%乳油或0.5%微乳剂或0.5%可溶液剂100～150毫升，或0.9%乳油60～80毫升，或1%乳油或1%微乳剂55～70毫升，或1.5%超低容量液剂35～50毫升，或1.8%乳油或1.8%微乳剂或18克/升乳油或18克/升水乳剂30～40毫升，或2%乳油或2%微囊悬浮剂

20～30毫升，或3%乳油或3%微乳剂或3%水乳剂或3%悬浮剂18～24毫升，或3.2%乳油或3.2%微乳剂16～22毫升，或5%乳油或5%微乳剂或5%水乳剂或5%可溶液剂或5%悬浮剂或5%微囊悬浮剂12～15毫升，或10%悬浮剂或10%微囊悬浮剂6～8毫升，或1.8%可湿性粉剂30～40克，或3%水分散粒剂18～25克，或5%水分散粒剂15～20克，或6%水分散粒剂12～15克，或10%水分散粒剂7～9克，对水30～45千克均匀喷雾。

瓜类、茄果类及豆类蔬菜的斑潜蝇类　从害虫发生为害初期即叶片上初见虫道时开始喷药，7～10天1次，连喷2次左右。一般每亩次使用0.5%乳油或0.5%微乳剂或0.5%可溶液剂200～250毫升，或0.9%乳油100～160毫升，或1%乳油或1%微乳剂80～150毫升，或1.5%超低容量液剂60～90毫升，或1.8%乳油或1.8%微乳剂或18克/升乳油或18克/升水乳剂50～80毫升，或2%乳油或2%微囊悬浮剂40～70毫升，或3%乳油或3%微乳剂或3%水乳剂或3%悬浮剂30～45毫升，或3.2%乳油或3.2%微乳剂25～40毫升，或5%乳油或5%微乳剂或5%水乳剂或5%可溶液剂或5%悬浮剂或5%微囊悬浮剂20～30毫升，或10%悬浮剂或10%微囊悬浮剂10～15毫升，或1.8%可湿性粉剂50～80克，或3%水分散粒剂30～45克，或5%水分散粒剂20～30克，或6%水分散粒剂15～22克，或10%水分散粒剂10～15克，对水45～60千克均匀喷雾。

瓜类、茄果类及豆类蔬菜的叶螨类　从害螨发生为害初盛期开始喷药，10～15天1次，连喷2次左右。阿维菌素喷施剂量同“瓜类蔬菜的斑潜蝇类”。

苦瓜瓜实蝇　在瓜实蝇发生前，每亩使用0.1%浓饵剂200～300毫升，稀释成2～3倍液后均匀分到10个诱罐内，而后将诱罐均匀悬挂在苦瓜架下高约1.5米处，诱杀果实蝇成虫。7～10天更换1次诱罐内药液。

黄瓜、西瓜、番茄等瓜果蔬菜的根结线虫病　既可移栽定植时用药，也可移栽定植缓苗后或田间初见病株时用药。移栽定植时，一般每亩使用0.5%颗粒剂3 000～4 000克，或1%颗粒剂1 500～2 000克，或1.5%颗粒剂1 000～1 400克，或2.5%颗粒剂600～

800 克，或 3%颗粒剂 500～700 克，或 1%缓释粒 2 000～2 500 克，与适量干细土混匀后均匀撒施于定植沟内或定植穴内；后定植，可随浇灌定植水施药，即浇灌定植药水，一般每亩使用 0.5%乳油或 0.5%微乳剂或 0.5%可溶液剂 3 000～3 600 毫升，或 0.9%乳油 1 600～2 000 毫升，或 1%乳油或 1%微乳剂 1 500～1 800 毫升，或 1.8%乳油或 1.8%微乳剂或 18 克/升乳油或 18 克/升水乳剂 800～1 000 毫升，或 2%乳油或 2%微囊悬浮剂 750～900 毫升，或 3%乳油或 3.2%乳油或 3%微乳剂或 3.2 微乳剂或 3%水乳剂或 3%悬浮剂 500～600 毫升，或 5%乳油或 5%微乳剂或 5%水乳剂或 5%可溶液剂或 5%悬浮剂或 5%微囊悬浮剂 300～350 毫升，或 10%悬浮剂或 10%微囊悬浮剂 150～200 毫升，或 1.8%可湿性粉剂 800～1 000 克，或 3%水分散粒剂 500～600 克，或 5%水分散粒剂 300～350 克，或 6%水分散粒剂 250～300 克，或 10%水分散粒剂 150～200 克，对适量水稀释后浇灌，每株浇灌药水 200～250 毫升。定植缓苗后或田间初见病株时用药，既可使用上述颗粒剂（药量相同）与适量干细土混匀后均匀撒施在植株周围而后覆土、浇水，又可使用上述药剂（药量相同）对适量水稀释后均匀浇灌植株根部（灌根）。每季最多用药 1 次。

花生根结线虫　播种时或播种前在播种沟内或播种穴内撒施药剂。一般每亩使用 0.5%颗粒剂 1 500～2 000 克，或 1%颗粒剂 800～1 000 克，或 1.5%颗粒剂 500～700 克，或 2.5%颗粒剂 300～400 克，或 3%颗粒剂 250～350 克，或 1%缓释粒 1 000～1 200 克，与适量干细土混匀后均匀撒施在播种沟内或播种穴内，而后覆土或播种后覆土。每季最多使用 1 次。

水稻二化螟、三化螟、稻纵卷叶螟　在害虫卵孵化盛期至钻蛀前或卷叶前，或田间初见受害虫株时开始喷药，7～10 天 1 次，连喷 2 次左右，防控二化螟、三化螟时注意喷洒植株中下部。一般每亩次使用 0.5%乳油或 0.5%微乳剂或 0.5%可溶液剂 100～150 毫升，或 0.9%乳油 60～90 毫升，或 1%乳油或 1%微乳剂 50～70 毫升，或 1.5%超低容量液剂 40～60 毫升，或 1.8%乳油或 1.8%微乳剂或 18 克/升乳油或 18 克/升水乳剂 30～45 毫升，或 2%乳油或 2%微囊悬浮剂 30～40 毫升，或 3%乳油或 3%微乳剂或 3%水乳剂或3%悬浮剂20～30毫升，或3.2%乳油或3.2%微乳剂18～25毫升，或5%乳油或5%微乳剂或5%水乳剂或5%可溶液剂或5%悬浮剂或5%微囊悬浮剂10～15毫升，或10%悬浮剂或10%微囊悬浮剂5～7毫升，或1.8%可湿性粉剂30～45克，或3%水分散粒剂20～30克，或5%水分散粒剂10～15克，或6%水分散粒剂8～12克，或10%水分散粒剂5～7克，对水30～60千克均匀喷雾。

茭白二化螟　从害虫发生为害初期或田间初见受害虫株时开始喷药，7～10天1次，连喷2次左右。阿维菌素喷施剂量同“水稻二化螟”。

姜玉米螟　从害虫发生为害初期或田间初见虫株时开始喷药，7～10天1次，连喷2～3次。阿维菌素喷施剂量同“水稻二化螟”。

小麦红蜘蛛　从害螨发生为害初期或田间初见害螨为害状时开始喷药，10～15天1次，连喷1～2次。阿维菌素喷施剂量同“水稻二化螟”。

玉米棉铃虫、玉米螟、草地贪夜蛾　从害虫发生为害初期或田间初见受害虫株时开始喷药，7～10天1次，连喷1～2次。喇叭口期喷药注意将药液喷洒到喇叭口内，抽穗吐丝后喷药重点喷洒雌穗部位。阿维菌素喷施剂量同“水稻二化螟”。

棉花叶螨类、棉铃虫　防控叶螨（红蜘蛛、白蜘蛛）时，在害螨发生为害初期开始喷药，10～15天1次，连喷2次左右；防控棉铃虫时，在害虫卵孵化盛期至低龄幼虫期及时进行喷药，7～10天1次，连喷1～2次。一般每亩次使用0.5%乳油或0.5%微乳剂或0.5%可溶液剂200～250毫升，或0.9%乳油100～160毫升，或1%乳油或1%微乳剂90～140毫升，或1.5%超低容量液剂60～100毫升，或1.8%乳油或1.8%微乳剂或18克/升乳油或18克/升水乳剂50～80毫升，或2%乳油或2%微囊悬浮剂45～70毫升，或3%乳油或3%微乳剂或3%水乳剂或3%悬浮剂30～45毫升，或3.2%乳油或3.2%微乳剂25～40毫升，或5%乳油或5%微乳剂或5%水乳剂或5%可溶液剂或5%悬浮剂或5%微囊悬浮剂20～30毫升，或10%悬浮剂或10%微囊悬浮剂10～15毫升，或1.8%可湿性粉剂50～80克，或3%水分散粒剂30～45克，或5%水分散粒剂20～30克，或6%水分散粒剂15～22克，或10%水分散粒剂10～15克，对水45～60千克均匀喷雾。

烟草烟青虫　在害虫卵孵化盛期至低龄幼虫期（2～3龄）开始喷药，7～10天1次，连喷1～2次。一般每亩次使用0.5%乳油或0.5%微乳剂或0.5%可溶液剂100～150毫升，或0.9%乳油60～80毫升，或1%乳油或1%微乳剂55～70毫升，或1.5%超低容量液剂35～50毫升，或1.8%乳油或1.8%微乳剂或18克/升乳油或18克/升水乳剂30～40毫升，或2%乳油或2%微囊悬浮剂20～30毫升，或3%乳油或3%微乳剂或3%水乳剂或3%悬浮剂18～24毫升，或3.2%乳油或3.2%微乳剂16～22毫升，或5%乳油或5%微乳剂或5%水乳剂或5%可溶液剂或5%悬浮剂或5%微囊悬浮剂12～15毫升，或10%悬浮剂或10%微囊悬浮剂6～8毫升，或1.8%可湿性粉剂30～40克，或3%水分散粒剂18～25克，或5%水分散粒剂15～20克，或6%水分散粒剂12～15克，或10%水分散粒剂7～9克，对水30～45千克均匀喷雾。

烟草根结线虫　多在移栽定植时于定植沟内或穴内撒施药剂。一般每亩使用0.5%颗粒剂3 500～4 000克，或1%颗粒剂1 500～2 000克，或1.5%颗粒剂1 000～1 300克，或2.5%颗粒剂700～800克，或3%颗粒剂600～700克，或1%缓释粒2 000～2 500克，与适量干细土混匀后均匀撒施在定植沟内或穴内，而后定植、覆土。每季最多使用1次。

注意事项　阿维菌素不能与碱性药剂及肥料混用，连续喷药时注意与不同杀虫机理药剂交替使用或混用。果树开花期禁止使用，严禁在蚕室附近及桑园内使用。本剂生产企业众多，剂型、含量等彼此间差异较大，具体使用时请以其标签说明为准。

吡虫啉 imidacloprid

主要含量与剂型　5%、10%、20%、25%、50%、70%可湿性粉剂，40%、65%、70%水分散粒剂，10%、20%、350克/升、480克/升、600克/升悬浮剂，15%微囊悬浮剂，10%、30%微乳

剂，5%、10%、20%、200 克/升可溶液剂，5%、10%、20%乳油，5%片剂，15%泡腾片剂，1%、30%、350 克/升、600 克/升悬浮种衣剂，10%种子处理微囊悬浮剂，70%湿拌种剂，70%种子处理可分散粉剂，0.2%、2.5%缓释粒剂，2%缓释粒，0.1%、2%、5%颗粒剂。

产品特点 吡虫啉是一种烟碱类内吸性低毒杀虫剂，专用于防控刺吸式口器害虫，具有胃毒、触杀、拒食及驱避作用，内吸传导性强，药效高、持效期长、残留低，使用安全。其杀虫机理是作用于昆虫的烟酸乙酰胆碱酯酶受体，干扰昆虫运动神经系统，使中枢神经信息传导受阻，而导致其麻痹死亡。该药速效性好，施药后 1 天即有较高防效，且药效和温度呈正相关，温度高，杀虫效果快而稳定，但对蜜蜂高毒。

适用作物防控对象及使用技术 吡虫啉广泛应用于果树、瓜果蔬菜、粮棉油作物、甜菜、茶树、马铃薯及观赏植物等，主要用于防控刺吸式口器害虫，如蚜虫类、叶蝉类、粉虱类、飞虱类、木虱类、盲蝽类、蓟马类、介壳虫类等，并对鞘翅目甲虫、双翅目斑潜蝇及鳞翅目潜叶蛾等害虫也有较好防控效果。

苹果树绣线菊蚜、苹果绵蚜、苹果瘤蚜、绿盲蝽、烟粉虱 防控绣线菊蚜，在嫩梢上蚜虫数量较多或开始向幼果上转移时开始喷药，10 天左右 1 次，连喷 2 次左右，兼防苹果绵蚜；防控苹果绵蚜，在绵蚜从越冬场所向树上幼嫩组织扩散为害期及时喷药，10～15 天 1 次，连喷 1～2 次，兼防绣线菊蚜；防控苹果瘤蚜，在苹果花序分离期喷药 1 次即可，兼防绿盲蝽、苹果绵蚜；防控绿盲蝽，在苹果发芽后至花序分离期和落花后各喷药 1 次，兼防苹果瘤蚜、苹果绵蚜；防控烟粉虱，在烟粉虱发生初盛期及时喷药，10～15 天 1 次，连喷 1～2 次，重点喷洒叶片背面。一般使用 5%乳油或 5%可溶液剂或 5%可湿性粉剂 500～700 倍液，或 10%乳油或 10%微乳剂或 10%可溶液剂或 10%悬浮剂或 10%可湿性粉剂 1 000～1 500 倍液，或 15%微囊悬浮剂或 15%泡腾片剂 1 500～2 000 倍液，或 20%乳油或 20%可溶液剂或 200 克/升可溶液剂或 20%悬浮剂或 20%可湿性粉剂 2 000～3 000 倍液，或 25%可湿性粉剂 3 000～3 500 倍液，或 30%微乳剂 3 500～4 000 倍液，或 350

克/升悬浮剂 4 000～5 000 倍液，或 40%水分散粒剂或 480 克/升悬浮剂 5 000～6 000 倍液，或 50%可湿性粉剂或 600 克/升悬浮剂 6 000～7 000 倍液，或 65%水分散粒剂 7 000～8 000 倍液，或 70%可湿性粉剂或 70%水分散粒剂 8 000～10 000 倍液均匀喷雾，连续喷药时注意与不同类型药剂交替使用或混用。

梨树梨木虱、黄粉蚜、梨二叉蚜、绿盲蝽　防控梨木虱，在每代梨木虱卵孵化盛期至若虫被黏液完全覆盖前及时喷药，第 1、2 代每代喷药 1 次，第 3 代及其以后各代每代喷药 1～2 次；防控黄粉蚜，在黄粉蚜从树皮缝隙中向树上幼嫩组织转移期及时喷药，10 天左右 1 次，连喷 2～3 次；防控梨二叉蚜，在嫩梢上蚜虫数量较多时或有卷叶为害时及时喷药，10 天左右 1 次，连喷 1～2 次，兼防梨木虱、黄粉蚜；防控绿盲蝽，在梨树花序分离期（铃铛球期）和落花后各喷药 1 次，兼防梨木虱。连续喷药时，注意与不同类型药剂交替使用或混用。吡虫啉喷施倍数同"苹果树绣线菊蚜"。

桃树、李树、杏树的蚜虫　发芽后开花前第 1 次喷药，落花后及时进行第 2 次喷药，以后 10～15 天喷药 1 次，需再喷药 2 次左右。吡虫啉喷施倍数同"苹果树绣线菊蚜"。

葡萄绿盲蝽、二星叶蝉　防控绿盲蝽，在葡萄萌芽后或绿盲蝽发生为害初期开始喷药，7～10 天 1 次，连喷 2～3 次；防控二星叶蝉，从叶片正面出现受害黄点时开始喷药，10 天左右 1 次，连喷 2 次左右，重点喷洒叶片背面。吡虫啉喷施倍数同"苹果树绣线菊蚜"，与触杀性药剂混喷效果更好。

枣树绿盲蝽、日本龟蜡蚧　防控绿盲蝽，从枣树萌芽后或绿盲蝽发生为害初期开始喷药，7～10 天 1 次，连喷 2～4 次；防控日本龟蜡蚧，在初孵若虫从母体介壳下爬出向幼嫩组织扩散为害至若虫被蜡粉覆盖前及时喷药，7～10 天 1 次，连喷 1～2 次。吡虫啉喷施倍数同"苹果树绣线菊蚜"，与触杀性药剂混喷效果更好。

柿树血斑叶蝉、绿盲蝽、柿绵蚧　防控血斑叶蝉，从害虫发生为害初盛期（叶片正面出现较多黄白色小点时）开始喷药，10 天左右 1 次，连喷 2 次左右，重点喷洒叶片背面；防控绿盲蝽，在柿树发芽后或绿盲蝽发生为害初期及时喷药，10 天左右 1 次，连喷 2 次左右；防控柿绵蚧，在初孵若虫开始扩散为害至若虫被蜡粉覆盖前及时喷药，与触杀性药剂混喷效果更好。吡虫啉喷施倍数同“苹果树绣线菊蚜”。

核桃树蚜虫　从蚜虫为害初盛期（嫩叶上蚜虫数量较多时）开始喷药，10 天左右 1 次，连喷 2 次左右。吡虫啉喷施倍数同“苹果树绣线菊蚜”。

栗树栗大蚜、栗花斑蚜　从蚜虫为害初盛期开始喷药，10 天左右 1 次，连喷 2 次左右。吡虫啉喷施倍数同“苹果树绣线菊蚜”。

石榴树绿盲蝽、棉蚜　防控绿盲蝽，从石榴发芽后或绿盲蝽发生为害初期开始喷药，10 天左右 1 次，连喷 2 次左右，与触杀性药剂混喷效果更好；防控棉蚜，从嫩梢上或花蕾上或幼果上蚜虫数量较多时开始喷药，10 天左右 1 次，连喷 2～3 次。吡虫啉喷施倍数同“苹果树绣线菊蚜”。

樱桃瘤头蚜　从瘤头蚜发生为害初期开始喷药，10 天左右 1 次，连喷 2 次左右，与触杀性药剂混喷效果更好。吡虫啉喷施倍数同“苹果树绣线菊蚜”。

山楂树梨冠网蝽　从梨冠网蝽发生为害初盛期（叶片正面显出黄白色小点时）开始喷药，10 天左右 1 次，连喷 2 次左右，重点喷洒叶片背面，与触杀性药剂混喷效果更好。吡虫啉喷施倍数同“苹果树绣线菊蚜”。

草莓蚜虫、白粉虱　从害虫发生为害初期开始喷药，7～10 天 1 次，连喷 2 次左右。吡虫啉喷施倍数同“苹果树绣线菊蚜”。

花椒树蚜虫　从蚜虫发生为害初盛期（嫩梢上或嫩芽上蚜虫数量较多时）开始喷药，7～10 天 1 次，连喷 2～3 次，与触杀性药剂混喷效果更好。吡虫啉喷施倍数同“苹果绣线菊蚜”。

枸杞蚜虫　从蚜虫发生为害初盛期（嫩梢上蚜虫数量较多时）开始喷药，10 天左右 1 次，连喷 2 次左右，与触杀性药剂混喷效果更好。吡虫啉喷施倍数同“苹果树绣线菊蚜”。

蓝莓蚜虫　从蚜虫发生为害初盛期（嫩梢上蚜虫数量较多时）开始喷药，10 天左右 1 次，连喷 2 次左右，与触杀性药剂混喷效果更好。吡虫啉喷施倍数同“苹果树绣线菊蚜”。

柑橘树潜叶蛾、柑橘木虱、蚜虫　在每代嫩梢萌发或抽生初期（嫩芽长 1 厘米左右时）开始喷药，10 天左右 1 次，每代喷药 2 次左右；柑橘木虱或蚜虫发生较多时，与触杀性药剂混喷效果更好。吡虫啉喷施倍数同“苹果树绣线菊蚜”。

香蕉冠网蝽　在害虫发生为害初盛期（叶片正面集中显出黄白色褪绿小点时）开始喷药，10～15 天 1 次，连喷 2 次左右，重点喷洒叶片背面，与触杀性药剂混喷效果更好。吡虫啉喷施倍数同“苹果树绣线菊蚜”。

茶树茶小绿叶蝉　从害虫发生初期或虫量开始迅速增加时开始喷药，7～10 天 1 次，连喷 2～3 次，与触杀性药剂混喷效果更好。吡虫啉喷施倍数同“苹果树绣线菊蚜”。

甘蓝、白菜、萝卜等十字花科蔬菜蚜虫　从害虫发生为害初期或虫量开始较快增多时开始喷药，10～15 天 1 次，连喷 2 次左右。一般每亩次使用 5%乳油或 5%可溶液剂 40～60 毫升，或 5%可湿性粉剂或 5%片剂 40～60 克，或 10%乳油或 10%微乳剂或 10%可溶液剂或 10%悬浮剂 20～30 毫升，或 10%可湿性粉剂 20～30 克，或 15%微囊悬浮剂 15～20 毫升，或 15%泡腾片剂 15～20 克，或 20%乳油或 20%可溶液剂或 200 克/升可溶液剂或 20%悬浮剂10～15 毫升，或 20%可湿性粉剂 10～15 克，或 25%可湿性粉剂 8～12 克，或 30%微乳剂或 350 克/升悬浮剂 7～10 毫升，或 40%水分散粒剂 5～8 克，或 480 克/升悬浮剂 5～7 毫升，或 50%可湿性粉剂 4～6 克，或 600 克/升悬浮剂 4～6 毫升，或 65%水分散粒剂 3～4.5 克，或 70%可湿性粉剂或 70%水分散粒剂 3～4 克，对水 30～45 千克均匀喷雾。

番茄、茄子、黄瓜、西瓜、甜瓜等瓜果类的蚜虫、粉虱、蓟马、斑潜蝇　从害虫发生为害初期或虫量开始较快增多时开始喷药，10～15 天 1 次，连喷 2 次左右。一般每亩次使用 5%乳油或 5%可溶液剂 60～80 毫升，或 5%可湿性粉剂或 5%片剂 60～80 克，或 10%乳油或 10%微乳剂或 10%可溶液剂或 10%悬浮剂 30～40 毫升，或 10%可湿性粉剂 30～40 克，或 15%微囊悬浮剂 20～27 毫升，或 15%泡腾片剂 20～27 克，或 20%乳油或 20%悬浮剂或 20%可溶液剂或 200 克/升可溶液剂 15～20 毫升，或 20%可湿性粉剂 15～20 克，或 25%可湿性粉剂 12～16 克，或 30%微乳剂或 350 克/升悬浮剂 8～12 毫升，或 40%水分散粒剂 7～

10克，或480克/升悬浮剂7～10毫升，或50%可湿性粉剂6～8克，或600克/升悬浮剂5～7毫升，或65%水分散粒剂5～7克，或70%可湿性粉剂或70%水分散粒剂4～6克，对水45～60千克均匀喷雾。也可在害虫发生为害初期，每株使用5%片剂1～1.5片穴施。

保护地蔬菜的白粉虱、斑潜蝇等　从害虫发生为害初期开始喷药，10～15天1次，连喷2～3次。一般每亩次使用5%乳油或5%可溶液剂80～100毫升，或5%可湿性粉剂或5%片剂80～100克，或10%乳油或10%微乳剂或10%可溶液剂或10%悬浮剂40～50毫升，或10%可湿性粉剂40～60克，或15%微囊悬浮剂30～35毫升，或15%泡腾片剂30～40克，或20%乳油或20%悬浮剂或20%可溶液剂或200克/升可溶液剂20～25毫升，或20%可湿性粉剂20～30克，或25%可湿性粉剂20～25克，或30%微乳剂或350克/升悬浮剂12～15毫升，或40%水分散粒剂10～15克，或480克/升悬浮剂10～15毫升，或50%可湿性粉剂8～12克，或600克/升悬浮剂7～10毫升，或65%水分散粒剂6～8克，或70%可湿性粉剂或70%水分散粒剂5～7克，对水45～60千克均匀喷雾。

芹菜蚜虫、斑潜蝇　从害虫发生为害初期开始喷药，10～15天1次，连喷2次左右。一般每亩次使用5%乳油或5%可溶液剂30～40毫升，或5%可湿性粉剂或5%片剂30～40克，或10%乳油或10%微乳剂或10%可溶液剂或10%悬浮剂15～20毫升，或10%可湿性粉剂15～20克，或15%微囊悬浮剂10～13毫升，或15%泡腾片剂10～13克，或20%乳油或20%悬浮剂或20%可溶液剂或200克/升可溶液剂7～10毫升，或20%可湿性粉剂7～10克，或25%可湿性粉剂6～8克，或30%微乳剂或350克/升悬浮剂4～6毫升，或40%水分散粒剂4～5克，或480克/升悬浮剂4～5毫升，或50%可湿性粉剂3～4克，或600克/升悬浮剂3～4毫升，或65%水分散粒剂2.5～3.5克，或70%可湿性粉剂或70%水分散粒剂2～3克，对水20～30千克均匀喷雾。

菠菜蚜虫　从害虫发生为害初期开始喷药，10～15天1次，连喷2次左右。一般每亩次使用5%乳油或5%可溶液剂40～60毫升，或5%可湿性粉剂或5%片剂40～60克，或10%乳油或10%微乳剂或10%可溶液剂或10%悬浮剂20～30毫升，或10%可湿性粉剂20～30克，或15%微囊悬浮剂15～20毫升，或15%泡腾片剂15～20克，或20%乳油或20%悬浮剂或20%可溶液剂或200克/升可溶液剂10～15毫升，或20%可湿性粉剂10～15克，或25%可湿性粉剂8～12克，或30%微乳剂或350克/升悬浮剂7～10毫升，或40%水分散粒剂5～8克，或480克/升悬浮剂5～7毫升，或50%可湿性粉剂4～6克，或600克/升悬浮剂4～5毫升，或65%水分散粒剂3～5克，或70%可湿性粉剂或70%水分散粒剂3～4克，对水20～30千克均匀喷雾。

韭菜根蛆（韭蛆） 多于韭菜收割后第2天撒施用药，或在韭蛆发生初期撒施用药。一般每亩施用2%颗粒剂1 000～1 500克，或5%颗粒剂或5%可湿性粉剂400～600克，或10%可湿性粉剂200～300克，或20%可湿性粉剂100～150克，或25%可湿性粉剂80～120克，或50%可湿性粉剂40～60克，或70%可湿性粉剂30～40克，与适量干细土混匀后均匀撒施，而后浇水。

葱、蒜根蛆 播种时或种植时土壤均匀撒施用药，或大葱栽植时种植沟均匀撒施用药。吡虫啉用药量及施用方法同“韭菜根蛆”。

水稻秧田蓟马、稻飞虱 种子包衣或药剂拌种。一般每100千克种子使用1%悬浮种衣剂2 500～3 300毫升，直接均匀拌种或种子包衣，晾干后播种；也可每100千克种子使用30%悬浮种衣剂或350克/升悬浮种衣剂500～800毫升，或600克/升悬浮种衣剂300～500毫升，或70%湿拌种剂或70%种子处理可分散粉剂400～600克，加适量水均匀稀释至2 000～3 000毫升药浆，而后均匀拌种或种子包衣，晾干后播种。

水稻稻飞虱、叶蝉 在若虫孵化盛期至3龄前喷药防控，或分蘖期至拔节期平均每丛有虫0.5～1头时、孕穗至抽穗期平均每丛有虫10头时、灌浆乳熟期平均每丛有虫10～15头时、蜡熟期平均每丛有虫15～20头时及时进行喷药，注意喷洒植株中下部。一般每亩次使用5%乳油或5%可溶液剂60～80毫升，或5%可湿性粉剂或5%片剂60～80克，或10%乳油或10%微乳剂或10%可溶液剂或10%悬浮剂30～40毫升，或10%可湿性粉剂30～40克，或

15%微囊悬浮剂 20～27 毫升，或 15%泡腾片剂 20～27 克，或 20%乳油或 20%悬浮剂或 20%可溶液剂或 200 克/升可溶液剂15～20 毫升，或 20%可湿性粉剂 15～20 克，或 25%可湿性粉剂 12～16 克，或 30%微乳剂或 350 克/升悬浮剂 8～12 毫升，或 40%水分散粒剂 7～10 克，或 480 克/升悬浮剂 7～10 毫升，或 50%可湿性粉剂 6～8 克，或 600 克/升悬浮剂 5～7 毫升，或 65%水分散粒剂 5～7 克，或 70%可湿性粉剂或 70%水分散粒剂 4～6 克，对水 45～60 千克均匀喷雾。喷药时要将药液喷洒到植株中下部。在飞虱抗药性较重地区，与噻嗪酮、异丙威等不同类型药剂混配使用效果较好。

小麦蚜虫　既可土壤用药，又可种子处理（拌种或包衣），还可生长期喷雾防控。土壤用药时，多为播种时播种沟均匀撒施药剂，一般每亩施用 0.1%颗粒剂 40～50 千克，或 0.2%缓释粒剂 20～25 千克，或 2%缓释粒或 2%颗粒剂 2 000～2 500 克，或 2.5%缓释粒剂 1 500～2 000 克，或 5%颗粒剂 800～1 000 克。种子处理时，一般每 100 千克种子使用 10%种子处理微囊悬浮剂 1 500～1 800 毫升，或 30%悬浮种衣剂或 350 克/升悬浮种衣剂 700～800 毫升，或 600 克/升悬浮种衣剂 400～500 毫升，或 70%种子处理可分散粉剂或 70%湿拌种剂 300～500 克，加适量水均匀稀释至 1 500～2 500 毫升药浆，而后均匀拌种或种子包衣，晾干后待播。生长期喷药时，多从蚜虫发生为害初盛期或抽穗前开始喷药，10 天左右 1 次，连喷 1～2 次。一般每亩次使用 5%乳油或 5%可溶液剂 60～100 毫升，或 5%可湿性粉剂或 5%片剂 60～100 克，或 10%乳油或 10%微乳剂或 10%可溶液剂或 10%悬浮剂 30～50 毫升，或 10%可湿性粉剂 30～50 克，或 15%微囊悬浮剂 20～30 毫升，或 15%泡腾片剂 20～30 克，或 20%乳油或 20%悬浮剂或 20%可溶液剂或 200 克/升可溶液剂 15～25 毫升，或 20%可湿性粉剂 15～25 克，或 25%可湿性粉剂 12～20 克，或 30%微乳剂或 350 克/升悬浮剂 10～15 毫升，或 40%水分散粒剂 8～12 克，或 480 克/升悬浮剂 7～10 毫升，或 50%可湿性粉剂 6～10 克，或 600 克/升悬浮剂 5～7 毫升，或 65%水分散粒剂 5～8 克，或 70%可湿性粉剂或 70%水分散粒剂 4～7 克，对水 20～

30千克均匀喷雾。

玉米蛴螬、地老虎、蚜虫　多为种子包衣或药剂拌种，即每100千克种子使用30%悬浮种衣剂或350克/升悬浮种衣剂700～900毫升，或600克/升悬浮种衣剂400～600毫升，或70%种子处理可分散粉剂或70%湿拌种剂500～700克，加适量水均匀稀释至2 000～2 500毫升药浆，而后均匀拌种或种子包衣，晾干后待播。当蚜虫发生较重时，也可生长期喷药，多从蚜虫发生为害初盛期开始喷药，10～15天1次，连喷1～2次，吡虫啉喷施剂量同“小麦蚜虫”生长期喷药。

甘蔗蚜虫　既可土壤用药，也可生长期喷药。土壤用药时，于种植时种植沟均匀撒施药剂，一般每亩施用0.1%颗粒剂40～50千克，或0.2%缓释粒剂20～25千克，或2%颗粒剂或2%缓释粒2 000～2 500克，或2.5%缓释粒剂1 500～2 000克，或5%颗粒剂800～1 000克。生长期喷药，多从蚜虫发生为害初盛期或蚜虫数量开始较快增多时开始喷药，10～15天1次，连喷2次左右，吡虫啉喷施剂量同“小麦蚜虫”生长期喷药。

花生蛴螬、金针虫等地下害虫　既可播种时沟施或穴施用药，也可药剂拌种或种子包衣。沟施或穴施用药时，一般每亩施用0.1%颗粒剂40～50千克，或0.2%缓释粒剂20～25千克，或2%颗粒剂1 500～2 500克，或5%颗粒剂500～1 000克。种子处理时，一般每100千克种子使用10%种子处理微囊悬浮剂2 000～2 500毫升，直接均匀拌种或种子包衣，晾干后待播；或每100千克种子使用30%悬浮种衣剂或350克/升悬浮种衣剂500～650毫升，或600克/升悬浮种衣剂300～400毫升，或70%湿拌种剂或70%种子处理可分散粉剂230～280克，加适量水均匀稀释至1 500～2 000毫升药浆，而后均匀拌种或种子包衣，晾干后待播。

马铃薯蛴螬、金针虫、蝼蛄、地老虎等地下害虫　微型薯或种薯切块后药剂拌种或包衣。一般每100千克种薯使用30%悬浮种衣剂或350克/升悬浮种衣剂65～80毫升，或600克/升悬浮种衣剂40～50毫升，加适量水稀释后均匀喷洒在种薯上，边喷边翻动种薯，直到药剂均匀黏附在种薯表面，而后晾干待播，或用适量滑石粉吸干后待播。

棉花蚜虫、绿盲蝽　既可种子处理用药（防控早期为害），也可生长期喷雾。种子处理时，一般每100千克种子使用30%悬浮种衣剂或350克/升悬浮种衣剂900～1 200毫升，或600克/升悬浮种衣剂600～800毫升，或70%湿拌种剂或70%种子处理可分散粉剂580～700克，加适量水均匀稀释至1 500～2 000毫升药浆，而后均匀拌种或种子包衣，晾干后待播。生长期喷药，在害虫发生为害初盛期或虫口数量开始迅速增多时及时进行喷药，10～15天1次，连喷2次左右。一般每亩次使用5%乳油或5%可溶液剂50～100毫升，或5%可湿性粉剂或5%片剂50～100克，或10%乳油或10%微乳剂或10%可溶液剂或10%悬浮剂30～50毫升，或10%可湿性粉剂30～50克，或15%微囊悬浮剂20～30毫升，或15%泡腾片剂20～30克，或20%乳油或20%悬浮剂或20%可溶液剂或200克/升可溶液剂15～25毫升，或20%可湿性粉剂15～25克，或25%可湿性粉剂10～20克，或30%微乳剂或350克/升悬浮剂10～15毫升，或40%水分散粒剂7～12克，或480克/升悬浮剂7～10毫升，或50%可湿性粉剂5～10克，或600克/升悬浮剂5～8毫升，或65%水分散粒剂4～7克，或70%可湿性粉剂或70%水分散粒剂3～6克，对水45～75千克均匀喷雾。植株较小时适当降低用药量，植株较大时尽量选用高剂量。

烟草蚜虫　既可土壤用药，又可生长期喷药。土壤用药时，多为移栽时定植穴撒施药剂，一般每亩施用2%缓释粒1 000～1 500克，或2%颗粒剂450～650克，或2.5%缓释粒剂360～520克，或5%颗粒剂200～250克，与适量干细土混匀后均匀撒施在定植穴内；也可生长期在蚜虫发生初期用毒土法根部穴施用药，药剂施用量同定植穴用量。生长期喷药，多从蚜虫发生为害初盛期或蚜虫数量开始较快增多时开始喷药，10～15天1次，连喷2～3次，吡虫啉喷施剂量同“棉花蚜虫”生长期喷药。

莲藕蚜虫　多从蚜虫发生为害初盛期或蚜虫数量开始较快增多时开始喷药，10～15天1次，连喷2次左右。一般每亩次使用5%乳油或5%可溶液剂40～60毫升，或5%可湿性粉剂或5%片剂40～60克，或10%乳油或10%微乳剂或10%可溶液剂或10%悬浮剂20～30毫升，或10%可湿性粉剂20～30克，或15%微囊悬浮剂 15～20 毫升，或 15%泡腾片剂 15～20 克，或 20%乳油或 20%悬浮剂或 20%可溶液剂或 200 克/升可溶液剂 10～15 毫升，或 20%可湿性粉剂 10～15 克，或 25%可湿性粉剂 8～12 克，或 30%微乳剂或 350 克/升悬浮剂 7～10 毫升，或 40%水分散粒剂 5～7.5 克，或 480 克/升悬浮剂 5～7 毫升，或 50%可湿性粉剂4～6 克，或 600 克/升悬浮剂 3～5 毫升，或 65%水分散粒剂 3～4.5 克，或 70%可湿性粉剂或 70%水分散粒剂 3～4 克，对水 30～45 千克均匀喷雾。

甜菜潜叶甲虫、蚜虫　从害虫发生为害初期开始喷药，10～15 天 1 次，连喷 1～2 次。一般每亩次使用 5%乳油或 5%可溶液剂 60～80 毫升，或 5%可湿性粉剂或 5%片剂 60～80 克，或 10%乳油或 10%微乳剂或 10%可溶液剂或 10%悬浮剂 30～40 毫升，或 10%可湿性粉剂 30～40 克，或 15%微囊悬浮剂 20～27 毫升，或 15%泡腾片剂 20～27 克，或 20%乳油或 20%悬浮剂或 20%可溶液剂或 200 克/升可溶液剂 15～20 毫升，或 20%可湿性粉剂15～20 克，或 25%可湿性粉剂 12～16 克，或 30%微乳剂或 350 克/升悬浮剂 8～12 毫升，或 40%水分散粒剂 7～10 克，或 480 克/升悬浮剂 7～10 毫升，或 50%可湿性粉剂 6～8 克，或 600 克/升悬浮剂 5～7 毫升，或 65%水分散粒剂 5～7 克，或 70%可湿性粉剂或 70%水分散粒剂 4～6 克，对水 45～60 千克均匀喷雾。害虫发生较重时，与拟除虫菊酯类杀虫剂混用效果更好。

注意事项　吡虫啉不能与碱性药剂及肥料混用。连续喷药时，注意与不同杀虫机理的药剂交替使用或混用，以延缓害虫产生抗药性。该药在许多地区已使用多年，许多害虫均产生了不同程度的抗药性，具体用药时需根据当地实际情况适当增减用药量，或交替用药。本剂对蜜蜂有毒，禁止在果树花期和养蜂场所使用。吡虫啉生产企业较多，剂型、含量较复杂，具体用药时应以其标签说明为准。

吡蚜酮 pymetrozine

主要含量与剂型　25%悬浮剂，25%、30%、40%、50%、70%可湿性粉剂，50%、60%、70%水分散粒剂，50%泡腾片剂，

6%颗粒剂，30%悬浮种衣剂，50%、70%种子处理可分散粉剂。

产品特点 吡蚜酮是一种吡啶三嗪酮类高效低毒杀虫剂，专用于防控刺吸式口器害虫，具有触杀作用和内吸活性，防效高，选择性强，对环境及生态安全。在植物体内具有良好的输导特性，木质部和韧皮部均可输导，茎叶喷雾后新长出的枝叶也能得到有效保护。其作用机理是害虫接触药剂后立即产生不可逆转的口针阻塞效应，停止取食，最终因饥饿而死亡，所以该药还同时具有阻断刺吸式昆虫传毒功效。

适用作物防控对象及使用技术 吡蚜酮广泛适用于果树、蔬菜及粮棉油等多种作物，对蚜虫、粉虱、飞虱、叶蝉等多种刺吸式口器害虫均有较好的防控效果。

水稻稻飞虱、叶蝉 既可种子处理（包衣或拌种），又可秧田撒施颗粒剂，还可生长期喷药。种子处理时，一般每100千克种子使用30%悬浮种衣剂700～1 000毫升，或50%种子处理可分散粉剂450～600克，或70%种子处理可分散粉剂600～800克，对适量水稀释后均匀拌种或种子包衣，晾干后待播。秧田撒施颗粒剂时，多在插秧前一天或当天用药，每亩（本田）施用6%颗粒剂560～700克均匀撒施于所需秧苗的秧盘内，并掸落黏附在叶片上的颗粒，而后喷洒适量清水，使药剂颗粒黏附在育秧盘土上；若稻叶上湿润或有露水时，应先掸落露水并待叶片表面干后再撒施药剂。生长期喷药，多在害虫发生初期至盛发前期及时喷药，一般每亩次使用25%悬浮剂22～30毫升，或25%可湿性粉剂23～33克，或30%可湿性粉剂20～28克，或40%可湿性粉剂15～20克，或50%可湿性粉剂或50%水分散粒剂或50%泡腾片剂11～16克，或60%水分散粒剂10～14克，或70%可湿性粉剂或70%水分散粒剂8～12克，对水45～60千克均匀喷雾，重点喷洒植株中下部。

小麦蚜虫 在蚜虫发生初期至始盛期及时喷药，或在小麦孕穗期至齐穗期及时喷药，10天左右1次，连喷1～2次。一般每亩次使用25%悬浮剂20～25毫升，或25%可湿性粉剂20～25克，或30%可湿性粉剂15～20克，或40%可湿性粉剂10～15克，或50%可湿性粉剂或50%水分散粒剂或50%泡腾片剂9～12克，或60%水分散粒剂7～10克，或70%可湿性粉剂或70%水分散粒剂

6～9 克，对水 15～30 千克均匀喷雾。

玉米灰飞虱、蚜虫　既可种子处理（包衣或拌种），又可生长期喷药。种子处理时，一般每 100 千克种子使用 50%种子处理可分散粉剂 400～500 克，或 70%种子处理可分散粉剂 300～350 克，对适量水稀释后均匀拌种或种子包衣，而后晾干待播。生长期喷药，在害虫发生初期及时进行，吡蚜酮喷施剂量同“小麦蚜虫”。

棉花蚜虫　从蚜虫发生初盛期开始喷药，10～15 天 1 次，与不同类型药剂交替使用，连喷 2～4 次。吡蚜酮一般每亩次使用 25%悬浮剂 20～30 毫升，或 25%可湿性粉剂 20～30 克，或 30%可湿性粉剂 15～25 克，或 40%可湿性粉剂 15～18 克，或 50%可湿性粉剂或 50%水分散粒剂或 50%泡腾片剂 10～15 克，或 60%水分散粒剂 8～12 克，或 70%可湿性粉剂或 70%水分散粒剂 7～10 克，对水 30～60 千克均匀喷雾。

烟草蚜虫　从蚜虫发生为害初期或蚜虫数量开始较快增多时开始喷药，10～15 天 1 次，连喷 2～3 次。一般每亩次使用 25%悬浮剂 20～40 毫升，或 25%可湿性粉剂 20～40 克，或 30%可湿性粉剂 17～30 克，或 40%可湿性粉剂 15～25 克，或 50%可湿性粉剂或 50%水分散粒剂或 50%泡腾片剂 10～20 克，或 60%水分散粒剂 8～16 克，或 70%可湿性粉剂或 70%水分散粒剂 7～14 克，对水 30～45 千克均匀喷雾。

苹果树绣线菊蚜、苹果瘤蚜　防控绣线菊蚜时，在嫩梢上蚜虫发生初盛期或蚜虫开始向幼果转移为害时及时喷药，10 天左右 1 次，连喷 2 次左右；防控苹果瘤蚜时，在苹果花序分离期和落花后各喷药 1 次即可。一般使用 25%悬浮剂或 25%可湿性粉剂 1 500～2 000 倍液，或 30%可湿性粉剂 2 000～2 500 倍液，或 40%可湿性粉剂 2 500～3 000 倍液，或 50%可湿性粉剂或 50%水分散粒剂或 50%泡腾片剂 3 000～4 000 倍液，或 60%水分散粒剂 4 000～5 000 倍液，或 70%可湿性粉剂或 70%水分散粒剂 5 000～6 000 倍液均匀喷雾。

梨树梨木虱　一般梨园在梨树落花 80%和落花后 35 天左右各喷药 1 次，有效防控第 1、2 代梨木虱若虫；然后每 30 天左右各喷药 1 次，有效防控第 3 代及以后各代若虫。即在每代梨木虱卵孵化盛期至若虫被黏液完全覆盖前及时喷药，第 1、2 代每代喷药 1 次，第 3 代及其以后各代每代喷药 1～2 次，注意与不同类型药剂交替使用。吡蚜酮喷施倍数同“苹果树绣线菊蚜”。

桃树蚜虫　首先在桃芽露红期喷药 1 次，然后从桃树落花后开始连续喷药，10～15 天 1 次，连喷 2～3 次。吡蚜酮喷施倍数同“苹果树绣线菊蚜”。

葡萄绿盲蝽、蚜虫　在葡萄萌芽后或害虫发生为害初期开始喷药，10 天左右 1 次，连喷 2～4 次，与触杀性杀虫剂混合喷施效果最好。吡蚜酮喷施倍数同“苹果树绣线菊蚜”。

枣树绿盲蝽　在枣树萌芽后或绿盲蝽发生为害初期开始喷药，10 天左右 1 次，连喷 2～4 次，与触杀性杀虫剂混合喷施效果最好。吡蚜酮喷施倍数同“苹果树绣线菊蚜”。

柑橘树蚜虫、柑橘木虱　在每代新梢萌发初期（嫩梢长 0.5～1 厘米时）开始喷药，10 天左右 1 次，每代连喷 2 次左右；连续喷药时，注意与不同类型药剂交替使用或混用。吡蚜酮喷施倍数同“苹果树绣线菊蚜”。

茶树茶小绿叶蝉　从害虫发生为害初期开始喷药，10 天左右 1 次，与不同类型药剂交替使用，连喷 2～4 次。吡蚜酮一般使用 25%悬浮剂或 25%可湿性粉剂 1 200～1 500 倍液，或 30%可湿性粉剂 1 500～2 000 倍液，或 40%可湿性粉剂 2 000～2 500 倍液，或 50%可湿性粉剂或 50%水分散粒剂或 50%泡腾片剂 2 500～3 000 倍液，或 60%水分散粒剂 3 000～4 000 倍液，或 70%可湿性粉剂或 70%水分散粒剂 3 500～4 500 倍液均匀喷雾。

甘蓝、白菜等十字花科蔬菜蚜虫　在蚜虫发生为害初期至初盛期及时开始喷药，10 天左右 1 次，连喷 2 次左右。一般每亩次使用 25%悬浮剂 25～30 毫升，或 25%可湿性粉剂 25～33 克，或 30%可湿性粉剂 20～28 克，或 40%可湿性粉剂 15～20 克，或 50%可湿性粉剂或 50%水分散粒剂或 50%泡腾片剂 12～17 克，或 60%水分散粒剂 10～14 克，或 70%可湿性粉剂或 70%水分散粒剂 8～12 克，对水 30～45 千克均匀喷雾。

番茄、辣椒、茄子、黄瓜、芸豆等瓜果蔬菜类的温室白粉虱、烟粉虱　从害虫发生为害初期开始喷药，7～10 天 1 次，连喷 2～

3 次。一般每亩次使用 25%悬浮剂 30～40 毫升，或 25%可湿性粉剂 30～45 克，或 30%可湿性粉剂 25～35 克，或 40%可湿性粉剂 20～28 克，或 50%可湿性粉剂或 50%水分散粒剂或 50%泡腾片剂 15～20 克，或 60%水分散粒剂 13～18 克，或 70%可湿性粉剂或 70%水分散粒剂 10～15 克，对水 45～60 千克喷雾，重点喷洒叶片背面。

菠菜蚜虫 从蚜虫发生为害初期开始喷药，10 天左右 1 次，连喷 1～2 次。一般每亩次使用 25%悬浮剂 20～25 毫升，或 25%可湿性粉剂 20～25 克，或 30%可湿性粉剂 17～20 克，或 40%可湿性粉剂 13～16 克，或 50%可湿性粉剂或 50%水分散粒剂或 50%泡腾片剂 10～13 克，或 60%水分散粒剂 8～10 克，或 70%可湿性粉剂或 70%水分散粒剂 7～9 克，对水 20～30 千克均匀喷雾。

芹菜蚜虫 从蚜虫发生为害初期开始喷药，7～10 天 1 次，连喷 2 次左右。吡蚜酮喷施剂量同"菠菜蚜虫"。

莲藕蚜虫 从蚜虫发生为害初期开始喷药，10 天左右 1 次，连喷 2～3 次。吡蚜酮喷施剂量同"菠菜蚜虫"。

马铃薯蚜虫 从蚜虫发生为害初期开始喷药，7～10 天 1 次，连喷 2～3 次。一般每亩次使用 25%悬浮剂 40～55 毫升，或 25%可湿性粉剂 40～60 克，或 30%可湿性粉剂 35～50 克，或 40%可湿性粉剂 25～35 克，或 50%可湿性粉剂或 50%水分散粒剂或 50%泡腾片剂 20～30 克，或 60%水分散粒剂 18～25 克，或 70%可湿性粉剂或 70%水分散粒剂 15～20 克，对水 45～75 千克均匀喷雾。

注意事项 吡蚜酮不能与碱性药剂及肥料混用。连续喷药时，注意与不同杀虫机理药剂交替使用或混用，以延缓害虫产生抗药性。喷药应及时均匀周到，尤其要喷洒到害虫为害部位。本剂对蜜蜂有毒，果树花期及养蜂场所禁止使用。

虫螨腈 chlorfenapyr

主要含量与剂型 10%、21%、30%、100 克/升、240 克/升、360 克/升悬浮剂，5%、8%、10%、20%微乳剂，50%水分散粒剂。

产品特点 虫螨腈是一种芳基吡咯类高效低毒杀虫剂，以胃毒作用为主，兼有触杀作用，无内吸性，但渗透性好，耐雨水冲刷，持效期较长，使用安全。虫螨腈本身无杀虫活性，但害虫取食或接触药剂后，能在其体内转化为具有杀虫活性的物质而发挥药效。其杀虫机理是活性物质通过对线粒体的解偶联作用，而干扰昆虫呼吸系统的能量代谢，最终导致其死亡。

适用作物防控对象及使用技术 虫螨腈广泛适用于果树、蔬菜、粮棉油茶等多种作物，对多种鳞翅目和同翅目害虫及一些螨类具有较好的防控效果。

梨树梨木虱 在每代梨木虱卵孵化盛期至若虫被黏液完全覆盖前及时喷药，第1、2代每代喷药1次，第3代及其以后各代因世代重叠每代喷药1～2次（间隔期7～10天）。或一般梨园在梨树落花80%和落花后30天左右喷药1次，有效防控第1、2代梨木虱若虫；然后每30天左右喷药1～2次（间隔期7～10天），有效防控第3代及以后各代若虫。连续喷药时，注意与不同类型药剂交替使用。虫螨腈一般使用10%微乳剂或10%悬浮剂或100克/升悬浮剂800～1 000倍液，或20%微乳剂或21%悬浮剂或240克/升悬浮剂1 500～2 000倍液，或30%悬浮剂或360克/升悬浮剂2 000～3 000倍液，或50%水分散粒剂3 500～4 000倍液，或5%微乳剂400～500倍液，或8%微乳剂700～800倍液均匀喷雾。

苹果树金纹细蛾 在每代幼虫卵孵化盛期或每代初见新鲜虫斑时及时喷药，每代喷药1～2次；或在苹果落花后和落花后40天左右喷药1次（有效防控第1、2代幼虫），以后每35天左右喷药1～2次（有效防控第3代及以后各代幼虫，间隔期7～10天）。连续喷药时，注意与不同类型药剂交替使用。虫螨腈一般使用10%微乳剂或10%悬浮剂或100克/升悬浮剂1 000～1 200倍液，或20%微乳剂或21%悬浮剂或240克/升悬浮剂2 000～2 500倍液，或30%悬浮剂或360克/升悬浮剂3 000～3 500倍液，或50%水分散粒剂5 000～6 000倍液，或5%微乳剂500～600倍液，或8%微乳剂800～1 000倍液均匀喷雾。

苹果树、桃树、枣树等果树的卷叶蛾类 从害虫发生为害初期或初见卷叶时立即开始喷药，每代喷药1次即可。虫螨腈喷施倍数同“苹果树金纹细蛾”。

桃树小绿叶蝉 从叶片正面初见黄白色褪绿小点时开始喷药，10 天左右 1 次，与不同类型药剂交替使用，连喷 2～4 次。虫螨腈喷施倍数同“梨树梨木虱”。

葡萄树二星斑叶蝉、柿树血斑叶蝉 从叶片正面初见黄白色褪绿小点时开始喷药，10 天左右 1 次，连喷 2 次左右。虫螨腈喷施倍数同“梨树梨木虱”。

柑橘树潜叶蛾 在各季新梢抽生初期（嫩梢长 1～3 厘米时）或田间初见虫道时开始喷药，7～10 天 1 次，每季喷药 1～2 次。一般使用 10%微乳剂或 10%悬浮剂或 100 克/升悬浮剂 1 000～1 500 倍液，或 20%微乳剂或 21%悬浮剂或 240 克/升悬浮剂 2 000～3 000 倍液，或 30%悬浮剂或 360 克/升悬浮剂 3 000～4 000 倍液，或 50%水分散粒剂 5 000～6 000 倍液，或 5%微乳剂 500～600 倍液，或 8%微乳剂 800～1 000 倍液均匀喷雾。

甘蓝、白菜等十字花科蔬菜的小菜蛾、甜菜夜蛾、菜青虫、斜纹夜蛾 在害虫卵孵化盛期至低龄（1～2 龄）幼虫期及时喷药，7 天左右 1 次，连喷 2 次。一般每亩次使用 10%微乳剂或 10%悬浮剂或 100 克/升悬浮剂 60～80 毫升，或 20%微乳剂或 21%悬浮剂或 240 克/升悬浮剂 30～40 毫升，或 30%悬浮剂或 360 克/升悬浮剂 20～25 毫升，或 50%水分散粒剂 12～16 克，或 5%微乳剂 100～150 毫升，或 8%微乳剂 75～100 毫升，对水 30～45 千克均匀喷雾。

黄瓜斜纹夜蛾 在卵孵化盛期至低龄幼虫期开始喷药，7～10 天 1 次，连喷 2 次。一般每亩次使用 10%微乳剂或 10%悬浮剂或 100 克/升悬浮剂 80～100 毫升，或 20%微乳剂或 21%悬浮剂或 240 克/升悬浮剂 40～50 毫升，或 30%悬浮剂或 360 克/升悬浮剂 30～35 毫升，或 50%水分散粒剂 16～20 克，或 5%微乳剂 150～200 毫升，或 8%微乳剂 100～125 毫升，对水 45～60 千克均匀喷雾。

茄子朱砂叶螨、蓟马 从害虫发生为害初期开始喷药，7 天左右 1 次，连喷 2 次左右。一般每亩次使用 10%微乳剂或 10%悬浮剂或 100 克/升悬浮剂 40～60 毫升，或 20%微乳剂或 21%悬浮剂或240克/升悬浮剂20～30毫升，或30%悬浮剂或360克/升悬浮剂15～20毫升，或50%水分散粒剂8～12克，或5%微乳剂80～120毫升，或8%微乳剂50～75毫升，对水45～60千克均匀喷雾。

姜甜菜夜蛾　在卵孵化盛期至低龄幼虫期开始喷药，7～10天1次，连喷2次。一般每亩次使用10%微乳剂或10%悬浮剂或100克/升悬浮剂40～50毫升，或20%微乳剂或21%悬浮剂或240克/升悬浮剂20～25毫升，或30%悬浮剂或360克/升悬浮剂13～17毫升，或50%水分散粒剂8～10克，或5%微乳剂80～100毫升，或8%微乳剂50～60毫升，对水30～45千克均匀喷雾。

棉花棉铃虫　在卵孵化盛期至幼虫钻蛀蕾铃前及时喷药，一般每亩次使用10%微乳剂或10%悬浮剂或100克/升悬浮剂80～100毫升，或20%微乳剂或21%悬浮剂或240克/升悬浮剂40～50毫升，或30%悬浮剂或360克/升悬浮剂30～35毫升，或50%水分散粒剂16～20克，或5%微乳剂150～200毫升，或8%微乳剂100～125毫升，对水45～60千克均匀喷雾。

茶树茶尺蠖、茶小绿叶蝉　从害虫发生为害初期开始喷药，7～10天1次，连喷2～3次。一般每亩次使用10%微乳剂或10%悬浮剂或100克/升悬浮剂60～80毫升，或20%微乳剂或21%悬浮剂或240克/升悬浮剂30～40毫升，或30%悬浮剂或360克/升悬浮剂20～25毫升，或50%水分散粒剂12～16克，或5%微乳剂100～150毫升，或8%微乳剂75～100毫升，对水45～60千克均匀喷雾。

注意事项　虫螨腈不能与碱性药剂及肥料混用，连续喷药时注意与不同杀虫机理药剂交替使用。具体喷药时，尽量在害虫发生早期用药，且虫口密度高时尽量选用高剂量。本剂对温度敏感，最高气温高于25℃时防效较好，低于25℃时效果较差。

哒螨灵 pyridaben

主要含量与剂型　15%乳油，10%、15%微乳剂，10%、15%水乳剂，20%、30%、40%、45%、50%悬浮剂，20%、40%可湿性粉剂。

产品特点 哒螨灵是一种哒嗪酮类广谱速效杀螨剂，低毒至中等毒性，触杀性强，无内吸、传导和熏蒸作用，对螨卵、幼螨、若螨、成螨都有很好的杀灭效果，对活动态螨作用迅速，持效期较长，可达1个月左右。其作用机理是通过抑制害螨复合物Ⅰ的线粒体电子传递，阻碍能量形成，而影响害螨的生长发育，最终导致其死亡。对害螨的所有发育阶段均有活性，尤其是幼螨和若螨阶段效果突出。其药效受温度影响小，无论早春或秋季使用均可获得满意效果。

适用作物防控对象及使用技术 哒螨灵广泛适用于果树、蔬菜、粮棉油茶等多种作物，对多种叶螨类、锈螨类均有较好的防控效果。

苹果树红蜘蛛（山楂叶螨、苹果全爪螨等）、白蜘蛛（二斑叶螨） 多从害螨发生初期至始盛期（树冠内膛下部平均每叶有螨3～4头时）开始喷药，1个月左右1次，与不同类型药剂交替使用，连喷2～3次。一般使用10%微乳剂或10%水乳剂800～1 000倍液，或15%乳油或15%微乳剂或15%水乳剂1 200～1 500倍液，或20%悬浮剂或20%可湿性粉剂1 500～2 000倍液，或30%悬浮剂2 500～3 000倍液，或40%悬浮剂或40%可湿性粉剂3 000～4 000倍液，或45%悬浮剂4 000～4 500倍液，或50%悬浮剂4 500～5 000倍液均匀叶面喷雾。

梨树、桃树、樱桃树、枣树、栗树红蜘蛛 从害螨发生为害初期至初盛期开始喷药，1个月左右1次，连喷2～3次。哒螨灵喷施倍数同“苹果树红蜘蛛”。

柑橘树红蜘蛛（柑橘全爪螨）、黄蜘蛛（柑橘始叶螨） 从害螨发生为害初期至初盛期开始喷药，1个月左右1次，连喷2～3次。哒螨灵喷施倍数同“苹果树红蜘蛛。”

枸杞瘿螨 从瘿螨发生初期或叶片上初显为害状（叶疹状虫瘿）时开始喷药，20～30天1次，连喷1～2次。哒螨灵喷施倍数同“苹果树红蜘蛛”。

棉花红蜘蛛、白蜘蛛 从害螨发生为害初期开始喷药，30天左右1次，连喷2～3次，重点喷洒叶片背面。一般每亩次使用10%微乳剂或10%水乳剂60～100毫升，或15%乳油或15%微乳剂或15%水乳剂40～65毫升，或20%悬浮剂30～50毫升，或

30%悬浮剂20～35毫升，或40%悬浮剂15～25毫升，或45%悬浮剂13～22毫升，或50%悬浮剂12～20毫升，或20%可湿性粉剂30～50克，或40%可湿性粉剂15～25克，对水30～60千克均匀喷雾。

甘蓝、萝卜等蔬菜的黄条跳甲 从害虫发生为害初期开始喷药，10～15天1次，连喷2次左右。一般每亩次使用10%微乳剂或10%水乳剂100～150毫升，或15%乳油或15%微乳剂或15%水乳剂80～100毫升，或20%悬浮剂60～75毫升，或30%悬浮剂40～50毫升，或40%悬浮剂30～37毫升，或45%悬浮剂25～33毫升，或50%悬浮剂20～30毫升，或20%可湿性粉剂60～75克，或40%可湿性粉剂30～38克，对水30～45千克均匀喷雾。

水稻稻水象甲 从害虫发生为害初期开始喷药，10～15天1次，连喷1～2次，注意喷洒植株下部。一般每亩次使用10%微乳剂或10%水乳剂100～120毫升，或15%乳油或15%微乳剂或15%水乳剂65～80毫升，或20%悬浮剂50～60毫升，或30%悬浮剂35～40毫升，或40%悬浮剂25～30毫升，或45%悬浮剂22～27毫升，或50%悬浮剂20～25毫升，或20%可湿性粉剂50～60克，或40%可湿性粉剂25～30克，对水30～45千克均匀喷雾。

注意事项 哒螨灵可与大多数杀虫剂混用，但不能与石硫合剂、波尔多液等强碱性药剂混用。连续喷药时，注意与不同杀虫机理药剂交替使用。本剂无内吸作用，喷雾应尽量均匀周到。哒螨灵对茄子有轻微药害，喷药时应避免药液飘移到茄子上。

丁醚脲 diafenthiuron

主要含量与剂型 25%乳油，25%、43.5%、50%、500克/升悬浮剂，50%可湿性粉剂，70%水分散粒剂。

产品特点 丁醚脲是一种硫脲类高效低毒杀虫、杀螨剂，具有触杀、胃毒和熏蒸作用，并能内吸传导，在紫外光下转化为杀虫活性物质，有效杀灭幼虫、若虫和成虫，并有一定杀卵活性，对氨基甲酸酯、有机磷和拟除虫菊酯类产生抗性的害虫效果更好。其作用机理是破坏害虫（螨）细胞线粒体功能，抑制能量转换和呼吸作用，而导致其死亡。丁醚脲同时具有一定杀螨活性，对成螨、幼螨、若螨和卵都有效果，但药效较慢，药后 3 天初显防效，5 天后达杀螨高峰。

适用作物防控对象及使用技术 丁醚脲广泛适用于果树、瓜果蔬菜、粮棉油茶等作物，对多种害虫、害螨均具有较好的防控效果。

甘蓝、小白菜等十字花科蔬菜的小菜蛾、菜青虫、斜纹夜蛾等鳞翅目食叶害虫 在害虫卵孵化盛期至低龄幼虫期开始喷药，7～10 天 1 次，连喷 2 次。一般每亩次使用 25%乳油或 25%悬浮剂 100～150 毫升，或 43.5%悬浮剂或 50%悬浮剂或 500 克/升悬浮剂 60～80 毫升，或 50%可湿性粉剂 60～80 克，或 70%水分散粒剂 40～50 克，对水 30～45 千克叶面喷雾，注意将药液喷洒到叶片背面。

十字花科蔬菜蚜虫 在蚜虫发生为害初期或蚜虫数量盛发初期开始喷药，7～10 天 1 次，连喷 1～2 次。丁醚脲喷施剂量同“甘蓝小菜蛾”。

瓜类、茄果类及豆类蔬菜的红蜘蛛、蚜虫 在害虫（螨）发生为害初期或虫（螨）量开始较快增多时开始喷药，7～10 天 1 次，连喷 2 次左右。一般使用 25%乳油或 25%悬浮剂 500～800 倍液，或 43.5%悬浮剂或 50%悬浮剂或 500 克/升悬浮剂或 50%可湿性粉剂 1 000～1 500 倍液，或 70%水分散粒剂 1 500～2 500 倍液均匀喷雾，注意喷洒叶片背面及幼嫩组织。

柑橘树红蜘蛛、黄蜘蛛 在害螨发生为害初期开始喷药，10 天左右 1 次，连喷 2 次；当害螨发生较重时，与其他不同类型杀螨剂混用效果更好。丁醚脲一般使用 25%乳油或 25%悬浮剂 500～800 倍液，或 43.5%悬浮剂或 50%悬浮剂或 500 克/升悬浮剂或 50%可湿性粉剂 1 000～1 500 倍液，或 70%水分散粒剂 1 500～2 000 倍液均匀喷雾。

茶树茶小绿叶蝉 从害虫发生为害初期开始喷药，7～10 天 1 次，连喷 2 次左右。一般每亩次使用 25%乳油或 25%悬浮剂 200～250 毫升，或 43.5%悬浮剂或 50%悬浮剂或 500 克/升悬浮剂 100～120 毫升，或 50%可湿性粉剂 100～150 克，或 70%水分散粒剂 80～100 克，对水 45～60 千克均匀喷雾。

注意事项　丁醚脲可与大多数杀虫（螨）剂、杀菌剂混用，但不能与碱性药剂及肥料混用。连续喷药时，注意与不同作用机理杀虫（螨）剂交替使用或混用。本剂在十字花科蔬菜的幼苗期易发生药害，蔬菜幼苗期慎用。

啶虫脒 acetamiprid

主要含量与剂型　5%、10%、15%乳油，5%、10%微乳剂，10%、20%、30%可溶液剂，5%、10%、20%、60%、70%可湿性粉剂，20%、40%可溶粉剂，36%、40%、50%、70%水分散粒剂，60%泡腾片剂。

产品特点　啶虫脒是一种氯代烟碱类低毒杀虫剂，专用于防控刺吸式口器害虫，以触杀和胃毒作用为主，兼有卓越的内吸活性和较强的渗透传导作用，杀虫活性高，击倒速度较快，持效期较长。其杀虫机理主要是作用于昆虫中枢神经系统突触部位，通过与乙酰胆碱受体结合使昆虫异常兴奋，全身痉挛、麻痹而死亡。对有机磷类、氨基甲酸酯类及拟除虫菊酯类有抗性的害虫也具有较好的防控效果，特别对半翅目害虫效果好。其药效和温度呈正相关，温度高，杀虫活性强。

适用作物防控对象及使用技术　啶虫脒广泛适用于多种果树、蔬菜、粮棉油茶糖及烟草、花卉、药用植物等，对刺吸式口器害虫具有很好的防控效果。

苹果树绣线菊蚜、苹果绵蚜　防控绣线菊蚜，在新梢上蚜虫数量较多时或蚜虫开始向幼果扩散为害时及时喷药，10 天左右 1 次，连喷 2 次左右；防控苹果绵蚜，在绵蚜从越冬场所向幼嫩组织扩散为害时开始喷药，10 天左右 1 次，连喷 2 次。一般使用 5%乳油或 5%微乳剂或 5%可湿性粉剂 1 200～1 500 倍液，或 10%乳油或 10%微乳剂或 10%可溶液剂或 10%可湿性粉剂 2 500～3 000 倍液，或 15%乳油 3 500～4 000 倍液，或 20%可溶液剂或 20%可溶粉剂或 20%可湿性粉剂 4 000～6 000 倍液，或 30%可溶液剂 6 000～8 000 倍液，或 36%水分散粒剂 8 000～10 000 倍液，或 40%可溶粉剂或40%水分散粒剂10 000～12 000倍液，或50%水分散粒剂12 000～14 000倍液，或60%可湿性粉剂或60%泡腾片剂14 000～15 000倍液，或70%可湿性粉剂或70%水分散粒剂16 000～20 000倍液均匀喷雾。

桃树、李树、杏树的蚜虫　先于萌芽后开花前（花露红期）喷药1次，然后从落花后开始连续喷药，10天左右1次，与不同类型药剂交替使用或混用，连喷2～3次。啶虫脒喷施倍数同“苹果树绣线菊蚜”。

梨树梨木虱、梨二叉蚜、黄粉蚜　防控梨木虱，在各代若虫孵化盛期至虫体被黏液全部覆盖前及时喷药，第1、2代若虫每代喷药1次，第3代及以后各代若虫因世代重叠每代需喷药1～2次；防控梨二叉蚜，在蚜虫为害初期或初见卷叶时及时喷药，7～10天1次，连喷2次左右；防控黄粉蚜，在黄粉蚜从越冬场所向幼嫩组织转移时及时喷药，7～10天1次，连喷2次左右。连续喷药时，注意与不同类型药剂交替使用或混用。啶虫脒喷施倍数同“苹果树绣线菊蚜”。

葡萄绿盲蝽、蓟马　防控绿盲蝽，从葡萄萌芽期开始喷药，10天左右1次，与不同类型药剂交替使用或混用，连喷2～4次；防控蓟马，在葡萄开花前、落花后及落花后10天左右各喷药1次。啶虫脒喷施倍数同“苹果树绣线菊蚜”。

枣树绿盲蝽　从枣树萌芽期开始喷药，10天左右1次，与不同类型药剂交替使用或混用，连喷2～4次。啶虫脒喷施倍数同“苹果树绣线菊蚜”。

石榴树蚜虫　从蚜虫发生为害初盛期或嫩梢上或花蕾上或幼果上蚜虫数量较多时开始喷药，10天左右1次，连喷2～3次。啶虫脒喷施倍数同“苹果树绣线菊蚜”。

花椒树蚜虫　从蚜虫发生为害初盛期或嫩梢上蚜虫数量较多时开始喷药，10天左右1次，连喷2～3次。啶虫脒喷施倍数同“苹果树绣线菊蚜”。

柑橘树蚜虫、潜叶蛾　从害虫发生为害初期开始喷药，10天左右1次，连喷2～3次；或在每季新梢抽生初期（嫩梢长1厘米左右）开始喷药，10天左右1次，每季梢连喷2～3次。连续喷药时，注意与不同类型药剂交替使用或混用。啶虫脒喷施倍数同“苹果树绣线菊蚜”。

桃树、杏树的桑白蚧、球坚蚧及柿树柿绒蚧等介壳虫　在初孵若虫从母体介壳下爬出向周边扩散时开始喷药，7～10 天 1 次，连喷 2 次。一般使用 5%乳油或 5%微乳剂或 5%可湿性粉剂 800～1 000 倍液，或 10%乳油或 10%微乳剂或 10%可溶液剂或 10%可湿性粉剂 1 500～2 000 倍液，或 15%乳油 2 500～3 000 倍液，或 20%可溶液剂或 20%可溶粉剂或 20%可湿性粉剂 3 000～4 000 倍液，或 30%可溶液剂 4 000～6 000 倍液，或 36%水分散粒剂 5 000～7 000 倍液，或 40%可溶粉剂或 40%水分散粒剂 6 000～8 000 倍液，或 50%水分散粒剂 8 000～10 000 倍液，或 60%可湿性粉剂或 60%泡腾片剂 10 000～12 000 倍液，或 70%可湿性粉剂或 70%水分散粒剂 12 000～15 000 倍液均匀喷雾。

甘蓝、白菜、萝卜等十字花科蔬菜黄条跳甲　从害虫发生为害初期开始喷药，7～10 天 1 次，连喷 2～3 次。一般每亩次使用 5%乳油或 5%微乳剂 80～120 毫升，或 10%乳油或 10%微乳剂或 10%可溶液剂 40～60 毫升，或 15%乳油 30～40 毫升，或 20%可溶液剂 20～30 毫升，或 30%可溶液剂 15～20 毫升，或 5%可湿性粉剂 80～120 克，或 10%可湿性粉剂 40～60 克，或 20%可溶粉剂或 20%可湿性粉剂 20～30 克，或 36%水分散粒剂 12～16 克，或 40%可溶粉剂或 40%水分散粒剂 10～15 克，或 50%水分散粒剂 8～12 克，或 60%可湿性粉剂或 60%泡腾片剂 7～10 克，或 70%可湿性粉剂或 70%水分散粒剂 6～8.5 克，对水 30～45 千克均匀叶面喷雾。

甘蓝、白菜、萝卜等十字花科蔬菜蚜虫　从蚜虫发生为害初期或蚜虫数量开始较快增多时开始喷药，7～10 天 1 次，连喷 2 次左右。一般每亩次使用 5%乳油或 5%微乳剂 30～40 毫升，或 10%乳油或 10%微乳剂或 10%可溶液剂 15～20 毫升，或 15%乳油 10～13 毫升，或 20%可溶液剂 8～10 毫升，或 30%可溶液剂 5～7 毫升，或 5%可湿性粉剂 30～40 克，或 10%可湿性粉剂 15～20 克，或 20%可溶粉剂或 20%可湿性粉剂 8～10 克，或 36%水分散粒剂 4.5～6 克，或 40%可溶粉剂或 40%水分散粒剂 4～5 克，或50%水分散粒剂3～4.5克，或60%可湿性粉剂或60%泡腾片剂2.5～3.5克，或70%可湿性粉剂或70%水分散粒剂2～3克，对水30～45千克均匀喷雾，注意喷洒叶片背面。

芹菜蚜虫、菠菜蚜虫　从蚜虫发生为害初期或蚜虫数量开始较快增多时开始喷药，7～10天1次，连喷2次左右。啶虫脒喷施剂量同“甘蓝蚜虫”。

莲藕蚜虫　在蚜虫发生为害初盛期及时进行喷药。啶虫脒喷施剂量同“甘蓝蚜虫”。

黄瓜、番茄的蚜虫、白粉虱　在害虫发生初期至始盛期开始喷药，7～10天1次，连喷2～3次，重点喷洒叶片背面及幼嫩组织。一般每亩次使用5%乳油或5%微乳剂40～60毫升，或10%乳油或10%微乳剂或10%可溶液剂20～30毫升，或15%乳油16～20毫升，或20%可溶液剂10～15毫升，或30%可溶液剂8～10毫升，或5%可湿性粉剂40～60克，或10%可湿性粉剂20～30克，或20%可溶粉剂或20%可湿性粉剂10～15克，或36%水分散粒剂6～9克，或40%可溶粉剂或40%水分散粒剂6～8克，或50%水分散粒剂4.5～6克，或60%可湿性粉剂或60%泡腾片剂4～5克，或70%可湿性粉剂或70%水分散粒剂3.5～4.5克，对水45～60千克均匀喷雾。

豇豆蓟马　从蓟马发生为害初期或豇豆开花期开始喷药，7～10天1次，与不同类型药剂交替使用。啶虫脒喷施剂量同“黄瓜蚜虫”。

大葱蓟马　从蓟马发生为害初期或葱叶上显出黄白色小点时开始喷药，7～10天1次，连喷2～3次。一般每亩次使用5%乳油或5%微乳剂40～60毫升，或10%乳油或10%微乳剂或10%可溶液剂20～30毫升，或15%乳油15～20毫升，或20%可溶液剂10～15毫升，或30%可溶液剂7～10毫升，或5%可湿性粉剂40～60克，或10%可湿性粉剂20～30克，或20%可溶粉剂或20%可湿性粉剂10～15克，或36%水分散粒剂6～8克，或40%可溶粉剂或40%水分散粒剂5～7.5克，或50%水分散粒剂4～6克，或60%可湿性粉剂或60%泡腾片剂3.5～5克，或70%可湿性粉剂或70%水分散粒剂3～4.5克，对水30～45千克均匀喷雾。

水稻稻飞虱　在飞虱若虫孵化盛期至3龄前及时进行喷药，7～10天1次，连喷1～2次，重点喷洒植株中下部。一般每亩次使用5%乳油或5%微乳剂60～90毫升，或10%乳油或10%微乳剂或10%可溶液剂30～45毫升，或15%乳油20～30毫升，或20%可溶液剂15～20毫升，或30%可溶液剂10～15毫升，或5%可湿性粉剂60～90克，或10%可湿性粉剂30～45克，或20%可溶粉剂或20%可湿性粉剂15～20克，或36%水分散粒剂9～12克，或40%可溶粉剂或40%水分散粒剂8～10克，或50%水分散粒剂6～9克，或60%可湿性粉剂或60%泡腾片剂5～7.5克，或70%可湿性粉剂或70%水分散粒剂4.5～6克，对水45～60千克均匀喷雾。因啶虫脒与吡虫啉杀虫机理相同，防治对吡虫啉产生抗性的飞虱时应谨慎使用。

棉花蚜虫、绿盲蝽　在害虫发生初期至始盛期开始喷药，10～15天1次，连喷2～3次，重点喷洒幼嫩叶片及其背面。啶虫脒喷施剂量同“水稻稻飞虱”。

小麦蚜虫　在蚜虫发生为害初期开始喷药，10～15天1次，连喷1～2次；或在小麦孕穗至抽穗期和齐穗期各喷药1次。一般每亩次使用5%乳油或5%微乳剂40～60毫升，或10%乳油或10%微乳剂或10%可溶液剂20～30毫升，或15%乳油15～20毫升，或20%可溶液剂10～15毫升，或30%可溶液剂7～10毫升，或5%可湿性粉剂40～60克，或10%可湿性粉剂20～30克，或20%可溶粉剂或20%可湿性粉剂10～15克，或36%水分散粒剂6～8克，或40%可溶粉剂或40%水分散粒剂5～7.5克，或50%水分散粒剂4～6克，或60%可湿性粉剂或60%泡腾片剂3.5～5克，或70%可湿性粉剂或70%水分散粒剂3～4克，对水30～45千克均匀喷雾。

烟草蚜虫　在蚜虫发生初期至始盛期开始喷药，10～15天1次，连喷2次左右。啶虫脒喷施剂量同“小麦蚜虫”。

茶树茶小绿叶蝉　从害虫发生为害初期开始喷药，7～10天1次，连喷2～3次。一般每亩次使用5%乳油或5%微乳剂40～60毫升，或10%乳油或10%微乳剂或10%可溶液剂20～30毫升，或15%乳油15～20毫升，或20%可溶液剂10～15毫升，或30%

可溶液剂 7～10 毫升，或 5%可湿性粉剂 40～60 克，或 10%可湿性粉剂 20～30 克，或 20%可溶粉剂或 20%可湿性粉剂 10～15 克，或 36%水分散粒剂 6～8 克，或 40%可溶粉剂或 40%水分散粒剂 5～7.5 克，或 50%水分散粒剂 4～6 克，或 60%可湿性粉剂或 60%泡腾片剂 3.5～5 克，或 70%可湿性粉剂或 70%水分散粒剂 3～4 克，对水 45～60 千克均匀喷雾。

注意事项 啶虫脒不能与碱性药剂及强酸性药剂或肥料混用。连续喷药时，注意与不同杀虫机理药剂交替使用或混用，与触杀性杀虫剂混用效果更好。啶虫脒与吡虫啉同属烟碱类药剂，两者不宜混合使用或交替使用。

多杀霉素 spinosad

主要含量与剂型 5%、10%、20%、25 克/升、480 克/升悬浮剂，3%、8%水乳剂，10%、20%水分散粒剂。

产品特点 多杀霉素属微生物源低毒杀虫剂，是从放线菌刺糖多孢有氧发酵代谢产物中提取的一种大环内酯类化合物，毒性低，药效快，以触杀和胃毒作用为主，兼有一定杀卵活性，对作物叶片有良好的渗透性，但无内吸作用，持效期较长。其主要杀虫机理是作用于昆虫的神经系统，持续激活昆虫乙酰胆碱烟碱型受体（结合位点不同于烟碱和吡虫啉），阻碍昆虫运动神经信息传递，使昆虫迅速麻痹、死亡。该药残留低，施药后第 2 天即可采收，特别适合在达标合格瓜果蔬菜上使用。

适用作物防控对象及使用技术 多杀霉素适用于多种作物，对部分鳞翅目害虫和蓟马类害虫具有很好的防控效果。目前生产中主要应用于瓜果蔬菜上和少数重要经济作物上。

甘蓝、白菜、花椰菜等十字花科蔬菜的小菜蛾、菜青虫、甜菜夜蛾等鳞翅目害虫 在害虫卵盛期至低龄幼虫期及时喷药，7 天左右 1 次，连喷 2 次左右。一般每亩次使用 25 克/升悬浮剂 50～70 毫升，或 3%水乳剂 45～60 毫升，或 5%悬浮剂 25～35 毫升，或 8%水乳剂 20～25 毫升，或 10%悬浮剂 15～20 毫升，或 20%悬浮剂 7～10 毫升，或 480 克/升悬浮剂 3～4 毫升，或 10%水分散

粒剂15～20克，或20%水分散粒剂7～10克，对水30～60千克喷雾。喷药应及时、均匀周到，特别要喷洒到叶片背面，且傍晚喷药效果最好。

瓜类及茄果类蔬菜的蓟马、甜菜夜蛾、棉铃虫 防控蓟马时，在害虫发生初盛期开始喷药，重点喷洒幼嫩组织（花、幼果、顶尖、嫩梢等），5～7天1次，连喷1～2次；防控甜菜夜蛾、棉铃虫时，在害虫卵盛期至低龄幼虫期（钻蛀为害前）开始喷药，7天左右1次，连喷1～2次。一般每亩次使用25克/升悬浮剂70～100毫升，或3%水乳剂60～80毫升，或5%悬浮剂35～50毫升，或8%水乳剂20～30毫升，或10%悬浮剂18～25毫升，或20%悬浮剂9～13毫升，或480克/升悬浮剂4～5.5毫升，或10%水分散粒剂18～25克，或20%水分散粒剂9～13克，对水45～60千克均匀喷雾。

豇豆等豆类蔬菜的蓟马、甜菜夜蛾、棉铃虫 防控蓟马时，在害虫发生初盛期开始喷药，5～7天1次，连喷2次左右；防控甜菜夜蛾、棉铃虫时，在害虫卵盛期至低龄幼虫期开始喷药，7天左右1次，连喷1～2次。多杀霉素喷施剂量同"瓜类及茄果类蔬菜的蓟马"。

棉花棉铃虫 在害虫卵盛期至低龄幼虫钻蛀前开始喷药，7天左右1次，连喷1～2次。一般每亩次使用25克/升悬浮剂80～120毫升，或3%水乳剂70～100毫升，或5%悬浮剂40～60毫升，或8%水乳剂25～40毫升，或10%悬浮剂20～30毫升，或20%悬浮剂10～15毫升，或480克/升悬浮剂5～6毫升，或10%水分散粒剂20～30克，或20%水分散粒剂10～15克，对水45～60千克均匀喷雾。

水稻蓟马、稻纵卷叶螟 防控蓟马时，在蓟马发生为害初期开始喷药，7天左右1次，连喷1～2次；防控稻纵卷叶螟时，在害虫卵盛期至卷叶为害前及时喷药，7天左右1次，连喷1～2次。一般每亩次使用25克/升悬浮剂120～170毫升，或3%水乳剂100～140毫升，或5%悬浮剂60～90毫升，或8%水乳剂40～50毫升，或10%悬浮剂30～40毫升，或20%悬浮剂15～20毫升，或480克/升悬浮剂7～9毫升，或10%水分散粒剂30～

45克，或20%水分散粒剂15～22克，对水30～45千克均匀喷雾。

注意事项 多杀霉素不能与碱性药剂及肥料混用。连续喷药时，注意与不同杀虫机理的药剂交替使用，以延缓害虫产生抗药性。该药见光分解快，需在避光处存放。

呋虫胺 dinotefuran

主要含量与剂型 0.025%、0.05%、0.1%、0.4%、1%、3%颗粒剂，20%、30%悬浮剂，25%可分散油悬浮剂，20%可溶粉剂，50%可溶粒剂，25%、50%可湿性粉剂，20%、25%、40%、50%、60%、70%水分散粒剂，8%悬浮种衣剂，10%干拌种剂。

产品特点 呋虫胺是一种第三代烟碱类内吸性低毒杀虫剂，专用于防控刺吸式口器害虫，具有触杀和胃毒作用，对卵、若虫、成虫均有较好的杀灭效果，层间传导性强，易被植物吸收并向顶传导，耐雨水冲刷，持效期较长，使用安全。其杀虫机理是作用于昆虫的乙酰胆碱受体，影响昆虫中枢神经系统的突触，阻断神经信息传导，使昆虫麻痹瘫痪而死亡。

适用作物防控对象及使用技术 呋虫胺广泛适用于多种瓜果蔬菜、粮棉油茶及果树作物，主要用于防控刺吸式口器害虫，并对蓟马类、跳甲类及地下害虫也有较好的防控效果。

水稻稻飞虱、二化螟 既可药剂拌种，又可生长期撒施药剂或喷施药剂。药剂拌种时，将浸种催芽至露白的稻种自然晾至种子表面稍干燥后拌药，一般每100千克种子使用10%干拌种剂1 500～2 200克或8%悬浮种衣剂1 000～1 250毫升均匀拌种，使药剂均匀包裹在种子表面。生长期撒施药剂时，需在移栽5～7天后或直播田播种35～40天后施药，施药时田间保持3～5厘米深水层，施药后保水5～7天；防控稻飞虱时在低龄若虫始盛期撒施，防控二化螟时在卵孵化高峰期至低龄幼虫期撒施，每季只能撒施1次。一般每亩施用0.025%颗粒剂30～45千克，或0.05%颗粒剂15～25千克，0.1%颗粒剂10～15千克，0.4%颗粒剂3.5～4.5千克，1%颗粒剂1.3～1.8千克，或3%颗粒剂600～900克均匀撒施。生长期喷施药剂时，在害虫发生为害初期（稻飞虱低龄若虫始盛期、二化螟卵孵化始盛期）及时喷药，7 天左右 1 次，连喷 1～2 次。一般每亩次使用 20%悬浮剂 30～50 毫升，或 25%可分散油悬浮剂 25～40 毫升，或 30%悬浮剂 20～30 毫升，或 20%可溶粉剂或 20%水分散粒剂 30～50 克，或 25%可湿性粉剂或 25%水分散粒剂 25～40 克，或 40%水分散粒剂 15～25 克，或 50%可溶粒剂或 50%可湿性粉剂或 50%水分散粒剂 13～20 克，或 60%水分散粒剂 10～15 克，或 70%水分散粒剂 9～14 克，对水 45～60 千克均匀喷雾，注意喷洒植株中下部。

小麦蚜虫　既可药剂拌种或种子包衣，又可生长期喷药。种子处理时，一般每 100 千克种子使用 8%悬浮种衣剂 1 500～2 500 克均匀拌种或种子包衣，晾干后待播。生长期喷药时，在蚜虫发生初盛期开始喷药，7～10 天 1 次，连喷 1～2 次，或在孕穗期至抽穗期和齐穗期各喷药 1 次。一般每亩次使用 20%悬浮剂 25～40 毫升，或 25%可分散油悬浮剂 20～30 毫升，或 30%悬浮剂 20～26 毫升，或 20%可溶粉剂或 20%水分散粒剂 25～40 克，或 25%可湿性粉剂或 25%水分散粒剂 20～30 克，或 40%水分散粒剂13～20 克，或 50%可溶粒剂或 50%可湿性粉剂或 50%水分散粒剂10～15 克，或 60%水分散粒剂 10～13 克，或 70%水分散粒剂 7～11 克，对水 15～30 千克均匀喷雾。

玉米蚜虫　种子包衣或药剂拌种。一般每 100 千克种子使用 8%悬浮种衣剂 1 500～2 500 克均匀拌种或种子包衣，晾干后待播。

花生蛴螬、金针虫　种子包衣或药剂拌种。一般每 100 千克种子使用 8%悬浮种衣剂 1 500～2 500 克均匀拌种或种子包衣，晾干后待播。

马铃薯蛴螬、金针虫　种薯药剂拌种。一般每 100 千克种薯使用 8%悬浮种衣剂 400～500 克，对适量水稀释后均匀拌种，而后晾干、待播。

马铃薯甲虫　在害虫发生为害初期或低龄若虫盛发初期开始喷药，7～10 天 1 次，连喷 1～2 次。一般每亩次使用 20%悬浮剂 20～30 毫升，或 25%可分散油悬浮剂 16～24 毫升，或 30%悬浮剂 14～20 毫升，或 20%可溶粉剂或 20%水分散粒剂 20～30 克，或25%可湿性粉剂或25%水分散粒剂16～24克，或40%水分散粒剂10～15克，或50%可溶粒剂或50%可湿性粉剂或50%水分散粒剂8～12克，或60%水分散粒剂7～10克，或70%水分散粒剂6～9克，对水45～60千克均匀喷雾。

甘蓝黄条跳甲　移栽时沟施或穴施药剂，即在甘蓝移栽定植前于定植沟或定植穴内撒施药剂。一般每亩施用0.05%颗粒剂72～84千克，或0.1%颗粒剂35～40千克，或0.4%颗粒剂6～8千克，或1%颗粒剂3.5～4千克，或3%颗粒剂1～1.5千克，直接均匀撒施或与适量细干土混匀后均匀撒施于定植穴或定植沟内，再与土壤混拌后移栽定植，而后覆土、浇水。

甘蓝蚜虫　在蚜虫发生为害初盛期或蚜虫数量开始较快增多时开始喷药，7～10天1次，连喷1～2次。一般每亩次使用20%悬浮剂20～40毫升，或25%可分散油悬浮剂16～30毫升，或30%悬浮剂15～25毫升，或20%可溶粉剂或20%水分散粒剂20～40克，或25%可湿性粉剂或25%水分散粒剂16～30克，或40%水分散粒剂10～20克，或50%可溶粒剂或50%可湿性粉剂或50%水分散粒剂10～15克，或60%水分散粒剂8～12克，或70%水分散粒剂6～12克，对水30～45千克均匀喷雾。

黄瓜、番茄的白粉虱、烟粉虱、蓟马　从害虫发生为害初期开始喷药，7～10天1次，连喷2～3次，防控白粉虱或烟粉虱时注意喷洒叶片背面。一般每亩次使用20%悬浮剂30～50毫升，或25%可分散油悬浮剂25～40毫升，或30%悬浮剂20～30毫升，或20%可溶粉剂或20%水分散粒剂30～50克，或25%可湿性粉剂或25%水分散粒剂25～40克，或40%水分散粒剂15～25克，或50%可溶粒剂或50%可湿性粉剂或50%水分散粒剂13～20克，或60%水分散粒剂10～17克，或70%水分散粒剂9～14克，对水45～60千克均匀喷雾。

西瓜蚜虫　从蚜虫发生为害初盛期或蚜虫数量开始较快增多时开始喷药，7～10天1次，连喷1～2次，注意喷洒叶片背面及幼嫩组织。一般每亩次使用20%悬浮剂15～20毫升，或25%可分散油悬浮剂12～16毫升，或30%悬浮剂10～15毫升，或20%可溶粉剂或20%水分散粒剂15～20克，或25%可湿性粉剂或25%水分散粒剂12～16克，或40%水分散粒剂8～10克，或50%可溶粒剂或50%可湿性粉剂或50%水分散粒剂6～8克，或60%水分散粒剂5～7克，或70%水分散粒剂4.5～6克，对水30～45千克均匀喷雾。

韭菜根蛆　在根蛆发生初期或割韭菜的次日用药液喷淋土壤表面，一般每亩次使用20%悬浮剂250～300毫升，或25%可分散油悬浮剂200～240毫升，或30%悬浮剂170～200毫升，或20%可溶粉剂或20%水分散粒剂250～300克，或25%可湿性粉剂或25%水分散粒剂200～240克，或40%水分散粒剂125～150克，或50%可溶粒剂或50%可湿性粉剂或50%水分散粒剂100～120克，或60%水分散粒剂85～100克，或70%水分散粒剂60～85克，对水90～150千克均匀喷淋畦面。

苹果树绣线菊蚜　多从嫩梢上蚜虫数量较多时或蚜虫开始向幼果上转移为害时开始喷药，10天左右1次，连喷2次左右。一般使用20%悬浮剂或20%可溶粉剂或20%水分散粒剂2 000～2 500倍液，或25%可湿性粉剂或25%水分散粒剂2 500～3 000倍液，或30%悬浮剂3 000～4 000倍液，或40%水分散粒剂4 000～5 000倍液，或50%可溶粒剂或50%可湿性粉剂或50%水分散粒剂5 000～6 000倍液，或60%水分散粒剂6 000～7 000倍液，或70%水分散粒剂7 000～8 000倍液均匀喷雾。

葡萄绿盲蝽　在葡萄萌芽后或绿盲蝽发生为害初期开始喷药，10天左右1次，与不同类型药剂交替使用或混用，连喷2～4次。呋虫胺喷施倍数同“苹果树绣线菊蚜”。

枣树绿盲蝽　在枣树萌芽后或绿盲蝽发生为害初期开始喷药，10天左右1次，与不同类型药剂交替使用或混用，连喷2～4次。呋虫胺喷施倍数同“苹果树绣线菊蚜”。

桃树、杏树、李树的蚜虫、小绿叶蝉　防控蚜虫时，先于花芽露红期喷药1次，然后从落花后继续喷药，10天左右1次，与不同类型药剂交替使用或混用，连喷2～3次；防控小绿叶蝉时，从叶片正面显出黄白色褪绿小点时开始喷药，10天左右1次，连喷2次左右，重点喷洒叶片背面。呋虫胺喷施倍数同“苹果树绣线菊蚜”。

柿树血斑叶蝉　从叶片正面显出黄白色褪绿小点时开始喷药，10天左右1次，连喷2次左右，重点喷洒叶片背面。呋虫胺喷施倍数同“苹果树绣线菊蚜”。

柑橘树蚜虫　在每季新梢抽生期的蚜虫发生初期开始喷药，7～10天1次，每季梢连喷2次左右。连续喷药时，注意与不同类型药剂交替使用。呋虫胺喷施倍数同“苹果树绣线菊蚜”。

草莓白粉虱　从白粉虱发生为害初期开始喷药，7～10天1次，与不同类型药剂交替使用或混用，连喷2～4次，重点喷洒叶片背面。呋虫胺每亩次使用20%悬浮剂30～40毫升，或30%悬浮剂20～25毫升，或20%可溶粉剂或20%水分散粒剂30～40克，或25%可湿性粉剂或25%水分散粒剂25～30克，或40%水分散粒剂15～20克，或50%可溶粒剂或50%可湿性粉剂或50%水分散粒剂12～15克，或60%水分散粒剂10～13克，或70%水分散粒剂9～11克，对水30～45千克均匀喷雾。

茶树茶小绿叶蝉　从害虫发生为害初期开始喷药，7～10天1次，与不同类型药剂交替使用，连喷2～3次。呋虫胺每亩次使用20%悬浮剂30～50毫升，或30%悬浮剂20～30毫升，或20%可溶粉剂或20%水分散粒剂30～50克，或25%可湿性粉剂或25%水分散粒剂25～40克，或40%水分散粒剂15～25克，或50%可溶粒剂或50%可湿性粉剂或50%水分散粒剂13～20克，或60%水分散粒剂10～15克，或70%水分散粒剂9～14克，对水45～60千克均匀喷雾。

注意事项　呋虫胺不能与强酸性药剂及碱性药剂或肥料混用。连续喷药时，注意与不同杀虫机理药剂交替使用或混用。果树上开花期禁止使用，避免对传粉昆虫造成伤害。

氟苯虫酰胺 flubendiamide

主要含量与剂型　10%、20%悬浮剂，20%水分散粒剂。

产品特点　氟苯虫酰胺是一种邻苯二甲酰胺类高效低毒杀虫剂，以胃毒作用为主，兼有触杀作用，药剂渗透植物体后通过木质部稍有传导，耐雨水冲刷，使用安全。其杀虫机理是作用于昆虫细胞兰尼碱受体，通过激活依赖兰尼碱受体的细胞内钙释放通道，使细胞内钙离子呈失控性释放，导致害虫身体活动放缓、不能取食、逐渐萎缩，最终饥饿而死亡。该药作用速度快、持效期长，对鳞翅目害虫的幼虫具有良好防效，但没有杀卵作用，与常规杀虫剂无交互抗性。

适用作物防控对象及使用技术 氟苯虫酰胺适用于除水田外的多种作物，对鳞翅目害虫具有良好的防控效果，但以低龄幼虫期用药效果较好。

甘蓝、白菜、花椰菜等十字花科蔬菜的小菜蛾、甜菜夜蛾、菜青虫、斜纹夜蛾等鳞翅目食叶害虫 从害虫发生为害初期或卵孵化盛期至低龄幼虫期开始喷药，7～10 天 1 次，连喷 2～3 次。一般每亩次使用 10%悬浮剂 30～35 毫升，或 20%悬浮剂 15～18 毫升，或 20%水分散粒剂 15～20 克，对水 30～45 千克均匀喷雾。

玉米草地贪夜蛾、棉铃虫、玉米螟 防控害虫钻心（心叶）为害时，在玉米喇叭口期或害虫钻心为害初期向玉米喇叭口内喷药；防控害虫为害雌穗（玉米棒）时，在玉米雌穗花丝期或害虫为害雌穗初期重点向雌穗喷药。一般每亩次使用 10%悬浮剂 20～30 毫升，或 20%悬浮剂 10～15 毫升，或 20%水分散粒剂 12～17 克，对水 30～45 千克均匀喷雾。

甘蔗蔗螟、草地贪夜蛾 在害虫卵孵化盛期至低龄幼虫期及时喷药，15～20 天 1 次，连喷 1～2 次。一般每亩次使用 10%悬浮剂 30～40 毫升，或 20%悬浮剂 15～20 毫升，或 20%水分散粒剂 15～20 克，对水 30～60 千克均匀喷雾。

棉花棉铃虫 在害虫卵孵化盛期至幼虫钻蛀蕾铃前及时喷药，一般每亩次使用 10%悬浮剂 30～35 毫升，或 20%悬浮剂 15～18 毫升，或 20%水分散粒剂 15～20 克，对水 45～60 千克均匀喷雾。

苹果棉铃虫、斜纹夜蛾 在害虫卵孵化盛期至低龄幼虫期或初见幼虫蛀果为害时及时喷药，每代喷药 1 次。一般使用 10%悬浮剂 1 500～2 000 倍液，或 20%悬浮剂或 20%水分散粒剂 3 000～4 000 倍液均匀喷雾。

苹果树、山楂树、桃树的卷叶蛾类 先于开花前或落花后喷药

1次，杀灭越冬代幼虫；然后生长期再于每代幼虫发生初期（初见卷叶时）及时喷药，每代喷药1次。氟苯虫酰胺喷施倍数同“苹果棉铃虫”。

苹果树、山楂树、桃树、枣树的鳞翅目食叶害虫　在每代害虫卵孵化盛期至低龄幼虫期进行喷药，每代喷药1次。氟苯虫酰胺喷施倍数同“苹果棉铃虫”。

桃树桃潜叶蛾　在害虫发生为害初期或叶片上初显为害虫道时开始喷药，1个月左右1次（即每代1次），连喷2～4次。氟苯虫酰胺喷施倍数同“苹果棉铃虫”。

核桃树核桃缀叶螟　在害虫卵孵化盛期至低龄幼虫期进行喷药，每代喷药1次。氟苯虫酰胺喷施倍数同“苹果棉铃虫”。

柑橘树潜叶蛾　在每季新梢抽生初期（嫩梢长1厘米左右）或新梢上初见为害“虫道”时开始喷药，10天左右1次，每季梢喷药1～2次。氟苯虫酰胺喷施倍数同“苹果棉铃虫”。

注意事项　氟苯虫酰胺不能与碱性药剂及肥料混用，连续喷药时注意与其他不同杀虫机理药剂交替使用。本剂对家蚕高毒，桑蚕养殖区禁止使用；对一些水生生物毒性高，禁止在水稻上使用。

氟啶虫胺腈 sulfoxaflor

主要含量与剂型　22%悬浮剂，50%水分散粒剂。

产品特点　氟啶虫胺腈是一种新型砜亚胺类高效低毒杀虫剂，具有胃毒和触杀作用，专用于防控刺吸式口器害虫，药效迅速、稳定，持效期较长，喷施后内吸传导性较强，耐雨水冲刷。其杀虫机理是作用于昆虫的神经系统，与乙酰胆碱受体内独特位点结合，扰乱昆虫正常的神经生理活动而导致其死亡。

适用作物防控对象及使用技术　氟啶虫胺腈广泛适用于瓜果蔬菜、粮棉油茶及果树等多种作物，对多种刺吸式口器害虫均有很好的防控效果。

苹果树绣线菊蚜、烟粉虱　防控绣线菊蚜时，在嫩梢上蚜虫数量增长较快时或蚜虫开始向幼果上扩散为害时开始喷药，10～15天1次，连喷2次左右；防控烟粉虱时，在果园内烟粉虱发生初盛期开始喷药，10 天左右 1 次，连喷 1～2 次，重点喷洒叶片背面。一般使用 22%悬浮剂 4 000～6 000 倍液或 50%水分散粒剂 10 000～12 000 倍液均匀喷雾。

桃树、杏树、李树的蚜虫　先于树体发芽后开花前喷药 1 次，然后再从落花后开始连续喷药，10～15 天 1 次，连喷 2～3 次。氟啶虫胺腈喷施倍数同“苹果树绣线菊蚜”。

梨树梨木虱　在每代梨木虱卵孵化盛期至初孵若虫被黏液完全覆盖前及时喷药，每代喷药 1 次。一般使用 22%悬浮剂 4 000～5 000 倍液或 50%水分散粒剂 8 000～10 000 倍液均匀喷雾。

葡萄绿盲蝽、烟蓟马　防控绿盲蝽时，多从葡萄萌芽期或绿盲蝽发生为害初期开始喷药，10 天左右 1 次，连喷 2～3 次；防控烟蓟马时，在葡萄花蕾期和落花后各喷药 1 次即可。一般使用 22%悬浮剂 1 000～1 500 倍液或 50%水分散粒剂 2 500～3 000 倍液均匀喷雾。

枣树绿盲蝽　多从枣树萌芽期或绿盲蝽发生为害初期开始喷药，10 天左右 1 次，连喷 2～4 次。氟啶虫胺腈喷施倍数同“葡萄绿盲蝽”。

柑橘树蚜虫、柑橘木虱及矢尖蚧等介壳虫　防控蚜虫、柑橘木虱时，多在每季新梢抽生初期（嫩梢长 1 厘米左右）或害虫发生为害初期开始喷药，10 天左右 1 次，每季梢喷药 1～2 次；防控矢尖蚧等介壳虫时，在初孵若虫开始转移扩散时进行喷药，每代喷药 1 次。一般使用 22%悬浮剂 4 000～5 000 倍液或 50%水分散粒剂 8 000～10 000 倍液均匀喷雾。

白菜、甘蓝等十字花科蔬菜蚜虫　从蚜虫发生为害初期或蚜虫数量开始较快增多时开始喷药，7～10 天 1 次，连喷 2 次左右，注意喷洒叶片背面。一般每亩次使用 22%悬浮剂 8～15 毫升或 50%水分散粒剂 4～7 克，对水 30～45 千克均匀喷雾。

黄瓜、甜瓜蚜虫　从蚜虫发生为害初期或蚜虫数量开始较快增多时开始喷药，7～10 天 1 次，连喷 2 次左右，注意喷洒叶片背面及幼嫩组织。一般每亩次使用 22%悬浮剂 8～15 毫升或 50%水分散粒剂 4～7 克，对水 45～60 千克均匀喷雾。

黄瓜、甜瓜、番茄、辣椒、茄子等瓜果蔬菜的烟粉虱、白粉虱从害虫发生为害初期或害虫数量开始较快增多时开始喷药，7～10天1次，连喷2～3次，重点喷洒叶片背面。一般每亩次使用22%悬浮剂15～25毫升或50%水分散粒剂10～15克，对水45～60千克均匀喷雾。

西瓜蚜虫　从蚜虫发生为害初期或蚜虫数量开始较快增多时开始喷药，7～10天1次，连喷2次左右，重点喷洒叶片背面及幼嫩组织。一般每亩次使用22%悬浮剂8～12毫升或50%水分散粒剂4～6克，对水45～60千克均匀喷雾。

水稻稻飞虱　在稻飞虱发生为害初期或飞虱低龄若虫期及时进行喷药，注意喷洒植株中下部。一般每亩次使用22%悬浮剂15～20毫升或50%水分散粒剂8～10克，对水45～60千克均匀喷雾。

小麦蚜虫　从蚜虫发生为害初期或蚜虫数量开始较快增多时开始喷药，7～10天1次，连喷1～2次；或在孕穗期至抽穗期和齐穗初期各喷药1次。一般每亩次使用22%悬浮剂5～8毫升或50%水分散粒剂3～4克，对水20～30千克均匀喷雾。

马铃薯蚜虫　从蚜虫发生为害初期或蚜虫数量开始较快增多时开始喷药，7～10天1次，连喷2次左右。一般每亩次使用22%悬浮剂10～15毫升或50%水分散粒剂5～6克，对水45～60千克均匀喷雾。

棉花蚜虫　从蚜虫发生为害初期或蚜虫数量开始较快增多时开始喷药，10～15天1次，连喷2～3次，重点喷洒幼嫩组织。一般每亩次使用22%悬浮剂6～10毫升或50%水分散粒剂3～5克，对水45～60千克均匀喷雾。

棉花盲椿象、烟粉虱　在害虫发生为害初期开始喷药，7～10天1次，连喷2～3次，注意喷洒幼嫩组织及叶片背面。一般每亩次使用22%悬浮剂20～25毫升或50%水分散粒剂10～13克，对水45～60千克均匀喷雾。

注意事项　氟啶虫胺腈不能与碱性药剂及肥料混用。连续喷药时，注意与不同杀虫机理药剂交替使用或混用，以延缓害虫产生抗药性。本剂对蜜蜂有毒，禁止在果树开花期和蜜源植物花期使用。

氟啶虫酰胺 flonicamid

主要含量与剂型 20%、25%悬浮剂，30%可分散油悬浮剂，10%、20%、50%水分散粒剂。

产品特点 氟啶虫酰胺是一种新型吡啶酰胺类昆虫生长调节剂类低毒杀虫剂，属选择性进食阻滞剂，专用于防控刺吸式口器害虫，具有触杀和胃毒作用，在植物体上渗透性较强，具有内吸及层间传导活性，耐雨水冲刷，持效期较长，使用安全。该药为很好的神经毒剂，通过阻碍害虫吮吸作用，使害虫摄入药剂后很快停止吮吸（刺吸式口器害虫的口针无法插入植物组织内），最后因饥饿而死亡（施药后2～3天才能肉眼看到蚜虫死亡）。

适用作物防控对象及使用技术 氟啶虫酰胺适用于果树、蔬菜、谷物、棉花、马铃薯等多种作物，对多种刺吸式口器害虫均有很好的防控效果。

苹果树绣线菊蚜 在新梢上蚜虫数量较多时或蚜虫开始向幼果上扩散转移时开始喷药，10～15天1次，连喷2次左右。一般使用10%水分散粒剂2 500～3 000倍液，或20%悬浮剂或20%水分散粒剂5 000～6 000倍液，或25%悬浮剂6 000～7 000倍液，或30%可分散油悬浮剂7 000～8 000倍液，或50%水分散粒剂10 000～12 000倍液均匀喷雾。

桃树、杏树、李树的蚜虫 先于花芽膨大后开花前喷药1次，然后从落花后开始连续喷药，10～15天1次，连喷2～3次。一般使用10%水分散粒剂1 500～2 000倍液，或20%悬浮剂或20%水分散粒剂3 000～4 000倍液，或25%悬浮剂4 000～5 000倍液，或30%可分散油悬浮剂5 000～6 000倍液，或50%水分散粒剂8 000～10 000倍液均匀喷雾。

梨树梨木虱 先于梨树落花后和落花后30～35天各喷药1次，有效防控第1、2代梨木虱若虫；然后再于以后各代若虫发生初期至虫体被黏液完全覆盖前各喷药1～2次，间隔期7～10天。连续喷药时，注意与不同杀虫机理药剂交替使用。氟啶虫酰胺喷施倍数同“桃树蚜虫”。

柑橘树蚜虫、柑橘木虱　在每季新梢上的蚜虫或木虱发生为害初期，或嫩梢上蚜虫为害初盛期或蚜虫数量开始较快增多时开始喷药，10 天左右 1 次，每季新梢喷药 1～2 次。氟啶虫酰胺喷施倍数同“桃树蚜虫”。

甘蓝、白菜等十字花科蔬菜蚜虫　在蚜虫发生为害初期或蚜虫数量开始较快增多时开始喷药，7～10 天 1 次，连喷 1～2 次，注意喷洒叶片背面。一般每亩次使用 20%悬浮剂 20～25 毫升，或25%悬浮剂 15～20 毫升，或 30%可分散油悬浮剂 13～17 毫升，或 10%水分散粒剂 40～50 克，或 20%水分散粒剂 20～25 克，或50%水分散粒剂 8～10 克，对水 30～45 千克均匀喷雾。

黄瓜蚜虫　在蚜虫发生为害初期或蚜虫数量开始较快增多时开始喷药，7～10 天 1 次，连喷 2～3 次，注意喷洒叶片背面及幼嫩组织。一般每亩次使用 20%悬浮剂 15～25 毫升，或 25%悬浮剂12～20 毫升，或 30%可分散油悬浮剂 10～17 毫升，或 10%水分散粒剂 30～50 克，或 20%水分散粒剂 15～25 克，或 50%水分散粒剂 6～10 克，对水 45～60 千克均匀喷雾。

水稻稻飞虱　在稻飞虱发生为害初期或飞虱低龄若虫初盛期开始喷药，10 天左右 1 次，连喷 1～2 次，重点喷洒植株中下部。一般每亩次使用 20%悬浮剂 20～25 毫升，或 25%悬浮剂 16～20 毫升，或 30%可分散油悬浮剂 20～30 毫升，或 10%水分散粒剂40～50 克，或 20%水分散粒剂 20～25 克，或 50%水分散粒剂 8～10 克，对水 45～60 千克均匀喷雾。

马铃薯蚜虫　在蚜虫发生为害初期或蚜虫数量开始较快增多时开始喷药，7～10 天 1 次，连喷 2～3 次。一般每亩次使用 20%悬浮剂 18～25 毫升，或 25%悬浮剂 15～20 毫升，或 30%可分散油悬浮剂 12～17 毫升，或 10%水分散粒剂 35～50 克，或 20%水分散粒剂 18～25 克，或 50%水分散粒剂 7～10 克，对水 45～60 千克均匀喷雾。

注意事项　氟啶虫酰胺不能与碱性药剂及肥料混用。连续喷药时，注意与不同杀虫机理药剂交替使用，以延缓害虫产生抗药性。稻田内套养鱼或虾蟹的水稻上禁止使用。

高效氯氟氰菊酯 lambda-cyhalothrin

主要含量与剂型 2.5%、25克/升、50克/升乳油，2.5%、5%、8%、15%、25克/升微乳剂，2.5%、5%、10%、20%水乳剂，2.5%、5%、10%悬浮剂，2.5%、10%、23%微囊悬浮剂，2.5%、10%、25%可湿性粉剂，10%种子处理微囊悬浮剂。

产品特点 高效氯氟氰菊酯是一种含氟原子的拟除虫菊酯类高效广谱中毒杀虫剂，对害虫具有强烈的触杀和胃毒作用及一定的驱避作用，无内吸、熏蒸作用，速效性好，击倒力强，耐雨水冲刷。其杀虫机理是作用于昆虫的神经系统，通过与钠离子通道相互作用，阻断中枢神经系统的正常传导，使昆虫过度兴奋、麻痹而死亡。与其他拟除虫菊酯类药剂相比，该药杀虫谱更广、杀虫活性更高、药效更迅速，并具有强烈的渗透作用，耐雨水冲刷能力更强；具有用量少、药效快、击倒力强、害虫产生抗药性缓慢、残留低、使用安全等优点。

适用作物防控对象及使用技术 高效氯氟氰菊酯广泛适用于粮棉油糖茶、薯类、瓜果蔬菜、果树、林木、烟草、药用植物、花卉等多种作物，对鳞翅目、鞘翅目、同翅目、双翅目、膜翅目、缨翅目等多种农业害虫均具有较好的防控效果。

甘蓝、白菜、花椰菜等十字花科蔬菜的小菜蛾、甜菜夜蛾、菜青虫、斜纹夜蛾、甘蓝夜蛾、黄条跳甲、蚜虫 防控鳞翅目食叶害虫时，在害虫卵盛期至低龄幼虫期及时进行喷药，7～10天1次，连喷2次左右；防控黄条跳甲时，在害虫发生为害初期开始喷药，7～10天1次，连喷2次左右；防控蚜虫时，在蚜虫发生为害初盛期或蚜虫数量开始较快增多时进行喷药，7～10天1次，连喷1～2次。一般每亩次使用2.5%乳油或2.5%微乳剂或2.5%水乳剂或2.5%悬浮剂或2.5%微囊悬浮剂或25克/升乳油或25克/升微乳剂40～80毫升，或5%微乳剂或5%水乳剂或5%悬浮剂或50克/升乳油20～40毫升，或8%微乳剂15～25毫升，或10%水乳剂或10%悬浮剂或10%微囊悬浮剂10～20毫升，或15%微乳剂7～15毫升，或20%水乳剂5～10毫升，或23%微囊悬浮剂5～9毫升，或2.5%可湿性粉剂40～80克，或10%可湿性粉剂10～20克，或25%可湿性粉剂4～8克，对水30～45千克均匀喷雾。防控小菜蛾、甜菜夜蛾、菜青虫、黄条跳甲时选用较高剂量，防控其他害虫时选用较低剂量，除黄条跳甲外均需注意喷洒叶片背面。

黄瓜、番茄、辣椒、茄子等瓜果类蔬菜的蚜虫、蓟马、白粉虱、烟粉虱、潜叶蝇、棉铃虫 防控蚜虫、蓟马、白粉虱、烟粉虱时，在害虫发生为害初期或虫量开始较快增多时开始喷药，7～10天1次，连喷2次左右，注意喷洒幼嫩组织及叶片背面；防控潜叶蝇时，在叶片上显出为害虫道时开始喷药，7～10天1次，连喷1～2次；防控棉铃虫时，在卵盛期至幼虫钻蛀为害前或卵盛期至低龄幼虫期及时进行喷药，7天左右1次，连喷1～2次。一般每亩次使用2.5%乳油或2.5%微乳剂或2.5%水乳剂或2.5%悬浮剂或2.5%微囊悬浮剂或25克/升乳油或25克/升微乳剂50～100毫升，或5%微乳剂或5%水乳剂或5%悬浮剂或50克/升乳油30～50毫升，或8%微乳剂20～30毫升，或10%水乳剂或10%悬浮剂或10%微囊悬浮剂10～25毫升，或15%微乳剂10～17毫升，或20%水乳剂7～13毫升，或23%微囊悬浮剂6～10毫升，或2.5%可湿性粉剂60～100克，或10%可湿性粉剂10～25克，或25%可湿性粉剂6～10克，对水45～60千克均匀喷雾。

棉花蚜虫、棉铃虫、地老虎、造桥虫 防控蚜虫时，在蚜虫为害初期或蚜虫数量开始较快增多时进行喷药，7～10天1次，连喷2～3次；防控棉铃虫时，在卵盛期至幼虫钻蛀蕾铃前或卵盛期至低龄幼虫期进行喷药，7～10天1次，每代喷药1～2次；防控地老虎、造桥虫时，在卵盛期至幼虫发生为害初期进行喷药。高效氯氟氰菊酯喷施剂量同“黄瓜蚜虫”。

玉米黏虫、玉米螟、棉铃虫、草地贪夜蛾 防控黏虫时，在卵盛期至低龄幼虫期进行喷药，每代喷药1～2次，间隔期7～10天；防控玉米螟、棉铃虫、草地贪夜蛾为害心叶时，在玉米喇叭口期的害虫发生为害初期，向喇叭口内进行喷药；防控玉米螟、棉铃虫为害雌穗时，在雌穗受害初期向雌穗顶部定向喷药。一般每亩次使用2.5%乳油或2.5%微乳剂或2.5%水乳剂或2.5%悬浮剂或2.5%微囊悬浮剂或25克/升乳油或25克/升微乳剂50～80毫升，或

5%微乳剂或5%水乳剂或5%悬浮剂或50克/升乳油30～40毫升，或8%微乳剂20～25毫升，或10%水乳剂或10%悬浮剂或10%微囊悬浮剂15～20毫升，或15%微乳剂10～14毫升，或20%水乳剂8～10毫升，或23%微囊悬浮剂7～9毫升，或2.5%可湿性粉剂60～80克，或10%可湿性粉剂15～20克，或25%可湿性粉剂6～8克，对水30～45千克均匀喷雾。

玉米金针虫 药剂拌种或种子包衣。一般每100千克种子使用10%种子处理微囊悬浮剂375～450毫升，对适量水混匀稀释至2 000毫升左右，均匀拌种或种子包衣，而后晾干、待播。

小麦蚜虫、黏虫 防控蚜虫时，在蚜虫发生为害初盛期开始喷药，10天左右1次，连喷1～2次，或在小麦孕穗期至抽穗期和齐穗期各喷药1次；防控黏虫时，在害虫卵盛期至低龄幼虫期进行喷药。一般每亩次使用2.5%乳油或2.5%微乳剂或2.5%水乳剂或2.5%悬浮剂或2.5%微囊悬浮剂或25克/升乳油或25克/升微乳剂40～60毫升，或5%微乳剂或5%水乳剂或5%悬浮剂或50克/升乳油20～30毫升，或8%微乳剂15～20毫升，或10%水乳剂或10%悬浮剂或10%微囊悬浮剂10～15毫升，或15%微乳剂7～10毫升，或20%水乳剂6～8毫升，或23%微囊悬浮剂5～7毫升，或2.5%可湿性粉剂40～60克，或10%可湿性粉剂10～15克，或25%可湿性粉剂4～6克，对水30～45千克均匀喷雾。

大豆食心虫、豆荚螟、双斑萤叶甲、草地螟 防控食心虫、豆荚螟时，在害虫卵盛期至初孵幼虫钻蛀豆荚前及时进行喷药，7～10天1次，连喷1～2次；防控双斑萤叶甲、草地螟时，在害虫发生为害初期或虫量开始较快增多时进行喷药。高效氯氟氰菊酯喷施剂量同“小麦蚜虫”。

马铃薯蚜虫、二十八星瓢虫 从害虫发生为害初期开始喷药，7～10天1次，连喷2次左右。一般每亩次使用2.5%乳油或2.5%微乳剂或2.5%水乳剂或2.5%悬浮剂或2.5%微囊悬浮剂或25克/升乳油或25克/升微乳剂40～70毫升，或5%微乳剂或5%水乳剂或5%悬浮剂或50克/升乳油20～35毫升，或8%微乳剂15～20毫升，或10%水乳剂或10%悬浮剂或10%微囊悬浮剂10～20毫升，或15%微乳剂7～12毫升，或20%水乳剂6～10毫升，或23%微囊悬浮剂5～8毫升，或2.5%可湿性粉剂40～70克，或10%可湿性粉剂10～20克，或25%可湿性粉剂5～8克，对水45～75千克均匀喷雾。

苹果的桃小食心虫、梨小食心虫、苹果蠹蛾等食心虫类　根据虫情测报，在害虫卵盛期至初孵幼虫蛀果为害前及时喷药，7～10天1次，每代喷药1～2次。一般使用2.5%乳油或2.5%微乳剂或2.5%水乳剂或2.5%悬浮剂或2.5%微囊悬浮剂或25克/升乳油或25克/升微乳剂或2.5%可湿性粉剂1 200～1 500倍液，或5%微乳剂或5%水乳剂或5%悬浮剂或50克/升乳油2 500～3 000倍液，或8%微乳剂3 500～4 000倍液，或10%水乳剂或10%悬浮剂或10%微囊悬浮剂或10%可湿性粉剂5 000～6 000倍液，或15%微乳剂7 000～8 000倍液，或20%水乳剂8 000～10 000倍液，或23%微囊悬浮剂或25%可湿性粉剂10 000～12 000倍液均匀喷雾。连续喷药时，注意与不同类型药剂交替使用或混用，以延缓害虫产生抗药性。

梨树梨小食心虫　根据虫情测报，在害虫卵盛期至初孵幼虫蛀果前及时进行喷药，7～10天1次，每代喷药1～2次。高效氯氟氰菊酯喷施倍数同“苹果桃小食心虫”。

桃、杏、枣等果实的桃小食心虫、梨小食心虫、桃蛀螟　根据虫情测报，在害虫卵盛期至初孵幼虫蛀果前及时进行喷药，7～10天1次，每代喷药1～2次。高效氯氟氰菊酯喷施倍数同“苹果的桃小食心虫”。

苹果树苹果瘤蚜、绣线菊蚜　防控苹果瘤蚜，在苹果花序分离期和落花后各喷药1次；防控绣线菊蚜，在嫩梢上蚜虫数量较多时或蚜虫开始向幼果转移扩散时及时进行喷药，10天左右1次，连喷2次左右。高效氯氟氰菊酯喷施倍数同“苹果的桃小食心虫”。

桃树、杏树、李树蚜虫（桃蚜、桃粉蚜、桃瘤蚜）　先于花芽膨大后至开花前喷药1次，然后从落花后开始继续喷药，10天左右1次，连喷2～3次。高效氯氟氰菊酯喷施倍数同“苹果桃小食心虫”。

苹果树、梨树、桃树、枣树、葡萄等果树的卷叶蛾类　在害虫发生为害初期或初显卷叶为害时及时进行喷药，7～10天1次，每代喷药1～2次。高效氯氟氰菊酯喷施倍数同“苹果桃小食心虫”。

苹果树、梨树、桃树、枣树、葡萄等果树的刺蛾类、食叶毛虫类等鳞翅目食叶害虫　在害虫卵盛期至低龄幼虫期及时进行喷药，7～10天1次，连喷1～2次。高效氯氟氰菊酯喷施倍数同“苹果桃小食心虫”。

苹果棉铃虫、斜纹夜蛾　在害虫卵盛期至低龄幼虫期或初显幼虫蛀果为害时及时进行喷药，7～10天1次，每代喷药1～2次。高效氯氟氰菊酯喷施倍数同“苹果桃小食心虫”。

葡萄、枣树的绿盲蝽　于果树发芽后至嫩梢生长期的绿盲蝽发生为害初期及时开始喷药，7～10天1次，与不同类型药剂交替使用，连喷2～4次，以早、晚喷药效果较好。高效氯氟氰菊酯喷施倍数同“苹果桃小食心虫”。

梨树梨二叉蚜、梨木虱（成虫）　防控梨二叉蚜时，在蚜虫发生为害初期或受害叶片初显卷曲时开始喷药，10天左右1次，连喷1～2次。防控越冬代梨木虱成虫时，在梨树萌芽期的晴朗无风天进行喷药，连喷1～2次；防控当年生梨木虱成虫时，从每代成虫发生初期及时开始喷药，7天左右1次，每代喷药1～2次。高效氯氟氰菊酯喷施倍数同“苹果桃小食心虫”，防控梨木虱越冬代成虫时可适当增加喷药浓度。

梨树、苹果树、山楂树等落叶果树的梨冠网蝽　从叶片正面显出黄白色褪绿小点时开始喷药，10天左右1次，连喷2次左右，重点喷洒叶片背面。高效氯氟氰菊酯喷施倍数同“苹果桃小食心虫”。

梨树梨茎蜂、梨瘿蚊　防控梨茎蜂时，在梨树外围嫩梢长10～15厘米时或果园内初见受害嫩梢时开始喷药，7～10天1次，连喷2次，以上午10时前喷药防控效果较好。防控梨瘿蚊时，在新梢生长期内，从梨瘿蚊发生为害初期（初显叶缘卷曲时）开始喷药，7～10天1次，连喷2次。高效氯氟氰菊酯喷施倍数同“苹果桃小食心虫”。

枣树枣瘿蚊　在枣树萌芽后至开花期，从害虫发生为害初期（嫩叶卷曲或变淡粉红色）开始喷药，7～10天1次，连喷2～3次。高效氯氟氰菊酯喷施倍数同“苹果桃小食心虫”。

梨、桃、杏等果实的茶翅蝽、麻皮蝽　多从小麦蜡黄期（麦穗变黄后）或椿象刺吸果实为害初期开始在果园内喷药，7～10天1次，连喷2次左右；较大果园也可重点喷洒果园外围的几行树，阻止椿象进入园内。高效氯氟氰菊酯喷施倍数同“苹果桃小食心虫”。

桃树、李树、杏树的桃小绿叶蝉、桃潜叶蛾、桑白蚧　防控桃小绿叶蝉时，在害虫发生为害初期或叶片正面显出黄白色褪绿小点时开始喷药，7～10天1次，连喷2次左右，重点喷洒叶片背面，以上午10时前或下午4时后喷药防控效果较好；防控桃潜叶蛾时，从叶片上初见为害虫道时开始喷药，10～15天1次，连喷2～4次；防控桑白蚧时，在1龄若虫从母体介壳下爬出向周围扩散为害时及时进行喷药，7天左右1次，每代喷药1～2次。高效氯氟氰菊酯喷施倍数同“苹果桃小食心虫”。

葡萄二星叶蝉、十星叶甲　防控二星叶蝉时，从叶片正面显出黄白色褪绿小点时开始喷药，7～10天1次，连喷2次左右；防控十星叶甲时，从害虫发生为害初期开始喷药，7～10天1次，连喷2次左右。高效氯氟氰菊酯喷施倍数同“苹果桃小食心虫”。

柿树血斑叶蝉、柿蒂虫　防控血斑叶蝉时，在害虫发生为害初期或叶片正面显出黄白色褪绿小点时开始喷药，7～10天1次，连喷2次左右，重点喷洒叶片背面；防控柿蒂虫时，在害虫产卵盛期及时进行喷药，每代喷药1～2次，间隔期7天左右。高效氯氟氰菊酯喷施倍数同“苹果桃小食心虫”。

核桃树核桃缀叶螟、核桃举肢蛾　防控缀叶螟时，在害虫卵盛期至低龄幼虫期或害虫发生为害初期及时进行喷药，每代喷药1次；防控举肢蛾时，在害虫产卵盛期至初孵幼虫钻蛀前及时进行喷药，每代喷药1～2次，间隔期7天左右。高效氯氟氰菊酯喷施倍数同“苹果桃小食心虫”。

樱桃瘤头蚜　从瘤头蚜发生为害初期或叶片上初显凹凸受害状时开始喷药，7～10天1次，连喷2次左右。高效氯氟氰菊酯喷施倍数同“苹果桃小食心虫”。

枸杞负泥虫、枸杞木虱　从相应害虫发生为害初期开始喷药，7～10天1次，连喷2次左右。高效氯氟氰菊酯喷施倍数同“苹果桃小食心虫”。

石榴、花椒、枸杞的蚜虫　从嫩梢上蚜虫发生为害初期或蚜虫数量开始较快增多时开始喷药，7～10 天 1 次，连喷 2～3 次。高效氯氟氰菊酯喷施倍数同“苹果桃小食心虫”。

柑橘树蚜虫、潜叶蛾、柑橘木虱、食叶象甲及介壳虫类　防控蚜虫、潜叶蛾、柑橘木虱时，在各季新梢上相应害虫发生为害初期或嫩梢上蚜虫数量开始较快增多时（或嫩梢叶片上显出潜叶蛾为害虫道时）开始喷药，7～10 天 1 次，每季梢喷药 1～2 次，三种害虫相互兼治；防控食叶象甲时，在害虫发生为害初期开始喷药，7～10 天 1 次，连喷 1～2 次；防控介壳虫类时，在相应介壳虫的1 龄若虫扩散为害时开始喷药，7～10 天 1 次，每代喷药 1～2 次。高效氯氟氰菊酯一般使用 2.5%乳油或 2.5%微乳剂或 2.5%水乳剂或 2.5%悬浮剂或 2.5%微囊悬浮剂或 25 克/升乳油或 25 克/升微乳剂或 2.5%可湿性粉剂 800～1 200 倍液，或 5%微乳剂或 5%水乳剂或 5%悬浮剂或 50 克/升乳油 1 600～2 000 倍液，或 8%微乳剂 2 500～3 000 倍液，或 10%水乳剂或 10%悬浮剂或 10%微囊悬浮剂或 10%可湿性粉剂 3 500～4 000 倍液，或 15%微乳剂 5 000～6 000 倍液，或 20%水乳剂 7 000～8 000 倍液，或 23%微囊悬浮剂或 25%可湿性粉剂 8 000～10 000 倍液均匀喷雾。连续喷药时，注意与不同类型药剂交替使用或混用，以延缓害虫产生抗药性。

荔枝树蒂蛀虫、荔枝蝽　防控蒂蛀虫时，在害虫卵盛期开始喷药，7 天左右 1 次，连喷 1～2 次；防控荔枝蝽时，在害虫卵盛期至低龄若虫期及时进行喷药，7～10 天 1 次，连喷 2 次。一般使用 2.5%乳油或 2.5%微乳剂或 2.5%水乳剂或 2.5%悬浮剂或 2.5%微囊悬浮剂或 25 克/升乳油或 25 克/升微乳剂或 2.5%可湿性粉剂 1 000～1 500 倍液，或 5%微乳剂或 5%水乳剂或 5%悬浮剂或 50 克/升乳油 2 000～3 000 倍液，或 8%微乳剂 3 000～4 000 倍液，或 10%水乳剂或 10%悬浮剂或 10%微囊悬浮剂或 10%可湿性粉剂 5 000～6 000 倍液，或 15%微乳剂 6 000～7 000 倍液，或 20%水乳剂 8 000～10 000 倍液，或 23%微囊悬浮剂或 25%可湿性粉剂 10 000～12 000 倍液均匀喷雾。

枇杷树黄毛虫　在枇杷采收后的害虫卵盛期至低龄幼虫期及时

进行喷药，7～10 天 1 次，每代喷药 1～2 次。高效氯氟氰菊酯喷施倍数同“荔枝树蒂蛀虫”。

棒子树榛实象甲　在成虫产卵期至卵孵化盛期及时进行喷药，7 天左右 1 次，连喷 1～2 次。一般使用 2.5%乳油或 2.5%微乳剂或 2.5%水乳剂或 2.5%悬浮剂或 2.5%微囊悬浮剂或 25 克/升乳油或 25 克/升微乳剂或 2.5%可湿性粉剂 600～800 倍液，或 5%微乳剂或 5%水乳剂或 5%悬浮剂或 50 克/升乳油 1 200～1 500 倍液，或 8%微乳剂 2 000～2 500 倍液，或 10%水乳剂或 10%悬浮剂或 10%微囊悬浮剂或 10%可湿性粉剂 2 500～3 000 倍液，或 15%微乳剂 3 500～4 000 倍液，或 20%水乳剂 5 000～6 000 倍液，或 23%微囊悬浮剂或 25%可湿性粉剂 6 000～7 000 倍液均匀喷雾。

烟草蚜虫、烟青虫、地老虎　防控蚜虫时，在蚜虫发生为害初期或蚜虫数量开始较快增多时开始喷药，7～10 天 1 次，连喷 2～3 次；防控烟青虫、地老虎时，在害虫卵盛期至低龄幼虫期进行喷药，7 天左右 1 次，每代喷药 1～2 次。一般每亩次使用 2.5%乳油或 2.5%微乳剂或 2.5%水乳剂或 2.5%悬浮剂或 2.5%微囊悬浮剂或 25 克/升乳油或 25 克/升微乳剂 50～80 毫升，或 5%微乳剂或 5%水乳剂或 5%悬浮剂或 50 克/升乳油 30～40 毫升，或 8%微乳剂 17～25 毫升，或 10%水乳剂或 10%悬浮剂或 10%微囊悬浮剂 15～20 毫升，或 15%微乳剂 10～15 毫升，或 20%水乳剂 8～10 毫升，或 23%微囊悬浮剂 6～9 毫升，或 2.5%可湿性粉剂 50～80 克，或 10%可湿性粉剂 15～20 克，或 25%可湿性粉剂 5～8 克，对水 30～60 千克均匀喷雾。

茶树茶尺蠖、茶毛虫、茶小绿叶蝉　防控茶尺蠖、茶毛虫时，在害虫卵盛期至低龄幼虫期进行喷药，7～10 天 1 次，连喷 1～2 次；防控茶小绿叶蝉时，在害虫发生为害初期或虫量开始较快增多时开始喷药，7～10 天 1 次，连喷 2～3 次。一般每亩次使用 2.5%乳油或 2.5%微乳剂或 2.5%水乳剂或 2.5%悬浮剂或 2.5%微囊悬浮剂或 25 克/升乳油或 25 克/升微乳剂 80～120 毫升，或 5%微乳剂或 5%水乳剂或 5%悬浮剂或 50 克/升乳油 40～60 毫升，或 8%微乳剂 25～35 毫升，或 10%水乳剂或 10%悬浮剂或 10%微囊悬浮剂 20～30 毫升，或 15%微乳剂 15～20 毫升，或 20%水乳剂10～15毫升，或23%微囊悬浮剂9～13毫升，或2.5%可湿性粉剂80～120克，或10%可湿性粉剂20～30克，或25%可湿性粉剂8～12克，对水45～60千克均匀喷雾。

注意事项 高效氯氟氰菊酯不能与碱性药剂及肥料混用，喷药应及时均匀周到。连续喷药时，注意与不同杀虫机理药剂交替使用或混用。本剂对蜜蜂、家蚕剧毒，禁止在果树开花期和蜜源植物上使用，也不能在桑蚕养殖场所及其附近使用。本剂已使用多年，各地不同作物上的害虫抗药性表现不同，具体用药时还应灵活掌握。

高效氯氰菊酯 beta - cypermethrin

主要含量与剂型 2.5%、4.5%、10%、100克/升乳油，4.5%、10%微乳剂，4.5%、10%水乳剂。

产品特点 高效氯氰菊酯是一种拟除虫菊酯类高效广谱中毒杀虫剂，为氯氰菊酯的高效异构体，具有良好的触杀和胃毒作用，无内吸性和熏蒸作用，但有一定的渗透性，耐雨水冲刷，击倒速度快，杀虫活性高，持效期较长。其杀虫机理是通过与害虫神经系统的钠离子通道相互作用，破坏其功能，使害虫过度兴奋、麻痹而死亡。

适用作物防控对象及使用技术 高效氯氰菊酯广泛适用于瓜果蔬菜、粮棉油糖烟茶、果树、林木、花卉等多种作物，对咀嚼式口器害虫、刺吸式口器害虫均具有良好的防控效果。

苹果桃小食心虫、梨小食心虫、苹果蠹蛾 根据虫情测报，在害虫卵盛期至初孵幼虫蛀果前及时喷药，7天左右1次，每代喷药1～2次。一般使用2.5%乳油600～800倍液，或4.5%乳油或4.5%微乳剂或4.5%水乳剂1 200～1 500倍液，或10%乳油或10%微乳剂或10%水乳剂或100克/升乳油2 500～3 000倍液均匀喷雾。

梨、桃、杏、枣等果实的梨小食心虫、桃小食心虫、桃蛀螟 根据虫情测报，在害虫卵盛期至初孵幼虫蛀果前及时喷药，7天左右1次，每代喷药1～2次。高效氯氰菊酯喷施倍数同“苹果桃小食心虫”。

苹果树、梨树、山楂树、桃树、杏树、枣树等落叶果树的卷叶蛾类　在害虫发生为害初期或初显卷叶为害时及时进行喷药，每代喷药 1～2 次，间隔期 7～10 天。高效氯氰菊酯喷施倍数同“苹果桃小食心虫”。

苹果树、梨树、山楂树、桃树、枣树、柿树等落叶果树的刺蛾类、食叶毛虫类等鳞翅目食叶害虫　在害虫发生为害初期或卵盛期至低龄幼虫期及时进行喷药，7～10 天 1 次，每代喷药 1～2 次。高效氯氰菊酯喷施倍数同“苹果桃小食心虫”。

核桃树核桃缀叶螟、核桃举肢蛾　防控核桃缀叶螟时，在害虫卵盛期至低龄幼虫期进行喷药，每代喷药 1 次即可；防控核桃举肢蛾时，在害虫产卵盛期至初孵幼虫蛀果前及时喷药，7 天左右 1 次，每代喷药 1～2 次。高效氯氰菊酯喷施倍数同“苹果桃小食心虫”。

苹果树绣线菊蚜、苹果瘤蚜　防控绣线菊蚜时，在新梢上蚜虫数量较多时或蚜虫开始向幼果上转移扩散时开始喷药，7～10 天 1 次，连喷 2 次左右；防控苹果瘤蚜时，在苹果花序分离期和落花后各喷药 1 次。一般使用 2.5%乳油 800～1 000 倍液，或 4.5%乳油或 4.5%微乳剂或 4.5%水乳剂 1 500～2 000 倍液，或 10%乳油或 10%微乳剂或 10%水乳剂或 100 克/升乳油 3 000～4 000 倍液均匀喷雾。

桃树、杏树、李树的蚜虫（桃蚜、桃粉蚜、桃瘤蚜）　先于萌芽后开花前喷药 1 次，然后从落花后开始继续喷药，10 天左右 1 次，连喷 2～3 次。高效氯氰菊酯喷施倍数同“苹果树绣线菊蚜”。

枣树、葡萄等落叶果树的绿盲蝽　在果树萌芽后至嫩梢生长期内，从绿盲蝽发生为害初期开始喷药，7～10 天 1 次，与不同类型药剂交替使用，连喷 2～4 次，以早、晚喷药效果较好。高效氯氰菊酯喷施倍数同“苹果树绣线菊蚜”。

梨树、苹果树、山楂树等落叶果树的梨冠网蝽　在害虫发生为害初期即叶片正面初显黄白色褪绿小点时开始喷药，7～10 天1 次，连喷 2 次左右。高效氯氰菊酯喷施倍数同“苹果树绣线菊蚜”。

梨树的梨木虱（成虫）、梨茎蜂、梨瘿蚊、梨二叉蚜　防控越冬代梨木虱成虫时，在梨树萌芽后期的晴朗无风天进行喷药，7 天左右1次，连喷1～2次。一般使用2.5%乳油500～600倍液，或4.5%乳油或4.5%微乳剂或4.5%水乳剂1 000～1 200倍液，或10%乳油或10%微乳剂或10%水乳剂或100克/升乳油2 000～2 500倍液均匀喷雾。防控当年生梨木虱成虫时，在每代成虫发生初盛期及时进行喷药，7天左右1次，每代喷药1～2次；防控梨茎蜂时，在梨树外围嫩梢长10～15厘米时或果园内初见受害嫩梢时及时开始喷药，7～10天1次，连喷2次，以上午10时前喷药防控效果最好；防控梨瘿蚊时，在新梢生长期内，于梨瘿蚊发生为害初期（叶缘初显卷曲时）开始喷药，7～10天1次，连喷1～2次；防控梨二叉蚜时，在蚜虫为害初盛期或受害叶片初显卷曲时及时喷药，7～10天1次，连喷1～2次。梨树落花后高效氯氰菊酯喷施倍数同“苹果树绣线菊蚜”。

枣树枣瘿蚊　在枣树萌芽后至开花期，从害虫发生为害初期（嫩叶边缘卷曲或变淡红色）开始喷药，7～10天1次，连喷2次左右。高效氯氰菊酯喷施倍数同“苹果树绣线菊蚜”。

梨、桃、杏等果实的茶翅蝽、麻皮蝽　多从小麦蜡熟期（麦穗变黄后）或椿象刺吸为害果实初期开始在果园内喷药，7～10天1次，连喷2次左右。较大果园也可重点喷洒果园外围的几行树，阻止椿象进入园内。高效氯氰菊酯喷施倍数同“苹果树绣线菊蚜”。

桃树、李树、杏树的桃小绿叶蝉　在害虫发生为害初期或叶片正面显出黄白色褪绿小点时开始喷药，7～10天1次，连喷2次左右，重点喷洒叶片背面，上午10时前或下午4时后喷药防控效果较好。高效氯氰菊酯喷施倍数同“苹果树绣线菊蚜”。

柿树柿血斑叶蝉、柿蒂虫　防控柿血斑叶蝉时，在害虫发生为害初期或叶片正面显出黄白色褪绿小点时开始喷药，7～10天1次，连喷2次左右，重点喷洒叶片背面；防控柿蒂虫时，在害虫产卵盛期至初孵幼虫蛀果前及时进行喷药，7天左右1次，每代喷药1～2次。高效氯氰菊酯喷施倍数同“苹果树绣线菊蚜”。

樱桃瘤头蚜　从蚜虫发生为害初期或叶片上初显凹凸为害状时开始喷药，7～10天1次，连喷2次左右。高效氯氰菊酯喷施倍数同“苹果树绣线菊蚜”。

石榴、花椒、枸杞的蚜虫　从蚜虫发生为害初期或嫩梢上或花

蕾上蚜虫数量较多时开始喷药，7～10天1次，连喷2～3次。高效氯氰菊酯喷施倍数同“苹果树绣线菊蚜”。

枸杞木虱、枸杞负泥虫　从害虫发生为害初期开始喷药，10天左右1次，连喷2次左右。高效氯氰菊酯喷施倍数同“苹果树绣线菊蚜”。

柑橘树潜叶蛾、蚜虫、柑橘木虱、食叶象甲、介壳虫类　防控潜叶蛾、蚜虫及柑橘木虱时，在每季新梢生长初期（嫩梢长出4～6天时）或相应害虫发生为害初期开始喷药，7～10天1次，每季梢喷药2次左右；防控食叶象甲时，在害虫发生为害初期（叶片上初显受害状时）开始喷药，7～10天1次，连喷2次左右；防控介壳虫时，在1龄若虫从母体介壳下爬出向周边扩散时进行喷药，5～7天1次，每代喷药1～2次。一般使用2.5%乳油500～700倍液，或4.5%乳油或4.5%微乳剂或4.5%水乳剂1 000～1 500倍液，或10%乳油或10%微乳剂或10%水乳剂或100克/升乳油2 000～3 000倍液均匀喷雾。

荔枝树蒂蛀虫、荔枝蝽　防控蒂蛀虫时，在害虫产卵盛期至初孵幼虫蛀果前及时喷药，7天左右1次，每代喷药1～2次；防控荔枝蝽时，在害虫卵盛期至低龄若虫期或害虫发生为害初期开始喷药，7～10天1次，连喷2次左右。高效氯氰菊酯喷施倍数同“柑橘树潜叶蛾”。

茶树茶尺蠖、茶小绿叶蝉　防控茶尺蠖时，在害虫卵盛期至低龄幼虫期进行喷药，7～10天1次，连喷1～2次；防控茶小绿叶蝉时，在害虫发生为害初期或低龄幼虫期开始喷药，7～10天1次，连喷2～3次。一般每亩次使用2.5%乳油150～200毫升，或4.5%乳油或4.5%微乳剂或4.5%水乳剂80～100毫升，或10%乳油或10%微乳剂或10%水乳剂或100克/升乳油40～50毫升，对水45～75千克均匀喷雾。

甘蓝、白菜、萝卜等十字花科蔬菜的小菜蛾、菜青虫、斜纹夜蛾、甜菜夜蛾等鳞翅目食叶害虫及黄条跳甲、蚜虫　防控鳞翅目食叶害虫时，在害虫卵盛期至低龄幼虫期进行喷药，7～10天1次，连喷2次左右；防控黄条跳甲、蚜虫时，从害虫发生为害初期开始喷药，7～10天1次，连喷1～2次。一般每亩次使用2.5%乳油

120～200毫升，或4.5%乳油或4.5%微乳剂或4.5%水乳剂60～100毫升，或10%乳油或10%微乳剂或10%水乳剂或100克/升乳油30～50毫升，对水30～60千克均匀喷雾。

瓜类、茄果类及豆类蔬菜的蚜虫、粉虱、潜叶蝇　防控蚜虫、粉虱时，从害虫发生为害初期或虫量开始较快增多时进行喷药，7天左右1次，连喷2～3次，注意喷洒叶片背面及幼嫩组织；防控潜叶蝇时，从叶片上初显为害虫道时开始喷药，7天左右1次，连喷1～2次。一般每亩次使用2.5%乳油150～200毫升，或4.5%乳油或4.5%微乳剂或4.5%水乳剂80～100毫升，或10%乳油或10%微乳剂或10%水乳剂或100克/升乳油40～50毫升，对水45～60千克均匀喷雾。

番茄、辣椒的棉铃虫、烟青虫　在害虫卵盛期至低龄幼虫期或卵盛期至幼虫蛀果为害前进行喷药，7天左右1次，每代喷药1～2次。一般每亩次使用2.5%乳油150～200毫升，或4.5%乳油或4.5%微乳剂或4.5%水乳剂70～100毫升，或10%乳油或10%微乳剂或10%水乳剂或100克/升乳油35～50毫升，对水45～60千克均匀喷雾。

豇豆豆荚螟　在害虫产卵盛期至初孵幼虫钻蛀前及时喷药，7天左右1次，连喷2次左右。高效氯氰菊酯喷施倍数同"番茄棉铃虫"。

韭菜蚜虫、葱须鳞蛾、迟眼蕈蚊（根蛆）　防控蚜虫、葱须鳞蛾时，在害虫发生为害初期开始喷药，7～10天1次，连喷1～2次；防控迟眼蕈蚊时，从迟眼蕈蚊成虫发生始盛期开始喷药，5～7天1次，连喷2次。一般每亩次使用2.5%乳油80～100毫升，或4.5%乳油或4.5%微乳剂或4.5%水乳剂40～50毫升，或10%乳油或10%微乳剂或10%水乳剂或100克/升乳油20～25毫升，对水30～45千克均匀喷雾。

棉花蚜虫、盲椿象、棉铃虫、红铃虫　防控蚜虫、盲椿象时，在害虫发生为害初期或害虫数量开始较快增多时进行喷药，7～10天1次，连喷2～3次；防控棉铃虫、红铃虫时，在害虫卵盛期至低龄幼虫钻蛀蕾铃前及时喷药，7～10天1次，每代喷药1～2次。一般每亩次使用2.5%乳油150～250毫升，或4.5%乳油或

4.5%微乳剂或4.5%水乳剂80～120毫升，或10%乳油或10%微乳剂或10%水乳剂或100克/升乳油40～60毫升，对水45～60千克均匀喷雾。

小麦蚜虫、黏虫 防控蚜虫时，在蚜虫发生为害初期或蚜虫数量开始较快增多时进行喷药，10天左右1次，连喷1～2次；或在小麦孕穗期至抽穗初期和齐穗期各喷药1次。防控黏虫时，在害虫发生为害初期开始喷药，7天左右1次，连喷1～2次。一般每亩次使用2.5%乳油80～120毫升，或4.5%乳油或4.5%微乳剂或4.5%水乳剂40～60毫升，或10%乳油或10%微乳剂或10%水乳剂或100克/升乳油20～30毫升，对水30～45千克均匀喷雾。

玉米草地贪夜蛾、玉米螟、棉铃虫 防控害虫为害心叶时，在心叶受害初期向喇叭口内喷药；防控雌穗受害时，在害虫为害雌穗初期及时向雌穗定向喷药。高效氯氰菊酯喷施剂量同“小麦蚜虫”。

水稻稻飞虱、稻叶蝉、稻纵卷叶螟 防控稻飞虱、稻叶蝉时，在害虫发生为害初期或低龄若虫盛发初期开始喷药，7天左右1次，连喷1～2次，注意喷洒植株中下部；防控稻纵卷叶螟时，在害虫卵盛期至初孵幼虫卷叶为害前或田间出现卷叶受害状时开始喷药，7天左右1次，连喷1～2次。一般每亩次使用2.5%乳油80～120毫升，或4.5%乳油或4.5%微乳剂或4.5%水乳剂40～60毫升，或10%乳油或10%微乳剂或10%水乳剂或100克/升乳油20～30毫升，对水45～60千克均匀喷雾。

花生蚜虫、双斑萤叶甲及斜纹夜蛾等鳞翅目食叶害虫 防控蚜虫、双斑萤叶甲时，在害虫发生为害初盛期开始喷药，7天左右1次，连喷1～2次；防控鳞翅目食叶害虫时，在害虫卵盛期至低龄幼虫期进行喷药。一般每亩次使用2.5%乳油100～150毫升，或4.5%乳油或4.5%微乳剂或4.5%水乳剂50～75毫升，或10%乳油或10%微乳剂或10%水乳剂或100克/升乳油25～40毫升，对水30～45千克均匀喷雾。

马铃薯蚜虫、二十八星瓢虫、草地螟 从害虫发生为害初期开始喷药，7～10天1次，连喷2次左右。一般每亩次使用2.5%乳油150～200毫升，或4.5%乳油或4.5%微乳剂或4.5%水乳剂70～100毫升，或10%乳油或10%微乳剂或10%水乳剂或100克/

升乳油 35～50 毫升，对水 45～60 千克均匀喷雾。

烟草蚜虫、烟青虫　防控蚜虫时，在蚜虫发生为害初期开始喷药，7～10 天 1 次，连喷 2～3 次；防控烟青虫时，在害虫卵盛期至低龄幼虫期进行喷药，每代喷药 1 次。高效氯氰菊酯喷施剂量同“马铃薯蚜虫”。

注意事项　高效氯氰菊酯不能与碱性药剂及肥料混用。连续喷药时，注意与不同杀虫机理药剂交替使用或混用，以延缓害虫产生抗药性，且喷药应均匀周到。高效氯氰菊酯已使用多年，许多害虫均产生了不同程度抗药性，具体使用时还应根据当地害虫抗性情况灵活掌握。

甲氨基阿维菌素苯甲酸盐 emamectin benzoate

主要含量与剂型　0.5%、1%、5%乳油，0.5%、1%、2%、3%、5%微乳剂，0.5%、1%、2%、3%、5%水乳剂，3%、5%悬浮剂，2%、5.7%微囊悬浮剂，2%、5%可溶粒剂，2%、3%、5%、5.7%、8%水分散粒剂。

产品特点　甲氨基阿维菌素苯甲酸盐是以甲氨基阿维菌素（abamectin - aminomethyl）为有效成分的一种半合成大环内酯类高效广谱低毒杀虫剂，以胃毒作用为主，兼有触杀活性，在作物上无内吸性能，但能有效渗入植物表皮组织，耐雨水冲刷，杀虫活性高，持效期较长。其作用机理是通过激发 γ-氨基丁酸释放，活化氯化物通道，使大量氯离子进入神经细胞，导致细胞功能丧失，运动神经信息传递受阻，使虫体麻痹、死亡；幼虫接触药剂后很快停止取食，产生不可逆转麻痹，2～4 天达到死亡高峰。该药对鳞翅目昆虫的幼虫和其他许多害虫具有极高活性，与其他类型杀虫剂无交互抗性。

适用作物防控对象及使用技术　甲氨基阿维菌素苯甲酸盐广泛适用于瓜果蔬菜、粮棉油糖茶、烟草、果树及观赏植物等多种作物，对鳞翅目害虫及蓟马等多种害虫均有较好的防控效果。

甘蓝、白菜、花椰菜等十字花科蔬菜的小菜蛾、菜青虫、甜菜夜蛾、斜纹夜蛾　在害虫卵孵化盛期至低龄幼虫期进行喷药，7～

10天1次，连喷2次左右。一般每亩次使用0.5%乳油或0.5%微乳剂或0.5%水乳剂100～150毫升，或1%乳油或1%微乳剂或1%水乳剂50～75毫升，或2%微乳剂或2%水乳剂或2%微囊悬浮剂25～35毫升，或3%微乳剂或3%水乳剂或3%悬浮剂15～25毫升，或5%乳油或5%微乳剂或5%水乳剂或5%悬浮剂9～15毫升，或5.7%微囊悬浮剂8～13毫升，或2%可溶粒剂或2%水分散粒剂25～35克，或3%水分散粒剂15～25克，或5%可溶粒剂或5%水分散粒剂10～15克，或5.7%水分散粒剂8～13克，或8%水分散粒剂6～10克，对水30～45千克均匀喷雾。

番茄、茄子的棉铃虫、甜菜夜蛾　在害虫卵孵化盛期至低龄幼虫期或幼虫蛀果前进行喷药，7天左右1次，每代喷药1～2次。一般每亩次使用0.5%乳油或0.5%微乳剂或0.5%水乳剂120～150毫升，或1%乳油或1%微乳剂或1%水乳剂60～80毫升，或2%微乳剂或2%水乳剂或2%微囊悬浮剂30～40毫升，或3%微乳剂或3%水乳剂或3%悬浮剂20～27毫升，或5%乳油或5%微乳剂或5%水乳剂或5%悬浮剂12～16毫升，或5.7%微囊悬浮剂10～14毫升，或2%可溶粒剂或2%水分散粒剂30～40克，或3%水分散粒剂20～27克，或5%可溶粒剂或5%水分散粒剂12～16克，或5.7%水分散粒剂10～14克，或8%水分散粒剂7.5～10克，对水45～60千克均匀喷雾。

辣椒烟青虫、斜纹夜蛾　在害虫卵孵化盛期至低龄幼虫期或幼虫蛀果前进行喷药，7天左右1次，每代喷药1～2次。一般每亩次使用0.5%乳油或0.5%微乳剂或0.5%水乳剂40～60毫升，或1%乳油或1%微乳剂或1%水乳剂20～30毫升，或2%微乳剂或2%水乳剂或2%微囊悬浮剂10～15毫升，或3%微乳剂或3%水乳剂或3%悬浮剂7～10毫升，或5%乳油或5%微乳剂或5%水乳剂或5%悬浮剂4～6毫升，或5.7%微囊悬浮剂3.5～5毫升，或2%可溶粒剂或2%水分散粒剂10～15克，或3%水分散粒剂7～10克，或5%可溶粒剂或5%水分散粒剂4～6克，或5.7%水分散粒剂3.5～5克，或8%水分散粒剂2.5～4克，对水45～60千克均匀喷雾。

豇豆豆荚螟、蓟马　防控豆荚螟时，在产卵盛期至初孵幼虫钻蛀前及时喷药，7 天左右 1 次，连喷 2～3 次；防控蓟马时，在蓟马发生为害初期开始喷药，7 天左右 1 次，连喷 2～3 次。一般每亩次使用 0.5%乳油或 0.5%微乳剂或 0.5%水乳剂 60～80 毫升，或 1%乳油或 1%微乳剂或 1%水乳剂 30～40 毫升，或 2%微乳剂或 2%水乳剂或 2%微囊悬浮剂 15～20 毫升，或 3%微乳剂或 3%水乳剂或 3%悬浮剂 10～14 毫升，或 5%乳油或 5%微乳剂或 5%水乳剂或 5%悬浮剂 6～8 毫升，或 5.7%微囊悬浮剂 5～7 毫升，或 2%可溶粒剂或 2%水分散粒剂 15～20 克，或 3%水分散粒剂 10～14 克，或 5%可溶粒剂或 5%水分散粒剂 6～8 克，或 5.7%水分散粒剂 5～7 克，或 8%水分散粒剂 4～5 克，对水 45～60 千克均匀喷雾。

大葱甜菜夜蛾　在害虫卵孵化盛期至低龄幼虫期或害虫发生为害初期开始喷药，7～10 天 1 次，连喷 1～2 次。一般每亩次使用 0.5%乳油或 0.5%微乳剂或 0.5%水乳剂 60～80 毫升，或 1%乳油或 1%微乳剂或 1%水乳剂 30～40 毫升，或 2%微乳剂或 2%水乳剂或 2%微囊悬浮剂 15～20 毫升，或 3%微乳剂或 3%水乳剂或 3%悬浮剂 10～13 毫升，或 5%乳油或 5%微乳剂或 5%水乳剂或 5%悬浮剂 6～8 毫升，或 5.7%微囊悬浮剂 5～7 毫升，或 2%可溶粒剂或 2%水分散粒剂 15～20 克，或 3%水分散粒剂 10～14 克，或 5%可溶粒剂或 5%水分散粒剂 6～8 克，或 5.7%水分散粒剂 5～7 克，或 8%水分散粒剂 4～5 克，对水 30～45 千克均匀喷雾。

韭菜葱须鳞蛾　从害虫发生为害初期或田间初显受害状时开始喷药，7～10 天 1 次，连喷 1～2 次。甲氨基阿维菌素苯甲酸盐喷施剂量同“大葱甜菜夜蛾”。

姜甜菜夜蛾、玉米螟　在害虫发生为害初期（田间初显受害状时）或害虫卵孵化盛期至初孵幼虫钻蛀前及时喷药，7～10 天1 次，连喷 1～2 次。一般每亩次使用 0.5%乳油或 0.5%微乳剂或 0.5%水乳剂 80～100 毫升，或 1%乳油或 1%微乳剂或 1%水乳剂 40～50 毫升，或 2%微乳剂或 2%水乳剂或 2%微囊悬浮剂 20～25 毫升，或 3%微乳剂或 3%水乳剂或 3%悬浮剂 13～17 毫升，或 5%乳油或 5%微乳剂或 5%水乳剂或 5%悬浮剂 8～10 毫升，或 5.7%微囊悬浮剂 7～9 毫升，或 2%可溶粒剂或 2%水分散粒剂 20～

25克，或3%水分散粒剂13～17克，或5%可溶粒剂或5%水分散粒剂8～10克，或5.7%水分散粒剂7～9克，或8%水分散粒剂5～6克，对水45～60千克均匀喷雾。

水稻二化螟、三化螟、稻纵卷叶螟　防控二化螟、三化螟时，在害虫卵孵化盛期至初孵幼虫钻蛀前及时喷药，7天左右1次，每代喷药1～2次，重点喷洒植株中下部；防控稻纵卷叶螟时，在害虫卵孵化盛期至初孵幼虫卷叶前及时喷药，7天左右1次，每代喷药1～2次。一般每亩次使用0.5%乳油或0.5%微乳剂或0.5%水乳剂200～300毫升，或1%乳油或1%微乳剂或1%水乳剂100～150毫升，或2%微乳剂或2%水乳剂或2%微囊悬浮剂50～75毫升，或3%微乳剂或3%水乳剂或3%悬浮剂35～50毫升，或5%乳油或5%微乳剂或5%水乳剂或5%悬浮剂20～30毫升，或5.7%微囊悬浮剂18～27毫升，或2%可溶粒剂或2%水分散粒剂50～75克，或3%水分散粒剂35～50克，或5%可溶粒剂或5%水分散粒剂20～30克，或5.7%水分散粒剂18～27克，或8%水分散粒剂13～20克，对水45～60千克均匀喷雾。

茭白二化螟　在害虫卵孵化盛期至初孵幼虫钻蛀前及时喷药，7天左右1次，每代喷药1～2次。甲氨基阿维菌素苯甲酸盐喷施剂量同“水稻二化螟”。

芋头斜纹夜蛾　在害虫卵孵化盛期至低龄幼虫期进行喷药，7～10天1次，连喷1～2次。一般每亩次使用0.5%乳油或0.5%微乳剂或0.5%水乳剂200～250毫升，或1%乳油或1%微乳剂或1%水乳剂100～125毫升，或2%微乳剂或2%水乳剂或2%微囊悬浮剂50～60毫升，或3%微乳剂或3%水乳剂或3%悬浮剂30～40毫升，或5%乳油或5%微乳剂或5%水乳剂或5%悬浮剂20～25毫升，或5.7%微囊悬浮剂18～22毫升，或2%可溶粒剂或2%水分散粒剂50～60克，或3%水分散粒剂30～40克，或5%可溶粒剂或5%水分散粒剂20～25克，或5.7%水分散粒剂18～22克，或8%水分散粒剂13～15克，对水45～60千克均匀喷雾。

棉花棉铃虫　在害虫卵孵化盛期至幼虫钻蛀蕾铃前进行喷药，7～10天1次，每代喷药1～2次。一般每亩次使用0.5%乳油或0.5%微乳剂或0.5%水乳剂150～250毫升，或1%乳油或1%微乳剂或1%水乳剂80～130毫升，或2%微乳剂或2%水乳剂或2%微囊悬浮剂40～65毫升，或3%微乳剂或3%水乳剂或3%悬浮剂30～40毫升，或5%乳油或5%微乳剂或5%水乳剂或5%悬浮剂15～25毫升，或5.7%微囊悬浮剂14～23毫升，或2%可溶粒剂或2%水分散粒剂40～65克，或3%水分散粒剂30～40克，或5%可溶粒剂或5%水分散粒剂15～25克，或5.7%水分散粒剂14～23克，或8%水分散粒剂10～16克，对水45～60千克均匀喷雾。

烟草烟青虫、斜纹夜蛾　在害虫卵孵化盛期至低龄幼虫期（1～3龄）进行喷药，7～10天1次，每代喷药1～2次。一般每亩次使用0.5%乳油或0.5%微乳剂或0.5%水乳剂40～60毫升，或1%乳油或1%微乳剂或1%水乳剂20～30毫升，或2%微乳剂或2%水乳剂或2%微囊悬浮剂10～15毫升，或3%微乳剂或3%水乳剂或3%悬浮剂7～10毫升，或5%乳油或5%微乳剂或5%水乳剂或5%悬浮剂4～6毫升，或5.7%微囊悬浮剂3.5～5毫升，或2%可溶粒剂或2%水分散粒剂10～15克，或3%水分散粒剂7～10克，或5%可溶粒剂或5%水分散粒剂4～6克，或5.7%水分散粒剂3.5～5克，或8%水分散粒剂2.5～4克，对水45～60千克均匀喷雾。

苹果树金纹细蛾　先于苹果落花后和落花后40天左右各喷药1次，有效防控金纹细蛾的第1、2代幼虫；然后每30～35天喷药1次，连喷2～3次，有效防控第3、4代甚至第5代金纹细蛾幼虫。总体而言，以每代发生期初见新鲜虫斑时即进行喷药效果最好。一般使用0.5%乳油或0.5%微乳剂或0.5%水乳剂600～800倍液，或1%乳油或1%微乳剂或1%水乳剂1 000～1 500倍液，或2%微乳剂或2%水乳剂或2%微囊悬浮剂或2%可溶粒剂或2%水分散粒剂2 000～3 000倍液，或3%微乳剂或3%水乳剂或3%悬浮剂或3%水分散粒剂3 000～4 000倍液，或5%乳油或5%微乳剂或5%水乳剂或5%悬浮剂或5%可溶粒剂或5%水分散粒剂或5.7%微囊悬浮剂或5.7%水分散粒剂5 000～6 000倍液，或8%水分散粒剂8 000～10 000倍液均匀喷雾。

苹果树、梨树、桃树、枣树等落叶果树的卷叶蛾类　先于果树发芽后开花前或落花后及时喷药1次，然后再于果园内初见卷叶为害时喷药1次。甲氨基阿维菌素苯甲酸盐喷施倍数同“苹果树金纹细蛾”。

苹果、梨、桃、枣等果实的食心虫类　根据虫情测报，在害虫卵盛期至初孵幼虫蛀果前及时喷药，7天左右1次，每代喷药1～2次。甲氨基阿维菌素苯甲酸盐喷施倍数同“苹果树金纹细蛾”。

苹果树、桃树、枣树、梨树、柑橘树等果树的刺蛾类、食叶毛虫类等鳞翅目食叶害虫　在害虫发生为害初期或害虫卵孵化盛期至低龄幼虫期及时喷药，7～10天1次，每代喷药1～2次。甲氨基阿维菌素苯甲酸盐喷施倍数同“苹果树金纹细蛾”。

桃树、杏树的桃潜叶蛾　从叶片上初见潜叶蛾为害虫道时开始喷药，1个月左右1次，连喷2～4次。甲氨基阿维菌素苯甲酸盐喷施倍数同“苹果树金纹细蛾”。

梨树梨木虱（若虫）　先于梨树落花80%和落花后35天左右各喷药1次，有效防控第1、2代梨木虱若虫；然后每30天左右喷药1次，有效防控第3代及以后各代若虫。即每代若虫发生初期至被黏液完全覆盖前及时喷药防控，一般果园每代均匀喷药1次即可。若成虫、若虫出现世代重叠，最好与菊酯类杀虫剂混合喷雾，以兼防成虫。甲氨基阿维菌素苯甲酸盐喷施倍数同“苹果树金纹细蛾”。

柑橘树潜叶蛾、食叶象甲　防控潜叶蛾时，在每季新梢抽生初期（嫩梢长1厘米左右）或嫩叶上初见为害虫道时开始喷药，10天左右1次，每季梢喷药1～2次；防控食叶象甲时，在害虫发生为害初期开始喷药，7～10天1次，连喷1～2次。甲氨基阿维菌素苯甲酸盐喷施倍数同“苹果树金纹细蛾”。

杨梅树卷叶蛾　在害虫卵盛期至初孵幼虫卷叶前或果园内初见卷叶为害状时开始喷药，7～10天1次，每代喷药1～2次。甲氨基阿维菌素苯甲酸盐喷施倍数同“苹果树金纹细蛾”。

枇杷树食叶毛虫　在害虫卵孵化盛期至低龄幼虫期或果园内初见害虫为害时开始喷药，10天左右1次，每代喷药1～2次。甲氨基阿维菌素苯甲酸盐喷施倍数同“苹果树金纹细蛾”。

草莓斜纹夜蛾　在害虫卵孵化盛期至低龄幼虫期进行喷药，7天左右1次，每代喷药1～2次。一般每亩次使用0.5%乳油或0.5%

微乳剂或0.5%水乳剂40～60毫升，或1%乳油或1%微乳剂或1%水乳剂20～30毫升，或2%微乳剂或2%水乳剂或2%微囊悬浮剂10～15毫升，或3%微乳剂或3%水乳剂或3%悬浮剂14～20毫升，或5%乳油或5%微乳剂或5%水乳剂或5%悬浮剂4～6毫升，或5.7%微囊悬浮剂3.5～5毫升，或2%可溶粒剂或2%水分散粒剂10～15克，或3%水分散粒剂14～20克，或5%可溶粒剂或5%水分散粒剂4～6克，或5.7%水分散粒剂3.5～5克，或8%水分散粒剂2.5～4克，对水30～45千克均匀喷雾。

注意事项 甲氨基阿维菌素苯甲酸盐不能与碱性药剂及肥料混用，连续喷药时注意与不同杀虫机理药剂交替使用或混用，以延缓害虫产生抗药性。本剂对蜜蜂有毒，对家蚕高毒，禁止在果树花期和蜜源植物花期使用，严禁在桑树上及蚕室附近使用。

甲氧虫酰肼 methoxyfenozide

主要含量与剂型 24%、240克/升悬浮剂。

产品特点 甲氧虫酰肼是一种双酰肼类特异性低毒杀虫剂，属昆虫生长调节剂促蜕皮激素类，为虫酰肼的高效结构，具有胃毒作用和一定内吸性，专用于防控鳞翅目害虫，对低龄幼虫和高龄幼虫均有很好的防控效果，持效期较长，使用安全。其杀虫机理是通过干扰鳞翅目幼虫的正常生长发育，使其在非蜕皮期即进入蜕皮状态，停止取食，因不能完全蜕皮而导致幼虫脱水、饥饿、死亡。鳞翅目幼虫取食药剂后6～8小时停止取食，不再进行为害，使作物得到良好保护。该药选择性强，只对鳞翅目幼虫有效，对益虫、益螨安全。

适用作物防控对象及使用技术 甲氧虫酰肼适用于瓜果蔬菜、粮棉油糖烟茶、果树、花卉等多种作物，对多种鳞翅目食叶害虫均有良好的防控效果。

甘蓝、白菜、花椰菜等十字花科蔬菜菜青虫、甜菜夜蛾、斜纹夜蛾、造桥虫、小菜蛾等鳞翅目食叶害虫 在害虫卵孵化盛期至低龄幼虫期开始喷药，7～10天1次，每代喷药1～2次，注意喷洒叶片背面。一般每亩次使用24%悬浮剂或240克/升悬浮剂20～

30 毫升，对水 30～45 千克均匀喷雾。

番茄、茄子、辣椒的斜纹夜蛾、烟青虫、棉铃虫　在害虫卵孵化盛期至低龄幼虫期开始喷药，7～10 天 1 次，每代喷药 1～2 次。一般每亩次使用 24%悬浮剂或 240 克/升悬浮剂 30～50 毫升，对水 45～60 千克均匀喷雾。

黄瓜、西瓜、甜瓜等瓜类的瓜绢螟、棉铃虫　在害虫卵孵化盛期至低龄幼虫期开始喷药，7～10 天 1 次，每代喷药 1～2 次。甲氧虫酰肼喷施剂量同“番茄斜纹夜蛾”。

水稻二化螟、三化螟、稻纵卷叶螟　防控二化螟、三化螟时，在害虫卵盛期至初孵幼虫钻蛀前及时喷药，7 天左右 1 次，每代喷药 1～2 次，重点喷洒植株中下部；防控稻纵卷叶螟时，在害虫卵盛期至低龄幼虫卷叶前及时喷药，7 天左右 1 次，每代喷药 1～2 次。一般每亩次使用 24%悬浮剂或 240 克/升悬浮剂 25～40 毫升，对水 30～60 千克均匀喷雾。

玉米棉铃虫、玉米螟、草地贪夜蛾　防控玉米心叶受害时，在害虫发生为害初期或卵孵化盛期至低龄幼虫期向喇叭口内喷药，每代喷药 1 次；防控雌穗受害时，在害虫为害雌穗初期向雌穗顶部定向喷药。甲氧虫酰肼喷施剂量同“水稻二化螟”。

苹果树金纹细蛾　在每代金纹细蛾幼虫发生为害初期或叶片上初见新鲜虫斑时及时进行喷药，每代喷药 1 次；或在苹果落花后、落花后 40 天左右及以后每 35 天左右各喷药 1 次，与不同类型药剂交替使用，连喷 4～5 次。一般使用 24%悬浮剂或 240 克/升悬浮剂 1 500～2 000 倍液均匀喷雾。

苹果树、梨树、山楂树、桃树、枣树等落叶果树的卷叶蛾类　先于发芽后开花前或落花后喷药 1 次，防控越冬代幼虫；然后再于害虫发生为害初期或初见卷叶时及时喷药，10 天左右 1 次，连喷 1～2 次。一般使用 24%悬浮剂或 240 克/升悬浮剂 2 000～3 000 倍液均匀喷雾。

苹果树、梨树、山楂树、桃树、枣树等落叶果树的刺蛾类、尺蛾类、美国白蛾、天幕毛虫等鳞翅目食叶害虫　在害虫发生为害初期或卵孵化盛期至低龄幼虫期进行喷药，10 天左右 1 次，连喷 1～2 次。一般使用 24%悬浮剂或 240 克/升悬浮剂 2 000～3 000 倍液均匀喷雾。

核桃树核桃缀叶螟、核桃细蛾　在害虫卵孵化盛期至低龄幼虫期或幼虫发生为害初期进行喷药，10天左右1次，连喷1～2次。一般使用24%悬浮剂或240克/升悬浮剂2 000～3 000倍液均匀喷雾。

烟草烟青虫　在害虫卵孵化盛期至低龄幼虫期进行喷药，7～10天1次，每代喷药1～2次。一般每亩次使用24%悬浮剂或240克/升悬浮剂20～30毫升，对水45～60千克均匀喷雾。

茶树茶尺蠖、茶毛虫　在害虫卵孵化盛期至低龄幼虫期进行喷药，7～10天1次，连喷1～2次。一般每亩次使用24%悬浮剂或240克/升悬浮剂30～50毫升，对水45～75千克均匀喷雾。

注意事项　甲氧虫酰肼不能与碱性药剂及肥料混用，也不能与抑制鳞翅目幼虫蜕皮的药剂混用。连续喷药时，注意与不同杀虫机理药剂交替使用。本剂对家蚕高毒，严禁在桑蚕养殖区及桑树上使用。

联苯肼酯 bifenazate

主要含量与剂型　24%、43%、50%悬浮剂，50%水分散粒剂。

产品特点　联苯肼酯是一种肼酯类选择性低毒专用杀螨剂，以触杀作用为主，无内吸性，具有杀卵活性和对成螨的击倒活性，对害螨的各生长发育阶段均有防效。害螨接触药剂后很快停止取食、运动及产卵，48～72小时内死亡，持效期约为14天。其杀螨机理是通过对螨类中枢神经传导系统的氨基丁酸受体的独特作用，使害螨麻痹而死亡。本剂对作物安全，可在作物各生长阶段使用。

适用作物防控对象及使用技术　联苯肼酯适用于果树、蔬菜、粮棉油茶及观赏植物等多种植物，对多种叶螨类均有良好的防控效果。

柑橘树红蜘蛛、黄蜘蛛　在害螨发生为害初期或低龄若螨盛发初期开始喷药，15～20天1次，连喷2次左右。一般使用24%悬浮剂1 000～1 500倍液，或43%悬浮剂1 800～2 200倍液，或

50%悬浮剂或 50%水分散粒剂 2 000～3 000 倍液均匀喷雾。

苹果树、梨树、山楂树及桃树的红蜘蛛、白蜘蛛　在害螨发生为害初期（开花前或落花后），或螨卵孵化盛期至幼螨及低龄若螨盛发初期，或树冠内膛叶片上螨量开始较快增多时（平均每叶有螨 3～4 头时）开始喷药，15～20 天 1 次，连喷 2 次左右。一般使用 24%悬浮剂 1 000～1 500 倍液，或 43%悬浮剂 2 000～2 500 倍液，或 50%悬浮剂或 50%水分散粒剂 2 500～3 000 倍液均匀喷雾。

枣树红蜘蛛、白蜘蛛　在害螨发生为害初期（发芽前后），或螨卵孵化盛期至幼螨及低龄若螨盛发初期，或树冠内膛下部叶片上螨量开始较快增多时开始喷药，15～20 天 1 次，连喷 2 次左右。联苯肼酯喷施倍数同“苹果树红蜘蛛”。

木瓜二斑叶螨　在害螨发生为害初期或螨卵孵化盛期至幼螨及低龄若螨盛发初期开始喷药，15 天左右 1 次，连喷 2 次左右。一般使用 24%悬浮剂 1 200～1 500 倍液，或 43%悬浮剂 2 000～2 500 倍液，或 50%悬浮剂或 50%水分散粒剂 2 500～3 000 倍液均匀喷雾。

草莓红蜘蛛　在害螨发生为害初期、或害螨卵孵化盛期至幼螨及低龄若螨盛发初期开始喷药，15～20 天 1 次，连喷 2 次左右。一般每亩次使用 24%悬浮剂 35～50 毫升，或 43%悬浮剂 20～30 毫升，或 50%悬浮剂 18～25 毫升，或 50%水分散粒剂 18～25 克，对水 30～45 千克均匀喷雾。

辣椒、茄子、番茄的茶黄螨、红蜘蛛　防控茶黄螨，在害螨发生为害初期或幼嫩组织初见受害状时开始喷药，15～20 天 1 次，连喷 2 次左右；防控红蜘蛛，在害螨发生为害初期或螨卵孵化盛期至幼螨及低龄若螨盛发初期开始喷药，15～20 天 1 次，连喷 2 次左右。一般每亩次使用 24%悬浮剂 35～50 毫升，或 43%悬浮剂 20～30 毫升，或 50%悬浮剂 18～25 毫升，或 50%水分散粒剂 18～25 克，对水 45～60 千克均匀喷雾。

棉花红蜘蛛、白蜘蛛　在害螨发生为害初期或螨卵孵化盛期至幼螨及若螨盛发初期开始喷药，15 天左右 1 次，连喷 2 次左右。一般每亩次使用 24%悬浮剂 50～70 毫升，或 43%悬浮剂 30～40 毫升，或 50%悬浮剂 25～35 毫升，或 50%水分散粒剂 25～

35 克，对水 45～60 千克均匀喷雾。

注意事项 联苯肼酯不能与碱性药剂及肥料混用。连续喷药时，注意与不同作用机理的杀螨剂交替使用。本剂没有内吸性，喷药时必须均匀周到。

联苯菊酯 bifenthrin

主要含量与剂型 2.5%、25 克/升、100 克/升乳油，2.5%、4%、25 克/升微乳剂，2.5%、4.5%、10%、20%、100 克/升水乳剂，0.2%、0.5%颗粒剂。

产品特点 联苯菊酯是一种拟除虫菊酯类高效广谱中毒杀虫、杀螨剂，以触杀和胃毒作用为主，无内吸、熏蒸作用，具有击倒能力强、速度快、持效期较长、使用安全等特点。其杀虫机理是作用于昆虫的神经系统，破坏钠离子通道，使神经功能紊乱，导致昆虫过度兴奋、麻痹而死亡。本剂在气温较低条件下更能发挥药效，特别适用于虫、螨混合发生时使用，具有一药多治、省工、省时、省药等特点。

适用作物防控对象及使用技术 联苯菊酯适用于果树、瓜果蔬菜、粮棉油茶等多种作物，对多种害虫、害螨均有较好的防控效果，特别适合于虫、螨混合发生的初期使用。

茶树害虫 防控茶尺蠖、茶毛虫时，在卵孵化盛期至低龄幼虫期及时喷药，10 天左右 1 次，每代喷药 1～2 次；防治茶小绿叶蝉、茶粉虱、黑刺粉虱时，在害虫发生为害初期或若虫盛发初期开始喷药，7～10 天 1 次，连喷 2 次左右；防控茶象甲时，在害虫发生为害初期开始喷药，7～10 天 1 次，连喷 1～2 次。一般每亩次使用 2.5%乳油或 2.5%水乳剂或 2.5%微乳剂或 25 克/升微乳剂或 25 克/升乳油 100～150 毫升，或 4%微乳剂或 4.5%水乳剂 55～80 毫升，或 10%水乳剂或 100 克/升水乳剂或 100 克/升乳油 25～35 毫升，或 20%水乳剂 13～18 毫升，对水 45～75 千克均匀喷雾。

苹果、梨、桃、枣等果实的桃小食心虫、梨小食心虫、桃蛀螟 根据虫情测报，在害虫产卵盛期至初孵幼虫蛀果前及时喷药，7 天左右 1 次，每代喷药 1～2 次。一般使用 2.5%乳油或 2.5%水乳剂或2.5%微乳剂或25克/升微乳剂或25克/升乳油600～800倍液，或4%微乳剂或4.5%水乳剂1 000～1 500倍液，或10%水乳剂或100克/升水乳剂或100克/升乳油2 000～3 000倍液，或20%水乳剂4 000～5 000倍液均匀喷雾。

苹果树、梨树、山楂树、桃树、枣树等落叶果树的叶螨类　在害螨发生为害初盛期或卵孵化高峰至若螨盛发初期开始喷药，10～15天1次，连喷2～3次。联苯菊酯喷施倍数同“苹果桃小食心虫”。

苹果树、梨树、山楂树、桃树、枣树、核桃树、柑橘树、枇杷树等果树的鳞翅目食叶害虫　在害虫卵盛期至低龄幼虫期进行喷药，7～10天1次，每代喷药1～2次。一般使用2.5%乳油或2.5%水乳剂或2.5%微乳剂或25克/升微乳剂或25克/升乳油800～1 000倍液，或4%微乳剂或4.5%水乳剂1 300～1 800倍液，或10%水乳剂或100克/升水乳剂或100克/升乳油3 000～4 000倍液，或20%水乳剂5 000～7 000倍液均匀喷雾。

梨树、苹果树、山楂树等落叶果树的梨冠网蝽　在害虫发生为害初期或叶片正面显出黄白色褪绿小点时开始喷药，10天左右1次,连喷1～2次，注意喷洒叶片背面。联苯菊酯喷施倍数同“苹果树鳞翅目食叶害虫”。

梨树梨木虱（成虫）　防控越冬代梨木虱成虫时，在花芽膨大后的晴朗无风天进行喷药，7天左右1次，连喷1～2次；防控当年生梨木虱成虫时，在各代成虫发生初期开始喷药，7～10天1次，每代喷药1～2次。早春喷药时，一般使用2.5%乳油或2.5%水乳剂或2.5%微乳剂或25克/升微乳剂或25克/升乳油500～600倍液，或4%微乳剂或4.5%水乳剂800～1 000倍液，或10%水乳剂或100克/升水乳剂或100克/升乳油2 000～2 500倍液，或20%水乳剂4 000～5 000倍液均匀喷雾；梨树生长期喷药时，联苯菊酯喷施倍数同“苹果树鳞翅目食叶害虫”。

梨树梨茎蜂　在梨树外围新梢长10～15厘米时或果园内初见受害嫩梢时及时开始喷药，7～10天1次，连喷2次，以上午10时前喷药防控效果最好。联苯菊酯喷施倍数同“苹果树鳞翅目食叶害虫”。

桃树、杏树、李树的桃小绿叶蝉、桃潜叶蛾　防控桃小绿叶蝉时，在叶片正面初见黄白色褪绿小点时或害虫发生为害初盛期开始喷药，10 天左右 1 次，连喷 2 次左右；防控桃潜叶蛾时，在叶片上初见害虫为害虫道时开始喷药，10～15 天 1 次，连喷 2～4 次。联苯菊酯喷施倍数同“苹果树鳞翅目食叶害虫”。

葡萄、枣树绿盲蝽　多从葡萄或枣树萌芽后或萌芽后至新梢生长期绿盲蝽为害初期开始喷药，7～10 天 1 次，与不同杀虫机理药剂交替使用或混用，连喷 2～4 次。联苯菊酯喷施倍数同“苹果树鳞翅目食叶害虫”。

柿树柿血斑叶蝉　从叶片正面初见黄白色褪绿小点时开始喷药，10 天左右 1 次，连喷 2 次左右。联苯菊酯喷施倍数同“苹果树鳞翅目食叶害虫”。

柑橘树红蜘蛛、柑橘木虱、潜叶蛾　防控红蜘蛛时，在害螨发生为害初盛期或若螨发生始盛期开始喷药，10～15 天 1 次，连喷 2～3 次；防控柑橘木虱、潜叶蛾时，在每季新梢抽生初期（新梢长 1 厘米）开始喷药，7～10 天 1 次，每季梢喷药 1～2 次。一般使用 2.5%乳油或 2.5%水乳剂或 2.5%微乳剂或 25 克/升微乳剂或 25 克/升乳油 600～800 倍液，或 4%微乳剂或 4.5%水乳剂 1 200～1 500 倍液，或 10%水乳剂或 100 克/升水乳剂或 100 克/升乳油 2 500～3 000 倍液，或 20%水乳剂 5 000～6 000 倍液均匀喷雾。

小麦蚜虫　在蚜虫发生为害初盛期开始喷药，10 天左右 1 次，连喷 2 次左右；或在小麦孕穗期至抽穗初期和齐穗期各喷药 1 次。一般每亩次使用 2.5%乳油或 2.5%水乳剂或 2.5%微乳剂或 25 克/升微乳剂或 25 克/升乳油 60～80 毫升，或 4%微乳剂或 4.5%水乳剂 35～45 毫升，或 10%水乳剂或 100 克/升水乳剂或 100 克/升乳油 15～20 毫升，或 20%水乳剂 8～10 毫升，对水 30～45 千克均匀喷雾。

棉花害虫　防控棉铃虫、红铃虫时，在害虫卵孵化盛期至幼虫钻蛀蕾铃前及时喷药，7～10 天 1 次，每代喷药 1～2 次；防控蚜虫、蓟马、盲椿象及叶螨类时，在害虫（螨）发生为害初盛期开始喷药，7～10 天 1 次，连喷 2～3 次。一般每亩次使用 2.5%乳油或

2.5%水乳剂或 2.5%微乳剂或 25 克/升微乳剂或 25 克/升乳油 120～200 毫升，或 4%微乳剂或 4.5%水乳剂 70～110 毫升，或 10%水乳剂或 100 克/升水乳剂或 100 克/升乳油 30～50 毫升，或 20%水乳剂 15～25 毫升，对水 45～75 千克均匀喷雾。

甘蓝、花椰菜等十字花科蔬菜菜青虫、甜菜夜蛾、小菜蛾　在害虫卵孵化盛期至低龄幼虫期进行喷药，7～10 天 1 次，每代喷药 1～2 次，注意喷洒叶片背面。一般每亩次使用 2.5%乳油或 2.5%水乳剂或 2.5%微乳剂或 25 克/升微乳剂或 25 克/升乳油 50～70 毫升，或 4%微乳剂或 4.5%水乳剂 30～40 毫升，或 10%水乳剂或 100 克/升水乳剂或 100 克/升乳油 15～20 毫升，或 20%水乳剂 8～10 毫升，对水 30～45 千克均匀喷雾。

番茄、茄子、辣椒、黄瓜、西葫芦等瓜果类蔬菜的白粉虱、烟粉虱　在害虫发生为害初期或卵孵化盛期至若虫发生初盛期开始喷药，7 天左右 1 次，连喷 2～3 次，注意喷洒叶片背面。一般每亩次使用 2.5%乳油或 2.5%水乳剂或 2.5%微乳剂或 25 克/升微乳剂或 25 克/升乳油 100～150 毫升，或 4%微乳剂或 4.5%水乳剂 60～80 毫升，或 10%水乳剂或 100 克/升水乳剂或 100 克/升乳油 30～40 毫升，或 20%水乳剂 15～20 毫升，对水 45～60 千克均匀喷雾。

甘蓝、花椰菜小地老虎　直播田在播种前全田撒施药剂，然后均匀混土 10～30 厘米深，而后播种；移栽田在移栽前沟施或穴施药剂，施药后将药剂与土混匀，然后移栽定植、浇水。一般每亩使用 0.2%颗粒剂 3 000～5 000 克或 0.5%颗粒剂 1 200～2 000 克。为便于施药均匀，每亩药剂可与 40 千克左右细干土混匀后再均匀撒施。

注意事项　联苯菊酯不能与碱性药剂及肥料混用。连续喷药时，注意与不同杀虫机理药剂交替使用或混用。叶螨类发生较重时，最好与专性杀螨剂混用。禁止在果树花期使用。

螺虫乙酯 spirotetramat

主要含量与剂型　22.4%、30%、40%、50%悬浮剂，50%水

分散粒剂。

产品特点 螺虫乙酯是一种季酮酸衍生物类内吸性低毒杀虫剂，专用于防控刺吸式口器害虫，以内吸胃毒作用为主，触杀效果较差，内吸性较强，可在植物木质部和韧皮部双向传导，在整个植物体内向上向下移动，能有效防控隐藏为害害虫并保护新生幼嫩组织及根部，耐雨水冲刷，持效期较长。其杀虫机理是通过抑制害虫体内脂肪合成过程中乙酰辅酶A羧化酶的活性，进而抑制脂肪生物合成，阻断害虫正常能量代谢，而导致害虫死亡。害虫幼虫或若虫取食药剂后不能正常蜕皮，2～5天内死亡；雌成虫取食药剂后繁殖能力降低，进而有效压低害虫种群数量。

适用作物防控对象及使用技术 螺虫乙酯适用于果树、蔬菜、粮棉油茶及观赏植物等多种作物，主要用于防控刺吸式口器害虫。

柑橘树介壳虫、红蜘蛛、柑橘木虱 防控介壳虫时，在介壳虫卵孵化盛期至低龄若虫期或初孵若虫开始从母体介壳下向周边扩散时进行喷药；防控红蜘蛛时，在害螨发生为害初期或若螨发生初盛期进行喷药；防控柑橘木虱时，在每季新梢抽生期的木虱发生初期进行喷药。一般使用22.4%悬浮剂3 000～4 000倍液，或30%悬浮剂4 000～5 000倍液，或40%悬浮剂5 000～6 000倍液，或50%悬浮剂或50%水分散粒剂6 000～7 000倍液均匀喷雾。

苹果树苹果绵蚜、绣线菊蚜 防控苹果绵蚜，先于苹果落花后半月左右或绵蚜开始从越冬场所向幼嫩枝条转移扩散时喷药1次，然后在新生幼嫩枝条上看到绵蚜为害时再喷药1次；防控绣线菊蚜，在新梢上蚜虫数量增长较快时或有蚜虫开始向幼果转移为害时及时喷药。螺虫乙酯喷施倍数同“柑橘树介壳虫”。

梨树梨木虱 在各代梨木虱若虫发生初期至低龄若虫虫体被黏液全部覆盖前进行喷药，每代喷药1次。螺虫乙酯喷施倍数同“柑橘树介壳虫”。

桃树、杏树、李树的桑白介壳虫、蚜虫类 防控介壳虫时，在介壳虫若虫发生初期（初孵若虫从母体介壳下爬出向周围扩散转移期）进行喷药，每代喷药1次；防控蚜虫类时，多从落花后开始喷药，半月左右1次，连喷2～3次。螺虫乙酯喷施倍数同“柑橘树介壳虫”。

葡萄康氏粉蚧　在若虫发生初期或果穗套袋前或果穗上初见介壳虫时进行喷药，螺虫乙酯喷施倍数同“柑橘树介壳虫”。

柿树柿绵蚧　在各代若虫发生初期进行喷药，每代喷药1次。螺虫乙酯喷施倍数同“柑橘树介壳虫”。

草莓温室白粉虱、烟粉虱　从害虫发生为害初期或若虫发生初盛期开始喷药，半月左右1次，连喷2次左右。一般每亩次使用22.4%悬浮剂25～30毫升，或30%悬浮剂20～23毫升，或40%悬浮剂14～17毫升，或50%悬浮剂11～13毫升，或50%水分散粒剂11～13克，对水30～45千克均匀喷雾。

番茄、茄子、辣椒等茄果类蔬菜的蚜虫、粉虱、蓟马　在害虫发生为害初期或若虫发生始盛期开始喷药，15～20天1次，连喷1～2次。一般每亩次使用22.4%悬浮剂25～35毫升，或30%悬浮剂20～26毫升，或40%悬浮剂14～20毫升，或50%悬浮剂11～16毫升，或50%水分散粒剂11～16克，对水45～60千克均匀喷雾。

甘蓝、花椰菜等十字花科蔬菜的蚜虫　在蚜虫发生为害初期或发生为害始盛期进行喷药。一般每亩次使用22.4%悬浮剂23～27毫升，或30%悬浮剂17～20毫升，或40%悬浮剂13～15毫升，或50%悬浮剂10～12毫升，或50%水分散粒剂10～12克，对水30～45千克均匀喷雾。

马铃薯蚜虫、粉虱　在害虫发生为害初期或若虫发生始盛期开始喷药，15～20天1次，连喷1～2次。一般每亩次使用22.4%悬浮剂25～35毫升，或30%悬浮剂20～26毫升，或40%悬浮剂14～20毫升，或50%悬浮剂11～16毫升，或50%水分散粒剂11～16克，对水45～75千克均匀喷雾。

棉花蚜虫、蓟马　在害虫发生为害初期或若虫发生始盛期开始喷药，15～20天1次，连喷2～3次。螺虫乙酯喷施剂量同“马铃薯蚜虫”。

注意事项　螺虫乙酯不能与碱性药剂及肥料混用，连续喷药时注意与不同杀虫机理药剂交替使用。超低容量喷雾时，混加有机硅类或矿物油类农药助剂可显著提高防控效果。

螺螨酯 spirodiclofen

主要含量与剂型 24%、29%、34%、40%、50%、240 克/升悬浮剂。

产品特点 螺螨酯是一种季酮酸类广谱低毒杀螨剂，以触杀和胃毒作用为主，无内吸性，耐雨水冲刷，持效期长，一般可达40～50 天，对螨卵、幼螨、若螨均有良好的杀灭效果，但不能较快杀死雌成螨，对雌成螨表现为绝育作用，雌成螨接触药剂后所产的卵绝大多数不能孵化。其作用机理是通过抑制害螨体内脂肪的生物合成，阻止能量代谢，而导致害螨死亡。与常规杀螨剂无交互抗性。

适用作物防控对象及使用技术 螺螨酯适用于果树、蔬菜、粮棉油茶及观赏作物等多种作物，对多种害螨类均有良好的防控效果。

柑橘树红蜘蛛、黄蜘蛛、锈壁虱 防控红蜘蛛、黄蜘蛛时，在害螨发生为害初期或卵盛期至幼螨发生始盛期进行喷药；防控锈壁虱时，在锈壁虱发生为害初期或果实初显受害状时进行喷药。一般使用 24%悬浮剂或 240 克/升悬浮剂 3 500～4 000 倍液，或 29%悬浮剂 4 000～5 000 倍液，或 34%悬浮剂 5 000～6 000 倍液，或 40%悬浮剂 6 000～7 000 倍液，或 50%悬浮剂 7 000～8 000 倍液均匀喷雾。

苹果树、梨树、山楂树、桃树红蜘蛛、白蜘蛛 在害螨发生为害初期或树冠内膛叶片上螨量开始较快增多时（平均每叶有螨3～4 头时）进行喷药。螺螨酯喷施倍数同“柑橘树红蜘蛛”。

枣树红蜘蛛、白蜘蛛 在害螨发生为害初期或树冠内膛下部叶片上螨量开始较快增多时进行喷药。螺螨酯喷施倍数同“柑橘树红蜘蛛”。

樱桃树红蜘蛛 在害螨发生为害初期或螨卵盛期至低龄若螨发生初盛期进行喷药。一般使用 24%悬浮剂或 240 克/升悬浮剂 4 000～5 000 倍液，或 29%悬浮剂 5 000～6 000 倍液，或 34%悬浮剂 6 000～7 000 倍液，或 40%悬浮剂 7 000～8 000 倍液，或 50%悬浮剂 8 000～10 000 倍液均匀喷雾。

栗树红蜘蛛　在树冠内膛叶片上螨量开始较快增多时或叶螨开始向周围叶片扩散为害时进行喷药。螺螨酯喷施倍数同“樱桃树红蜘蛛”。

葡萄叶螨　在葡萄发芽期或害螨发生为害初期或害螨开始扩散为害初期进行喷药，螺螨酯喷施倍数同“樱桃树红蜘蛛”。

草莓红蜘蛛　在害螨发生为害初期进行喷药。一般使用24%悬浮剂或240克/升悬浮剂3 000～4 000倍液，或29%悬浮剂4 000～4 500倍液，或34%悬浮剂4 500～5 500倍液，或40%悬浮剂5 000～6 000倍液，或50%悬浮剂6 000～8 000倍液均匀喷雾。

茄子、辣椒、番茄等茄果类蔬菜红蜘蛛　在害螨发生为害初期或低龄若螨发生初盛期进行喷药，一般每亩次使用24%悬浮剂或240克/升悬浮剂20～25毫升，或29%悬浮剂17～20毫升，或34%悬浮剂14～18毫升，或40%悬浮剂12～15毫升，或50%悬浮剂10～12毫升，对水45～60千克均匀喷雾。

棉花红蜘蛛、白蜘蛛　在害螨发生为害初期或低龄若螨发生初盛期进行喷药，一般每亩次使用24%悬浮剂或240克/升悬浮剂20～30毫升，或29%悬浮剂17～25毫升，或34%悬浮剂14～21毫升，或40%悬浮剂12～18毫升，或50%悬浮剂10～15毫升，对水45～75千克均匀喷雾。

玉米红蜘蛛　在害螨发生为害初期进行喷药，一般每亩次使用24%悬浮剂或240克/升悬浮剂12～15毫升，或29%悬浮剂10～12.5毫升，或34%悬浮剂8.5～10.5毫升，或40%悬浮剂7～9毫升，或50%悬浮剂6～7.5毫升，对水30～45千克均匀喷雾。

注意事项　螺螨酯不能与铜制剂及碱性药剂混用。连续喷药时，注意与其他不同作用机理杀螨剂交替使用。禁止在果树开花期用药。本剂药效对温度敏感，温度越高、效果越好，低于20℃时防效不佳。

氯虫苯甲酰胺 chlorantraniliprole

主要含量与剂型　5%、200克/升悬浮剂，35%水分散粒剂，

5%超低容量液剂，50%种子处理悬浮剂，0.01%、0.03%、0.4%、1%颗粒剂。

产品特点 氯虫苯甲酰胺是一种双酰胺类高效低毒杀虫剂，专用于防控鳞翅目害虫，以胃毒作用为主，兼有触杀作用，并有较强的渗透性和内吸传导性，药剂喷施后易被植物内吸并均匀分布在植物体内，耐雨水冲刷，持效期较长，使用安全；害虫取食或接触药剂后很快停止取食，慢慢死亡。其杀虫机理是通过激活昆虫体内鱼尼丁受体，使钙离子通道长时间非正常开放，导致钙离子无限制流失，引起钙库衰竭，致使肌肉调节衰弱、麻痹，直至最后害虫死亡。该药对初孵幼虫具有强力杀伤性，初孵幼虫咬破卵壳接触卵面药剂后即会中毒死亡。

适用作物防控对象及使用技术 氯虫苯甲酰胺适用于粮棉油糖烟茶、蔬菜、果树、草坪等多种作物，对鳞翅目害虫具有很好的防控效果，并可有效控制鞘翅目、双翅目的多种害虫。

水稻二化螟、三化螟、稻纵卷叶螟、大螟、稻水象甲 既可种子处理用药，又可撒施颗粒药剂，还可生长期喷雾。种子处理时，多用于防控二化螟、三化螟的中早期为害，一般每100千克种子使用50%种子处理悬浮剂600～1 200毫升，对水稀释成2 500～3 000毫升均匀药浆，干种子为均匀拌种后晾干24小时再浸种、催芽、播种，湿种子为浸种后均匀拌种、催芽、播种。

防控螟虫类害虫撒施颗粒剂，既可苗床用药，也可本田用药。苗床用药时，每平方米育秧盘使用1%颗粒剂160～200克，于插秧当天或前一天均匀撒施在育秧盘上，撒药时要求叶面干燥不能有露水，且撒药后抖落附在叶面上的药剂，并喷洒少量清水使药剂黏附在育秧盘的基质土上；本田用药时，在害虫产卵盛期或水稻移栽（插秧）至本田后7～10天或水稻直播田3叶1心后15～20天进行用药，一般每亩使用0.01%颗粒剂20～40千克，或0.03%颗粒剂7～13千克，或0.4%颗粒剂700～1 000克均匀撒施。防控稻水象甲撒施颗粒剂时，在水稻分蘖期至孕穗期结合虫情发生情况于成虫羽化高峰期至1～2龄幼虫期撒施药剂，药剂使用量同螟虫类。撒施颗粒剂时应保持水层3～5厘米深，且施药后保水5～7天，每季最多撒施1次。

生长期喷雾防控螟虫类害虫时，在害虫产卵高峰期进行喷药，产卵不整齐时，7～10 天再喷药 1 次；生长期喷雾防控稻水象甲时，于成虫初发期开始喷药，7～10 天 1 次，连喷 1～2 次。一般每亩次使用 5%悬浮剂 40～50 毫升，或 200 克/升悬浮剂 10～15 毫升，或 35%水分散粒剂 6～8 克，对水 45～60 千克均匀喷雾；或每亩使用 5%超低容量液剂 40～50 毫升超低容量喷雾。喷药时及喷药后田间应保持 3～5 厘米深水层 5～7 天。

玉米蛴螬、黏虫、小地老虎　种子处理用药。一般每 100 千克种子使用 50%种子处理悬浮剂 400～500 毫升，对水稀释至 2 000～2 500 毫升均匀药浆，均匀拌种或种子包衣，而后晾干、待播。

玉米玉米螟、棉铃虫、草地贪夜蛾、斜纹夜蛾　主要防控喇叭口期心叶受害。在害虫发生为害初期（田间初见受害新叶时）或卵孵化盛期进行用药，一般每亩使用 5%悬浮剂 40～60 毫升，或 200 克/升悬浮剂 10～15 毫升，或 35%水分散粒剂 6～8 克，对水 30～45 千克向喇叭口内均匀喷雾或喷淋；或每亩使用 0.4%颗粒剂 350～450 克向喇叭口内均匀撒施（丢心）。

玉米二点委夜蛾、小地老虎　在害虫发生为害初期或玉米 2～3 叶期，每亩使用 5%悬浮剂 40～60 毫升，或 200 克/升悬浮剂 10～15 毫升，或 35%水分散粒剂 6～8 克，对水 30～45 千克均匀喷淋幼苗茎基部。

玉米黏虫　在害虫卵孵化盛期至低龄幼虫期进行喷药，一般每亩使用 5%悬浮剂 30～40 毫升，或 200 克/升悬浮剂 7～10 毫升，或 35%水分散粒剂 5～7 克，对水 30～45 千克均匀喷雾；或每亩使用 5%超低容量液剂 30～40 毫升超低容量喷雾。

甘蔗小地老虎、蔗螟　既可土壤撒施药剂，也可喷雾用药。撒施用药时，新种甘蔗需先于垄沟内撒施药剂，然后种植、覆土、浇水；或在宿根蔗的苗期或害虫卵盛期于垄旁开沟撒施药剂，然后覆土。一般每亩均匀撒施 0.01%颗粒剂 60～75 千克，或 0.03%颗粒剂 20～25 千克，或 0.4%颗粒剂 1 500～2 000 克，每季最多使用 1 次，施药后应保持一定的土壤湿度以利于药效发挥。喷雾用药时，在害虫发生为害初期或卵孵化盛期至低龄幼虫期进行喷药，一般每亩次使用 5%悬浮剂 60～80 毫升，或 200 克/升悬浮剂 15～

20 毫升，或 35%水分散粒剂 9～12 克，对水 45～60 千克喷淋甘蔗茎基部。

苹果树金纹细蛾、桃小食心虫、苹果蠹蛾　防控金纹细蛾时，在每代卵孵化期至初见新鲜虫斑时进行喷药，每代喷药 1 次；或第 1 代于苹果落花后立即喷药，第 2 代多于苹果落花后 40 天左右喷药，以后每 35 天左右喷药 1 次。防控桃小食心虫、苹果蠹蛾时，根据虫情测报在卵盛期至初孵幼虫蛀果前及时喷药，每代喷药 1 次。一般使用 5%悬浮剂 1 000～1 500 倍液，或 200 克/升悬浮剂 4 000～5 000 倍液，或 35%水分散粒剂 7 000～8 000 倍液均匀喷雾。

梨、桃、枣等水果的梨小食心虫、桃小食心虫　根据虫情测报，在每代卵盛期至初孵幼虫钻蛀为害前及时喷药，每代喷药 1 次。氯虫苯甲酰胺喷施倍数同“苹果树金纹细蛾”。

苹果树、梨树、桃树、山楂树的卷叶蛾类及其他鳞翅目食叶害虫　防控卷叶蛾类时，先于开花前或落花后喷药 1 次，防控越冬代幼虫，然后再于每代幼虫发生初期（初显卷叶时）及时喷药 1 次；防控其他鳞翅目食叶害虫时，在害虫卵孵化盛期至低龄幼虫期进行喷药，每代喷药 1 次。氯虫苯甲酰胺喷施倍数同“苹果树金纹细蛾”。

桃树、杏树的桃潜叶蛾　在叶片上初显害虫为害虫道时开始喷药，1 个月左右 1 次（即每代喷药 1 次），连喷 3～5 次。氯虫苯甲酰胺喷施倍数同“苹果树金纹细蛾”。

枣树鳞翅目食叶害虫　在害虫卵孵化盛期至低龄幼虫期进行喷药，每代喷药 1 次。氯虫苯甲酰胺喷施倍数同“苹果树金纹细蛾”。

核桃树核桃缀叶螟　在害虫卵孵化盛期至低龄幼虫期进行喷药，每代喷药 1 次。氯虫苯甲酰胺喷施倍数同“苹果树金纹细蛾”。

柑橘树潜叶蛾　在每季新梢生长初期（新梢长 1 厘米）或新梢叶片上初见为害虫道时开始喷药，10 天左右 1 次，每季梢喷药 1～2 次。氯虫苯甲酰胺喷施倍数同“苹果树金纹细蛾”。

甘蓝、花椰菜、白菜等十字花科蔬菜的斜纹夜蛾、甜菜夜蛾、小菜蛾、菜青虫等鳞翅目食叶害虫　在害虫卵孵化盛期至低龄幼虫期开始喷药，7～10 天 1 次，每代喷药 1～2 次。一般每亩次使用

5%悬浮剂 40～60 毫升，或 200 克/升悬浮剂 10～15 毫升，或 35%水分散粒剂 6～9 克，对水 30～45 千克均匀喷雾。

辣椒、茄子、番茄等茄果类蔬菜的甜菜夜蛾、斜纹夜蛾、棉铃虫、烟青虫等鳞翅目害虫　在害虫卵孵化盛期至低龄幼虫期开始喷药，7～10 天 1 次，连喷 1～2 次。一般每亩次使用 5%悬浮剂40～60 毫升，或 200 克/升悬浮剂 10～15 毫升，或 35%水分散粒剂6～9 克，对水 45～60 千克均匀喷雾。

西瓜甜菜夜蛾、棉铃虫、瓜绢螟　在害虫卵孵化盛期至低龄幼虫期（钻蛀为害前）开始喷药，7～10 天 1 次，连喷 1～2 次。氯虫苯甲酰胺喷施剂量同“辣椒甜菜夜蛾”。

豇豆、菜用大豆的豆荚螟　在害虫产卵盛期至初孵幼虫蛀荚前及时喷药，7～10 天 1 次，连喷 1～2 次。氯虫苯甲酰胺喷施剂量同“辣椒甜菜夜蛾”。

棉花棉铃虫、斜纹夜蛾　在害虫卵孵化盛期至低龄幼虫钻蛀蕾铃前及时喷药，7～10 天 1 次，每代喷药 1～2 次。氯虫苯甲酰胺喷施剂量同“辣椒甜菜夜蛾”。

甘薯斜纹夜蛾、甘薯麦蛾　在害虫发生为害初期或卵孵化盛期至低龄幼虫期进行喷药，每代喷药 1 次。一般每亩次使用 5%悬浮剂 30～50 毫升，或 200 克/升悬浮剂 8～13 毫升，或 35%水分散粒剂 4.5～7 克，对水 45～60 千克均匀喷雾。

注意事项　氯虫苯甲酰胺不能与碱性药剂及肥料混用，连续喷药时注意与其他不同杀虫机理药剂交替使用。本剂虽有一定内吸传导性，喷药时还应均匀周到。该药对家蚕高毒，桑蚕养殖区域禁止使用。

灭蝇胺 cyromazine

主要含量与剂型　10%、20%、30%悬浮剂，10%可溶液剂，20%、50%、75%可溶粉剂，30%、50%、70%、75%、80%可湿性粉剂，60%、70%、80%水分散粒剂。

产品特点　灭蝇胺是一种三嗪类昆虫生长调节剂型低毒杀虫剂，具有触杀、胃毒和内吸传导作用，选择性强，主要对双翅目昆虫有杀灭活性，对蝇类卵、幼虫、蛹整个发育过程都有较强的抑制和杀伤作用，持效期较长，但作用速度较慢，使用安全。其杀虫机理是通过抑制昆虫几丁质合成，使双翅目昆虫幼虫和蛹在形态上发生畸变，成虫羽化不全或受抑制，而导致昆虫死亡。

适用作物防控对象及使用技术 灭蝇胺适用于多种瓜果蔬菜、观赏植物及食用菌类，主要对“蝇类”害虫（蝇类幼虫）具有良好的防控效果。

黄瓜、番茄、菜豆、芸豆等瓜果及豆类蔬菜的斑潜蝇 在害虫发生为害初期（虫道2～3毫米长时最佳）或叶片上初见为害虫道时开始喷药，7～10天1次，连喷2次。一般每亩次使用10%悬浮剂或10%可溶液剂120～150毫升，或20%悬浮剂60～75毫升，或20%可溶粉剂60～80克，或30%悬浮剂40～50毫升，或30%可湿性粉剂40～50克，或50%可溶粉剂或50%可湿性粉剂25～30克，或60%水分散粒剂22～27克，或70%可湿性粉剂或70%水分散粒剂20～25克，或75%可溶粉剂或75%可湿性粉剂18～22克，或80%可湿性粉剂或80%水分散粒剂15～20克，对水45～60千克均匀喷雾，植株较小时适当降低用药量。

大葱斑潜蝇 在害虫发生为害初期或葱叶上初见为害虫道时开始喷药，7～10天1次，连喷1～2次。一般每亩次使用10%悬浮剂或10%可溶液剂100～150毫升，或20%悬浮剂50～75毫升，或20%可溶粉剂50～75克，或30%悬浮剂35～50毫升，或30%可湿性粉剂35～50克，或50%可溶粉剂或50%可湿性粉剂20～30克，或60%水分散粒剂17～25克，或70%可湿性粉剂或70%水分散粒剂15～21克，或75%可溶粉剂或75%可湿性粉剂14～20克，或80%可湿性粉剂或80%水分散粒剂13～19克，对水30～45千克均匀喷雾。

韭菜韭蛆 在韭蛆发生为害初期或收割后第2天，每亩使用10%悬浮剂或10%可溶液剂1 000～1 500毫升，或20%悬浮剂500～750毫升，或20%可溶粉剂500～750克，或30%悬浮剂350～500毫升，或30%可湿性粉剂350～500克，或50%可溶粉剂或50%可湿性粉剂200～300克，或60%水分散粒剂180～250克，或70%可湿性粉剂或70%水分散粒剂150～210克，或

75%可溶粉剂或75%可湿性粉剂140～200克，或80%可湿性粉剂或80%水分散粒剂130～190克，对水250千克淋浇韭菜根茎处或整个畦田，而后浇足透水。

葱、蒜根蛆　在害虫发生为害初期，用药液浇灌或顺垄淋根，灭蝇胺使用剂量同“韭菜根蛆”。淋根用药时，药液量应尽量充足，以保证药液充分淋渗到植株根部。

生姜姜蛆　姜块入窖时，在姜块上撒施药剂。一般每1 000千克姜块使用20%可溶粉剂50～75克，或30%可湿性粉剂35～50克，或50%可溶粉剂或50%可湿性粉剂20～30克，或70%可湿性粉剂或75%可湿性粉剂或80%可湿性粉剂或75%可溶粉剂15～20克，均匀拌100千克细沙后撒施。

注意事项　灭蝇胺不能与碱性药剂及肥料混用。连续喷药时，注意与不同杀虫机理药剂交替使用，以延缓害虫产生抗药性。喷药时，若在药液中混加0.03%有机硅助剂可显著提高药剂防效。

灭幼脲 chlorbenzuron

主要含量与剂型　20%、25%悬浮剂，25%可湿性粉剂。

产品特点　灭幼脲是一种苯甲酰脲类特异性低毒杀虫剂，属昆虫生长调节剂类，专用于防控鳞翅目幼虫，以胃毒作用为主，兼有触杀作用，无内吸传导作用，但有一定渗透性，使用安全。其作用机理是通过抑制昆虫表皮几丁质合成，阻碍幼虫蜕皮，使虫体发育不正常，畸形、脱水、饥饿而死亡。该药黏着性好，耐雨水冲刷，降解速度慢，持效期15～20天。幼虫接触药液后很快产生拒食反应，停止取食（为害），2天后开始死亡，3～4天达到死亡高峰，死虫速度较慢。

适用作物防控对象及使用技术　灭幼脲适用于果树、蔬菜、粮棉油糖烟茶、观赏植物等多种作物，对鳞翅目幼虫具有很好的杀灭效果。

苹果树金纹细蛾　在各代幼虫发生初期或初见新鲜虫斑时进行喷药，每代喷药1次；或在落花后、落花后40天左右及以后每35天左右各喷药1次，连喷4～5次。一般使用20%悬浮剂1 200～

1 500 倍液，或 25%悬浮剂或 25%可湿性粉剂 1 500～2 000 倍液均匀喷雾。

桃树、杏树的桃潜叶蛾　从害虫发生为害初期或叶片上初见为害虫道时开始喷药，20～30 天 1 次，与不同类型药剂交替使用，连喷 3～5 次。灭幼脲喷施倍数同“苹果树金纹细蛾”。

苹果树、梨树、桃树、李树、杏树、枣树等落叶果树的卷叶蛾类及其他鳞翅目食叶害虫　防控卷叶蛾时，在害虫卷叶前至卷叶初期及时喷药，每代喷药 1 次；防控其他鳞翅目食叶害虫时，在害虫发生为害初期或卵孵化盛期至低龄幼虫期及时喷药，每代喷药 1 次。灭幼脲喷施倍数同“苹果树金纹细蛾”。

葡萄的葡萄虎蛾、葡萄天蛾　在害虫发生为害初期或卵孵化盛期至低龄幼虫期进行喷药，每代喷药 1 次。灭幼脲喷施倍数同“苹果树金纹细蛾”。

核桃树核桃缀叶螟、核桃瘤蛾　在害虫发生为害初期或卵孵化盛期至低龄幼虫期进行喷药，每代喷药 1 次。灭幼脲喷施倍数同“苹果树金纹细蛾”。

柑橘树潜叶蛾、柑橘凤蝶　防控潜叶蛾时，在各季新梢嫩叶上初见受害虫道时开始喷药，10～15 天 1 次，每季梢喷药 1～2 次；防控柑橘凤蝶时，在害虫卵孵化盛期至低龄幼虫期进行喷药，每代喷药 1 次。一般使用 20%悬浮剂 1 000～1 200 倍液，或 25%悬浮剂或 25%可湿性粉剂 1 200～1 500 倍液均匀喷雾。

甘蓝、白菜、花椰菜、萝卜等十字花科蔬菜菜青虫、甜菜夜蛾、甘蓝夜蛾、斜纹夜蛾、小菜蛾等鳞翅目食叶害虫　在害虫卵孵化盛期至低龄幼虫期进行喷药，每代喷药 1 次。一般每亩次使用 20%悬浮剂 30～40 毫升，或 25%悬浮剂 24～32 毫升，或 25%可湿性粉剂 24～32 克，对水 30～45 千克均匀喷雾，注意喷洒叶片背面。

西瓜瓜绢螟、斜纹夜蛾　在害虫卵孵化盛期至低龄幼虫期进行喷药，每代喷药 1 次。灭幼脲喷施剂量同“甘蓝菜青虫”。

小麦、玉米黏虫　在害虫卵孵化盛期至低龄幼虫期进行喷药，每代喷药 1 次。灭幼脲喷施剂量同“甘蓝菜青虫”。

水稻稻纵卷叶螟　在害虫卵盛期至初孵幼虫卷叶前及时喷药，

每代喷药1次。一般每亩次使用20%悬浮剂30～50毫升，或25%悬浮剂25～40毫升，或25%可湿性粉剂25～40克，对水30～45千克均匀喷雾。

马铃薯草地螟　在害虫发生为害初期或卵孵化盛期至低龄幼虫期进行喷药，每代喷药1次。一般每亩次使用20%悬浮剂40～50毫升，或25%悬浮剂30～40毫升，或25%可湿性粉剂30～40克，对水45～60千克均匀喷雾。

山药甜菜夜蛾　在害虫发生为害初期或卵孵化盛期至低龄幼虫期进行喷药，每代喷药1次。灭幼脲喷施剂量同“马铃薯草地螟”。

注意事项　灭幼脲不能与强酸性药剂及碱性药剂或肥料混用，也不能与促进昆虫蜕皮激素类药剂混用。连续喷药时，注意与不同杀虫机理药剂交替使用。桑园内及其附近区域禁止使用。

氰氟虫腙 metaflumizone

主要含量与剂型　22%、33%悬浮剂。

产品特点　氰氟虫腙是一种缩氨基脲类高效广谱低毒杀虫剂，以胃毒作用为主，兼有触杀作用，无内吸性，杀虫活性较高，对各龄期的靶标害虫或幼虫都有较好的防控效果，持效期较长（7～10天），使用安全。害虫取食药剂后很快停止取食为害，1～3天内死亡。其作用机理主要是通过阻断害虫神经系统的钠离子通道，使虫体过度放松、麻痹，导致其最终死亡。

适用作物防控对象及使用技术　氰氟虫腙适用于瓜果蔬菜、果树、粮棉油烟茶、观赏花卉等多种作物，对鳞翅目等多种咀嚼式口器害虫具有较好的防控效果。

甘蓝、白菜、花椰菜、萝卜等十字花科蔬菜的甜菜夜蛾、斜纹夜蛾、甘蓝夜蛾、菜青虫、小菜蛾　在害虫卵孵化盛期至低龄幼虫期进行喷药，7～10天1次，每代喷药1～2次。一般每亩次使用22%悬浮剂70～100毫升或33%悬浮剂45～65毫升，对水30～45千克均匀喷雾。根据害虫发生严重程度，也可适当提高药剂使用量。

番茄、茄子、辣椒等茄果类蔬菜的斜纹夜蛾、甜菜夜蛾　在害虫卵孵化盛期至低龄幼虫期进行喷药，7～10 天 1 次，每代喷药 1～2 次。一般每亩次使用 22%悬浮剂 80～120 毫升或 33%悬浮剂 50～80 毫升，对水 45～60 千克均匀喷雾。

水稻二化螟、稻纵卷叶螟　在害虫卵盛期至初孵幼虫钻蛀前或包叶前及时进行喷药，7～10 天 1 次，每代喷药 1～2 次。一般每亩次使用 22%悬浮剂 45～75 毫升或 33%悬浮剂 30～50 毫升，对水 45～60 千克均匀喷雾。防控二化螟时注意将药液喷洒到植株中下部，若在药液中混加有机硅类农药助剂可显著提高防控效果。

玉米斜纹夜蛾、玉米螟、棉铃虫、草地贪夜蛾　在害虫发生为害初期或卵孵化盛期至低龄幼虫期或田间初见为害状时及时进行喷药，注意喷洒喇叭口内。氰氟虫腙喷施剂量同“水稻二化螟”。

棉花棉铃虫、红铃虫　在害虫卵孵化盛期至低龄幼虫钻蛀蕾铃前及时进行喷药。一般每亩次使用 22%悬浮剂 80～120 毫升或 33%悬浮剂 55～80 毫升，对水 45～60 千克均匀喷雾。

苹果树斜纹夜蛾、棉铃虫　在害虫卵孵化盛期至低龄幼虫期或初见幼虫蛀果为害时进行喷药，每代喷药 1 次。一般使用 22%悬浮剂 1 200～1 500 倍液或 33%悬浮剂 1 800～2 200 倍液均匀喷雾。

苹果树、山楂树、桃树、枣树卷叶蛾类及其他鳞翅目食叶害虫　防控卷叶蛾时，在害虫发生为害初期（初见卷叶时）及时进行喷药，每代喷药 1 次；防控其他鳞翅目食叶害虫时，在害虫卵孵化盛期至低龄幼虫期进行喷药，每代喷药 1 次。氰氟虫腙喷施倍数同“苹果树斜纹夜蛾”。

注意事项　氰氟虫腙不能与碱性药剂及肥料混用。连续喷药时，注意与不同杀虫机理药剂交替使用或混用。本剂对家蚕高毒，蚕室周边和桑园内及其附近区域禁止使用。

噻虫胺 clothianidin

主要含量与剂型　20%、30%、48%悬浮剂，30%、50%、75%水分散粒剂，0.06%、0.1%、0.2%、0.5%、1%、5%颗粒剂，30%悬浮种衣剂，8%、10%、18%、48%种子处理悬浮剂，10%种子处理微囊悬浮剂，10%干拌种剂。

产品特点 噻虫胺是一种新烟碱类内吸性高效低毒杀虫剂，属乙酰胆碱受体激动剂，具有触杀、胃毒和内吸传导作用，土壤用药被根部吸收后可传导至全株，对刺吸式口器害虫等防控效果较好，杀虫活性高，速效性好，持效期较长，使用安全。其杀虫机理是作用于昆虫中枢神经系统的突触，使昆虫持续兴奋、麻痹、瘫痪而死亡。

适用作物防控对象及使用技术 噻虫胺适用于果树、蔬菜、粮棉油糖烟茶、观赏及绿化作物等多种作物，对多种刺吸式口器害虫及部分双翅目、鞘翅目、鳞翅目害虫等均有较好的防控效果。

梨树梨木虱、梨二叉蚜 防控梨木虱时，在各代梨木虱卵孵化盛期至初孵若虫被黏液完全覆盖前进行喷药（落花后立即喷药防控第1代若虫，落花后35天左右喷药防控第2代若虫），第1、2代若虫每代喷药1次，第3代及以后各代若虫因世代重叠每代需喷药1～2次；防控梨二叉蚜时，在蚜虫发生为害初期或受害叶片初显卷叶时开始喷药，10天左右1次，连喷1～2次。一般使用20%悬浮剂1 500～2 000倍液，或30%悬浮剂或30%水分散粒剂2 500～3 000倍液，或48%悬浮剂或50%水分散粒剂4 000～5 000倍液，或75%水分散粒剂6 000～7 000倍液均匀喷雾。

苹果树绣线菊蚜 多从嫩梢上蚜虫数量较多时或新梢上蚜虫开始向幼果上转移扩散时开始喷药，10天左右1次，连喷2次左右。噻虫胺喷施倍数同“梨树梨木虱”。

梨树、苹果树、山楂树的梨冠网蝽 从叶片正面出现黄白色褪绿小点时开始喷药，10～15天1次，连喷1～2次，重点喷洒叶片背面。噻虫胺喷施倍数同“梨树梨木虱”。

葡萄绿盲蝽 在葡萄萌芽后或绿盲蝽发生为害初期开始喷药，10天左右1次，连喷2～3次，与触杀性药剂混用效果更好。噻虫胺喷施倍数同“梨树梨木虱”。

枣树绿盲蝽 在枣树萌芽后或绿盲蝽发生为害初期开始喷药，10天左右1次，连喷2～3次，与触杀性药剂混用效果更好。噻虫胺喷施倍数同“梨树梨木虱”。

桃树、杏树、李树的蚜虫、桃小绿叶蝉 防控蚜虫时，先于花芽膨大后开花前喷药1次，然后从落花后开始继续喷药，10天左右1次，连喷2～3次；防控桃小绿叶蝉时，从叶片正面出现黄白色褪绿小点时开始喷药，10天左右1次，连喷2次左右，重点喷洒叶片背面。噻虫胺喷施倍数同“梨树梨木虱”。

草莓白粉虱　从白粉虱发生为害初期开始喷药，10天左右1次，连喷2～3次，注意喷洒叶片背面。一般每亩次使用20%悬浮剂15～20毫升，或30%悬浮剂10～15毫升，或48%悬浮剂6～8毫升，或30%水分散粒剂10～15克，或50%水分散粒剂6～8克，或75%水分散粒剂4～5克，对水30～45千克均匀喷雾。

柑橘树蚜虫　在每季新梢抽生期的蚜虫发生为害初期或蚜虫发生初盛期开始喷药，10天左右1次，每季梢喷药1～2次。一般使用20%悬浮剂1 000～1 500倍液，或30%悬浮剂或30%水分散粒剂1 500～2 000倍液，或48%悬浮剂或50%水分散粒剂2 000～3 000倍液，或75%水分散粒剂4 000～5 000倍液均匀喷雾。

黄瓜、番茄、茄子的斑潜蝇　在秧苗移栽定植时定植穴用药。一般每亩使用0.2%颗粒剂14～17千克，或0.5%颗粒剂5.6～7千克，或1%颗粒剂2.8～3.5千克，或5%颗粒剂560～700克，与适量干细土混拌均匀，于秧苗移栽定植时均匀撒施在定植穴内，而后定植、覆土、浇水。

甘蓝、花椰菜的黄条跳甲　在秧苗移栽定植时于定植沟或定植穴内用药。一般每亩使用0.1%颗粒剂20～25千克，或0.2%颗粒剂10～12.5千克，或0.5%颗粒剂4～5千克，或1%颗粒剂2～2.5千克，或5%颗粒剂400～500克，与适量干细土混拌均匀，于秧苗移栽定植时均匀撒施在定植沟或定植穴内，而后定植、覆土、浇水。

番茄、茄子、辣椒、芸豆、黄瓜等瓜果豆类蔬菜的烟粉虱、白粉虱　从害虫发生为害初期或若虫发生始盛期开始喷药，7～10天1次，连喷1～2次，注意喷洒幼嫩叶片的背面。一般每亩次使用20%悬浮剂25～30毫升，或30%悬浮剂17～20毫升，或48%悬浮剂10～12毫升，或30%水分散粒剂17～20克，或50%水分散粒剂10～12克，或75%水分散粒剂7～8克，对水45～60千克均匀喷雾。

韭菜韭蛆　在韭蛆发生为害初期或韭菜收割后第2天或韭菜定

植时用药。一般每亩使用0.1%颗粒剂15～20千克，或0.2%颗粒剂7.5～10千克，或0.5%颗粒剂3～4.2千克，或1%颗粒剂1.5～2.1千克，或5%颗粒剂300～420克，直接或均匀混拌细干土后均匀撒施，而后浇水；也可每亩使用20%悬浮剂120～150毫升，或30%悬浮剂80～100毫升，或48%悬浮剂50～60毫升，或30%水分散粒剂80～100克，或50%水分散粒剂50～60克，或75%水分散粒剂30～40克，对水75～150千克灌根或喷淋。

大蒜蒜蛆　在蒜蛆发生为害初期或田间初见蒜蛆为害状时撒施用药。一般每亩使用0.06%颗粒剂35～40千克，或0.1%颗粒剂20～24千克，或0.2%颗粒剂10～12千克，或0.5%颗粒剂4～5千克，或1%颗粒剂2～2.5千克，或5%颗粒剂400～500克，直接或均匀混拌细干土后均匀撒施，而后浇水。

水稻稻飞虱　既可撒施颗粒药剂，又可喷雾用药。撒施颗粒剂时，直播田和秧田在播种前均匀混肥或混土后全田均匀撒施，或移栽田移栽7～10天后均匀混肥或混土后全田均匀撒施，施药后应保持一定的土壤墒情；也可插秧前育秧盘撒施药剂，每盘撒施药剂量为亩用药量除以每亩需用秧苗盘数，在插秧当天或前一天均匀撒施在育秧盘上，掸落黏附在叶片上的颗粒后喷洒适量清水，使药剂颗粒黏附在育秧盘土上。若秧苗叶片潮湿或有露水，则先掸落叶片上的露水并待叶片干燥后再撒施药剂。一般每亩使用0.1%颗粒剂20～25千克，或0.2%颗粒剂10～12.5千克，或0.5%颗粒剂4～5千克，或1%颗粒剂2～2.5千克，或5%颗粒剂400～500克，每季最多使用1次。喷雾用药时，在飞虱发生为害初期或若虫发生初盛期开始喷药，7～10天1次，连喷1～2次。一般每亩次使用20%悬浮剂40～50毫升，或30%悬浮剂25～30毫升，或48%悬浮剂15～20毫升，或30%水分散粒剂25～30克，或50%水分散粒剂16～20克，或75%水分散粒剂10～14克，对水45～60千克均匀喷雾，注意喷洒植株中下部。

水稻稻蓟马　浸种催芽后药剂拌种，每100千克种子使用8%种子处理悬浮剂1 400～2 000毫升，或10%种子处理悬浮剂1 000～1 600毫升，或18%种子处理悬浮剂600～900毫升，或48%种子处理悬浮剂230～330毫升，对水稀释配成2 000毫升左右药浆，而后均匀拌种，摊晾25分钟后播种。

小麦蛴螬、蚜虫　播种时撒施药剂。每亩使用0.1%颗粒剂40～50千克，或0.2%颗粒剂20～25千克，或0.5%颗粒剂8～10千克，或1%颗粒剂4～5千克，或5%颗粒剂0.8～1千克，在播种时均匀撒施，而后覆土。

小麦蚜虫　既可种子药剂处理，又可生长期喷药。种子处理时，每100千克种子使用8%种子处理悬浮剂1 250～1 430毫升，或10%种子处理悬浮剂1 000～1 200毫升，或18%种子处理悬浮剂560～660毫升，或48%种子处理悬浮剂200～250毫升，或30%悬浮种衣剂470～700毫升，对适量水配成均匀药浆，均匀拌种或种子包衣，晾干后待播。生长期喷药时，在蚜虫发生为害初期开始喷药，7～10天1次。连喷2次左右，或在小麦孕穗期至抽穗初期和齐穗期各喷药1次。一般每亩次使用20%悬浮剂15～25毫升，或30%悬浮剂10～16毫升，或48%悬浮剂6～10毫升，或30%水分散粒剂10～17克，或50%水分散粒剂5～10克，或75%水分散粒剂3～5克，对水30～45千克均匀喷雾。

玉米灰飞虱　种子药剂处理。一般每100千克种子使用8%种子处理悬浮剂1 500～2 500毫升，或10%种子处理悬浮剂1 200～2 000毫升，或18%种子处理悬浮剂700～1 100毫升，或48%种子处理悬浮剂250～400毫升，或30%悬浮种衣剂400～650毫升，对适量水配成均匀药浆，均匀拌种或种子包衣，晾干后待播。

玉米蛴螬　播种前撒施药剂。每亩使用0.1%颗粒剂40～50千克，或0.2%颗粒剂20～25千克，或0.5%颗粒剂8～10千克，或1%颗粒剂4～5千克，或5%颗粒剂0.8～1千克，在播种前均匀撒施，耕地耙匀后播种。

花生蛴螬　既可土壤撒施药剂，又可种子药剂处理。土壤撒施用药剂量及方法同“玉米蛴螬”。种子处理时，每100千克种子使用8%种子处理悬浮剂1 500～2 500毫升，或10%种子处理悬浮剂或10%种子处理微囊悬浮剂800～1 000毫升，或18%种子处理悬浮剂700～1 100毫升，或48%种子处理悬浮剂250～500毫升，或10%干拌种剂2 100～2 600克，对适量水配成均匀药浆，均匀拌种或包衣，晾干后待播。

马铃薯蛴螬、金针虫　既可土壤撒施药剂，又可种薯药剂处理。土壤撒施药剂时，每亩使用 0.1%颗粒剂 40～50 千克，或 0.2%颗粒剂 20～25 千克，或 0.5%颗粒剂 8～10 千克，或 1%颗粒剂 4～5 千克，或 5%颗粒剂 0.8～1 千克，于马铃薯开沟播种后均匀撒施在种薯周围，而后覆土。种薯处理时，每 100 千克种薯使用 8%种子处理悬浮剂 340～380 毫升，或 10%种子处理悬浮剂或 10%种子处理微囊悬浮剂 270～300 毫升，或 18%种子处理悬浮剂 150～170 毫升，或 48%种子处理悬浮剂 55～65 毫升，对适量水配成均匀药浆后均匀拌种（湿拌），晾干后待播；或每 100 千克种薯使用 10%干拌种剂 300～400 克，与适量滑石粉混拌均匀后均匀拌种（干拌），而后晾干待播。

马铃薯甲虫、蚜虫　从害虫发生为害初期或若虫发生初盛期开始喷药，7～10 天 1 次，连喷 1～2 次。一般每亩次使用 20%悬浮剂 15～20 毫升，或 30%悬浮剂 10～15 毫升，或 48%悬浮剂 6～8 毫升，或 30%水分散粒剂 10～15 克，或 50%水分散粒剂 6～8 克，或 75%水分散粒剂 4～5.5 克，对水 45～75 千克均匀喷雾。

甘蔗蔗螟、蔗龟、蛴螬　新种甘蔗时，摆种后将药剂均匀撒施在甘蔗垄沟内，然后覆土；宿根蔗则在培土时，将药剂均匀撒施在甘蔗垄旁，然后覆土。一般每亩使用 0.06%颗粒剂 30～35 千克，或 0.1%颗粒剂 20～30 千克，或 0.2%颗粒剂 10～15 千克，或 0.5%颗粒剂 4～5 千克，或 1%颗粒剂 1.5～2 千克，或 5%颗粒剂 400～500 克均匀撒施。施药后需保持一定的土壤湿度，以利药效充分发挥。

注意事项　噻虫胺不能与碱性药剂及肥料混用。连续喷药时，注意与不同杀虫机理药剂交替使用或混用，以延缓害虫产生抗药性。

噻虫嗪 thiamethoxam

主要含量与剂型　21%、25%、30%悬浮剂，10%微囊悬浮剂，25%可湿性粉剂，10%、25%、30%、50%、70%水分散粒剂，25%、35%片剂，0.08%、0.12%、0.5%、2%、3%、5%颗

粒剂，10%泡腾粒剂，16%、30%、35%、40%悬浮种衣剂，30%、40%、46%种子处理悬浮剂，10%、20%种子处理微囊悬浮剂，50%种子处理干粉剂，50%、70%种子处理可分散粉剂。

产品特点 噻虫嗪是一种第二代烟碱类高效低毒杀虫剂，对刺吸式口器害虫和潜叶害虫具有良好的胃毒和触杀活性，内吸传导性强，根部或叶片吸收后迅速传导到各部位。其作用机理是抑制昆虫的乙酰胆碱酯酶受体，阻断昆虫中枢神经系统的信号传导，使昆虫迅速停止取食，活动受到抑制，持续兴奋直到死亡。害虫吸食药剂后2～3天达到死亡高峰，持效期可达1个月左右。与其他烟碱类杀虫剂相比，噻虫嗪活性更高，安全性更好，杀虫谱较广。

适用作物防控对象及使用技术 噻虫嗪广泛适用于粮棉油糖烟茶、果树、蔬菜、花卉等多种作物，对刺吸式口器害虫及部分咀嚼式口器害虫具有良好的防控效果。

水稻蓟马 种子浸泡后药剂拌种。一般每100千克种子使用30%种子处理悬浮剂或30%悬浮种衣剂240～350毫升，或35%悬浮种衣剂200～400毫升，或40%种子处理悬浮剂或40%悬浮种衣剂150～260毫升，或50%种子处理可分散粉剂140～210克，或70%种子处理可分散粉剂100～150克，对水稀释至2 000～2 500毫升均匀拌种，稍干燥后催芽播种。

水稻稻飞虱 在稻飞虱发生为害初期或若虫发生初盛期进行用药，既可撒施颗粒药剂或泡腾粒剂，又可喷雾用药。撒施药剂时，一般每亩使用0.08%颗粒剂30～40千克，或0.12%颗粒剂20～25千克，或0.5%颗粒剂4～6千克，或2%颗粒剂1～1.5千克，或3%颗粒剂600～1 000克，或5%颗粒剂400～600克，或10%泡腾粒剂150～200克均匀撒施。用药时要求稻田水深4～6厘米，用药后保水10天以上，每季最多使用1次。喷雾用药时，一般每亩次使用10%水分散粒剂25～35克，或21%悬浮剂10～15毫升，或25%悬浮剂9～14毫升，或30%悬浮剂8～12毫升，或25%可湿性粉剂或25%水分散粒剂10～15克，或30%水分散粒剂8～12克，或50%水分散粒剂5～7克，或70%水分散粒剂3～5克，对水45～60千克均匀喷雾，注意喷洒植株中下部。有些地区稻飞虱对噻虫嗪产生了一定耐药性，注意与其他不同作用机理的药剂交替使用，以保证防控效果。

小麦蛴螬、蚜虫 播种前撒施药剂，然后整地播种；或播种时顺垄撒施药剂，而后覆土。一般每亩使用 0.08%颗粒剂 40～50 千克，或 0.12%颗粒剂 30～40 千克，或 0.5%颗粒剂 9～12 千克，或 2%颗粒剂 2～3 千克，或 3%颗粒剂 1.5～2 千克，或 5%颗粒剂 1～1.2 千克均匀撒施。

小麦蚜虫、金针虫 药剂处理种子。一般每 100 千克种子使用 10%微囊悬浮剂或 10%种子处理微囊悬浮剂 2 000～3 000 毫升直接拌种或种子包衣；或每 100 千克种子使用 16%悬浮种衣剂 1 000～1 500 毫升，或 30%种子处理悬浮剂或 30%悬浮种衣剂 500～800 毫升，或 35%悬浮种衣剂 400～600 毫升，或 40%悬浮种衣剂或 40%种子处理悬浮剂 300～450 毫升，或 70%种子处理可分散粉剂 250～300 克，对水稀释至 2 000～2 500 毫升药浆均匀拌种或种子包衣，晾干后待播。

小麦蚜虫 在蚜虫发生为害初期开始喷药，15～20 天 1 次，连喷 2 次左右；或在小麦孕穗期至抽穗初期和齐穗期各喷药 1 次。一般每亩次使用 21%悬浮剂 10～14 毫升，或 25%悬浮剂 9～12 毫升，或 30%悬浮剂 7～10 毫升，或 25%可湿性粉剂或 25%水分散粒剂 10～15 克，或 30%水分散粒剂 8～10 克，或 50%水分散粒剂 5～7 克，或 70%水分散粒剂 3～5 克，对水 30～45 千克均匀喷雾。

玉米蛴螬、金针虫 播种时播种穴旁撒施药剂，而后覆土。一般每亩使用 0.08%颗粒剂 40～50 千克，或 0.12%颗粒剂 25～30 千克，或 0.5%颗粒剂 6～8 千克，或 2%颗粒剂 1.5～2 千克，或 3%颗粒剂 1～1.4 千克，或 5%颗粒剂 0.6～0.8 千克均匀撒施。

玉米灰飞虱、蚜虫、金针虫 种子药剂处理。一般每 100 千克种子使用 10%微囊悬浮剂或 10%种子处理微囊悬浮剂 1 400～2 000 毫升，或 16%悬浮种衣剂 900～1 200 毫升，或 20%种子处理微囊悬浮剂 700～1 000 毫升，或 30%种子处理悬浮剂或 30%悬浮种衣剂 500～700 毫升，或 35%悬浮种衣剂 400～600 毫升，或 40%悬浮种衣剂 350～500 毫升，或 46%种子处理悬浮剂 400～450 毫升，或 50%种子处理可分散粉剂 300～400 克，或 70%种子处理可分散粉剂 200～300 克，对水稀释成 2 000～3 000 毫升均匀药浆，而后均匀拌种或种子包衣，晾干后待播；或每100千克种子使用50%种子处理干粉剂250～400克，将玉米种浸种湿润后均匀拌种，使药剂均匀附着在种子表面，放置半小时后播种。

棉花蚜虫、白粉虱、蓟马　先进行种子包衣，一般每100千克种子使用30%种子处理悬浮剂或30%悬浮种衣剂600～1 200毫升，或35%悬浮种衣剂550～1 000毫升，或40%种子处理悬浮剂或40%悬浮种衣剂450～800毫升，或50%种子处理可分散粉剂400～700克，或70%种子处理可分散粉剂300～500克，对适量水稀释后均匀种子包衣，晾干后待播；后为生长期喷药，即从害虫发生为害初期开始喷药，15～20天1次，连喷2～3次。一般每亩次使用21%悬浮剂18～24毫升，或25%悬浮剂15～20毫升，或30%悬浮剂13～17毫升，或10%水分散粒剂35～50克，或25%可湿性粉剂或25%水分散粒剂15～20克，或30%水分散粒剂13～17克，或50%水分散粒剂7.5～10克，或70%水分散粒剂5～7克，对水45～75千克均匀喷雾。

花生蛴螬、蚜虫　既可种子包衣处理，也可播种时播种沟内施药。种子处理时，一般每100千克种子使用10%微囊悬浮剂1 800～2 400毫升，或16%悬浮种衣剂700～1 000毫升，或30%悬浮种衣剂或30%种子处理悬浮剂200～400毫升，或40%悬浮种衣剂或40%种子处理悬浮剂300～500毫升，或50%种子处理可分散粉剂360～500克，或70%种子处理可分散粉剂200～300克，对适量水稀释成2 000～2 500毫升均匀药浆，均匀种子包衣，晾干后播种；或每亩施用0.5%颗粒剂8～10千克，或2%颗粒剂2～2.5千克，或3%颗粒剂1.3～1.7千克，或5%颗粒剂750～1 000克，在播种时均匀撒施于播种沟内，而后覆土。

油菜黄条跳甲、蚜虫　既可种子药剂处理，也可生长期喷雾。种子处理时，一般每100千克种子使用30%悬浮种衣剂或30%种子处理悬浮剂1 200～1 600毫升，或35%悬浮种衣剂1 000～1 300毫升，或40%悬浮种衣剂或40%种子处理悬浮剂900～1 200毫升，或46%种子处理悬浮剂800～1 000毫升，或50%种子处理可分散粉剂600～800克，或70%种子处理可分散粉剂400～600克，对适量水稀释成均匀药浆，均匀拌种或种子包衣，晾干后待播。生长期喷雾时，多从害虫发生为害初期开始喷药，15～20天1次，连喷1～2次，一般每亩次使用21%悬浮剂12～24毫升，或25%悬浮剂10～20毫升，或30%悬浮剂9～17毫升，或25%可湿性粉剂或25%水分散粒剂10～20克，或30%水分散粒剂9～17克，或50%水分散粒剂5～10克，或70%水分散粒剂4～7克，对水45～75千克均匀喷雾。

向日葵蚜虫　种子药剂处理。一般每100千克种子使用30%悬浮种衣剂或30%种子处理悬浮剂500～800毫升，或40%悬浮种衣剂或40%种子处理悬浮剂400～600毫升，或46%种子处理悬浮剂350～500毫升，对适量水稀释成均匀药浆，均匀拌种或种子包衣，晾干后待播。

马铃薯蛴螬、蚜虫　既可种薯药剂处理，也可播种时播种沟撒施药剂。种薯处理时，一般每100千克种薯使用10%种子处理微囊悬浮剂170～230毫升，或20%种子处理微囊悬浮剂90～120毫升，或30%悬浮种衣剂或30%种子处理悬浮剂60～80毫升，或40%悬浮种衣剂或40%种子处理悬浮剂45～70毫升，或50%种子处理可分散粉剂35～50克，或70%种子处理可分散粉剂25～40克，对适量水配成均匀药浆，均匀喷洒在种薯上并翻拌均匀，晾干后待播。播种沟撒施药剂时，一般每亩使用0.5%颗粒剂12～15千克，或2%颗粒剂3～3.5千克，或3%颗粒剂2～2.5千克，或5%颗粒剂1.2～1.5千克，于播种时均匀撒施在种薯周围，而后覆土。

马铃薯白粉虱、蚜虫　从害虫发生为害初期或若虫发生初盛期开始喷药，15～20天1次，连喷1～2次。一般每亩次使用21%悬浮剂18～24毫升，或25%悬浮剂15～20毫升，或30%悬浮剂13～17毫升，或25%可湿性粉剂或25%水分散粒剂15～20克，或30%水分散粒剂13～17克，或50%水分散粒剂8～10克，或70%水分散粒剂5～7克，对水45～75千克均匀喷雾，注意喷洒叶片背面。

黄瓜、丝瓜、节瓜、番茄、辣椒、茄子等瓜果类蔬菜的白粉虱、烟粉虱、蓟马、潜叶蝇　既可移栽定植时撒施药剂，也可于生长期用药防控。移栽定植时撒施药剂，每亩使用0.5%颗粒剂

3 000～4 000 克，或 2%颗粒剂 750～1 000 克，或 3%颗粒剂500～650 克，或 5%颗粒剂 300～400 克，均匀撒施在定植穴内，而后定植、覆土、浇水。生长期喷药时，从害虫发生为害初期或初见为害状时开始喷药，10～15 天 1 次，连喷 2～3 次，注意喷洒叶片背面及幼嫩组织。一般每亩次使用 21%悬浮剂 25～35 毫升，或 25%悬浮剂 20～30 毫升，或 30%悬浮剂 17～25 毫升，或 10%水分散粒剂 50～75 克，或 25%可湿性粉剂或 25%水分散粒剂 20～30 克，或 30%水分散粒剂 18～25 克，或 50%水分散粒剂 10～15 克，或 70%水分散粒剂 7～10 克，对水 45～60 千克均匀喷雾。此外，生长期也可在害虫发生为害初期用药液灌根，一般使用 21%悬浮剂 1 700～2 500 倍液，或 25%悬浮剂或 25%可湿性粉剂或 25%水分散粒剂 2 000～3 000 倍液，或 30%悬浮剂或 30%水分散粒剂 2 500～3 500 倍液，或 50%水分散粒剂 4 000～6 000 倍液，或 70%水分散粒剂 6 000～8 000 倍液灌根，每株浇灌药液 200～300 毫升。定植时撒施药剂及生长期用药液灌根，每季最多用药 1 次。

西瓜、甜瓜蚜虫　从蚜虫发生为害初期开始喷药，10～15 天 1 次，连喷 2 次左右。一般每亩次使用 21%悬浮剂 13～17 毫升，或 25%悬浮剂 10～15 毫升，或 30%悬浮剂 8～12 毫升，或 10%水分散粒剂 25～35 克，或 25%可湿性粉剂或 25%水分散粒剂 10～15 克，或 30%水分散粒剂 9～13 克，或 50%水分散粒剂 5～8 克，或 70%水分散粒剂 3～5 克，对水 45～60 千克均匀喷雾。此外，也可在移栽定植时用药，每穴施用 25%片剂 0.5～1.5 片，覆少量土后定植、覆土、浇水。

豇豆蓟马　从害虫发生为害初期或田间初见为害状时开始喷药，10～15 天 1 次，连喷 1～2 次。一般每亩次使用 21%悬浮剂 18～24 毫升，或 25%悬浮剂 15～20 毫升，或 30%悬浮剂 13～17 毫升，或 10%水分散粒剂 40～50 克，或 25%可湿性粉剂或 25%水分散粒剂 15～20 克，或 30%水分散粒剂 13～17 克，或 50%水分散粒剂 7.5～10 克，或 70%水分散粒剂 5～7 克，对水 45～60 千克均匀喷雾。

甘蓝、花椰菜的蚜虫、粉虱、黄条跳甲　既可移栽定植时穴施用药，也可生长期用药防控。移栽定植时用药，一般每亩使用

0.5%颗粒剂 5～6 千克，或 2%颗粒剂 1 300～1 500 克，或 3%颗粒剂 800～1 000 克，或 5%颗粒剂 500～600 克，于移栽定植时均匀撒施在定植穴内，而后移栽、覆土、浇水。生长期喷药时，多从害虫发生为害初期开始喷药，10～15 天 1 次，连喷 1～2 次，一般每亩次使用 21%悬浮剂 13～18 毫升，或 25%悬浮剂 10～15 毫升，或 30%悬浮剂 8～13 毫升，或 25%可湿性粉剂或 25%水分散粒剂 10～15 克，或 30%水分散粒剂 9～13 克，或 50%水分散粒剂 5～8 克，或 70%水分散粒剂 3.5～5 克，对水 30～45 千克均匀喷雾。此外，生长期还可在害虫发生为害初期用药液灌根，一般使用 21%悬浮剂 1 700～2 500 倍液，或 25%悬浮剂或 25%可湿性粉剂或 25%水分散粒剂 2 000～3 000 倍液，或 30%悬浮剂或 30%水分散粒剂 2 500～3 500 倍液，或 50%水分散粒剂 4 000～6 000 倍液，或 70%水分散粒剂 6 000～8 000 倍液灌根，每株浇灌药液 200～250 毫升。定植时撒施药剂及生长期用药液灌根，每季最多用药 1 次。

芹菜蚜虫　从蚜虫发生为害初期开始喷药，10～15 天 1 次，连喷 1～2 次。一般每亩次使用 21%悬浮剂 7～12 毫升，或 25%悬浮剂 6～10 毫升，或 30%悬浮剂 5～8 毫升，或 25%可湿性粉剂或 25%水分散粒剂 6～10 克，或 30%水分散粒剂 5～8 克，或 50%水分散粒剂 3～5 克，或 70%水分散粒剂 2～3.5 克，对水 30～45 千克均匀喷雾。

菠菜蚜虫　从蚜虫发生为害初期开始喷药，10～15 天 1 次，连喷 1～2 次。噻虫嗪喷施剂量同“芹菜蚜虫”。

韭菜韭蛆　在韭蛆发生为害初期或韭菜收割后第 2 天，每亩使用 21%悬浮剂 450～550 毫升，或 25%悬浮剂 180～240 毫升，或 30%悬浮剂 150～200 毫升，或 25%可湿性粉剂或 25%水分散粒剂 180～240 克，或 30%水分散粒剂 150～200 克，或 50%水分散粒剂 90～120 克，或 70%水分散粒剂 65～85 克，对水 75～150 千克均匀淋灌。

韭菜蓟马　在蓟马发生为害初期进行喷药，每茬喷药 1 次。一般每亩次使用 21%悬浮剂 12～24 毫升，或 25%悬浮剂 10～20 毫升，或 30%悬浮剂 8～16 毫升，或 25%可湿性粉剂或 25%水分散粒剂10～20克，或30%水分散粒剂9～17克，或50%水分散粒剂5～10克，或70%水分散粒剂4～7克，对水30～45千克均匀喷雾。

大葱蓟马　既可移栽定植时沟施药剂，也可生长期喷雾。移栽定植时，每亩使用0.5%颗粒剂5～7千克，或2%颗粒剂1 200～1 800克，或3%颗粒剂800～1 200克，或5%颗粒剂500～700克，均匀撒施在定植沟内，而后移栽、覆土、浇水。生长期喷雾时，多从蓟马发生为害初期（叶片上显出黄白色褪绿小点时）开始喷药，10～15天1次，连喷1～2次。噻虫嗪喷施剂量同“韭菜蓟马”。

茭白长绿飞虱　在长绿飞虱发生为害初期或若虫发生初盛期开始喷药，10～15天1次，连喷1～2次。一般使用21%悬浮剂2 500～3 000倍液，或25%悬浮剂或25%可湿性粉剂或25%水分散粒剂3 000～4 000倍液，或30%悬浮剂或30%水分散粒剂3 500～4 500倍液，或50%水分散粒剂6 000～7 000倍液，或70%水分散粒剂8 000～10 000倍液均匀喷雾，注意喷洒植株中下部。

苹果树绣线菊蚜　在嫩梢上蚜虫数量较多时或蚜虫开始向幼果上转移时开始喷药，10～15天1次，连喷2次左右。一般使用10%水分散粒剂1 500～2 000倍液，或21%悬浮剂3 000～4 000倍液，或25%悬浮剂或25%可湿性粉剂或25%水分散粒剂4 000～5 000倍液，或30%悬浮剂或30%水分散粒剂5 000～6 000倍液，或50%水分散粒剂8 000～10 000倍液，或70%水分散粒剂12 000～14 000倍液均匀喷雾。

梨树梨木虱　在各代梨木虱卵孵化盛期至若虫被黏液完全覆盖前及时喷药，第1、2代若虫每代喷药1次，第3代及其以后各代若虫因世代重叠每代喷药1～2次。噻虫嗪喷施倍数同“苹果树绣线菊蚜”。

葡萄绿盲蝽、烟蓟马、介壳虫　防控绿盲蝽时，在葡萄萌芽后或绿盲蝽发生为害初期开始喷药，10～15天1次，连喷2～3次；防控烟蓟马时，在开花前（花蕾期）、落花后及落花后半月左右各喷药1次；防控介壳虫时，在初孵若虫从母体介壳下爬出向周边扩散时至低龄若虫期及时喷药，每代喷药1次即可。噻虫嗪喷施倍数同“苹果树绣线菊蚜”。

桃树、李树、杏树的蚜虫、桃小绿叶蝉、介壳虫　防控蚜虫时，先于花芽膨大后开花前喷药1次，然后从落花后开始继续喷药，10～15天1次，连喷2～3次；防控桃小绿叶蝉时，在叶片正面初显黄白色褪绿小点时开始喷药，10～15天1次，连喷2次左右；防控介壳虫时，在初孵若虫从母体介壳下爬出向周边扩散时至低龄若虫期（若虫固定为害前）及时喷药，每代喷药1次即可。噻虫嗪喷施倍数同“苹果树绣线菊蚜”。

枣树绿盲蝽、日本龟蜡蚧　防控绿盲蝽时，在枣树萌芽后或绿盲蝽发生为害初期开始喷药，10～15天1次，连喷2～4次；防控日本龟蜡蚧时，在初孵若虫从母体介壳下爬出向周边扩散时至低龄若虫期（若虫被蜡质完全覆盖前）及时喷药，每代喷药1次即可。噻虫嗪喷施倍数同“苹果树绣线菊蚜”。

花椒、枸杞蚜虫　在蚜虫发生为害初期或嫩梢上蚜虫数量较多时开始喷药，10～15天1次，连喷2～3次。噻虫嗪喷施倍数同“苹果树绣线菊蚜”。

柑橘树蚜虫、柑橘木虱、潜叶蛾、介壳虫　防控蚜虫、木虱、潜叶蛾时，在每季新梢抽生初期（新梢长1厘米）或害虫发生为害初期开始喷药，10～15天1次，每季梢喷药1～2次；防控介壳虫时，在若虫发生为害初期或初孵若虫从母体介壳下爬出向周边扩散时进行喷药，每代喷药1次。噻虫嗪喷施倍数同“苹果树绣线菊蚜”。

火龙果介壳虫　在每代若虫发生为害初期或初孵若虫从母体介壳下爬出向周边扩散时进行喷药。噻虫嗪喷施倍数同“苹果树绣线菊蚜”。

草莓白粉虱、烟粉虱　从害虫发生为害初期或若虫发生初盛期开始喷药，10～15天1次，与不同类型药剂交替使用或混用，连喷2～4次。噻虫嗪一般每亩次使用21%悬浮剂15～20毫升，或25%悬浮剂12～15毫升，或30%悬浮剂10～13毫升，或10%水分散粒剂30～40克，或25%水分散粒剂或25%可湿性粉剂12～15克，或30%水分散粒剂10～14克，或50%水分散粒剂6～8克，或70%水分散粒剂5～6克，对水30～45千克均匀喷雾。

甘蔗蚜虫、蔗螟　既可撒施颗粒药剂防控蚜虫、蔗螟，又可喷雾用药防控蚜虫。撒施药剂时，新种蔗将药剂均匀撒施在种植沟内，然后覆土；宿根蔗在培土时或害虫发生初期均匀撒施在甘蔗垄旁，然后覆土。一般每亩使用 0.08%颗粒剂 50～60 千克，或 0.12%颗粒剂 20～25 千克，或 0.5%颗粒剂 6～8 千克，或 2%颗粒剂 1 150～1 250 克，或 3%颗粒剂 750～800 克，或 5%颗粒剂 450～500 克均匀撒施。施药后需保持一定的土壤湿度，以利于药效发挥，每季最多使用 1 次。喷雾用药时，在蚜虫发生为害初期进行喷药，10～15 天 1 次，连喷 1～2 次。一般使用 21%悬浮剂 4 000～5 000 倍液，或 25%悬浮剂或 25%可湿性粉剂或 25%水分散粒剂 5 000～6 000 倍液，或 30%悬浮剂或 30%水分散粒剂 6 000～7 000 倍液，或 50%水分散粒剂 10 000～12 000 倍液，或 70%水分散粒剂 13 000～15 000 倍液均匀喷雾。

烟草根结线虫　移栽定植时在定植穴内撒施药剂，然后定植、覆土、浇水。一般每亩施用 0.5%颗粒剂 2 000～2 600 克，或 2%颗粒剂 500～650 克，或 3%颗粒剂 350～430 克，或 5%颗粒剂 200～260 克均匀撒施。

烟草蚜虫　从蚜虫发生为害初盛期开始喷药，10～15 天 1 次，连喷 2 次。一般每亩次使用 21%悬浮剂 12～18 毫升，或 25%悬浮剂 10～15 毫升，或 30%悬浮剂 8～13 毫升，或 25%水分散粒剂或 25%可湿性粉剂 10～15 克，或 30%水分散粒剂 9～13 克，或 50%水分散粒剂 5～7.5 克，或 70%水分散粒剂 3.5～5 克，对水 45～60 千克均匀喷雾。

茶树茶小绿叶蝉　在害虫发生为害初期或若虫发生初盛期进行喷药，一般使用 21%悬浮剂 2 500～3 000 倍液，或 25%悬浮剂或 25%可湿性粉剂或 25%水分散粒剂 3 000～4 000 倍液，或 30%悬浮剂或 30%水分散粒剂 3 500～4 500 倍液，或 50%水分散粒剂 6 000～7 000 倍液，或 70%水分散粒剂 8 000～10 000 倍液均匀喷雾。

注意事项　噻虫嗪不能与碱性药剂或肥料混用。连续用药时，注意与不同杀虫机理药剂交替使用或混用，以延缓害虫产生抗药性。害虫接触药剂后很快停止取食，但死亡速度较慢，死虫高峰常在施药后 2～3 天出现。本剂对蜜蜂有毒，不要在果树花期和养蜂场所使用。

噻螨酮 hexythiazox

主要含量与剂型 5％乳油，5％可湿性粉剂。

产品特点 噻螨酮是一种噻唑烷酮类广谱低毒杀螨剂，以触杀和胃毒作用为主，对植物表皮层有较好的穿透性，但无内吸传导作用，耐雨水冲刷，持效期较长。对多种叶螨均有强烈的杀卵、杀幼螨、杀若螨特性，对成螨无效，但对接触到药液的雌成螨所产的卵具有抑制孵化作用，而对锈螨、瘿螨防效较差。因没有杀成螨活性，故药效显现较迟缓，一般施药后 3～7 天才能看出效果。其作用机理是通过抑制螨类几丁质合成和干扰新陈代谢，使幼螨、若螨不能蜕皮，或蜕皮畸形，而导致害螨缓慢死亡。本剂对环境温度不敏感，无论高温或低温时使用均能表现出良好的防控效果。

适用作物防控对象及使用技术 噻螨酮主要应用于苹果树、山楂树、板栗树、柑橘树、棉花等作物，用于防控叶螨类的发生为害。

苹果树、山楂树的红蜘蛛、白蜘蛛 在害螨卵盛期至孵化盛期，或苹果树（或山楂树）开花前或落花后（幼螨、低龄若螨盛发初期），平均每叶有螨 2～3 头时或内膛叶片上螨量开始较快增多时进行喷药，1 个月左右 1 次，与不同类型杀螨剂交替使用，连喷 2～3 次。噻螨酮一般使用 5％乳油或 5％可湿性粉剂 1 200～1 500 倍液均匀喷雾。

板栗树红蜘蛛 在栗树内膛叶片上螨量开始较快增多时或叶螨开始向周围叶片扩散为害时进行喷药，20～30 天 1 次，连喷 1～2 次。一般使用 5％乳油或 5％可湿性粉剂 1 000～1 500 倍液均匀喷雾。

柑橘树红蜘蛛、黄蜘蛛 在春季害螨发生始盛期，平均每叶有螨 2～3 头时开始喷药，20～30 天 1 次，连喷 1～2 次。一般使用 5％乳油或 5％可湿性粉剂 1 000～1 500 倍液均匀喷雾。

棉花红蜘蛛、白蜘蛛 从害螨发生为害初期开始喷药，20～

30天1次，连喷1～2次。一般每亩次使用5%乳油60～100毫升或5%可湿性粉剂60～100克，对水45～60千克均匀喷雾。

注意事项 噻螨酮可与波尔多液、石硫合剂等多种药剂现混现用，但不宜与菊酯类药剂及其他碱性药剂混用。本剂对成螨无杀伤作用，用药时应比其他杀螨剂要稍早些，或与其他杀成螨药剂混合使用，且喷药应均匀周到。枣树及梨树的有些品种对本剂敏感，易造成药害，用药时需要慎重；茶树上不宜使用。

噻嗪酮 buprofezin

主要含量与剂型 25%、50%、65%、75%、80%可湿性粉剂，40%、70%水分散粒剂，25%、37%、40%、50%悬浮剂。

产品特点 噻嗪酮是一种抑制昆虫生长发育的噻二嗪类选择性低毒仿生杀虫剂，属几丁质合成抑制剂，以触杀作用为主，兼有一定的胃毒作用，具有杀虫活性高、选择性强、持效期长等特点。其作用机理是通过抑制昆虫几丁质合成和干扰新陈代谢，使昆虫不能正常蜕皮和变态而逐渐死亡。该药作用较慢，一般施药后3～7天才能看出效果，对若虫和卵表现为直接作用，对成虫没有直接杀伤力，但可缩短成虫寿命，减少产卵量，且所产卵多为不育卵，即使孵化出若虫也很快死亡。对飞虱类、叶蝉类、粉虱类有特效，对介壳虫类也有较好效果，持效期长达30天以上。

适用作物防控对象及使用技术 噻嗪酮适用于粮棉油茶、果树、蔬菜等多种作物，对飞虱类、粉虱类、叶蝉类、介壳虫类等刺吸式口器害虫具有很好的杀灭效果。

水稻稻飞虱 在飞虱发生为害初期或飞虱卵孵化盛期至低龄若虫盛发初期开始喷药，10～15天1次，连喷1～2次。一般每亩次使用25%悬浮剂50～70毫升，或37%悬浮剂34～47毫升，或40%悬浮剂35～45毫升，或50%悬浮剂25～35毫升，或25%可湿性粉剂50～70克，或40%水分散粒剂35～45克，或50%可湿性粉剂25～35克，或65%可湿性粉剂20～27克，或70%水分散粒剂18～25克，或75%可湿性粉剂17～23克，或80%可湿性粉剂16～22克，对水45～60千克均匀喷雾，重点喷洒植株中下部。

柑橘树矢尖蚧等介壳虫　在害虫初孵若虫发生初盛期或初孵若虫从母体介壳下爬出向周边扩散时进行喷药，每代喷药 1 次。一般使用 25%悬浮剂或 25%可湿性粉剂 1 000～1 200 倍液，或 37%悬浮剂或 40%悬浮剂或 40%水分散粒剂 1 500～1 800 倍液，或 50%悬浮剂或 50%可湿性粉剂 2 000～2 500 倍液，或 65%可湿性粉剂或 70%水分散粒剂 2 500～3 000 倍液，或 75%可湿性粉剂或 80%可湿性粉剂 3 000～3 500 倍液均匀喷雾。

杨梅树介壳虫　在初孵若虫发生初盛期或初孵若虫从母体介壳下爬出向周边扩散时进行喷药，每代喷药 1 次。噻嗪酮喷施倍数同“柑橘树矢尖蚧”。

火龙果介壳虫　在初孵若虫发生初盛期或初孵若虫从母体介壳下爬出向周边扩散时进行喷药，每代喷药 1 次。噻嗪酮喷施倍数同“柑橘树矢尖蚧”。

桃树、李树、杏树的桑白介壳虫、朝鲜球坚蚧、桃小绿叶蝉　防控介壳虫时，在初孵若虫发生初盛期或初孵若虫从母体介壳下爬出向周边扩散时进行喷药，10 天左右 1 次，每代喷药 1～2 次；防控桃小绿叶蝉时，在叶片正面显出黄白色褪绿小点时进行喷药，10～15 天 1 次，连喷 2 次左右，重点喷洒叶片背面。噻嗪酮喷施倍数同“柑橘树矢尖蚧”。

梨树、葡萄康氏粉蚧　在初孵若虫发生初盛期或初孵若虫从母体介壳下爬出向周边扩散时进行喷药，10 天左右 1 次，每代喷药 1～2 次，套袋梨或葡萄特别注意套袋前喷药。噻嗪酮喷施倍数同“柑橘树矢尖蚧”。

枣树日本龟蜡蚧　在初孵若虫发生初盛期或初孵若虫从母体介壳下爬出向周边扩散时进行喷药，每代喷药 1 次。噻嗪酮喷施倍数同“柑橘树矢尖蚧”。

草莓白粉虱、烟粉虱　从害虫发生为害初期开始喷药，半月左右 1 次，与不同类型药剂交替使用，连喷 2～3 次，注意喷洒叶片背面。噻嗪酮一般每亩次使用 25%悬浮剂 30～40 毫升，或 37%悬浮剂 20～30 毫升，或 40%悬浮剂 20～25 毫升，或 50%悬浮剂 15～20 毫升，或 25%可湿性粉剂 30～40 克，或 40%水分散粒剂 20～25 克，或 50%可湿性粉剂 15～20 克，或 65%可湿性粉剂

12～15 克，或 70%水分散粒剂 11～14 克，或 75%可湿性粉剂 10～13 克，或 80%可湿性粉剂 9～12 克，对水 30～45 千克均匀喷雾。

茶树茶小绿叶蝉、黑刺粉虱　在害虫发生为害初期或低龄若虫发生初盛期进行喷药。一般使用 25%可湿性粉剂或 25%悬浮剂 800～1 000 倍液，或 37%悬浮剂或 40%悬浮剂或 40%水分散粒剂 1 200～1 500 倍液，或 50%悬浮剂或 50%可湿性粉剂 1 500～2 000 倍液，或 65%可湿性粉剂或 70%水分散粒剂 2 000～2 500 倍液，或 75%可湿性粉剂或 80%可湿性粉剂 2 500～3 000 倍液均匀喷雾。

番茄白粉虱、烟粉虱　在害虫发生为害初期或卵盛期至初孵若虫发生初盛期开始喷药，10～15 天 1 次，连喷 2 次左右，重点喷洒植株中上部特别是幼嫩叶片的背面。一般每亩次使用 25%悬浮剂 50～60 毫升，或 37%悬浮剂或 40%悬浮剂 30～40 毫升，或 50%悬浮剂 25～30 毫升，或 25%可湿性粉剂 50～60 克，或 40%水分散粒剂 30～40 克，或 50%可湿性粉剂 25～30 克，或 65%可湿性粉剂 18～25 克，或 70%水分散粒剂 17～23 克，或 75%可湿性粉剂 16～21 克，或 80%可湿性粉剂 15～20 克，对水 45～60 千克均匀喷雾。

茭白长绿飞虱　在害虫发生为害初期或卵盛期至初孵若虫盛发初期开始喷药，10～15 天 1 次，连喷 1～2 次。一般每亩次使用 25%悬浮剂 40～50 毫升，或 37%悬浮剂或 40%悬浮剂 25～32 毫升，或 50%悬浮剂 20～26 毫升，或 25%可湿性粉剂 40～50 克，或 40%水分散粒剂 25～32 克，或 50%可湿性粉剂 20～26 克，或 65%可湿性粉剂 15～20 克，或 70%水分散粒剂 14～19 克，或 75%可湿性粉剂 13～18 克，或 80%可湿性粉剂 12～17 克，对水 30～60 千克均匀喷雾。

注意事项　噻嗪酮不能与碱性药剂及肥料混用。连续喷药时，注意与不同杀虫机理药剂交替使用或混用。本剂对白菜、萝卜比较敏感，接触后会出现褐色斑及绿叶白化等药害表现，用药时应特别注意。有些日本柿也较敏感，果顶易发生药害。

虱螨脲 lufenuron

主要含量与剂型 5%、20%、50克/升乳油，5%微乳剂，5%水乳剂，5%、10%、50克/升悬浮剂，10%水分散粒剂。

产品特点 虱螨脲是一种苯甲酰脲类高效广谱低毒杀虫剂，属昆虫蜕皮抑制剂类，以胃毒作用为主，兼有一定的触杀作用，没有内吸性，但有较好的渗透性及较好的杀卵效果。其作用机理是通过抑制幼虫几丁质合成酶的形成而干扰几丁质在表皮的沉积，导致昆虫不能正常蜕皮变态而死亡，适用于防控对菊酯类和有机磷类药剂产生抗性的害虫。虱螨脲对低龄幼虫效果优异，害虫取食药剂后2小时停止为害，2～3天进入死虫高峰。药剂喷施后耐雨水冲刷，持效期较长，使用安全。

适用作物防控对象及使用技术 虱螨脲适用于蔬菜、果树、粮棉油及林木等多种植物，对多种鳞翅目害虫等均有很好防控效果。

甘蓝、花椰菜等十字花科蔬菜的甜菜夜蛾、菜青虫、小菜蛾 在害虫发生为害初期或害虫卵盛期至低龄幼虫期进行喷药，7～10天1次，连喷1～2次。一般每亩次使用5%乳油或5%微乳剂或5%水乳剂或5%悬浮剂或50克/升乳油或50克/升悬浮剂60～80毫升，或10%悬浮剂30～40毫升，或20%乳油15～20毫升，或10%水分散粒剂30～40克，对水30～45千克均匀喷雾。

番茄、辣椒、茄子等茄果类蔬菜的棉铃虫、甜菜夜蛾、斜纹夜蛾 在害虫发生为害初期或害虫卵盛期至低龄幼虫期进行喷药，7～10天1次，连喷1～2次。一般每亩次使用5%乳油或5%微乳剂或5%水乳剂或5%悬浮剂或50克/升乳油或50克/升悬浮剂60～80毫升，或10%悬浮剂30～40毫升，或20%乳油15～20毫升，或10%水分散粒剂30～40克，对水45～60千克均匀喷雾。

菜豆、芸豆等豆类蔬菜的豆荚螟、甜菜夜蛾 在害虫卵盛期至初孵幼虫钻蛀前及时进行喷药，7～10天1次，每代喷药1～2次。虱螨脲喷施剂量同“番茄棉铃虫”。

韭菜韭蛆 在韭蛆发生为害初期或韭菜收割后第2～3天，每亩使用5%乳油或5%微乳剂或5%水乳剂或5%悬浮剂或50克/升乳油或 50 克/升悬浮剂 300～500 毫升，或 10%悬浮剂 150～250 毫升，或 20%乳油 80～120 毫升，或 10%水分散粒剂 150～250 克，对水 75～150 千克均匀喷淋或灌根。

棉花棉铃虫、红铃虫　在害虫卵盛期至低龄幼虫钻蛀蕾铃前及时进行喷药，7～10 天 1 次，每代喷药 1～2 次。一般每亩次使用 5%乳油或 5%微乳剂或 5%水乳剂或 5%悬浮剂或 50 克/升乳油或 50 克/升悬浮剂 60～100 毫升，或 10%悬浮剂 30～50 毫升，或 20%乳油 15～25 毫升，或 10%水分散粒剂 30～50 克，对水 45～75 千克均匀喷雾。

苹果树、山楂树、桃树、枣树的卷叶蛾类及其他鳞翅目食叶害虫　防控卷叶蛾时，在果园内初见卷叶时或害虫卵盛期至低龄幼虫卷叶为害前及时喷药，每代喷药 1 次；防控其他鳞翅目食叶害虫时，在害虫卵盛期至低龄幼虫期进行喷药，每代喷药 1 次。一般使用 5%乳油或 5%悬浮剂或 5%水乳剂或 5%微乳剂或 50 克/升乳油或 50 克/升悬浮剂 1 000～1 500 倍液，或 10%悬浮剂或 10%水分散粒剂 2 000～2 500 倍液，或 20%乳油 4 000～5 000 倍液均匀喷雾。

核桃树核桃缀叶螟、核桃细蛾　在害虫发生为害初期或卵盛期至低龄幼虫期及时进行喷药，每代喷药 1 次。虱螨脲喷施倍数同“苹果树卷叶蛾类”。

柑橘树柑橘木虱、潜叶蛾、锈壁虱　防控柑橘木虱、潜叶蛾时，在每季新梢抽生初期（嫩梢长 1 厘米时）或初见害虫发生时开始喷药，10～15 天 1 次，每季梢喷药 1～2 次；防控锈壁虱时，在害虫发生为害初期或初见受害果时开始喷药，10～15 天 1 次，连喷 2～3 次。虱螨脲喷施倍数同“苹果树卷叶蛾类”。

马铃薯块茎蛾　在害虫发生为害初期或田间初见受害叶片时开始喷药，10～15 天 1 次，连喷 1～2 次。一般每亩次使用 5%乳油或 5%微乳剂或 5%水乳剂或 5%悬浮剂或 50 克/升乳油或 50 克/升悬浮剂 40～60 毫升，或 10%悬浮剂 20～30 毫升，或 20%乳油 10～15 毫升，或 10%水分散粒剂 20～30 克，对水 45～75 千克均匀喷雾。

注意事项　虱螨脲不能与碱性药剂及肥料混用，也不能与促蜕皮激素类药剂混用。连续喷药时，注意与不同杀虫机理药剂交替使用或混用。本剂对甲壳类动物高毒，残余药液及洗涤药械的废液严禁污染河流、湖泊、池塘等水域。

双丙环虫酯 afidopyropen

主要含量与剂型 50克/升可分散液剂。

产品特点 双丙环虫酯是一种全新结构及全新作用机理的丙烯类生物源高效低毒杀虫剂，属同翅目昆虫摄食阻滞剂，具有胃毒和触杀作用，对叶片渗透力强，耐雨水冲刷，持效期较长，使用安全。其杀虫机理是通过作用于昆虫神经系统的一种或多种蛋白质，干扰靶标昆虫香草酸瞬时受体通道复合物的调控，使昆虫丧失协调性和方向感，不能正常取食，最终导致昆虫饥饿而死亡。与常规杀虫剂无交互抗性。害虫接触或摄食药剂后数小时即停止取食，对成虫、若虫均有效果，除直接防控害虫为害外，还可有效降低一些昆虫对病毒及细菌性病害的传播，但击倒作用较慢，且对卵无效。

适用作物防控对象及使用技术 双丙环虫酯适用于瓜果蔬菜、果树、粮棉油烟等多种作物，对刺吸式口器害虫具有很好的防控效果。

番茄、辣椒、茄子、黄瓜等瓜果类蔬菜的烟粉虱、白粉虱 在害虫发生为害初期或害虫卵孵化盛期至初孵若虫初盛期开始喷药，10天左右1次，连喷2～3次。一般每亩次使用50克/升可分散液剂55～65毫升，对水45～60千克均匀喷雾，注意喷洒幼嫩组织及叶片背面。

黄瓜、西瓜蚜虫 在蚜虫发生为害初期开始喷药，10～15天1次，连喷1～2次。一般每亩次使用50克/升可分散液剂10～20毫升，对水45～60千克均匀喷雾。

甘蓝、花椰菜等十字花科蔬菜的蚜虫 在蚜虫发生为害初期开始喷药，10天左右1次，连喷1～2次。一般每亩次使用50克/升可分散液剂10～16毫升，对水30～45千克均匀喷雾。

棉花蚜虫 在蚜虫发生为害初期开始喷药，10天左右1次，连喷2～3次。一般每亩次使用50克/升可分散液剂10～20毫升，对水 45～60 千克均匀喷雾。

小麦蚜虫　在蚜虫发生为害初期开始喷药，10～15 天 1 次，连喷 2 次左右；或在小麦孕穗期至抽穗初期和齐穗期各喷药 1 次。一般每亩次使用 50 克/升可分散液剂 10～16 毫升，对水 30～45 千克均匀喷雾。

苹果树苹果瘤蚜、绣线菊蚜　防控瘤蚜时，在发芽后开花前和落花后各喷药 1 次；防控绣线菊蚜时，在新梢上蚜虫数量较多时或嫩梢上蚜虫开始向幼果上转移扩散时开始喷药，10～15 天 1 次，连喷 2 次。一般使用 50 克/升可分散液剂 8 000～10 000 倍液均匀喷雾。

桃树、杏树蚜虫　先于花芽膨大后开花前喷药 1 次，然后从落花后开始继续喷药，10～15 天 1 次，连喷 2～3 次。一般使用 50 克/升可分散液剂 8 000～10 000 倍液均匀喷雾。

石榴、花椒、枸杞蚜虫　在蚜虫发生为害初期或嫩梢上蚜虫数量较多时开始喷药，10～15 天 1 次，连喷 2 次左右。一般使用 50 克/升可分散液剂 8 000～10 000 倍液均匀喷雾。

梨树梨木虱　在各代梨木虱若虫发生为害初期或卵孵化盛期至初孵若虫被黏液完全覆盖前及时喷药，第 1、2 代每代喷药 1 次，第 3 代及其以后各代因世代重叠每代需喷药 1～2 次（间隔期 10 天左右）；或在梨树落花后和落花后 40 天左右各喷药 1 次防控第 1、2 代若虫，以后每 30～35 天喷药 1 次防控以后几代若虫。一般使用 50 克/升可分散液剂 4 000～5 000 倍液均匀喷雾。

柑橘树柑橘木虱、蚜虫　在每季新梢抽生初期（嫩梢长 1 厘米）开始喷药，10～15 天 1 次，每季梢喷药 1～2 次。一般使用 50 克/升可分散液剂 4 000～5 000 倍液均匀喷雾。

烟草蚜虫　在蚜虫发生为害初期开始喷药，10～15 天 1 次，连喷 2～3 次。一般每亩次使用 50 克/升可分散液剂 10～20 毫升，对水 45～60 千克均匀喷雾。

注意事项　双丙环虫酯不能与碱性药剂及肥料混用。连续喷药时，注意与不同杀虫机理药剂交替使用，以延缓害虫产生抗药性。

苏云金杆菌 bacillus thuringiensis

主要含量与剂型 4 000IU/微升、6 000IU/微升、8 000IU/微升、8 000IU/毫克、100 亿活芽孢/毫升悬浮剂，8 000IU/毫克、16 000IU/毫克、32 000IU/毫克、50 000IU/毫克、100 亿活芽孢/克可湿性粉剂，4 000IU/毫克悬浮种衣剂，0.2%颗粒剂。

产品特点 苏云金杆菌是一种可产晶体芽孢的细菌性广谱低毒杀虫剂，主要杀虫成分为内毒素（伴胞晶体）和外毒素，以内毒素为主，具有胃毒作用，无触杀、内吸作用，害虫取食细菌后在虫体内繁殖，亦可产生毒素。鳞翅目幼虫摄入伴孢晶体后，很快停止取食，几分钟内引起肠道上皮细胞麻痹、损伤，并破坏肠道内膜，导致细菌营养细胞易于侵袭和穿透肠道底膜进入昆虫血淋巴，最终使昆虫因饥饿和败血症而死亡。外毒素作用缓慢，通过抑制依赖于 DNA 的 RNA 聚合酶而影响 RNA 合成，在昆虫蜕皮和变态时具有明显作用。本剂药效较缓慢，害虫取食后 1～2 天才见死亡，持效期 10 天左右。其防控效果与虫龄大小、温度、害虫取食程度有关，温度愈高、取食愈多、防效愈好。

适用作物防控对象及使用技术 苏云金杆菌适用于蔬菜、果树、粮棉油烟茶及林木等多种植物，主要用于防控鳞翅目害虫。

甘蓝、白菜、萝卜、青菜、花椰菜等十字花科蔬菜的菜青虫、小菜蛾、甜菜夜蛾、斜纹夜蛾、甘蓝夜蛾 在害虫卵孵化盛期至低龄幼虫期开始喷药，7～10 天 1 次，连喷 1～2 次。一般每亩次使用 100 亿活芽孢/毫升悬浮剂 100～150 毫升，或 100 亿活芽孢/克可湿性粉剂 200～300 克，或 4 000IU/微升悬浮剂 300～400 毫升，或 6 000IU/微升悬浮剂 200～300 毫升，或 8 000IU/微升悬浮剂 150～200 毫升，或 8 000IU/毫克可湿性粉剂 200～300 克，或 16 000IU/毫克可湿性粉剂 150～200 克，或 32 000IU/毫克可湿性粉剂 80～120 克，或 50 000IU/毫克可湿性粉剂 30～50 克，对水 30～45 千克均匀喷雾。

番茄棉铃虫 在害虫卵孵化盛期至低龄幼虫期或卵孵化盛期至低龄幼虫钻蛀为害前及时喷药。一般每亩次使用 8 000IU/毫克可

湿性粉剂 300～400 克，或 16 000IU/毫克可湿性粉剂 150～200 克，或 32 000IU/毫克可湿性粉剂 125～150 克，或 50 000IU/毫克可湿性粉剂 80～100 克，对水 45～60 千克均匀喷雾。

辣椒烟青虫　在害虫卵孵化盛期至低龄幼虫期及时喷药。一般每亩次使用 8 000IU/毫克可湿性粉剂 200～300 克，或 16 000IU/毫克可湿性粉剂 100～150 克，或 32 000IU/毫克可湿性粉剂 50～75 克，或 50 000IU/毫克可湿性粉剂 35～50 克，对水 45～60 千克均匀喷雾。

豇豆豆荚螟　在害虫卵孵化盛期至低龄幼虫蛀荚前及时喷药，苏云金杆菌喷施剂量同“辣椒烟青虫”。

大葱甜菜夜蛾　在害虫卵孵化盛期至低龄幼虫期或卵孵化盛期至低龄幼虫蛀叶前及时喷药。一般每亩次使用 8 000IU/毫克可湿性粉剂 150～200 克，或 16 000IU/毫克可湿性粉剂 75～100 克，或 32 000IU/毫克可湿性粉剂 40～50 克，或 50 000IU/毫克可湿性粉剂 25～30 克，对水 30～45 千克均匀喷雾。

茭白二化螟　在害虫卵孵化盛期至低龄幼虫钻蛀为害前及时喷药。一般每亩次使用 8 000IU/毫克可湿性粉剂 100～150 倍液，或 16 000IU/毫克可湿性粉剂 200～300 倍液，或 32 000IU/毫克可湿性粉剂 300～500 倍液，或 50 000IU/毫克可湿性粉剂 500～700 倍液均匀喷雾。

水稻稻苞虫、稻纵卷叶螟　在害虫卵孵化盛期至低龄幼虫苞叶或卷叶前及时喷药。一般每亩次使用 100 亿活芽孢/毫升悬浮剂 300～400 毫升，或 100 亿活芽孢/克可湿性粉剂 300～400 克，或 4 000IU/微升悬浮剂 400～500 毫升，或 6 000IU/微升悬浮剂 300～400 毫升，或 8 000IU/微升悬浮剂 200～250 毫升，或 8 000IU/毫克可湿性粉剂 300～400 克，或 16 000IU/毫克可湿性粉剂 200～300 克，或 32 000IU/毫克可湿性粉剂 120～180 克，或 50 000IU/毫克可湿性粉剂 80～100 克，对水 30～45 千克均匀喷雾。

玉米、高粱的玉米螟、草地贪夜蛾　在害虫发生为害初期或田间初见为害状时及时用药。既可每亩使用 0.2% 颗粒剂 400～500 克与适量干细沙混匀后向喇叭口内（心叶）均匀撒施；也可每亩使用 100 亿活芽孢/毫升悬浮剂 150～200 毫升，或 100 亿活芽孢/

克可湿性粉剂 250～300 克，或 4 000IU/微升悬浮剂 300～400 毫升，或 6 000IU/微升悬浮剂 200～300 毫升，或 8 000IU/微升悬浮剂 170～200 毫升，或 8 000IU/毫克可湿性粉剂 300～400 克，或 16 000IU/毫克可湿性粉剂 200～250 克，或 32 000IU/毫克可湿性粉剂 150～200 克，或 50 000IU/毫克可湿性粉剂 65～80 克，对水 45～60 千克向喇叭口内均匀喷淋，或与适量干细沙混匀后向喇叭口内均匀撒施。

棉花棉铃虫、造桥虫　在害虫卵孵化盛期至低龄幼虫期或低龄幼虫钻蛀蕾铃前及时喷药。一般每亩次使用 100 亿活芽孢/毫升悬浮剂 250～400 毫升，或 100 亿活芽孢/克可湿性粉剂 300～500 克，或 4 000IU/微升悬浮剂 400～500 毫升，或 6 000IU/微升悬浮剂 300～400 毫升，或 8 000IU/微升悬浮剂 250～350 毫升，或 8 000IU/毫克可湿性粉剂 400～500 克，或 16 000IU/毫克可湿性粉剂 300～400 克，或 32 000IU/毫克可湿性粉剂 200～300 克，或 50 000IU/毫克可湿性粉剂 120～150 克，对水 45～75 千克均匀喷雾。

大豆孢囊线虫　种子药剂处理。一般使用 4 000IU/毫克悬浮种衣剂按照 1∶(60～80）的药种比进行均匀种子包衣或拌种，阴干后播种。

大豆天蛾、甘薯天蛾　在害虫发生为害初期或卵孵化盛期至低龄幼虫期进行喷药。一般每亩次使用 100 亿活芽孢/毫升悬浮剂 150～200 毫升，或 4 000IU/微升悬浮剂 300～500 毫升，或 8 000IU/微升悬浮剂 150～200 毫升，或 100 亿活芽孢/克可湿性粉剂 200～300 克，或 8 000IU/毫克可湿性粉剂 200～300 克，或 16 000IU/毫克可湿性粉剂 100～150 克，或 32 000IU/毫克可湿性粉剂 50～80 克，或 50 000IU/毫克可湿性粉剂 35～50 克，对水 30～60 千克均匀喷雾。

烟草烟青虫　在害虫发生为害初期或害虫卵盛期至低龄幼虫期进行喷药。一般每亩次使用 100 亿活芽孢/毫升悬浮剂 200～300 毫升，或 100 亿活芽孢/克可湿性粉剂 300～500 克，或 4 000IU/微升悬浮剂 400～500 毫升，或 6 000IU/微升悬浮剂 300～400 毫升，或 8 000IU/微升悬浮剂 200～300 毫升，或 8 000IU/毫克可湿性粉剂 300～500 克，或 16 000IU/毫克可湿性粉剂 200～300 克，或 32 000IU/毫克可湿性粉剂 100～200 克，或 50 000IU/毫克可湿性粉剂 70～100 克，对水 45～60 千克均匀喷雾。

苹果树、梨树、桃树、枣树的食心虫类及鳞翅目食叶害虫　防控食心虫时，根据虫情测报，在害虫卵盛期至初孵幼虫钻蛀为害前及时喷药；防控鳞翅目食叶害虫时，在害虫发生为害初期或害虫卵孵化盛期至低龄幼虫期进行喷药。一般使用 100 亿活芽孢/毫升悬浮剂 200～400 倍液，100 亿活芽孢/克可湿性粉剂 200～300 倍液，4 000IU/微升悬浮剂 200～400 倍液，或 6 000IU/微升悬浮剂 300～600 倍液，或 8 000IU/微升悬浮剂 400～800 倍液，或 8 000IU/毫克可湿性粉剂 400～800 倍液，或 16 000IU/毫克可湿性粉剂 600～1 200 倍液，或 32 000IU/毫克可湿性粉剂 1 000～1 500 倍液，或 50 000IU/毫克可湿性粉剂 1 500～2 000 倍液均匀喷雾，防控食心虫用药尽量选择较高剂量。

柑橘树柑橘凤蝶　在害虫发生为害初期或卵孵化盛期至低龄幼虫期进行喷药，苏云金杆菌喷施倍数同“苹果树鳞翅目食叶害虫”。

枇杷树黄毛虫　在害虫发生为害初期或卵孵化盛期至低龄幼虫期进行喷药，苏云金杆菌喷施倍数同“苹果树鳞翅目食叶害虫”。

茶树茶毛虫、茶尺蠖　在害虫发生为害初期或害虫卵孵化盛期至低龄幼虫期进行喷药，苏云金杆菌喷施倍数同“苹果树鳞翅目食叶害虫”。

注意事项　苏云金杆菌不能与碱性药剂及肥料混用，也不能与内吸性有机磷杀虫剂或杀菌剂及铜制剂混用。本剂对家蚕高毒，桑蚕养殖区及其附近禁止使用。制剂应保存在低于 25℃ 的干燥阴凉环境中，防止暴晒和潮湿。该药生产企业较多，计量标准繁杂，具体使用时应以其标签说明为准。

烯啶虫胺 nitenpyram

主要含量与剂型　10%、20%水剂，10%、20%、30%可溶液剂，25%、50%可溶粉剂，50%、60%可溶粒剂，20%、50%、60%可湿性粉剂，20%、30%、50%水分散粒剂。

产品特点 烯啶虫胺是一种新型烟碱类高效低毒杀虫剂，具有触杀和胃毒作用，并有良好的渗透性和内吸性，专用于防控刺吸式口器害虫，杀虫活性高，持效期较长，可混用性好，残留低，使用安全。其杀虫机理是作用于害虫的神经系统，通过抑制乙酰胆碱酯酶活性，阻断害虫神经信息传导，使害虫麻痹而死亡。

适用作物防控对象及使用技术 烯啶虫胺适用于粮棉油烟茶、蔬菜、果树等多种作物，对刺吸式口器害虫具有良好的防控效果。

水稻稻飞虱 在稻飞虱发生为害初期或卵孵化盛期至低龄若虫期进行喷药，7～10 天 1 次，连喷 1～2 次。一般每亩次使用 10%水剂或 10%可溶液剂 40～50 毫升，或 20%水剂或 20%可溶液剂 20～25 毫升，或 30%可溶液剂 14～17 毫升，或 20%可湿性粉剂或 20%水分散粒剂 20～25 克，或 25%可溶粉剂 16～20 克，或 30%水分散粒剂 14～18 克，或 50%可溶粉剂或 50%可溶粒剂或 50%可湿性粉剂或 50%水分散粒剂 8～10 克，或 60%可溶粒剂或 60%可湿性粉剂 7～9 克，对水 45～60 千克均匀喷雾，重点喷洒植株中下部。

棉花蚜虫 在蚜虫发生为害初期开始喷药，7～10 天 1 次，连喷 2 次。一般每亩次使用 10%水剂或 10%可溶液剂 30～40 毫升，或 20%水剂或 20%可溶液剂 15～20 毫升，或 30%可溶液剂 10～14 毫升，或 20%可湿性粉剂或 20%水分散粒剂 15～20 克，或 25%可溶粉剂 12～16 克，或 30%水分散粒剂 10～14 克，或 50%可溶粉剂或 50%可溶粒剂或 50%可湿性粉剂或 50%水分散粒剂 6～8 克，或 60%可溶粒剂或 60%可湿性粉剂 5～7 克，对水 45～75 千克均匀喷雾，重点喷洒幼嫩组织。

甘蓝、白菜、花椰菜等十字花科蔬菜的蚜虫 在蚜虫发生为害初期开始喷药，7～10 天 1 次，连喷 1～2 次。一般每亩次使用 10%水剂或 10%可溶液剂 20～30 毫升，或 20%水剂或 20%可溶液剂 10～15 毫升，或 30%可溶液剂 7～10 毫升，或 20%可湿性粉剂或 20%水分散粒剂 10～15 克，或 25%可溶粉剂 8～12 克，或 30%水分散粒剂 7～10 克，或 50%可溶粉剂或 50%可溶粒剂或 50%可湿性粉剂或 50%水分散粒剂 4～6 克，或 60%可溶粒剂或 60%可湿性粉剂 3～5 克，对水 30～45 千克均匀喷雾，注意喷洒叶片背面。

番茄、茄子、辣椒、芸豆、黄瓜等瓜果及豆类蔬菜的烟粉虱、白粉虱　在害虫发生为害初期或卵盛期至初孵若虫初盛期进行喷药，7～10 天 1 次，连喷 2～3 次，重点喷洒幼嫩组织的叶片背面。一般每亩次使用 10%水剂或 10%可溶液剂 40～50 毫升，或 20%水剂或 20%可溶液剂 20～25 毫升，或 30%可溶液剂 14～17 毫升，或 20%可湿性粉剂或 20%水分散粒剂 20～25 克，或 25%可溶粉剂 16～20 克，或 30%水分散粒剂 14～18 克，或 50%可溶粉剂或 50%可溶粒剂或 50%可湿性粉剂或 50%水分散粒剂 8～10 克，或 60%可溶粒剂或 60%可湿性粉剂 7～9 克，对水 45～60 千克均匀喷雾。

柑橘树蚜虫、柑橘木虱　在每季新梢抽生初期（嫩梢长 1 厘米）或害虫发生为害初期开始喷药，10～15 天 1 次，每季梢喷药 1～2 次。一般使用 10%水剂或 10%可溶液剂 1 000～1 500 倍液，或 20%水剂或 20%可溶液剂或 20%可湿性粉剂或 20%水分散粒剂 2 000～3 000 倍液，或 25%可溶粉剂 2 500～3 500 倍液，或 30%可溶液剂或 30%水分散粒剂 3 000～4 000 倍液，或 50%可溶粉剂或 50%可溶粒剂或 50%可湿性粉剂或 50%水分散粒剂 5 000～7 000 倍液，或 60%可溶粒剂或 60%可湿性粉剂 6 000～8 000 倍液均匀喷雾。

茶树茶小绿叶蝉　从害虫发生为害初期或初孵若虫盛发初期开始喷药，7～10 天 1 次，与不同类型药剂交替使用，连喷 2～3 次。烯啶虫胺喷施倍数同“柑橘树蚜虫”。

苹果树绣线菊蚜、苹果绵蚜　防控绣线菊蚜时，在新梢上蚜虫数量较多时或嫩梢上蚜虫开始向幼果上转移扩散时开始喷药，10 天左右 1 次，连喷 2 次左右；防控苹果绵蚜时，在绵蚜从越冬场所向树上幼嫩组织转移扩散时开始喷药，10 天左右 1 次，连喷 1～2 次。一般使用 10%水剂或 10%可溶液剂 1 500～2 000 倍液，或 20%水剂或 20%可溶液剂或 20%可湿性粉剂或 20%水分散粒剂 3 000～4 000 倍液，或 25%可溶粉剂 4 000～5 000 倍液，或 30%可溶液剂或 30%水分散粒剂 5 000～6 000 倍液，或 50%可溶粉剂或 50%可溶粒剂或 50%可湿性粉剂或 50%水分散粒剂 8 000～

10 000 倍液，或 60%可溶粒剂或 60%可湿性粉剂 10 000～12 000 倍液均匀喷雾。

梨树梨木虱、梨二叉蚜　防控梨木虱时，在各代梨木虱卵孵化盛期至初孵若虫被黏液完全覆盖前及时喷药，第 1、2 代若虫每代喷药 1 次，第 3 代及以后各代若虫因世代重叠每代需喷药 1～2 次（间隔期 7～10 天）；防控梨二叉蚜时，在蚜虫发生为害初盛期或初见受害叶片卷曲时开始喷药，10 天左右 1 次，连喷 1～2 次。烯啶虫胺喷施倍数同“苹果树绣线菊蚜”。

桃树、李树、杏树的蚜虫　先于花芽膨大后开花前喷药 1 次，然后从落花后开始继续喷药，10 天左右 1 次，与不同类型药剂交替使用或混用，连喷 2～3 次。烯啶虫胺喷施倍数同“苹果树绣线菊蚜”。

葡萄绿盲蝽　在葡萄萌芽后或绿盲蝽发生为害初期开始喷药，7～10 天 1 次，与不同类型药剂交替使用或混用（与触杀性杀虫剂混用效果最好），连喷 2～4 次。烯啶虫胺喷施倍数同“苹果树绣线菊蚜”。

枣树绿盲蝽　在枣树萌芽后或绿盲蝽发生为害初期开始喷药，7～10 天 1 次，与不同类型药剂交替使用或混用（与触杀性杀虫剂混用效果最好），连喷 2～4 次。烯啶虫胺喷施倍数同“苹果树绣线菊蚜”。

石榴树、枸杞、花椒树的蚜虫　从蚜虫发生为害初盛期，或嫩梢上或花蕾上或幼果上蚜虫数量较多时开始喷药，7～10 天 1 次，与不同类型药剂交替使用或混用（与触杀性杀虫剂混用效果最好），连喷 2～3 次。烯啶虫胺喷施倍数同“苹果树绣线菊蚜”。

柿树柿血斑叶蝉　从叶片正面显出黄白色褪绿小点时开始喷药，10 天左右 1 次，连喷 2 次左右，重点喷洒叶片背面。烯啶虫胺喷施倍数同“苹果树绣线菊蚜”。

草莓蚜虫、白粉虱、烟粉虱　从害虫发生为害初期开始喷药，7～10 天 1 次，与不同类型药剂交替使用或混用，连喷 2～3 次。烯啶虫胺喷施倍数同“苹果树绣线菊蚜”。

注意事项　烯啶虫胺不能与碱性药剂及强酸性药剂或肥料混用。连续喷药时，注意与其他不同杀虫机理药剂交替使用或混用，以延缓害虫产生抗药性。

溴氰虫酰胺 cyantraniliprole

主要含量与剂型 10%、19%悬浮剂，10%可分散油悬浮剂，48%种子处理悬浮剂。

产品特点 溴氰虫酰胺是一种双酰胺类高效广谱微毒杀虫剂，属鱼尼丁受体抑制剂类，以胃毒作用为主，兼有触杀活性，且内吸传导性好，用作种子处理后能被作物根部吸收，并通过木质部传导到植株各部位，耐雨水冲刷，持效期较长，使用安全。其杀虫机理是作用于昆虫肌肉细胞的鱼尼丁受体，引起内源性钙离子流失，导致昆虫肌肉运动失调，使其麻痹、瘫痪而死亡。

适用作物防控对象及使用技术 溴氰虫酰胺目前主要应用于瓜果蔬菜及粮棉油作物，对咀嚼式口器害虫及刺吸式、锉吸式和舐吸式害虫均有很好的防控效果。

甘蓝、白菜、花椰菜、萝卜等十字花科蔬菜的甜菜夜蛾、菜青虫、小菜蛾、斜纹夜蛾、蚜虫、黄条跳甲 防控鳞翅目食叶害虫时，在害虫卵孵化盛期至低龄幼虫期进行喷药，7～10天1次，每代喷药1～2次；防控蚜虫时，在蚜虫发生为害初期开始喷药，7～10天1次，连喷1～2次；防控黄条跳甲时，在跳甲发生为害初期开始喷药，7～10天1次，连喷2～3次。一般每亩次使用10%悬浮剂或10%可分散油悬浮剂30～40毫升，或19%悬浮剂15～20毫升，对水30～45千克均匀喷雾，注意喷洒叶片背面。

黄瓜苗期蓟马、烟粉虱、瓜绢螟、美洲斑潜蝇 秧苗移栽前2天苗床喷淋用药，用药前适当晾干苗床。每平方米苗床一般使用10%悬浮剂7～10毫升，或19%悬浮剂4～5毫升，对水2～4千克均匀喷淋苗床，将营养钵基质土壤渗透，湿而不滴。

番茄、辣椒苗期蓟马、烟粉虱、甜菜夜蛾、美洲斑潜蝇 秧苗移栽前2天苗床喷淋用药，用药前适当晾干苗床。溴氰虫酰胺用药方法和剂量同“黄瓜苗期蓟马”。

番茄、辣椒、茄子等茄果类蔬菜的白粉虱、烟粉虱、蓟马、蚜虫、棉铃虫、美洲斑潜蝇 防控白粉虱、烟粉虱时，在粉虱发生为害初期或若虫发生初盛期开始喷药，7～10天1次，连喷2次左右，注意喷洒幼嫩组织的叶片背面；防控蓟马、蚜虫时，在害虫发生为害初期开始喷药，7～10 天 1 次，连喷 2 次左右，重点喷洒幼嫩组织；防控棉铃虫时，在卵孵化盛期至低龄幼虫期进行喷药，7～10 天 1 次，每代喷药 1～2 次；防控美洲斑潜蝇时，在害虫发生为害初期或叶片上初见为害虫道时开始喷药，7～10 天 1 次，连喷 1～2 次。一般每亩次使用 10%悬浮剂或 10%可分散油悬浮剂 40～60 毫升，或 19%悬浮剂 20～30 毫升，对水 45～60 千克均匀喷雾。

黄瓜白粉虱、烟粉虱、蓟马、蚜虫、美洲斑潜蝇　防控白粉虱、烟粉虱时，在粉虱发生为害初期或若虫发生初盛期开始喷药，7～10 天 1 次，连喷 2 次左右，注意喷洒幼嫩组织的叶片背面；防控蓟马、蚜虫时，在害虫发生为害初期开始喷药，7～10 天 1 次，连喷 2 次左右，重点喷洒幼嫩组织；防控美洲斑潜蝇时，在害虫发生为害初期或叶片上初见为害虫道时开始喷药，7～10 天 1 次，连喷 1～2 次。溴氰虫酰胺喷施剂量同“番茄白粉虱”。

西瓜白粉虱、烟粉虱、蓟马、蚜虫、棉铃虫、甜菜夜蛾　防控白粉虱、烟粉虱时，在粉虱发生为害初期或若虫发生初盛期开始喷药，7～10 天 1 次，连喷 2 次左右，注意喷洒叶片背面；防控蓟马、蚜虫时，在害虫发生为害初期开始喷药，7～10 天 1 次，连喷 2 次左右，重点喷洒幼嫩组织；防控棉铃虫、甜菜夜蛾时，在害虫卵孵化盛期至低龄幼虫期进行喷药，7～10 天 1 次，每代喷药 1～2 次。一般每亩次使用 10%悬浮剂或 10%可分散油悬浮剂 33～40 毫升，或 19%悬浮剂 17～20 毫升，对水 30～60 千克均匀喷雾。

豇豆、芸豆的白粉虱、烟粉虱、蓟马、蚜虫、豆荚螟、美洲斑潜蝇　防控白粉虱、烟粉虱时，在粉虱发生为害初期或若虫发生初盛期开始喷药，7～10 天 1 次，连喷 2 次左右，注意喷洒叶片背面；防控蓟马、蚜虫时，在害虫发生为害初期或始花期开始喷药，7～10 天 1 次，连喷 2 次左右，重点喷洒幼嫩组织；防控豆荚螟时，在卵孵化盛期至初孵幼虫蛀荚前或始花期开始喷药，7～10 天 1 次，连喷 2～3 次；防控美洲斑潜蝇时，在害虫发生为害初期或叶片上初见为害虫道时开始喷药，7～10 天 1 次，连喷 1～2 次。溴氰虫酰胺喷施剂量同“西瓜白粉虱”。

大葱甜菜夜蛾、蓟马、美洲斑潜蝇　防控甜菜夜蛾时，在害虫卵孵化盛期至低龄幼虫期或低龄幼虫蛀叶前进行喷药，7～10 天 1 次，每代喷药 1～2 次；防控蓟马时，在叶片上初见黄白色褪绿小点时开始喷药，7～10 天 1 次，连喷 2 次左右；防控美洲斑潜蝇时，在叶片上初见为害虫道时开始喷药，7～10 天 1 次，连喷 1～2 次。一般每亩次使用 10%悬浮剂或 10%可分散油悬浮剂 18～24 毫升，或 19%悬浮剂 9～12 毫升，对水 30～45 千克均匀喷雾。

水稻蓟马、二化螟、三化螟、稻纵卷叶螟　防控蓟马时，在害虫发生为害初期开始喷药，7～10 天 1 次，连喷 1～2 次；防控螟虫时，在害虫卵孵化盛期至初孵幼虫钻蛀前或卷叶前进行喷药，7～10 天 1 次，每代喷药 1～2 次，重点喷洒植株中下部。一般每亩次使用 10%悬浮剂或 10%可分散油悬浮剂 30～40 毫升，或 19%悬浮剂 15～20 毫升，对水 30～60 千克均匀喷雾。

玉米小地老虎　种子药剂处理。一般每 100 千克种子使用 48%种子处理悬浮剂 60～120 毫升，对水稀释成 2 升左右的均匀药浆，然后均匀拌种或种子包衣，晾干后待播。

棉花棉铃虫、蚜虫、烟粉虱　防控棉铃虫时，在卵孵化盛期至低龄幼虫钻蛀蕾铃前及时喷药，7～10 天 1 次，每代喷药 1～2 次；防控蚜虫、烟粉虱时，在害虫发生为害初期开始喷药，7～10 天 1 次，连喷 2～3 次，注意喷洒叶片背面。一般每亩次使用 10%悬浮剂或 10%可分散油悬浮剂 40～60 毫升，或 19%悬浮剂 20～30 毫升，对水 45～60 千克均匀喷雾。

注意事项　溴氰虫酰胺不能与碱性药剂及肥料混用，也不建议与乳油类药剂混用，且用药时需将药液 pH 值调节至 4～6。连续喷药时，注意与不同杀虫机理药剂交替使用，以延缓害虫产生抗药性。可分散油悬浮剂不建议在苗床上使用。

乙基多杀菌素 spinetoram

主要含量与剂型　60 克/升悬浮剂，25%水分散粒剂。

产品特点　乙基多杀菌素属农用抗生素类广谱高效低毒杀虫剂，具有触杀和胃毒作用，无内吸活性，对鳞翅目、缨翅目及双翅目（蝇类）害虫具有较好的防控效果，杀虫活性高，持效期长，耐雨水冲刷，使用安全。其杀虫机理是作用于昆虫神经系统中烟碱型乙酰胆碱受体和 γ-氨基丁酸受体，使虫体神经信号传递不能正常进行，最终导致害虫死亡。

适用作物防控对象及使用技术 乙基多杀菌素适用于多种作物，目前生产中主要应用于蔬菜、果树、水稻等作物，用于防控鳞翅目害虫、蓟马、潜叶蝇、果实蝇等。

甘蓝、白菜、花椰菜等十字花科蔬菜甜菜夜蛾、小菜蛾、菜青虫 在害虫卵孵化盛期至低龄幼虫期进行用药，7～10 天 1 次，每代喷药 1～2 次。一般每亩次使用 60 克/升悬浮剂 30～50 毫升或 25％水分散粒剂 7～12 克，对水 30～45 千克均匀喷雾。

茄子、辣椒、番茄等茄果类蔬菜的斜纹夜蛾、甜菜夜蛾、蓟马 防控斜纹夜蛾、甜菜夜蛾时，在害虫卵孵化盛期至低龄幼虫期进行喷药，7～10 天 1 次，每代喷药 1～2 次；防控蓟马时，在蓟马发生为害初期（每花有虫 3～5 头时）开始喷药，7～10 天 1 次，连喷 2～3 次。一般每亩次使用 60 克/升悬浮剂 30～60 毫升或 25％水分散粒剂 8～15 克，对水 45～60 千克均匀喷雾。

黄瓜、冬瓜、番茄、辣椒、茄子等瓜果类蔬菜斑潜蝇 在害虫发生为害初期或叶片上显出为害虫道时开始喷药，7～10 天 1 次，连喷 2 次左右。一般每亩次使用 60 克/升悬浮剂 50～60 毫升或 25％水分散粒剂 12～15 克，对水 45～60 千克均匀喷雾。

西瓜蓟马 在西瓜雌花初花期开始喷药，7～10 天 1 次，连喷 2～3 次。一般每亩次使用 60 克/升悬浮剂 40～60 毫升或 50％水分散粒剂 10～15 克，对水 30～60 千克均匀喷雾。

豇豆蓟马、豆荚螟、斑潜蝇 防控蓟马时，在蓟马发生为害初期或豇豆始花期开始喷药，7～10 天 1 次，连喷 2～3 次；防控豆荚螟时，在害虫卵盛期至初孵幼虫蛀荚前进行喷药，5～7 天 1 次，每代喷药 1～2 次；防控斑潜蝇时，在叶片上初见受害虫道时开始喷药，7～10 天 1 次，连喷 2 次左右。一般每亩次使用 60 克/升悬浮剂 50～60 毫升或 25％水分散粒剂 12～15 克，对水 45～60 千克均匀喷雾。

水稻蓟马、二化螟、稻纵卷叶螟 防控蓟马时，在蓟马发生为害初期开始喷药，7 天左右 1 次，连喷 1～2 次；防控二化螟、稻纵卷叶螟时，在害虫卵盛期至初孵幼虫钻蛀前或卷叶前进行喷药，5～7天1次，每代喷药1～2次。一般每亩次使用60克/升悬浮剂50～60毫升或25%水分散粒剂12～15克，对水30～60千克均匀喷雾，防控二化螟时重点喷洒植株中下部。

杧果蓟马　在蓟马发生为害初期或嫩梢抽生期或杧果开花期开始喷药，7～10天1次，连喷2～3次。一般使用60克/升悬浮剂1 000～1 500倍液或25%水分散粒剂4 000～5 000倍液均匀喷雾。

樱桃果实蝇　从樱桃转色期或近成熟期开始喷药，7～10天1次，连喷1～2次。一般使用60克/升悬浮剂1 200～1 500倍液或25%水分散粒剂4 000～5 000倍液均匀喷雾。

杨梅果实蝇　在杨梅采摘前7～10天进行喷药。乙基多杀菌素喷施倍数同“樱桃果实蝇”。

葡萄蓟马　先于葡萄花蕾期和落花后各喷药1次，蓟马发生较重时于落花后10天左右再喷药1次。一般使用60克/升悬浮剂1 200～1 500倍液或25%水分散粒剂4 000～6 000倍液喷雾，重点喷洒果穗。

苹果蠹蛾　在害虫卵盛期至初孵幼虫蛀果前及时喷药，5～7天1次，每代喷药1～2次。乙基多杀菌素喷施倍数同“葡萄蓟马”。

注意事项　乙基多杀菌素不能与碱性药剂及肥料混用，且喷药时必须均匀周到。连续喷药时，注意与不同杀虫机理药剂交替使用。

乙螨唑 etoxazole

主要含量与剂型　15%、20%、30%、110克/升悬浮剂，20%水分散粒剂。

产品特点　乙螨唑是一种二苯基噁唑衍生物类选择性低毒杀螨剂，属几丁质合成抑制剂，以触杀和胃毒作用为主，没有内吸活性，但有一定渗透性，耐雨水冲刷，持效期长，杀卵效果较好，使用安全。其作用机理是通过抑制几丁质合成，影响螨卵的胚胎发育和从幼螨、若螨到成螨的蜕皮过程，对害螨从卵、幼螨、若螨到成螨的不同阶段均有杀伤作用，而对成螨无效，但对雌成螨有很好的不育作用。

适用作物防控对象及使用技术 乙螨唑适用于果树、瓜果蔬菜、棉花、观赏植物等多种植物，对多种害螨类均有很好的防控效果。

柑橘树红蜘蛛、黄蜘蛛 多应用于春季，在害螨卵孵化盛期至幼螨期或低龄若螨始盛期进行喷药。一般使用110克/升悬浮剂3 000～4 000倍液，或15%悬浮剂5 000～6 000倍液，或20%悬浮剂或20%水分散粒剂6 000～8 000倍液，或30%悬浮剂10 000～12 000倍液均匀喷雾。

苹果树、山楂树、梨树红蜘蛛、白蜘蛛 在害螨发生为害初期（开花前或落花后），或树冠内膛叶片上螨量开始较快增多时（平均每叶有螨3～4头时）进行喷药。一般使用110克/升悬浮剂4 000～5 000倍液，或15%悬浮剂6 000～7 000倍液，或20%悬浮剂或20%水分散粒剂8 000～10 000倍液，或30%悬浮剂12 000～15 000倍液均匀喷雾。

栗树红蜘蛛 在害螨发生为害初期或叶片正面初显螨类为害的黄白色褪绿小点时进行喷药。乙螨唑喷施倍数同“苹果树红蜘蛛”。

枸杞瘿螨 在瘿螨发生为害初期或嫩叶上初见瘿疹时进行喷药。乙螨唑喷施倍数同“苹果树红蜘蛛”。

草莓红蜘蛛、白蜘蛛 在害螨发生为害初期或卵盛期至幼螨期或低龄若螨初盛期进行喷药。一般每亩次使用110克/升悬浮剂10～15毫升，或15%悬浮剂7～10毫升，或20%悬浮剂5～7毫升，或30%悬浮剂4～5毫升，或20%水分散粒剂5～7克，对水30～45千克均匀喷雾。

茄子、辣椒、黄瓜、冬瓜等瓜果类蔬菜红蜘蛛、白蜘蛛 在害螨发生为害初期或卵盛期至幼螨期或低龄若螨初盛期进行喷药。一般每亩次使用110克/升悬浮剂10～20毫升，或15%悬浮剂7～14毫升，或20%悬浮剂5～10毫升，或30%悬浮剂4～7毫升，或20%水分散粒剂5～10克，对水30～60千克均匀喷雾。

棉花红蜘蛛、白蜘蛛 在害螨发生为害初期或卵盛期至幼螨期或低龄若螨初盛期进行喷药。一般每亩次使用110克/升悬浮剂

15～20 毫升，或 15%悬浮剂 10～15 毫升，或 20%悬浮剂 8～10 毫升，或 30%悬浮剂 5～7 毫升，或 20%水分散粒剂 8～10 克，对水 45～60 千克均匀喷雾。

注意事项 乙螨唑不能和波尔多液等碱性药剂及肥料混用。配药时最好采用二次稀释法，且喷药应均匀周到。连续喷药时，注意与不同作用机理的杀螨剂交替使用，以延缓害螨产生抗药性。

乙唑螨腈 cyetpyrafen

主要含量与剂型 30%悬浮剂。

产品特点 乙唑螨腈是一种新型丙烯腈类低毒杀螨剂，以触杀作用为主，兼有一定胃毒作用，黏着性好，耐雨水冲刷，渗透性差，无内吸性；速效性好，持效期长（可达 30 天以上），对螨卵、幼螨、若螨、成螨均有较好的防效，螨类生长发育的全生育期均可使用，但以早期使用效果更好，且与阿维菌素、甲氰菊酯等常规杀螨剂无交互抗性。其杀螨机理是通过抑制琥珀酸脱氢酶的作用，而有效抑制线粒体呼吸链中的复合体Ⅱ，破坏能量合成，导致害螨死亡。

适用作物防控对象及使用技术 乙唑螨腈适用于果树、蔬菜、粮棉等多种作物，对多种害螨均有较好的防控效果。

柑橘树红蜘蛛、黄蜘蛛 在害螨发生为害初期（平均每叶有活动态螨 2～4 头时）或螨卵孵化盛期至幼螨及低龄若螨盛发初期进行喷药，1 个月左右 1 次，连喷 1～2 次。一般使用 30%悬浮剂 3 000～4 000 倍液均匀喷雾。

苹果树、梨树、枣树红蜘蛛、白蜘蛛 在害螨发生为害初期，或螨卵孵化盛期至幼螨及低龄若螨盛发初期，或树冠内膛叶片上螨量开始较快增多时（平均每叶有螨 3～4 头时）进行喷药，1 个月左右 1 次，连喷 1～2 次。一般使用 30%悬浮剂 3 000～4 000 倍液均匀喷雾。

草莓红蜘蛛、白蜘蛛 在害螨发生为害初期或发生始盛期及时进行喷药，20～30 天 1 次，连喷 1～2 次。一般使用 30%悬浮剂 3 000～4 000 倍液均匀喷雾。

枸杞瘿螨 在害螨发生为害初期或嫩叶上初显瘿疹时及时进行喷药，20～30 天 1 次，连喷 1～2 次。一般使用 30%悬浮剂 3 000～5 000 倍液均匀喷雾。

棉花红蜘蛛、白蜘蛛 在害螨发生为害初期开始喷药，20～30 天 1 次，连喷 1～2 次。一般每亩次使用 30%悬浮剂 10～15 毫升，对水 45～60 千克均匀喷雾。

玉米红蜘蛛 在害螨发生为害初期进行喷药，15～20 天 1 次，连喷 1～2 次。一般每亩次使用 30%悬浮剂 8～10 毫升，对水 30～45 千克均匀喷雾。

茄子、辣椒等茄果类蔬菜红蜘蛛 在害螨发生为害初期开始喷药，20～30 天 1 次，连喷 1～2 次。一般每亩次使用 30%悬浮剂 10～15 毫升，对水 45～60 千克均匀喷雾。

豇豆、芸豆等豆类蔬菜红蜘蛛 在害螨发生为害初期开始喷药，20～30 天 1 次，连喷 1～2 次。乙唑螨腈喷施剂量同“茄子红蜘蛛”。

注意事项 乙唑螨腈不能与碱性药剂及肥料混用，也不建议与铜制剂混用。连续喷药时，注意与不同作用机理的杀螨剂交替使用，以延缓害螨产生抗药性。本剂无内吸作用，喷药应均匀周到。

茚虫威 indoxacarb

主要含量与剂型 15%、23%、30%、150 克/升悬浮剂，15%、20%、150 克/升乳油，15%、23%、30%水分散粒剂。

产品特点 茚虫威是一种噁二嗪类广谱高效低毒杀虫剂，具有触杀和胃毒作用，耐雨水冲刷，对害虫毒力强，持效期较长，残留低，使用安全。其作用机理主要是阻断害虫神经细胞中的钠离子通道，使神经系统紊乱，导致靶标害虫运动失调、虫体麻痹而死亡。害虫接触药剂或取食药剂后 0～4 小时停止取食为害，24～60 小时内逐渐死亡，持效期达 14 天左右。

适用作物防控对象及使用技术 茚虫威适用于蔬菜、果树、粮棉油烟茶等多种作物，对鳞翅目等多种害虫具有良好的防控效果。

甘蓝、白菜、花椰菜等十字花科蔬菜菜青虫、小菜蛾、甜菜夜

蛾、甘蓝夜蛾、斜纹夜蛾　在害虫卵孵化盛期至低龄幼虫期进行喷药，7～10天1次，每代喷药1～2次。一般每亩次使用15%悬浮剂或15%乳油或150克/升悬浮剂或150克/升乳油20～30毫升，或20%乳油15～23毫升，或23%悬浮剂13～20毫升，或30%悬浮剂10～15毫升，或15%水分散粒剂20～30克，或23%水分散粒剂13～20克，或30%水分散粒剂10～15克，对水30～45千克均匀喷雾，以清晨或傍晚喷药效果较好。

黄瓜、冬瓜、番茄、辣椒、茄子等瓜果类蔬菜甜菜夜蛾、甘蓝夜蛾、斜纹夜蛾　在害虫卵孵化盛期至低龄幼虫期进行喷药，7～10天1次，每代喷药1～2次。一般每亩次使用15%悬浮剂或15%乳油或150克/升悬浮剂或150克/升乳油30～40毫升，或20%乳油23～30毫升，或23%悬浮剂20～26毫升，或30%悬浮剂15～20毫升，或15%水分散粒剂30～40克，或23%水分散粒剂20～26克，或30%水分散粒剂15～20克，对水45～60千克均匀喷雾。

豇豆豆荚螟　在害虫卵孵化盛期至初孵幼虫蛀荚前及时喷药，或从始花期开始喷药，7～10天1次，连喷2～3次。茚虫威喷施剂量同“黄瓜甜菜夜蛾”。

大葱甜菜夜蛾　在害虫发生为害初期或卵孵化盛期至低龄幼虫蛀叶前进行喷药，7～10天1次，连喷1～2次。一般每亩次使用15%悬浮剂或15%乳油或150克/升悬浮剂或150克/升乳油15～20毫升，或20%乳油12～15毫升，或23%悬浮剂10～13毫升，或30%悬浮剂8～10毫升，或15%水分散粒剂15～20克，或23%水分散粒剂10～13克，或30%水分散粒剂8～10克，对水30～45千克均匀喷雾。

姜甜菜夜蛾、姜螟　在害虫发生为害初期或卵孵化盛期至低龄幼虫钻蛀前进行喷药，7～10天1次，连喷1～2次。一般每亩次使用15%悬浮剂或15%乳油或150克/升悬浮剂或150克/升乳油25～35毫升，或20%乳油20～26毫升，或23%悬浮剂16～23毫升，或30%悬浮剂13～18毫升，或15%水分散粒剂25～35克，或23%水分散粒剂16～23克，或30%水分散粒剂13～18克，对水30～45千克均匀喷雾。

水稻稻纵卷叶螟、二化螟　在害虫卵孵化盛期至低龄幼虫钻蛀前或卷叶前进行喷药，5～7天1次，每代喷药1～2次。一般每亩次使用15%悬浮剂或15%乳油或150克/升悬浮剂或150克/升乳油20～30毫升，或20%乳油15～23毫升，或23%悬浮剂13～20毫升，或30%悬浮剂10～15毫升，或15%水分散粒剂20～30克，或23%水分散粒剂13～20克，或30%水分散粒剂10～15克，对水30～60千克均匀喷雾，防控二化螟时注意喷洒植株中下部。

棉花棉铃虫、红铃虫　在害虫卵孵化盛期至低龄幼虫钻蛀蕾铃前进行喷药，5～7天1次，每代喷药1～2次。一般每亩次使用15%悬浮剂或15%乳油或150克/升悬浮剂或150克/升乳油20～30毫升，或20%乳油15～23毫升，或23%悬浮剂13～20毫升，或30%悬浮剂10～15毫升，或15%水分散粒剂20～30克，或23%水分散粒剂13～20克，或30%水分散粒剂10～15克，对水45～60千克均匀喷雾。

烟草烟青虫　在害虫发生为害初期或卵孵化盛期至低龄幼虫期进行喷药，7～10天1次，每代喷药1～2次。一般每亩次使用15%悬浮剂或15%乳油或150克/升悬浮剂或150克/升乳油10～15毫升，或20%乳油8～12毫升，或23%悬浮剂7～10毫升，或30%悬浮剂5～8毫升，或15%水分散粒剂10～15克，或23%水分散粒剂7～10克，或30%水分散粒剂5～8克，对水45～60千克均匀喷雾。

苹果树斜纹夜蛾、棉铃虫　在害虫发生为害初期或卵孵化盛期至低龄幼虫期进行喷药，10天左右1次，每代喷药1～2次。一般使用15%悬浮剂或15%乳油或150克/升悬浮剂或150克/升乳油或15%水分散粒剂2 000～2 500倍液，或20%乳油2 500～3 000倍液，或23%悬浮剂或23%水分散粒剂3 000～3 500倍液，或30%悬浮剂或30%水分散粒剂4 000～5 000倍液均匀喷雾。

苹果树、梨树、桃树、枣树等落叶果树卷叶蛾类及其他鳞翅目食叶害虫　防控卷叶蛾时，在果园内初见卷叶为害时进行喷药，10天左右1次，每代喷药1～2次；防控其他鳞翅目食叶害虫时，在害虫发生为害初期或卵孵化盛期至低龄幼虫期进行喷药，每代多喷药

1次。茚虫威喷施倍数同“苹果树斜纹夜蛾”。

茶树茶小绿叶蝉　在害虫发生为害初期或低龄若虫始盛期开始喷药，7～10天1次，连喷2～3次。茚虫威喷施倍数同“苹果树斜纹夜蛾”。

注意事项　茚虫威不能与碱性药剂及肥料混用。连续喷药时，注意与不同杀虫机理药剂交替使用或混用。果树开花期、蚕室周边及桑园内禁止使用。

唑虫酰胺 tolfenpyrad

主要含量与剂型　15%、30%悬浮剂。

产品特点　唑虫酰胺是一种新型吡唑杂环类广谱中毒杀虫剂，以触杀作用为主，具有杀卵和抑食效果，并可抑制昆虫产卵，速效性好，持效期较长，但无内吸性，使用安全。其作用机理是阻碍线粒体代谢系统中的电子传递系统复合体Ⅰ，使电子传递受到阻碍，昆虫不能提供和贮存能量而逐渐死亡。

适用作物防控对象及使用技术　唑虫酰胺主要应用于多种瓜果蔬菜及茶树，用于防控鳞翅目害虫、蓟马类及刺吸式口器害虫等。

茶树茶小绿叶蝉、蓟马　在害虫发生为害初期或低龄若虫始盛期开始用药，7～10天1次，与不同类型药剂交替使用，连喷2次左右。一般使用15%悬浮剂1 000～1 500倍液或30%悬浮剂2 000～3 000倍液均匀喷雾。

甘蓝、白菜、花椰菜、萝卜等十字花科蔬菜的菜青虫、小菜蛾、斜纹夜蛾、甜菜夜蛾　在害虫发生为害初期或卵孵化盛期至低龄幼虫期进行喷药，7～10天1次，连喷1～2次，注意喷洒叶片背面。一般每亩次使用15%悬浮剂30～50毫升或30%悬浮剂15～25毫升，对水30～45千克均匀喷雾。

番茄、辣椒、茄子、黄瓜、冬瓜等瓜果类蔬菜的蓟马、白粉虱、烟粉虱　防控蓟马时，在害虫发生为害初期开始喷药，7～10天1次，连喷2～3次；防控粉虱时，在害虫发生为害初期或卵孵化盛期至低龄若虫期开始喷药，7天左右1次，连喷2次左右，重点喷洒叶片背面。一般每亩次使用15%悬浮剂50～80毫升或

30%悬浮剂 25～40 毫升，对水 45～60 千克均匀喷雾。

注意事项 唑虫酰胺不能与碱性药剂及肥料混用。连续喷药时，注意与不同杀虫机理药剂交替使用，以减缓害虫产生抗药性。本剂对黄瓜、茄子、番茄、白菜的幼苗可能有药害，使用时应加注意。

第二节 混配制剂

阿维·哒螨灵

有效成分 阿维菌素（abamectin）＋哒螨灵（pyridaben）。

主要含量与剂型 5%（0.2%＋4.8%）、6%（0.15%＋5.85%）、6.78%（0.11%＋6.67%）、8%（0.2%＋7.8%）、10%（0.2%＋9.8%；0.3%＋9.7%；0.4%＋9.6%）、10.2%（0.2%＋10%）、10.5%（0.3%＋10.2%）、16%（0.4%＋15.6%；1%＋15%）乳油，10%（0.4%＋9.6%；0.5%＋9.5%）、10.5%（0.3%＋10.2%）微乳剂，10.5%（0.3%＋10.2%）水乳剂，21%（1%＋20%）、25%（1.5%＋23.5%）悬浮剂，10.5%（0.5%＋10%）可湿性粉剂。括号内有效成分含量均为阿维菌素的含量加哒螨灵的含量。

产品特点 阿维·哒螨灵是一种由阿维菌素（大环内酯类）与哒螨灵（哒嗪类）按一定比例混配的广谱复合杀螨剂，低毒至中等毒性，以触杀和胃毒作用为主，兼有微弱的熏蒸作用，对成螨、若螨、幼螨及螨卵均有较好的防控效果。喷施后作用速度较快，对叶片渗透性强，持效期较长。两种有效成分优势互补、协同增效，既能抑制害螨神经信息传导，又能抑制线粒体电子传递，可显著延缓害螨产生抗药性。

适用作物防控对象及使用技术 阿维·哒螨灵主要应用于果树、棉花等作物，用于防控叶螨类的发生为害。

柑橘树红蜘蛛、黄蜘蛛 在害螨发生为害初期或螨卵孵化盛期至幼螨及低龄若螨盛发初期开始喷药，1 个月左右 1 次，连喷 1～2 次。一般使用 5%乳油 500～600 倍液，或 6%乳油 600～700 倍

液，或6.78%乳油700～800倍液，或8%乳油800～1 000倍液，或10%乳油或10.2%乳油或10%微乳剂1 000～1 200倍液，或10.5%乳油或10.5%微乳剂或10.5%水乳剂或10.5%可湿性粉剂1 200～1 500倍液，或16%乳油1 500～2 000倍液，或21%悬浮剂2 000～2 500倍液，或25%悬浮剂2 500～3 000倍液均匀喷雾。

柑橘树锈蜘蛛　在锈蜘蛛发生为害初期或果实上初显受害状时开始喷药，15～20天1次，连喷1～2次。一般使用5%乳油600～800倍液，或6%乳油700～900倍液，或6.78%乳油800～1 000倍液，或8%乳油1 000～1 200倍液，或10%乳油或10.2%乳油或10%微乳剂1 200～1 500倍液，或10.5%乳油或10.5%微乳剂或10.5%水乳剂或10.5%可湿性粉剂1 500～1 800倍液，或16%乳油2 000～2 500倍液，或21%悬浮剂2 500～3 000倍液，或25%悬浮剂3 000～3 500倍液均匀喷雾。

苹果树、梨树、山楂树、桃树的红蜘蛛、白蜘蛛　在害螨发生为害初期（开花前或落花后）、或害螨卵孵化盛期至幼螨及低龄若螨盛发初期、或树冠内膛叶片上螨量开始较快增多时（平均每叶有螨3～4头时）进行喷药，1个月左右1次，连喷2次。阿维·哒螨灵喷施倍数同“柑橘树红蜘蛛”。

枣树红蜘蛛、白蜘蛛　在害螨发生为害初期（发芽后），或害螨卵孵化盛期至幼螨及低龄若螨盛发初期、或树体内膛下部叶片上螨量开始较快增多时进行喷药，1个月左右1次，连喷2次。阿维·哒螨灵喷施倍数同“柑橘树红蜘蛛”。

栗树红蜘蛛　在害螨发生为害初期，或内膛叶片上螨量开始较快增多时，或受害叶片正面初显黄白色褪绿小点时进行喷药，1个月左右1次，连喷1～2次。阿维·哒螨灵喷施倍数同“柑橘树红蜘蛛”。

棉花红蜘蛛、白蜘蛛　在害螨发生为害初期或田间出现受害中心株时开始喷药，15～20天1次，连喷1～2次。一般每亩次使用5%乳油120～200毫升，或6%乳油100～160毫升，或6.78%乳油90～140毫升，或8%乳油80～120毫升，或10%乳油或10.2%乳油或10.5%乳油或10%微乳剂或10.5%微乳剂或10.5%水乳剂60～100毫升，或10.5%可湿性粉剂60～100克，或16%乳油

40～60 毫升，或 21%悬浮剂 30～50 毫升，或 25%悬浮剂 25～40 毫升，对水 30～60 千克均匀喷雾。

甘蓝、白菜、萝卜等十字花科蔬菜黄条跳甲　在害虫发生为害初期开始喷药，10～15 天 1 次，连喷 1～2 次。一般每亩次使用 5%乳油 200～300 毫升，或 6%乳油 180～250 毫升，或 6.78%乳油 150～200 毫升，或 8%乳油 130～180 毫升，或 10%乳油或 10.2%乳油或 10.5%乳油或 10%微乳剂或 10.5%微乳剂或 10.5%水乳剂 100～150 毫升，或 10.5%可湿性粉剂 100～150 克，或 16%乳油 70～90 毫升，或 21%悬浮剂 50～75 毫升，或 25%悬浮剂 40～60 毫升，对水 30～45 千克均匀喷雾。

注意事项　阿维·哒螨灵不能与石硫合剂、波尔多液等碱性药剂及肥料混用，喷药应均匀周到。连续喷药时，注意与不同作用机理药剂交替使用。本剂生产企业较多，不同企业间产品含量、组分比例及剂型差异较大，具体选用时应以其标签说明为准。

阿维·高氯氟

有效成分　阿维菌素（abamectin）＋高效氯氟氰菊酯（lambda - cyhalothrin）。

主要含量与剂型　1.3%（0.3%＋1%）、2%（0.1%＋1.9%；0.2%＋1.8%；0.3%＋1.7%；0.4%＋1.6%）、4%（1%＋3%）乳油，2%（0.4%＋1.6%）、3%（0.6%＋2.4%）微乳剂，2%（0.4%＋1.6%）、3%（0.6%＋2.4%）、5%（1%＋4%）、9%（3%＋6%）水乳剂。括号内有效成分含量均为阿维菌素的含量加高效氯氟氰菊酯的含量。

产品特点　阿维·高氯氟是一种由阿维菌素（大环内酯类）与高效氯氟氰菊酯（拟除虫菊酯类）按一定比例混配的高效广谱复合杀虫剂，低毒至中等毒性，具有触杀、胃毒和一定的驱避作用，速效性好，击倒力强，持效期较长，使用安全。两种不同作用机理有效成分优势互补，协同增效，既能通过刺激释放 γ-氨基丁酸而抑制害虫神经信息传导，又能通过影响钠离子通道而阻断害虫神经信息传导，害虫不易产生抗药性。

适用作物防控对象及使用技术 阿维·高氯氟适用于蔬菜、果树、粮棉油等多种作物，对多种咀嚼式口器害虫及刺吸式口器害虫均有较好的防控效果。

甘蓝、白菜、萝卜等十字花科蔬菜小菜蛾、菜青虫、甜菜夜蛾、斜纹夜蛾、黄条跳甲 防控小菜蛾、菜青虫等鳞翅目害虫时，在害虫发生为害初期或卵孵化盛期至低龄幼虫期进行喷药，7～10天1次，连喷1～2次，注意喷洒叶片背面；防控黄条跳甲时，在害虫发生为害初期开始喷药，7～10天1次，连喷2次左右。一般每亩次使用1.3%乳油80～120毫升，或2%乳油或2%微乳剂或2%水乳剂50～80毫升，或3%微乳剂或3%水乳剂40～50毫升，或4%乳油30～40毫升，或5%水乳剂20～30毫升，或9%水乳剂8～12毫升，对水30～45千克均匀喷雾。

番茄、辣椒、茄子等茄果类蔬菜棉铃虫、甜菜夜蛾、斜纹夜蛾 从害虫发生为害初期或卵孵化盛期至低龄幼虫期或低龄幼虫钻蛀前进行喷药，7～10天1次，每代喷药1～2次。一般每亩次使用1.3%乳油100～150毫升，或2%乳油或2%微乳剂或2%水乳剂70～100毫升，或3%微乳剂或3%水乳剂45～65毫升，或4%乳油35～50毫升，或5%水乳剂30～40毫升，或9%水乳剂10～15毫升，对水45～60千克均匀喷雾。

棉花棉铃虫 在害虫发生为害初期或卵孵化盛期至低龄幼虫钻蛀蕾铃前进行喷药，7～10天1次，每代喷药1～2次。阿维·高氯氟喷施剂量同“番茄棉铃虫”。

烟草烟青虫 在害虫发生为害初期或卵孵化盛期至低龄幼虫期进行喷药，7～10天1次，每代喷药1～2次。一般每亩次使用1.3%乳油80～120毫升，或2%乳油或2%微乳剂或2%水乳剂50～80毫升，或3%微乳剂或3%水乳剂40～50毫升，或4%乳油30～40毫升，或5%水乳剂20～30毫升，或9%水乳剂8～12毫升，对水45～60千克均匀喷雾。

水稻稻纵卷叶螟 在害虫发生为害初期（田间初见害虫卷叶时）或卵孵化盛期至低龄幼虫卷叶前进行喷药，7～10天1次，连喷1～2次。一般每亩次使用1.3%乳油80～100毫升，或2%乳油或2%微乳剂或2%水乳剂50～70毫升，或3%微乳剂或3%水乳剂 35～45 毫升，或 4%乳油 25～35 毫升，或 5%水乳剂 20～30 毫升，或 9%水乳剂 8～10 毫升，对水 30～45 千克均匀喷雾。

梨树梨木虱　在各代若虫发生初期或卵孵化盛期至初孵若虫盛发初期（虫体被黏液完全覆盖前）开始喷药，7～10 天 1 次，每代喷药 1～2 次。一般使用 1.3%乳油 600～800 倍液，或 2%乳油或 2%微乳剂或 2%水乳剂 1 000～1 500 倍液，或 3%微乳剂或 3%水乳剂 1 500～1 800 倍液，或 4%乳油 1 500～2 000 倍液，或 5%水乳剂 2 000～2 500 倍液，或 9%水乳剂 3 000～4 000 倍液均匀喷雾。

柑橘树柑橘木虱、潜叶蛾　在每季新梢抽生初期（嫩梢长 1 厘米）或每季梢害虫发生初期开始喷药，10～15 天 1 次，每季梢喷药 1～2 次。阿维·高氯氟喷施倍数同“梨树梨木虱”。

注意事项　阿维·高氯氟不能与碱性药剂及肥料混用，且喷药应均匀周到。连续喷药时，注意与不同杀虫机理药剂交替使用。本品对蜜蜂、家蚕高毒，应避免在果树开花期、蜜源植物花期及蚕室和桑园附近使用。

阿维·螺虫酯

有效成分　阿维菌素（abamectin）＋螺虫乙酯（spirotetramat）。

主要含量与剂型　12%（2%＋10%）、15%（3%＋12%）、20%（3%＋17%）、24%（3%＋21%）、25%（3%＋22%）、28%（4%＋24%）悬浮剂。括号内有效成分含量均为阿维菌素的含量加螺虫乙酯的含量。

产品特点　阿维·螺虫酯是一种由阿维菌素（大环内酯类）与螺虫乙酯（季酮酸类）按一定比例混配的低毒复合杀虫（螨）剂，专用于防控刺吸式口器害虫，以胃毒作用为主，对叶片具有较好的渗透性，耐雨水冲刷，持效期较长，使用安全。两种有效成分，既能通过刺激害虫释放 γ-氨基丁酸而抑制其神经信息传导，又能干扰害虫脂肪生物合成而阻断其能量代谢，作用机理互补，害虫不易产生抗药性，杀虫效果更好。

适用作物防控对象及使用技术　阿维·螺虫酯适用于果树、蔬菜等多种作物，主要用于防控刺吸式口器害虫。

梨树梨木虱　在各代梨木虱若虫初发期或卵孵化盛期至初孵若虫被黏液完全覆盖前进行喷药，第 1、2 代每代喷药 1 次，第 3 代及其以后各代因世代重叠每代喷药 1～2 次，间隔期 7～10 天。一般使用 12%悬浮剂 2 000～2 500 倍液，或 15%悬浮剂 2 500～3 000 倍液，或 20%悬浮剂 3 000～3 500 倍液，或 24%悬浮剂或 25%悬浮剂 3 500～4 000 倍液，或 28%悬浮剂 4 000～5 000 倍液均匀喷雾。

苹果树、山楂树、梨树、桃树等落叶果树红蜘蛛、白蜘蛛　在害螨发生为害初盛期或树冠内膛下部叶片上螨量较多时（平均每叶有螨 3～4 头时）开始喷药，1 个月左右 1 次，连喷 2～3 次。阿维·螺虫酯喷施倍数同“梨树梨木虱”。

枣树红蜘蛛　在害螨发生为害初盛期或叶片正面显出黄白色褪绿小点时进行喷药，20～30 天 1 次，连喷 1～2 次。阿维·螺虫酯喷施倍数同“梨树梨木虱”。

桃树、杏树桑白介壳虫　在初孵若虫从母体介壳下爬出向周边扩散转移时进行喷药，7～10 天 1 次，连喷 1～2 次。阿维·螺虫酯喷施倍数同“梨树梨木虱”。

柑橘树红蜘蛛、黄蜘蛛、介壳虫、柑橘木虱、白粉虱、烟粉虱　防控害螨时，在害螨发生为害始盛期、或春秋季平均每叶有螨 3～5 头、或夏季平均每叶有螨 2～4 头时开始喷药，20～30 天 1 次，连喷 2 次；防控介壳虫时，在初孵若虫从母体介壳下爬出向周边转移扩散时进行喷药，每代喷药 1～2 次（间隔期 7～10 天）；防控柑橘木虱时，在每季新梢抽生初期（嫩梢长 1 厘米）或每季新梢上木虱发生初期开始喷药，10～15 天 1 次，每季梢喷药 1～2 次；防控白粉虱、烟粉虱时，在粉虱发生为害初盛期开始喷药，10～15 天 1 次，连喷 1～2 次，注意喷洒叶片背面。一般使用 12%悬浮剂 1 500～2 000 倍液，或 15%悬浮剂 2 000～2 500 倍液，或 20%悬浮剂 2 500～3 000 倍液，或 24%悬浮剂或 25%悬浮剂 3 000～4 000 倍液，或 28%悬浮剂 4 000～4 500 倍液均匀喷雾。

草莓白粉虱、烟粉虱　从害虫发生为害初盛期或卵孵化盛期至初孵若虫始盛期开始喷药，10～15 天 1 次，连喷 2～3 次，重点喷洒叶片背面。一般每亩次使用12%悬浮剂20～30毫升，或15%悬浮剂15～25毫升，或20%悬浮剂12～17毫升，或24%悬浮剂或25%悬浮剂10～15毫升，或28%悬浮剂8～12毫升，对水30～45千克均匀喷雾。

番茄、辣椒、茄子等茄果类蔬菜的烟粉虱、白粉虱 从害虫发生为害初盛期或卵孵化盛期至初孵若虫始盛期开始喷药，10～15天1次，连喷2～3次，重点喷洒叶片背面。一般每亩次使用12%悬浮剂25～50毫升，或15%悬浮剂20～40毫升，或20%悬浮剂15～30毫升，或24%悬浮剂或25%悬浮剂12～25毫升，或28%悬浮剂10～20毫升，对水45～60千克均匀喷雾。

注意事项 阿维·螺虫酯不能与碱性药剂及肥料混用。连续喷药时，注意与不同作用机理药剂交替使用。本剂对蜜蜂、家蚕高毒，果树开花期及蜜源植物花期禁止使用，蚕室周边和桑园内及其附近禁止使用。

阿维·螺螨酯

有效成分 阿维菌素（abamectin）＋螺螨酯（spirodiclofen）。

主要含量与剂型 18%（2%＋16%；3%＋15%）、20%（1%＋19%；2%＋18%）、22%（2%＋20%）、24%（3%＋21%）、25%（2.5%＋22.5%；3%＋22%；5%＋20%）、30%（3%＋27%）、33%（3%＋30%）、35%（5%＋30%）、45%（5%＋40%）悬浮剂。括号内有效成分含量均为阿维菌素的含量加螺螨酯的含量。

产品特点 阿维·螺螨酯是一种由阿维菌素（大环内酯类）与螺螨酯（季酮酸类）按一定比例混配的高效广谱低毒复合杀螨剂，具有触杀、胃毒和熏蒸作用及一定的叶片渗透作用，可杀灭成螨、若螨、幼螨和夏卵，黏附性好，耐雨水冲刷，持效期长，使用安全。两种杀螨作用机理，既能抑制害螨神经信息传导，又能通过抑制害螨脂肪合成而阻止其能量代谢，作用互补，协同增效，害螨不易产生抗药性。

适用作物防控对象及使用技术 阿维·螺螨酯主要应用于果树，对多种叶螨均有很好的防控效果。

柑橘树红蜘蛛、黄蜘蛛　在害螨发生为害初期、或螨卵孵化盛期至幼螨及低龄若螨盛发初期、或春秋季平均每叶有螨3～5头、夏季平均每叶有螨2～4头时进行喷药。一般使用18%悬浮剂2 500～3 000倍液，或20%悬浮剂或22%悬浮剂3 000～4 000倍液，或24%悬浮剂或25%悬浮剂4 000～5 000倍液，或30%悬浮剂或33%悬浮剂5 000～6 000倍液，或35%悬浮剂5 500～6 500倍液，或45%悬浮剂7 000～8 000倍液均匀喷雾。

苹果树、梨树、山楂树红蜘蛛、白蜘蛛　在害螨发生为害初期（开花前或落花后）、或螨卵孵化盛期至幼螨及低龄若螨盛发初期、或树冠内膛叶片上螨量开始较快增多时（平均每叶有螨3～4头时）进行喷药。阿维·螺螨酯喷施倍数同“柑橘树红蜘蛛”。

桃树、杏树、李树、枣树红蜘蛛、白蜘蛛　在害螨发生为害初期、或螨卵孵化盛期至幼螨及低龄若螨盛发初期、或树冠内膛叶片上螨量开始较快增多时进行喷药。阿维·螺螨酯喷施倍数同“柑橘树红蜘蛛”。

栗树红蜘蛛　在害螨发生为害初期、或树冠内膛叶片上螨量开始较快增多时、或叶片正面初显黄白色褪绿小点时进行喷药。阿维·螺螨酯喷施倍数同“柑橘树红蜘蛛”。

草莓红蜘蛛　在害螨发生为害初期或螨卵孵化盛期至幼螨及低龄若螨发生初盛期进行喷药。阿维·螺螨酯喷施倍数同“柑橘树红蜘蛛”。

注意事项　阿维·螺螨酯不能与石硫合剂等碱性药剂及肥料混用，且喷药应均匀周到。连续喷药时，注意与不同杀螨机理药剂交替使用。本剂生产企业较多，各企业间产品含量、组分比例差异较大，具体选用时应以该产品的标签说明为准。

阿维·氯苯酰

有效成分　阿维菌素（abamectin）＋氯虫苯甲酰胺（chlorantraniliprole）。

主要含量与剂型　6%（1.7%阿维菌素＋4.3%氯虫苯甲酰胺）悬浮剂。

产品特点 阿维·氯苯酰是一种由阿维菌素（大环内酯类）与氯虫苯甲酰胺（双酰胺类）按科学比例混配的广谱低毒复合杀虫剂，具有胃毒和触杀作用，专用于防控鳞翅目害虫，叶片渗透性好，耐雨水冲刷，持效期较长，使用安全。两种杀虫作用机理，既能通过刺激释放 γ-氨基丁酸而抑制害虫神经信息传导，又能破坏钙离子通道导致害虫肌肉麻痹，优势互补，害虫不易产生抗药性。

适用作物防控对象及使用技术 阿维·氯苯酰广泛适用于蔬菜、果树、粮棉油烟茶等多种作物，对多种鳞翅目害虫均有较好的防控效果。

甘蓝、白菜、花椰菜、萝卜等十字花科蔬菜甜菜夜蛾、小菜蛾、菜青虫、斜纹夜蛾 在害虫发生为害初期或卵孵化盛期至低龄幼虫期进行喷雾，7～10 天 1 次，连喷 1～2 次。一般每亩次使用 6%悬浮剂 40～60 毫升，对水 30～45 千克均匀喷雾，注意喷洒叶片背面。

番茄、辣椒、茄子等茄果类蔬菜棉铃虫、烟青虫、斜纹夜蛾 在害虫发生为害初期或卵孵化盛期至低龄幼虫期或低龄幼虫钻蛀为害前进行喷药，7～10 天 1 次，每代喷药 1～2 次。一般每亩次使用 6%悬浮剂 50～70 毫升，对水 45～60 千克均匀喷雾。

西瓜棉铃虫、瓜绢螟 在害虫发生为害初期或卵孵化盛期至低龄幼虫期进行喷药，7～10 天 1 次，连喷 1～2 次。阿维·氯苯酰喷施剂量同“番茄棉铃虫”。

大葱、洋葱葱须鳞蛾 在害虫发生为害初期或田间初见为害状时开始喷药，7～10 天 1 次，连喷 1～2 次。一般每亩次使用 6%悬浮剂 40～50 毫升，对水 30～45 千克均匀喷雾。

水稻二化螟、三化螟、稻纵卷叶螟 防控二化螟、三化螟时，在害虫发生为害初期（田间初见枯叶、枯鞘、枯心或枯穗时）或卵孵化盛期至低龄幼虫钻蛀为害前进行喷药，7 天左右 1 次，连喷 1～2 次，注意喷洒植株中下部；防控稻纵卷叶螟时，在害虫发生为害初期（田间初见卷叶虫苞时）或卵孵化盛期至低龄幼虫卷叶为害前进行喷药，7 天左右 1 次，连喷 1～2 次。一般每亩次使用 6%悬浮剂 40～60 毫升，对水 30～60 千克均匀喷雾。

玉米草地贪夜蛾、玉米螟、斜纹夜蛾 在害虫发生为害初期或田间初见为害状时进行喷药。一般每亩次使用 6%悬浮剂 30～50 毫升，对水 30～45 千克向喇叭口内均匀喷淋。

棉花棉铃虫　在害虫发生为害初期或卵孵化盛期至低龄幼虫钻蛀蕾铃前进行喷药，7 天左右 1 次，每代喷药 1～2 次。一般每亩次使用 6%悬浮剂 40～60 毫升，对水 45～60 千克均匀喷雾。

花生棉铃虫、斜纹夜蛾、毒蛾　在害虫发生为害初期（田间初见为害状时）或卵孵化盛期至低龄幼虫期进行喷药，7～10 天1 次，连喷 1～2 次。一般每亩次使用 6%悬浮剂 30～50 毫升，对水 30～45 千克均匀喷雾。

苹果、梨、桃、枣等果实的桃小食心虫、梨小食心虫　根据虫情测报，在害虫卵盛期至初孵幼虫蛀果前或钻蛀前进行喷药，7 天左右 1 次，每代喷药 1～2 次。一般使用 6%悬浮剂 2 000～2 500 倍液均匀喷雾。

苹果树、梨树、山楂树、桃树、枣树等落叶果树卷叶蛾类及其他鳞翅目食叶害虫　防控卷叶蛾时，在果园内初见害虫卷叶时进行喷药，7～10 天 1 次，每代喷药 1～2 次；防控其他鳞翅目食叶害虫时，在害虫发生为害初期或卵孵化盛期至低龄幼虫期进行喷药，每代喷药 1 次。一般使用 6%悬浮剂 2 000～2 500 倍液均匀喷雾。

苹果树金纹细蛾　在每代害虫卵孵化盛期或果园内初见新鲜虫斑时进行喷药，第 1、2 代每代喷药 1 次，第 3 代及其以后各代因世代重叠每代喷药 1～2 次，间隔期 7～10 天。一般使用 6%悬浮剂 2 000～2 500 倍液均匀喷雾。

桃树、杏树的桃线潜叶蛾　在害虫发生为害初期或叶片上初见为害虫道时开始喷药，1 个月左右 1 次，与不同类型药剂交替使用，连喷 3～5 次。阿维·氯苯酰一般使用 6%悬浮剂 2 000～2 500 倍液均匀喷雾。

核桃树核桃缀叶螟、核桃细蛾　在害虫发生为害初期（果园内初见缀叶为害状或初见幼虫时）或卵孵化盛期至低龄幼虫期进行喷药，7～10 天 1 次，连喷 1～2 次。一般使用 6%悬浮剂 2 000～3 000 倍液均匀喷雾。

柑橘树柑橘潜叶蛾　在每季新梢抽生初期（嫩梢长 1 厘米）或新梢嫩叶上初见为害虫道时开始喷药，10～15 天 1 次，每季梢喷药 1～2 次。一般使用 6%悬浮剂 2 000～2 500 倍液均匀喷雾。

注意事项 阿维·氯苯酰不能与碱性药剂及肥料混用。连续喷药时，注意与不同杀虫机理药剂交替使用。本剂对家蚕高毒，蚕室周边和桑园内及其附近禁止使用。

阿维·灭蝇胺

有效成分 阿维菌素（abamectin）＋灭蝇胺（cyromazine）。

主要含量与剂型 11%（1%＋10%）、31%（0.7%＋30.3%）、33%（3%＋30%）、35%（1%＋34%）悬浮剂。括号内有效成分含量均为阿维菌素的含量加灭蝇胺的含量。

产品特点 阿维·灭蝇胺是一种由阿维菌素（大环内酯类）与灭蝇胺（三嗪类）按一定比例混配的高效低毒复合杀虫剂，专用于防控双翅目害虫，具有胃毒、触杀和较好的渗透性及一定的内吸传导作用，速效性好，持效期较长，使用安全，喷施后能快速渗入植物叶片，对卵、幼虫、蛹和成虫都有较强的杀灭作用。两种杀虫作用机理，既能通过刺激释放 γ-氨基丁酸而抑制害虫神经信息传导，又能通过抑制昆虫几丁质合成而影响虫体变态，优势互补，协同增效，害虫不易产生抗药性。

适用作物防控对象及使用技术 阿维·灭蝇胺主要应用于瓜果蔬菜类作物，对潜叶蝇类害虫具有很好的防控效果。

黄瓜、冬瓜、苦瓜、西葫芦、番茄、辣椒、茄子等瓜果类蔬菜美洲斑潜蝇 在害虫发生为害初期或叶片上初见为害虫道时开始喷药，7～10 天 1 次，连喷 2 次左右。一般每亩次使用 11%悬浮剂 60～100 毫升，或 31%悬浮剂或 35%悬浮剂 25～40 毫升，或 33%悬浮剂 20～30 毫升，对水 45～60 千克均匀喷雾。

菜豆、芸豆等豆类蔬菜美洲斑潜蝇 在害虫发生为害初期或叶片上初见为害虫道时开始喷药，7～10 天 1 次，连喷 2 次左右。阿维·灭蝇胺喷施剂量同“黄瓜美洲斑潜蝇”。

西瓜、甜瓜、哈密瓜的潜叶蝇 在害虫发生为害初期或叶片上初见为害虫道时开始喷药，7～10 天 1 次，连喷 2 次左右。阿维·灭蝇胺喷施剂量同“黄瓜美洲斑潜蝇”。

大葱、韭菜潜叶蝇　从害虫发生为害初期或叶片上初见为害虫道时开始喷药，7～10 天 1 次，连喷 1～2 次。一般每亩次使用 11%悬浮剂 50～70 毫升，或 31%悬浮剂或 35%悬浮剂 20～30 毫升，或 33%悬浮剂 17～25 毫升，对水 30～45 千克均匀喷雾。

注意事项　阿维·灭蝇胺不能与碱性药剂及肥料混用，且喷药应均匀周到。连续喷药时，注意与不同杀虫机理药剂交替使用。

阿维·噻唑膦

有效成分　阿维菌素（abamectin）＋噻唑膦（fosthiazate）。

主要含量与剂型　5%（0.45%＋4.55%；0.5%＋4.5%；0.7%＋4.3%）、9%（1%＋8%）、10%（0.2%＋9.8%；0.5%＋9.5%；1%＋9%）、10.5%（0.5%＋10%）、11%（1%＋10%）、15%（2%＋13%）颗粒剂，10%（1%＋9%）乳油，10%（2.5%＋7.5%）、21%（1%＋20%）水乳剂，5%（1%＋4%）悬浮剂，6%（1%＋5%）微囊悬浮剂。括号内有效成分含量均为阿维菌素的含量加噻唑膦的含量。

产品特点　阿维·噻唑膦是一种由阿维菌素（大环内酯类）与噻唑膦（有机磷类）按一定比例混配的专用复合杀线剂，低毒至中等毒性，具有触杀和内吸传导作用，能有效阻碍线虫活动，防止线虫对植物根部的侵入，对线虫防控效果更好，正常使用对作物安全。两种有效成分作用互补，既能抑制线虫神经信息传导，又能通过抑制乙酰胆碱酯酶活性而导致线虫神经过度兴奋。

适用作物防控对象及使用技术　阿维·噻唑膦广泛适用于瓜果蔬菜及烟草、果树等多种作物，对根结线虫类具有较好的防控效果。

黄瓜、甜瓜、番茄、茄子等瓜果蔬菜根结线虫　既可移栽定植时撒施药剂，也可移栽后灌根。移栽时撒施药剂为在定植沟内或定植穴内用药，一般每亩使用 5%颗粒剂 3 000～4 000 克，或 9%颗粒剂 2 000～2 500 克，或 10%颗粒剂或 10.5%颗粒剂或 11%颗粒剂 1 500～2 000 克，或 15%颗粒剂 1 000～1 500 克，与适量干细土混匀后均匀撒施在定植沟内或定植穴内，而后将药剂与土壤（15～

20 厘米）充分混匀，然后移栽定植、覆土、浇水，当天用药当天定植。移栽后灌根用药，于移栽缓苗后至线虫为害初期均可进行，一般每亩使用 5%悬浮剂 2 000～3 000 毫升，或 10%乳油 1 000～1 500 毫升，或 10%水乳剂 500～1 000 毫升，或 21%水乳剂 1 000～1 500 毫升，对水 500～750 千克灌根，每株浇灌药液 200～300 毫升。

姜根结线虫　既可种植时于种植沟撒施药剂，也可生长期用药液灌根。种植沟撒施药剂时，一般每亩使用 5%颗粒剂 3 000～4 000 克，或 9%颗粒剂 2 000～2 500 克，或 10%颗粒剂或 10.5%颗粒剂或 11%颗粒剂 1 500～2 000 克，或 15%颗粒剂 1 000～1 500 克，与适量细干土混匀后均匀撒施在种植沟内，而后将药剂与土壤充分混匀，然后摆放姜种、覆土、浇水等，当天用药当天种植。生长期灌根时，在姜出苗后第一次小培土前灌根施药，一般每亩使用 5%悬浮剂 2 000～3 000 毫升，或 6%微囊悬浮剂 2 000～2 500 毫升，或 10%乳油 1 000～1 500 毫升，或 10%水乳剂 500～1 000 毫升，或 21%水乳剂 1 000～1 500 毫升，对水 500～750 千克灌根，而后培土。

烟草根结线虫　在线虫发生为害初期或烟草移栽后旺长期用药液灌根，一般每亩使用 5%悬浮剂 1 000～1 500 毫升，或 6%微囊悬浮剂 1 000～1 300 毫升，或 10%乳油 600～800 毫升，或 10%水乳剂 300～500 毫升，或 21%水乳剂 500～700 毫升，对水 400～600 千克灌根，每株浇灌药液 250～300 毫升。

注意事项　阿维·噻唑膦不能与强酸性或强碱性药剂及肥料混用。撒施颗粒剂时，施药前应将大块土壤打碎，并施药后及时浇水，以确保药效。超量使用或土壤水分过多时容易引起药害，请按照产品标签说明正确使用。

阿维·乙螨唑

有效成分　阿维菌素（abamectin）＋乙螨唑（etoxazole）。

主要含量与剂型　12%（2%＋10%）、15%（3%＋12%）、20%（4%＋16%；5%＋15%）、23%（3%＋20%）、25%（5%＋

20%)、40%(5%+35%)悬浮剂。括号内有效成分含量均为阿维菌素的含量加乙螨唑的含量。

产品特点 阿维·乙螨唑是一种由阿维菌素(大环内酯类)与乙螨唑(二苯基噁唑衍生物类)按一定比例混配的高效广谱复合杀螨剂，低毒至中等毒性，具有触杀、胃毒作用及一定的渗透性，对螨卵、幼螨、若螨、成螨各形态均有较好的防控效果，并对抗性害螨防效也较好。本剂喷施后耐雨水冲刷，持效期较长，使用安全；两种杀螨作用机理，既能抑制害螨神经信息传导，又能通过抑制害螨几丁质合成而影响其蜕皮完成，使害螨不易产生抗药性。

适用作物防控对象及使用技术 阿维·乙螨唑适用于果树、瓜果蔬菜、粮棉油等多种作物，对多种害螨均有很好的防控效果。

柑橘树红蜘蛛、黄蜘蛛 在害螨发生为害初期(春、秋季平均每叶有螨3～5头，夏季平均每叶有螨2～4头)或螨卵孵化盛期至幼螨及低龄若螨盛发初期进行喷药。一般使用12%悬浮剂3 000～4 000倍液，或15%悬浮剂4 000～5 000倍液，或20%悬浮剂5 000～6 000倍液，或23%悬浮剂6 000～7 000倍液，或25%悬浮剂6 000～8 000倍液，或40%悬浮剂10 000～12 000倍液均匀喷雾。

苹果树、梨树、山楂树、桃树、杏树红蜘蛛、白蜘蛛 在害螨发生为害初期(苹果树、梨树、山楂树的开花前或落花后)、或螨卵孵化盛期至幼螨及低龄若螨盛发初期、或树冠内膛叶片上螨量开始较快增多时(平均每叶有螨3～4头时)进行喷药。阿维·乙螨唑喷施倍数同“柑橘树红蜘蛛”。

栗树红蜘蛛 在害螨发生为害初期、或树冠内膛叶片上螨量开始较快增多时、或叶片正面初显黄白色褪绿小点时进行喷药。阿维·乙螨唑喷施倍数同“柑橘树红蜘蛛”。

草莓红蜘蛛 在害螨发生为害初期或螨卵孵化盛期至幼螨及低龄若螨盛发初期进行喷药。阿维·乙螨唑喷施倍数同“柑橘树红蜘蛛”。

枸杞瘿螨 在瘿螨发生为害初期或嫩叶上初显瘿疹时进行喷药。阿维·乙螨唑喷施倍数同“柑橘树红蜘蛛”。

茄子、辣椒、黄瓜、豇豆、芸豆等瓜果类及豆类蔬菜红蜘蛛在害螨发生为害初期或螨卵孵化盛期至幼螨及低龄若螨盛发初期进行喷药。一般每亩次使用12%悬浮剂15～25毫升，或15%悬浮剂12～20毫升，或20%悬浮剂10～12毫升，或23%悬浮剂8～10毫升，或25%悬浮剂7～9毫升，或40%悬浮剂5～7毫升，对水45～60千克均匀喷雾。

棉花红蜘蛛、白蜘蛛　在害螨发生为害初期或螨卵孵化盛期至幼螨及低龄若螨盛发初期进行喷药。阿维·乙螨唑喷施剂量同“茄子红蜘蛛”。

注意事项　阿维·乙螨唑不能与石硫合剂等碱性药剂及肥料混用，喷药应均匀周到。连续喷药时，注意与不同作用机理杀螨剂交替使用。

阿维·茚虫威

有效成分　阿维菌素（abamectin）＋茚虫威（indoxacarb）。

主要含量与剂型　8%（2%＋6%）、10%（2%＋8%）、12%（2%＋10%）、15%（3%＋12%）、25%（10%＋15%）悬浮剂，6%（1.5%＋4.5%）微乳剂，12%（2%＋10%）可湿性粉剂，8%（2%＋6%）水分散粒剂。括号内有效成分含量均为阿维菌素的含量加茚虫威的含量。

产品特点　阿维·茚虫威是一种由阿维菌素（大环内酯类）与茚虫威（噁二嗪类）按一定比例混配的高效低毒复合杀虫剂，具有触杀和胃毒作用，能有效渗入植物表皮组织，作用速度快，杀虫效果好，耐雨水冲刷，使用安全。两种有效成分虽然均是通过破坏昆虫正常神经系统功能而导致其死亡，但作用位点不同，故害虫不易产生抗药性。

适用作物防控对象及使用技术　阿维·茚虫威适用于瓜果蔬菜、粮棉油茶及果树等多种作物，主要用于防控鳞翅目害虫的发生为害。

水稻稻纵卷叶螟　在害虫发生为害初期（田间初见卷叶为害状时）或卵孵化盛期至低龄幼虫卷叶前进行喷药，7～10天1次，每代喷药1～2次。一般每亩次使用6%微乳剂40～60毫升，或8%

悬浮剂 30～45 毫升，或 10%悬浮剂 25～35 毫升，或 12%悬浮剂 20～30 毫升，或 15%悬浮剂 15～25 毫升，或 25%悬浮剂 10～13 毫升，或 8%水分散粒剂 30～45 克，或 12%可湿性粉剂 20～30 克，对水 30～45 千克均匀喷雾。

甘蓝、白菜、花椰菜等十字花科蔬菜菜青虫、小菜蛾、甜菜夜蛾、甘蓝夜蛾、斜纹夜蛾　在害虫发生为害初期或卵孵化盛期至低龄幼虫期进行喷药，7～10 天 1 次，连喷 1～2 次。一般每亩次使用 6%微乳剂 30～50 毫升，或 8%悬浮剂 25～35 毫升，或 10%悬浮剂 20～30 毫升，或 12%悬浮剂 15～25 毫升，或 15%悬浮剂 13～20 毫升，或 25%悬浮剂 8～12 毫升，或 8%水分散粒剂 25～40 克，或 12%可湿性粉剂 15～25 克，对水 30～45 千克均匀喷雾，注意喷洒叶片背面。

番茄、辣椒、茄子等茄果类蔬菜棉铃虫、斜纹夜蛾、烟青虫　在害虫发生为害初期或卵孵化盛期至低龄幼虫期或低龄幼虫钻蛀为害前进行喷药，7～10 天 1 次，每代喷药 1～2 次。一般每亩次使用 6%微乳剂 40～60 毫升，或 8%悬浮剂 30～45 毫升，或 10%悬浮剂 25～35 毫升，或 12%悬浮剂 20～30 毫升，或 15%悬浮剂 15～25 毫升，或 25%悬浮剂 10～15 毫升，或 8%水分散粒剂 30～45 克，或 12%可湿性粉剂 20～30 克，对水 45～60 千克均匀喷雾。

黄瓜、冬瓜、西瓜、甜瓜等瓜类蔬菜瓜绢螟　在害虫发生为害初期或卵孵化盛期至低龄幼虫期进行喷药，7～10 天 1 次，每代喷药 1～2 次。阿维·茚虫威喷施剂量同“番茄棉铃虫”。

棉花棉铃虫、红铃虫　在害虫发生为害初期或卵孵化盛期至低龄幼虫钻蛀蕾铃前进行喷药，7～10 天 1 次，每代喷药 1～2 次。阿维·茚虫威喷施剂量同“番茄棉铃虫”。

苹果树金纹细蛾　在每代幼虫发生为害初期或果园内初见新鲜虫斑时进行喷药，第 1、2 代各喷药 1 次，第 3 代及其以后各代因世代重叠每代喷药 1～2 次（间隔期 7～10 天）；或在苹果落花后（第 1 代幼虫）和落花后 40 天左右（第 2 代幼虫）各喷 1 次，以后每 30 天左右喷药 1～2 次（间隔期 7～10 天）。一般使用 6%微乳剂 1 200～1 500 倍液，或 8%悬浮剂或 8%水分散粒剂 1 500～2 000 倍液，或 10%悬浮剂 2 000～2 500 倍液，或 12%悬浮剂或

12%可湿性粉剂 2 500～3 000 倍液，或 15%悬浮剂 3 000～3 500 倍液，或 25%悬浮剂 6 000～8 000 倍液均匀喷雾。

桃树桃线潜叶蛾　在害虫发生为害初期或叶片上初见为害虫道时开始喷药，1 个月左右 1 次，与不同类型药剂交替使用，连喷 2～4 次。阿维·茚虫威喷施倍数同“苹果树金纹细蛾”。

苹果树、山楂树、桃树卷叶蛾类及其他鳞翅目食叶害虫　防控卷叶蛾时，在果园内初见卷叶为害时进行喷药，每代喷药 1～2 次（间隔期 7～10 天）；防控其他鳞翅目食叶害虫时，在害虫发生为害初期或卵孵化盛期至低龄幼虫期进行喷药，每代喷药 1 次。阿维·茚虫威喷施倍数同“苹果树金纹细蛾”。

注意事项　阿维·茚虫威不能与碱性药剂及肥料混用，且喷药应均匀周到。连续喷药时，注意与不同杀虫机理药剂交替使用。本剂对家蚕剧毒，蚕室附近和桑园内及其周边禁止使用。

吡蚜·呋虫胺

有效成分　吡蚜酮（pymetrozine）＋呋虫胺（dinotefuran）。

主要含量与剂型　30%（10%＋20%）、60%（48%＋12%）、75%（45%＋30%）可湿性粉剂，40%（20%＋20%）、50%（30%＋20%；40%＋10%）、60%（30%＋30%；40%＋20%；50%＋10%）、70%（35%＋35%；42%＋28%；50%＋20%）水分散粒剂。括号内有效成分含量均为吡蚜酮的含量加呋虫胺的含量。

产品特点　吡蚜·呋虫胺是一种由吡蚜酮（吡啶三嗪酮类）与呋虫胺（新烟碱类）按一定比例混配的高效低毒复合杀虫剂，专用于防控刺吸式口器害虫，具有触杀、胃毒和良好的内吸传导活性，速效性好，持效期长，使用安全。两种杀虫作用机理，既能导致害虫产生口针阻塞效应而停止取食，又能阻断害虫神经信息传导，协同增效，防控效果更好，且害虫不易产生抗药性。

适用作物防控对象及使用技术　吡蚜·呋虫胺适用于瓜果蔬菜、粮棉油烟茶、果树等多种作物，对飞虱、粉虱、蚜虫、叶蝉等刺吸式口器害虫均有良好的防控效果。

水稻稻飞虱　在稻飞虱发生为害初期或卵孵化盛期至低龄若虫始盛期进行喷药，7～10 天 1 次，连喷 1～2 次。一般每亩次使用 30%可湿性粉剂 35～50 克，或 40%水分散粒剂 25～35 克，或 50%水分散粒剂 20～30 克，或 60%可湿性粉剂或 60%水分散粒剂 15～25 克，或 70%水分散粒剂 15～22 克，或 75%可湿性粉剂 13～20 克，对水 45～60 千克均匀喷雾，注意喷洒植株中下部。

小麦蚜虫　在蚜虫发生为害初期开始喷药，10～15 天 1 次，连喷 1～2 次；或在小麦孕穗期至抽穗初期和齐穗期各喷药 1 次。一般每亩次使用 30%可湿性粉剂 30～40 克，或 40%水分散粒剂 25～35 克，或 50%水分散粒剂 20～30 克，或 60%可湿性粉剂或 60%水分散粒剂 15～20 克，或 70%水分散粒剂 13～18 克，或 75%可湿性粉剂 12～17 克，对水 30～45 千克均匀喷雾。

棉花蚜虫　在蚜虫发生为害初期开始喷药，10 天左右 1 次，连喷 2～3 次。一般每亩次使用 30%可湿性粉剂 40～60 克，或 40%水分散粒剂 30～50 克，或 50%水分散粒剂 25～35 克，或 60%可湿性粉剂或 60%水分散粒剂 20～30 克，或 70%水分散粒剂 18～25 克，或 75%可湿性粉剂 16～24 克，对水 45～60 千克均匀喷雾。

甘蓝、白菜、花椰菜、萝卜等十字花科蔬菜蚜虫　在蚜虫发生为害初期开始喷药，7～10 天 1 次，连喷 1～2 次，注意喷洒叶片背面。吡蚜·呋虫胺喷施剂量同“小麦蚜虫”。

黄瓜、冬瓜、番茄、辣椒、茄子等瓜果类蔬菜蚜虫　在蚜虫发生为害初期开始喷药，7～10 天 1 次，连喷 2 次左右，重点喷洒幼嫩组织。吡蚜·呋虫胺喷施剂量同“棉花蚜虫”。

番茄、辣椒、茄子、黄瓜、豇豆、芸豆等瓜果类及豆类蔬菜烟粉虱、白粉虱　在粉虱发生为害初期或卵孵化盛期至低龄若虫盛发初期开始喷药，7～10 天 1 次，连喷 2 次左右，重点喷洒叶片背面。一般每亩次使用 30%可湿性粉剂 50～70 克，或 40%水分散粒剂 40～55 克，或 50%水分散粒剂 30～40 克，或 60%可湿性粉剂或 60%水分散粒剂 25～35 克，或 70%水分散粒剂 22～30 克，或 75%可湿性粉剂 20～28 克，对水 45～60 千克均匀喷雾。

柑橘树蚜虫、柑橘木虱　在每季新梢抽生初期（嫩梢长 1 厘米）或新梢抽生期的害虫发生初期开始喷药，10～15 天 1 次，每季梢喷药 1～2 次。一般使用 30%可湿性粉剂 2 000～2 500 倍液，或 40%水分散粒剂 2 500～3 000 倍液，或 50%水分散粒剂 3 000～3 500 倍液，或 60%可湿性粉剂或 60%水分散粒剂 3 500～4 000 倍液，或 70%水分散粒剂或 75%可湿性粉剂 4 000～5 000 倍液均匀喷雾。

苹果树绣线菊蚜　在新梢上蚜虫数量较多时或新梢上蚜虫开始向幼果上转移扩散时开始喷药，10～15 天 1 次，连喷 2 次左右。吡蚜·呋虫胺喷施倍数同“柑橘树蚜虫”。

桃树、杏树、李树的蚜虫、桃小绿叶蝉　防控蚜虫时，先于花芽膨大后开花前喷药 1 次，然后从落花后开始继续喷药，10～15 天 1 次，与不同类型药剂交替使用，连喷 2～3 次；防控桃小绿叶蝉时，在害虫发生为害初期或叶片正面初显黄白色褪绿小点时开始喷药，10～15 天 1 次，连喷 2 次左右。吡蚜·呋虫胺喷施倍数同“柑橘树蚜虫”。

茶树茶小绿叶蝉　在害虫发生为害初期或卵孵化盛期至低龄若虫盛发初期进行喷药。吡蚜·呋虫胺喷施倍数同“柑橘树蚜虫”。

注意事项　吡蚜·呋虫胺不能与碱性药剂及肥料混用。连续喷药时，注意与不同杀虫机理药剂交替使用。本剂对蜜蜂高毒，禁止在果树花期及蜜源植物花期使用。

吡蚜·螺虫酯

有效成分　吡蚜酮（pymetrozine）＋螺虫乙酯（spirotetramat）。

主要含量与剂型　50%（35%＋15%）、65%（40%＋25%）、75%（50%＋25%）水分散粒剂。括号内有效成分含量均为吡蚜酮的含量加螺虫乙酯的含量。

产品特点　吡蚜·螺虫酯是一种由吡蚜酮（吡啶三嗪酮类）与螺虫乙酯（季酮酸衍生物类）按一定比例混配的高效低毒复合杀虫剂，专用于防控刺吸式口器害虫，具有触杀和胃毒作用，内吸传导性好，耐雨水冲刷，持效期较长，使用安全。两种不同作用机理有效成分，增效作用明显，既能诱使害虫产生口针阻塞效应而停止取食，又能抑制脂肪合成而阻断害虫能量代谢，防虫效果更好。

适用作物防控对象及使用技术 吡蚜·螺虫酯适用于瓜果蔬菜、果树及粮棉油烟茶等多种作物，对蚜虫类、粉虱类、木虱类等刺吸式口器害虫均有很好的防控效果。

甘蓝、白菜、萝卜等十字花科蔬菜蚜虫 在蚜虫发生为害初期进行喷药，注意喷洒叶片背面。一般每亩使用50%水分散粒剂15～20克，或65%水分散粒剂或75%水分散粒剂10～15克，对水30～45千克均匀喷雾。

黄瓜、番茄、茄子、辣椒等瓜果类蔬菜烟粉虱、白粉虱 在害虫发生为害初期或卵孵化盛期至低龄若虫盛发初期开始喷药，10～15天1次，连喷2次。一般每亩次使用50%水分散粒剂20～25克，或65%水分散粒剂或75%水分散粒剂15～20克，对水45～60千克均匀喷雾，重点喷洒叶片背面。

桃树蚜虫 先于花芽膨大后开花前喷药1次，然后从落花后开始继续喷药，10～15天1次，与不同类型药剂交替使用，连喷2～3次。吡蚜·螺虫酯一般使用50%水分散粒剂2 500～3 000倍液，或65%水分散粒剂或75%水分散粒剂4 000～5 000倍液均匀喷雾。

苹果树绣线菊蚜 在新梢上蚜虫数量较多时或嫩梢上蚜虫开始向幼果转移扩散时开始喷药，10～15天1次，连喷2次左右。吡蚜·螺虫酯喷施倍数同“桃树蚜虫”。

梨树梨木虱 在每代若虫发生初期或每代卵孵化盛期至初孵若虫被黏液完全覆盖前进行喷药，或在梨树落花后（第1代若虫）和落花后40天左右（第2代若虫）及以后每30天左右各喷药1次。连续喷药时注意与不同杀虫机理药剂交替使用。吡蚜·螺虫酯喷施倍数同“桃树蚜虫”。

柑橘树蚜虫、柑橘木虱 在每季新梢抽生初期（嫩梢长1厘米）或每季新梢上害虫发生为害初期开始喷药，10～15天1次，每季梢喷药1～2次。吡蚜·螺虫酯喷施倍数同“桃树蚜虫”。

注意事项 吡蚜·螺虫酯不能与碱性药剂及肥料混用。连续喷药时，注意与不同杀虫机理药剂交替使用。

吡蚜·噻虫胺

有效成分 吡蚜酮（pymetrozine）＋噻虫胺（clothianidin）。

主要含量与剂型 20%（10%＋10%）、30%（25%＋5%）悬浮剂，30%（25%＋5%）、50%（42%＋8%）、60%（35%＋25%；50%＋10%）水分散粒剂，50%（40%＋10%）可湿性粉剂。括号内有效成分含量均为吡蚜酮的含量加噻虫胺的含量。

产品特点 吡蚜·噻虫胺是一种由吡蚜酮（吡啶三嗪酮类）与噻虫胺（烟碱类）按一定比例混配的高效低毒复合杀虫剂，专用于防控刺吸式口器害虫，具有触杀和胃毒作用及较强的内吸传导活性，杀虫活性高，速效性好，持效期较长，使用安全。两种有效成分，既能诱使害虫产生口针阻塞效应而停止取食，又能刺激害虫神经使其持续兴奋、麻痹，作用互补，害虫不易产生抗药性。

适用作物防控对象及使用技术 吡蚜·噻虫胺适用于粮棉油烟茶、瓜果蔬菜、果树等多种作物，对飞虱、粉虱、木虱、蚜虫、叶蝉、盲椿象等刺吸式口器害虫均有较好的防控效果。

水稻稻飞虱 在稻飞虱发生为害初期或卵孵化盛期至低龄若虫盛发初期进行喷药，10天左右1次，连喷1～2次。一般每亩次使用20%悬浮剂50～70毫升，或30%悬浮剂30～40毫升，或30%水分散粒剂30～40克，或50%可湿性粉剂或50%水分散粒剂或60%（35%＋25%）水分散粒剂12～20克，或60%（50%＋10%）水分散粒剂10～15克，对水45～60千克均匀喷雾，重点喷洒植株中下部。

小麦蚜虫 在蚜虫发生为害初期开始喷药，10～15天1次，连喷1～2次；或在小麦孕穗期至抽穗初期和齐穗期各喷药1次。一般每亩次使用20%悬浮剂40～50毫升，或30%悬浮剂25～35毫升，或30%水分散粒剂25～35克，或50%可湿性粉剂或50%水分散粒剂或60%（35%＋25%）水分散粒剂10～15克，或60%（50%＋10%）水分散粒剂8～10克，对水30～45千克均匀喷雾。

棉花蚜虫 在蚜虫发生为害初期开始喷药，10～15天1次，连喷 2～3 次。一般每亩次使用 20%悬浮剂 50～80 毫升，或 30%悬浮剂 30～50 毫升，或 30%水分散粒剂 30～50 克，或 50%可湿性粉剂或 50%水分散粒剂或 60%（35%+25%）水分散粒剂 15～25 克，或 60%（50%+10%）水分散粒剂 10～20 克，对水 30～60 千克均匀喷雾。

甘蓝、白菜、萝卜等十字花科蔬菜蚜虫　在蚜虫发生为害初期开始喷药，7～10 天 1 次，连喷 1～2 次，注意喷洒叶片背面。吡蚜·噻虫胺喷施剂量同“小麦蚜虫”。

黄瓜、番茄、辣椒、茄子、豇豆、芸豆等瓜果类及豆类蔬菜烟粉虱、白粉虱　在粉虱发生为害初期或卵孵化盛期至低龄若虫盛发初期开始喷药，7～10 天 1 次，连喷 2～3 次，重点喷洒叶片背面。一般每亩次使用 20%悬浮剂 60～100 毫升，或 30%悬浮剂 40～60 毫升，或 30%水分散粒剂 40～60 克，或 50%可湿性粉剂或 50%水分散粒剂或 60%（35%+25%）水分散粒剂 25～40 克，或 60%（50%+10%）水分散粒剂 15～25 克，对水 45～60 千克均匀喷雾。

苹果树绣线菊蚜　在蚜虫发生为害初盛期、或新梢上蚜虫数量较多时、或嫩梢上蚜虫开始向幼果上扩散转移时开始喷药，10～15 天 1 次，连喷 2 次左右。一般使用 20%悬浮剂 600～800 倍液，或 30%悬浮剂或 30%水分散粒剂 1 500～2 000 倍液，或 50%可湿性粉剂或 50%水分散粒剂或 60%（35%+25%）水分散粒剂 2 500～3 000 倍液，或 60%（50%+10%）水分散粒剂 3 000～4 000 倍液均匀喷雾。

桃树、杏树、李树蚜虫、桃小绿叶蝉　防控蚜虫时，先于花芽膨大后开花前喷药 1 次，然后从落花后开始继续喷药，10～15 天 1 次，连喷 2～4 次；防控桃小绿叶蝉时，在害虫发生为害初期或叶片正面初显黄白色褪绿小点时开始喷药，10～15 天 1 次，连喷 2～3 次。连续喷药时，注意与不同杀虫机理药剂交替使用。吡蚜·噻虫胺喷施倍数同“苹果树绣线菊蚜”。

葡萄绿盲蝽　在绿盲蝽发生为害初期或葡萄萌芽后至开花期的绿盲蝽发生为害初期开始喷药，10～15 天 1 次，连喷 2～3 次。吡蚜·噻虫胺喷施倍数同“苹果树绣线菊蚜”。

枣树绿盲蝽　在绿盲蝽发生为害初期或枣树萌芽后至开花坐果期的绿盲蝽发生为害初期开始喷药，10～15 天 1 次，连喷 2～3 次。吡蚜·噻虫胺喷施倍数同“苹果树绣线菊蚜”。

柑橘树蚜虫、柑橘木虱　在每季新梢抽生初期（嫩梢长 1 厘米）或每季新梢生长期内初见害虫发生时开始喷药，10～15 天 1 次，每季梢喷药 1～2 次。吡蚜·噻虫胺喷施倍数同“苹果树绣线菊蚜”。

茶树茶小绿叶蝉　在害虫发生为害初期或卵孵化盛期至低龄若虫盛发初期进行喷药。吡蚜·噻虫胺喷施倍数同“苹果树绣线菊蚜”。

注意事项　吡蚜·噻虫胺不能与碱性药剂及肥料混用。连续喷药时，注意与不同杀虫机理药剂交替使用。本剂对蜜蜂高毒，禁止在果树花期及蜜源植物花期使用。

虫螨·茚虫威

有效成分　虫螨腈（chlorfenapyr）＋茚虫威（indoxacarb）。

主要含量与剂型　10%（5%＋5%；7.5%＋2.5%）、14%（10%＋4%）、24%（8%＋16%）、28%（20%＋8%）、30%（18%＋12%）、35%（25%＋10%）悬浮剂。括号内有效成分含量均为虫螨腈的含量加茚虫威的含量。

产品特点　虫螨·茚虫威是一种由虫螨腈（芳基吡咯类）与茚虫威（噁二嗪类）按一定比例混配的高效低毒复合杀虫剂，具有触杀、胃毒作用及一定的杀卵活性，速效性好，叶面渗透性强，耐雨水冲刷，持效期较长，使用安全，不仅能快速杀灭害虫，而且药效持续时间较长。两种不同杀虫作用机理，增效显著，既能干扰害虫呼吸系统的能量代谢，又能导致害虫神经系统紊乱、运动失调。

适用作物防控对象及使用技术　虫螨·茚虫威适用于瓜果蔬菜、粮棉油茶、果树等多种作物，主要用于防控鳞翅目害虫等。

甘蓝、大白菜、花椰菜、萝卜等十字花科蔬菜小菜蛾、菜青虫、甜菜夜蛾、斜纹夜蛾　在害虫发生为害初期或卵孵化盛期至低龄幼虫期进行喷药，7～10 天 1 次，连喷 1～2 次，注意喷洒叶片背面。一般每亩次使用10%悬浮剂60～80毫升，或14%悬浮剂40～60毫升，或24%悬浮剂15～25毫升，或28%悬浮剂或30%悬浮剂25～35毫升，或35%悬浮剂20～30毫升，对水30～45千克均匀喷雾。

番茄、辣椒、茄子等茄果类蔬菜棉铃虫、烟青虫、斜纹夜蛾　在害虫发生为害初期、或卵孵化盛期至低龄幼虫期或低龄幼虫钻蛀为害前进行喷药，7～10天1次，每代喷药1～2次。一般每亩次使用10%悬浮剂70～100毫升，或14%悬浮剂50～75毫升，或24%悬浮剂20～30毫升，或28%悬浮剂或30%悬浮剂30～45毫升，或35%悬浮剂25～35毫升，对水45～60千克均匀喷雾。

水稻稻纵卷叶螟　在害虫发生为害初期（田间初见卷叶为害时）或卵孵化盛期至低龄幼虫卷叶为害前进行喷药，7天左右1次，每代喷药1～2次。虫螨·茚虫威喷施剂量同“甘蓝小菜蛾”。

棉花棉铃虫、造桥虫　防控棉铃虫时，在害虫发生为害初期或卵孵化盛期至低龄幼虫钻蛀蕾铃前进行喷药，7～10天1次，每代喷药1～2次；防控造桥虫时，在害虫发生为害初期或卵孵化盛期至低龄幼虫期进行喷药，每代喷药1次。虫螨·茚虫威喷施剂量同“番茄棉铃虫”。

苹果树、梨树、山楂树、桃树、枣树等落叶果树的卷叶蛾类及其他鳞翅目食叶害虫　防控卷叶蛾时，在果园内初见幼虫卷叶时进行喷药，7～10天1次，每代喷药1～2次；防控其他鳞翅目食叶害虫时，在害虫发生为害初期或卵孵化盛期至低龄幼虫期进行喷药，每代喷药1次。一般使用10%悬浮剂700～1 000倍液，或14%悬浮剂1 200～1 500倍液，或24%悬浮剂2 000～2 500倍液，或28%悬浮剂或30%悬浮剂2 000～3 000倍液，或35%悬浮剂2 500～3 500倍液均匀喷雾。

柑橘树潜叶蛾　在每季新梢抽生初期（嫩梢长1厘米）或每季新梢生长期内初见潜叶虫道时开始喷药，10～15天1次，每季梢喷药1～2次。虫螨·茚虫威喷施倍数同“苹果树卷叶蛾类”。

茶树茶小绿叶蝉、茶毛虫、茶尺蠖　防控茶小绿叶蝉时，在害虫发生为害初期或卵孵化盛期至低龄若虫盛发初期进行喷药；防控茶毛虫、茶尺蠖时，在害虫发生为害初期或卵孵化盛期至低龄幼虫期进行喷药。虫螨·茚虫威喷施倍数同“苹果树卷叶蛾类”。

注意事项 虫螨·茚虫威不能与碱性药剂及肥料混用。连续喷药时，注意与不同杀虫机理药剂交替使用。本剂对家蚕剧毒，蚕室附近和桑园内及其周边禁止使用。

哒螨·螺螨酯

有效成分 哒螨灵（pyridaben）＋螺螨酯（spirodiclofen）。

主要含量与剂型 25％（10％＋15％）、27％（9％＋18％）、30％（18％＋12％）、35％（20％＋15％）、36％（22.5％＋13.5％；24％＋12％）、40％（30％＋10％）、45％（20％＋25％；35％＋10％）悬浮剂。括号内有效成分含量均为哒螨灵的含量加螺螨酯的含量。

产品特点 哒螨·螺螨酯是一种由哒螨灵（哒嗪酮类）与螺螨酯（季酮酸类）按一定比例混配的高效低毒复合杀螨剂，具有触杀和胃毒作用，无内吸性，速效性较好，持效期较长。作用机理是通过抑制害螨脂肪合成，阻断其能量代谢，并抑制螨体的变态过程，从而对螨卵、幼螨、若螨、成螨都有很好的防控效果。

适用作物防控对象及使用技术 哒螨·螺螨酯适用于果树、瓜果蔬菜、粮棉油茶及观赏花卉等多种植物，对多种叶螨类均有很好的防控效果。

柑橘树红蜘蛛、黄蜘蛛 在害螨发生为害初盛期，或春、秋季平均每叶有螨 3～5 头，或夏季平均每叶有螨 2～4 头时进行喷药。一般使用 25％悬浮剂 2 500～3 000 倍液，或 27％悬浮剂 3 000～3 500 倍液，或 30％悬浮剂 2 000～2 500 倍液，或 35％悬浮剂 2 800～3 200 倍液，或 36％悬浮剂 2 000～3 000 倍液，或 40％悬浮剂 3 000～4 000 倍液，或 45％悬浮剂 4 000～5 000 倍液均匀喷雾。

苹果树、梨树、山楂树、桃树红蜘蛛、白蜘蛛 在害螨发生为害初盛期或树冠下部内膛叶片上平均每叶有螨 2～4 头时进行喷药，1 个月左右 1 次，连喷 2～3 次。哒螨·螺螨酯喷施倍数同“柑橘树红蜘蛛”。

草莓红蜘蛛、白蜘蛛　在害螨发生为害初盛期或螨卵孵化盛期至幼螨及低龄若螨盛发初期进行喷药。哒螨·螺螨酯喷施倍数同“柑橘树红蜘蛛”。

棉花红蜘蛛、白蜘蛛　在害螨发生为害初盛期或螨卵孵化盛期至幼螨及低龄若螨盛发初期、或田间出现为害中心株时进行喷药。哒螨·螺螨酯喷施倍数同“柑橘树红蜘蛛”。

番茄、辣椒、茄子等茄果类蔬菜红蜘蛛　在害螨发生为害初盛期或螨卵孵化盛期至幼螨及低龄若螨盛发初期进行喷药。哒螨·螺螨酯喷施倍数同“柑橘树红蜘蛛”。

注意事项　哒螨·螺螨酯不能与石硫合剂、波尔多液等强碱性药剂或肥料混用，也不建议与铜制剂混用，喷药应及时、均匀周到。连续喷药时，注意与不同杀螨机理药剂交替使用。

哒螨·乙螨唑

有效成分　哒螨灵（pyridaben）＋乙螨唑（etoxazole）。

主要含量与剂型　25%（20%＋5%）、30%（20%＋10%）、40%（30%＋10%）悬浮剂。括号内有效成分含量均为哒螨灵的含量加乙螨唑的含量。

产品特点　哒螨·乙螨唑是一种由哒螨灵（哒嗪酮类）与乙螨唑（二苯基噁唑衍生物类）按一定比例混配的高效低毒复合杀螨剂，以触杀作用为主，无内吸性，但有一定渗透性，耐雨水冲刷，作用迅速，持效期较长，对螨卵、幼螨、若螨、成螨都有很好的防控效果。两种有效成分作用互补，既能通过抑制害螨线粒体的电子传递而阻碍其能量形成，又能通过抑制害螨几丁质合成而影响螨态发育，杀螨效果更好。

适用作物防控对象及使用技术　哒螨·乙螨唑主要应用于果树、棉花及观赏植物，对多种害螨类均有很好的防控效果。

柑橘树红蜘蛛、黄蜘蛛　在害螨发生为害初盛期（幼螨及低龄若螨盛发初期），或春、秋季平均每叶有螨3～5头，或夏季平均每叶有螨2～4头时进行喷药。一般使用25%悬浮剂2 000～2 500倍液，或30%悬浮剂3 500～4 000倍液，或40%悬浮剂4 000～

5 000 倍液均匀喷雾。

苹果树、梨树、山楂树、桃树红蜘蛛、白蜘蛛 在害螨发生为害初盛期或树冠下部内膛叶片上平均每叶有螨 2～4 头时进行喷药，1 个月左右 1 次，连喷 2 次左右。哒螨·乙螨唑喷施倍数同“柑橘树红蜘蛛”。

栗树红蜘蛛 在害螨发生为害初盛期或叶片正面初显黄白色褪绿小点时进行喷药，20～30 天 1 次，连喷 1～2 次。哒螨·乙螨唑喷施倍数同“柑橘树红蜘蛛”。

枸杞瘿螨 在瘿螨发生为害初期或嫩叶上初显瘿疹时进行喷药。哒螨·乙螨唑喷施倍数同“柑橘树红蜘蛛”。

棉花红蜘蛛、白蜘蛛 在害螨发生为害初盛期或螨卵孵化盛期至幼螨及低龄若螨盛发初期，或田间出现为害中心株时进行喷药。哒螨·乙螨唑喷施倍数同“柑橘树红蜘蛛”。

注意事项 哒螨·乙螨唑不能与石硫合剂、波尔多液等强碱性药剂或肥料混用，喷药应均匀周到。连续喷药时，注意与不同杀螨机理药剂交替使用。

多杀·甲维盐

有效成分 多杀霉素（spinosad）＋甲氨基阿维菌素苯甲酸盐（emamectin benzoate）。

主要含量与剂型 5%（4%＋1%）、7%（5%＋2%）、20%（16%＋4%）悬浮剂，10%（6%＋4%）水分散粒剂。括号内有效成分含量均为多杀霉素的含量加甲氨基阿维菌素苯甲酸盐的含量。

产品特点 多杀·甲维盐是一种由多杀霉素（农用抗生素类）与甲氨基阿维菌素苯甲酸盐（大环内酯类）按一定比例混配的高效低毒复合杀虫剂，具有触杀和胃毒作用及对叶片较强的渗透作用，速效性较好，杀虫活性高，持效期较长，可杀死表皮下害虫，使用安全。两种有效成分虽然均作用于害虫的运动神经系统，但一是持续激活昆虫乙酰胆碱烟碱型受体，一是通过激发 γ-氨基丁酸释放而活化氯化物通道，两者作用位点不同，具有协同增效作用。

适用作物防控对象及使用技术 多杀·甲维盐适用于瓜果蔬

菜、粮棉油烟茶、果树等多种作物，对鳞翅目害虫及蓟马类等多种害虫均有很好的防控效果。

水稻二化螟、三化螟、稻纵卷叶螟　防控二化螟、三化螟时，在害虫发生为害初期或卵孵化盛期至低龄幼虫钻蛀前进行喷药，7天左右1次，每代喷药1～2次，重点喷洒植株中下部；防控稻纵卷叶螟时，在害虫发生为害初期（田间初见卷叶为害时）或卵孵化盛期至低龄幼虫卷叶前进行喷药，7～10天1次，每代喷药1～2次。一般每亩次使用5%悬浮剂60～100毫升，或7%悬浮剂50～80毫升，或20%悬浮剂15～25毫升，或10%水分散粒剂30～40克，对水30～60千克均匀喷雾。

甘蓝、白菜、花椰菜、萝卜等十字花科蔬菜小菜蛾、甜菜夜蛾、菜青虫、斜纹夜蛾　在害虫发生为害初期或卵孵化盛期至低龄幼虫期进行喷药，7～10天1次，连喷1～2次，注意喷洒叶片背面。一般每亩次使用5%悬浮剂20～30毫升，或7%悬浮剂15～20毫升，或20%悬浮剂5～7.5毫升，或10%水分散粒剂10～15克，对水30～45千克均匀喷雾。

大葱、韭菜葱须鳞蛾、蓟马　防控葱须鳞蛾时，在害虫发生为害初期或田间初显为害状时开始喷药，7～10天1次，连喷1～2次；防控蓟马时，在害虫发生为害初期或叶片上初显黄白色褪绿小点时开始喷药，7～10天1次，连喷1～2次。多杀·甲维盐喷施剂量同“甘蓝小菜蛾”。

番茄、辣椒、茄子等茄果类蔬菜棉铃虫、烟青虫、斜纹夜蛾、蓟马　防控棉铃虫、烟青虫、斜纹夜蛾时，在害虫发生为害初期，或卵孵化盛期至低龄幼虫期，或低龄幼虫钻蛀前进行喷药，7～10天1次，每代喷药1～2次；防控蓟马时，在害虫发生为害初期开始喷药，10～15天1次，连喷2次左右。一般每亩次使用5%悬浮剂40～60毫升，或7%悬浮剂30～40毫升，或20%悬浮剂10～15毫升，或10%水分散粒剂20～30克，对水45～60千克均匀喷雾。

黄瓜、冬瓜、西瓜、甜瓜等瓜类蔬菜瓜绢螟、蓟马　防控瓜绢螟时，在害虫发生为害初期或卵孵化盛期至低龄幼虫期进行喷药，7～10天1次，每代喷药1～2次；防控蓟马时，在蓟马发生为害初期开始喷药，7～10 天 1 次，连喷 2 次左右。多杀·甲维盐喷施剂量同“番茄棉铃虫”。

豇豆、芸豆等豆类蔬菜豆荚螟、蓟马　防控豆荚螟时，在害虫发生为害初期或卵盛期至初孵幼虫蛀荚前进行喷药，7 天左右1 次，每代喷药 1～2 次；防控蓟马时，在蓟马发生为害初期或初花期开始喷药，7～10 天 1 次，连喷 2～3 次。多杀·甲维盐喷施剂量同“番茄棉铃虫”。

棉花棉铃虫　在害虫发生为害初期或卵孵化盛期至低龄幼虫钻蛀蕾铃前进行喷药，7～10 天 1 次，每代喷药 1～2 次。多杀·甲维盐喷施剂量同“番茄棉铃虫”。

柑橘树潜叶蛾　在每季新梢抽生初期（嫩梢长 1 厘米）或每季新梢生长期内初见潜叶蛾为害虫道时进行喷药，10～15 天 1 次，每季梢喷药 1～2 次。一般使用 5%悬浮剂 1 500～2 000 倍液，或 7%悬浮剂 2 000～2 500 倍液，或 20%悬浮剂 6 000～8 000 倍液，或 10%水分散粒剂 4 000～6 000 倍液均匀喷雾。

苹果树金纹细蛾　在每代害虫发生为害初期或初见新鲜虫斑时进行喷药，每代喷药 1 次；或在苹果落花后（第 1 代幼虫）和苹果落花后 40 天左右（第 2 代幼虫）及以后每 30 天左右各喷药 1 次，与不同杀虫机理药剂交替使用，连喷 3～5 次。多杀·甲维盐喷施倍数同“柑橘树潜叶蛾”。

苹果树、梨树、山楂树、桃树、枣树卷叶蛾类及其他鳞翅目食叶害虫　防控卷叶蛾时，在害虫发生为害初期或果园内初见幼虫卷叶时进行喷药，10 天左右 1 次，每代喷药 1～2 次；防控其他鳞翅目食叶害虫时，在害虫发生为害初期或卵孵化盛期至低龄幼虫期进行喷药，每代多喷药 1 次。多杀·甲维盐喷施倍数同“柑橘树潜叶蛾”。

注意事项　多杀·甲维盐不能与强酸性及碱性药剂或肥料混用。连续喷药时，注意与不同杀虫机理药剂交替使用。本剂对家蚕高毒，桑园内及其周边和蚕室附近禁止使用。

氟啶虫酰胺·联苯菊酯

有效成分 氟啶虫酰胺（flonicamid）+联苯菊酯（bifenthrin）。

主要含量与剂型 15%（10%+5%）、20%（10%+10%）悬浮剂，25%（10%+15%）水分散粒剂。括号内有效成分含量均为氟啶虫酰胺的含量加联苯菊酯的含量。

产品特点 氟啶虫酰胺·联苯菊酯是一种由氟啶虫酰胺（吡啶酰胺类）与联苯菊酯（拟除虫菊酯类）按一定比例混配的高效低毒复合杀虫剂，主要用于防控刺吸式口器害虫，具有触杀和胃毒作用，击倒力强，速效性较快，持效期较长，耐雨水冲刷，使用安全。两种有效成分杀虫作用互补，既能通过阻碍害虫吮吸作用而使其停止为害，又能使害虫神经功能紊乱而过度兴奋、麻痹，使害虫不易产生抗药性。

适用作物防控对象及使用技术 氟啶虫酰胺·联苯菊酯适用于瓜果蔬菜、粮棉油烟茶、果树等多种作物，对刺吸式口器害虫具有较好的防控效果。

桃树蚜虫 花芽膨大后开花前、落花后及落花后 10～15 天、落花后 30 天左右是桃树蚜虫的防控关键期，需各喷药 1 次，并注意不同杀虫机理药剂交替使用。氟啶虫酰胺·联苯菊酯一般使用 15%悬浮剂 2 000～2 500 倍液，或 20%悬浮剂 3 000～4 000 倍液，或 25%水分散粒剂 4 000～5 000 倍液均匀喷雾。

苹果树绣线菊蚜 在新梢上蚜虫数量较多时（蚜虫发生为害初盛期）或嫩梢上蚜虫开始向幼果上转移扩散时开始喷药，10～15 天 1 次，连喷 2～3 次。氟啶虫酰胺·联苯菊酯喷施倍数同“桃树蚜虫”。

梨树梨木虱 在各代初孵若虫发生初盛期或卵孵化盛期至初孵若虫被黏液完全覆盖前进行喷药，第 1、2 代每代喷药 1 次，第 3 代及以后各代因世代重叠每代喷药 1～2 次（间隔期 7～10 天）。氟啶虫酰胺·联苯菊酯喷施倍数同“桃树蚜虫”。

柑橘树柑橘木虱、柑橘蚜虫 在每季新梢抽生初期（嫩梢长 1 厘米）或每季新梢生长期内初见害虫为害时开始喷药，10～15 天

1次，每季梢喷药1～2次。氟啶虫酰胺·联苯菊酯喷施倍数同“桃树蚜虫”。

小麦蚜虫　在蚜虫发生为害初盛期开始喷药，10～15天1次，连喷2次左右；或在小麦孕穗期至抽穗初期和齐穗期各喷药1次。一般每亩次使用15%悬浮剂20～30毫升，或20%悬浮剂15～20毫升，或25%水分散粒剂10～15克，对水30～45千克均匀喷雾。

茶树茶小绿叶蝉　在害虫发生为害初盛期或卵孵化盛期至低龄若虫盛发初期进行喷药。一般每亩使用15%悬浮剂25～40毫升，或20%悬浮剂15～25毫升，或25%水分散粒剂12～18克，对水45～60千克均匀喷雾。

注意事项　氟啶虫酰胺·联苯菊酯不能与强酸性及碱性药剂或肥料混用。连续喷药时，注意与不同杀虫机理药剂交替使用。

高氯·甲维盐

有效成分　高效氯氰菊酯（beta - cypermethrin）＋甲氨基阿维菌素苯甲酸盐（emamectin benzoate）。

主要含量与剂型　2%（1.8%＋0.2%；1.9%＋0.1%）、3%（2.5%＋0.5%）、3.8%（3.7%＋0.1%）、4.2%（4%＋0.2%）乳油，3%（2.7%＋0.3%；2.5%＋0.5%）、3.2%（3%＋0.2%）、4%（3.7%＋0.3%）、4.2%（4%＋0.2%）、5%（4%＋1%；4.5%＋0.5%；4.8%＋0.2%）微乳剂，4.2%（4%＋0.2%）水乳剂。括号内有效成分含量均为高效氯氰菊酯的含量加甲氨基阿维菌素苯甲酸盐的含量。

产品特点　高氯·甲维盐是一种由高效氯氰菊酯（拟除虫菊酯类）与甲氨基阿维菌素苯甲酸盐（大环内酯类）按一定比例混配的高效广谱复合杀虫剂，低毒至中等毒性，以触杀和胃毒作用为主，渗透性较强，击倒速度较快，持效期较长，耐雨水冲刷，使用安全。两种有效成分虽然均作用于害虫神经系统使其过度兴奋、麻痹，但作用位点不同，分别为钠离子通道和刺激释放γ-氨基丁酸，两者优势互补、协同增效，杀虫更彻底，药效更持久，并能显著延缓害虫产生抗药性。

适用作物防控对象及使用技术 高氯·甲维盐适用于瓜果蔬菜、粮棉油烟茶、果树等多种作物，对鳞翅目害虫等多种害虫均有较好的防控效果。

甘蓝、白菜、花椰菜、萝卜等十字花科蔬菜小菜蛾、菜青虫、甜菜夜蛾、斜纹夜蛾、甘蓝夜蛾、黄条跳甲 防控鳞翅目害虫时，在害虫发生为害初期或卵孵化盛期至低龄幼虫盛发初期开始喷药，7天左右1次，连喷2次左右，注意喷洒叶片背面；防控黄条跳甲时，在害虫发生为害初期开始喷药，7天左右1次，连喷2次左右。一般每亩次使用2%乳油120～150毫升，或3%乳油或3%微乳剂或3.2%微乳剂85～100毫升，或3.8%乳油70～80毫升，或4%微乳剂或4.2%乳油或4.2%水乳剂60～70毫升，或5%微乳剂50～60毫升，对水30～45千克均匀喷雾。

番茄、辣椒、茄子等茄果类蔬菜棉铃虫、斜纹夜蛾 在害虫发生为害初期或卵孵化盛期至低龄幼虫钻蛀为害前进行喷药，7天左右1次，连喷2次左右。一般每亩次使用2%乳油150～200毫升，或3%乳油或3%微乳剂或3.2%微乳剂100～140毫升，或3.8%乳油80～110毫升，或4%微乳剂或4.2%乳油或4.2%水乳剂75～100毫升，或5%微乳剂60～80毫升，对水45～60千克均匀喷雾。

棉花棉铃虫 在棉铃虫发生为害初期或卵孵化盛期至低龄幼虫钻蛀蕾铃前进行喷药，5～7天1次，每代喷药1～2次。高氯·甲维盐喷施剂量同“番茄棉铃虫”。

烟草烟青虫、斜纹夜蛾 在害虫发生为害初期或卵孵化盛期至低龄幼虫盛发初期开始喷药，7天左右1次，连喷2次左右。一般每亩次使用2%乳油90～120毫升，或3%乳油或3%微乳剂或3.2%微乳剂60～80毫升，或3.8%乳油50～65毫升，或4%微乳剂或4.2%乳油或4.2%水乳剂40～60毫升，或5%微乳剂35～50毫升，对水45～60千克均匀喷雾。

苹果、梨、桃、枣等果实的桃小食心虫、梨小食心虫、桃蛀螟等食心虫类 根据虫情测报，在食心虫卵盛期至初孵幼虫钻蛀前及时进行喷药，5～7天1次，每代喷药1～2次。一般使用2%乳油

600～800 倍液，或 3%乳油或 3%微乳剂或 3.2%微乳剂 1 000～1 200 倍液，或 3.8%乳油 1 200～1 500 倍液，或 4%微乳剂或 4.2%乳油或 4.2%水乳剂 1 500～1 800 倍液，或 5%微乳剂 2 000～2 500 倍液均匀喷雾。

苹果树、梨树、桃树、枣树等落叶果树的卷叶蛾类及其他鳞翅目食叶害虫　防控卷叶蛾时，在害虫发生为害初期（果园内初见卷叶为害时）或害虫卵孵化盛期至卷叶为害前进行喷药，7～10 天 1 次，每代喷药 1～2 次；防控其他鳞翅目食叶害虫时，在害虫发生为害初期或卵孵化盛期至低龄幼虫期进行喷药，每代喷药 1 次。高氯·甲维盐喷施倍数同"苹果桃小食心虫"。

苹果棉铃虫、斜纹夜蛾　在害虫发生为害初期（果园内初见低龄幼虫蛀果为害时）或卵孵化盛期至低龄幼虫蛀果为害前进行喷药，7～10 天 1 次，每代喷药 1～2 次。高氯·甲维盐喷施倍数同"苹果桃小食心虫"。

桃树桃潜叶蛾　在害虫发生为害初期或叶片上初见害虫潜叶虫道时开始喷药，约 1 个月左右 1 次，与不同类型药剂交替使用，连喷 3～5 次。高氯·甲维盐喷施倍数同"苹果桃小食心虫"。

核桃树核桃缀叶螟、核桃细蛾、核桃举肢蛾　防控缀叶螟时，在害虫卵孵化盛期至低龄幼虫期或树上初见缀叶为害时进行喷药，每代喷药 1 次；防控核桃细蛾时，在害虫发生为害初期或卵孵化盛期至低龄幼虫期进行喷药，每代喷药 1 次；防控举肢蛾时，在害虫卵盛期至初孵幼虫蛀果前进行喷药，5～7 天 1 次，每代喷药 1～2 次。高氯·甲维盐喷施倍数同"苹果桃小食心虫"。

柑橘树潜叶蛾　在每季新梢抽生初期或每季新梢生长期内初见嫩叶受害时开始喷药，7～10 天 1 次，每季梢喷药 1～2 次。高氯·甲维盐喷施倍数同"苹果桃小食心虫"。

注意事项　高氯·甲维盐不能与碱性药剂及肥料混用，且喷药应均匀周到。连续喷药时，注意与不同杀虫机理药剂交替使用。果树开花期禁止使用，养蜂场所、蚕室周边和桑园内及其附近禁止使用。本剂生产企业较多，各企业间产品配方比例及含量差异较大，具体选用时应以其标签说明为准。

甲维·虫螨腈

有效成分 甲氨基阿维菌素苯甲酸盐（emamectin benzoate）+虫螨腈（chlorfenapyr）。

主要含量与剂型 10%（0.5%+9.5%）、12%（2%+10%）、21%（2%+19%）悬浮剂，6%（1%+5%）微乳剂，10%（0.5%+9.5%）可湿性粉剂。括号内有效成分含量均为甲氨基阿维菌素苯甲酸盐的含量加虫螨腈的含量。

产品特点 甲维·虫螨腈是一种由甲氨基阿维菌素苯甲酸盐（大环内酯类）与虫螨腈（芳基吡咯类）按一定比例混配的高效低毒复合杀虫剂，以胃毒和触杀作用为主，使用安全，持效期较长，对鳞翅目害虫具有较好的防控效果。两种有效成分杀虫机理互补，既能通过激发γ-氨基丁酸释放而影响害虫神经系统，又能作用于害虫线粒体而干扰其能量代谢，增效作用显著，杀虫更彻底，害虫不易产生抗药性。

适用作物防控对象及使用技术 甲维·虫螨腈适用于蔬菜、果树、粮棉油烟茶等多种作物，主要用于防控鳞翅目害虫及茶小绿叶蝉等。

甘蓝、小白菜、萝卜等十字花科蔬菜小菜蛾、甜菜夜蛾、斜纹夜蛾、菜青虫 在害虫发生为害初期或卵孵化盛期至低龄幼虫期进行喷药，7～10天1次，连喷1～2次。一般每亩次使用6%微乳剂80～100毫升，或10%悬浮剂60～80毫升，或12%悬浮剂40～50毫升，或21%悬浮剂25～30毫升，或10%可湿性粉剂50～70克，对水30～45千克均匀喷雾，注意喷洒叶片背面。

棉花棉铃虫 在棉铃虫发生为害初期或卵孵化盛期至低龄幼虫钻蛀蕾铃前进行喷药，7天左右1次，连喷1～2次。一般每亩次使用6%微乳剂100～150毫升，或10%悬浮剂80～100毫升，或12%悬浮剂50～70毫升，或21%悬浮剂30～40毫升，或10%可湿性粉剂80～100克，对水45～60千克均匀喷雾。

苹果树金纹细蛾 在每代幼虫发生为害初期或每代幼虫发生期内树上初见新鲜虫斑时进行喷药，第1、2代每代喷药1次，第

3 代及以后各代因世代重叠每代需喷药 1～2 次（间隔期 7～10 天）。一般使用 6%微乳剂 1 000～1 200 倍液，或 10%悬浮剂或 10%可湿性粉剂 1 000～1 500 倍液，或 12%悬浮剂 2 000～2 500 倍液，或 21%悬浮剂 2 500～3 000 倍液均匀喷雾。

苹果树、山楂树的卷叶蛾类及其他鳞翅目食叶害虫　防控卷叶蛾时，在果园内初见害虫卷叶时进行喷药，每代喷药 1～2 次，间隔期 7～10 天；防控其他鳞翅目食叶害虫时，在害虫发生为害初期或卵孵化盛期至低龄幼虫盛发初期进行喷药，每代喷药 1 次。甲维·虫螨腈喷施倍数同“苹果树金纹细蛾”。

柑橘树潜叶蛾　在每季新梢抽生初期（嫩梢长 1 厘米）或每季新梢生长期内初见潜叶蛾虫道时开始喷药，10～15 天 1 次，每季梢喷药 1～2 次。甲维·虫螨腈喷施倍数同“苹果树金纹细蛾”。

茶树茶毛虫、茶小绿叶蝉　在害虫发生为害初期至初盛期进行喷药。一般每亩次使用 6%微乳剂 80～100 毫升，或 10%悬浮剂 60～80 毫升，或 12%悬浮剂 40～50 毫升，或 21%悬浮剂 25～30 毫升，或 10%可湿性粉剂 60～80 克，对水 45～60 千克均匀喷雾。

注意事项　甲维·虫螨腈不能与碱性药剂及肥料混用，且喷药应均匀周到。连续喷药时，注意与不同杀虫机理药剂交替使用。本剂对家蚕高毒，桑园内、养蚕场所及其周边禁止使用。

甲维·高氯氟

有效成分　甲氨基阿维菌素苯甲酸盐（emamectin benzoate）＋高效氯氟氰菊酯（lambda - cyhalothrin）。

主要含量与剂型　2.6%（0.6%＋2%）、10%（3%＋7%）微乳剂，3%（0.5%＋2.5%）、5%（0.5%＋4.5%；1%＋4%）、10%（1%＋9%）水乳剂。括号内有效成分含量均为甲氨基阿维菌素苯甲酸盐的含量加高效氯氟氰菊酯的含量。

产品特点　甲维·高氯氟是一种由甲氨基阿维菌素苯甲酸盐（大环内酯类）与高效氯氟氰菊酯（拟除虫菊酯类）按一定比例混配的高效广谱复合杀虫剂，低毒至中等毒性，具有触杀和胃毒作用，击倒速度快，持效期较长。两种有效成分虽然均作用于害虫运动神经系统，使其兴奋麻痹而死亡，但作用位点不同，分别为刺激释放γ-氨基丁酸和影响钠离子通道，两者增效作用显著，杀虫更彻底，药效更持久。

适用作物防控对象及使用技术 甲维·高氯氟适用于瓜果蔬菜、粮棉油烟茶、果树等多种作物，主要用于防控鳞翅目害虫等。

甘蓝、白菜、萝卜等十字花科蔬菜甜菜夜蛾、菜青虫、斜纹夜蛾 在害虫发生为害初期或卵孵化盛期至低龄幼虫盛发初期开始喷药，7～10天1次，连喷1～2次，注意喷洒叶片背面。一般每亩次使用2.6%微乳剂或3%水乳剂40～60毫升，或5%水乳剂20～30毫升，或10%水乳剂10～15毫升，或10%微乳剂8～10毫升，对水30～45千克均匀喷雾。

西瓜、甜瓜瓜绢螟、斜纹夜蛾、棉铃虫 在害虫发生为害初期或卵孵化盛期至低龄幼虫盛发初期开始喷药，7～10天1次，连喷1～2次。一般每亩次使用2.6%微乳剂或3%水乳剂60～80毫升，或5%水乳剂30～45毫升，或10%水乳剂15～25毫升，或10%微乳剂10～15毫升，对水45～60千克均匀喷雾。

玉米玉米螟、斜纹夜蛾、草地贪夜蛾 在害虫发生为害初期或田间初见害虫钻心为害时进行用药。一般每亩使用2.6%微乳剂或3%水乳剂40～60毫升，或5%水乳剂20～30毫升，或10%水乳剂10～15毫升，或10%微乳剂8～10毫升，对水40～50千克均匀向喇叭口内（心叶内）喷淋药液。

烟草烟青虫、斜纹夜蛾 在害虫发生为害初期或卵孵化盛期至低龄幼虫盛发初期开始喷药，7～10天1次，连喷1～2次。一般每亩次使用2.6%微乳剂或3%水乳剂50～70毫升，或5%水乳剂30～40毫升，或10%水乳剂15～20毫升，或10%微乳剂8～12毫升，对水45～60千克均匀喷雾。

苹果树、山楂树、桃树、枣树的鳞翅目食叶害虫 在害虫发生为害初期或卵孵化盛期至低龄幼虫盛发初期进行喷药。一般使用2.6%微乳剂或3%水乳剂1 500～2 000倍液，或5%水乳剂3 000～3 500倍液，或10%水乳剂5 000～7 000倍液，或10%微乳剂6 000～8 000倍液均匀喷雾。

梨树梨星毛虫　在害虫发生为害初期或果园内初见害虫虫苞时进行喷药。甲维·高氯氟喷施倍数同“苹果树鳞翅目食叶害虫”。

柑橘树潜叶蛾、柑橘木虱　在每季新梢抽生初期（嫩梢长1厘米）或每季新梢生长期内嫩叶上初见害虫为害时开始喷药，10～15天1次，每季梢喷药1～2次。一般使用2.6%微乳剂或3%水乳剂1 200～1 500倍液，或5%水乳剂2 500～3 000倍液，或10%水乳剂5 000～6 000倍液，或10%微乳剂6 000～7 000倍液均匀喷雾。

注意事项　甲维·高氯氟不能与碱性药剂及肥料混用，且喷药应均匀周到。连续喷药时，注意与不同杀虫机理药剂交替使用。

甲维·虱螨脲

有效成分　甲氨基阿维菌素苯甲酸盐（emamectin benzoate）＋虱螨脲（lufenuron）。

主要含量与剂型　3%（1%＋2%）、5%（1%＋4%）、8%（3%＋5%）、10%（2%＋8%）悬浮剂，45%（5%＋40%）水分散粒剂。括号内有效成分含量均为甲氨基阿维菌素苯甲酸盐的含量加虱螨脲的含量。

产品特点　甲维·虱螨脲是一种由甲氨基阿维菌素苯甲酸盐（大环内酯类）与虱螨脲（苯甲酰脲类）按一定比例混配的广谱低毒复合杀虫剂，具有触杀和胃毒作用，专用于防控鳞翅目害虫，杀虫活性高，可同时杀灭幼虫和卵，持效期较长，使用安全。两种作用机理协同增效，既能通过刺激释放γ-氨基丁酸而影响害虫神经系统，又能干扰几丁质合成而阻碍害虫蜕皮变态，可有效延缓害虫产生抗药性。

适用作物防控对象及使用技术　甲维·虱螨脲适用于瓜果蔬菜、粮棉油烟茶、果树、林木等多种植物，主要用于防控鳞翅目害虫。

甘蓝、白菜、萝卜等十字花科蔬菜甜菜夜蛾、小菜蛾、菜青虫、斜纹夜蛾、甘蓝夜蛾　在害虫发生为害初期或卵盛期至低龄幼虫盛发初期进行喷药，7～10天1次，连喷1～2次，注意喷洒叶片背面。一般每亩次使用3%悬浮剂60～80毫升，或5%悬浮剂50～70毫升，或8%悬浮剂或10%悬浮剂30～40毫升，或45%水分散粒剂7～10克，对水30～45千克均匀喷雾。

苹果、梨、桃、枣等果实的桃小食心虫、梨小食心虫、桃蛀螟　根据虫情测报，在害虫卵盛期至初孵幼虫钻蛀前进行喷药，7天左右1次，每代喷药1～2次。一般使用3%悬浮剂800～1 000倍液，或5%悬浮剂1 000～1 200倍液，或8%悬浮剂或10%悬浮剂2 000～2 500倍液，或45%水分散粒剂7 000～8 000倍液均匀喷雾。

苹果棉铃虫、斜纹夜蛾　在害虫卵盛期至初孵幼虫蛀果为害前，或初见低龄幼虫蛀果为害时，或害虫发生为害初期及时进行喷药。甲维·虱螨脲喷施倍数同“苹果桃小食心虫”。

苹果树、梨树、桃树、枣树等落叶果树的卷叶蛾类及其他鳞翅目食叶害虫　防控卷叶蛾时，在害虫发生为害初期，或害虫卵盛期至卷叶为害前，或果园内初见卷叶时进行喷药，每代喷药1～2次，间隔期7～10天；防控其他鳞翅目食叶害虫时，在害虫发生为害初期或卵盛期至低龄幼虫期进行喷药，每代多喷药1次。甲维·虱螨脲喷施倍数同“苹果桃小食心虫”。

葡萄虎蛾、葡萄天蛾　在害虫发生为害初期或卵盛期至低龄幼虫期进行喷药，每代多喷药1次。甲维·虱螨脲喷施倍数同“苹果桃小食心虫”。

核桃树核桃缀叶螟　在害虫卵盛期至低龄幼虫期或果园内初见缀叶为害时进行喷药，每代喷药1次。甲维·虱螨脲喷施倍数同“苹果桃小食心虫”。

注意事项　甲维·虱螨脲不能与碱性药剂及肥料混用，也不能与促进幼虫蜕皮类药剂混用。连续喷药时，注意与不同杀虫机理药剂交替使用。本剂对家蚕高毒，桑蚕养殖区域内禁止使用。

联肼·螺螨酯

有效成分　联苯肼酯（bifenazate）＋螺螨酯（spirodiclofen）。

主要含量与剂型　24%（16%＋8%）、30%（15%＋15%）、

36%（24%＋12%）、40%（20%＋20%；30%＋10%）、45%（30%＋15%）、48%（36%＋12%）悬浮剂。括号内有效成分含量均为联苯肼酯的含量加螺螨酯的含量。

产品特点 联肼·螺螨酯是一种由联苯肼酯（肼酯类）与螺螨酯（季酮酸类）按一定比例混配的高效低毒复合杀螨剂，以触杀作用为主，兼有胃毒作用，无内吸性，对害螨的各生长发育阶段（螨卵、幼螨、若螨、成螨）均有活性，并对成螨击倒速度快，持效期较长，使用安全。两种杀螨作用机理，既作用于害螨中枢神经系统，又通过抑制脂肪合成而破坏其能量代谢，杀螨效果更好，且不易诱发害螨产生抗药性。

适用作物防控对象及使用技术 联肼·螺螨酯主要应用于果树及瓜果类蔬菜，对多种害螨均有较好的防控效果。

柑橘树红蜘蛛、黄蜘蛛 在害螨发生为害初期或活动态螨发生初盛期及时进行喷药。一般使用24%悬浮剂或30%悬浮剂2 000～2 500倍液，或36%悬浮剂2 000～3 000倍液，或40%悬浮剂或45%悬浮剂2 500～3 000倍液，或48%悬浮剂3 000～4 000倍液均匀喷雾。

苹果树、梨树、桃树、枣树红蜘蛛、白蜘蛛 在害螨发生为害初盛期或树冠内膛下部叶片上螨量较多时（平均每叶有螨3～4头时）及时进行喷药。联肼·螺螨酯喷施倍数同“柑橘树红蜘蛛”。

草莓红蜘蛛 在害螨发生为害初盛期及时进行喷药，注意喷洒叶片背面。联肼·螺螨酯喷施倍数同“柑橘树红蜘蛛”。

茄子、辣椒叶螨类 在害螨发生为害初盛期或活动态螨发生初期及时进行喷药，注意喷洒叶片背面。一般每亩使用24%悬浮剂或30%悬浮剂25～35毫升，或36%悬浮剂20～30毫升，或40%悬浮剂或45%悬浮剂20～25毫升，或48%悬浮剂15～20毫升，对水45～60千克均匀喷雾。

注意事项 联肼·螺螨酯不能与铜制剂及碱性药剂或肥料混用，且喷药应均匀周到。连续喷药时，注意与不同杀螨机理药剂交替使用。

联肼·乙螨唑

有效成分 联苯肼酯（bifenazate）＋乙螨唑（etoxazole）。

主要含量与剂型 25%（22.5%＋2.5%）、30%（20%＋10%）、40%（25%＋15%；30%＋10%）、45%（30%＋15%）、50%（30%＋20%）悬浮剂，60%（48%＋12%）水分散粒剂。括号内有效成分含量均为联苯肼酯的含量加乙螨唑的含量。

产品特点 联肼·乙螨唑是一种由联苯肼酯（肼酯类）与乙螨唑（二苯基噁唑衍生物类）按一定比例混配的高效低毒复合杀螨剂，以触杀作用为主，兼有胃毒作用，无内吸性，对害螨的螨卵、幼螨、若螨及成螨均有较强的杀伤作用，速效性较好，持效期较长，对作物安全性高。两种杀螨活性机理，既作用于害螨中枢神经系统，又通过抑制几丁质合成而影响其发育及蜕皮过程，作用互补，杀螨效果更好。

适用作物防控对象及使用技术 联肼·乙螨唑主要应用于果树，对多种害螨均有较好的防控效果。

柑橘树红蜘蛛、黄蜘蛛 在害螨发生为害初期或平均每叶有螨2～4头时进行喷药。一般使用25%悬浮剂2 000～2 500倍液，或30%悬浮剂或40%（30%＋10%）悬浮剂4 000～5 000倍液，或40%（25%＋15%）悬浮剂或45%悬浮剂6 000～7 000倍液，或50%悬浮剂7 000～8 000倍液，或60%水分散粒剂5 000～6 000倍液均匀喷雾。

苹果树、山楂树、桃树红蜘蛛、白蜘蛛 在害螨发生为害初盛期或树冠内膛下部叶片上螨量较多时（平均每叶有螨3～4头时）及时进行喷药。联肼·乙螨唑喷施倍数同"柑橘树红蜘蛛"。

栗树红蜘蛛 在害螨发生为害初盛期或叶片正面显出黄白色褪绿小点时及时进行喷药。联肼·乙螨唑喷施倍数同"柑橘树红蜘蛛"。

草莓红蜘蛛 在害螨发生为害初盛期及时进行喷药，注意喷洒叶片背面。联肼·乙螨唑喷施倍数同"柑橘树红蜘蛛"。

注意事项 联肼·乙螨唑不能与碱性药剂及肥料混用，且喷药应均匀周到。连续喷药时，注意与不同杀螨机理药剂交替使用。

螺虫·噻嗪酮

有效成分 螺虫乙酯（spirotetramat）+噻嗪酮（buprofezin）。

主要含量与剂型 33%（11%+22%）、35%（11%+24%）、39%（13%+26%）悬浮剂。括号内有效成分含量均为螺虫乙酯的含量加噻嗪酮的含量。

产品特点 螺虫·噻嗪酮是一种由螺虫乙酯（季酮酸衍生物类）与噻嗪酮（噻二嗪类）按一定比例混配的高效低毒复合杀虫剂，具有触杀和胃毒作用及内吸传导性，专用于防控刺吸式口器害虫，杀虫活性高，持效期较长，使用安全。两种杀虫活性机理，既能抑制脂肪合成而阻断害虫能量代谢，又能抑制几丁质合成使害虫不能正常蜕皮发育，两者作用互补，害虫不易产生抗药性。

适用作物防控对象及使用技术 螺虫·噻嗪酮主要应用于果树及观赏植物，对多种刺吸式口器害虫均有较好的防控效果。

柑橘树介壳虫、黑刺粉虱、柑橘木虱 防控介壳虫时，在初孵若虫从母体介壳下爬出向周边扩散时至虫体完全被蜡质覆盖前及时进行喷药；防控黑刺粉虱时，在初孵若虫发生初盛期进行喷药；防控柑橘木虱时，在每季新梢生长期内的木虱发生初期（初见木虱发生时）开始喷药，10～15 天 1 次，连喷 1～2 次。一般使用 33%悬浮剂或 35%悬浮剂 2 000～2 500 倍液，或 39%悬浮剂 2 500～3 000 倍液均匀喷雾。

梨树梨木虱 主要用于防控梨木虱若虫。在各代若虫孵化盛期至初孵若虫被黏液完全覆盖前进行喷药，第 1、2 代每代喷药 1 次，第 3 代及以后各代因世代重叠每代喷药 1～2 次（间隔期 7～10 天）。螺虫·噻嗪酮喷施倍数同“柑橘树介壳虫”。

桃树、杏树桑白介壳虫、桃小绿叶蝉 防控桑白介壳虫时，在初孵若虫从母体介壳下爬出向周边扩散时至虫体完全被蜡质覆盖前进行淋洗式喷药，每代喷药 1 次；防控桃小绿叶蝉时，在害虫发生为害初期或叶片正面初显黄白色褪绿小点时开始喷药，10～15 天 1 次，连喷 2 次左右，重点喷洒叶片背面。螺虫·噻嗪酮喷施倍数同“柑橘树介壳虫”。

草莓白粉虱　从白粉虱发生为害初期开始喷药，10～15 天 1 次，连喷 2 次左右，注意喷洒叶片背面。螺虫·噻嗪酮喷施倍数同“柑橘树介壳虫”。

注意事项　螺虫·噻嗪酮不能与碱性药剂及肥料混用。连续喷药时，注意与不同杀虫机理药剂交替使用。本剂对白菜、萝卜较敏感，药液飘移到上述作物上后，其叶片上会出现褐斑及绿叶白化等药害症状，用药时需要注意。

噻虫·高氯氟

有效成分　噻虫嗪（thiamethoxam）+高效氯氟氰菊酯（lambda-cyhalothrin）。

主要含量与剂型　10%（6%+4%）、15%（5%+10%）、20%（16%+4%；10%+10%）、22%（12.6%+9.4%）、30%（20%+10%）悬浮剂，22%（12.6%+9.4%）微囊悬浮-悬浮剂，4%（2.5%+1.5%）颗粒剂。括号内有效成分含量均为噻虫嗪的含量加高效氯氟氰菊酯的含量。

产品特点　噻虫·高氯氟是一种由噻虫嗪（烟碱类）与高效氯氟氰菊酯（拟除虫菊酯类）按一定比例混配的高效复合杀虫剂，低毒至中等毒性，具有触杀和胃毒作用及内吸活性，对刺吸式口器害虫和咀嚼式口器害虫均有较好的防控效果，杀虫活性高，击倒力强，持效期较长，使用安全。两种有效成分虽然均作用于害虫运动神经系统，但作用位点分别为乙酰胆碱酯酶受体和钠离子通道，具有协同增效及互补作用，害虫不易产生抗药性。

适用作物防控对象及使用技术　噻虫·高氯氟适用于粮棉油烟茶、蔬菜、果树及花卉等多种植物，主要用于防控刺吸式口器害虫等。

小麦蚜虫　在蚜虫发生为害初盛期开始喷药，10～15 天 1 次，连喷 2 次左右；或在小麦拔节孕穗期至抽穗初期和齐穗期各喷药 1 次。一般每亩次使用 10%悬浮剂 20～30 毫升，或 15%悬浮剂 15～20 毫升，或 20%悬浮剂 10～15 毫升，或 22%悬浮剂或 22%

微囊悬浮-悬浮剂 8～10 毫升，或 30%悬浮剂 4～6 毫升，对水 30～45 千克均匀喷雾。

玉米蚜虫　在蚜虫发生为害初盛期开始喷药，10～15 天 1 次，连喷 1～2 次。一般每亩次使用 10%悬浮剂 20～30 毫升，或 15%悬浮剂 15～20 毫升，或 20%悬浮剂 12～18 毫升，或 22%悬浮剂或 22%微囊悬浮-悬浮剂 10～15 毫升，或 30%悬浮剂 7～10 毫升，对水 30～60 千克均匀喷雾。

马铃薯蚜虫　在蚜虫发生为害初盛期开始喷药，10～15 天 1 次，连喷 2～3 次。一般每亩次使用 10%悬浮剂 25～35 毫升，或 15%悬浮剂 18～22 毫升，或 20%悬浮剂 12～18 毫升，或 22%悬浮剂或 22%微囊悬浮-悬浮剂 10～15 毫升，或 30%悬浮剂 7～10 毫升，对水 45～60 千克均匀喷雾。

棉花蚜虫、棉铃虫　以防控蚜虫为主，兼防棉铃虫为害。在蚜虫发生为害初盛期开始喷药，10～15 天 1 次，连喷 2～3 次。噻虫·高氯氟喷施剂量同“马铃薯蚜虫”。

大豆蚜虫、造桥虫　以防控蚜虫为主，兼防造桥虫为害。在蚜虫发生为害初盛期开始喷药，10～15 天 1 次，连喷 1～2 次。一般每亩次使用 10%悬浮剂 20～25 毫升，或 15%悬浮剂 15～20 毫升，或 20%悬浮剂 10～15 毫升，或 22%悬浮剂或 22%微囊悬浮-悬浮剂 7～10 毫升，或 30%悬浮剂 5～7 毫升，对水 30～60 千克均匀喷雾。

烟草蚜虫、烟青虫　以防控蚜虫为主，兼防烟青虫为害。在蚜虫发生为害初盛期开始喷药，10～15 天 1 次，连喷 2～3 次。噻虫·高氯氟喷施剂量同“大豆蚜虫”。

烟草小地老虎　在地老虎发生为害初期或田间初见地老虎为害时开始喷药，7～10 天 1 次，连喷 1～2 次，重点喷洒植株中下部及茎基部周围地面，且以傍晚喷药效果较好。一般每亩次使用 10%悬浮剂 30～50 毫升，或 15%悬浮剂 25～35 毫升，或 20%悬浮剂 20～30 毫升，或 22%悬浮剂或 22%微囊悬浮-悬浮剂 15～20 毫升，或 30%悬浮剂 8～10 毫升，对水 30～45 千克均匀喷雾。

茶树茶小绿叶蝉、茶尺蠖　以防控茶小绿叶蝉为主，兼防茶尺蠖为害。在茶小绿叶蝉发生为害初期或低龄若虫发生初盛期进行喷药。一般每亩次使用10%悬浮剂20～30毫升，或15%悬浮剂15～20毫升，或20%悬浮剂10～15毫升，或22%悬浮剂或22%微囊悬浮-悬浮剂8～10毫升，或30%悬浮剂5～7毫升，对水45～60千克均匀喷雾。

甘蓝蚜虫、菜青虫　以防控蚜虫为主，兼防菜青虫为害。在蚜虫发生为害初盛期开始喷药，10～15天1次，连喷1～2次。一般每亩次使用10%悬浮剂30～40毫升，或15%悬浮剂20～30毫升，或20%悬浮剂15～20毫升，或22%悬浮剂或22%微囊悬浮-悬浮剂10～15毫升，或30%悬浮剂7～10毫升，对水30～45千克均匀喷雾。

甘蓝、小白菜、萝卜黄条跳甲　在黄条跳甲低龄幼虫期进行用药。一般每亩使用4%颗粒剂750～1 000克，于地面均匀撒施。

辣椒、番茄、茄子白粉虱、烟粉虱　在害虫发生为害初盛期或卵孵化盛期至低龄若虫盛发初期开始喷药，7～10天1次，连喷2次左右，重点喷洒叶片背面。一般每亩次使用10%悬浮剂30～50毫升，或15%悬浮剂25～35毫升，或20%悬浮剂20～30毫升，或22%悬浮剂或22%微囊悬浮-悬浮剂15～20毫升，或30%悬浮剂8～10毫升，对水45～60千克均匀喷雾。

苹果树绣线菊蚜、苹果瘤蚜　防控绣线菊蚜，在蚜虫发生为害初盛期，或新梢上蚜虫数量较多时，或新梢上蚜虫开始向幼果上转移扩散时开始喷药，10～15天1次，连喷2次左右；防控苹果瘤蚜，多在花序分离期和落花后各喷药1次。一般使用10%悬浮剂2 000～2 500倍液，或15%悬浮剂3 000～4 000倍液，或20%悬浮剂3 500～4 500倍液，或22%悬浮剂或22%微囊悬浮-悬浮剂4 000～5 000倍液，或30%悬浮剂6 000～7 000倍液均匀喷雾。

梨树梨木虱　主要用于防控梨木虱若虫与成虫混发阶段，但以防控梨木虱若虫为主。在梨木虱卵孵化盛期至低龄若虫被黏液完全覆盖前进行喷药，每代喷药1次。噻虫·高氯氟喷施倍数同“苹果树绣线菊蚜”。

桃树、杏树、李树蚜虫、桃小绿叶蝉　防控蚜虫时，先于花芽膨大后开花前喷药1次，然后从落花后开始继续喷药，10～15天1次，连喷2～3次；防控桃小绿叶蝉时，在叶蝉发生为害初盛期或叶片正面初显黄白色褪绿小点时开始喷药，10～15 天 1 次，连喷 2 次左右。噻虫·高氯氟喷施倍数同“苹果树绣线菊蚜”。

草莓白粉虱、烟粉虱　在粉虱发生为害初期开始喷药，10～15 天 1 次，连喷 2 次左右，注意喷洒叶片背面。噻虫·高氯氟喷施倍数同“苹果树绣线菊蚜”。

柑橘树蚜虫、柑橘木虱　在每季新梢生长期内，从新梢上初见蚜虫或木虱发生时开始喷药，10～15 天 1 次，每季新梢喷药 1～2 次。噻虫·高氯氟喷施倍数同“苹果树绣线菊蚜”。

注意事项　噻虫·高氯氟不能与碱性药剂及肥料混用，喷药应均匀周到。连续喷药时，注意与不同杀虫机理药剂交替使用。果树开花期禁止使用，蚕室周边和桑园内及其附近禁止使用。本剂生产企业较多，各企业间产品配方比例及含量差异较大，具体选用时应以其标签说明为准。

烯啶·吡蚜酮

有效成分　烯啶虫胺（nitenpyram）＋吡蚜酮（pymetrozine）。

主要含量与剂型　25%（10%＋15%；12.5%＋12.5%）、30%（7.5%＋22.5%）、40%（10%＋30%）、60%（15%＋45%）、80%（20%＋60%）可湿性粉剂，30%（7.5%＋22.5%）、40%（10%＋30%）、60%（15%＋45%）、80%（20%＋60%）水分散粒剂。括号内有效成分含量均为烯啶虫胺的含量加吡蚜酮的含量。

产品特点　烯啶·吡蚜酮是一种由烯啶虫胺（烟碱类）与吡蚜酮（吡啶三嗪酮类）按一定比例混配的高效低毒复合杀虫剂，专用于防控刺吸式口器害虫，具有触杀和胃毒作用及较好的内吸和渗透作用，持效期较长，使用安全。两种有效成分协同增效，既能抑制害虫神经信息传导，又能诱使害虫产生口针阻塞效应而停止取食，杀虫效果更好，且害虫不易产生抗药性。

适用作物防控对象及使用技术　烯啶·吡蚜酮适用于粮棉油烟茶、瓜果蔬菜、果树等多种作物，对多种刺吸式口器害虫均有较好的防控效果。

水稻稻飞虱　在飞虱发生为害初盛期或卵孵化盛期至低龄若虫盛发初期开始喷药，10 天左右 1 次，连喷 2 次，重点喷洒植株中下部。一般每亩次使用 25%可湿性粉剂 25～35 克，或 30%可湿性粉剂或 30%水分散粒剂 30～40 克，或 40%可湿性粉剂或 40%水分散粒剂 20～30 克，或 60%可湿性粉剂或 60%水分散粒剂 15～20 克，或 80%可湿性粉剂或 80%水分散粒剂 10～15 克，对水 45～60 千克均匀喷雾。

小麦蚜虫　在蚜虫发生为害初盛期开始喷药，10～15 天 1 次，连喷 2 次左右；或在小麦拔节孕穗期至抽穗期和齐穗期各喷药 1 次。一般每亩次使用 25%可湿性粉剂 13～18 克，或 30%可湿性粉剂或 30%水分散粒剂 15～20 克，或 40%可湿性粉剂或 40%水分散粒剂 12～15 克，或 60%可湿性粉剂或 60%水分散粒剂 8～10 克，或 80%可湿性粉剂或 80%水分散粒剂 6～8 克，对水 30～45 千克均匀喷雾。

棉花蚜虫、盲椿象　在害虫发生为害初盛期开始喷药，10～15 天 1 次，连喷 2～3 次。一般每亩次使用 25%可湿性粉剂 20～25 克，或 30%可湿性粉剂或 30%水分散粒剂 20～30 克，或 40%可湿性粉剂或 40%水分散粒剂 15～20 克，或 60%可湿性粉剂或 60%水分散粒剂 10～15 克，或 80%可湿性粉剂或 80%水分散粒剂 8～10 克，对水 45～60 千克均匀喷雾。

甘蓝、白菜、萝卜等十字花科蔬菜蚜虫　在蚜虫发生为害初盛期开始喷药，10 天左右 1 次，连喷 1～2 次，注意喷洒叶片背面。一般每亩次使用 25%可湿性粉剂 20～25 克，或 30%可湿性粉剂或 30%水分散粒剂 20～30 克，或 40%可湿性粉剂或 40%水分散粒剂 15～25 克，或 60%可湿性粉剂或 60%水分散粒剂 10～15 克，或 80%可湿性粉剂或 80%水分散粒剂 8～12 克，对水 30～45 千克均匀喷雾。

番茄、辣椒、茄子、黄瓜、甜瓜烟粉虱、白粉虱　在粉虱发生为害初盛期或卵孵化盛期至初孵若虫盛发初期开始喷药，10 天左右 1 次，连喷 2～3 次，注意喷洒幼嫩组织及叶片背面。一般每亩次使用 25%可湿性粉剂 25～35 克，或 30%可湿性粉剂或 30%水分散粒剂 30～40 克，或 40%可湿性粉剂或 40%水分散粒剂 20～

30 克，或 60%可湿性粉剂或 60%水分散粒剂 15～20 克，或 80%可湿性粉剂或 80%水分散粒剂 10～15 克，对水 45～60 千克均匀喷雾。

柑橘树柑橘木虱、蚜虫　在每季新梢生长期内，从新梢上初见木虱或蚜虫时开始喷药，10～15 天 1 次，每季新梢喷药 1～2 次。一般使用 25%可湿性粉剂或 40%可湿性粉剂或 40%水分散粒剂 2 000～2 500 倍液，或 30%可湿性粉剂或 30%水分散粒剂 1 500～2 000 倍液，或 60%可湿性粉剂或 60%水分散粒剂 3 000～4 000 倍液，或 80%可湿性粉剂或 80%水分散粒剂 4 000～5 000 倍液均匀喷雾。

苹果树绣线菊蚜　在蚜虫发生为害初盛期（新梢上蚜虫数量较多时）或新梢上蚜虫开始向幼果上转移扩散时开始喷药，10～15 天 1 次，连喷 2 次左右。烯啶·吡蚜酮喷施倍数同“柑橘树柑橘木虱”。

梨树梨木虱　在每代梨木虱卵孵化盛期至低龄若虫虫体被黏液完全覆盖前进行喷药，第 1、2 代每代喷药 1 次，第 3 代及以后各代因世代重叠每代喷药 1～2 次（间隔期 7～10 天）。烯啶·吡蚜酮喷施倍数同“柑橘树柑橘木虱”。

桃树蚜虫　先于花芽露红期（花芽膨大后开花前）喷药 1 次，然后从落花后开始继续喷药，10～15 天 1 次，与不同类型药剂交替使用，连喷 2～3 次。烯啶·吡蚜酮喷施倍数同“柑橘树柑橘木虱”。

葡萄绿盲蝽　在葡萄萌芽后至开花期，从绿盲蝽发生为害初期开始喷药，10 天左右 1 次，连喷 2 次左右。烯啶·吡蚜酮喷施倍数同“柑橘树柑橘木虱”。

草莓白粉虱、烟粉虱　在粉虱发生为害初期或卵孵化盛期至初孵若虫盛发初期开始喷药，10 天左右 1 次，连喷 2 次左右，重点喷洒叶片背面。一般每亩次使用 25%可湿性粉剂 20～25 克，或 30%可湿性粉剂或 30%水分散粒剂 25～30 克，或 40%可湿性粉剂或 40%水分散粒剂 15～20 克，或 60%可湿性粉剂或 60%水分散粒剂 12～15 克，或 80%可湿性粉剂或 80%水分散粒剂 8～10 克，对水 30～45 千克均匀喷雾。

茶树茶小绿叶蝉　在叶蝉发生为害初期或卵孵化盛期至初孵若虫盛发初期进行喷药。一般每亩使用25%可湿性粉剂25～35克，或30%可湿性粉剂或30%水分散粒剂30～40克，或40%可湿性粉剂或40%水分散粒剂20～30克，或60%可湿性粉剂或60%水分散粒剂15～20克，或80%可湿性粉剂或80%水分散粒剂10～15克，对水45～60千克均匀喷雾。

注意事项　烯啶·吡蚜酮不能与碱性药剂及肥料混用。连续喷药时，注意与不同杀虫机理药剂交替使用。本剂对蜜蜂高毒，果树开花期及蜜源植物花期禁止使用。

乙螨·螺螨酯

有效成分　乙螨唑（etoxazole）＋螺螨酯（spirodiclofen）。

主要含量与剂型　12%（4%＋8%）、32%（8%＋24%）、40%（8%＋32%；10%＋30%）悬浮剂。括号内有效成分含量均为乙螨唑的含量加螺螨酯的含量。

产品特点　乙螨·螺螨酯是一种由乙螨唑（二苯基噁唑衍生物类）与螺螨酯（季酮酸类）按一定比例混配的广谱低毒复合杀螨剂，以触杀和胃毒作用为主，无内吸性，对螨卵、幼螨、若螨、雌成螨等害螨的不同发育阶段均有较好防效，尤其杀卵效果突出，用药适期长。两种杀螨作用机理协同增效，既能抑制几丁质合成而影响害螨生长发育，又能抑制害螨类脂生物合成而阻止能量代谢，杀螨效果更好。

适用作物防控对象及使用技术　乙螨·螺螨酯适用于果树、瓜果蔬菜、粮棉作物及观赏植物等，对多种害螨均有较好的防控效果。

柑橘树红蜘蛛、黄蜘蛛　在害螨发生为害初盛期（春、秋季平均每叶有螨2～3头，夏季平均每叶有螨4～5头）进行喷药。一般使用12%悬浮剂1 500～2 000倍液，或32%悬浮剂4 000～5 000倍液，或40%悬浮剂5 000～6 000倍液均匀喷雾。

苹果树、梨树、山楂树、桃树红蜘蛛、白蜘蛛　在害螨发生为害初盛期，或树冠下部内膛叶片上螨量较多时（平均每叶有螨3～

4 头时)，或螨量增长较快时及时进行喷药。乙螨·螺螨酯喷施倍数同“柑橘树红蜘蛛”。

栗树红蜘蛛　在害虫发生为害初盛期或叶片正面初显黄白色褪绿小点时进行喷药。乙螨·螺螨酯喷施倍数同“柑橘树红蜘蛛”。

枣树红蜘蛛、白蜘蛛　在害螨发生为害初盛期进行喷药。乙螨·螺螨酯喷施倍数同“柑橘树红蜘蛛”。

草莓红蜘蛛、白蜘蛛　在害螨发生为害初盛期进行喷药，注意喷洒叶片背面。一般每亩使用 12%悬浮剂 20～30 毫升，或 32%悬浮剂 10～15 毫升，或 40%悬浮剂 8～10 毫升，对水 30～45 千克均匀喷雾。

枸杞瘿螨　在瘿螨发生为害初期或嫩叶上初见瘿螨疱疹时进行喷药。乙螨·螺螨酯喷施倍数同“柑橘树红蜘蛛”。

黄瓜、冬瓜、茄子、辣椒等瓜果蔬菜红蜘蛛　在害螨发生为害初盛期进行喷药，注意喷洒叶片背面。一般每亩使用 12%悬浮剂 20～30 毫升，或 32%悬浮剂 12～15 毫升，或 40%悬浮剂 8～12 毫升，对水 45～60 千克均匀喷雾。

棉花红蜘蛛、白蜘蛛　在害螨发生为害初期进行喷药，15～20 天 1 次，连喷 1～2 次。一般每亩次使用 12%悬浮剂 30～40 毫升，或 32%悬浮剂 15～20 毫升，或 40%悬浮剂 10～15 毫升，对水 30～60 千克均匀喷雾。

玉米红蜘蛛　在害螨发生为害初盛期进行喷药，与有机硅类或石蜡油类助剂混用效果更好。一般每亩使用 12%悬浮剂 20～30 毫升，或 32%悬浮剂 10～15 毫升，或 40%悬浮剂 8～10 毫升，对水 30～60 千克均匀喷雾。

注意事项　乙螨·螺螨酯不能与铜制剂及碱性药剂或肥料混用，喷药应均匀周到。连续喷药时，注意与不同杀螨机理药剂交替使用。

第三章　除草剂

第一节　单　　剂

苯嗪草酮 metamitron

主要含量与剂型　58%悬浮剂，70%、75%水分散粒剂。

产品特点　苯嗪草酮是一种三嗪类选择性芽前低毒除草剂，主要通过植物根部吸收，而后输送到叶子内，通过抑制光合作用的希尔反应而起到杀草作用。本剂主要用于防除甜菜田一年生阔叶杂草，推荐剂量下对甜菜安全，正常施药持效期在60天以内，一般不存在对后茬作物的残留影响。

适用作物防除对象及使用技术　苯嗪草酮主要适用于糖类甜菜与饲料甜菜，可有效防除龙葵、繁缕、野芝麻、反枝苋、香薷、苦荞麦、蓼、藜、苘麻等多种阔叶杂草，安全性高，选择性强，适用时期长，甜菜种植前、苗前、苗后均可施用。

甜菜播后苗前或甜菜萌发后杂草1～2叶期进行土壤喷雾处理。一般每亩使用58%悬浮剂580～670毫升，或70%水分散粒剂450～500克，或75%水分散粒剂400～500克，对水20～30千克均匀地面喷雾。若甜菜处于4叶期、杂草徒长时，可按上述推荐高剂量进行处理。配制药液时，采用二次稀释法，先向容器中注入少量水，然后倒入相应药剂，充分搅拌分散后再加入足量水搅拌均匀。

注意事项　苯嗪草酮应严格按照推荐剂量施用，倍量用药会出现一定程度药害，影响出苗，沙性土壤、淋溶性强时尤为注意。喷药应均匀周到，避免重喷、漏喷。

苯噻酰草胺 mefenacet

主要含量与剂型 50%、88%可湿性粉剂。

产品特点 苯噻酰草胺是一种酰胺类选择性内吸传导型低毒除草剂，主要通过芽鞘和根部吸收，经木质部和韧皮部传导至杂草的幼芽和嫩叶，阻止杂草生长点细胞分裂伸长，造成植株死亡。本剂对移栽水稻选择性强，因其在水中溶解度低，所以在保水条件下施药除草活性最高。土壤对该药剂吸附力强，施药后药量大部分被吸附于土壤表层的1厘米以内，形成药剂处理层，避免了水稻秧苗生长与药土层的接触，具有较高的安全性；而对生长点处在土壤表层的稗草等杂草有较强的阻止生育和杀死能力，并对表层以种子繁殖的多年生杂草也有抑制作用，但对深层杂草效果较低。持效期在1个月以上。

适用作物防除对象及使用技术 苯噻酰草胺主要适用于移栽水稻田，用于防除禾本科杂草，尤为对稗草特效，并对水稻田一年生杂草如牛毛毡、瓜皮草、泽泻、眼子菜、萤蔺、异型莎草、水莎草等亦有较好的防除效果。

防除移栽水稻田一年生杂草和牛毛毡时，于移栽后3～10天、稗草2叶期，或移栽后3～14天、稗草3～3.5叶期施药。北方地区每亩使用50%可湿性粉剂60～80克或88%可湿性粉剂35～45克，南方地区每亩使用50%可湿性粉剂50～60克或88%可湿性粉剂28～35克，与15～20千克细沙土均匀搅拌，撒施于田间。施药后保持3～5厘米水层5～7天。稗草基数大的田块使用推荐剂量上限，基数小的田块使用下限。该药也可与苄嘧磺隆或吡嘧磺隆等除草剂混用，以扩大杀草谱，提高除草效果。混用配方为：每亩使用50%可湿性粉剂60～70克或88%可湿性粉剂35～40克，混加10%苄嘧磺隆可湿性粉剂13.5～20克或10%吡嘧磺隆可湿性粉剂10～20克，与适量细土拌匀后均匀撒施。

注意事项 苯噻酰草胺施药后应保持3～5厘米深水层5～7天，缺水时需缓慢补水，不能排水；水层淹过水稻心叶及药液飘移均易产生药害。在沙质土、漏水田使用效果较差。

苯唑草酮 topramezone

主要含量与剂型 4%、10%、30%可分散油悬浮剂，30%悬浮剂。

产品特点 苯唑草酮是一种三酮类内吸传导型苗后茎叶处理低毒除草剂，属羟基苯基丙酮酸酯双氧化酶抑制剂类，具有杀草谱广、安全性好、除草效果稳定、杀草速度快等特点，对阔叶杂草的防除活性高于禾本科杂草。通过抑制质体醌生物合成中的4-羟基苯基丙酮酸酯双氧化酶，间接影响类胡萝卜素合成，进而干扰叶绿体合成及功能，最终导致严重白化、组织坏死。敏感杂草通过根、幼茎和叶片吸收，在植株体内向顶、向基双向传导至分生组织，使杂草很快停止生长。杂草地上部分在施药后2～5天出现白化中毒症状，生长点、叶片及叶脉的中毒症状最明显，白化组织逐渐坏死。因天气状况不同，杂草整株枯死需要10～15天不等。

适用作物防除对象及使用技术 苯唑草酮适用于玉米田，可有效防除马唐、稗草、牛筋草、狗尾草、野黍、藜、蓼、苘麻、反枝苋、豚草、曼陀罗、牛膝菊、马齿苋、苍耳、龙葵、一点红等多种一年生杂草。通常在玉米苗后3～5叶期、一年生杂草2～4叶期均匀茎叶喷雾处理。一般每亩使用4%可分散油悬浮剂50～65毫升，或10%可分散油悬浮剂15～20毫升，或30%悬浮剂或30%可分散油悬浮剂5～7毫升，对水30～40千克均匀茎叶喷雾。幼小和旺盛生长杂草对苯唑草酮更为敏感，应尽早喷药。低温及干旱天气，杂草生长较慢，影响杂草对苯唑草酮的吸收，因而杂草死亡时间较长。若混加增效剂喷施，可有效提高药剂对杂草的防效。施药应均匀周到，避免重喷、漏喷或超推荐剂量用药。

注意事项 苯唑草酮在间作或混种有其他作物的玉米田不能使用。一旦毁种，不能再次使用本品。玉米后茬种植苜蓿、棉花、花生、马铃薯、高粱、大豆、向日葵、菜豆、豌豆、甜菜、油菜等作物时，应先进行小面积试验，安全后再种植。

吡氟酰草胺 diflufenican

主要含量与剂型 30%、41%悬浮剂，50%可湿性粉剂，50%水分散粒剂。

产品特点 吡氟酰草胺是一种酰苯胺类内吸性低毒除草剂，杂草萌发时通过幼芽或根系吸收，具有抑制类胡萝卜素生物合成及光合作用电子传递的作用。杂草萌发通过药土层时，幼芽或根系吸收药剂，敏感杂草吸收药剂后植株体内类胡萝卜素含量下降，导致叶绿素被破坏，杂草幼芽脱色或呈白色，最后杂草萎蔫死亡。该药兼具茎叶处理及土壤处理活性，既能杀死已出土杂草，又能封闭未出土杂草。杂草死亡速度与光照强度有关，光照强死亡快，光照弱死亡慢。

适用作物防除对象及使用技术 吡氟酰草胺适用于小麦田及大蒜田，用于防除猪殃殃、牛繁缕、婆婆纳、宝盖草、麦家公、野油菜、播娘蒿、稗草等多种阔叶杂草及一年生禾本科杂草。

冬小麦田 冬小麦播后苗前，或冬小麦芽后早期杂草 1～2 叶期，或小麦返青后至拔节前杂草 2～4 叶期均可使用，但霜冻期和拔节后禁止使用。一般每亩使用 30%悬浮剂 30～50 毫升，或 41%悬浮剂 20～25 毫升，或 50%水分散粒剂或 50%可湿性粉剂 25～35 克，对水 30～40 千克均匀喷雾。冬前施药效果更好，可同时发挥药剂的封闭及茎叶处理功效。土壤墒情对杂草防效影响较大，若施药时土壤墒情差，需推迟用药或浇水后或待墒情好时再用。冬后施药，建议混用异丙隆、双氟磺草胺、苯磺隆等药剂，以提高防效。

大蒜田 大蒜播后苗前土壤喷雾。一般每亩使用 30%悬浮剂 25～30 毫升，或 41%悬浮剂 20～25 毫升，或 50%水分散粒剂或 50%可湿性粉剂 15～20 克，对水 30～40 千克均匀喷雾。对一年生阔叶杂草防控效果好。

注意事项 吡氟酰草胺对未萌发的杂草具有土壤封闭作用，应使用足量水喷雾，保持土壤润湿。但芽前施药若遇持续大雨，尤其是芽期降雨，可造成作物叶片暂时脱色，但能很快恢复，对产量没有影响。本剂持效期较长，如下茬种植水稻，应控制好吡氟酰草胺用量。喷药应均匀周到，不能漏喷、重喷。

吡嘧磺隆 pyrazosulfuron-ethyl

主要含量与剂型 10%、20%可湿性粉剂，20%、75%水分散粒剂，10%泡腾片剂，15%泡腾粒剂，15%、20%、30%可分散油悬浮剂。

产品特点 吡嘧磺隆是一种磺酰脲类选择性内吸型低毒水田除草剂，有效成分可在水中迅速扩散，被杂草根部吸收后传导到植株体内分生组织，通过阻碍氨基酸合成、影响细胞分裂，迅速抑制杂草茎叶生长和根部伸展，导致杂草完全枯死。有时施药后杂草虽仍呈现绿色，但生长发育已受到抑制，失去与水稻的竞争能力。不同水稻品种对吡嘧磺隆耐药性不同，正常条件下使用对水稻安全。该药杀草谱较广，药效不受温度影响，持效期长，一次性施用，能控制水稻生长期的多种杂草危害。

适用作物防除对象及使用技术 吡嘧磺隆适用于水稻直播田、移栽田、抛秧田，可有效防除稗草、稻李氏禾、牛毛毡、水莎草、异型莎草、鸭舌草、雨久花、窄叶泽泻、泽泻、矮慈姑、野慈姑、眼子菜、萤蔺、紫萍、浮萍、狼把草、浮生水马齿、陌上菜、轮藻、小茨藻、繁缕、虻眼、鳢肠、节节菜、水芹等多种一年生或多年生阔叶杂草及莎草科杂草等。北方稻区两次施药情况下，还可有效防除扁秆藨草、日本藨草、藨草。

水稻移栽田 在水稻移栽前至移栽后 20 天均可施药。防控稗草时，在稗草 1.5 叶期以前施药，并需使用高剂量。插秧后 5～7 天、稗草 1.5 叶期前施药，每亩使用 10%可湿性粉剂 15～20 克，或 20%可湿性粉剂或 20%水分散粒剂 7.5～10 克，或 75%水分散粒剂 2～2.5 克，或 10%泡腾片剂 15～20 克，或 15%泡腾粒剂 10～20 克，拌细土 20～30 千克，均匀撒施于田间，施药后保持 3～5 厘米深水层 5～7 天。若水层不足时可缓慢补水，但不能排水。另外，也可每亩使用 15%可分散油悬浮剂 10～15 毫升，或 20%可分散油悬浮剂 8～10 毫升，或 30%可分散油悬浮剂 4～6 毫升，对水 15～20 千克均匀茎叶喷雾。用药前排水，使杂草 2/3 以上露出水面，药后第 2 天灌水，保持 3～5 厘米水层 5～7 天，以后正常管理。一般南方稻田使用低药量、北方稻田使用高药量，也可根据当地草情等条件增减药量。

吡嘧磺隆可与除稗剂混用，在多年生莎草科杂草如扁秆藨草、日本藨草发生密度较小时，采用两次法施药；对多年生阔叶杂草晚施药比早施药防除效果好，晚施药气温高，吸收传导快，若在阔叶杂草发生高峰期施药效果更好。在水稻移栽后 5～7 天，吡嘧磺隆可与莎稗磷混用，混用配方为：吡嘧磺隆每亩使用 10%可湿性粉剂 15 克，或 20%可湿性粉剂或 20%水分散粒剂 7.5 克，或 75%水分散粒剂 2 克，混加 30%莎稗磷乳油 60 毫升，插秧后 5～7 天缓苗后施药。当整地与插秧间隔期较长或因缺水整地后不能及时插秧时，最好插秧前 5～7 天，每亩单用 30%莎稗磷乳油 50～60 毫升，插秧后 15～20 天再用吡嘧磺隆 10%可湿性粉剂 15 克，或 20%可湿性粉剂或 20%水分散粒剂 7.5 克，或 75%水分散粒剂 2 克，混加 30%莎稗磷乳油 40～50 毫升；也可每亩使用吡嘧磺隆 10%可湿性粉剂 15 克，或 20%可湿性粉剂或 20%水分散粒剂 7.5 克，或 75%水分散粒剂 2 克，混加 90.9%禾草敌乳油 100～150 毫升，在水稻移栽后 10～15 天施药。在高寒地区推荐两次分期施药，插秧前 5～7 天，每亩单用 60%丁草胺乳油 80～100 毫升或单用 80%丙炔噁草酮可湿性粉剂 6 克，插秧后 15～20 天再用吡嘧磺隆 10%可湿性粉剂 15 克，或 20%可湿性粉剂或 20%水分散粒剂 7.5 克，或 75%水分散粒剂 2 克，与 60%丁草胺乳油 80～100 毫升或 80%丙炔噁草酮可湿性粉剂 4 克混用，可同时防除阔叶杂草与禾本科杂草，对水稻安全。

吡嘧磺隆与二氯喹啉酸混用时，施药适期为插秧后 15～20 天，每亩使用吡嘧磺隆 10%可湿性粉剂 15 克，或 20%可湿性粉剂或 20%水分散粒剂 7.5 克，或 75%水分散粒剂 2 克，混加 50%二氯喹啉酸可湿性粉剂 20～40 克，对水 20～30 千克喷雾法施药。施药前 2 天保持浅水层，使杂草露出水面，施药后 2 天放水回田。吡嘧磺隆与丁草胺、丙炔噁草酮、禾草敌、莎稗磷混用时，采用毒土法施药，施药前先将吡嘧磺隆加少量水溶解，然后倒入细沙土中，每亩药剂加细沙土 15～20 千克，充分拌匀后均匀撒入稻田；施药时水层控制在 3～5 厘米，以不淹没稻苗心叶为准，施药后保持同样水层 7～10 天，缺水补水。

当移栽田内扁秆藨草、日本藨草等发生密度较大时，建议提早施药。施药过晚，虽然扁秆藨草、日本藨草等叶片发黄、弯曲，生长受到抑制，但 10～15 天后可恢复生长，杂草仍能开花结果。北方稻田因扁秆藨草、日本藨草等地下块茎不断长出新的植株，且 6 月中旬种子萌发的实生苗陆续出土，故吡嘧磺隆早施药比晚施药效果好。最好采用两次法施药，不仅可获得稳定的除草效果，也可减少第二年杂草发生数量。具体用药方法为：插秧前 5～7 天，每亩使用吡嘧磺隆 10%可湿性粉剂 15～20 克，或 20%可湿性粉剂或 20%水分散粒剂 7.5～10 克，或 75%水分散粒剂 2～2.5 克；插秧后 10～15 天，扁秆藨草、日本藨草等株高 4～7 厘米时，再使用吡嘧磺隆 10%可湿性粉剂 15～20 克，或 20%可湿性粉剂或 20%水分散粒剂 7.5～10 克，或 75%水分散粒剂 2～2.5 克，如田间稗草同时发生，可与除稗剂混合使用；如插秧早、杂草发生晚，可在插秧后 5～8 天，每亩使用吡嘧磺隆 10%可湿性粉剂 15～20 克，或 20%可湿性粉剂或 20%水分散粒剂 7.5～10 克，或 75%水分散粒剂 2～2.5 克，均匀撒于田间，10～15 天后，扁秆藨草株高达 4～7 厘米时，每亩再撒施一次吡嘧磺隆 10%可湿性粉剂 15～20 克，或 20%可湿性粉剂或 20%水分散粒剂 7.5～10 克，或 75%水分散粒剂 2～2.5 克。

水稻直播田　可在播种后 3～10 天施药，施药量、施药方法及水层管理同移栽田。北方直播田应尽量缩短整地与播种间隔期，最好随整地随播种，水稻出苗晒田复水后立即施药。稗草 1 叶 1 心以前，每亩使用 10%可湿性粉剂 15 克，或 20%可湿性粉剂或 20%水分散粒剂 7.5 克，或 75%水分散粒剂 2 克；稗草 2～3 叶期，每亩使用吡嘧磺隆 10%可湿性粉剂 15 克，或 20%可湿性粉剂或 20%水分散粒剂 7.5 克，或 75%水分散粒剂 2 克，混加 90.9%禾草敌乳油 100～150 毫升；水稻 3 叶期以后若防除 3～7 叶期的稗草，可与二氯喹啉酸混用，每亩使用吡嘧磺隆 10%可湿性粉剂 15 克，或 20%可湿性粉剂或 20%水分散粒剂 7.5 克，或 75%水分散粒剂 2 克，混加 50%二氯喹啉酸可湿性粉剂 30～50 克；水稻播种后 3～5 天或晒田复水后若防除 2 叶期以前稗草，可与异噁草松混用，每亩使用吡嘧磺隆 10%可湿性粉剂 15 克，或 20%可湿性粉剂或 20%水分散粒剂 7.5 克，或 75%水分散粒剂 2 克，混加 48%异噁草松乳油 27 毫升。吡嘧磺隆单用或与禾草敌、异噁草松混用均采用毒土法施药，先用少量水将吡嘧磺隆溶解，再与 15～20 千克细沙土混拌均匀，均匀撒入田间，施药后稳定水层 3～5 厘米，保持 7～10 天；吡嘧磺隆与二氯喹啉酸混用采用喷雾法施药，施药前 2 天保持浅水层，使杂草露出水面，施药后放水回田。

注意事项 吡嘧磺隆活性高，用药量低，必须准确称量。秧田或直播田施药，应保证田块湿润或有薄层水，移栽田施药应保水 5 天以上，才能获得理想除草效果。不同品种水稻对吡嘧磺隆的耐药性有较大差异，早稻品种安全性好，晚稻品种相对敏感，应尽量避免在晚稻芽期使用。

苄嘧磺隆 bensulfuron-methyl

主要含量与剂型 10%、30%、32%可湿性粉剂，30%、60%水分散粒剂，5%颗粒剂。

产品特点 苄嘧磺隆是一种磺酰脲类选择性内吸传导型低毒除草剂，可在水中迅速扩散，被杂草根部和叶片吸收后转移到杂草各部位，通过阻碍赖氨酸、异亮氨酸等氨基酸的生物合成，抑制细胞分裂和生长，使敏感杂草生长机能受阻，幼嫩组织过早发黄，叶部生长受到抑制，根部生长受阻，导致杂草坏死。该药进入水稻及小麦体内迅速代谢为无害的惰性物质，对水稻及小麦安全。水田使用持效期 1 个月以上。

适用作物防除对象及使用技术 苄嘧磺隆适用于水稻移栽田、直播田，用于防除雨久花、野慈姑、矮慈姑、泽泻、窄叶泽泻、眼子菜、节节菜、陌上菜、日照飘拂草、牛毛毡、花蔺、萤蔺、异型莎草、水莎草、碎米莎草、小茨藻、田叶萍、水马齿等多种一年生阔叶杂草及莎草科杂草，对稗草、稻李氏禾、扁秆藨草、日本藨草、藨草等也有抑制作用。水田使用方法灵活多样，毒土、毒沙、喷雾、泼浇等方法均可。苄嘧磺隆也适用于冬小麦田，对泽漆、播娘蒿、荠菜、地肤、麦瓶草、野油菜、大巢菜等多种一年生阔叶杂草均有防除效果。

水稻移栽田　在水稻移栽前至移栽后20天内均可使用，以移栽后5～15天施药效果最佳。防除一年生杂草，每亩使用10%可湿性粉剂10～20克，或30%可湿性粉剂或32%可湿性粉剂或30%水分散粒剂8～10克，或60%水分散粒剂4～6克，或5%颗粒剂30～40克；防除多年生阔叶杂草，每亩使用10%可湿性粉剂20～30克，或30%可湿性粉剂或32%可湿性粉剂或30%水分散粒剂10～15克，或60%水分散粒剂5～7克，或5%颗粒剂50～60克；防除多年生莎草科杂草时，每亩使用10%可湿性粉剂30～40克，或30%可湿性粉剂或32%可湿性粉剂或30%水分散粒剂12～18克，或60%水分散粒剂7～10克，或5%颗粒剂60～80克。拌细土或细沙15～20千克均匀撒施，或对水30～45千克均匀喷雾（5%颗粒剂不能用于喷雾）。

单用苄嘧磺隆不能防除水田全部杂草时，需与防除其他杂草的除草剂混用。在水稻移栽后5～7天，苄嘧磺隆可与莎稗磷混用。若整地与插秧间隔期长或因缺水整地后不能及时插秧时，稗草叶龄较大后，从药效考虑最好插秧前5～7天单用莎稗磷1次，插秧后15～20天再与莎稗磷混用。具体剂量为：每亩使用苄嘧磺隆10%可湿性粉剂15～20克，或30%可湿性粉剂或32%可湿性粉剂或30%水分散粒剂5～7克，或60%水分散粒剂3～4克，混加30%莎稗磷乳油60毫升，于插秧后5～7天缓苗后施药；或插秧前5～7天使用30%莎稗磷乳油50～60毫升，插秧后15～20天再用苄嘧磺隆10%可湿性粉剂15～20克，或30%可湿性粉剂或32%可湿性粉剂或30%水分散粒剂5～7克，或60%水分散粒剂3～4克，与30%莎稗磷乳油40～50毫升混用。水稻移栽后10～15天，苄嘧磺隆可与禾草敌或二氯喹啉酸混用，用量为每亩使用苄嘧磺隆10%可湿性粉剂15～20克，或30%可湿性粉剂或32%可湿性粉剂或30%水分散粒剂5～7克，或60%水分散粒剂3～4克，混加90.9%禾草敌乳油150～200毫升，于插秧后10～15天施药；或混加50%二氯喹磷酸可湿性粉剂30～40克，于插秧后10～20天施药。二氯喹磷酸属激素类除草剂，苄嘧磺隆与之混用时应采用喷雾法施药，喷药必须均匀周到；且施药前2天保持浅水层，使杂草露出水面，施药后2天放水回田。苄嘧磺隆与丁草胺、丙炔噁草酮混用时，在高寒地区推荐两次用药，插秧前5～7天单用，插秧后15～20天再与苄嘧磺隆混用，对水稻安全，对稗草和阔叶杂草的防除效果均好。混用剂量为：插秧前5～7天，每亩使用60%丁草胺乳油80～100毫升（或80%丙炔噁草酮可湿性粉剂6克）；插秧后15～20天，每亩使用苄嘧磺隆10%可湿性粉剂15～20克，或30%可湿性粉剂或32%可湿性粉剂或30%水分散粒剂5～7克，或60%水分散粒剂3～4克，混加60%丁草胺乳油80～100毫升（或80%丙炔噁草酮可湿性粉剂4克）。除二氯喹啉酸外，苄嘧磺隆与上述其他除草剂混用时，均需稳定水层3～5厘米；与丁草胺、丙炔噁草酮、莎稗磷等混用时，水层勿淹没心叶，保持水层5～7天，只灌不排。

水稻直播田 使用苄嘧磺隆应尽量缩短整地与播种间隔期，最好随整地随播种，在水稻出苗晒田复水后进行施药。稗草3叶期以前，苄嘧磺隆可与禾草敌混用，每亩使用苄嘧磺隆10%可湿性粉剂20～30克，或30%可湿性粉剂或32%可湿性粉剂或30%水分散粒剂7～10克，或60%水分散粒剂3～5克，混加90.9%禾草敌乳油100～150毫升，采用毒土、毒沙或喷雾法施药均可。水稻3叶期以后、稗草3～7叶期，每亩使用苄嘧磺隆上述剂量混加50%二氯喹啉酸可湿性粉剂35～70克，对水20～30千克均匀喷雾，要求施药前2天保持浅水层，使杂草露出水面，施药后2天放水回田，稳定水层3～5厘米，保持7～10天，只灌不排。

冬小麦田 在冬小麦4～7叶期、一年生阔叶杂草2～4叶期施药，每亩使用10%可湿性粉剂40～50克，或30%可湿性粉剂或32%可湿性粉剂或30%水分散粒剂12～15克，或60%水分散粒剂6～8克，对水30～45千克均匀茎叶喷雾。

注意事项 苄嘧磺隆活性高，使用量少，用药时必须称量准确。水田撒施用药时，必须保持水层3～5厘米，且施药后7天不排水、串水，以免降低药效。具体用药时，应根据田间草情，采用不同防除方案。

丙炔噁草酮 oxadiargyl

主要含量与剂型 10%、25%可分散油悬浮剂，10%乳油，400 克/升悬浮剂，80%可湿性粉剂，80%水分散粒剂。

产品特点 丙炔噁草酮是一种环状亚胺类选择性触杀型苗前土壤处理低毒除草剂，属原卟啉原氧化酶抑制剂类，具有施用方便快捷、杀草谱广、持效期长等特点，主要用于水稻移栽田等的芽前杂草防除。以触杀作用为主，不被植物吸收，施药不受土壤类型限制。施用后，药剂在土壤表层形成稳定药土层，当敏感杂草幼芽经过此药土层时接触吸附药剂，有光条件下导致接触部位的细胞膜破裂、叶绿素分解，使生长旺盛部位的分生组织遭到破坏，最终导致敏感杂草幼芽枯萎死亡，即将靶标杂草消灭在了萌芽状态。

适用作物防除对象及使用技术 丙炔噁草酮主要应用于水稻移栽田，用于防除苋属、鬼针草属、藜属、稗属、千金子属、臂形草属及水绵、小茨藻、异型莎草、碎米莎草、牛毛毡、鸭舌草、节节菜、陌上菜、四叶萍等多种阔叶杂草、禾本科杂草及莎草。另外，也可用于马铃薯田，对稗草、牛筋草、马齿苋、反枝苋、藜等旱田杂草具有较好的防除效果。

水稻移栽田 在水稻移栽前 3～7 天，稻田整地耢平沉浆后进行施药，施药后 2 天内只灌不排，插秧时保持田内 3～5 厘米深水层，插秧后稳定水层 10 天以上，并避免淹没稻苗心叶。一般每亩使用 10%可分散油悬浮剂或 10%乳油 50～60 毫升，或 25%可分散油悬浮剂 20～30 毫升，或 400 克/升悬浮剂 12.5～15 毫升，或 80%可湿性粉剂或 80%水分散粒剂 6～8 克，对水 10～15 千克，用二次稀释法稀释均匀后去掉喷雾器喷头在田间甩施；亦可用甩瓶法施药，将每亩用药加水 500～600 毫升稀释，摇匀后均匀甩施到有 5～7 厘米水层的稻田中（甩施幅宽 4 米，步速每秒 0.7～0.8 米）；还可用毒土法施药，每亩用药先用少量水稀释均匀，再与 5～7 千克细沙土混匀，然后在水稻移栽前 3～7 天均匀撒施于田内。

秸秆还田（旋耕整地、打浆）的稻田，也应在水稻移栽前 3～

7 天趁清水或浑水施药，秸秆必须打碎并彻底与耕层土壤混匀，以避免秸秆因集中腐烂而造成水稻根际缺氧引起稻苗受害。

马铃薯田 播种后出苗前土壤表面封闭喷雾处理，对多种一年生杂草防除效果好。一般每亩使用 10%可分散油悬浮剂或 10%乳油 120～145 毫升，或 25%可分散油悬浮剂 50～60 毫升，或 400 克/升悬浮剂 30～35 毫升，或 80%可湿性粉剂或 80%水分散粒剂 15～18 克，对水 20～40 千克均匀地面喷雾（采用二次稀释法配制药液），最好选用扇形或空心圆锥形细雾滴喷头喷洒。施药前后要求田间土壤湿润，否则需灌水增墒后才能施药。

注意事项 丙炔噁草酮为触杀型土壤封闭处理剂，水稻插秧时不能将秧苗淹没在用过本剂的稻田水中，亦不推荐用于抛秧田、直播田及盐碱地水稻田。

丙炔氟草胺 flumioxazin

主要含量与剂型 30%、48%、480 克/升悬浮剂，50%可湿性粉剂，51%水分散粒剂。

产品特点 丙炔氟草胺是一种 N-苯基酞酰亚胺类选择性触杀型低毒除草剂，属原卟啉原氧化酶抑制剂类，具有除草活性高、效果好、见效快等特点，茎叶用药 24～48 小时后叶面即出现枯斑症状。茎叶处理时，在敏感杂草叶面作用迅速，使原卟啉原在杂草体内积累，导致细胞膜脂质过氧化作用增强，造成敏感杂草的细胞膜结构和细胞功能出现不可逆损害，最终细胞死亡、杂草枯死。土壤处理时，药剂被土壤粒子吸收，在土壤表面形成药土层，杂草发芽时，幼苗接触药剂而枯死。

适用作物防除对象及使用技术 丙炔氟草胺适用于大豆、花生、棉花、柑橘、葡萄等多种作物，可有效防除铁苋菜、荠菜、遏蓝菜、苍耳、龙葵、灰绿藜、藜、蓼、萹蓄、鼬瓣花、马齿苋、反枝苋、鸭舌草等多种一年生阔叶杂草及部分禾本科杂草。

大豆田 大豆播前或播后苗前施药，一般播后不超过 3 天施药。为保证药效，可在施药后趟蒙头土或浅混土。通常每亩使用 30%悬浮剂 14～20 毫升，或 48%悬浮剂或 480 克/升悬浮剂 9～

12毫升，或50%可湿性粉剂或51%水分散粒剂8～12克，对水30千克稀释均匀后对土壤表面均匀喷洒。春播及夏播大豆苗后施药应在杂草2～3叶期进行定向茎叶喷雾。春播大豆东北地区一般每亩使用30%悬浮剂4.5～6.5毫升，或48%悬浮剂或480克/升悬浮剂3.5～4.5毫升，或50%可湿性粉剂或51%水分散粒剂3～4克；夏播大豆一般每亩使用30%悬浮剂4～6毫升，或48%悬浮剂或480克/升悬浮剂3～4毫升，或50%可湿性粉剂或51%水分散粒剂3～3.5克。

花生田　播种后2天内施药，采用二次稀释法配制药液，均匀喷洒土壤表面。一般每亩使用30%悬浮剂10～14毫升，或48%悬浮剂或480克/升悬浮剂6～8毫升，或50%可湿性粉剂或51%水分散粒剂6～8克，对水30～40千克均匀喷洒地面。花生拱土或出苗期不能施药，且不能超剂量使用，以免发生药害。

棉花田　在棉花播前或播后覆膜前施药，采用二次稀释法配制药液，均匀喷洒土壤表面。一般每亩使用30%悬浮剂15～20毫升，或48%悬浮剂或480克/升悬浮剂8～12毫升，或50%可湿性粉剂或51%水分散粒剂8～12克，对水30～45千克均匀喷洒地面。本剂使用后，不可再使用扑草净等土壤封闭类除草药剂。

长江及黄河流域棉区，每亩药剂对水40～60千克均匀喷雾，药后立即用钉耙浅混土，混土深度3～5厘米。新疆棉区，每亩药剂对水40～60千克均匀喷雾，药后1天内进行浅混土，最迟不超过2天，混土深度3～5厘米。混土后尽快播种，3天内播完最佳，最迟不超过7天。

柑橘园、葡萄园　在杂草低龄期进行定向茎叶喷雾，避免喷洒到柑橘树或葡萄树的叶片及嫩枝上。若杂草数量多且草龄较大，选择高剂量用药。一般每亩使用30%悬浮剂90～130毫升，或48%悬浮剂或480克/升悬浮剂55～80毫升，或50%可湿性粉剂或51%水分散粒剂60～80克，对水45～60千克均匀定向喷雾。

当阔叶杂草与禾本科杂草混发时，丙炔氟草胺和乙草胺混合使用对一年生阔叶杂草及禾本科杂草防除效果好。土壤有机质含量在6%以下时，每亩使用丙炔氟草胺30%悬浮剂13～16毫升，或48%悬浮剂或480克/升悬浮剂8～10毫升，或50%可湿性粉剂或

51%水分散粒剂8~10克，混加900克/升乙草胺乳油70~100毫升；土壤有机质含量在6%以上时，每亩使用丙炔氟草胺30%悬浮剂17~20毫升，或48%悬浮剂或480克/升悬浮剂10~12毫升，或50%可湿性粉剂或51%水分散粒剂10~12克，混加900克/升乙草胺乳油105~145毫升。

注意事项 丙炔氟草胺作为土壤处理剂使用时，要求土壤湿润，如果土壤干燥，则需浇水后再用药。大豆拱土、花生顶土及棉花种子萌发期不能施药。

草铵膦 glufosinate-ammonium

主要含量与剂型 10%、18%、23%、30%、50%、200克/升水剂，18%、30%、50%、200克/升可溶液剂，50%、80%、88%可溶粒剂。

产品特点 草铵膦是一种次膦酸类内吸性广谱低毒除草剂，属谷氨酰胺合成抑制剂类，通过抑制谷氨酰胺合成酶使谷氨酰胺合成受阻。施药后短时间内植物体内氮代谢便陷于紊乱，使细胞内铵离子积累增多，导致细胞膜受到破坏；同时，光合作用受到抑制，叶绿体永久损坏，最终造成植株枯死。本剂在植物体内传导性较差，但可在植物体内随蒸腾流于木质部内向上输导，并可在韧皮部内向地下部运输。草铵膦具有杀草谱广、杀草速度快、持效期长、耐雨水冲刷等特点，对木质化的植物根系、树皮及热带浅根果树相对安全。

适用作物防除对象及使用技术 草铵膦适用于香蕉、柑橘、木瓜、苹果、梨树、葡萄等多种果园及茶园、非耕地等，可有效防除多种一年生和多年生双子叶及禾本科杂草，尤其是对草甘膦和百草枯生产抗性的杂草，如节节草、竹叶草、小飞蓬、一年蓬、藿香蓟、牛筋草、狗尾草、早熟禾、野燕麦、雀麦、马齿苋、车前草、耳草、鸭舌草、蓟菜、蓝花菜、鬼针草、黑麦草、水花生、双穗雀稗、芦苇、黄茅、辣子草、猪殃殃、宝盖草、龙葵、繁缕、狗牙根、反枝苋等。此外，也可用于蔬菜田、玉米田定向喷雾等。

草铵膦通过杂草茎叶吸收发挥除草活性，无土壤活性，施药时应均匀周到喷雾，以确保杂草叶片充分均匀着药。高温、高湿、强光可增进杂草对草铵膦的吸收而显著提高药效。

果园　草铵膦适用于香蕉、柑橘、木瓜、杧果、荔枝、苹果、葡萄、梨树、桃树等多种果园除草，多在杂草生产旺盛时期，于树体行间或树下向杂草茎叶定向喷雾处理。一般每亩使用10%水剂400～600毫升，或18%水剂或18%可溶液剂或200克/升水剂或200克/升可溶液剂200～300毫升，或23%水剂180～250毫升，或30%水剂或30%可溶液剂150～200毫升，或50%水剂或50%可溶液剂80～120毫升，或50%可溶粒剂80～120克，或80%可溶粒剂或88%可溶粒剂50～75克，对水30～50千克均匀喷雾。杂草数量多且草龄较大时，建议选用高剂量。

茶园　草铵膦用于茶园除草时，使用剂量同“果园”剂量。一般每亩药剂对水30～50千克，在杂草生长旺盛期对杂草茎叶定向喷雾处理。

蔬菜田　蔬菜生长期除草，行间定向低喷头喷雾施药，于杂草出齐后或杂草生长初期进行。一般每亩使用10%水剂400～500毫升，或18%水剂或18%可溶液剂或200克/升水剂或200克/升可溶液剂200～300毫升，或23%水剂150～200毫升，或30%水剂或30%可溶液剂140～170毫升，或50%水剂或50%可溶液剂80～100毫升，或50%可溶粒剂80～100克，或80%可溶粒剂或88%可溶粒剂50～70克，对水30～50千克均匀定向喷雾。喷头加保护罩行间定向喷雾较好，可防止药液飘移到蔬菜茎叶上。上茬蔬菜收获后、下茬蔬菜栽种前清园除草时，一般每亩使用10%水剂500～600毫升，或18%水剂或18%可溶液剂或200克/升水剂或200克/升可溶液剂250～300毫升，或23%水剂200～250毫升，或30%水剂或30%可溶液剂150～200毫升，或50%水剂或50%可溶液剂100～120毫升，或50%可溶粒剂100～120克，或80%可溶粒剂或88%可溶粒剂60～80克，对水40～60千克，向残余蔬菜及杂草茎叶均匀喷雾处理。

玉米田　适用于玉米生长期行间定向除草，在杂草出齐后或杂草生长初期用药。一般每亩使用10%水剂400～600毫升，或18%水剂或18%可溶液剂或200克/升水剂或200克/升可溶液剂200～

300 毫升，或 23%水剂 180～250 毫升，或 30%水剂或 30%可溶液剂 150～200 毫升，或 50%水剂或 50%可溶液剂 80～120 毫升，或 50%可溶粒剂 80～120 克，或 80%可溶粒剂或 88%可溶粒剂 50～75 克，对水 30～50 千克均匀定向喷雾，喷头加保护罩对玉米保护作用更好。

非耕地　多在杂草出苗后至生长旺盛期施药，一般每亩使用 10%水剂 700～1 000 毫升，或 18%水剂或 18%可溶液剂或 200 克/升水剂或 200 克/升可溶液剂 400～600 毫升，或 23%水剂 300～450 毫升，或 30%水剂或 30%可溶液剂 250～350 毫升，或 50%水剂或 50%可溶液剂 150～200 毫升，或 50%可溶粒剂 150～200 克，或 80%可溶粒剂或 88%可溶粒剂 100～125 克，对水 50～70 千克均匀茎叶喷雾。

注意事项　草铵膦属灭生性除草剂，喷药时最好在喷头上加装保护罩向杂草定向喷雾，防止雾滴喷到或飘移到作物植株的绿色部位上，以避免造成药害。天气干旱或杂草密度较大或草龄较大或防除多年生恶性杂草时，应采用推荐剂量和对水量的上限。在推荐用量和使用技术下，一般施药后 2～4 天即可播种下茬作物。

草甘膦异丙胺盐 glyphosate - isopropylammonium

主要含量与剂型　30%、41%、62%、410 克/升、600 克/升水剂。

产品特点　草甘膦异丙胺盐是草甘膦的一种盐类，属有机磷类内吸传导型广谱灭生性低毒除草剂，主要通过抑制植物体内烯醇丙酮基莽草素磷酸合成酶的活性，而抑制莽草素向苯丙氨酸、酪氨酸及色氨酸的转化，使蛋白质合成受到干扰，最终导致植物死亡。本剂内吸传导性强，不仅能通过茎叶吸收传导至地下部分，而且在同一植株的不同分蘖间也能进行传导，对多年生深根性杂草的地下组织杀灭力很强，能达到一般农业机械无法达到的深度。药剂进入土壤后很快与铁、铝等金属离子结合而失去活性。

适用作物防除对象及使用技术　草甘膦异丙胺盐适用于苹果、梨、柑橘等果园及桑园、橡胶园、林地、免耕玉米田、免耕直播水稻田、非耕地等，能有效防除一年生及多年生禾本科杂草、莎草科杂草和阔叶杂草，对百合科、旋花科及豆科的一些抗性较强的杂草，在大剂量作用下也可以有效防除。

果园、桑园、橡胶园及林地等　草甘膦异丙胺盐适用于果园、桑园及橡胶园除草，以及荒山除草、荒地造林前除草灭灌、维护森林的防火线除草及幼林抚育除草等。一般每亩使用30%水剂300～500毫升，或41%水剂或410克/升水剂250～400毫升，或62%水剂或600克/升水剂150～250毫升，对水30～60千克于杂草旺盛生长期均匀喷施。果园等树木类及幼林抚育除草喷药时，需采用定向喷雾，并加强保护措施，不能喷到果树、树木及幼林苗上，以免发生药害。

旱田　由于各种杂草对草甘膦异丙胺盐的敏感性不同，所以用药量也不相同。防除稗、狗尾草、看麦娘、牛筋草、苍耳、马唐、藜、繁缕、猪殃殃等一年生杂草时，一般每亩使用30%水剂300～350毫升，或41%水剂或410克/升水剂200～250毫升，或62%水剂或600克/升水剂140～170毫升；防除车前草、小飞蓬、鸭跖草、通泉草、双穗雀稗等杂草时，一般每亩使用30%水剂350～500毫升，或41%水剂或410克/升水剂250～350毫升，或62%水剂或600克/升水剂170～230毫升；防除白茅、硬骨草、芦苇、香附子、水花生、水蓼、狗牙根、蛇莓、刺儿菜、野葱、紫菀等多年生难防杂草时，一般每亩使用30%水剂550～700毫升，或41%水剂或410克/升水剂400～500毫升，或62%水剂或600克/升水剂270～350毫升。在杂草生长旺盛期或开花前或开花期施药，每亩药剂对水30～45千克定向对杂草茎叶均匀喷雾，避免使药液接触种植作物的绿色部位。只有芦苇零星发生时，也可在芦苇生长旺盛期，使用30%水剂4～6倍液，或41%水剂或410克/升水剂5～8倍液，或62%水剂或600克/升水剂8～10倍液，戴手套用毛巾蘸取药液涂抹芦苇茎叶2～3次，能将其连根杀死。大豆、玉米、向日葵等作物播种后出苗前，刺儿菜、苣荬菜、鸭跖草、问荆等难防除杂草出苗后，每亩可使用30%水剂300～400毫升，或41%水剂或410克/升水剂200～300毫升，或62%水剂或600克/升水剂150～200毫升，对水10～15千克向杂草进行喷雾，可将上述杂草连根杀死。

水稻田　水稻插秧前需灭草清田时，一般每亩使用30%水剂400～550毫升，或41%水剂或410克/升水剂300～400毫升，或62%水剂或600克/升水剂200～260毫升，对水10～15千克均匀喷洒杂草。若插秧后用药，应将喷头压低并加保护罩，最好选择早上无风条件下喷雾，严禁在刮风时喷雾，以免导致雾滴飘移到水稻秧苗上引起药害。

休闲地、排灌沟渠、道路旁等非耕地　草甘膦异丙胺盐特别适用于这些没有作物的地块或区域除草。一般在杂草生长旺盛期，每亩使用30%水剂550～700毫升，或41%水剂或410克/升水剂400～500毫升，或62%水剂或600克/升水剂280～350毫升，对水20～30千克，向杂草茎叶上均匀喷雾，能有效杀死田间杂草，获得理想除草效果。

注意事项　草甘膦异丙胺盐属灭生性除草剂，不同环境用药量应根据作物对药剂的敏感性及杂草类型确定。作物田及果园或林地内施药需定向喷雾，防止药液飘移到种植作物茎叶上。水剂低温储存时可能会有结晶析出，使用时应充分摇动容器使结晶溶解。

丁草胺 butachlor

主要含量与剂型　5%颗粒剂，50%、60%、85%、900克/升乳油，60%、600克/升水乳剂。

产品特点　丁草胺是一种酰胺类内吸传导型选择性芽期低毒除草剂，经由杂草幼芽和幼小次生根吸收，主要通过阻碍蛋白质合成而抑制细胞生长，使杂草幼株肿大、畸形，颜色深绿，最终死亡。丁草胺对光稳定，在土壤中稳定性小，能被土壤微生物分解，持效期多为30～40天，对下茬作物安全。虽然水稻秧苗能少量吸收丁草胺，但在体内迅速完全代谢分解，所以稻苗耐药力较强。

适用作物防除对象及使用技术　丁草胺主要应用于稻田（移栽水稻田、水稻旱育秧田）和小麦田，可有效防除以种子萌发的禾本科杂草、一年生莎草及部分一年生阔叶杂草，如稗草、千金子、异型莎草、碎米莎草、牛毛毡等，对鸭舌草、节节草、尖瓣花和萤蔺等也有较好防效，但对水三棱、扁秆藨草、野慈姑等多年生杂草基本无效。本剂为苗前选择性除草剂，在杂草种子萌芽前施药效果最好，稗草 2 叶期后施药效果显著降低。

移栽水稻田 北方移栽水稻（秧龄 25～30 天）于移栽后 5～7 天缓苗后施药。每亩使用 50%乳油 120～180 毫升，或 60%乳油或 60%水乳剂或 600 克/升水乳剂 100～150 毫升，或 85%乳油 80～100 毫升，或 900 克/升乳油 70～100 毫升，对水 20～30 千克均匀喷施，或与适量细沙土拌匀后均匀撒施；也可每亩使用 5%颗粒剂 1 500～1 800 克，与 15～20 千克细沙土拌匀后均匀撒施。南方水稻移栽后 3～5 天施药，每亩使用 50%乳油 100～120 毫升，或 60%乳油或 60%水乳剂或 600 克/升水乳剂 85～100 毫升，或 85%乳油 60～70 毫升，或 900 克/升乳油 55～65 毫升，对水 20～30 千克均匀喷施。施药时田间保持水层 3～5 厘米，药后保水 5～6 天，以后恢复正常田间管理。

水稻湿润旱育苗秧田 东北覆膜湿润育秧田，在播下浸种不催芽的种子后，覆盖 2 厘米厚土层，然后每亩使用 50%乳油 100～130 毫升，或 60%乳油或 60%水乳剂或 600 克/升水乳剂 85～110 毫升，或 85%乳油 60～75 毫升，或 900 克/升乳油 55～70 毫升，对水 20～30 千克均匀喷施，而后加盖塑料薄膜，保持床面湿润。特别注意，覆土不得少于 2 厘米，覆土过浅在低温条件下抑制水稻秧苗生长，易造成药害。秧田使用丁草胺，不能与扑草净、西草净混用，因高温条件下扑草净、西草净对秧苗易产生药害。

水稻插秧田 推荐两次用药。水稻插秧前 5～7 天，每亩使用 50%乳油 100～120 毫升，或 60%乳油或 60%水乳剂或 600 克/升水乳剂 80～100 毫升，或 85%乳油 60～70 毫升，或 900 克/升乳油 55～65 毫升，与细沙土 15～20 千克拌匀后，均匀撒施于田间，最好在整地耢平时或耢平后趁水浑浊将药施入。插秧后 15～20 天，再使用与上述药量相同的丁草胺。当稗草与阔叶杂草兼治时，第 2 次施药丁草胺可与苄嘧磺隆、吡嘧磺隆等药剂混用，每亩使用上述剂量丁草胺混加 10%苄嘧磺隆可湿性粉剂 13～20 克（或 30%苄嘧磺隆可湿性粉剂 5～7 克），或 10%吡嘧磺隆可湿性粉剂 10 克均匀喷雾，第 2 次施药时应保持水层 3～5 厘米，药后稳定水层 5～

7 天，只灌不排。需兼防多年生莎草科杂草时可与灭草松混用，每亩使用上述剂量丁草胺混加 48%灭草松水剂 167～200 毫升均匀喷雾，混用前 2 天保持浅水层，使杂草露出水面，施药后 2 天放水回田。如果整地后不能在 3～4 天内插秧时，建议整地后立即施药，经 1～4 天插秧，可有效控制杂草萌芽并增加对水稻的安全性。丁草胺分两次施药既大大提高了对水稻的安全性，又避免了一次性施药因整地与插秧间隔时间过长、稗草叶龄较大难以防除的问题，使对阔叶杂草防效好于一次性施药。

水稻直播田　在播种前 2～3 天施药，每亩使用 50%乳油 100～120 毫升，或 60%乳油或 60%水乳剂或 600 克/升水乳剂 80～100 毫升，或 85%乳油 60～70 毫升，或 900 克/升乳油 55～65 毫升，对水 20～30 千克均匀喷施，药后保水 2～3 天，然后排水播种。也可在秧苗 1 叶 1 心至 2 叶期（稗草 1 叶 1 心期）前施药，每亩使用 50%乳油 120～150 毫升，或 60%乳油或 60%水乳剂或 600 克/升水乳剂 100～125 毫升，或 85%乳油 70～90 毫升，或 900 克/升乳油 65～85 毫升，对水 30～40 千克均匀喷施。

冬小麦、大麦等旱地作物田　冬小麦、大麦播种覆土后，结合灌水或降雨后，在土壤墒情好的状况下施药。每亩使用 50%乳油 120～150 毫升，或 60%乳油或 60%水乳剂或 600 克/升水乳剂 100～125 毫升，或 85%乳油 70～90 毫升，或 900 克/升乳油 65～80 毫升，对水 30～50 千克均匀地面喷雾，可防除一年生禾本科杂草、莎草、菊科和其他阔叶杂草。玉米田、蔬菜地除草也可参照这种施药方法。

注意事项　丁草胺在插秧田使用，若秧苗素质不好，或施药后遇低温、下雨、地不平或灌水过深，可能会产生药害。直播稻田和露地湿润秧田使用丁草胺时安全性较差，易产生药害，应先小区试验取得经验后再扩大推广。早稻秧田若气温低于 15℃时施药会有不同程度药害。丁草胺对 3 叶期以上的稗草防除效果差，必须掌握于杂草 1 叶期至 3 叶期使用，且水层不能淹没秧苗心叶。

啶磺草胺 pyroxsulam

主要含量与剂型 4%可分散油悬浮剂，7.5%水分散粒剂。

产品特点 啶磺草胺是一种磺酰胺类内吸传导型选择性冬小麦田苗后低毒除草剂，具有杀草谱广、除草活性高、药效作用快等特点。药剂经由杂草叶片、鞘部、茎部或根部吸收，在生长点累积，通过抑制乙酰乳酸合成酶活性，使支链氨基酸无法合成，进而影响蛋白质合成，造成细胞分裂受影响，导致杂草停止生长、黄化，然后死亡。施药后杂草即停止生长，一般2～4周后死亡；干旱、低温时杂草枯死速度稍慢，但低温仍有较好的除草效果；施药1小时后降雨不显著影响药效。

适用作物防除对象及使用技术 啶磺草胺主要应用于冬小麦田，对麦田常见禾本科杂草具有良好的防除效果，并对阔叶杂草也有一定防效，可有效防除看麦娘、日本看麦娘、硬草、雀麦、野燕麦、野老鹳草、婆婆纳等杂草，对早熟禾、猪殃殃、泽漆、播娘蒿、荠菜、繁缕、米瓦罐、稻槎菜等杂草也有较好的抑制作用。

冬前或早春施用，在麦苗4～6叶期、一年生禾本科杂草2.5～5叶期施药，杂草出齐后用药越早越好，但小麦起身拔节后不能施用。一般每亩使用4%可分散油悬浮剂15～25毫升，或7.5%水分散粒剂9.4～12.5克，对水15～20千克均匀茎叶喷雾，避免重喷、漏喷。施药后麦苗有时会出现临时性黄化或蹲苗现象，正常用药情况下小麦返青后黄化消失，一般不影响产量。在冬麦区，啶磺草胺冬前茎叶处理（正常剂量）3个月后可种植小麦、大麦、燕麦、玉米、水稻、棉花、大豆、花生、西瓜等作物，6个月后可种植番茄、小白菜、油菜、甜菜、马铃薯、苜蓿、三叶草等作物。如果种植其他后茬作物，应先进行安全性测试，安全后才能种植。若是在上述时间内间作或套种其他作物的冬小麦田，不建议使用本品。

注意事项 啶磺草胺不宜在霜冻低温天气前后施药，也不宜在遭受干旱、涝害、冻害、盐害、病害及营养不良的麦田施用，且施药前后2天内不可大水漫灌麦田。喷药时避免药液飘移到其他作物上。制种田不能施用本剂。

噁唑酰草胺 metamifop

主要含量与剂型 10%、15%、20%乳油，10%、15%、20%可分散油悬浮剂。

产品特点 噁唑酰草胺是一种芳氧苯氧丙酸类内吸传导型低毒除草剂，属乙酰辅酶A羧化酶（ACCase）抑制剂类，通过茎叶吸收，经维管束传导至生长点，通过抑制脂肪酸的生物合成，使生长中的植物叶片变黄枯萎，而达到除草效果。一般施药后1周杂草发黄，约10天后开始腐烂。本剂对环境及水稻安全，杀草谱广。噁唑酰草胺在土壤中主要通过化学和微生物两种途径降解，25℃时在土壤中的半衰期为40～60天，对下茬作物安全。

适用作物防除对象及使用技术 噁唑酰草胺主要用于水稻移栽田和直播田，对大多数禾本科杂草均有防除效果，对千金子、稗草等杂草有良好防效，对旱直播稻田恶性杂草如马唐、牛筋草等防除效果显著。

噁唑酰草胺必须在水稻2叶1心后、禾本科杂草齐苗后施药，在杂草3～5叶期施药效果最佳。一般每亩使用10%乳油或10%可分散油悬浮剂70～80毫升，或15%乳油或15%可分散油悬浮剂40～60毫升，或20%乳油或20%可分散油悬浮35～40毫升，对水30～45千克茎叶喷雾，并确保喷药均匀透彻。不能过早或过晚用药，且应随草龄、密度增大而适当增加用药量。移栽稻田、水直播稻田施药时，应先排干田水，均匀喷雾用药后1～2天复水，水深不能淹没稻心，保持水层5～7天。以马唐为主的旱直播田块需适当增加药量，一般每亩使用10%乳油或10%可分散油悬浮剂80～100毫升，或15%乳油或15%可分散油悬浮剂50～60毫升，或20%乳油或20%可分散油悬浮剂45～50毫升，对水30～45千克均匀茎叶喷雾。旱直播稻田喷药时要求土壤湿润，且施药后要注意及时复水控草，否则马唐容易复发。茎叶喷雾既要均匀周到，又不能重喷、漏喷。重复喷洒药量过多后会导致水稻叶片白化，严重时丛蔸矮缩、新叶抽生困难、叶片窄小似竹叶状、叶枕倒缩、株高仅有正常苗高的1/2～2/3，影响植株生长。若发生药害后，可立即喷施天然芸薹素内酯进行缓解，混喷叶面肥效果更好。

注意事项 噁唑酰草胺不能使用弥雾机喷药，施药时避免药液飘移到邻近的禾本科作物田。环境温度高于35℃时不建议使用，以免影响药效。杂交制种田慎用。

二甲戊灵 pendimethalin

主要含量与剂型 30%、35%、40%悬浮剂，33%、330克/升乳油，450克/升微囊悬浮剂。

产品特点 二甲戊灵是一种二硝基苯胺类选择性低毒除草剂，属微管成型抑制剂类，芽前、芽后均可使用。主要抑制分生组织细胞分裂，不影响杂草种子的萌发。在杂草种子萌发过程中，通过杂草幼芽、茎和根部吸收药剂而起作用。双子叶植物吸收部位为下胚轴，单子叶植物为幼芽，其受害症状是幼芽和次生根被抑制。该药杀草谱广，持效期长，使用方式灵活，混用方便，不易淋溶，在土壤中移动性小，对环境安全性高。

适用作物防除对象及使用技术 二甲戊灵适用于棉花、大豆、玉米、烟草、花生、马铃薯、向日葵、甘蔗、韭菜、洋葱、姜、大蒜、胡萝卜、甘蓝、芹菜、香菜、茴香等作物田及果园等，可有效防除稗草、马唐、狗尾草、金狗尾草、牛筋草、早熟禾、看麦娘等一年生禾本科杂草及藜、马齿苋、苋菜、猪殃殃、繁缕、柳叶刺蓼、卷茎蓼等一年生阔叶杂草。

二甲戊灵使用方法灵活多样，可播前混土、播后芽前或作物移栽前施用。土壤处理时，最好先浇水后施药。土壤黏粒及有机质对二甲戊灵有吸附作用，因此用药量应根据土壤质地和有机质含量来确定。土壤有机质含量高或黏性重时用高剂量，反之用低剂量。该药吸附性强，挥发性小，且不宜光解，因此施药后混土与否对防除杂草效果没有影响。

棉花田 棉花播种前1～3天或播后苗前3天内施药。每亩使用30%悬浮剂165～220毫升，或33%乳油或330克/升乳油或35%悬浮剂150～200毫升，或40%悬浮剂或450克/升微囊悬浮剂125～165毫升，对水30～45千克土壤表面均匀喷雾。营养钵育苗时可在播种覆土后喷药，根据当地杂草情况选择适当用药量，然后覆膜。棉田除草也可采用苗带施药法，酌情减少 1/3～1/2 用药量。苗带施药时需根据实际喷洒面积计算用药量，施药后用旋转锄或中耕机除掉行间杂草。

大豆田　大豆播前或播后苗前土壤处理，最佳施药时期是在播后苗前、杂草萌发前，通常为播后 3 天内施药。一般每亩使用 30%悬浮剂 165～220 毫升，或 33%乳油或 330 克/升乳油 150～200 毫升，或 35%悬浮剂 140～200 毫升，或 40%悬浮剂或 450 克/升微囊悬浮剂 140～160 毫升，对水 35～40 千克均匀喷雾土表。如遇长期干旱土壤含水量较低时，药后适当混土 3～5 厘米，以提高药效。起垄播种大豆也可在施药后培土 2 厘米，以防药剂被风吹走。垄播大豆播后苗前施药也可采用苗带施药法，根据实际喷洒面积计算用药量，施药后用旋转锄或中耕机除掉行间杂草。春播大豆田除草也可在秋季施药，以增强对早春性杂草药效，特别是干旱地区药效稳定，通常在秋季气温降到 10℃以下至封冻前施药。在单子叶、双子叶杂草混发田，二甲戊灵若与异噁草松、咪唑乙烟酸、嗪草酮等除草剂混用，可增加对苍耳、鸭跖草、狼把草、龙葵、香薷、苘麻、刺儿菜、问荆、豚草、苣荬菜等杂草的防除效果，施药时期为大豆播前或播后苗前。一般每亩使用二甲戊灵 30%悬浮剂 165～275 毫升，或 33%乳油或 330 克/升乳油或 35%悬浮剂 150～250 毫升，或 40%悬浮剂或 450 克/升微囊悬浮剂 130～200 毫升，混加 48%异噁草松乳油 50～70 毫升，或 5%咪唑乙烟酸水剂 50～70 毫升，或 70%嗪草酮可湿性粉剂 30～50 克。土壤质地疏松、有机质含量低或低洼地水分好的条件下用低剂量，土壤质地黏重、有机质含量高、岗地土壤水分少的条件下用高剂量。

花生田　花生播前或播后苗前土壤处理。一般每亩使用 30%悬浮剂 165～220 毫升，或 33%乳油或 330 克/升乳油 150～200 毫升，或 35%悬浮剂 160～200 毫升，或 40%悬浮剂或 450 克/升微囊悬浮剂 140～160 毫升，对水 30～40 千克均匀喷雾土表。

玉米田　玉米播种后苗前、苗后均可使用，最佳施药时期是杂草萌发前、播种后 3 天内。一般每亩使用 30%悬浮剂 220～270 毫升，或 33%乳油或 330 克/升乳油或 35%悬浮剂 200～250 毫升，或40%悬浮剂或450克/升微囊悬浮剂170～200毫升，对水45～50千克均匀喷洒土表。若施药时土壤含水量较低，可适当混土，但切忌药土层接触种子。阔叶杂草较多时，播后苗前或苗后早期，与莠去津混用效果较好，能有效防除鸭跖草、龙葵、苘麻、豚草、狼把草等阔叶杂草。一般每亩使用二甲戊灵30%悬浮剂220～270毫升，或33%乳油或330克/升乳油或35%悬浮剂200～250毫升，或40%悬浮剂或450克/升微囊悬浮剂170～200毫升，混加莠去津38%悬浮剂150～200毫升，或48%可湿性粉剂120～160克。具体用药量根据土壤质地和有机质含量确定。

马铃薯田　播后苗前用药，最好在播种覆土后随即施药，播后3天内施药完毕。露地马铃薯一般每亩使用30%悬浮剂165～220毫升，或33%乳油或330克/升乳油或35%悬浮剂150～200毫升，或40%悬浮剂或450克/升微囊悬浮剂130～170毫升，对水30～45千克均匀喷洒土壤表面。覆膜马铃薯一般每亩使用30%悬浮剂130～165毫升，或33%乳油或330克/升乳油或35%悬浮剂120～150毫升，或40%悬浮剂或450克/升微囊悬浮剂100～130毫升，对水30～45千克均匀喷洒土壤表面，用药后及时覆膜。露地马铃薯在喷药后3～5天如遇干旱天气要适量喷水，以保持土壤湿度及除草效果。

洋葱田　直播洋葱田在洋葱播后苗前或苗后施药，一般每亩使用30%悬浮剂140～170毫升，或33%乳油或330克/升乳油或35%悬浮剂120～150毫升，或40%悬浮剂或450克/升微囊悬浮剂110～130毫升，对水30～45千克均匀喷雾，苗前除草时洋葱覆土深度应在2厘米以上。移栽田在移栽前或移栽后均可用药，每亩使用30%悬浮剂170～220毫升，或33%乳油或330克/升乳油或35%悬浮剂150～200毫升，或40%悬浮剂或450克/升微囊悬浮剂140～160毫升，对水30～45千克均匀喷雾。沙质土壤适当减少用药量。

葱田　直播葱田、移栽沟葱田和根茬葱田均可使用。一般每亩使用30%悬浮剂120～170毫升，或33%乳油或330克/升乳油或35%悬浮剂100～150毫升，或40%悬浮剂或450克/升微囊悬浮剂100～120毫升，兑水30～45千克，在播后苗前或移栽前或根茬葱返青前均匀喷雾土壤表面。土壤有机质含量高的田块用高剂量，有机质含量低的田块用低剂量；适当增加土壤湿度有利于提高除草效果。小葱苗床慎用。

大蒜田　播后苗前或苗后早期均可用药，最佳施药时期是蒜瓣移栽后至出苗前、杂草未出苗时。一般每亩使用30%悬浮剂170～220毫升，或33%乳油或330克/升乳油或35%悬浮剂150～200毫升，或40%悬浮剂或450克/升微囊悬浮剂140～160毫升，对水45～60千克均匀喷雾。大蒜出苗早期，单子叶杂草不大于1叶1心期、阔叶杂草不大于2叶期也可施药。施药前注意将土地整平整细，蒜瓣种植后应覆土3～4厘米，避免蒜瓣和药土层接触。在荠菜、猪殃殃较多的地区，二甲戊灵可与乙氧氟草醚混用，每亩使用上述剂量二甲戊灵混加24%乙氧氟草醚乳油30～40毫升。

韭菜田　育苗韭菜田除草，每亩使用30%悬浮剂120～220毫升，或33%乳油或330克/升乳油或35%悬浮剂100～200毫升，或40%悬浮剂或450克/升微囊悬浮剂100～160毫升，对水30～40千克，在韭菜播后苗前均匀喷雾土壤表面。若在第1次用药后40～45天再用药1次，可基本控制整个生育期间的杂草危害。老根韭菜田除草，每亩使用30%悬浮剂150～220毫升，或33%乳油或330克/升乳油或35%悬浮剂150～200毫升，或40%悬浮剂或450克/升微囊悬浮剂120～160毫升，对水30～40千克，于贴地收割植株伤口愈合后进行土壤表面喷雾。如土壤有机质含量达到1.5%以上，则壤质土每亩用药量为30%悬浮剂200～280毫升，或33%乳油或330克/升乳油或35%悬浮剂180～250毫升，或40%悬浮剂或450克/升微囊悬浮剂150～200毫升；黏质土每亩用药量为30%悬浮剂250～320毫升，或33%乳油或330克/升乳油或35%悬浮剂200～300毫升，或40%悬浮剂或450克/升微囊悬浮剂170～250毫升。

芹菜田　芹菜育苗田除草，每亩使用30%悬浮剂120～160毫升，或33%乳油或330克/升乳油或35%悬浮剂100～150毫升，或40%悬浮剂或450克/升微囊悬浮剂100～140毫升，对水30～45千克，在播后苗前均匀喷雾土壤表面。沙壤土适当降低用药量。芹菜移栽田除草，在整地后移栽前1～3天施药，药剂使用量同前述。

胡萝卜田、茴香田　播种后5天之内施药。一般每亩使用30%悬浮剂110～165毫升，或33%乳油或330克/升乳油100～150毫升，或35%悬浮剂100～145毫升，或40%悬浮剂或450克/升微囊悬浮剂80～120毫升，对水30～45千克于播后苗前均匀喷洒土壤表面。

毛豆田、豌豆田　豆类多为大粒种子，对除草剂的耐药性较强，可在播后苗前或移栽前施药。一般每亩使用30%悬浮剂165～220毫升，或33%乳油或330克/升乳油或35%悬浮剂150～200毫升，或40%悬浮剂或450克/升微囊悬浮剂130～165毫升，对水30～45千克均匀喷洒土壤表面。

瓜类田　冬瓜、黄瓜、丝瓜等瓜田除草，在整地后移栽前1～3天施药。一般每亩使用30%悬浮剂110～165毫升，或33%乳油或330克/升乳油或35%悬浮剂100～150毫升，或40%悬浮剂或450克/升微囊悬浮剂90～140毫升，对水30～45千克均匀喷洒土壤表面。香瓜、西瓜等瓜田禁止使用二甲戊灵除草，其他瓜类需进行安全性试验，确认安全后方可使用。

移栽蔬菜田　甘蓝、花椰菜、莴苣、茄子、番茄、青椒等移栽蔬菜田，每亩使用30%悬浮剂165～220毫升，或33%乳油或330克/升乳油或35%悬浮剂150～200毫升，或40%悬浮剂或450克/升微囊悬浮剂130～170毫升，对水30～45千克于移栽前均匀喷雾土表。栽苗时尽量不要翻动土层，整地后尽早施药，沙壤土使用低剂量。

烟草田　移栽定植后除草施药时，一般每亩使用30%悬浮剂110～220毫升，或33%乳油或330克/升乳油或35%悬浮剂100～200毫升，或40%悬浮剂或450克/升微囊悬浮剂90～170毫升，对水30～50千克均匀喷洒地面。作为烟草抑芽剂使用时，先在大部分烟草现蕾时人工打顶，并将烟草扶直，然后使用33%乳油或330克/升乳油100倍液，用杯淋法从顶部淋施用药，使每个腋芽都接触到药液，对侧芽萌发具有明显的抑制效果。

果园　在果树生长季节、杂草出土前施药。一般每亩使用30%悬浮剂250～350毫升，或33%乳油或330克/升乳油或35%悬浮剂200～300毫升，或40%悬浮剂或450克/升微囊悬浮剂

180～250 毫升，对水 30～45 千克均匀喷洒土壤表面。为扩大杀草谱，香蕉、菠萝田除草时也可与莠去津混用，每亩使用二甲戊灵上述剂量混加 38%莠去津悬浮剂 200～300 毫升，对水 30～45 千克均匀喷洒地面。

注意事项 二甲戊灵在土壤沙性重、有机质含量低的田块不宜使用；当土壤黏重或有机质含量超过 1.5%时应使用高剂量。喷药应均匀周到，不能重喷、漏喷。二甲戊灵防除单子叶杂草比双子叶杂草效果好，在双子叶杂草较多时，注意与其他除草剂混用。

二氯喹啉酸 quinclorac

主要含量与剂型 25%、30%、250 克/升悬浮剂，25%可分散油悬浮剂，25%、50%、75%可湿性粉剂，50%可溶粉剂，50%、75%水分散粒剂，25%泡腾粒剂。

产品特点 二氯喹啉酸是一种喹啉羧酸类选择性低毒除草剂，属防除稻田稗草的特效选择性除草剂，对 4～7 叶期稗草效果突出。主要通过稗草根部吸收，也能被发芽的种子吸收，还可少量通过叶部吸收，在杂草体内传导。本剂具有激素型除草剂特点，稗草受害后叶片失绿变为紫褐色直至枯死。水稻的根部能将有效成分降解，因而对水稻安全。该药在土壤中有较大的移动性，很少被土壤吸附，但能被土壤微生物分解。二氯喹啉酸选择性强，施药适期幅度宽，一次施药能控制整个水稻生育期的稗草，但对莎草科杂草的防除效果差。

适用作物防除对象及使用技术 二氯喹啉酸主要用于水稻田，对稗草具有很好的防除效果，尤其对 4～7 叶期高龄稗草效果突出，并对田菁、决明、鸭舌草、雨久花、水芹等杂草也有一定防效。二氯喹啉酸对 2 叶期以后的水稻安全，2.5 叶期前禁止使用。施药前 1～2 天稻田排水，保持湿润，喷雾法施药，药后 2 天放水回田，保持 3～5 厘米水层，5～7 天后恢复正常田间管理。水层不要超过 5 厘米，深水层将会降低除草效果。

水稻插秧田 在稗草 1～7 叶期均可施药，以稗草 2.5～3.5 叶期为最佳。一般每亩使用 25%可湿性粉剂或 25%泡腾粒剂 70～

100 克，或 25%悬浮剂或 250 克/升悬浮剂或 25%可分散油悬浮剂 60～100 毫升，或 30%悬浮剂 50～80 毫升，或 50%可湿性粉剂或 50%可溶粉剂或 50%水分散粒剂 30～50 克，或 75%可湿性粉剂或 75%水分散粒剂 25～35 克，对水 30～40 千克均匀茎叶喷雾。

水稻直播田和水稻秧田　水稻 2 叶期以前的秧苗对二氯喹啉酸较为敏感，必须在秧田或直播田的秧苗 2.5 叶期以后用药，用药剂量、使用方法及田水管理均同插秧田。

需同时防除移栽田或直播田混生的莎草及其他双子叶杂草时，可与苄嘧磺隆、吡嘧磺隆、灭草松等药剂混用。水稻移栽后或直播水稻苗 2.5 叶期后、稗草 3 叶期前施药，每亩使用二氯喹啉酸 25%可湿性粉剂或 25%泡腾粒剂 50～60 克，或 25%悬浮剂或 250 克/升悬浮剂或 25%可分散油悬浮剂 50～60 毫升，或 30%悬浮剂 40～50 毫升，或 50%可湿性粉剂或 50%可溶粉剂或 50%水分散粒剂 25～30 克，或 75%可湿性粉剂或 75%水分散粒剂 17～20 克，混加 10%吡嘧磺隆可湿性粉剂 10 克，或 10%苄嘧磺隆可湿性粉剂 15～17 克，能有效防除稗草、泽泻、慈姑、雨久花、鸭舌草、萤蔺、眼子菜、碎米莎草、异型莎草、牛毛毡等一年生禾本科和莎草科杂草及阔叶杂草，对难防除的扁秆藨草、日本藨草、藨草等多年生莎草科杂草也有较强的抑制作用。若水稻移栽后或直播水稻苗 2.5 叶期后、稗草 3～8 叶期施药，则每亩使用二氯喹啉酸 25%可湿性粉剂或 25%泡腾粒剂 70～100 克，或 25%悬浮剂或 250 克/升悬浮剂或 25%可分散油悬浮剂 60～100 毫升，或 30%悬浮剂 50～80 毫升，或 50%可湿性粉剂或 50%可溶粉剂或 50%水分散粒剂 30～50 克，或 75%可湿性粉剂或 75%水分散粒剂 25～35 克，混加 48%灭草松水剂 170～200 毫升，可有效防除上述多种一年生禾本科杂草、莎草科杂草和阔叶杂草及难防除的多年生莎草科杂草；也可在移栽田插秧前或插秧后，或直播田水稻苗 2.5 叶期后，扁秆藨草、日本藨草、藨草等多年生杂草株高 7 厘米前施药，每亩先单用 10%吡嘧磺隆可湿性粉剂 10 克或 30%苄嘧磺隆可湿性粉剂 10 克，间隔 10～20 天后再使用 10%吡嘧磺隆可湿性粉剂 10 克或 30%苄嘧磺隆可湿性粉剂 10 克，与二氯喹啉酸 25%可湿性粉剂或 25%泡腾粒剂 70～100 克，或 25%悬浮剂或 250 克/升悬浮剂或25%可分散油悬浮剂60～100毫升，或30%悬浮剂50～80毫升，或50%可湿性粉剂或50%可溶粉剂或50%水分散粒剂30～50克，或75%可湿性粉剂或75%水分散粒剂25～35克混用。水稻移栽田按推荐剂量用药，不受水稻品种及秧龄大小影响，机插秧田有浮苗现象且施药偏早时，会发生暂时性伤害，后逐渐恢复。

注意事项 二氯喹啉酸喷药应均匀周到，重复喷洒或用药过量均会产生药害，抑制水稻生长，影响产量。禁止在水稻播种早期胚根或根系暴露在外时使用。二氯喹啉酸对伞形花科（胡萝卜、芹菜、香菜等）、茄科（茄子、番茄、辣椒、马铃薯、烟草等）、锦葵科（棉花、秋葵等）、葫芦科（黄瓜、甜瓜、西瓜、南瓜等）、豆科（青豆、紫花苜蓿等）、菊科（莴苣、向日葵等）、旋花科（甘薯等）、藜科（菠菜、甜菜等）作物非常敏感，用过此药剂的田水流到以上作物田中或喷雾时飘移到上述作物上，均会对这些作物产生药害。用药后8个月内不能种植棉花、大豆等敏感作物，用过该药田块下一年不能种植甜菜、茄子、烟草等，2年后才能种植番茄、胡萝卜等。

砜嘧磺隆 rimsulfuron

主要含量与剂型 4%、12%、22%可分散油悬浮剂，25%水分散粒剂。

产品特点 砜嘧磺隆是一种超高效磺酰脲类内吸传导型选择性苗后低毒除草剂，属乙酰乳酸合成酶抑制剂类，由植物的茎叶和根部吸收，通过木质部和韧皮部迅速传导至分生组织，通过抑制植物体内乙酰乳酸合成酶的活性而阻止支链氨基酸的生物合成，进而阻止细胞分裂，导致敏感杂草心叶停止生长，叶片由上到下依次变黄、失绿、白化，产生退绿、斑枯，直至全株死亡。一般施药后3～4天可以看到杂草受害症状，1～3周杂草死亡。

适用作物防除对象及使用技术 砜嘧磺隆适用于玉米田（对春玉米最安全）、马铃薯田、烟草田，能有效防除多种一年生和多年生杂草，如稗草、马唐、狗尾草、金狗尾草、野燕麦、野高粱、牛筋草、自生麦苗、荠菜、野油菜、野黍、藜、风花菜、反枝苋、马齿苋、鸭跖草、苣荬菜、柳叶刺蓼、酸模叶蓼、苘麻、刺儿菜、鳢肠、豚草、莎草等。

玉米田 春玉米苗后2～4叶期、一年生杂草2～5叶期、杂草基本出齐时施药，人工喷药每亩喷洒药液量30千克，拖拉机喷药为10千克。一年生禾本科杂草在分蘖前用药效果好，多年生杂草则应在枝叶生长丰满时用药效果较好，对施药后萌发的枝叶无效。单独使用时，一般每亩使用4%可分散油悬浮剂30～40毫升，或12%可分散油悬浮剂10～12.5毫升，或22%可分散油悬浮剂5～6.5毫升，或25%水分散粒剂5～6克；混配使用时，一般每亩使用4%可分散油悬浮剂20～25毫升，或12%可分散油悬浮剂7～8毫升，或22%可分散油悬浮剂3.5～4.5毫升，或25%水分散粒剂3～4克，混加38%莠去津悬浮剂120毫升或75%噻吩磺隆水分散粒剂0.7克。配药时，先将砜嘧磺隆在小杯内用少量水配成母液，倒入已盛一半对水量的喷雾器中，搅拌均匀，然后再把适量的莠去津或噻吩磺隆加入喷雾器中，搅拌均匀，最好再加入表面活性剂，最后补足水量、搅拌均匀。一定要在玉米4叶期前施药，如玉米超过4叶期，单用或混用对玉米均有药害，药害症状表现为拔节困难、株高矮小、叶色浅黄、心叶卷缩变硬及发红，10～15天恢复。施药时最好使用扇形喷头，沿单垄均匀喷施，喷药时定喷头高度及行走速度，不要左右甩动。不同玉米品种对药剂敏感性有差异，本剂适用于马齿型、半马齿型、硬质玉米，不推荐用于糯玉米、爆裂玉米、甜玉米及各类型自交系玉米。

马铃薯田 马铃薯播后苗前或苗后茎叶处理均可。苗前除草，单剂使用时，一般每亩使用4%可分散油悬浮剂30～40毫升，或12%可分散油悬浮剂10～12.5毫升，或22%可分散油悬浮剂5～6.5毫升，或25%水分散粒剂5～6克；混配使用时，每亩使用4%可分散油悬浮剂20～25毫升，或12%可分散油悬浮剂7～8毫升，或22%可分散油悬浮剂3.5～4.5毫升，或25%水分散粒剂3～4克，混加38%莠去津悬浮剂120毫升或75%噻吩磺隆水分散粒剂0.7克，对水30～45千克均匀喷雾。苗后施药时期为马铃薯5～7叶期、大多数杂草2～4叶期，每亩使用4%可分散油悬浮剂30～50毫升，或12%可分散油悬浮剂10～16毫升，或22%可分散油悬浮剂6～9毫升，或25%水分散粒剂5～8克，对水30～45千克均匀茎叶喷雾。

烟草田 烟草移栽后杂草2～5叶期，行间定向喷雾处理。每亩使用4%可分散油悬浮剂30～40毫升，或12%可分散油悬浮剂10～13毫升，或22%可分散油悬浮剂5～6.5毫升，或25%水分散粒剂5～7克，对水30～45千克均匀喷雾。

注意事项 砜嘧磺隆喷药应均匀周到，不能重喷或漏喷，严禁将药液直接喷到烟叶、马铃薯茎叶上及玉米的喇叭口内；施药后第2年不能种植亚麻、油菜等敏感作物。使用本剂前后7天内，不能使用有机磷杀虫剂，否则可能会引起玉米药害。后茬可种植小麦、大蒜、向日葵、马铃薯、大豆等作物，但对小白菜、甜菜、菠菜等有药害。

氟磺胺草醚 fomesafen

主要含量与剂型 12.8%、20%乳油，12.8%、20%、30%微乳剂，25%、42%、250克/升水剂，75%水分散粒剂。

产品特点 氟磺胺草醚是一种二苯醚类选择性苗后早期触杀型低毒除草剂，可被杂草茎、叶及根部吸收，传导进入叶绿体内破坏其光合作用，使叶片黄化或产生枯斑，最后枯萎死亡。喷药后4～6小时内降雨不影响其除草效果。该药在土壤中残留期长，不会被土壤钝化，可保持活性数个月，并能被植物根部吸收，有一定的残余杀草作用。正常施用对下茬作物安全，但施药量过大时会对下茬敏感作物如白菜、小麦、高粱、谷子、玉米、甜菜、亚麻等产生药害。大豆施药后叶片会有枯斑，但1周后会恢复正常，不影响后期生长。

适用作物防除对象及使用技术 氟磺胺草醚主要适用于大豆田、花生田防除一年生阔叶杂草，如藜、蓼、苘麻、铁苋菜、反枝苋、马齿苋、猪殃殃、猪毛菜、荠菜、苍耳、龙葵、鳢肠、鬼针草、鸭跖草、水刺针等。

大豆田 大豆3片复叶期以前、一年生阔叶杂草2～5叶期施药。春大豆田，每亩使用12.8%乳油或12.8%微乳剂120～200毫升，或20%乳油或20%微乳剂90～120毫升，或25%水剂或250克/升水剂80～100毫升，或30%微乳剂50～80毫升，或42%水剂45～60毫升，或75%水分散粒剂25～30克，对水15～30千克对杂草茎叶均匀喷雾。夏播大豆田除草，适当降低用药量，一般每亩使用12.8%乳油或12.8%微乳剂120～160毫升，或20%乳油或20%微乳剂75～100毫升，或25%水剂或250克/升水剂60～80毫升，或30%微乳剂50～65毫升，或42%水剂35～45毫升，或75%水分散粒剂20～27克，对水15～30千克均匀喷施。药液中混加适量非离子型表面活性剂效果更好。

花生田　在花生苗后3片真叶前、一年生阔叶杂草2～5叶期施药。一般每亩使用12.8%乳油或12.8%微乳剂100～150毫升，或20%乳油或20%微乳剂75～100毫升，或25%水剂或250克/升水剂50～70毫升，或30%微乳剂50～65毫升，或42%水剂35～45毫升，或75%水分散粒剂20～26克，对水20～30千克均匀茎叶喷雾。药液中混加适量非离子型表面活性剂除草效果更好。

注意事项　氟磺胺草醚对玉米、高粱、谷子、水稻、油菜、亚麻、豌豆、菜豆、马铃薯、瓜类、向日葵、苜蓿、甜菜、烟草及其他蔬菜等较敏感，喷药时应避免药液飘移到邻近敏感作物上。本剂在土壤中的残效期较长，用药量不宜过大，否则会对后茬敏感作物产生不同程度药害。田间套种或混种其他作物的大豆田或花生田，不能使用本剂。

氟唑磺隆 flucarbazone-Na

主要含量与剂型　5%、10%、35%可分散油悬浮剂，70%水分散粒剂。

产品特点　氟唑磺隆是一种磺酰脲类内吸传导型选择性低毒除草剂，可被植物茎叶和根部吸收，并向顶或向基部传导。通过抑制杂草体内乙酰乳酸合成酶的活性，使氨基酸生物合成受阻，正常生理代谢受到破坏，细胞分裂不能进行，植物生长停止，最终导致杂草死亡。本剂活性高，持效期长，用量少，需要准确称取药量，并用水充分稀释。

适用作物防除对象及使用技术 氟唑磺隆适用于春小麦田和冬小麦田苗后茎叶喷雾除草，能有效防除野燕麦、雀麦、看麦娘等禾本科杂草及部分阔叶杂草，对小麦安全性较好。用药时应采用二次稀释法配制药液，即先用少量水将药剂稀释、溶解，再加水到常规喷雾药液量，而后均匀茎叶喷雾，不能超量使用和重喷、漏喷。

春小麦田 最佳施药时期为春小麦 2～3 叶期、杂草 1～3 叶期。每亩使用 5%可分散油悬浮剂 30～40 毫升，或 10%可分散油悬浮剂 15～20 毫升，或 35%可分散油悬浮剂 4～6 毫升，或 70%水分散粒剂 2～3 克，对水 20～30 千克均匀茎叶喷雾。

冬小麦田 最佳施药时期为冬小麦 3 叶期至返青、杂草 2～5 叶期。每亩使用 5%可分散油悬浮剂 40～60 毫升，或 10%可分散油悬浮剂 20～30 毫升，或 35%可分散油悬浮剂 6～8 毫升，或 70%水分散粒剂 3～4 克，对水 20～30 千克均匀茎叶喷雾。

注意事项 氟唑磺隆不要在套种或间作大麦、燕麦、十字花科作物、豆类及其他作物的小麦田使用；使用本剂 3 个月后可种植玉米、大豆、水稻、棉花、花生，9 个月后可以轮作萝卜、大麦、红花、油菜、菜豆、向日葵、亚麻、马铃薯，11 个月后可种植豌豆，24 个月后可种植小扁豆。若后茬轮作其他作物，应先进行试验，确保安全后再轮作。勿在低温 8℃以下及干旱等不良气候条件下施药。小麦拔节后禁止使用。

高效氟吡甲禾灵 haloxyfop-P-methyl

主要含量与剂型 10.8%、22%、48%、108 克/升乳油，17%、28%微乳剂。

产品特点 高效氟吡甲禾灵是一种苯氧羧酸类内吸传导型选择性苗后低毒除草剂，由叶片、茎秆和根系吸收，传导至分生组织，具有杀草谱广、施药适期长、对作物安全、吸收迅速、传导性好、对后茬作物安全等特点。该药通过抑制脂肪酸的生物合成，使敏感杂草细胞生长、分裂停止，细胞膜结构遭到破坏，导致杂草死亡。对从出苗到分蘖及抽穗初期的一年生和多年生禾本科杂草均有很好的防除效果，杂草死亡速度因杂草种类、叶龄不同而稍有不同，一般从施药到杂草死亡需6～10天。敏感杂草吸收药剂后很快停止生长，施药后48小时即可看到杂草的受害症状。先是芽和节等分生组织部位开始变褐，然后心叶逐渐变紫、变黄，直到全株枯死。老叶表现症状稍晚，在枯萎前先变紫、橙或红色。在用药剂量低、杂草较大或干旱条件下，杂草有时不会完全死亡，但植株生长受到抑制，表现为根尖发黑，地上部分短小，结实率降低等。

适用作物防除对象及使用技术 高效氟吡甲禾灵可用于油菜、大豆、棉花、花生、甜菜、亚麻、烟草、向日葵、豌豆、茄子、辣椒、甘蓝、胡萝卜、萝卜、白菜、马铃薯、芹菜、南瓜、西瓜、甜瓜、黄瓜、莴苣、菠菜、番茄等作物田除草，也可用于果园、桑园除草，能有效防除稗草、狗尾草、马唐、野燕麦、牛筋草、野黍、千金子、早熟禾、旱雀麦、看麦娘、黑麦草、匍匐冰草、偃麦草、假高粱、芦苇、狗牙根等一年生及多年生禾本科杂草。从禾本科杂草出苗到抽穗初期都可施药，以杂草3～5叶期至生长旺盛期施药效果最好。该阶段杂草对本剂最敏感，且杂草地上部分较大，易接收较多雾滴。但总体原则是尽量在禾本科杂草出齐后用药。杂草叶龄较大时，可适当提高用药量，以保证获得较好的防除效果。为降低用药成本，也可苗带施药，结合机械中耕防除行间杂草。苗带施药时，需要根据实际喷幅宽度和垄距来计算相应用药量。

油菜田 在油菜苗后、禾本科杂草3～5叶期施药。每亩使用10.8%乳油或108克/升乳油20～30毫升，或17%微乳剂16～20毫升，或22%乳油10～15毫升，或28%微乳剂8～12毫升，或48%乳油5～7毫升，对水20～30千克均匀茎叶喷雾，可有效防除看麦娘、棒头草等禾本科杂草。

大豆田 在大豆苗后防除一年生禾本科杂草。杂草3～4叶期施药，每亩使用10.8%乳油或108克/升乳油25～30毫升，或17%微乳剂16～20毫升，或22%乳油14～16.5毫升，或28%微乳剂10～15毫升，或48%乳油6～7毫升，对水20～30千克均匀茎叶喷雾；杂草4～5叶期施药，每亩使用10.8%乳油或108克/升乳油30～35毫升，或17%微乳剂20～25毫升，或22%乳油16～20毫升，或28%微乳剂15～18毫升，或48%乳油7～8毫升，对水20～30千克均匀茎叶喷雾，施药后6～10天杂草枯死；

杂草5叶期以上施药，用药量适当增加。防除芦苇等多年生禾本科杂草时，每亩使用10.8%乳油或108克/升乳油40～60毫升，或17%微乳剂30～40毫升，或22%乳油25～30毫升，或28%微乳剂20～25毫升，或48%乳油10～15毫升，对水20～30千克均匀茎叶喷雾，杂草株高20～30厘米时施药后8～15天杂草枯死。

高效氟吡甲禾灵在大豆田可以和灭草松、三氟羧草醚、氟磺胺草醚等除草剂混用，同时防除多种单、双子叶杂草。用药时期尽量在大豆苗后禾本科杂草3～5叶期、阔叶杂草2～4叶期，过晚用药会影响对阔叶杂草的防效效果。一般每亩使用高效氟吡甲禾灵10.8%乳油或108克/升乳油30～35毫升，或17%微乳剂20～25毫升，或22%乳油16～20毫升，或28%微乳剂15～18毫升，或48%乳油7～8毫升，混加48%灭草松水剂170～200毫升或21.4%三氟羧草醚水剂70～100毫升或25%氟磺胺草醚水剂70～100毫升，对水20～30千克均匀茎叶喷雾。高效氟吡甲禾灵也可同时与两种防除阔叶杂草的除草剂混用，以扩大杀草谱，增加对阔叶杂草的防除效果并提高对大豆的安全性。混用配方为：每亩使用高效氟吡甲禾灵10.8%乳油或108克/升乳油30毫升，或17%微乳剂20毫升，或22%乳油16毫升，或28%微乳剂15毫升，或48%乳油7毫升，混加48%异噁草松乳油50毫升，再加48%灭草松水剂100毫升（或21.4%三氟羧草醚水剂40～50毫升，或25%氟磺胺草醚水剂40～50毫升，或240克/升乳氟禾草灵乳油17毫升）；或每亩使用高效氟吡甲禾灵10.8%乳油或108克/升乳油30毫升，或17%微乳剂20毫升，或22%乳油16毫升，或28%微乳剂15毫升，或48%乳油7毫升，混加48%灭草松水剂100毫升，再加21.4%三氟羧草醚水剂40～50毫升（或25%氟磺胺草醚水剂40～50毫升，或240克/升乳氟禾草灵乳油17毫升）。

棉花田　在棉花苗后、禾本科杂草3～5叶期施药。每亩使用10.8%乳油或108克/升乳油25～30毫升，或17%微乳剂18～22毫升，或22%乳油14～16毫升，或28%微乳剂12～15毫升，或48%乳油6～7毫升，对水20～30千克均匀茎叶喷雾。

花生田　在花生苗后2～3叶期、禾本科杂草3～5叶期施药。每亩使用10.8%乳油或108克/升乳油30～40毫升，或17%微乳剂 20～25 毫升，或 22%乳油 15～20 毫升，或 28%微乳剂 12～15 毫升，或 48%乳油 7～9 毫升，对水 20～30 千克均匀茎叶喷雾。

马铃薯田　在马铃薯苗后、禾本科杂草 3～5 叶期施药。每亩使用 10.8%乳油或 108 克/升乳油 35～50 毫升，或 17%微乳剂 22～32 毫升，或 22%乳油 18～25 毫升，或 28%微乳剂 15～20 毫升，或 48%乳油 9～11 毫升，对水 30～45 千克均匀茎叶喷雾。

甘蓝田　在甘蓝苗后或移栽缓苗后、禾本科杂草 3～4 叶期施药。每亩使用 10.8%乳油或 108 克/升乳油 30～40 毫升，或 17%微乳剂 20～25 毫升，或 22%乳油 15～20 毫升，或 28%微乳剂 13～16 毫升，或 48%乳油 7～9 毫升，对水 20～30 千克均匀茎叶喷雾。

西瓜田　在西瓜苗后、禾本科杂草 3～4 叶期施药。每亩使用 10.8%乳油或 108 克/升乳油 40～50 毫升，或 17%微乳剂 25～30 毫升，或 22%乳油 20～25 毫升，或 28%微乳剂 16～20 毫升，或 48%乳油 9～11 毫升，对水 20～30 千克均匀茎叶喷雾。

向日葵田　在向日葵 2～3 叶期、禾本科杂草 2～5 叶期施药。每亩使用 10.8%乳油或 108 克/升乳油 60～100 毫升，或 17%微乳剂 40～60 毫升，或 22%乳油 30～50 毫升，或 28%微乳剂 25～40 毫升，或 48%乳油 14～22 毫升，对水 30～40 千克均匀茎叶喷雾。

注意事项　高效氟吡甲禾灵在土壤中降解迅速，残效期短，对后茬作物安全。用药时尽量在杂草出齐后进行，对大龄禾本科杂草效果好。本剂对禾本科作物敏感，避免药液飘移到玉米、水稻、小麦等禾本科作物上。

甲基二磺隆 mesosulfuron-methyl

主要含量与剂型　30 克/升可分散油悬浮剂。

产品特点　甲基二磺隆是一种磺酰脲类内吸传导型选择性苗后茎叶处理低毒除草剂，主要经由植物茎叶吸收，经韧皮部和木质部传导至分生组织，也可少量根部吸收。通过抑制敏感植物体内的乙酰乳酸合成酶活性，使支链氨基酸生物合成受阻，细胞分裂受到抑制，组织生长停止，导致敏感植物死亡。一般情况下，敏感杂草在施药 2～4 小时后吸收量达到高峰，2 天后停止生长，4～7 天后叶片开始黄化，随后出现枯斑，2～4 周后枯死。

适用作物防除对象及使用技术 甲基二磺隆适用于小麦田，软质型和半硬质型冬小麦品种均可使用，某些春小麦和角质（强筋或硬质）型小麦品种（如扬麦 158、豫麦 18、济麦 20 等）对本剂敏感，使用前须先进行小范围安全性试验。可有效防除看麦娘、野燕麦、棒头草、早熟禾、硬草、碱茅、茵草、多花黑麦草、野燕麦、蜡烛草、牛繁缕、播娘蒿、荠菜等麦田多种一年生禾本科杂草和部分阔叶杂草，对雀麦、节节麦、偃麦草等极恶性禾本科杂草适当增加用药量也有较好控制效果。

冬小麦返青至拔节前或春小麦 3～5 叶期、杂草 2～5 叶期茎叶喷雾处理，冬小麦以冬前用药为宜，原则上靶标杂草基本出齐苗后用药越早越好。一般每亩使用 30 克/升可分散油悬浮剂 20～40 毫升，对水 25～30 千克均匀茎叶喷雾；若使用拖拉机喷药，每亩药剂对水 7～15 千克。防除稻茬麦田中的早熟禾、硬草、碱茅、茵草、看麦娘等禾本科杂草时，建议每亩使用 30 克/升可分散油悬浮剂 20～30 毫升；防除旱茬麦田中的雀麦、节节麦、蜡烛草、毒麦、黑麦草等恶性禾本科杂草时，建议每亩使用 30 克/升可分散油悬浮剂 30～40 毫升。若在药液中混加药液量 0.2%～0.7%的表面活性剂，能显著保证除草效果。

注意事项 甲基二磺隆使用后有蹲苗现象，有些小麦品种可能还会出现黄化或矮化现象，但小麦返青起身后黄化自然消失。麦田需要套种下茬作物时，应于小麦起身拔节 55 天以后进行。冬季低温霜冻期、小麦起身拔节期、大雨前，以及低洼积水或遭受涝害、冻害、盐碱害、病害等胁迫的小麦田不宜施用。小麦正常成熟收获后，播种下茬玉米、水稻、花生、大豆、棉花等作物均无不良影响。

甲咪唑烟酸 imazapic

主要含量与剂型 240 克/升水剂，240 克/升可溶液剂。

产品特点 甲咪唑烟酸是一种咪唑啉酮类内吸传导型选择性低

毒除草剂，芽前和芽后早期均可使用，杀草谱广，持效期长，使用方便，一次用药可有效控制杂草达3个月。土壤处理经由杂草幼芽或幼苗吸收，苗后早期用药通过地上茎叶吸收。药剂进入植物体后积累在生长旺盛部位，通过抑制乙酰乳酸合成酶或乙酰羟酸合成酶的活性，使支链氨基酸合成受阻，生长受到抑制，逐渐致使杂草组织变黄、腐烂，植株枯死。一般用药后8小时内杂草停止生长，1～3天后组织变黄。花生吸收药剂后，可通过羟基化和糖基化作用快速解毒，故对花生安全。

适用作物防除对象及使用技术 甲咪唑烟酸适用于花生田和甘蔗田，可有效防除或抑制多种一年生禾本科杂草、阔叶杂草及莎草，如稗草、马唐、牛筋草、狗尾草、千金子、反枝苋、马齿苋、藜、蓼、丁香蓼、苘麻、龙葵、荠菜、碎米荠、牛繁缕、苍耳、胜红蓟、莲子草、空心莲子草、打碗花、碎米莎草、香附子等。

花生田 既可在花生播种后出苗前进行土壤喷药处理，又可播后花生3～4片复叶期、禾本科杂草1～3叶期、阔叶杂草2～4叶期均匀茎叶喷雾。一般每亩使用240克/升水剂或240克/升可溶液剂20～30毫升，对水30～45千克均匀喷洒地面或均匀茎叶喷雾。

甘蔗田 播后苗前（芽前）用药，土壤表面喷雾处理，每亩使用240克/升水剂或240克/升可溶液剂30～40毫升，对水45～60千克均匀喷洒地面。甘蔗苗后用药，在无风天使用保护罩于行间定向均匀喷雾，每亩使用240克/升水剂或240克/升可溶液剂20～30毫升，对水45～60千克均匀定向喷雾。果蔗田慎用。

注意事项 甲咪唑烟酸在土壤中残效期较长，应合理安排后茬作物。间隔4个月后可播种小麦，9个月后可播种玉米、大豆、烟草，18个月后可播种甜玉米、棉花、大麦，24个月后可种植黄瓜、油菜、菠菜，36个月后可种植香蕉、番薯等。间套作或混种有禾本科作物的田块，不能使用本剂。用药后，偶尔会引起花生或蔗苗的轻微褪绿，或暂时受到抑制生长，这些现象均属暂时性的，很快作物便恢复正常生长，不影响作物产量。

精噁唑禾草灵 fenoxaprop-P-ethyl

主要含量与剂型 10%、100 克/升乳油，6.9%、7.5%、10%、69 克/升水乳剂。

产品特点 精噁唑禾草灵是一种芳氧苯氧羧酸酯类内吸传导型选择性苗后茎叶处理低毒除草剂，属脂肪酸合成抑制剂类。经由植物茎叶吸收后传导到叶基、节间分生组织、根部生长点等分生组织中，通过抑制乙酰辅酶 A 羧化酶的活性而抑制脂肪酸的生物合成，使植物生长点的生长受到阻碍，叶片内叶绿素含量降低，茎、叶组织中游离氨基酸及可溶性糖增加，植物正常新陈代谢受到破坏，最终导致敏感植物死亡。施药后 2～3 天内敏感杂草停止生长，5～7 天心叶失绿变紫色，分生组织变褐，继而分蘖基部坏死，叶片变紫并逐渐枯死。

制剂分为加解毒剂产品和不加解毒剂产品两种类型。

适用作物防除对象及使用技术 不加解毒剂的精噁唑禾草灵适用于豆类、花生、油菜、棉花、亚麻、烟草、甜菜、马铃薯、苜蓿、向日葵、甘薯等大田作物，还可用于茄子、黄瓜、大蒜、洋葱、胡萝卜、芹菜、甘蓝、花椰菜、香菜、南瓜、菠菜、番茄、芦笋等蔬菜，以及苹果、梨、草莓、樱桃、柑橘、咖啡、无花果、菠萝、葡萄、阔叶药用植物、观赏植物、芳香植物、木本植物等；加解毒剂的精噁唑禾草灵适用于小麦田、大麦田、高羊茅草坪。均可有效防除看麦娘、野燕麦、稗草、马唐、假高粱、硬草、画眉草、蟋蟀草、稻李氏禾、牛筋草、狗尾草、菵草等多种禾本科杂草。

不加解毒剂的精噁唑禾草灵：

大豆田 在大豆 2～3 复叶期、禾本科杂草 2 叶期至分蘖期施药。一般每亩使用 6.9%水乳剂或 69 克/升水乳剂 50～80 毫升，或 7.5%水乳剂 45～70 毫升，或 10%乳油或 10%水乳剂或 100 克/升乳油 40～60 毫升，对水 20～30 千克，用扇形喷头均匀茎叶喷雾。也可在大豆苗后、禾本科杂草 3～5 叶期、阔叶杂草 2～4 叶期，与灭草松、氟磺胺草醚、乳氟禾草灵、三氟羧草醚等除草剂混用，以扩大杀草谱（潮湿条件下用低剂量，干旱条件下用高剂量）。

精噁唑禾草灵与灭草松混用时对大豆安全性好，可有效防除禾本科杂草和苍耳、刺儿菜、大蓟、反枝苋、酸模叶蓼、柳叶刺蓼、藜、苣荬菜、苘麻、狼把草、田旋花、打碗花及1～2叶期的鸭跖草等一年生与多年生阔叶杂草，混用剂量一般为：每亩使用精噁唑禾草灵6.9%水乳剂或69克/升水乳剂50～70毫升，或7.5%水乳剂45～65毫升，或10%乳油或10%水乳剂或100克/升乳油40～50毫升，混加48%灭草松水剂170～200毫升。精噁唑禾草灵与氟磺胺草醚混用安全性较好，在高温或低洼地排水不良、田间长期积水、病虫为害影响大豆生长发育时，大豆易产生触杀性药害，一般10～15天便可恢复，不影响产量，可有效防除禾本科杂草和苍耳、苘麻、狼把草、龙葵、反枝苋、藜、酸模叶蓼、柳叶刺蓼、香薷、水棘针、苣荬菜等一年生与多年生阔叶杂草，混用剂量一般为：每亩使用6.9%水乳剂或69克/升水乳剂50～70毫升，或7.5%水乳剂45～65毫升，或10%乳油或10%水乳剂或100克/升乳油40～50毫升，混加25%氟磺胺草醚水剂70～100毫升。精噁唑禾草灵与乳氟禾草灵混用，可有效防除禾本科杂草和苍耳、苘麻、狼把草、龙葵、铁苋菜、香薷、水棘针、反枝苋、地肤、藜、鸭跖草、酸模叶蓼、柳叶刺蓼、卷茎蓼等一年生与多年生阔叶杂草，混用剂量一般为：每亩使用6.9%水乳剂或69克/升水乳剂50～70毫升，或7.5%水乳剂45～65毫升，或10%乳油或10%水乳剂或100克/升乳油40～50毫升，混加240克/升乳氟禾草灵乳油23～27毫升。精噁唑禾草灵与三氟羧草醚混用，虽然表现有三氟羧草醚触杀性药害，但不影响产量，可有效防除禾本科杂草和苍耳（2叶期以前）、苘麻、狼把草、龙葵、铁苋菜、香薷、水棘针、反枝苋、藜（2叶期以前）、鸭跖草（3叶期以前）、酸模叶蓼、柳叶刺蓼、节节蓼等一年生与多年生阔叶杂草，混用剂量一般为：每亩使用6.9%水乳剂或69克/升水乳剂50～70毫升，或7.5%水乳剂45～65毫升，或10%乳油或10%水乳剂或100克/升乳油40～50毫升，混加21.4%三氟羧草醚水剂67～80毫升。

精噁唑禾草灵与两种防除阔叶杂草的除草剂三元混用，不仅可以扩大杀草谱、药效好，而且对大豆安全。一般每亩使用6.9%水乳剂或69克/升水乳剂40～50毫升，或7.5%水乳剂37～46毫升，或10%乳油或10%水乳剂或100克/升乳油28～35毫升，混加48%异噁草松乳油50毫升，再加48%灭草松水剂100毫升或25%氟磺胺草醚水剂40～50毫升。

花生田　在花生2～3叶期、禾本科杂草3～5叶期施药，每亩使用6.9%水乳剂或69克/升水乳剂45～60毫升，或7.5%水乳剂42～55毫升，或10%乳油或10%水乳剂或100克/升乳油35～45毫升，对水20～30千克均匀茎叶喷雾。

油菜田　在油菜3～6叶期、一年生禾本科杂草3～5叶期施药。冬油菜每亩使用6.9%水乳剂或69克/升水乳剂40～50毫升，或7.5%水乳剂37～46毫升，或10%乳油或10%水乳剂或100克/升乳油30～35毫升，春油菜田每亩使用6.9%水乳剂或69克/升水乳剂50～60毫升，或7.5%水乳剂46～55毫升，或10%乳油或10%水乳剂或100克/升乳油35～42毫升，对水20～30千克均匀茎叶喷雾。

棉花田　在棉花3～5叶期、一年生禾本科杂草3～5叶期施药。每亩使用6.9%水乳剂或69克/升水乳剂50～70毫升，或7.5%水乳剂45～65毫升，或10%乳油或10%水乳剂或100克/升乳油35～48毫升，对水30～45千克均匀茎叶喷雾。

十字花科蔬菜田　在直播蔬菜3～5真叶期或移栽蔬菜缓苗后、一年生禾本科杂草2～5叶期施药。每亩使用6.9%水乳剂或69克/升水乳剂50～60毫升，或7.5%水乳剂45～55毫升，或10%乳油或10%水乳剂或100克/升乳油35～42毫升，对水20～40千克均匀茎叶喷雾。

加解毒剂的精噁唑禾草灵：

冬小麦田　在冬小麦苗后至冬后起身拔节前、一年生禾本科杂草2叶至分蘖期（杂草刚出齐苗至4叶期最佳）施药。一般每亩使用6.9%水乳剂或69克/升水乳剂50～60毫升，或7.5%水乳剂45～55毫升，或10%乳油或10%水乳剂或100克/升乳油35～42毫升，对水30～45千克均匀茎叶喷雾。

精噁唑禾草灵可与多种防除阔叶杂草的除草剂混用，以扩大杀草谱，但不能与灭草松、激素类盐制剂混用。冬小麦田防除一年生禾本科杂草及阔叶杂草时，一般每亩使用精噁唑禾草灵6.9%水乳剂或69克/升水乳剂45～55毫升，或7.5%水乳剂42～50毫升，或10%乳油或10%水乳剂或100克/升乳油30～40毫升，混加75%异丙隆可湿性粉剂80～100克（冬前）或100～150克（春季），或75%苯磺隆水分散粒剂1～1.7克。土壤墒情好除草效果好，干旱时使用高剂量，水分适宜、杂草小时使用低剂量。拖拉机喷药时每亩药剂对水7～10千克均匀喷雾。

春小麦田　在小麦3叶期至拔节前、杂草2叶期至分蘖期施药，以杂草刚出齐苗的2～4叶期效果最佳。每亩使用6.9%水乳剂或69克/升水乳剂70～80毫升，或7.5%水乳剂65～75毫升，或10%乳油或10%水乳剂或100克/升乳油50～60毫升，对水20～30千克均匀茎叶喷雾。

精噁唑禾草灵可与多种防除阔叶杂草的除草剂混用，以扩大杀草谱，但不能与灭草松、激素类盐制剂混用。春小麦田防除一年生禾本科杂草及阔叶杂草时，一般每亩使用精噁唑禾草灵6.9%水乳剂或69克/升水乳剂50～70毫升，或7.5%水乳剂45～65毫升，或10%乳油或10%水乳剂或100克/升乳油35～48毫升，混加25%溴苯腈乳油130毫升，或72% 2，4-滴丁酯乳油50毫升，或75%苯磺隆水分散粒剂1～1.2克，或75%噻吩磺隆水分散粒剂1～1.2克。土壤墒情好、杂草小使用低剂量，干旱条件下使用高剂量。拖拉机喷药时每亩药剂对水7～10千克均匀茎叶喷雾。

注意事项　精噁唑禾草灵对阔叶作物安全。不加解毒剂的精噁唑禾草灵用于大豆田、花生田防除禾本科杂草时，施药时期长，但以早期用药效果最佳；加解毒剂的精噁唑禾草灵不能用于大麦田、燕麦田及其他禾本科作物田。

氯氟吡氧乙酸 fluroxypyr

主要含量与剂型　20%、200克/升乳油。

产品特点　氯氟吡氧乙酸是一种吡啶类内吸传导型选择性苗后茎叶处理低毒除草剂，具有除草活性较高、渗透性较强、药效迅速、对下茬阔叶作物安全等特点。药剂经由植物叶面吸收，并迅速传导至植株其他部位，使敏感植物出现激素类除草剂的反应，植株扭曲、畸形，停止生长。在耐药性植物如小麦体内，本剂被转化成共轭物而失去毒性，所以具有选择性。其最终除草效果不受温度影响，但温度影响药效发挥速度，温度低时药效发挥较慢，植物中毒后停止生长，但不立即死亡，待气温升高后才很快死亡。

适用作物防除对象及使用技术 氯氟吡氧乙酸适用于小麦田、玉米田、苹果园及水田畦畔，用于防除阔叶杂草，如猪殃殃、播娘蒿、米瓦罐、大巢菜、荠菜、香薷、马齿苋、反枝苋、龙葵、泽漆、繁缕、牛繁缕、鼬瓣花、田旋花、打碗花、苘麻、鳢肠、杠板归、飞蓬、蛇莓、曼陀罗、铁苋菜、空心莲子菜（水花生）、遏蓝菜、野豌豆、红蓼、酸模叶蓼、柳叶刺蓼、卷茎蓼等。具体用药量根据田间杂草种类及大小而定，对敏感杂草及杂草小时用低剂量，对难防除杂草及杂草大时用高剂量。喷药时，在药液中混加 0.2%的非离子表面活性剂，可显著提高药效。

小麦田 氯氟吡氧乙酸对小麦安全性好，从小麦出苗到分蘖期均可使用。冬小麦最佳施药时期为冬后返青期或分蘖盛期至拔节前，春小麦为 3～5 叶期、阔叶杂草 2～4 叶期，一般每亩使用 20%乳油或 200 克/升乳油 50～70 毫升，对水 30 千克均匀茎叶喷雾。为扩大杀草谱、降低用药成本，氯氟吡氧乙酸可与多种除草剂混用。如每亩使用氯氟吡氧乙酸 20%乳油或 200 克/升乳油 30～40 毫升，混加 72% 2,4-滴丁酯乳油 35 毫升（或 56%2 甲 4 氯钠可溶粉剂 60 克），可增加对婆婆纳、泽漆、荠菜、碎米荠、藜、问荆、苣荬菜、田旋花、藨草、苍耳、苘麻等杂草的防除效果；每亩使用氯氟吡氧乙酸 20%乳油或 200 克/升乳油 50～70 毫升，混加 6.9%精噁唑禾草灵（加解毒剂）水乳剂 50～67 毫升，可有效防除野燕麦、看麦娘、硬草、棒头草、稗草、马唐、千金子等禾本科杂草。

玉米田 在玉米苗后 3～5 叶期、杂草 2～5 叶期用药，一般每亩使用 20%乳油或 200 克/升乳油 50～70 毫升，对水 20～30 千克均匀茎叶喷雾。防除田旋花、打碗花、马齿苋等难防除杂草时，每亩用药量为 20%乳油或 200 克/升乳油 70～100 毫升。不能在甜玉米、爆裂玉米等特种玉米田及制种玉米田使用。用药时防止药液飘移到邻近的阔叶作物（如大豆、花生、甘薯等）上。

水田畦畔　主要用于防除空心莲子草（水花生）等阔叶杂草，在杂草2～5叶期施药。一般每亩使用20%乳油或200克/升乳油50～70毫升，或氯氟吡氧乙酸20%乳油或200克/升乳油20毫升混加41%草甘膦水剂200毫升，或氯氟吡氧乙酸20%乳油或200克/升乳油30毫升混加41%草甘膦水剂150毫升，对水20～30千克定向均匀茎叶喷雾。

苹果园、葡萄园及非耕地　在阔叶杂草2～5叶期用药，一般每亩使用20%乳油或200克/升乳油75～150毫升，对水30～45千克均匀定向喷雾。防除葎草、益母草、茅莓、鸭跖草等难防除杂草时，每亩使用氯氟吡氧乙酸20%乳油或200克/升乳油80～100毫升混加41%草甘膦水剂100～150毫升，对水定向均匀茎叶喷雾。

注意事项　氯氟吡氧乙酸喷药时避免药液飘移到大豆、花生、甘薯、甘蓝等阔叶作物上。果园内喷药时，应采取地面定向喷雾，避免将药液直接喷洒到树叶上；不能在茶园、香蕉园及其附近地块使用本剂。喷药1小时后下雨，基本不影响药效。

氰氟草酯 cyhalofop-butyl

主要含量与剂型　10%、15%、20%、25%、100克/升水乳剂，15%微乳剂，10%、15%、20%、30%、40%可分散油悬浮剂，10%、15%、20%、30%、100克/升乳油，20%可湿性粉剂。

产品特点　氰氟草酯是一种芳氧苯氧丙酸酯类内吸传导型选择性苗后茎叶处理低毒除草剂，对水稻具有高度安全性。药剂由植物叶片和叶鞘吸收，经韧皮部传导，在植物分生组织内积累，通过抑制乙酰辅酶A羧化酶活性，使脂肪酸合成停止，导致植物死亡。施药后杂草即停止生长，5～7天后杂草自心叶开始黄化、褐化，逐渐扩散至全株，2～3周内全株死亡。在水稻体内，氰氟草酯可被迅速降解为对乙酰辅酶A羧化酶无活性的二元酸，所以对水稻具有高度安全性。对后茬作物安全。

适用作物防除对象及使用技术　氰氟草酯主要应用于水稻田，用于防除稗草、千金子、马唐、狗尾草、双穗雀稗、牛筋草等禾本科杂草，对阔叶杂草和莎草科杂草无效。近几年随着杂草抗药性的不断提升，氰氟草酯的有效使用剂量也在大幅提高。

在水稻 2 叶 1 心期即可开始用药，最佳施药期为稗草 2～3 叶期，随杂草叶龄增大，应适当提高用药量。稗草 2～3 叶期，每亩使用 10%水乳剂或 10%可分散油悬浮剂或 10%乳油或 100 克/升水乳剂或 100 克/升乳油 100～200 毫升，或 15%水乳剂或 15%微乳剂或 15%可分散油悬浮剂或 15%乳油 80～130 毫升，或 20%水乳剂或 20%可分散油悬浮剂或 20%乳油 60～100 毫升，或 20%可湿性粉剂 60～100 克，或 25%水乳剂 50～80 毫升，或 30%可分散油悬浮剂或 30%乳油 40～65 毫升，或 40%可分散油悬浮剂 30～50 毫升；稗草 4～5 叶期，每亩使用 10%水乳剂或 10%可分散油悬浮剂或 10%乳油或 100 克/升水乳剂或 100 克/升乳油 200～300 毫升，或 15%水乳剂或 15%微乳剂或 15%可分散油悬浮剂或 15%乳油 130～180 毫升，或 20%水乳剂或 20%可分散油悬浮剂或 20%乳油 100～150 毫升，或 20%可湿性粉剂 100～150 克，或 25%水乳剂 70～110 毫升，或 30%可分散油悬浮剂或 30%乳油 65～90 毫升，或 40%可分散油悬浮剂 50～70 毫升；稗草 5 叶以上或密度过大时，再适当增加用药剂量。每亩药剂对水 30～40 千克均匀茎叶喷雾。若杂草点片发生，可进行点喷，以降低用药成本。

施药时，土表水层小于 1 厘米或排干（土壤水分呈饱和状态）能达最佳药效，杂草植株 50%高出水面有较好的药效。旱育秧田或旱直播田，施药时田间持水量饱和可促使杂草生长旺盛，进而保证最佳药效。施药后 24～48 小时灌水，防止新杂草萌发。干燥情况下需适当增加用药剂量。

注意事项 氰氟草酯在土壤中和水稻田中降解迅速，无残留药害，应尽量避免用作土壤处理（毒土法、毒肥法等）。本剂与部分阔叶杂草除草剂如 2，4-滴丁酯、2 甲 4 氯、灭草松、磺酰脲类等混用时，可能会发生拮抗现象，表现为氰氟草酯药效降低；如需防除阔叶杂草及莎草科杂草时，最好在施用本剂 7 天后再施用其他阔叶杂草除草剂。

炔草酯 clodinafop-propargyl

主要含量与剂型 8%、15%、20%水乳剂，15%、24%微乳剂，8%、24%乳油，8%可分散油悬浮剂，15%、20%可湿性粉剂。

产品特点 炔草酯是一种芳氧苯氧丙酸酯类内吸传导型选择性茎叶处理低毒除草剂，由植物叶片和叶鞘吸收，在韧皮部传导，积累于植物分生组织内，通过抑制乙酰辅酶A羧化酶的活性，使脂肪酸合成受阻，细胞生长分裂不能正常进行，膜系统等含脂结构受到破坏，最后导致植物死亡。施药后到杂草死亡，一般需1～3周。本剂耐低温、耐雨水冲刷、使用适期宽、除草效果稳定，对小麦安全。在土壤中迅速降解，对后茬作物无影响。

适用作物防除对象及使用技术 炔草酯适用于小麦田，能有效防除野燕麦、看麦娘、硬草、菵草、棒头草、稗草、早熟禾、狗尾草等多种禾本科杂草。

春小麦3～5叶期、冬小麦返青期至拔节期，田间禾本科杂草2～5叶期施药效果最佳。春小麦田，每亩使用8%水乳剂或8%乳油或8%可分散油悬浮剂40～60毫升，或15%水乳剂或15%微乳剂20～30毫升，或15%可湿性粉剂20～30克，或20%水乳剂15～23毫升，或20%可湿性粉剂15～23克，或24%微乳剂或24%乳油12.5～19毫升，对水30～45千克均匀茎叶喷雾。冬小麦田，每亩使用8%水乳剂或8%乳油或8%可分散油悬浮剂55～75毫升，或15%水乳剂或15%微乳剂30～40毫升，或15%可湿性粉剂30～40克，或20%水乳剂23～30毫升，或20%可湿性粉剂23～30克，或24%微乳剂或24%乳油20～25毫升，对水30～45千克均匀茎叶喷雾。为保证药效，最好使用扇形或空心圆锥形喷头细雾滴均匀喷施，不能漏喷、重喷。硬草、菵草等所占比例高的田块和春季草龄较大时，应使用高剂量。

注意事项 炔草酯不能与碱性农药混用；大麦田、燕麦田不能使用；4天内有大雨或霜冻、阴雨天及低洼积水或遭受涝害、冻害、盐害、营养不良的小麦田不宜使用。

双氟磺草胺 florasulam

主要含量与剂型 5%、10%、50 克/升悬浮剂，5%可分散油悬浮剂，10%可湿性粉剂，10%水分散粒剂。

产品特点 双氟磺草胺是一种三唑嘧啶磺酰胺类内吸传导型选择性苗后茎叶处理低毒除草剂，属乙酰乳酸合成酶抑制剂类，杀草谱广，混用性好，用药适期宽，冬前和早春均可施药，尽可能较早用药，除草效果更佳。药剂被植物根部和嫩芽吸收，经由木质部和韧皮部快速传导至分生组织，通过抑制乙酰乳酸合成酶的活性而抑制支链氨基酸合成，使细胞分裂和伸长受阻，逐渐导致杂草枯死。低温环境下药效稳定，即使在 2℃时仍能保证稳定药效。对后茬作物安全。

适用作物防除对象及使用技术 双氟磺草胺适用于小麦田，能有效防除猪殃殃、播娘蒿、荠菜、麦家公、繁缕、泽漆等一年生阔叶杂草。

常于冬小麦苗后返青期至分蘖末期。一年生阔叶杂草 2～6 叶期施药。一般每亩使用 5%悬浮剂或 50 克/升悬浮剂或 5%可分散油悬浮剂 5～6 毫升，或 10%悬浮剂 2.5～3 毫升，或 10%水分散粒剂或 10%可湿性粉剂 2.5～3 克，对水 20～30 千克均匀茎叶喷雾，喷药应均匀周到，不能漏喷、重喷。本剂药效高、使用量小，悬浮剂类使用前必须摇匀，并采用二次稀释法配药。

注意事项 双氟磺草胺活性高、用量少，一定要准确称量剂量。喷药时，避免药液飘移到邻近敏感作物上，以防发生药害。

五氟磺草胺 penoxsulam

主要含量与剂型 5%、10%、15%、20%、25 克/升、50 克/升可分散油悬浮剂，22%悬浮剂，0.3%颗粒剂。

产品特点 五氟磺草胺是一种三唑嘧啶磺酰胺类内吸传导型选择性芽后处理低毒除草剂，通过抑制乙酰乳酸合成酶（ALS）的活性而抑制支链氨基酸合成，导致蛋白质合成受阻，细胞分裂受到抑制，而发挥除草作用。药剂经杂草叶片、叶鞘及根部吸收，在韧皮部和木质部内传导至分生组织，造成杂草生长停止、黄化，然后死亡。本剂处理后的杂草 2～4 天生长点褪色，有时叶脉变红，药后 7～14 天茎尖、叶芽开始枯萎坏死，2～4 周杂草死亡。幼小杂草死亡较快，植株和草龄较大杂草死亡较慢，不良环境条件会减慢药效发挥速度。五氟磺草胺对禾本科杂草、莎草及阔叶杂草均有良好的防除效果，尤其对稗草防除效果更佳，特别对大龄稗草也有很好防效，且对水稻安全。

适用作物防除对象及使用技术 五氟磺草胺适用于水稻田防除多种一年生杂草，如稗草、异型莎草、牛毛毡、鳢肠、鸭舌草、雨久花、野慈姑、节节菜、陌上菜、藜、水苋菜、小蓟等。对稗草的许多亚种效果均好，包括对二氯喹啉酸、敌稗及乙酰辅酶 A 羧化酶抑制剂产生抗性的稗草，并对许多磺酰脲类产生抗性的杂草也有较好防效，但对千金子无效。

五氟磺草胺对籼稻和粳稻安全性好，直播田、移栽田均可使用，苗后茎叶喷雾或毒土处理均可。在田间大多数杂草 1～4 叶期使用效果最佳，持效期可达 30～60 天。施药量根据稗草密度和叶龄大小而定，稗草密度高、草龄大，使用上限剂量。草龄大或干旱天气建议添加助剂，以提高除草效果。

水稻直播田 水稻 2 叶 1 心期后、稗草 2～3 叶期施药。一般每亩使用 25 克/升可分散油悬浮剂 40～80 毫升，或 5%可分散油悬浮剂或 50 克/升可分散油悬浮剂 20～40 毫升，或 10%可分散油悬浮剂 10～20 毫升，或 15%可分散油悬浮剂 10～15 毫升，或 20%可分散油悬浮剂 6～10 毫升，或 22%悬浮剂 5～9 毫升，对水 15～30 千克均匀茎叶喷雾。配药前将药剂充分摇匀，采用二次稀释法配制药液。施药前排水，确保杂草茎叶 2/3 以上露出水面，施药后 24 小时内回水，保持 3～5 厘米深水层 5～7 天，切忌水层淹没稻苗心叶，避免产生药害。也可每亩使用 0.3%颗粒剂 500～800 克，拌适量细沙土均匀撒施，水层管理要求同上。

水稻秧田 在杂草 2～3 叶期施药。一般每亩使用 25 克/升可分散油悬浮剂 35～45 毫升，或 5%可分散油悬浮剂或 50 克/升可分散油悬浮剂 18～25 毫升，或 10%可分散油悬浮剂 8～12 毫升，或 15%可分散油悬浮剂 6～9 毫升，或 20%可分散油悬浮剂 4～6 毫升，或 22%悬浮剂 3～5 毫升，对水 30～50 千克均匀茎叶喷雾。药液配制及水层管理技术同直播田。

水稻移栽田 通常在水稻移栽缓苗后、稗草 2～3 叶期施药，茎叶喷雾或拌土撒施。一般每亩使用 25 克/升可分散油悬浮剂60～100 毫升，或 5%可分散油悬浮剂或 50 克/升可分散油悬浮剂 25～45 毫升，或 10%可分散油悬浮剂 10～20 毫升，或 15%可分散油悬浮剂 10～15 毫升，或 20%可分散油悬浮剂 6～10 毫升，或 22%悬浮剂 5～9 毫升，对水 20～30 千克均匀茎叶喷雾，或与适量细沙土拌匀后均匀撒施；或每亩使用 0.3%颗粒剂 500～800 克，拌适量细沙土后均匀撒施。施药时保持田间水层 3～5 厘米，不能淹没水稻心叶，施药后保水 5～7 天，只灌不排。

注意事项 五氟磺草胺在东北及西北的水稻秧田，须根据当地试验结果使用；毒土法施药应根据当地试验结果确定；不建议在制种田使用。施药前后 1 周如遇最低温度低于 15℃天气，或施药后 5 天内有 5℃以上大幅降温，存在药害风险，需要慎用。移栽后缓苗期、秧苗长势偏弱，存在药害风险，需慎重使用。

硝磺草酮 mesotrione

主要含量与剂型 10%、15%、20%、25%、40%悬浮剂，10%、15%、20%、25%可分散油悬浮剂，75%水分散粒剂。

产品特点 硝磺草酮是一种三酮类内吸传导型选择性低毒除草剂，经由叶片和根部吸收，在木质部和韧皮部内传导，作用速度快、杀草谱广，对多数玉米安全。其作用机理是通过抑制对羟基苯基丙酮酸酯双氧化酶的活性，而阻碍络氨酸转化为质体醌，进而影响类胡萝卜素的生物合成，最终导致杂草死亡。药剂使用后 3～5 天，敏感植物分生组织出现黄化症状，随之形成枯斑，2 周后遍及整株植物。硝磺草酮在土壤中半衰期平均为 9 天，对下茬作物安全。

适用作物防除对象及使用技术 硝磺草酮适用于玉米田、移栽水稻田、甘蔗田，旱田使用可有效防除苘麻、苍耳、刺苋、藜、蓼、地肤、芥菜、繁缕、稗草、马唐等多种一年生杂草，水田使用能有效防除萤蔺、异型莎草、碎米莎草、水莎草、慈姑、泽泻、雨久花、鸭舌草、眼子菜、狼把草、稗草、千金子等一年生莎草科杂草、阔叶杂草及禾本科杂草。

玉米田　苗前、苗后均可施用，苗后施药宜在玉米 3～5 叶期、杂草 2～4 叶期进行。一般每亩使用 10%悬浮剂或 10%可分散油悬浮剂 100～140 毫升，或 15%悬浮剂或 15%可分散油悬浮剂 70～90 毫升，或 20%悬浮剂或 20%可分散油悬浮剂 50～70 毫升，或 25%悬浮剂或 25%可分散油悬浮剂 40～55 毫升，或 40%悬浮剂 25～40 毫升，或 75%水分散粒剂 14～19 克，对水 30～40 千克均匀喷洒地面或茎叶喷雾。不同玉米品种对硝磺草酮的敏感性差异较大，观赏玉米、甜玉米、爆裂玉米较敏感，不能使用。为扩大除草谱，芽前除草可与乙草胺混用，芽后除草可与烟嘧磺隆混用；为提高对禾本科杂草的防除效果，硝磺草酮可与莠去津混用。硝磺草酮的除草活性受温度影响较大，高温有利于药效发挥。施药后 3 小时降雨，不影响硝磺草酮药效。

水稻移栽田　在水稻移栽后 10～20 天、杂草 2～4 叶期施药。一般每亩使用 10%悬浮剂或 10%可分散油悬浮剂 40～60 毫升，或 15%悬浮剂或 15%可分散油悬浮剂 30～40 毫升，或 20%悬浮剂或 20%可分散油悬浮剂 20～30 毫升，或 25%悬浮剂或 25%可分散油悬浮剂 17～25 毫升，或 40%悬浮剂 10～15 毫升，或 75%水分散粒剂 6～8 克，与 10～20 千克细沙土拌匀后均匀撒施。施药时保持田间水层 3～5 厘米，药后保水 5～7 天，防止水层淹没稻苗心叶。

甘蔗田　在甘蔗苗后、杂草 2～4 叶期施药。一般每亩使用 10%悬浮剂或 10%可分散油悬浮剂 100～140 毫升，或 15%悬浮剂或 15%可分散油悬浮剂 70～90 毫升，或 20%悬浮剂或 20%可分散油悬浮剂 50～70 毫升，或 25%悬浮剂或 25%可分散油悬浮剂 40～55 毫升，或 40%悬浮剂 25～40 毫升，或 75%水分散粒剂 14～19 克，对水 30～45 千克均匀茎叶喷雾。

注意事项　硝磺草酮不能与有机磷类、氨基甲酸酯类杀虫剂混用，也不能在间隔期 7 天内使用。玉米田使用高剂量时，在有些品种的玉米上会出现叶片白化现象，白化程度因玉米品种类型不同而不同，以甜玉米和爆裂玉米较敏感。用药田块下茬最好种植小麦，种植甜菜、苜蓿、烟草、油菜、豆类时需先做安全性试验进行确认。

辛酰溴苯腈 bromoxynil octanoate

主要含量与剂型 25%、30%乳油，25%可分散油悬浮剂。

产品特点 辛酰溴苯腈是一种腈类选择性触杀型苗后茎叶处理低毒除草剂，主要由叶片吸收，在植物体内进行极有限的传导，通过抑制光合作用的光合磷酸化反应、电子传递，特别是希尔反应等各个过程，使植物组织迅速坏死，而达到杀草目的。光照强、气温高，叶片枯死较快，有利于杂草加速死亡；干旱条件下，灌水或降雨后施药有利于药效发挥。该药杀草谱广，除草效果较好，对后茬作物没有影响。

适用作物防除对象及使用技术 辛酰溴苯腈适用于玉米田、小麦田、大蒜田除草，能有效防除蓼科、藜科、苋科及马齿苋、苘麻、苍耳、鸭跖草、田旋花、荠菜、播娘蒿、麦瓶草、麦家公、猪殃殃、婆婆纳、苣荬菜、刺儿菜、大蓟、龙葵、问荆等多种一年生阔叶杂草。

玉米田 在玉米3～5叶期、阔叶杂草出齐的生长旺盛期（最佳为2～4叶期）施药。一般每亩使用25%乳油或25%可分散油悬浮剂100～150毫升，或30%乳油80～120毫升，对水30～40千克均匀茎叶喷雾。施药后玉米叶片可能会出现褪绿或灼伤褐斑，属该药的正常反应，不久即可恢复，不影响产量。

小麦田 冬小麦3～6叶期、一年生阔叶杂草2～4叶期施药，每亩使用25%乳油或25%可分散油悬浮剂100～150毫升，或30%乳油80～120毫升；春小麦3～5叶期、一年生阔叶杂草2～4叶期施药，每亩使用25%乳油或25%可分散油悬浮剂120～150毫升，或30%乳油100～125毫升。每亩药剂对水30～40千克均匀茎叶喷雾。

大蒜田 在大蒜3～5叶期、阔叶杂草基本出齐后施药。一般每亩使用25%乳油或25%可分散油悬浮剂100～150毫升，或

30%乳油 75～90 毫升，对水 30～40 千克均匀茎叶喷雾。

注意事项 辛酰溴苯腈对阔叶作物敏感，用药时避免药液飘移到邻近阔叶作物上，以防止产生药害。不能在高温天气，或气温低于 8℃，或近期有严重霜冻时用药。

烟嘧磺隆 nicosulfuron

主要含量与剂型 6%、8%、10%、20%、40 克/升、60 克/升可分散油悬浮剂，40 克/升悬浮剂，75%水分散粒剂，80%可湿性粉剂。

产品特点 烟嘧磺隆是一种磺酰脲类内吸传导型选择性苗后茎叶处理低毒除草剂，施药后被植物茎叶和根部迅速吸收，经木质部和韧皮部传导至分生组织，通过抑制乙酰乳酸合成酶的活性而阻止支链氨基酸合成，使细胞分裂受阻，植株停止生长。一般用药后 3～4 天观察到敏感杂草心叶变黄、失绿、白化等受害症状，继而其他叶片由上到下依次变黄，2～3 周一年生杂草死亡，6 叶以下多年生阔叶杂草受到抑制、停止生长。

适用作物防除对象及使用技术 烟嘧磺隆主要适用于玉米田，能有效防除稗草、狗尾草、金狗尾草、马唐、牛筋草、野燕麦、黑麦草、假高粱、野黍、柳叶刺蓼、酸模叶蓼、卷茎蓼、反枝苋、龙葵、香薷、水棘针、荠菜、苍耳、苘麻、鸭跖草、狼把草、风花菜、遏蓝菜、刺儿菜、大蓟、苣荬菜、问荆及蒿属等多种一年生杂草和多年生阔叶杂草，对藜、小藜、地肤、鼬瓣花、芦苇、香附子等也有较好防效。

在玉米 3～5 叶期、一年生杂草 2～4 叶期、多年生杂草 6 叶期以前、大多数杂草出齐时施药效果最好。一般每亩使用 40 克/升可分散油悬浮剂或 40 克/升悬浮剂 70～100 毫升，或 6%可分散油悬浮剂或 60 克/升可分散油悬浮剂 60～80 毫升，或 8%可分散油悬浮剂 40～50 毫升，或 10%可分散油悬浮剂 30～40 毫升，或 20%可分散油悬浮剂 15～20 毫升，或 75%水分散粒剂 4.5～5.5 克，或 80%可湿性粉剂 4～5 克，对水 30～40 千克均匀茎叶喷雾。杂草小、水分适宜时用低剂量，杂草大、干旱条件下用高剂量。烟嘧磺隆不仅有好的茎叶处理活性，也有土壤封闭杀草作用，因此施药不能过晚，过晚杂草抗性增强，影响除草效果。在土壤水分及空气湿度适宜时，有利于杂草对烟嘧磺隆的吸收传导；长期干旱、低温及空气湿度低于 65%时不宜施药；施药后 6 小时下雨不影响药效。为扩大杀草谱、降低用药成本，烟嘧磺隆可与莠去津、嗪草酮等除草剂混用，混用时每亩使用烟嘧磺隆 40 克/升可分散油悬浮剂或 40 克/升悬浮剂 50～70 毫升，或 6%可分散油悬浮剂或 60 克/升可分散油悬浮剂 40～60 毫升，或 8%可分散油悬浮剂 25～35 毫升，或 10%可分散油悬浮剂 20～30 毫升，或 20%可分散油悬浮剂10～15 毫升，或 75%水分散粒剂 3.5～4 克，或 80%可湿性粉剂 3～3.5 克，混加 38%莠去津悬浮剂 85 毫升或 70%嗪草酮可湿性粉剂 7 克，喷药时避免药液飘移到附近阔叶作物上。用药时若在药液中加入表面活性剂，不仅可以增加药效、稳定除草效果，而且还可减少用药量、降低用药成本。

注意事项 不同玉米品种对烟嘧磺隆的敏感性有差异，其安全顺序由高到低为马齿型玉米、硬质玉米、爆裂玉米、甜玉米，甜玉米和爆裂玉米对该药剂敏感，不能使用。玉米 2 叶期前及 10 叶期以后对烟嘧磺隆敏感，用药时应错过这段时间。使用过有机磷杀虫剂的玉米对烟嘧磺隆敏感，两类药剂使用间隔期应在 7 天以上。烟嘧磺隆对后茬小麦、大蒜、向日葵、苜蓿、马铃薯、大豆等无残留药害，但对小白菜、甜菜、菠菜等有药害，施药地块第 2 年不能种植敏感作物。

乙草胺 acetochlor

主要含量与剂型 50%、81.5%、89%、900 克/升、990 克/升乳油，50%微乳剂，40%、50%水乳剂，20%可湿性粉剂。

产品特点 乙草胺是一种酰胺类内吸传导型选择性低毒除草剂，主要被植物幼芽（单子叶植物的胚芽鞘、双子叶植物的下胚轴）吸收向上传导，种子和根部也可吸收传导，只是吸收量少、传导速度慢，而出苗后还是主要靠根部吸收向上传导。主要通过阻碍蛋白质的合成而抑制细胞生长，进而导致幼芽、幼根停止生长。禾本科杂草表现为心叶卷曲萎缩，其他叶片皱缩，整株枯死；阔叶杂草为叶片皱缩变黄，整株枯死。土壤水分适宜时，幼芽未出土即被杀死；土壤干旱时，杂草出土后随土壤湿度增大，逐渐吸收药剂后而起作用。药剂在土壤中持效期约1.5个月，对后茬作物无影响。

适用作物防除对象及使用技术 乙草胺适用于大豆、花生、玉米、移栽水稻、移栽油菜、棉花、甘蔗、马铃薯及柑橘、葡萄、苹果等作物，主要用于防除一年生禾本科杂草和某些阔叶杂草，如稗草、狗尾草、金狗尾草、马唐、牛筋草、稷、看麦娘、早熟禾、千金子、硬草、野燕麦、臂形草、棒头草、藜、小藜、反枝苋、铁苋菜、酸模叶蓼、柳叶刺蓼、节蓼、卷茎蓼、鸭跖草、狼把草、鬼针草、菟丝子、萹蓄、香薷、繁缕、野西瓜苗、水棘针、鼬瓣花等。

大豆田 在大豆播前或播后苗前施药，播后3天内施药最好，尽量缩短播种与施药间隔时间，大豆拱土期施药易造成药害。土壤有机质含量6%以下时，一般每亩使用20%可湿性粉剂400～500克，或40%水乳剂210～250毫升，或50%乳油或50%微乳剂或50%水乳剂170～200毫升，或81.5%乳油或900克/升乳油100～130毫升，或89%乳油或990克/升乳油90～120毫升。土壤有机质含量低、沙质土、低洼地及墒情好的条件下用低剂量，土壤有机质含量较高、质地黏重、岗地及干旱条件下用高剂量。土壤有机质含量6%以上时，一般每亩使用20%可湿性粉剂500～600克，或40%水乳剂250～330毫升，或50%乳油或50%微乳剂或50%水乳剂200～270毫升，或81.5%乳油或900克/升乳油120～150毫升，或89%乳油或990克/升乳油110～140毫升，用药量随有机质含量增加而提高。每亩药剂对水20～30千克均匀喷洒地面。播后苗前施药于干旱条件下浅锄混土，可避免被风吹蚀；起垄播种大豆的也可在施药后培土2厘米左右，以免药剂被风吹走。

乙草胺与嗪草酮、丙炔氟草胺、咪唑乙烟酸等混用，可提高对苍耳、龙葵、苘麻等阔叶杂草的防除效果；乙草胺与异噁草松、噻吩磺隆、唑嘧磺草胺等混用，可提高对苍耳、龙葵、苘麻、刺儿菜、苣荬菜、问荆、大蓟等阔叶杂草的防除效果。混用配方为：每亩使用乙草胺20%可湿性粉剂400～500克，或40%水乳剂200～250毫升，或50%乳油或50%微乳剂或50%水乳剂170～200毫升，或 81.5%乳油或 900 克/升乳油 100～130 毫升，或 89%乳油或 990 克/升乳油 90～120 毫升，混加 50%丙炔氟草胺可湿性粉剂 8～12 克，或 48%异噁草松乳油 50～60 毫升，或 70%嗪草酮可湿性粉剂 30～40 克，或 80%唑嘧磺草胺水分散粒剂 4 克，或 75%噻吩磺隆水分散粒剂 1～1.5 克。也可三元混用，每亩使用乙草胺上述剂量，混加 75%噻吩磺隆水分散粒剂 0.7～1 克，再加 48%异噁草松乳油 40～50 毫升（或 70%嗪草酮可湿性粉剂 30～40 克，或 50%丙炔氟草胺可湿性粉剂 4～6 克）；或每亩使用乙草胺 20%可湿性粉剂 300～400 克，或 40%水乳剂 160～210 毫升，或 50%乳油或 50%微乳剂或 50%水乳剂 130～170 毫升，或 81.5%乳油或 900 克/升乳油 80～110 毫升，或 89%乳油或 990 克/升乳油 70～100 毫升，混加 50%丙炔氟草胺可湿性粉剂 4～6 克，再加 48%异噁草松乳油 40～50 毫升；或每亩使用乙草胺 20%可湿性粉剂 400～500 克，或 40%水乳剂 200～250 毫升，或 50%乳油或 50%微乳剂或 50%水乳剂 170～200 毫升，或 81.5%乳油或 900 克/升乳油 100～130 毫升，或 89%乳油或 990 克/升乳油 90～120 毫升，混加 48%异噁草松乳油 40～50 毫升，再加 80%唑嘧磺草胺水分散粒剂 2 克。

乙草胺也可用于秋季施药，秋施药最好在 10 月中下旬气温降到 5℃以下至封冻前进行，秋施比春施对大豆、玉米、油菜等安全性好、药效高，特别对难防除杂草如野燕麦等更有效，且比春施能够增产 5%～10%。

玉米田　乙草胺在玉米田用药量、使用时期及方法同大豆田。南方土壤墒情好的地块用药量适当减少。乙草胺在玉米田可与噻吩磺隆、嗪草酮等除草剂混用，以扩大杀草谱。一般每亩使用乙草胺 20%可湿性粉剂 400～500 克，或 40%水乳剂 210～250 毫升，或 50%乳油或 50%微乳剂或 50%水乳剂 170～200 毫升，或 81.5%乳油或 900 克/升乳油 100～130 毫升，或 89%乳油或 990 克/升乳油 90～120 毫升，混加 75%噻吩磺隆水分散粒剂 1～1.5 克；土壤有机质含量高于 2%的地块，建议每亩使用乙草胺 20%可湿性粉剂 400～450 克，或 40%水乳剂 190～220 毫升，或 50%乳油或 50%微乳剂或 50%水乳剂 150～180 毫升，或 81.5%乳油或 900 克/升乳油 90～110 毫升，或 89%乳油或 990 克/升乳油 80～100 毫升，混加 70%嗪草酮可湿性粉剂 30～54 克；土壤有机质含量高于 5%的地块，建议每亩使用乙草胺 20%可湿性粉剂 250～400 克，或 40%水乳剂 130～190 毫升，或 50%乳油或 50%微乳剂或 50%水乳剂 100～150 毫升，或 81.5%乳油或 900 克/升乳油 65～90 毫升，或 89%乳油或 990 克/升乳油 50～80 毫升，混加 38%莠去津悬浮剂 100～200 毫升。

花生田　在花生播前或播后苗前施药，最好在播种后 3 天内施药。华北地区一般每亩使用 20%可湿性粉剂 250～400 克，或 40%水乳剂 125～190 毫升，或 50%乳油或 50%微乳剂或 50%水乳剂 100～150 毫升，或 81.5%乳油或 900 克/升乳油 65～90 毫升，或 89%乳油或 990 克/升乳油 60～80 毫升；长江流域及华南地区一般每亩使用 20%可湿性粉剂 160～250 克，或 40%水乳剂 80～125 毫升，或 50%乳油或 50%微乳剂或 50%水乳剂 70～100 毫升，或 81.5%乳油或 900 克/升乳油 45～65 毫升，或 89%乳油或 990 克/升乳油 40～60 毫升。每亩药剂对水 20～30 千克均匀喷洒地面。

油菜田　北方直播油菜田，可在播前或播后苗前施药，一般每亩使用 20%可湿性粉剂 300～500 克，或 40%水乳剂 200～300 毫升，或 50%乳油或 50%微乳剂或 50%水乳剂 150～250 毫升，或 81.5%乳油或 900 克/升乳油 100～150 毫升，或 89%乳油或 990 克/升乳油 90～140 毫升。根据土壤有机质含量和质地确定用药量，土壤质地黏重、有机质含量高用高剂量，土壤疏松、有机质含量低用低剂量。移栽油菜田，移栽前或移栽后施药，每亩使用 20%可湿性粉剂 160 克，或 40%水乳剂 100 毫升，或 50%乳油或 50%微乳剂或 50%水乳剂 80 毫升，或 81.5%乳油或 900 克/升乳油 50 毫升，或 89%乳油或 990 克/升乳油 45 毫升。每亩药剂对水 20～30 千克均匀喷洒地面。移栽后喷药时，应尽量避免或减少直接喷洒在油菜叶片上。

棉花田　地膜棉在整地播种后喷药，然后盖膜。华北地区一般每亩使用 20%可湿性粉剂 180～220 克，或 40%水乳剂 110～140 毫升，或 50%乳油或 50%微乳剂或 50%水乳剂 90～110 毫升，或 81.5%乳油或 900 克/升乳油 55～70 毫升，或 89%乳油或 990

克/升乳油 50～60 毫升；长江流域一般每亩使用 20%可湿性粉剂 150～180 克，或 40%水乳剂 90～110 毫升，或 50%乳油或 50%微乳剂或 50%水乳剂 70～90 毫升，或 81.5%乳油或 900 克/升乳油 45～55 毫升，或 89%乳油或 990 克/升乳油 40～50 毫升；新疆地区一般每亩使用 20%可湿性粉剂 300～350 克，或 40%水乳剂 180～220 毫升，或 50%乳油或 50%微乳剂或 50%水乳剂 140～180 毫升，或 81.5%乳油或 900 克/升乳油 90～110 毫升，或 89%乳油或 990 克/升乳油 80～100 毫升。露地直播棉用药量适当提高约 1/3 剂量。每亩药剂对水 30～40 千克均匀喷洒地面。

甘蔗田　甘蔗种植后出苗前施药。一般每亩使用 20%可湿性粉剂 300～350 克，或 40%水乳剂 180～220 毫升，或 50%乳油或 50%微乳剂或 50%水乳剂 140～180 毫升，或 81.5%乳油或 900 克/升乳油 90～110 毫升，或 89%乳油或 990 克/升乳油 80～100 毫升，对水 30～45 千克均匀喷洒地面。

水稻移栽田　乙草胺仅适用于长江以南地区的水稻大苗移栽田，不可在秧田、直播田、小苗移栽田、病弱苗田、漏水田等使用。在水稻移栽后 5～10 天完全缓苗后、稗草 1 叶 1 心前用药。一般每亩使用 20%可湿性粉剂 30～40 克，与 15 千克细沙土混拌均匀后撒施。施药时田间水层 3～5 厘米，药后保持水层 5～7 天，如水层不足可缓慢补水，但不能排水。

柑橘、葡萄、苹果等果园　在杂草萌芽期或出苗前喷药，一般每亩使用 20%可湿性粉剂 400～500 克，或 40%水乳剂 250～300 毫升，或 50%乳油或 50%微乳剂或 50%水乳剂 180～240 毫升，或 81.5%乳油或 900 克/升乳油 110～150 毫升，或 89%乳油或 990 克/升乳油 100～130 毫升，对水 30～45 千克均匀喷洒地面，不能向上喷药。

注意事项　乙草胺活性很高，用药量不宜随意增大；施药时要均匀周到，避免重喷或漏喷。喷施药剂前后，土壤宜保持湿润，以确保药效；多雨地区注意雨后排水，排水不良地块，大雨后积水会妨碍作物出苗，出现药害。地膜栽培使用乙草胺除草时，应在覆膜前施药，用药量比同类露地栽培方式减少 1/3 左右。乙草胺对麦类、谷子、高粱、黄瓜、菠菜等作物较敏感，不宜施用。

乙氧氟草醚 oxyfluorfen

主要含量与剂型 20%、24%、240 克/升乳油，25%、35%悬浮剂。

产品特点 乙氧氟草醚是一种二苯醚类选择性触杀型低毒除草剂，属原卟啉原氧化酶抑制剂类，在有光条件下发挥杀草活性。主要经由胚芽鞘、中胚轴吸收，根部吸收较少。其除草机理是通过抑制原卟啉原氧化酶活性，阻碍叶绿素合成、破坏敏感植物的细胞膜，导致杂草死亡。芽前、芽后早期施用效果最好，对种子萌发的杂草防除谱较广，能防除阔叶杂草、莎草及稗草，但对多年生杂草只有抑制作用。在水田中，施入水层后 24 小时内沉降到土表，水溶性极低，移动性较小，药剂很快被吸附于 0～3 厘米表土层中，不易垂直向下移动。对后茬作物安全。

适用作物防除对象及使用技术 乙氧氟草醚适用于水稻、棉花、麦类、花生、大蒜、洋葱、甘蔗及茶园、果园、幼林苗圃等，可有效防除水田中的稗草、鸭舌草、陌上菜、节节菜、猪毛毡、泽泻、水苋菜、异型莎草、碎米莎草等杂草，对水绵、水芹、萤蔺、矮慈姑、尖瓣花也有较好防效；对旱田杂草龙葵、苍耳、藜、马齿苋、田菁、曼陀罗、柳叶刺蓼、酸模叶蓼、萹蓄、繁缕、苘麻、反枝苋、凹头苋、刺黄花稔、酢浆草、锦葵、野芥、粟米草、千里光、荨麻、辣子草、看麦娘、硬草、一年生苦苣菜等均有很好防效。

水稻田 仅限南方水稻区使用。杂草苗前和苗后早期施用效果最好，能防除一年生阔叶杂草、莎草及稗草，但对多年生杂草只有抑制作用。水稻移栽田，于移栽前 3～5 天施药，每亩使用 20%乳油 20～25 毫升，或 24%乳油或 240 克/升乳油或 25%悬浮剂 15～20 毫升，或 35%悬浮剂 10～15 毫升，混拌 10～20 千克细沙土均匀撒施，保持 3～5 厘米深水层 3～5 天，不可露土。大秧苗移栽田，在移栽后 5～7 天施药，每亩使用 20%乳油 15～25 毫升，或 24%乳油或 240 克/升乳油或 25%悬浮剂 15～20 毫升，或 35%悬浮剂 10～15 毫升，与 15～20 千克细沙土混拌均匀后撒施；或每亩使用20%乳油15～25毫升，或24%乳油或240克/升乳油或25%悬浮剂15～20毫升，或35%悬浮剂10～15毫升，对水1.5～2千克稀释均匀，然后倒入瓶盖上打有2～4个小孔的瓶内甩施，将药液均匀甩施在水层中，药后稳定水层3～5厘米深，保水5～7天，不可淹没秧苗心叶。

为扩大杀草谱，也可与其他除草剂混用。水稻移栽后、稗草1.5叶期前施药时，一般每亩使用乙氧氟草醚20%乳油10毫升，或24%乳油或240克/升乳油或25%悬浮剂8毫升，或35%悬浮剂6毫升，与10%吡嘧磺隆可湿性粉剂6克或12.5%噁草酮乳油60毫升或10%苄嘧磺隆可湿性粉剂10克混用，毒土法施药；水稻移栽后、稗草3叶期以前施药时，一般每亩使用乙氧氟草醚20%乳油15毫升，或24%乳油或240克/升乳油或25%悬浮剂12毫升，或35%悬浮剂10毫升，混加90.9%禾草敌乳油75～100毫升，药土法施药或对水20～30千克均匀喷雾施药。

移栽稻田用药，药土法施药比喷雾法安全。施药后稳定水层3～5厘米深5～7天，但不能淹没水稻心叶。不能在气温低于20℃、土温低于15℃，或秧苗过小、嫩弱，或遭受伤害未恢复的水稻苗上施用。

大蒜田　大蒜栽种后至立针期或大蒜苗后2叶1心期以后、杂草4叶期以前施药。一般每亩使用20%乳油60～80毫升，或24%乳油或240克/升乳油或25%悬浮剂50～70毫升，或35%悬浮剂35～45毫升，对水40～50千克均匀喷雾。沙质土用低剂量，壤质土、黏质土用高剂量。地膜大蒜栽种后浅灌水，水干后施药，每亩使用20%乳油48毫升，或24%乳油或240克/升乳油或25%悬浮剂40毫升，或35%悬浮剂28毫升，对水40～50千克均匀喷雾，药后覆膜；盖草大蒜先播种、盖草，杂草出齐后施药，每亩使用20%乳油85毫升，或24%乳油或240克/升乳油或25%悬浮剂70毫升，或35%悬浮剂48毫升，对水15～20千克均匀喷雾。前期露地栽培，后期拱棚盖膜保温，春季前收获的青蒜，在栽种后苗前或大蒜立针期施药；以收获蒜薹和蒜头为目的的大蒜，在杂草出齐后蒜苗2叶1心至3叶期施药。

洋葱田　直播洋葱2～3叶期施药，每亩使用20%乳油50～

60 毫升，或 24%乳油或 240 克/升乳油或 25%悬浮剂 40～50 毫升，或 35%悬浮剂 30～35 毫升；移栽洋葱于移栽后 6～10 天（洋葱 3 叶期后）施药，每亩使用 20%乳油 85～120 毫升，或 24%乳油或 240 克/升乳油或 25%悬浮剂 70～100 毫升，或 35%悬浮剂 50～65 毫升。每亩药剂对水 40～50 千克均匀喷雾。

棉花田　棉花苗床播后覆土 1 厘米左右后施药，每亩使用乙氧氟草醚 20%乳油 15～20 毫升，或 24%乳油或 240 克/升乳油或 25%悬浮剂 12～18 毫升，或 35%悬浮剂 10～12 毫升，混加 60%丁草胺乳油 50 毫升，对水 30～40 千克均匀喷洒苗床，沙质土乙氧氟草醚选用低剂量。移栽棉田除草于棉花移栽前施药，每亩使用 20%乳油 50～100 毫升，或 24%乳油或 240 克/升乳油或 25%悬浮剂 50～80 毫升，或 35%悬浮剂 30～60 毫升，对水 30～40 千克均匀喷洒地面，沙质土选用低剂量，壤质土、黏质土选用高剂量。直播棉田在棉花播后苗前施药，每亩使用 20%乳油 45～55 毫升，或 24%乳油或 240 克/升乳油或 25%悬浮剂 36～48 毫升，或 35%悬浮剂 25～32 毫升，对水 40～50 千克均匀喷雾。土地要整平耙细、无大土块；田间积水可能会有轻微药害，但可恢复；棉苗出土达 5%以上时应停止施药。地膜覆盖棉田除草，播种后覆膜前施药，每亩使用 20%乳油 20～30 毫升，或 24%乳油或 240 克/升乳油或 25%悬浮剂 18～24 毫升，或 35%悬浮剂 12～17 毫升，对水 30～40 千克均匀喷雾。沙质土选用低剂量；要求土表湿润，但不能积水；施药后如遇高温要及时揭膜，将棉苗露出膜外；也可苗带施药，苗带施药应根据实际施药面积准确计算用药量。

小麦田　适用于稻麦轮作区，在水稻收割后、小麦播种前 9 天内施药。一般每亩使用 20%乳油 15 毫升，或 24%乳油或 240 克/升乳油或 25%悬浮剂 12 毫升，或 35%悬浮剂 10 毫升，对水 15 千克均匀喷洒地面。水稻收割后及时灌水，使土表湿润而不积水，以诱发杂草尽早发芽。为扩大杀草谱，也可每亩使用乙氧氟草醚 20%乳油 6 毫升，或 24%乳油或 240 克/升乳油或 25%悬浮剂 5 毫升，或 35%悬浮剂 3.5 毫升，与 41%草甘膦水剂 75 毫升或 25%绿麦隆可湿性粉剂 120 克混用。

花生田　花生播后苗前施药，每亩使用 20%乳油 50～60 毫升，或 24%乳油或 240 克/升乳油或 25%悬浮剂 40～50 毫升，或 35%悬浮剂 30～35 毫升，对水 40～50 千克均匀喷洒地面。

甘蔗田 甘蔗种植后芽前或芽后早期施药，每亩使用 20%乳油 35～60 毫升，或 24%乳油或 240 克/升乳油或 25%悬浮剂 30～50 毫升，或 35%悬浮剂 20～35 毫升，对水 30～50 千克均匀喷洒地面。

果园、茶园、幼树林地 早春杂草出苗前或杂草 3～4 叶期施药，每亩使用 20%乳油 60～100 毫升，或 24%乳油或 240 克/升乳油或 25%悬浮剂 50～80 毫升，或 35%悬浮剂 35～50 毫升，对水 30～50 千克向地面定向均匀喷雾，不要喷洒到果树、茶树或林木上。杂草生长早期也可与草甘膦、草铵膦等灭生性除草剂混用，以扩大杀草谱、拓宽施药时期、提高药效。混用配方为：每亩使用乙氧氟草醚 20%乳油 40～60 毫升，或 24%乳油或 240 克/升乳油或 25%悬浮剂 35～50 毫升，或 35%悬浮剂 25～35 毫升，混加 41%草甘膦水剂 250～300 毫升或 200 克/升草铵膦水剂 200～250 毫升，对水 30～50 千克均匀喷洒树下地面。

注意事项 乙氧氟草醚为触杀型除草剂，喷药时必须均匀周到，不能漏喷、重喷。该药活性高、用量少，对水稻、大豆易产生药害，应严格把控用药剂量及使用技术。

异噁草松 clomazone

主要含量与剂型 48%、360 克/升、480 克/升乳油，360 克/升微囊悬浮剂。

产品特点 异噁草松是一种杂环类选择性苗前低毒除草剂，属类胡萝卜素生物合成抑制剂类。药剂经植物根部和幼芽吸收，随蒸腾作用经木质部向上传导至叶片，通过阻碍类胡萝卜素和叶绿素的生物合成，使敏感杂草因没有叶绿素而白化，植株短期内死亡。大豆、甘蔗等作物吸收药剂后，经过特殊代谢作用，将异噁草松降解为无毒成分。该药在土壤中持效期长，可达 6 个月以上。

适用作物防除对象及使用技术 异噁草松适用于大豆、水稻、甘蔗等作物，可有效防除稗草、牛筋草、马唐、狗尾草、金狗尾草、豚草、苘麻、龙葵、苍耳、香薷、水棘针、野西瓜苗、藜、小藜、遏蓝菜、柳叶刺蓼、酸模叶蓼、马齿苋、狼把草、鬼针草、鸭跖草等一年生禾本科杂草和阔叶杂草，并对多年生的刺儿菜、大蓟、苣荬菜、问荆等杂草亦有较强的抑制作用。异噁草松为长残效除草剂，有效成分每亩使用量大于 53 克即对后茬作物有影响，第 2 年或下茬只能继续种植大豆、水稻、甘蔗；有效成分每亩使用量 33 克以下，在北方第 2 年可以种植小麦、玉米、甜菜、油菜、马铃薯等作物。

大豆田　大豆播前或播后苗前土壤处理，以及苗后早期茎叶处理均可。大豆播前施药，为防止干旱和风蚀，施药后可浅混土 5～7 厘米。土壤有机质含量 3%以下时，每亩使用 360 克/升乳油或 360 克/升微囊悬浮剂 140～170 毫升，或 48%乳油或 480 克/升乳油 130～160 毫升，人工喷雾每亩药剂对水 20～35 千克均匀喷洒地面，拖拉机喷药每亩药剂对水不低于 13 千克。土壤有机质 3%以上时，异噁草松可与嗪草酮、乙草胺、异丙甲草胺、异丙草胺等除草剂混用，以扩大杀草谱，提高除草效果。大豆播前土壤处理混用配方为：每亩使用异噁草松 48%乳油或 480 克/升乳油 100～120 毫升，或 360 克/升乳油或 360 克/升微囊悬浮剂 120～150 毫升，混加 900 克/升乙草胺乳油 80～120 毫升。大豆播后苗前处理混用配方为：每亩使用异噁草松 48%乳油或 480 克/升乳油 100～120 毫升，或 360 克/升乳油或 360 克/升微囊悬浮剂 120～150 毫升，混加 900 克/升乙草胺乳油 100～140 毫升（或 72%异丙甲草胺乳油 100～135 毫升），再加 50%丙炔氟草胺可湿性粉剂 4～6 克（或 75%噻吩磺隆水分散粒剂 0.8～1 克）。当土壤沙性过强、有机质含量过低或土壤偏碱性时，不宜与嗪草酮混用。

大豆苗后除草时，在大豆苗后早期、杂草 2～4 叶期施药。起垄播种大豆如土壤水分少，可培土 2 厘米。每亩使用 360 克/升乳油或 360 克/升微囊悬浮剂 120～150 毫升，或 48%乳油或 480 克/升乳油 100～120 毫升，人工喷雾每亩药剂对水 20～30 千克，拖拉机喷雾每亩药剂对水 10～13 千克。为扩大杀草谱，降低用药成本，异噁草松可与氟磺胺草醚、精喹禾灵、精吡氟禾草灵、高效氟吡甲禾灵、三氟羧草醚、灭草松等除草剂混用。通常混用配方为：每亩使用异噁草松48%乳油或480克/升乳油70～100毫升，或360克/升乳油或360克/升微囊悬浮剂90～120毫升，混加48%灭草松水剂100毫升（或25%氟磺胺草醚水剂50毫升），再加5%精喹禾灵乳油40毫升（或15%精吡氟禾草灵乳油40毫升或10.8%高效氟吡甲禾灵乳油30毫升）。混用配方在土壤有机质含量低、质地疏松、低洼地水分好的条件下使用低剂量，反之使用高剂量。不能用超低容量喷雾器或背负式机动喷雾器进行超低容量喷雾。

水稻田　水稻直播田，北方可在播种前3～5天喷雾处理，每亩使用360克/升乳油或360克/升微囊悬浮剂35～50毫升，或48%乳油或480克/升乳油25～35毫升，施药后保持田间湿润，5～7天后建立水层；长江以南地区在播种后3天内、稗草出苗高峰期毒土法或喷雾处理，每亩使用360克/升乳油或360克/升微囊悬浮剂25～35毫升，或48%乳油或480克/升乳油20～30毫升，施药后保持田间湿润7～10天，水稻2叶1心后建立水层，水层高度不能淹没水稻心叶。水稻移栽田，在水稻移栽前5～7天或移栽后2～5天施药，施药时田间需保持2～3厘米水层，施药后保水5天，每亩使用360克/升乳油或360克/升微囊悬浮剂35～50毫升，或48%乳油或480克/升乳油25～35毫升，拌细沙土10～20千克均匀撒施。

甘蔗田　在甘蔗出苗前、一年生杂草萌发至4叶期前进行土壤喷雾，一般每亩使用48%乳油或480克/升乳油110～140毫升，或360克/升乳油或360克/升微囊悬浮剂150～190毫升，对水30～45千克均匀喷洒地面。

注意事项　异噁草松用于土壤处理时，在土壤有机质含量低、质地疏松、低洼地块使用低剂量，反之使用高剂量。该药在土壤中的持效期可达6个月以上，后茬不宜种植小麦、大麦、燕麦、黑麦、谷子、苜蓿等，次年春季可以种植水稻、玉米、棉花、花生、向日葵等作物。喷药时，雾滴飘移可能会导致某些植物叶片变白或变黄，应注意用药技术。

莠灭净 ametryn

主要含量与剂型 40%、80%可湿性粉剂，80%水分散粒剂，45%、50%悬浮剂。

产品特点 莠灭净是一种三嗪类内吸传导型选择性低毒除草剂，属光合作用电子传递抑制剂类，作用于光合系统Ⅱ受体位置，具有杀草谱广、作用迅速、施药适期宽、用药方式灵活等特点。药剂由植物根系和茎叶吸收，在木质部内向上传导，集中于植物顶端分生组织，通过抑制敏感植物光合作用中的电子传递，导致叶片内亚硝酸盐积累，使敏感植物失绿、干枯而死亡。该药可被0～5厘米土壤吸附，形成药层，使杂草萌发出土时接触药剂，对萌发中的杂草防效最好，持效期达40天左右。低浓度莠灭净能够促进植物生长，如刺激幼芽与根系生长、促进叶面积增大、茎加粗等；而高浓度下，则对植物产生强烈的抑制作用。

适用作物防除对象及使用技术 莠灭净适用于甘蔗、菠萝、香蕉、柑橘、马铃薯等作物田，可防除牛筋草、马唐、千金子、稗草、野燕麦、狗芽根、罗氏草、秋稷、苘麻、铁荸荠、胜红蓟、藜科、空心莲子菜、马齿苋、稻槎菜、阔叶臂形草、马蹄莲、蓼类、鬼针草、豚草、眼子菜等一年生禾本科杂草和阔叶杂草。

甘蔗田 既可甘蔗播种后、杂草萌芽前地面直接喷雾，也可甘蔗3～4期、杂草高10～20厘米时茎叶喷雾处理。一般每亩使用40%可湿性粉剂260～400克，或45%悬浮剂230～350毫升，或50%悬浮剂200～300毫升，或80%可湿性粉剂或80%水分散粒剂130～200克，对水40～60千克均匀喷洒地面或茎叶喷雾。土壤质地黏重用高剂量，土壤质地疏松用低剂量。稗草、千金子、田旋花、胜红蓟、空心莲子菜及狗芽根发生较重的甘蔗田，最好采用苗前施药。为扩大杀草谱、提高除草效果，莠灭净可与敌草隆、2甲4氯钠混用，混用时每亩使用莠灭净40%可湿性粉剂140～160克，或45%悬浮剂120～140毫升，或50%悬浮剂110～130毫升，或80%可湿性粉剂或80%水分散粒剂70～80克，混加80%敌草隆可湿性粉剂70～80克或56% 2甲4氯钠可湿性粉剂50克，对水

35～50 千克均匀定向茎叶喷雾。苗后施药时，在药液中加入适量表面活性剂有利于药效发挥。甘蔗收获前 30 天停止用药。

菠萝田 菠萝收获后、种植前或种植后杂草 2～3 叶期前用药，一般每亩使用 40%可湿性粉剂 250～300 克，或 45%悬浮剂 220～260 毫升，或 50%悬浮剂 200～240 毫升，或 80%可湿性粉剂或 80%水分散粒剂 125～150 克，对水 40～60 千克均匀喷雾。菠萝生长期间可在行间多次茎叶处理，施药间隔期 1～2 月。菠萝收获前 160 天停止用药。

香蕉田 香蕉移栽后或香蕉生长期内杂草苗前、苗后均可施药。一般每亩使用 40%可湿性粉剂 250～300 克，或 45%悬浮剂 220～260 毫升，或 50%悬浮剂 200～240 毫升，或 80%可湿性粉剂或 80%水分散粒剂 130～150 克，对水 30～50 千克均匀定向茎叶喷雾。香蕉生长期间可树下多次施药，间隔期为 3～4 个月。

注意事项 莠灭净不建议在果蔗田使用。施药时保持地面平整、排水良好，低洼积水处易发生药害。沙壤土或有机质含量低的地块，选用低剂量；有机质含量高或杂草高大茂密地块，选用高剂量。莠灭净对水稻、花生、红薯及谷类、豆类、茄果类、瓜类、叶菜类作物均有药害，不宜使用。

莠去津 atrazine

主要含量与剂型 25%、50%可分散油悬浮剂，38%、45%、50%悬浮剂，48%、80%可湿性粉剂，90%水分散粒剂。

产品特点 莠去津是一种三嗪类内吸传导型选择性低毒除草剂，属光合作用电子传递抑制剂类，作用于光合系统Ⅱ受体位置，苗前、苗后均可使用。主要由根系吸收，茎叶吸收很少，在木质部内向顶传导，迅速传至顶部分生组织和叶部，干扰光合作用，使杂草死亡。在玉米等抗性作物体内被玉米酮酶分解成无毒物质，因而对作物安全。本剂易被雨水淋洗至较深土层，所以对某些深根性杂草也有抑制作用。在土壤中持效长达半年左右。

适用作物防除对象及使用技术 莠去津适用于玉米、高粱、甘蔗及果树、苗圃、林地等，用于防除马唐、稗草、狗尾草、牛筋草、莎草、看麦娘、蓼、藜、反枝苋、马齿苋、铁苋菜及十字花科杂草、豆科杂草等一年生杂草，并对某些多年生杂草也有一定抑制作用。

玉米田　既可苗前土壤处理，也可苗后茎叶处理。播后苗前土壤表面喷药，应在播种后1～3天进行，一般每亩使用25%可分散油悬浮剂350～500毫升，或38%悬浮剂250～350毫升，或45%悬浮剂200～300毫升，或48%可湿性粉剂200～270克，或50%悬浮剂或50%可分散油悬浮剂200～250毫升，或80%可湿性粉剂120～170克，或90%水分散粒剂100～150克，对水30～50千克均匀喷洒土壤表面。喷药后如果天气干旱需要浅混土。有机质含量在3%以下的沙质土壤用较低剂量，有机质含量在3%以上的黏质土壤用较高剂量。华北地区土壤有机质含量3%以上地区，沙质土壤每亩使用25%可分散油悬浮剂350毫升，或38%悬浮剂250毫升，或45%悬浮剂210毫升，或48%可湿性粉剂200克，或50%悬浮剂或50%可分散油悬浮剂190毫升，或80%可湿性粉剂125克，或90%水分散粒剂110克；黏质土每亩使用25%可分散油悬浮剂450毫升，或38%悬浮剂300毫升，或45%悬浮剂250毫升，或48%可湿性粉剂240克，或50%悬浮剂或50%可分散油悬浮剂230毫升，或80%可湿性粉剂150克，或90%水分散粒剂130克。东北地区，土壤有机质含量在3%以下的，沙质土壤每亩使用25%可分散油悬浮剂300毫升，或38%悬浮剂200毫升，或45%悬浮剂170毫升，或48%可湿性粉剂160克，或50%悬浮剂或50%可分散油悬浮剂150毫升，或80%可湿性粉剂100克，或90%水分散粒剂85克；壤质土每亩使用25%可分散油悬浮剂350毫升，或38%悬浮剂250毫升，或45%悬浮剂210毫升，或48%可湿性粉剂200克，或50%悬浮剂或50%可分散油悬浮剂190毫升，或80%可湿性粉剂120克，或90%水分散粒剂100克；黏质土每亩使用25%可分散油悬浮剂420毫升，或38%悬浮剂280毫升，或45%悬浮剂240毫升，或48%可湿性粉剂220克，或50%悬浮剂或50%可分散油悬浮剂210毫升，或80%可湿性粉剂130克，或90%水分散粒剂120克。土壤有机质含量在3%～5%时，沙质土每亩使用25%可分散油悬浮剂420毫升，或38%悬浮剂280毫升，或45%悬浮剂240毫升，或48%可湿性粉剂220克，或50%悬浮剂或50%可分散油悬浮剂210毫升，或80%可湿性粉剂130克，或90%水分散粒剂120克；壤质土每亩使用25%可分散油悬浮剂500毫升，或38%悬浮剂350毫升，或45%悬浮剂300毫升，或48%可湿性粉剂270克，或50%悬浮剂或50%可分散油悬浮剂250毫升，或80%可湿性粉剂170克，或90%水分散粒剂150克；黏质土每亩使用25%可分散油悬浮剂650毫升，或38%悬浮剂450毫升，或45%悬浮剂380毫升，或48%可湿性粉剂350克，或50%悬浮剂或50%可分散油悬浮剂340毫升，或80%可湿性粉剂210克，或90%水分散粒剂190克。莠去津也可在玉米出苗后用药，施药适期为玉米4叶期、杂草2～3叶期。华北麦套玉米地区，通常在小麦收获前10～12天套种玉米，小麦收割后玉米正处于4叶期，适合施药。一般每亩使用25%可分散油悬浮剂350～500毫升，或38%悬浮剂250～350毫升，或45%悬浮剂200～300毫升，或48%可湿性粉剂200～270克，或50%悬浮剂或50%可分散油悬浮剂200～250毫升，或80%可湿性粉剂120～170克，或90%水分散粒剂100～150克，对水30～50千克均匀喷雾。春播玉米以播后苗前除草为主。

高粱田　在高粱2～5叶期、杂草2～5叶期施药。一般每亩使用25%可分散油悬浮剂270～300毫升，或38%悬浮剂180～200毫升，或45%悬浮剂150～170毫升，或48%可湿性粉剂140～160克，或50%悬浮剂或50%可分散油悬浮剂135～150毫升，或80%可湿性粉剂85～95克，或90%水分散粒剂80～90克；东北地区土壤有机质含量高的地块，每亩使用25%可分散油悬浮剂450～550毫升，或38%悬浮剂300～375毫升，或45%悬浮剂250～300毫升，或48%可湿性粉剂240～300克，或50%悬浮剂或50%可分散油悬浮剂230～280毫升，或80%可湿性粉剂140～180克，或90%水分散粒剂125～160克。每亩药剂对水30～50千克均匀喷雾。

甘蔗田　在甘蔗栽种后5～7天、杂草部分出土时施药。一般每亩使用25%可分散油悬浮剂300～400毫升，或38%悬浮剂200～250毫升，或45%悬浮剂170～210毫升，或48%可湿性粉剂 160～200 克，或 50%悬浮剂或 50%可分散油悬浮剂 150～190 毫升，或 80%可湿性粉剂 100～120 克，或 90%水分散粒剂 85～105 克，对水 30～45 千克均匀喷雾。

果园、茶园、橡胶园　多在 3～5 月杂草萌发高峰期施药，先将越冬型大草锄干净后再喷施药剂。一般每亩使用 25%可分散油悬浮剂 350～600 毫升，或 38%悬浮剂 250～400 毫升，或 45%悬浮剂 200～340 毫升，或 48%可湿性粉剂 200～320 克，或 50%悬浮剂或 50%可分散油悬浮剂 200～300 毫升，或 80%可湿性粉剂 120～190 克，或 90%水分散粒剂 100～170 克，对水 30～50 千克均匀喷洒地表。

注意事项　莠去津在土壤中残效期长，易对后茬作物造成药害，用药后 3 个月内不能种植大豆、十字花科蔬菜等敏感作物；后茬安排小麦、水稻时，应降低莠去津剂量，并与其他安全性除草剂混用。土壤有机质对莠去津有较强的吸附作用，有机质含量超过 6%的土壤，不宜土壤处理用药，以茎叶处理为好。蔬菜、马铃薯、大豆、花生、小麦、水稻、桃树等对莠去津敏感，不宜使用。

唑草酮 carfentrazone-ethyl

主要含量与剂型　10%可湿性粉剂，40%水分散粒剂，400 克/升乳油。

产品特点　唑草酮是一种三唑啉酮类低毒除草剂，属原卟啉原氧化酶抑制剂类，由植物叶片吸收，具有较强渗透性和传导性，杀草速度快，可混用性好，对温度不敏感，对小麦、玉米等禾谷类作物安全。通过抑制敏感植物体内原卟啉原氧化酶的活性而干扰和破坏细胞膜功能，导致叶片迅速干枯、死亡。唑草酮药效发挥与光照条件有一定关系，光照条件好有利于药效充分发挥。气温在 10℃以上时杀草速度快，喷药后 15 分钟即被植物叶片吸收，3～4 小时后敏感杂草即出现中毒症状，2～4 天死亡。该药具有良好的耐低温性和耐雨水冲刷效应，冬前气温降到很低时也可用药，对后茬作物安全。

适用作物防除对象及使用技术 唑草酮主要适用于小麦及移栽水稻，用于防除猪殃殃、野芝麻、婆婆纳、苘麻、萹蓄、藜、红心藜、蓼、牵牛、鼬瓣花、反枝苋、铁苋菜、播娘蒿、荠菜、泽漆、麦家公、节节菜、宝盖菜、苣荬菜、地肤、鳢肠、龙葵、白芥、三棱草、水苋菜、野慈姑、野荸荠、矮慈姑等多种一年生阔叶杂草和莎草。

小麦田 在春小麦 3～4 叶期、冬小麦 3 叶期至拔节前、杂草 2～3 期茎叶喷雾用药，小麦拔节后禁止施药。喷药必须均匀周到，使全部杂草充分着药，本剂对喷药后长出的杂草无效。冬前用药，一般每亩使用 10%可湿性粉剂 16～20 克，或 40%水分散粒剂 4～6 克，或 400 克/升乳油 4～6 毫升，对水 20～30 千克均匀茎叶喷雾。春季用药时，有些杂草草龄较大，一般每亩使用 10%可湿性粉剂 22～28 克，或 40%水分散粒剂 5.5～8 克，或 400 克/升乳油 6～8 毫升，对水 40～60 千克均匀茎叶喷雾，将杂草喷湿喷透。杂草小、墒情好时选用低剂量，杂草大、墒情差时选用高剂量。

移栽水稻田 在水稻移栽后 15 天、一年生阔叶杂草 2～5 叶期施药。一般每亩使用 10%可湿性粉剂 15～20 克，或 40%水分散粒剂 4～5.5 克，或 400 克/升乳油 4～5 毫升，对水 20～30 千克均匀茎叶喷雾。用药前排水，使杂草 2/3 以上露出水面，喷药后 1～2 天放水回田，保持 3～5 厘米水层 5～7 天，之后恢复正常田间管理。

注意事项 唑草酮属高效除草剂，用药量少，必须准确称量药剂，并最好用二次稀释法配制药液。喷药时防止药剂飘移到敏感阔叶作物上。小麦拔节期至孕穗期喷药后，叶片上会出现黄色斑点，但施药后 1 周能恢复正常绿色，基本不影响产量。

唑啉草酯 pinoxaden

主要含量与剂型 5%、10%乳油，10%、20%可分散油悬浮剂。

产品特点 唑啉草酯是一种苯基吡唑啉类内吸传导型苗后低毒

除草剂，属乙酰辅酶A羧化酶（ACC）抑制剂类，主要经由叶片吸收，传导至分生组织部位，很少被根部吸收。其作用机理主要是通过抑制乙酰辅酶A羧化酶的活性而抑制脂肪酸合成，导致细胞生长分裂受阻，细胞膜含脂结构被破坏，分生组织停止生长，最终杂草死亡。一般施药后48小时敏感杂草停止生长，1～2周内杂草叶片开始发黄，3～4周杂草彻底死亡。杂草受害反应速度与气候条件、杂草种类及生长环境等因素有关。药剂在土壤中降解快，对后茬作物无影响。

适用作物防除对象及使用技术 唑啉草酯主要应用于小麦田和大麦田，防除看麦娘、日本看麦娘、野燕麦、黑麦草、狗尾草、硬草、菵草、棒头草、雀麦、稗草等一年生禾本科杂草，对早熟禾、节节麦基本无效。

小麦田 在小麦2叶1心期到开花前都可使用，最佳施药时期为冬小麦返青至拔节前或春小麦3～5叶期、禾本科杂草3～5叶期。一般每亩使用5%乳油60～80毫升，或10%乳油或10%可分散油悬浮剂30～40毫升，或20%可分散油悬浮剂15～20毫升，对水15～30千克均匀茎叶喷雾。要求药液喷洒必须均匀细致，不能重喷、漏喷。杂草草龄较大或密度较大时，选用高剂量，反之选用低剂量。

冬大麦田 冬前施药，每亩使用5%乳油60～80毫升，或10%乳油或10%可分散油悬浮剂30～40毫升，或20%可分散油悬浮剂15～20毫升，对水15～30千克均匀茎叶喷雾；春季施药，每亩使用5%乳油80～100毫升，或10%乳油或10%可分散油悬浮剂40～50毫升，或20%可分散油悬浮剂20～25毫升，对水30～45千克均匀茎叶喷雾。

注意事项 唑啉草酯耐雨水冲刷，施药后1小时遇雨基本不影响除草效果。不能与激素类除草剂混用，如2，4-滴、2甲4氯、麦草畏等；与其他除草剂、农药、肥料混用时应先进行安全性与可混性测试。喷药后要彻底清洗喷雾器械，避免药物残留造成玉米、高粱及其他敏感作物药害。

第二节 混配制剂

苯磺·炔草酯

有效成分 苯磺隆（tribenuron－methyl）＋炔草酯（clodinafop－propargyl）。

主要含量与剂型 14%（4%＋10%）可分散油悬浮剂，15%（5%＋10%）、30%（10%＋20%）可湿性粉剂。括号内有效成分含量均为苯磺隆的含量加炔草酯的含量。

产品特点 苯磺·炔草酯是由苯磺隆和炔草酯混配的一种内吸传导型苗后茎叶处理低毒复合除草剂，属磺酰脲类除草剂与芳氧苯氧丙酸酯类除草剂的科学组合，专用于小麦田除草，具有杀草谱广、耐低温、耐雨水冲刷、施药适期宽、除草效果稳定、对小麦和后茬作物安全等特点。药剂被杂草茎叶或叶鞘及根部吸收后，通过抑制支链氨基酸合成及脂肪酸合成，影响细胞分裂而导致敏感杂草死亡。

适用作物防除对象及使用技术 苯磺·炔草酯主要适用于小麦田苗后茎叶处理除草，既可有效防除野燕麦、看麦娘、硬草、菵草、棒头草、稗草等一年生禾本科杂草，又能有效防除繁缕、荠菜、麦瓶草、播娘蒿、猪殃殃、鸭跖草、附地菜、藜、龙葵、反枝苋等一年生阔叶杂草。

在小麦2～4叶期或3叶期后、杂草2～5叶期施药。一般每亩使用14%可分散油悬浮剂40～50毫升，或15%可湿性粉剂30～40克，或30%可湿性粉剂15～20克，对水25～30千克均匀茎叶喷雾。气温10℃以上、土壤水分充足时用药效果好；避免在干燥低温（10℃以下）时用药，以免影响除草效果。硬草、菵草较多时或春季草龄较大时，适当提高用药剂量。

注意事项 苯磺·炔草酯不能在大麦田、燕麦田及间套种阔叶作物的小麦田使用，小麦田施药后与后茬作物的安全间隔期为90天。后茬套种或轮作大豆、花生等敏感作物时，应在冬季前施药。低温5℃以下请勿施药，避免产生冻药害。

吡嘧·丙草胺

有效成分 吡嘧磺隆（pyrazosulfuron - ethyl）＋丙草胺（pretilachlor）。

主要含量与剂型 6%（0.6%＋5.4%）颗粒剂，17%（2%＋15%）泡腾片剂，20%（1%＋19%）、35%（2%＋33%）、38%（2%＋36%；3%＋35%）、40%（2%＋38%）、45%（2.5%＋42.5%）、55%（5%＋50%）可湿性粉剂。括号内有效成分含量均为吡嘧磺隆的含量加丙草胺的含量。

产品特点 吡嘧·丙草胺是由吡嘧磺隆与丙草胺按一定比例混配的一种内吸传导型选择性低毒复合除草剂，属磺酰脲类除草剂与氯乙酰胺类除草剂的科学组合，有效成分可在水中迅速扩散，被杂草根部、芽鞘及叶片吸收后传导至植株体内，通过阻碍氨基酸、蛋白质及多糖的生物合成，导致敏感杂草死亡。制剂中添加安全剂解草啶，对水稻安全，杀草谱广，活性高，药效持久，一次施药能控制水稻全生长期的多种杂草危害，对阔叶杂草、莎草及稗草等均有较好的防除效果，且药效不受温度影响。

适用作物防除对象及使用技术 吡嘧·丙草胺主要适用于水稻田，能有效防除稗草、千金子、异型莎草、水莎草、牛毛毡、萤蔺、鸭舌草、眼子菜、泽泻、节节菜、陌上菜、四叶萍、野慈姑、矮慈姑等多种一年生杂草，特别对稗草、千金子特效。

水稻移栽田 水稻移栽后5～10天、稗草1.5～2叶期、阔叶杂草萌芽期施药。施药前保持水层3～5厘米，不能淹没水稻心叶；施药后保水5～7天，缺水补水，只灌不排，切忌断水干田，也不能淹没水稻心叶。一般每亩使用6%颗粒剂400～500克，或17%泡腾片剂150～250克，或45%可湿性粉剂60～80克，或55%可湿性粉剂50～70克，与细沙土5～10千克拌匀后均匀撒施。

水稻直播田 水稻播种后2～4天、幼小秧苗扎根后、稗草1.5叶期以前施药。要求田面平整，喷施前先排干田水，用药时田板保持湿润状态，田沟内留有浅水层；施药1周内保持田面湿润，但严禁田水淹没秧苗心叶。播种稻谷应先催芽，盲谷播种需要盖土后才能施药。一般每亩使用20%可湿性粉剂120～180克，或35%可湿性粉剂60～80克，或38%可湿性粉剂50～70克，或40%可湿性粉剂45～60克，对水30～40千克均匀喷洒田面。

注意事项 吡嘧·丙草胺对有些晚稻品种相对敏感，应尽量避免在晚稻芽期使用。气温低于12℃时，不能使用本剂。本剂对黑麦草、小麦、油菜敏感，施药时应注意避开；用药稻田后茬种植阔叶等敏感作物的安全间隔期为80天以上。

吡酰·异丙隆

有效成分 吡氟酰草胺（diflufenican）+异丙隆（isoproturon）。

主要含量与剂型 39%（4%+35%）、48%（8%+40%）、55%（5%+50%）悬浮剂，60%（5%+55%）可分散油悬浮剂，60%（10%+50%）可湿性粉剂。括号内有效成分含量均为吡氟酰草胺的含量加异丙隆的含量。

产品特点 吡酰·异丙隆是由吡氟酰草胺与异丙隆混配的一种内吸传导型选择性低毒复合除草剂，属酰苯胺类除草剂与取代脲类除草剂的科学组合，兼有茎叶处理与土壤处理活性，杂草苗前、苗后早期均可使用，既能杀死已出土杂草，又能封闭未出土杂草，解决了杂草出土不一致的难题。具有杀草谱广、作用速度较快、对作物安全性高、对人畜安全、使用方便等特点。主要经由根部、幼芽及叶部吸收传导，通过抑制杂草类胡萝卜素生物合成及光合作用而起作用，使杂草白化黄化，最后整株萎蔫死亡。两种作用机制，杀草谱互补，增效作用明显。

适用作物防除对象及使用技术 吡酰·异丙隆主要应用于冬小麦田除草，既可有效防除麦田的猪殃殃、牛繁缕、婆婆纳、宝盖草、麦家公、野油菜、荠菜、播娘蒿、藜、通泉草等多种一年生阔叶杂草，也可有效防除稗草、茵草、硬草、看麦娘、早熟禾、雀麦、野燕麦等多种一年生禾本科杂草。

在冬小麦苗2叶1心期后、一年生禾本科杂草出苗至2叶期或一年生阔叶杂草出苗至子叶期施药最佳。冬前用药，小麦2～4叶期、一年生禾本科杂草出苗至2叶期、一年生阔叶杂草出苗至子叶期为最佳时期；春季用药，在小麦返青至拔节前、杂草2～5叶期茎叶喷雾。冬前选用较低剂量，春季选用较高剂量。一般每亩使用39%悬浮剂150～220毫升，或48%悬浮剂130～200毫升，或55%悬浮剂120～180毫升，或60%可湿性粉剂120～170克，或60%可分散油悬浮剂100～150毫升，对水30～60千克均匀茎叶喷雾。不能使用弥雾机喷药，避免药液飘移到邻近的敏感作物上。尽量选择晴天、光照强、气温高时施药，以利于药效发挥，加速杂草死亡。土壤湿度高，有利于根系吸收传导；喷药前后降雨有利于药效发挥，土壤干旱时药效较差。用药期遇到寒流来临时，应暂停施药，待气温回升、日均温达5℃以上时再用，否则易造成冻药害。杂草超过4叶期、早熟禾及藜发生严重的麦田，可适当增加用药量。

本剂对未萌发的杂草具有土壤封闭作用，喷药时应水量充足，以保持土壤润湿。但芽前施药遇持续大雨，尤其为芽期降雨，可造成小麦叶片暂时脱色，但会很快恢复，对产量没有影响。施药后遭遇霜冻，小麦生长可能会暂时受到抑制，但不久即可恢复。发生冻害的麦田可喷施腐殖酸类叶面肥，以利于麦苗恢复生长。

注意事项 吡酰·异丙隆需在冬小麦2叶期以后使用，不能在播后苗前用药。本剂对甘蓝型油菜、大豆、黄瓜、水稻秧苗、番茄等作物敏感，喷药时避免药液飘移到此类作物上。与其他作物间作或套种的冬小麦田及施用过磷酸钙的田块不能使用本剂。在天气暖和、平均气温达8℃以上，土壤墒情好时用药，有利于药效发挥。

苄·二氯

有效成分 苄嘧磺隆（bensulfuron-methyl）＋二氯喹啉酸（quinclorac）。

主要含量与剂型 22%（2%＋20%）、27.5%（2.5%＋25%；2.75%＋24.75%）、28%（3%＋25%）、30%（5%＋25%）、32%（4%＋28%；6%＋26%）、35%（5%＋30%；6%＋29%）、36%（2%＋34%；3%＋33%；4%＋32%；5%＋31%；6%＋30%）、38.5%（2.8%＋35.7%；5%＋33.5%）、40%（2.5%＋37.5%；

5%+35%；6%+34%）可湿性粉剂，31%（2%+29%）泡腾粒剂。括号内有效成分含量均为苄嘧磺隆的含量加二氯喹啉酸的含量。

产品特点 苄·二氯是由苄嘧磺隆与二氯喹啉酸按一定比例混配的一种内吸传导型选择性低毒复合除草剂，属磺酰脲类除草剂与喹啉羧酸类除草剂的科学组合，具有杀草谱广、杀草速度快、施药适期宽、持效期适中、合理使用对作物安全性高等特点。药剂被杂草根部和叶片吸收后，可快速抑制敏感杂草的生长，使受害杂草幼嫩组织失绿，叶片失水萎蔫，最后全株黄化死亡。

适用作物防除对象及使用技术 苄·二氯适用于水稻移栽田、直播田和秧田，可有效防除稻田中的稗草、千金子、狼把草、雨久花、水芹、泽泻、鸭舌草、四叶萍、节节菜、眼子菜、陌上菜、野慈姑、牛毛毡、萤蔺、异型莎草、碎米莎草等多种禾本科杂草、阔叶杂草及莎草。

该药对2叶期以前的水稻秧苗敏感，水稻2.5叶期前禁止使用。用药时应严格掌控用药剂量，过量使用或重复喷洒都会出现药害；但杂草茂密或稗草超过4叶期时，需适当增加用药剂量。施药后若遇大幅度降温或高温干旱，会出现秧苗生长受到抑制及秧苗落黄现象，加强田间管理，温度正常后7～10天便可恢复。

水稻移栽田 在水稻移栽后5～7天，秧苗返青扎根后、稗草1.5～3叶期进行施药。一般每亩使用22%可湿性粉剂60～80克，或27.5%可湿性粉剂或28%可湿性粉剂50～75克，或30%可湿性粉剂或32%可湿性粉剂50～70克，或35%可湿性粉剂50～60克，或36%可湿性粉剂40～60克，或38.5%可湿性粉剂40～50克，或40%可湿性粉剂35～50克，对水30～45千克均匀喷雾。施药前排干田水，使杂草充分露出水面，施药后1～3天再灌水回田，保持3～5厘米深水层5～7天，后恢复正常田间管理。也可每亩使用31%颗粒剂70～80克直接抛撒施药，药后保持3～5厘米深水层5～7天，然后正常管理。药后保水不宜过深，水层不可淹没秧苗心叶，以免发生药害。

水稻直播田和秧田 在水稻2.5叶期以后、稗草1～7叶期均可施药，以稗草2～3叶期施药效果最佳。施药前排水至田面无明水但呈湿润状态，每亩使用22%可湿性粉剂70～90克，或27.5%可湿性粉剂或28%可湿性粉剂60～80克，或30%可湿性粉剂或32%可湿性粉剂60～70克，或35%可湿性粉剂或36%可湿性粉剂50～60克，或38.5%可湿性粉剂或40%可湿性粉剂40～50克，对水20～30千克均匀喷雾。施药1天后放水回田，保持3～4厘米浅水层5～7天，水层不能淹没秧苗心叶，之后恢复正常田间管理。秧苗2叶1心期前禁止使用，弱苗秧田慎用。

注意事项 苄·二氯只能用于水稻田，其他作物田禁止使用；水稻秧苗2.5叶期前严禁使用。茄科、豆科、菊科、锦葵科、伞形花科、旋花科等阔叶作物对本剂较敏感，稻田施药时避免药液飘移至上述作物田内，以防产生药害；施药稻田后茬最好种植水稻、玉米、高粱等耐药性作物，药后第2年方可种植上述敏感作物。本剂生产企业较多，各企业间产品配方比例及含量差异较大，具体选用时应以该产品的标签说明为准。

苄嘧·苯噻酰

有效成分 苄嘧磺隆（bensulfuron - methyl）+苯噻酰草胺（mefenacet）。

主要含量与剂型 50%（2.5%+47.5%；2.6%+47.4%；3%+47%；5%+45%）、53%（3%+50%）、55%（3%+52%；5%+50%）、60%（3.5%+56.5%；5%+55%；6.5%+53.5%）、68%（3.2%+64.8%）、69%（4.5%+64.5%）、70%（5%+65%）、80%（4.5%+75.5%；5%+75%）可湿性粉剂，69%（4.5%+64.5%）、82%（4.5%+77.5%）水分散粒剂，0.11%（0.01%+0.1%）、0.33%（0.03%+0.3%）、6%（0.5%+5.5%）颗粒剂。括号内有效成分含量均为苄嘧磺隆的含量加苯噻酰草胺的含量。

产品特点 苄嘧·苯噻酰是由苄嘧磺隆与苯噻酰草胺按一定比例混配的一种内吸传导型选择性低毒复合除草剂，属磺酰脲类除草剂与酰胺类除草剂的科学组合，专用于水稻田除草，具有杀草谱广、杀草速度快、使用方便、安全性好等特点。药剂被杂草根部、芽鞘及叶片吸收，通过阻碍氨基酸的生物合成而抑制杂草生长点细胞分裂，影响叶部及根系生长，最终导致杂草坏死。

适用作物防除对象及使用技术 苄嘧·苯噻酰仅适用于水稻田，可有效防除稗草、异型莎草、牛毛毡、矮慈姑、泽泻、眼子菜、萤蔺、水莎草、节节菜、雨久花、陌上菜、日照飘拂草、碎米莎草、小茨藻、四叶萍、茨藻等多种禾本科杂草、莎草和阔叶杂草。

一般在水稻移栽后或抛秧后5～7天用药。南方稻田，每亩使用50%可湿性粉剂60～75克，或53%可湿性粉剂55～70克，或55%可湿性粉剂50～65克，或60%可湿性粉剂50～60克，或68%可湿性粉剂或69%可湿性粉剂或70%可湿性粉剂或69%水分散粒剂45～55克，或80%可湿性粉剂或82%水分散粒剂40～55克；北方稻田，每亩使用50%可湿性粉剂80～100克，或53%可湿性粉剂70～90克，或55%可湿性粉剂65～85克，或60%可湿性粉剂60～80克，或68%可湿性粉剂或69%可湿性粉剂或70%可湿性粉剂或69%水分散粒剂55～70克，或80%可湿性粉剂或82%水分散粒剂50～60克。每亩药剂与细沙土15～20千克拌匀后均匀撒施于田内，也可与肥料混施，既除草又促进秧苗生长。南方稻田还可每亩使用0.11%颗粒剂20～30千克，或0.33%颗粒剂6.5～10千克，或6%颗粒剂350～550克，直接撒施或混拌细沙土后撒施。施药后保持3～5厘米深水层5～7天，缺水缓慢补水，不能排水，亦不能使水层淹过水稻心叶。

注意事项 苄嘧·苯噻酰田间撒施应均匀周到，水稻秧龄1.5叶期前慎用。露水地段、沙质土、漏水田使用效果差。用药稻田排水时不能排入荸荠、慈姑、河藕等水生蔬菜田。本剂生产企业较多，各企业间产品配方比例及含量差异较大，具体选用时应以该产品的标签说明为准。

噁草·丁草胺

有效成分 噁草酮（oxadiazon）＋丁草胺（butachlor）。

主要含量与剂型 20%（6%＋14%；8%＋12%）、30%（6%＋24%；7%＋23%）、36%（6%＋30%）、40%（6%＋34%）、42%

(10%＋32%)、60%（10%＋50%)、70%（8%＋62%；10%＋60%）乳油，62%（11%＋51%)、65%（10%＋55%）微乳剂。括号内有效成分含量均为噁草酮的含量加丁草胺的含量。

产品特点 噁草·丁草胺是由噁草酮与丁草胺按一定比例混配的一种内吸传导型低毒复合除草剂，属杂环类除草剂与酰胺类除草剂的科学组合，药剂经由杂草幼芽、根系及茎叶吸收传导至生长旺盛部位，阻碍蛋白质合成，抑制分生组织生长，导致杂草组织腐烂死亡。具有除草活性较高、安全性能较好、杀草谱较宽、控草期较长等特点。

适用作物防除对象及使用技术 噁草·丁草胺适用于水稻田(水稻移栽田、水稻旱育秧田、水稻直播田)、棉花田，能有效防除田间的稗草、马唐、牛筋草、狗尾草、千金子、马齿苋、藜、蓼、反枝苋、苘麻、苍耳、鸭舌草、雨久花、泽泻、矮慈姑、牛毛毡、异型莎草、碎米莎草、水莎草、日照飘拂草、鳢肠、婆婆纳、水苋菜、小茨藻等多种一年生杂草和少部分多年生杂草。

水稻旱育秧田 播种盖土后出苗前用药。一般每亩使用 20%乳油 200～240 毫升，或 30%乳油 135～160 毫升，或 36%乳油 120～140 毫升，或 40%乳油 100～125 毫升，或 42%乳油 90～110 毫升，或 60%乳油或 62%微乳剂 80～100 毫升，或 65%微乳剂 70～90 毫升，或 70%乳油 50～70 毫升，对水 30～45 千克均匀喷洒地表。要求播种后严密盖土，盖土厚度 0.5～0.8 厘米，以避免药剂直接接触种子。施药后一周内保持田面湿润，无积水。盖膜田块，适当降低用药量。施药后膜内气温超过 33℃时需揭膜通风，以防烧苗及发生药害。

水稻直播田 水稻播种前或播种覆土后出苗前土壤均匀喷雾。一般每亩使用 20%乳油 200～240 毫升，或 30%乳油 135～160 毫升，或 36%乳油 120～140 毫升，或 40%乳油 100～125 毫升，或 42%乳油 90～110 毫升，或 60%乳油或 62%微乳剂 80～100 毫升，或 65%微乳剂 70～90 毫升，或 70%乳油 50～70 毫升，对水 30～40 千克均匀喷洒土壤。施药时应保持土壤湿润、无积水；施药后 2～3 天如遇大雨应及时排水，避免积水造成药害。种子外露或有明水时，易发生药害。

水稻移栽田　最好在移栽前 2～5 天施药。一般每亩使用 20%乳油 200～250 毫升，或 30%乳油 130～160 毫升，或 36%乳油 120～140 毫升，或 40%乳油 100～125 毫升，或 42%乳油 90～120 毫升，或 60%乳油或 62%微乳剂 80～100 毫升，或 65%微乳剂 70～90 毫升，或 70%乳油 50～70 毫升，对水 25～30 千克均匀喷洒于田间，或与适量细沙土拌匀后均匀撒施于田间，或原瓶直接均匀甩施。也可在插秧后 5～7 天、稗草萌芽至 1 叶 1 心期前施药，每亩使用 20%乳油 200～250 毫升，或 30%乳油 150～200 毫升，或 36%乳油 140～170 毫升，或 40%乳油 120～150 毫升，或 42%乳油 110～140 毫升，或 60%乳油或 62%微乳剂 80～110 毫升，或 65%微乳剂 70～100 毫升，或 70%乳油 65～80 毫升，与 15～20 千克细沙土拌匀后均匀撒施于田间。施药时田间水深 3～5 厘米，不淹没水稻心叶，不露泥；施药后保持 3～5 厘米水层 5～7 天，不排水，可缓慢补水。

棉花田　播种后 2～4 天、棉花出苗前施药，地膜棉则在播种盖土后覆膜前施药。一般每亩使用 20%乳油 200～250 毫升，或 30%乳油 140～180 毫升，或 36%乳油 130～160 毫升，或 40%乳油 110～140 毫升，或 42%乳油 100～130 毫升，或 60%乳油或 62%微乳剂 80～100 毫升，或 65%微乳剂 70～90 毫升，或 70%乳油 60～80 毫升，对水 30～45 千克均匀喷洒土壤表面。棉花播种后要覆土均匀，不可露籽。地膜覆盖棉花选用较低剂量。

注意事项　噁草·丁草胺用于水稻移栽田时，弱苗、小苗、超剂量用药、水层淹没秧苗心叶、漏水田块等均易出现药害。用药后如遇暴雨，注意及时排水。本剂对 2 叶期以内的稗草有较好防效，对 3 叶期以上稗草防效较差，所以用药应掌握在杂草 1 叶期后至 3 叶期前。本剂生产企业较多，各企业间产品配方比例及含量差异较大，具体选用时应以该产品的标签说明为准。

噁唑·氰氟

有效成分　噁唑酰草胺（metamifop）＋氰氟草酯（cyhalofop-butyl）。

主要含量与剂型 10%（5%+5%）、15%（7.5%+7.5%）、20%（8%+12%；10%+10%）、25%（10%+15%）、35%（15%+20%）乳油，20%（10%+10%）、25%（10%+15%）可分散油悬浮剂。括号内有效成分含量均为噁唑酰草胺的含量加氰氟草酯的含量。

产品特点 噁唑·氰氟是由噁唑酰草胺与氰氟草酯按一定比例混配的一种内吸传导型茎叶处理低毒复合除草剂，属两种芳氧苯氧丙酸酯类除草剂的互补组合，专用于水稻田除草，经由茎叶吸收传导至分生组织，通过抑制乙酰辅酶A羧化酶活性而抑制脂肪酸合成，导致杂草死亡。混配制剂使杂草死亡速度更快、更彻底，使用方便，对后茬作物安全。

适用作物防除对象及使用技术 噁唑·氰氟仅适用于水稻直播田，能有效防除稗草、千金子、马唐、牛筋草等一年生禾本科杂草。

在水稻2叶1心期后、禾本科杂草2～3叶期施药。一般每亩使用10%乳油120～150毫升，或15%乳油80～90毫升，或20%乳油或20%可分散油悬浮剂60～75毫升，或25%乳油或25%可分散油悬浮剂40～60毫升，或35%乳油30～40毫升，对水30～40千克均匀茎叶喷雾，不能重喷、漏喷。施药前排干田水，使杂草茎叶全部露出，施药后24～48小时复水，并保持3～5厘米水层5～7天，不能使水层淹没水稻心叶，以免发生药害。杂草密度高、草龄大，使用上限用药量。施药时如果田间干旱，需先适量灌水后再用药，以保证药效。

注意事项 噁唑·氰氟不能与苄嘧磺隆、吡嘧磺隆等药剂混用，杂交制种田需要慎用。低温多雨、盐碱地块导致秧苗衰弱时禁止使用。

精喹·氟磺胺

有效成分 精喹禾灵（quizalofop-P-ethyl）+氟磺胺草醚（fomesafen）。

主要含量与剂型 15%（3%+12%；5%+10%）、20%（4%+

16%)、21% (3.5%+17.5%)、24% (6%+18%)、30% (5%+25%)乳油,15% (5%+10%)、20% (4%+16%) 微乳剂。括号内有效成分含量均为精喹禾灵的含量加氟磺胺草醚的含量。

产品特点 精喹·氟磺胺是由精喹禾灵与氟磺胺草醚按一定比例混配的一种选择性苗后茎叶处理低毒复合除草剂,属芳氧苯氧丙酸酯类除草剂与二苯醚类除草剂的科学组合,能被杂草茎叶及根系吸收,通过破坏杂草脂肪酸合成和光合作用,使杂草生长停止、叶片黄化或产生枯斑而整株死亡。两种作用机理有效成分混配,杀草谱更广,药效速度较快,持效期长,使用方便,对大豆、花生安全,一次用药可有效防除多种禾本科杂草及阔叶杂草。

适用作物防除对象及使用技术 精喹·氟磺胺适用于大豆、花生,能有效防除大豆田、花生田的多种一年生禾本科杂草与阔叶杂草,如稗草、牛筋草、马唐、狗尾草、看麦娘、野燕麦、藜、蓼、苘麻、铁苋菜、鸭跖草、水刺针、猪毛菜、反枝苋、马齿苋、猪殃殃、荠菜、苍耳、龙葵、鳢肠、鬼针草等。

在温度和湿度适宜条件下,有利于药效发挥。湿度较高、土壤有机质含量较低时,选用较低剂量;杂草较大时选用较高剂量。杂草基本出齐后用药,除草效果最佳。

春大豆田 通常在大豆 2～3 片复叶期、禾本科杂草 3～5 叶期、阔叶杂草 2～4 叶期施药。一般每亩使用 15%乳油或 15%微乳剂 150～180 毫升,或 20%乳油或 21%乳油或 20%微乳剂 120～150 毫升,或 24%乳油 100～120 毫升,或 30%乳油 80～90 毫升,对水 30～45 千克均匀茎叶喷雾。

夏大豆田、花生田 在大豆或花生 2～3 片复叶期、禾本科杂草 2～5 叶期、阔叶杂草 1～3 叶期施药。一般每亩使用 15%乳油或 15%微乳剂 100～140 毫升,或 20%乳油或 21%乳油或 20%微乳剂 85～120 毫升,或 24%乳油 60～80 毫升,或 30%乳油 40～60 毫升,对水 30～45 千克均匀茎叶喷雾。

注意事项 精喹·氟磺胺不能在套种或混种有其他作物的大豆田或花生田使用。玉米、水稻、小麦、高粱、甘蔗、谷子、烟草、油菜、亚麻、甜菜、豌豆、菜豆、马铃薯、向日葵、瓜类及其他蔬菜等作物对本剂敏感,用药时避免药液飘移到上述作物上。精喹·

氟磺胺与激素类除草剂有拮抗作用，不能相互混用。本剂生产企业较多，各企业间产品配方比例及含量差异较大，具体选用时应以该产品的标签说明为准。

氯吡·唑草酮

有效成分 氯氟吡氧乙酸异辛酯（fluroxypyr－meptyl）＋唑草酮（carfentrazone－ethyl）。

主要含量与剂型 33%（30%＋3%）、34%（29%＋5%）可湿性粉剂，22%（16.5%＋5.5%）可分散油悬浮剂。括号内有效成分含量均为氯氟吡氧乙酸异辛酯的含量加唑草酮的含量。

产品特点 氯吡·唑草酮是由氯氟吡氧乙酸异辛酯与唑草酮按一定比例混配的一种内吸传导型选择性茎叶处理低毒复合除草剂，属吡啶类除草剂与三唑啉酮类除草剂的科学组合，具有内吸和触杀活性，杀草谱广，见效速度快，除草更彻底，对温度不敏感。药剂经由叶片吸收，通过干扰和破坏细胞膜功能等，使敏感杂草植株扭曲、畸形、停止生长、叶片干枯而逐渐死亡。

适用作物防除对象及使用技术 氯吡·唑草酮适用于冬小麦及水稻田除草，既能有效防除冬小麦田的猪殃殃、荠菜、野油菜、繁缕、牛繁缕、泽漆、婆婆纳、大巢菜、野老鹳草、麦家公、播娘蒿、宝盖草、稻槎菜等一年生阔叶杂草，又可有效防除水稻移栽田的鸭舌草、空心莲子草、矮慈姑、莎草、萤蔺、丁香蓼、母草、鳢肠、陌上菜等一年生阔叶杂草及莎草。

冬小麦田 在冬小麦3叶期后至拔节前、一年生阔叶杂草2～5叶期施药。一般每亩使用22%可分散油悬浮剂30～50毫升，或33%可湿性粉剂22～32克，或34%可湿性粉剂20～30克，对水20～30千克均匀茎叶喷雾。小麦倒二叶抽出后不能用药。

水稻移栽田 在水稻移栽后10～15天至拔节期以前均可施药，以水稻移栽缓苗后4～5叶期、杂草3～5叶期施药最好。一般每亩使用22%可分散油悬浮剂25～40毫升，或33%可湿性粉剂15～25克，或34%可湿性粉剂15～22克，对水25～30千克均匀茎叶喷雾。施药前排干田水，使杂草全部露出；施药后24～48小时放水回田，保持 3～5 厘米浅水层 5～7 天。

注意事项 氯吡·唑草酮不能在间套种有其他阔叶作物的冬小麦田使用。喷药时避免药液飘移到邻近阔叶作物上，以防产生药害。该药最适施药温度为 10～25℃。当麦苗弱小、温度急剧变化或喷洒药液量不匀时，小麦叶片可能会出现灼伤斑点，但能很快恢复，不影响正常生长。

氰氟·双草醚

有效成分 氰氟草酯（cyhalofop - butyl）＋双草醚（bispyribac - sodium）。

主要含量与剂型 16%（12%＋4%）、20%（15%＋5%；16%＋4%）、25%（20%＋5%）、28%（21%＋7%）可分散油悬浮剂，20%（15%＋5%）悬浮剂，40%（30%＋10%）可湿性粉剂。括号内有效成分含量均为氰氟草酯的含量加双草醚的含量。

产品特点 氰氟·双草醚是由氰氟草酯与双草醚按一定比例混配的一种内吸传导型选择性茎叶处理低毒复合除草剂，属芳氧苯氧丙酸酯类除草剂与嘧啶氧基苯甲酸类除草剂的科学组合，兼具了氰氟草酯对千金子及低龄稗草的防除效果和双草醚禾阔双除活性，杀草机理互补，具有活性高、杀草谱广、施药时期宽、持效期长等特点。药剂经由植物茎叶和根部吸收，通过抑制支链氨基酸及脂肪酸合成等，使杂草停止生长而逐渐死亡。

适用作物防除对象及使用技术 氰氟·双草醚主要用于水稻直播田茎叶处理，能有效防除稗草、双穗雀稗、千金子、球花碱草、陌上菜、鸭舌草、鳢肠、丁香蓼、矮慈姑、日照飘拂草、异型莎草、碎米莎草、萤蔺、日本藨草、扁秆藨草、节节菜、母草等多种一年生禾本科杂草、莎草及阔叶杂草。

在直播水稻 3 叶 1 心后、杂草 2～4 叶期施药。一般每亩使用 16%可分散油悬浮剂 50～60 毫升，或 20%可分散油悬浮剂或 20%悬浮剂 40～50 毫升，或 25%可分散油悬浮剂 25～35 毫升，或 28%可分散油悬浮剂 20～30 毫升，或 40%可湿性粉剂 15～25 克，对水 30～45 千克均匀茎叶喷雾。施药前预先排水，使杂草茎叶

2/3 以上露出水面；施药后 1～2 天灌水 3～5 厘米深，并保持 3～5 厘米水层 5～7 天，以水层不淹没水稻心叶为准，以后正常管理。

注意事项 氰氟・双草醚茎叶喷雾应均匀、周到，不能漏喷、重喷，并避免药液飘移到周围作物上。用药后不要翻动土层，以免破坏药土层，影响除草效果。粳稻用药后可能会有叶片发黄现象，4～5 天内可以恢复，不影响水稻产量。

双氟・氯氟吡

有效成分 双氟磺草胺（florasulam）＋氯氟吡氧乙酸异辛酯（fluroxypyr－meptyl）。

主要含量与剂型 15％（0.5％＋14.5％）、16％（0.6％＋15.4％；1％＋15％）、30％（1％＋29％）悬乳剂，31％（2％＋29％）可分散油悬浮剂，15％（0.5％＋14.5％）、30％（1％＋29％）可湿性粉剂。括号内有效成分含量均为双氟磺草胺的含量加氯氟吡氧乙酸异辛酯的含量。

产品特点 双氟・氯氟吡是由双氟磺草胺与氯氟吡氧乙酸异辛酯按一定比例混配的一种内吸传导型选择性茎叶处理低毒复合除草剂，属三唑嘧啶磺酰胺类除草剂与吡啶类除草剂的科学组合，专用于小麦田除草，经由杂草根部及茎叶吸收传导至全株，用药后 3 天可见杂草扭曲、畸形，而后逐渐枯死。具有杀草谱广、用药适期宽、冬前和早春均可使用、杀草速度快、低温仍有较好防效、对后茬作物安全等特点。

适用作物防除对象及使用技术 双氟・氯氟吡主要适用于冬小麦田，能有效防除猪殃殃、荠菜、播娘蒿、藜、反枝苋、马齿苋、龙葵、繁缕、泽漆、大巢菜、鼬瓣花、酸模叶蓼、柳叶刺蓼、卷茎蓼、萹蓄、鸭跖草、香薷、遏蓝菜、野豌豆、田旋花、小旋花等多种一年生阔叶杂草。

通常在冬小麦 3 叶期后至拔节前、杂草 2～5 叶期施药，冬前、早春均可。一般每亩使用 15％悬浮剂或 16％悬浮剂 80～100 毫升，或 30％悬浮剂或 31％可分散油悬浮剂 40～50 毫升，或 15％可湿性粉剂 80～100 克，或 30％可湿性粉剂 45～55 克，对水 30～

40 千克均匀茎叶喷雾，不能重喷、漏喷。土壤干旱或杂草偏大偏多时，选用较高药剂量和用水量；土壤墒情好或气温在 10℃以上时有利于药效发挥。施药后 6 小时下雨不影响药效。

注意事项 双氟·氯氟吡在小麦田苗后用药时应避开寒流，以免麦苗产生冻药害。用药时应定向喷雾，避免药液飘移到邻近敏感作物上。不建议在果园、茶园内使用。本剂生产企业较多，各企业间产品配方比例及含量有一定差异，具体选用时应以该产品的标签说明为准。

双氟·唑草酮

有效成分 双氟磺草胺（florasulam）+唑草酮（carfentrazone-ethyl）。

主要含量与剂型 3%（1%+2%）、5%（2%+3%）、6%（2%+4%）、9%（3%+6%）、10%（4%+6%）悬乳剂，6%（2%+4%）可湿性粉剂，6%（2%+4%）可分散油悬浮剂。括号内有效成分含量均为双氟磺草胺的含量加唑草酮的含量。

产品特点 双氟·唑草酮是由双氟磺草胺与唑草酮按一定比例混配的一种选择性苗后茎叶处理低毒复合除草剂，属三唑嘧啶磺酰胺类除草剂与三唑啉酮类除草剂的科学组合，专用于小麦田除草。两者混配具有明显的互补增效作用，兼具内吸传导性和触杀活性，杀草谱较广，耐低温能力强，速效性好，用药适期宽，持效期长，能显著提高除草效果，特别对一些抗性杂草防效提高，并对下茬作物安全。药剂经杂草根部、嫩芽及叶片吸收，通过抑制支链氨基酸合成及干扰和破坏细胞膜功能，使细胞分裂、伸长受阻，逐渐导致杂草枯死。

适用作物防除对象及使用技术 双氟·唑草酮仅适用于小麦田，能有效防除猪殃殃、播娘蒿、繁缕、泽漆、荠菜、婆婆纳、麦家公、麦瓶草、附地菜、碎米荠、雀舌草、藜、蓼、反枝苋、田旋花等多种一年生阔叶杂草，对抗性播娘蒿、猪殃殃、荠菜、繁缕、泽漆等也有较好防除效果。

在冬小麦 3 叶期后至拔节前、阔叶杂草 2～3 叶期施药。一般每亩使用3%悬乳剂30～50毫升，或5%悬乳剂18～30毫升，或6%悬浮剂或6%可分散油悬浮剂15～20毫升，或6%可湿性粉剂15～20克，或9%悬浮剂10～17毫升，或10%悬乳剂8～15毫升，对水30～40千克均匀茎叶喷雾，不能重喷、漏喷。最好在气温10℃以上用药，温度过低可能会对小麦生长造成影响。正常剂量下使用对下茬作物安全。

注意事项 双氟·唑草酮不能与表面活性剂混用，与乳油类产品混用时应先进行安全性试验。喷药时避免药液飘移到邻近敏感作物上。有些小麦品种用药后叶片上可能会出现灼伤斑点，后期可以恢复，不影响小麦产量。本剂生产企业较多，各企业间产品配方比例及含量有一定差异，具体选用时应以该产品的标签说明为准。

双氟·唑嘧胺

有效成分 双氟磺草胺（florasulam）＋唑嘧磺草胺（flumetsulam）。

主要含量与剂型 6%（2.5%＋3.5%）、20%（8%＋12%）、58克/升（25克/升＋33克/升）、175克/升（75克/升＋100克/升）悬浮剂。括号内有效成分含量均为双氟磺草胺的含量加唑嘧磺草胺的含量。

产品特点 双氟·唑嘧胺是由双氟磺草胺与唑嘧磺草胺按一定比例混配的一种内吸传导型选择性低毒复合除草剂，属三唑嘧啶磺酰胺类除草剂与嘧啶磺酰胺类除草剂的互补组合，专用于小麦田防除阔叶杂草，具有杀草谱广、用药适期宽、杀草彻底、对作物安全、低温药效稳定等特点。药剂经由植物根部、嫩芽和茎叶吸收传导至全株，通过抑制支链氨基酸合成、阻碍蛋白质合成，影响细胞分裂及伸长生长，导致杂草死亡。

适用作物防除对象及使用技术 双氟·唑嘧胺主要适用于小麦田，能有效防除猪殃殃、麦家公、繁缕、牛繁缕、婆婆纳、大巢菜、碎米荠、荠菜、野油菜、通泉草、播娘蒿、泽漆等多种一年生阔叶杂草。按推荐剂量使用对小麦、大麦及后茬作物安全。

在小麦3叶期至冬前或早春返青至拔节前、杂草2～5叶期施药，定向均匀茎叶喷雾，以防止药液飘移到其他敏感作物上。一般每亩使用6%悬浮剂或58克/升悬浮剂10～15毫升，或20%悬浮剂3～4毫升，或175克/升悬浮剂3～5毫升，对水20～30千克均匀茎叶喷雾。冬前杂草幼小、气温高，除草效果好。防除较高大杂草及进入花期的野油菜、荠菜、碎米荠等十字花科杂草时，选用较高剂量。

注意事项 双氟·唑嘧胺活性高、用量低，施药时应准确称量，不能随意增加用量，否则可能会对后茬种植的棉花、甜菜、油菜、向日葵、高粱、番茄等作物有不利影响。用药40天内，不能间作或套种十字花科蔬菜、西瓜、棉花等阔叶作物。已间作或套种有阔叶作物的小麦田，不能使用本剂。

五氟·丙草胺

有效成分 五氟磺草胺（penoxsulam）＋丙草胺（pretilachlor）。

主要含量与剂型 16%（1%＋15%）、40%（1.5%＋38.5%）悬乳剂，28%（2%＋26%）、31%（1%＋30%）、42%（2%＋40%）可分散油悬浮剂，5%（0.1%＋4.9%）颗粒剂。括号内有效成分含量均为五氟磺草胺的含量加丙草胺的含量。

产品特点 五氟·丙草胺是由五氟磺草胺与丙草胺按一定比例混配的一种内吸传导型选择性低毒复合除草剂，属三唑嘧啶磺酰胺类除草剂与氯乙酰胺类除草剂的科学组合，专用于水稻田除草，杀草谱广，使用方便，对部分抗性稗草也有良好防除效果。既有芽前封闭处理活性，又对刚萌发的杂草幼苗同样有效。药剂经杂草叶片、叶鞘、幼芽及根部吸收，通过抑制蛋白质及多糖的生物合成，使细胞分裂受阻而导致杂草死亡。对后茬作物安全。

适用作物防除对象及使用技术 五氟·丙草胺主要适用于水稻田，对包括稗草在内的多种一年生禾本科杂草、莎草及阔叶杂草均有很好的防除效果。

水稻直播田 水稻播前3天施药时，每亩使用5%颗粒剂500～900克，与适量细干土拌匀后均匀撒施。施药前将田块耙平并保水5～8厘米，药后自然落干播种，不能自然落干时需要排干。水稻播后用药时，于播后7～10天3叶期后、稗草1～2叶期施药，一般每亩使用28%可分散油悬浮剂80～100毫升，或31%可分散油悬浮剂70～130毫升，或42%可分散油悬浮剂80～100毫升，对水20～30千克均匀茎叶喷雾。施药前排水，施药后1～3天灌水，保持3～5厘米水层5～7天，但水层不能淹没水稻心叶，以防产生药害；水稻扎根前不能用药。

水稻移栽田　在水稻移栽5～10天充分缓苗后、稗草2叶期以前施药。一般每亩使用40%悬浮剂70～100毫升，或31%可分散油悬浮剂100～130毫升，或16%悬浮剂120～200毫升，对水20～30千克均匀茎叶喷雾，或与适量细沙土拌匀后均匀撒施。施药时田间需保持水层3～5厘米，并在施药后保水5～7天，防止水层淹没水稻心叶，以后恢复正常管理。施药田块应力求平整，否则会影响药效。稗草密度高、草龄大，选用较高剂量。

注意事项　五氟·丙草胺不宜在缺水田、漏水田及盐碱地田使用；水稻缓苗期或秧苗长势弱时，有药害风险，需慎重使用。制种田使用，因品种较多，需先进行安全性验证。移栽水稻返青前或直播水稻扎根前不能用药，易产生药害。

五氟·氰氟草

有效成分　五氟磺草胺（penoxsulam）+氰氟草酯（cyhalofop-butyl）。

主要含量与剂型　12%（2%+10%）、15%（3%+12%）、16%（2%+14%）、17%（2%+15%）、18%（3%+15%）、20%（2.5%+17.5%）、25%（5%+20%）、60克/升（10克/升+50克/升）可分散油悬浮剂。括号内有效成分含量均为五氟磺草胺的含量加氰氟草酯的含量。

产品特点　五氟·氰氟草是由五氟磺草胺与氰氟草酯按一定比例混配的一种内吸传导型选择性茎叶处理低毒复合除草剂，属三唑嘧啶磺酰胺类除草剂与芳氧苯氧丙酸酯类除草剂的科学组合，专用于水稻田除草，对禾本科杂草、莎草及阔叶杂草均有良好的防除效果，杀草谱广，使用方便，对水稻及后茬作物安全性好，但杀草速度较慢。药剂经杂草叶片、叶鞘及根部吸收，通过抑制蛋白质及脂肪酸的生物合成，使杂草停止生长、黄化，直至死亡。

适用作物防除对象及使用技术 五氟·氰氟草专用于水稻田除草，能有效防除各种稗草（包括大龄稗草）、千金子、马唐、狗尾草、金狗尾草、双穗雀稗、牛筋草、异型莎草、牛毛毡、鳢肠、鸭舌草、雨久花、野慈姑、节节菜、陌上菜、藜、苋、小蓟等多种一年生禾本科杂草、阔叶杂草及莎草。

施药前排水，使杂草茎叶 2/3 以上露出水面；施药后 1～2 天灌水，保持 3～5 厘米深水层 5～7 天，防止水层淹没水稻心叶，以避免发生药害。杂草密度高、草龄大，使用较高药剂量。配制药液时采用二次稀释法，喷药应均匀周到，不能重喷、漏喷。

水稻秧田 在水稻 2～3 叶期后、杂草 1.5～2.5 叶期施药。一般每亩使用 60 克/升可分散油悬浮剂 100～120 毫升，或 12%可分散油悬浮剂 50～70 毫升，或 15%可分散油悬浮剂 40～55 毫升，或 16%可分散油悬浮剂或 17%可分散油悬浮剂或 18%可分散油悬浮剂 40～50 毫升，或 20%可分散油悬浮剂 35～45 毫升，或 25%可分散油悬浮剂 25～35 毫升，对水 30～40 千克均匀茎叶喷雾。

水稻直播田 在水稻 3～5 叶期、杂草 2～3 叶期施药。一般每亩使用 60 克/升可分散油悬浮剂 100～130 毫升，或 12%可分散油悬浮剂 60～80 毫升，或 15%可分散油悬浮剂 50～70 毫升，或 16%可分散油悬浮剂或 17%可分散油悬浮剂或 18%可分散油悬浮剂 50～60 毫升，或 20%可分散油悬浮剂 40～50 毫升，或 25%可分散油悬浮剂 30～40 毫升，对水 30～40 千克均匀茎叶喷雾。

水稻移栽田 在水稻移栽缓苗后、杂草 2～4 叶期施药。一般每亩使用 60 克/升可分散油悬浮剂 100～150 毫升，或 12%可分散油悬浮剂 60～80 毫升，或 15%可分散油悬浮剂 50～70 毫升，或 16%可分散油悬浮剂或 17%可分散油悬浮剂或 18%可分散油悬浮剂 50～60 毫升，或 20%可分散油悬浮剂 40～50 毫升，或 25%可分散油悬浮剂 30～40 毫升，对水 30～40 千克均匀茎叶喷雾。

注意事项 五氟·氰氟草在东北、西北水稻田使用，须根据当地试验结果酌情确定。水稻制种田需慎重使用。水稻移栽缓苗期或秧苗长势弱时，有药害风险，需慎重使用。本剂生产企业较多，各企业间产品配方比例及含量有一定差异，具体选用时应以该产品的标签说明为准。

硝·精·莠去津

有效成分 硝磺草酮（mesotrione）+精异丙甲草胺（s-metolachlor）+莠去津（atrazine）。

主要含量与剂型 38.5%（3%+24.7%+10.8%）、40%（3%+12%+25%）悬浮剂，40%（2.7%+27.1%+10.2%）微囊悬浮-悬浮剂，43%（2.9%+29.3%+10.8%）可分散油悬浮剂。括号内有效成分含量均为硝磺草酮的含量加精异丙甲草胺的含量加莠去津的含量。

产品特点 硝·精·莠去津是由硝磺草酮与精异丙甲草胺、莠去津按一定比例三元混配的一种内吸传导型选择性低毒复合除草剂，属三酮类除草剂与乙酰胺类除草剂、三嗪类除草剂三元混配的科学组合，专用于玉米田除草，播后苗前土壤处理、苗后杂草早期茎叶喷雾均可使用，用药适期宽，杀草谱广，使用方便，持效期长。药剂经由叶片、幼芽和根部吸收传导，通过抑制类胡萝卜素生物合成、阻碍蛋白质合成及干扰光合作用等，导致敏感杂草死亡。

适用作物防除对象及使用技术 硝·精·莠去津主要用于春玉米田，防除稗草、马唐、狗尾草、鸭跖草、反枝苋、藜、蓼、苘麻、铁苋菜、苍耳、荠菜等多种一年生杂草。

春玉米田土壤药剂处理时，在播后苗前施药，一般每亩使用38.5%悬浮剂或40%微囊悬浮-悬浮剂400～500毫升，对水30～50千克均匀喷洒土壤表面；春玉米苗后茎叶处理时，在玉米4～5叶期、杂草2～4叶期施药，一般每亩使用40%悬浮剂170～210毫升，或43%可分散油悬浮剂140～220毫升，对水30～50千克均匀茎叶喷雾。土壤质地黏重选用较高剂量，土壤质地疏松选用较低剂量，沙壤土则需慎重使用。喷药应均匀周到，避免重喷、漏喷。

注意事项 硝·精·莠去津不能与任何有机磷类、氨基甲酸酯类农药混用。喷药时，避免药液飘移到其他作物上，尤其是甜菜、豌豆、大豆及蔬菜等阔叶类作物上。本剂适用于大田玉米、青储饲料玉米及甜玉米，甜玉米用药时需在玉米播后苗前施药，否则有药害风险。用药后 3 个月，只能种植大田玉米、青储饲料玉米、甜玉米、高粱；用药后 9 个月，可种植大田玉米、青储饲料玉米、甜玉米、高粱、小麦、大麦、水稻、棉花、花生、大豆及油菜；用药后 18 个月以内，不能种植甜菜、苜蓿、烟草、菜豆、豌豆或小粒种子豆类作物及蔬菜，否则易产生药害。

硝·烟·莠去津

有效成分 硝磺草酮（mesotrione）＋烟嘧磺隆（nicosulfuron）＋莠去津（atrazine）。

主要含量与剂型 24%（4%＋2%＋18%）、26%（4%＋2%＋20%；5%＋3%＋18%）、27%（5%＋2%＋20%）、28%（4%＋2%＋22%；5%＋3%＋20%；5.5%＋2.5%＋20%；6%＋4%＋18%）、30%（4%＋2%＋24%；6%＋4%＋20%；6.5%＋3.5%＋20%；7%＋3%＋20%）、32%（6%＋2%＋24%；8%＋4%＋20%）、33%（5%＋3%＋25%；6%＋2%＋25%；6.5%＋2.5%＋24%；10%＋3%＋20%）、35%（4.5%＋1.5%＋29%；7%＋3%＋25%；8%＋3%＋24%；10%＋3%＋22%）、39%（7.7%＋3.5%＋27.8%）、40%（12%＋4%＋24%）可分散油悬浮剂。括号内有效成分含量均为硝磺草酮的含量加烟嘧磺隆的含量加莠去津的含量。

产品特点 硝·烟·莠去津是由硝磺草酮与烟嘧磺隆、莠去津按一定比例三元混配的一种内吸传导型选择性苗后茎叶处理低毒复合除草剂，属三酮类除草剂与磺酰脲类除草剂、三嗪类除草剂三元混配的科学组合，专用于玉米田除草，具有杀草谱广、杀草速度快、封杀结合、对作物安全等特点。药剂经由杂草根、茎、叶吸收在体内迅速传导，通过阻碍类胡萝卜素生物合成、抑制支链氨基酸合成、干扰光合作用等，使杂草立即停止生长，新叶褪色、坏死，叶片黄化、卷曲，逐渐死亡。

适用作物防除对象及使用技术 硝·烟·莠去津仅适用于玉米

田除草，能够防除苘麻、苍耳、刺苋、反枝苋、藜、蓼、地肤、荠菜、鸭跖草、狼把草、风花菜、遏蓝菜、刺儿菜、大蓟、苣荬菜、繁缕、龙葵、香薷、水棘针、问荆、稗草、马唐、狗尾草、看麦娘、野燕麦、牛筋草及蒿属杂草等多种一年生阔叶杂草及禾本科杂草，并对某些多年生杂草也有一定抑制作用。

本剂主要适用于马齿型和硬质玉米品种，在玉米 3～5 叶期、一年生杂草 2～4 叶期、多年生杂草 6 叶期以前、大多数杂草出齐时施药效果最好。一般每亩使用 24%可分散油悬浮剂 160～200 毫升，或 26%可分散油悬浮剂 140～180 毫升，或 27%可分散油悬浮剂 130～170 毫升，或 28%可分散油悬浮剂 120～160 毫升，或 30%可分散油悬浮剂 110～150 毫升，或 32%可分散油悬浮剂 100～130 毫升，或 33%可分散油悬浮剂 90～120 毫升，或 35%可分散油悬浮剂 80～110 毫升，或 39%可分散油悬浮剂 70～100 毫升，或 40%可分散油悬浮剂 70～90 毫升，对水 25～30 千克均匀茎叶喷雾。喷药时应选择早上或傍晚进行，严禁使用弥雾机或超低容量喷雾。在高温、干旱、低温、玉米生长弱小时，需慎重使用。

正常气候条件下，本剂对后茬作物安全。后茬种植小麦需间隔 3 个月以上，后茬种植棉花、花生、马铃薯、大豆、向日葵需间隔 8 个月以上，后茬种植油菜、白菜、萝卜需间隔 10 个月以上，其他作物需间隔 18 个月以上。甜菜、苜蓿、烟草、油菜、豆类、瓜类及蔬菜需先进行安全性试验，安全后才能种植。一年两熟制地区，后茬作物不得种植油菜。

注意事项　硝·烟·莠去津不能与有机磷杀虫剂混用，或使用本剂前后 7 天内使用有机磷类杀虫剂。上茬小麦田中使用过长残效除草剂（如甲磺隆、绿磺隆等）的玉米田，以及与其他作物间作或套种的玉米田，不能使用本剂。甜玉米、爆裂玉米、糯玉米、观赏玉米、制种玉米、玉米自交系对本剂敏感，个别马齿型玉米品种（如登海系列、济单 7 号）较为敏感。豆类、瓜类及白菜、萝卜、甘蓝等十字花科蔬菜对本剂敏感，喷药时应避免飘移药害。本剂生产企业较多，各企业间产品配方比例及含量差异较大，具体选用时应以该产品的标签说明为准。

硝·乙·莠去津

有效成分 硝磺草酮（mesotrione）＋乙草胺（acetochlor）＋莠去津（atrazine）。

主要含量与剂型 45%（3%＋21%＋21%）、46%（4%＋22%＋20%）、50%（5%＋25%＋20%；6%＋18%＋26%）、54%（4%＋30%＋20%）、55%（3.5%＋30%＋21.5%）、56%（6%＋25%＋25%）、58%（4%＋34%＋20%）、60%（6%＋30%＋24%）悬乳剂。括号内有效成分含量均为硝磺草酮的含量加乙草胺的含量加莠去津的含量。

产品特点 硝·乙·莠去津是由硝磺草酮与乙草胺、莠去津按一定比例三元混配的一种内吸传导型选择性苗后早期茎叶处理低毒复合除草剂，属三酮类除草剂与酰胺类除草剂、三嗪类除草剂三元混配的科学组合，专用于玉米田除草，具杀草谱广、施药适期宽、持效期长、杀草速度较快等特点，兼有封杀双重功效，对已出土的幼嫩杂草和未出土杂草均有较好防效。药剂经由叶片、幼芽和根部吸收，通过阻碍类胡萝卜素和蛋白质的生物合成及干扰光合作用等，导致杂草死亡。

适用作物防除对象及使用技术 硝·乙·莠去津主要适用于玉米田苗后早期茎叶处理除草，对稗草、狗尾草、金狗尾草、马唐、牛筋草、稷、看麦娘、早熟禾、千金子、硬草、野燕麦、臂形草、棒头草、藜、蓼、反枝苋、鸭跖草、狼把草、鬼针草、香薷、繁缕、野西瓜苗、水棘针、鼬瓣花、苘麻、苍耳等多种一年生禾本科杂草及部分阔叶杂草均有较好的防除效果。

本剂为苗后早期除草剂，尽量较早用药，除草效果更佳。通常在玉米3～5叶期、一年生禾本科杂草1～3叶期、一年生阔叶杂草2～4叶期施药。一般每亩使用45%悬乳剂180～250毫升，或46%悬浮剂150～230毫升，或50%悬乳剂180～240毫升，或54%悬乳剂140～230毫升，或55%悬乳剂180～220毫升，或56%悬乳剂140～180毫升，或58%悬浮剂160～250毫升，或60%悬乳剂150～200毫升，对水30～45千克均匀茎叶喷雾。高温、干旱季节尽量选择傍晚喷药。春玉米田选用较高剂量，夏玉米田选用较低剂量。土壤黏重、有机质含量高选用较高剂量，反之选用较低剂量；沙质土壤不宜使用。杂草多、干旱及草龄较大时，选用较高剂量。干旱气候条件下，施药前灌水或雨后施药有利于药效发挥。用药后持续低温降雨影响药效，且易产生药害。

注意事项 硝·乙·莠去津不能与有机磷类、氨基甲酸酯类杀虫剂混用，也不能在间隔7天内使用；不能在间作、套作或混种其他作物的玉米田使用。喷药后玉米叶片可能会出现褪绿斑，10天后便可恢复正常，不影响产量。不同玉米品种对本剂敏感性差异较大，观赏玉米、甜玉米和爆裂玉米较敏感，需谨慎使用。蔬菜、西瓜、豆类、小麦、水稻、苜蓿、烟草、花生、甜菜、油菜等作物及桃树、杨树等浅根系树木对本剂敏感，喷药时避免药液飘移到邻近敏感作物上。后茬为小麦时，应适当降低使用剂量；后茬种植甜菜、苜蓿、烟草、油菜、豆类及蔬菜等作物时，需先进行安全性试验。本剂生产企业较多，各企业间产品配方比例及含量有一定差异，具体选用时应以该产品的标签说明为准。

烟嘧·硝草酮

有效成分 烟嘧磺隆（nicosulfuron）＋硝磺草酮（mesotrione）。

主要含量与剂型 10%（3%＋7%）、13%（3.3%＋9.7%）、14%（4%＋10%）、18%（4.5%＋13.5%）、24%（6%＋18%）、25%（5%＋20%）可分散油悬浮剂。括号内有效成分含量均为烟嘧磺隆的含量加硝磺草酮的含量。

产品特点 烟嘧·硝草酮是由烟嘧磺隆与硝磺草酮按一定比例混配的一种内吸传导型选择性苗后茎叶处理低毒复合除草剂，属磺酰脲类除草剂与三酮类除草剂的互补组合，专用于玉米田除草，具有杀草谱广、作用速度快、除草活性高等特点。药剂被杂草根、茎、叶吸收，通过阻碍支链氨基酸及类胡萝卜素的生物合成，使细胞分裂停止，导致杂草死亡。

适用作物防除对象及使用技术 烟嘧·硝草酮主要适用于玉米田，能有效防除藜、蓼、苋、龙葵、马齿苋、苍耳、苘麻、稗草、狗尾草、马唐、野黍、莎草等多种一年生杂草。

主要适用于马齿型和硬质玉米品种，通常在玉米 3～5 叶期、杂草 2～4 叶期施药。一般每亩使用 10%可分散油悬浮剂 100～150 毫升，或 13%可分散油悬浮剂 100～120 毫升，或 14%可分散油悬浮剂 80～120 毫升，或 18%可分散油悬浮剂 60～80 毫升，或 24%可分散油悬浮剂 45～60 毫升，或 25%可分散油悬浮剂 40～60 毫升，对水 20～30 千克均匀茎叶喷雾，以早上或傍晚喷药效果较好。严禁使用弥雾机或超低容量喷雾。春玉米田选用较高剂量，夏玉米田选用较低剂量；土壤黏重、有机质含量高时选用较高剂量，反之选用较低剂量。

注意事项 烟嘧·硝草酮不能与有机磷类农药混用，且使用本剂前后 7 天内不能使用有机磷类农药，以免发生药害。间作、套种其他作物的玉米田不能使用；甜玉米、爆裂玉米、糯玉米、制种玉米、玉米自交系品种对本剂较敏感，易产生药害，不能使用；玉米 2 叶期前、10 叶期后对药剂敏感，需慎重使用。有些玉米品种用药后叶片可能会出现轻微黄化现象，后期可以恢复，不影响正常生长。一年两熟地区，用药玉米田后茬不能种植油菜、豆类及十字花科作物。本剂生产企业较多，各企业间产品配方比例及含量有一定差异，具体选用时应以该产品的标签说明为准。

烟嘧·莠去津

有效成分 烟嘧磺隆（nicosulfuron）+莠去津（atrazine）。

主要含量与剂型 20%（1.5%+18.5%；3%+17%；3.5%+16.5%）、21%（2%+19%；3%+18%）、22%（2%+20%；2.5%+19.5%）、23%（1%+22%；3%+20%）、24%（4%+20%）、25%（2.5%+22.5%；3%+22%；4%+21%）、26%（4%+22%）、27%（4.5%+22.5%）、28%（4.5%+23.5%；4.9%+23.1%）、30%（3.5%+26.5%；4%+26%）、36%（5.4%+30.6%；6%+30%）、37%（5%+32%；6%+31%）、40%（4%+36%）可分散油悬浮剂，48%（3%+45%）、52%（4%+48%）可湿性粉剂，80%（8%+72%）水分散粒剂。括号

内有效成分含量均为烟嘧磺隆的含量加莠去津的含量。

产品特点 烟嘧·莠去津是由烟嘧磺隆与莠去津按一定比例混配的一种内吸传导型选择性苗后茎叶处理低毒复合除草剂，属磺酰脲类除草剂与三嗪类除草剂的科学组合，专用于玉米田除草，具有杀草谱较广、持效期较长、杀草速度较快等特点。药剂被杂草茎叶和根部吸收，通过抑制支链氨基酸合成及干扰光合作用，导致杂草死亡。一次用药玉米全生育期不受杂草危害，并对下茬作物安全。

适用作物防除对象及使用技术 烟嘧·莠去津主要适用于玉米田，对藜、反枝苋、马齿苋、铁苋菜、蓼、苘麻、龙葵、苍耳、鸭跖草、豚草等一年生阔叶杂草和狗尾草、马唐、稗草、画眉草、牛筋草、自生麦苗、野燕麦、香附子等一年生禾本科杂草及莎草均有良好防除效果。

适用于马齿型和硬质玉米品种，但不同玉米品种的敏感性差异较大，个别马齿型玉米品种如登海系列、济单 7 号等也较为敏感。通常在玉米 3～5 叶期、一年生杂草 2～4 叶期施药。一般每亩使用 20%可分散油悬浮剂 120～160 毫升，或 21%可分散油悬浮剂 120～140 毫升，或 22%可分散油悬浮剂 100～150 毫升，或 23%可分散油悬浮剂 90～140 毫升，或 24%可分散油悬浮剂 80～130 毫升，或 25%可分散油悬浮剂 80～120 毫升，或 26%可分散油悬浮剂或 27%可分散油悬浮剂或 28%可分散油悬浮剂 80～100 毫升，或 30%可分散油悬浮剂 70～90 毫升，或 36%可分散油悬浮剂或 37%可分散油悬浮剂 60～80 毫升，或 40%可分散油悬浮剂 80～100 毫升，或 48%可湿性粉剂 80～120 克，或 52%可湿性粉剂 75～100 克，或 80%水分散粒剂 40～60 克，对水 30～40 千克均匀茎叶喷雾，拖拉机喷雾时每亩药剂对水 15～20 千克，严禁弥雾机或超低容量喷雾。喷药应均匀周到，不能漏喷、重喷；选择晴朗无风的早上或傍晚喷药较好。雨水多、排水不良及积水地块易产生药害，需慎重使用。如遇高温干旱、低温、玉米苗生长弱小时，应谨慎使用。

注意事项 烟嘧·莠去津不能在套种或间种其他作物的玉米田使用；用药前后 7 天内不能使用有机磷类农药，以免发生药害。甜玉米、糯玉米、爆裂型玉米、玉米自交系、制种玉米对本剂较敏感，不能使用；常规玉米品种2叶期以前及10叶期后亦不宜使用。用药后有的玉米品种叶片上可能会出现药斑，不久即可恢复，不影响后期生长和产量。覆种指数高的地区不宜使用本剂，用药玉米田后茬种植油菜、白菜、萝卜等需间隔10个月以上。本剂生产企业较多，各企业间产品配方比例及含量差异较大，具体选用时应以该产品的标签说明为准。

异丙草·莠

有效成分 异丙草胺（propisochlor）＋莠去津（atrazine）。

主要含量与剂型 40%（16%＋24%；20%＋20%；24%＋16%）、41%（18%＋23%；21%＋20%）、42%（16%＋26%；22%＋20%）、50%（20%＋30%；22%＋28%；30%＋20%）、52%（26%＋26%；32%＋20%）、58%（29%＋29%）、60%（30%＋30%）悬浮剂。括号内有效成分含量均为异丙草胺的含量加莠去津的含量。

产品特点 异丙草·莠是由异丙草胺与莠去津按一定比例混配的一种内吸传导型选择性低毒复合除草剂，属氯乙酰胺类除草剂与三嗪类除草剂的科学组合，专用于玉米田除草，播后芽前或芽后早期土壤药剂处理。两种杀草机理互补，除草范围广，对玉米安全。药剂经由幼芽和根系吸收，通过阻碍蛋白质合成、抑制细胞分裂、干扰光合作用等，使杂草芽、根生长停止而死亡，对某些深根性杂草也有抑制作用。

适用作物防除对象及使用技术 异丙草·莠主要适用于玉米田除草，能有效防除稗草、狗尾草、金狗尾草、牛筋草、早熟禾、野黍、画眉草、马唐、黑麦草、稷、鸭跖草、荠菜、野芝麻、藜、蓼、反枝苋、马齿苋、龙葵、葎草、辣子草、猪毛菜、繁缕、播娘蒿等多种一年生禾本科杂草及阔叶杂草。

在玉米播种后出苗前施药，播后3天内用药效果最好。干旱地区也可采用整地后播种前喷药，然后浅混土3～5厘米再播种。春玉米田，一般每亩使用40%悬浮剂或41%悬浮剂300～400毫升，或42%悬乳剂280～380毫升，或50%悬浮剂或52%悬乳剂200～

300毫升，或58%悬浮剂200～250毫升，或60%悬浮剂190～230毫升；夏玉米田，一般每亩使用40%悬浮剂或41%悬浮剂200～250毫升，或42%悬乳剂180～240毫升，或50%悬浮剂或52%悬乳剂150～200毫升，或58%悬乳剂140～180毫升，或60%悬浮剂100～150毫升。每亩药剂对水30～50千克均匀喷洒土壤表面。有机质含量在3%以下的沙质土壤使用较低剂量，有机质含量在3%以上的黏质土壤使用较高剂量。

注意事项 异丙草·莠在土壤有机质含量低于1%的沙性土壤上不宜使用，与其他作物间作或套种的玉米田禁止使用。黄瓜、大豆、谷子、高粱、小麦、水稻、桃树及其他蔬菜对本剂敏感，用药时避免药液飘移到上述作物上。本剂生产企业较多，各企业间产品配方比例及含量差异较大，具体选用时应以该产品的标签说明为准。

唑草·苯磺隆

有效成分 唑草酮（carfentrazone-ethyl）+苯磺隆（tribenuron-methyl）。

主要含量与剂型 24%（10%+14%）、26%（10%+16%）、28%（12%+16%）、36%（20%+16%；22%+14%）、40%（22%+18%）可湿性粉剂。括号内有效成分含量均为唑草酮的含量加苯磺隆的含量。

产品特点 唑草·苯磺隆是由唑草酮与苯磺隆按一定比例混配的一种内吸传导型芽后选择性低毒复合除草剂，属三唑啉酮类除草剂与磺酰脲类除草剂的科学组合，专用于小麦田除草，具有杀草谱较广、作用速度快、除草效果好、使用安全等特点。药剂经由杂草茎叶及根部吸收，通过干扰和破坏细胞膜功能、抑制支链氨基酸合成、阻碍细胞分裂等，导致杂草死亡。

适用作物防除对象及使用技术 唑草·苯磺隆主要适用于小麦田除草，能有效防除猪殃殃、婆婆纳、麦家公、泽漆、繁缕、荠菜、麦瓶草、地肤、碎米荠、雀舌草、播娘蒿、田旋花、藜、苘麻、萹蓄、蓼、卷茎蓼、反枝苋、铁苋菜、苣荬菜、龙葵等多种一年生阔叶杂草。

冬小麦田，在小麦苗后 3～5 叶期或返青后至拔节前、阔叶杂草 3～5 叶期施药，一般每亩使用 24%可湿性粉剂 8～12 克，或 26%可湿性粉剂 6～10 克，或 28%可湿性粉剂 6～8 克，或 36%可湿性粉剂 5～6 克，或 40%可湿性粉剂 3～5 克，对水 20～30 千克均匀茎叶喷雾。春小麦田，在小麦 3～5 叶期、一年生阔叶杂草2～4 叶期、多年生阔叶杂草 6 叶期以前施药，一般每亩使用 24%可湿性粉剂 9～13 克，或 26%可湿性粉剂 8～12 克，或 28%可湿性粉剂 7～10 克，或 36%可湿性粉剂 6～8 克，或 40%可湿性粉剂 4～6 克，对水 30～40 千克均匀茎叶喷雾。喷药必须均匀周到，使全部杂草充分着药。杂草小、墒情好时用较低药剂量，杂草大、墒情差时用较高药剂量。小麦拔节后禁止施药。

注意事项 唑草·苯磺隆活性高、用药量少，使用药剂量必须称量准确。间作或套种有阔叶作物的小麦田，不能使用本剂，并防止药液飘移到附近敏感阔叶作物上。用药后 60 天内不能种植阔叶作物。若麦田后茬轮作花生等敏感作物时，应在冬前施药，安全间隔期为 90 天以上。本剂生产企业较多，各企业间产品配方比例及含量有一定差异，具体选用时应以该产品的标签说明为准。

唑啉·炔草酯

有效成分 唑啉草酯（pinoxaden）＋炔草酯（clodinafop-propargyl)。

主要含量与剂型 5%（2.5%＋2.5%)、10%（4%＋6%)、20%（10%＋10%）乳油，10%（5%＋5%）可分散油悬浮剂，20%（8%＋12%）微乳剂。括号内有效成分含量均为唑啉草酯的含量加炔草酯的含量。

产品特点 唑啉·炔草酯是由唑啉草酯与炔草酯按一定比例混配的一种内吸传导型选择性茎叶处理低毒复合除草剂，属苯基吡唑啉类除草剂与芳氧苯氧丙酸酯类除草剂的科学组合，专用于小麦田禾本科杂草的综合治理，具有杀草谱广、除草效果稳定、耐低温性好、对后茬作物安全等特点。药剂经植物叶片及叶鞘吸收后在分生组织内积累，通过抑制乙酰辅酶A羧化酶的生物合成，使脂肪酸合成停止，细胞生长分裂不能正常进行，膜系统受到破坏，1～3周杂草死亡。

适用作物防除对象及使用技术 唑啉·炔草酯主要适用于小麦田，用于防除稗草、看麦娘、日本看麦娘、鼠尾看麦娘、茵草、硬草、棒头草、黑麦草、野燕麦、早熟禾、狗尾草、节节麦等种子萌发的禾本科杂草。

小麦3叶期后、一年生禾本科杂草3～5叶期为最佳施药时期。冬小麦既可冬前施药，也可早春小麦返青至拔节前施药；春小麦则在小麦3～5叶期、禾本科杂草2～5叶期施药。冬小麦田，一般每亩使用5%乳油60～100毫升，或10%乳油或10%可分散油悬浮剂40～50毫升，或20%乳油或20%微乳剂20～25毫升；春小麦田，一般每亩使用5%乳油60～80毫升，或10%乳油或10%可分散油悬浮剂30～40毫升，或20%乳油或20%微乳剂15～20毫升。每亩药剂对水20～30千克杂草茎叶喷雾，喷药应均匀周到，不能漏喷、重喷。杂草密度高、草龄较大时，选用较高用药剂量。

注意事项 唑啉·炔草酯不能在大麦田、燕麦田使用，也不能在间作、套种其他作物的小麦田使用。不能与激素类除草剂如2，4-滴异辛酯、2甲4氯、麦草畏、氯氟吡氧乙酸等混用。施药后敏感杂草受害反应速度与气候条件、杂草种类、生态环境等因素有关，春季温度较高时用药除草速度最快。不良气候条件下喷药，小麦叶片可能会出现暂时失绿症状，但不影响其正常生长发育和最终产量。本剂生产企业较多，各企业间产品配方比例及含量有一定差异，具体选用时应以该产品的标签说明为准。

第四章　植物生长调节剂

S-诱抗素　(+)-abscisic acid

主要含量与剂型　0.006%、0.03%、0.1%、0.25%、5%水剂，5%、10%可溶液剂，1%可溶粉剂。

产品特点　S-诱抗素又称脱落酸（ABA），是一种具有倍半萜结构的天然植物生长调节剂，属植物“抗逆诱导因子”，能诱导并激活植株体内多种抗逆基因的表达，以提高植株对不良生长环境（逆境）的抗性。在植物生长发育过程中，主要功能是平衡植物生长，提高光合效率，诱导植物产生抗旱、抗寒、抗病、耐盐碱等抗逆性能，促进种子及果实内营养物质的积累，改善作物品质、提高产量等。用于浸种处理，具有增强发芽势、提高发芽率、促根壮苗、促进分蘖和增强植株抗逆性的功效；对幼苗喷雾，能够促进幼苗根系发育，移栽后返青快、成活率高，并使植株整个生长期的抗逆性得到增强。

适用作物使用技术及效果　S-诱抗素在蔬菜、瓜果、棉花、药用植物、花卉植物、树苗等移栽期施用，能提高抗逆性、移栽成活率及改善品质等；在干旱来临前施用，能促使玉米、小麦、蔬菜、苗木等度过短期干旱；在寒潮来临前施用，可使蔬菜、棉花、果树等安全度过低温期；较高浓度喷施丹参、三七、马铃薯等植物的茎叶，可抑制地上部分茎叶生长、提高地下块根（茎）的产量及品质等；较高浓度喷施，还可显著抑制杂交水稻制种时的穗发芽和白皮小麦的穗发芽、抑制马铃薯在储存期发芽等。

水稻　使用0.006%水剂150～200倍液，或0.03%水剂750～

1 000 倍液，或 0.1%水剂 2 500～3 000 倍液，或 0.25%水剂 6 500～8 000 倍液，或 1%可溶粉剂 25 000～33 000 倍液浸种，浸种 24～36 小时后用清水冲洗干净，而后根据当地播种习惯催芽、播种，具有增强发芽势、提高发芽率、促进秧苗根系发达、增加有效分蘖数、增强秧苗抗病和抗寒能力、促进秧苗健壮、提高产量等功效；或在水稻 1 叶 1 心到 2 叶 1 心期，使用 0.1%水剂 750～1 000 倍液，或 0.25%水剂 2 000～2 500 倍液，或 1%可溶粉剂 7 500～10 000 倍液，或 5%水剂或 5%可溶液剂 40 000～50 000 倍液，或 10%可溶液剂 80 000～100 000 倍液喷雾施药 1 次，具有促根壮苗、促进有效分蘖、增强植株抗逆性能、提高产量等功效。

小麦　每 100 千克种子使用 0.006%水剂 50～100 毫升，或 0.03%水剂 10～20 毫升，或 0.25%水剂 1.2～2.4 毫升，对适量水后均匀拌种，晾干后播种，具有增强发芽势、提高发芽率、促根壮苗、促进分蘖、增强植株抗逆性的功效；或在小麦幼苗期，使用 0.1%水剂 500～1 000 倍液，或 0.25%水剂 1 500～2 500 倍液，或 1%可溶粉剂 5 000～10 000 倍液，或 5%水剂或 5%可溶液剂 25 000～50 000 倍液，或 10%可溶液剂 50 000～100 000 倍液叶面喷雾 1 次，具有增加有效分蘖、增强植株抗逆性能、促进植株健壮、提高产量等功效。

花生　在花生 3～4 片复叶期第 1 次喷药，15 天左右后第 2 次喷药，开花下针期第 3 次喷药，具有促进开花、提高结荚率、增强植株抗逆性能、促进籽粒饱满、提高品质、增加产量等功效。一般使用 0.1%水剂 400～800 倍液，或 0.25%水剂 1 000～2 000 倍液，或 1%可溶粉剂 4 000～8 000 倍液均匀叶面喷雾。

棉花　在棉花 3 片真叶期第 1 次喷药，10～15 天后第 2 次喷药，初花期第 3 次喷药，具有促进植株根系发达、增强植株抗逆性能、促使提早开花结铃、减轻落花落铃、增加铃重、提早吐絮、提高产量等功效。一般使用 0.1%水剂 400～600 倍液，或 0.25%水剂 1 000～1 500 倍液，或 1%可溶粉剂 4 000～6 000 倍液均匀茎叶喷雾。

烟草　在烟苗移栽前 3 天和移栽后 10 天各叶面喷雾 1 次，具有促进烟苗返青、增加须根数量、增强植株抗病毒能力、提高烟叶品质及产量等功效。一般使用 0.1%水剂 300～370 倍液，或 0.25%水剂 700～900 倍液，或 1%可溶粉剂 3 000～3 500 倍液，或 5%水剂或 5%可溶液剂 15 000～18 000 倍液，或 10%可溶液剂 30 000～40 000 倍液均匀茎叶喷雾。

番茄 在秧苗移栽前 2～3 天第 1 次喷药，移栽后 7～10 天第 2 次喷药，具有促进幼苗根系发达、移栽后缓苗快、提高光合效率、促进植株协调生长、增加营养物质吸收与积累、增强植株抗逆性、改善番茄品质、提高产量等功效。一般使用 0.1%水剂 200～400 倍液，或 0.25%水剂 500～750 倍液，或 1%可溶粉剂 2 000～4 000 倍液，或 5%水剂或 5%可溶液剂 10 000～15 000 倍液均匀叶面喷雾。

葡萄 在葡萄转色初期（20%～30%开始转色期）均匀喷洒果穗 1 次，以果粒均匀附着药液且不滴水为宜，注意勿喷洒到葡萄叶片和枝蔓上，具有促进果粒转色、提高果实品质的作用。一般使用 5%水剂或 5%可溶液剂 200～250 倍液，或 10%可溶液剂 400～500 倍液喷洒果穗，只能喷洒 1 次。其使用效果受气候、树势、肥水管理、挂果量等多种因素影响，不同地区、不同品种及栽培模式在最佳使用浓度上会有一定差异。也可在葡萄绒球期（冬芽开始萌动、似球状、尚未见绿色），使用 5%水剂或 5%可溶液剂 2 500～5 000 倍液，或 10%可溶液剂 5 000～10 000 倍液灌根，具有促进葡萄芽和新梢生长。增加芽的纵横径、增强叶片光合作用、提升果粒重及穗重、促使葡萄健壮生长的作用。

注意事项 S-诱抗素不能与碱性药剂及肥料混用，也不能用碱性水（pH>7.0）进行稀释，若在稀释液中加入少量食醋，效果会更好。本品需要避光保存，且包装开启后最好一次性用完。喷雾时应选用雾化好的喷雾器或喷头，雾滴要细小，喷雾要均匀，且不能重复喷雾。

矮壮素 chlormequat

主要含量与剂型 50%水剂，80%可溶粉剂。

产品特点 矮壮素是一种季铵盐类广谱性低毒植物生长调节

剂，属赤霉素的拮抗剂，可通过叶片、嫩枝、芽、根系和种子进入到植物体内，抑制植物体内赤霉素的生物合成，进而抑制植物细胞伸长，但不抑制细胞分裂。其作用机理是阻抑贝壳杉烯的生成，致使内源赤霉素生物合成受阻。它的主要生理机能是控制植物徒长，促进生殖生长，使植株节间缩短，株高变矮，茎秆粗壮，根系发达，抗倒伏能力提升；同时叶色深绿，叶片加厚，叶绿素含量增多，光合作用增强，提高一些作物的坐果率，改善作物品质，提高产量。另外，还可提高某些作物的抗寒、抗旱、抗盐碱及抗病虫等能力。

适用作物使用技术及效果 矮壮素适用作物非常广泛，主要用于喷雾或喷淋，也可通过种子处理（浸种、拌种）进行用药。

苹果树、梨树 从新梢旺盛生长期开始全株喷雾，15 天左右 1 次，连喷 2～3 次，具有控制新梢旺长、增加新梢茎粗、缩短节间、增厚叶片、叶色浓绿、促进花芽分化及果实膨大等效果。一般使用 80%可溶粉剂 1 500 倍液，或 50%水剂 1 000 倍液均匀喷雾。

桃树、杏树、李树 在花芽露红期或开绽前，喷施 1 次 80%可溶粉剂 1 000～2 000 倍液，或 50%水剂 600～800 倍液，可提高花芽的耐寒力，减轻花芽冻害。从新梢旺盛生长期开始全株喷雾，15 天左右 1 次，连喷 2～3 次，具有控制新梢旺长、增加新梢茎粗、缩短节间、增厚叶片、叶色浓绿、促进花芽分化、促进果实膨大及着色等作用，生长期使用 80%可溶粉剂 1 500 倍液，或 50%水剂 1 000 倍液均匀喷雾。

葡萄 在葡萄开花前 15 天左右和落花后 30 天左右喷洒全株，具有控制副梢生长、果穗整齐、提高坐果率、增加果粒重、提高产量等功效。一般使用 80%可溶粉剂 1 000～1 500 倍液，或 50%水剂 500～1 000 倍液均匀喷雾。

柑橘树 使用 80%可溶粉剂 1 500 倍液，或 50%水剂 1 000 倍液在新梢旺盛生长期喷洒树体，15 天左右 1 次，连喷 2～3 次，具有控制新梢旺长、增加新梢茎粗、缩短节间、增厚叶片、叶色浓绿、提高坐果率、增强抗寒力等作用。

棉花 从棉花初花期开始全株茎叶喷雾，10～15 天 1 次，连喷 2～3 次，具有防止疯长徒长、促进植株紧凑、矮化植株、化学整枝打顶、提高结铃率、增加产量等功效。一般使用 80%可溶粉剂 15 000～25 000 倍液，或 50%水剂 10 000～15 000 倍液均匀喷雾。

小麦　使用 50%水剂 200～300 倍液，或 80%可溶粉剂 400～500 倍液浸泡种子 6～12 小时，晾干后播种，具有促进壮苗、增加分蘖、矮化植株、提高抗倒伏能力、增加产量的作用。使用 80%可溶粉剂 400～500 倍液，或 50%水剂 250～300 倍液在返青期和拔节期各叶面喷雾 1 次，也可起到促进植株矮化、防止倒伏、增加产量的功效。

玉米　使用 80%可溶粉剂 250～300 倍液，或 50%水剂 150～200 倍液浸种 6 小时，晾干后播种，或使用 80%可溶粉剂 3 500 倍液，或 50%水剂 2 000 倍液在孕穗期喷洒植株顶部，具有矮化植株、减轻秃尖、穗大粒满、提高产量等作用。

水稻　在分蘖末期，使用 80%可溶粉剂 800 倍液，或 50%水剂 500 倍液喷洒全株，具有促进植株矮化、防止倒伏、促进籽粒饱满、增加产量的作用。

高粱　在拔节前，使用 80%可溶粉剂 600～800 倍液，或 50%水剂 400～500 倍液喷洒全株，具有促进植株矮化、增加穗长、提高产量等作用。

花生　在播种后 50 天左右，使用 80%可溶粉剂 8 000～16 000 倍液，或 50%水剂 5 000～10 000 倍液喷洒花生叶面，具有促进植株矮化、提高结荚率、增加产量等作用。

大豆　在开花期，使用 80%可溶粉剂 500～800 倍液，或 50%水剂 300～500 倍液喷洒全株，具有减少秕荚，促进粒多、籽粒饱满，提高产量等作用。

番茄　在苗期，使用 80%可溶粉剂 10 000～20 000 倍液，或 50%水剂 5 000～10 000 倍液喷淋土表，具有促进植株紧凑、提早开花等作用。在开花前，使用 80%可溶粉剂 1 000～1 500 倍液，或 50%水剂 500～800 倍液全株喷洒，具有提高坐果率、改善品质、增加产量的作用。

黄瓜　在黄瓜 15 片叶左右时，使用 80%可溶粉剂 10 000～15 000 倍液，或 50%水剂 5 000～10 000 倍液喷洒全株，具有促进坐瓜、增加产量的作用。

马铃薯　在开花前或株高30厘米左右时，使用80%可溶粉剂300～500倍液，或50%水剂200～300倍液喷洒叶片，具有提高植株抗逆力（抗旱、抗寒、抗盐碱等）、促进薯块膨大、增加产量的作用。

甘蔗　在甘蔗收获前1.5个月左右，使用80%可溶粉剂500～800倍液，或50%水剂300～500倍液喷洒全株，具有促进植株矮化、增加糖度、提高品质及产量等作用。

注意事项　矮壮素应严格控制使用浓度及用药量，浓度过高或用药量过大会出现副作用，喷施后4～5小时内降雨需要重喷。水肥条件好、群体有徒长趋势时使用效果较好，而地力条件差、长势不旺地块不宜使用。作为坐果剂使用时，虽提高了坐果率，但果实糖度会有所下降，若与硼酸混用，既可提高坐果率、增加产量，又不致降低果实品质。

赤霉酸 gibberellic acid

主要含量与剂型　2%脂膏，2%膏剂，2%水剂，4%可溶液剂，3%、4%乳油，2%水分散粒剂，10%、15%、20%可溶片剂，3%、10%、20%可溶粉剂，40%、75%、80%可溶粒剂，75%粉剂，75%、85%结晶粉。

产品特点　赤霉酸俗称赤霉素、九二〇，简称GA，属贝壳杉烯类广谱性低毒植物生长调节剂，是植物体内普遍存在的五大植物内源激素之一，主要生理功能是促进植物生长发育，持效期较长。具体表现在可促进细胞伸长、植株长高、叶片增大、单性结实、提高坐果率、促果实生长或膨大、打破休眠、促进发芽、改变雌雄花比率、调节开花时间、减少落花落果、促进营养体生长、延缓衰老及保鲜、提高品质、增加产量等。外源赤霉酸进入到植物体内，具有与内源赤霉酸相同的生理功能。赤霉酸主要经叶片、嫩枝、花、种子或果实进入到植株体内，然后传输到生长活跃的部位发生作用。与多效唑、矮壮素等生长抑制剂互为拮抗剂。

适用作物使用技术及效果

苹果树　在开花期使用浓度为50毫克/千克的赤霉酸喷洒花序

1次，具有提高坐果率、促进果实均匀膨大的作用；在苹果盛花后25～30天、幼果直径15毫米左右时，使用2%膏剂或2%脂膏涂抹果柄，每果用药20～25毫克，具有促进果实膨大、提高果形指数等作用；在苹果幼果期和果实膨大初期各均匀周到喷施1次浓度为15～25毫克/千克的赤霉酸，具有促进果实生长、增加高桩果比率、提高果形指数、增加大型果比例的作用。在金冠苹果上，于盛花后10天和20天分别对幼果各喷施1次浓度为50～100毫克/千克的赤霉酸，可显著减轻果锈。

梨树　在梨树落花后20～30天的幼果膨大初期（幼果直径1～1.5厘米），使用2%膏剂或2%脂膏涂抹果柄1次，要求环涂果柄一周，涂药宽度1～1.5厘米，每果用药量12～20毫克，具有促进果实生长、果实膨大增产及促进果实早熟、提早采收上市的作用。适用于黄冠、黄金、绿宝石、丰水、圆黄、酥梨等鲜食梨品种。不同梨树品种耐药性不同，须先做少量试验确认无药害后再行使用。药剂涂抹、滴落或沾染至果面上会产生褐斑或果锈，影响果实外观质量，请勿使涂抹药剂接触果面。当遇气温30℃以上的晴朗高温天气时，有可能会烧伤果柄造成药害，应避开高温时使用。另外，在开花至幼果期，使用浓度为10～20毫克/千克的赤霉酸喷洒花序或幼果1次，具有促进坐果、提高坐果率、增加产量的作用。

葡萄　开花前使用浓度为5～7毫克/千克的赤霉酸喷洒花蕾1次，落花后使用浓度为15～20毫克/千克的赤霉酸喷洒幼穗或蘸果穗1次，具有促使葡萄坐果、提高坐果率、促进果粒膨大、提早成熟、增加产量的作用。在落花后1周左右，使用浓度为50～100毫克/千克的赤霉酸浸蘸幼果穗1次，具有促进形成无核果、提高坐果率、促进果实生长膨大、增加产量的作用。玫瑰香葡萄，在落花后7～10天，使用浓度为200～400毫克/千克的赤霉酸喷洒幼果穗1次，具有提高坐果率、促进果实膨大、增加产量的作用，并可使无核果率达60%以上。葡萄苗期，使用浓度为50～100毫克/千克的赤霉酸喷洒叶片，10天左右1次，连喷1～2次，具有促进植株快速生长的作用。应当指出，不同葡萄品种及不同使用目的，其使用时期、用药部位、使用方法及浓度、用药次数均有较大差异，初次使用无用药经验时，需在使用前进行咨询并小面积试用成功后再扩大使用。

枣树　在枣树开花30%～40%时开始喷药，5～7天1次，连喷2次，将枣吊、花器喷湿而不滴水为宜，具有促进坐果、提高坐果率、增加产量的作用。一般使用浓度为15～20毫克/千克的赤霉酸均匀喷雾，与丙酰芸薹素内酯混用效果更好。

樱桃树　在盛花期，全株喷洒1次浓度为40毫克/千克的赤霉酸加0.2%硼砂混合液，具有提高坐果率、促使果实提早着色、提早成熟上市的作用。在樱桃采摘前3周，使用浓度为5～10毫克/千克的赤霉酸喷果1次，具有延缓果实成熟、推迟采收上市、减少裂果的作用。

甜柿　在开花期，喷施1次浓度为80毫克/千克的赤霉酸，具有提高坐果率、促进果实膨大、增加产量并促进弱树新梢生长的作用。

草莓　在花芽分化前2周，使用浓度为25～50毫克/千克的赤霉酸喷洒叶片1次，具有促进花芽分化、增加产量的作用；在开花前2周，使用浓度为10～20毫克/千克的赤霉酸喷洒叶片2次（间隔期5天），具有促进花梗伸长、提早开花，以及促使果实膨大、增加产量的作用。

柑橘树　在柑橘谢花2/3至落花后5～7天开始喷施赤霉酸，10～15天后再喷施1次，具有提高坐果率、促进果实膨大、提高产量、改善品质的作用，一般使用浓度为20～40毫克/千克的赤霉酸均匀喷洒幼果。在绿果期，使用浓度为5～15毫克/千克的赤霉酸喷洒果实1次，具有果实保绿、延长储藏期的作用。脐橙类果实着色前2周，使用浓度为5～20毫克/千克的赤霉酸喷洒果实1次，具有防止果皮软化、保鲜的作用。柠檬类果实失绿前，使用浓度为100～500毫克/千克的赤霉酸喷洒果实1次，具有延迟果实成熟、保鲜的作用。

香蕉　果实采收后，使用浓度为10毫克/千克的赤霉酸浸渍果穗，具有延缓衰老、延长储藏期、保鲜的作用。

荔枝、龙眼　从幼果期果核开始变黑前喷施赤霉酸，10天左右后再喷施1次，具有促进果实生长发育、提高产量、增进果实品质的功效。一般使用浓度为30～50毫克/千克的赤霉酸均匀喷雾，喷至叶片将要滴水为宜。

杧果　从杧果幼果似橄榄大小时开始喷药，10～15 天 1 次，连喷 2 次，具有促进果实膨大、增加产量、提高品质的作用，一般使用浓度为 25～40 毫克/千克的赤霉酸均匀喷雾。

菠萝　从开花期（花开 20%～30%时）开始喷药，15～20 天后再喷施 1 次，具有促进果实膨大、增加单果重、促使果实转色、提高产量及品质的作用，一般使用浓度为 40～60 毫克/千克的赤霉酸喷洒花顶或果实。

茶树　在茶芽萌生初期，使用浓度为 40～50 毫克/千克的赤霉酸喷洒茶树，具有调节植株生长、增加产量的作用。

黄瓜　在幼苗 1 片真叶期，使用浓度为 50～100 毫克/千克的赤霉酸喷洒幼苗 1 次，具有诱导雌花分化、增加雌花比例的作用。在黄瓜开花时，使用浓度为 50～100 毫克/千克的赤霉酸喷花，具有促进坐果、提升品质、增加产量的作用。在黄瓜采摘前，使用浓度为 10～50 毫克/千克的赤霉酸喷瓜，具有延缓衰老、延长采后储藏期、保鲜的功效。

西瓜　在 2 叶 1 心期，使用浓度为 5 毫克/千克的赤霉酸涂抹嫩茎或喷叶，具有诱导雌花形成的作用。在西瓜采摘前，使用浓度为 10～50 毫克/千克的赤霉酸喷瓜，具有延缓衰老、延长采后储藏期、保鲜的功效。

茄子　在茄子开花时，使用浓度为 10～50 毫克/千克的赤霉酸喷花，具有促进坐果、提升品质、增加产量的功效。

番茄　在番茄开花期，使用浓度为 10～50 毫克/千克的赤霉酸喷花，具有促进坐果、提高坐果率、防止形成空洞果的作用。

扁豆　播种前，使用浓度为 10 毫克/千克的赤霉酸拌种，均匀拌湿，具有打破种子休眠、促进种子发芽的作用。

芹菜　从芹菜收获前 15～20 天开始喷药，7 天 1 次，连喷 2 次，具有促进植株生长、叶片增大、提高产量的作用。一般使用浓度为 50～100 毫克/千克的赤霉酸均匀喷雾，若混加 1%浓度的蔗糖或 0.1%浓度的磷酸二氢钾效果更好。赤霉酸喷施不宜过早，否则会导致芹菜生长纤细瘦弱，影响产量。

菠菜　从菠菜收获前 20 天左右开始喷药，5～7 天 1 次，连喷

2 次，具有促进植株生长、促使叶片肥大、提高产量的作用。一般使用浓度为 10～20 毫克/千克的赤霉酸均匀喷洒叶片。在幼苗期，使用浓度为 100～1 000 毫克/千克的赤霉酸喷洒叶片 1～2 次，具有诱导开花、促进结籽的作用。

莴苣 在幼苗期，使用浓度为 100～1 000 毫克/千克的赤霉酸喷洒叶片 1 次，具有诱导开花、促进结籽的作用。

苋菜 在 5～6 叶期，使用浓度为 20 毫克/千克的赤霉酸喷洒叶片 1～2 次（间隔期 3～5 天），具有促进叶片肥大、提高产量的作用。

花叶生菜 在 14～15 叶期，使用浓度为 20 毫克/千克的赤霉酸喷洒叶片 1～2 次（间隔期 3～5 天），具有促进叶片肥大、提高产量的作用。

蒜薹 蒜薹收获后，使用浓度为 50 毫克/千克的赤霉酸浸蘸蒜薹基部 10～30 分钟，具有抑制有机物向薹穗输导、延缓衰老并保鲜的作用。

水稻 在拔节期，使用浓度为 30～40 毫克/千克的赤霉酸均匀喷雾 1 次，具有调节植株生长、茎秆粗壮、促进产量提高的作用；在开花后期和灌浆期，使用浓度为 20～30 毫克/千克的赤霉酸各均匀喷雾 1 次，具有促进生长、提高结实率和千粒重、增加产量的作用。在水稻制种田，使用浓度为 80～150 毫克/千克的赤霉酸，分别于母本抽穗 20%～30%时和 1～2 天后的母本抽穗 50%～60%时各均匀喷药 1 次，具有促使水稻抽穗整齐、结实率提高、增加产量等作用。

玉米 在玉米花穗期，使用浓度为 10～20 毫克/千克的赤霉酸喷洒雌穗红缨，具有提高玉米结实率、增加千粒重及产量的作用。对于矮生玉米，使用浓度为 50～200 毫克/千克的赤霉酸在营养生长期喷洒叶片 1～2 次（间隔期 10 天），具有促进植株高大生长的作用。

大麦 播种前，使用浓度为 1 毫克/千克的赤霉酸浸种，晾干后播种，具有打破休眠、促进种子发芽的作用。

大豆 在初蕾期至开花期，使用浓度为 20～40 毫克/千克的赤霉酸喷洒植株，具有促进结实、提高结荚率、增加产量的作用。

花生　在初蕾期至开花期，使用浓度为10～20毫克/千克的赤霉酸喷洒植株，具有促进结实、提高结荚率、增加产量的作用。

豌豆　播种前，使用浓度为50毫克/千克的赤霉酸浸种24小时，晾干后播种，具有打破休眠、促进种子发芽的作用。

甘薯　使用浓度为20毫克/千克的赤霉酸浸泡薯块或薯秧根茎部10分钟，而后栽种或扦插栽植，具有显著增产作用。

马铃薯　种薯切块后播种前，使用浓度为0.5～1毫克/千克的赤霉酸浸泡种薯10～30分钟，晾干后播种，具有促进块茎萌芽、促使苗齐苗壮、增加产量的作用。

棉花　使用浓度为10～20毫克/千克的赤霉酸喷洒龄期1～3天的幼铃，具有促进坐果、减少落铃、增加产量的作用。

亚麻　在苗期，使用浓度为100毫克/千克的赤霉酸均匀喷雾1次，具有调节植株生长、提高产量的作用。

甘蔗　从甘蔗分蘖末期至拔节期开始喷药，15天左右1次，连喷1～2次，具有调节植株生长、增加产量的作用。一般使用浓度为15～20毫克/千克的赤霉酸均匀喷雾。

烟草　使用浓度为5～10毫克/千克的赤霉酸，在植株打顶前、后各喷药1次，具有调节叶片生长，促使烟叶长度和宽度增加，提高烟叶品质，增加产量的作用。也可使用浓度为30～40毫克/千克的赤霉酸，在苗期和收获前半月各均匀喷施1次，具有提高烟叶产量的作用。

注意事项　赤霉酸遇碱易分解，不能与碱性物质混用。赤霉酸晶体水溶性很低，使用前先用少量酒精（或高度白酒）溶解，再加水稀释至所需浓度，二次稀释法配制较好。严格按照推荐使用剂量使用，不要随意提高用药浓度，以免产生副作用。赤霉酸用于促进坐果及刺激生长时，一定要保证充足的水肥基础。经赤霉酸处理的棉花等作物，不孕籽增加，不宜在留种田施用。赤霉酸稀释倍数计算方法为："制剂百分含量×10 000/使用浓度"即为该制剂的稀释倍数。

多效唑 paclobutrazol

主要含量与剂型 15%可湿性粉剂，25%、30%悬浮剂。

产品特点 多效唑是一种三唑类广谱低毒植物生长调节剂，属内源赤霉素合成的抑制剂，植物根、茎及叶片均可吸收，根部吸收后通过木质部向植株顶端运转（向上运输），叶片吸收后移动较慢。其作用机理是通过抑制贝壳杉烯、贝壳杉烯醇、贝壳杉烯醛的生物合成，而抑制内源赤霉素的合成。多效唑的生理功能主要有：抑制新梢或植株旺长，节间缩短，茎秆粗壮，促进侧芽萌发，分蘖或分枝增多，增加花芽数量，提高坐果率，增加叶片内叶绿素含量和可溶性蛋白含量，提高光合速率，降低气孔开度和蒸腾速率，植株矮壮，根系发达，提高植株抗寒性，增加果实钙含量，减少储藏期病害等，但过量使用会导致叶片皱缩，光合效率降低，果实变小、果柄短粗、色泽暗淡，金冠苹果果锈严重等。

适用作物使用技术及效果 多效唑既可喷施，也可土施，还可用于种苗处理。喷施见效快，但持效期短，一般仅维持 2～3 周；土施药效可维持 2～3 年，并可在多年生枝干内储存，第 2 年效果最明显，但见效慢，药效多滞后 1～1.5 个月。农业上应用的主要效果多表现在对植物生长的控制作用。

苹果树 秋季果实采摘后或春季萌芽前，按照每平方米树冠正投影使用 15%可湿性粉剂 1～1.5 克，或 25%悬浮剂 0.6～0.9 毫升，或 30%悬浮剂 0.5～0.8 毫升的药量在树冠下均匀土壤用药（环状沟施或均匀穴施），1 年 1 次；或在新梢旺长期，使用 15%可湿性粉剂 200～300 倍液，或 25%悬浮剂 400～500 倍液，或 30%悬浮剂 400～600 倍液均匀喷洒树冠，10～15 天 1 次，连喷 2～3 次。具有控制新梢徒长、抑制树冠扩大、增加短果枝、促进通风透光、促进花芽分化、增加花蕾数、促使叶绿素含量增加、提高坐果率及产量、提高植株耐寒能力等多种作用。土施用药量过大时，可在盛花后 2～4 周喷施 0.02%的赤霉酸溶液，能迅速缓解多效唑的过重抑制，恢复新梢生长。

梨树 在春季开花前，按照每平方米树冠正投影使用 15%可湿性粉剂 1～1.5 克，或 25%悬浮剂 0.6～0.9 毫升，或 30%悬浮剂 0.5～0.8 毫升的药量在树冠下均匀土壤用药（环状沟施或均匀穴施），1 年 1 次；或在新梢旺长期，使用 15%可湿性粉剂 200～300 倍液，或 25%悬浮剂 400～500 倍液，或 30%悬浮剂 400～600 倍液均匀喷洒树冠，10～15 天 1 次，连喷 2～3 次。具有控制新梢徒长、抑制树冠扩大、促使通风透光、促进花芽分化、提高坐果率、提高产量等多种作用。

葡萄　在新梢打顶后，使用 15%可湿性粉剂 150～200 倍液，或 25%悬浮剂 250～300 倍液，或 30%悬浮剂 300～400 倍液均匀喷洒枝叶，15 天 1 次，连喷 2～3 次。具有抑制新梢及副梢旺长、提高坐果率、增加产量等多种作用。

桃树、杏树、樱桃树　在秋季落叶期至发芽前，按照每平方米树冠正投影使用 15%可湿性粉剂 1～1.5 克，或 25%悬浮剂 0.6～0.9 毫升，或 30%悬浮剂 0.5～0.8 毫升的药量在树冠下均匀土壤用药；或在新梢旺长中期，使用 15%可湿性粉剂 150～200 倍液，或 25%悬浮剂 250～300 倍液，或 30%悬浮剂 300～400 倍液均匀喷洒树冠，10～15 天 1 次，连喷 2～3 次。具有控制新梢徒长、缩短节间、抑制树冠扩大、促使通风透光、促进花芽分化、叶片浓绿肥厚、增加产量、提高质量、促进早熟等多种作用。

草莓　从初蕾期开始喷施，15 天 1 次，连喷 2 次左右。具有控制植株旺长、提高坐果率、促进果实膨大、增加产量等作用。一般每亩次使用 15%可湿性粉剂 40～50 克，或 25%悬浮剂 25～30 毫升，或 30%悬浮剂 20～25 毫升，对水 15～20 千克均匀喷雾。

柑橘树　在夏梢即将萌发前，使用 15%可湿性粉剂 100～150 倍液，或 25%悬浮剂 200～250 倍液，或 30%悬浮剂 200～300 倍液喷洒叶片；或在夏梢萌发前 1～1.5 个月，于树冠下按照每平方米使用 15%可湿性粉剂 4 克，或 25%悬浮剂 2.4 毫升，或 30%悬浮剂 2 毫升的药量对水均匀浇灌 1 次。具有控制夏梢旺长、提高坐果率、促使叶片增厚、促进叶色浓绿光亮、增强光合作用、提高植株抗逆性、密植树早丰产等多种作用。柑橘开花期、小幼果期不宜使用多效唑，以免影响幼果生长。

荔枝树、龙眼树　使用 15%可湿性粉剂 300～400 倍液，或

25%悬浮剂500～600倍液，或30%悬浮剂600～800倍液，在秋梢老熟后至冬梢生长初期喷雾1次。具有延缓枝梢纵向伸长，增强横向生长，增加分枝数量，促使枝梢粗壮，提高叶绿素含量，抑制顶芽生长，促进侧芽萌发及花芽形成，增加花蕾数，提高坐果率，改善果实品质，增强抗寒、抗旱等抗逆能力的作用。

杨梅　在春梢长至3～5厘米时，使用15%可湿性粉剂200～300倍液，或25%悬浮剂400～500倍液，或30%悬浮剂400～600倍液喷雾，15天左右1次，连喷2次；或在11月份对土壤均匀用药，按照每平方米树冠正投影使用15%可湿性粉剂5克，或25%悬浮剂3毫升，或30%悬浮剂2.5毫升环状沟施或均匀穴施。具有控制枝条生长、增加枝条粗度、促进花芽形成、提高坐果率、促进丰产等作用。

杧果　在初花期，喷施1次15%可湿性粉剂300～400倍液，或25%悬浮剂500～600倍液，或30%悬浮剂600～800倍液，具有提高坐果率、控制枝梢旺长的作用。在秋梢生长稳定后，3年树龄以上的壮树每株使用15%可湿性粉剂15～20克，或25%悬浮剂9～12毫升，或30%悬浮剂7～10毫升，对水稀释后沿树冠滴水线内缘挖环状沟浇施，而后盖土，具有控制枝梢旺长、促使枝梢粗壮的作用。

水稻　在育秧田，于1叶1心期或播种后5～7天放干秧田水，使用15%可湿性粉剂500～700倍液，或25%悬浮剂800～1 200倍液，或30%悬浮剂1 000～1 500倍液喷雾1次，具有控制秧苗旺长、促进分蘖、预防败苗、促使秧苗健壮的作用。在水稻拔节期，使用15%可湿性粉剂300～400倍液，或25%悬浮剂500～600倍液，或30%悬浮剂600～800倍液喷雾1次，对控制水稻倒伏、提高产量效果显著。

冬小麦　播种时，每亩种子使用15%可湿性粉剂15～20克，或25%悬浮剂9～12毫升，或30%悬浮剂8～10毫升药剂对适量水均匀拌种，晾干后播种，具有出苗健壮、整齐，控制幼苗徒长的作用。在冬小麦拔节初期，每亩使用15%可湿性粉剂20～30克，或25%悬浮剂15～20毫升，或30%悬浮剂10～15毫升，对水30千克均匀茎叶喷雾1次，具有调节植株生长、抑制茎秆伸长、缩短节间、增强抗逆性、防止倒伏、提高产量的作用。

棉花　从初花期开始，使用15%可湿性粉剂300～400倍液，或25%悬浮剂500～600倍液，或30%悬浮剂600～800倍液均匀喷洒植株，15天左右1次，连喷2～3次，具有控制植株徒长、提高结铃率、增加产量的作用。移栽棉，对1叶1心期的苗床，使用15%可湿性粉剂800～1 000倍液，或25%悬浮剂1 300～1 500倍液，或30%悬浮剂1 500～2 000倍液喷雾1次，具有控制幼苗徒长、防止形成高脚苗的作用。

油菜　在苗床期（2叶1心至3叶1心时），使用15%可湿性粉剂800～1 000倍液，或25%悬浮剂1 300～1 500倍液，或30%悬浮剂1 500～2 000倍液均匀喷雾1次，对控制植株旺长、防止高脚苗作用显著。在抽薹期（叶薹长10厘米以内），再使用上述浓度药剂均匀喷洒植株1次，具有调节植株生长、促使茎秆粗壮、防止倒伏、提高产量等作用。

大豆　在开花初期，使用15%可湿性粉剂800倍液，或25%悬浮剂1 200倍液，或30%悬浮剂1 500倍液茎叶喷雾1次，具有矮化株高、促进分枝、提高结荚率、增加产量的作用。使用100～200毫克/千克的多效唑于大豆4～6叶期叶面喷雾，具有植株矮化、茎秆粗壮、叶柄短粗、叶柄与主茎夹角变小、叶绿素增加、光合作用增强、防止落花落荚、增加产量等作用。

花生　在初花后25～30天，每亩使用15%可湿性粉剂40克，或25%悬浮剂24毫升，或30%悬浮剂20毫升，对水20～30千克茎叶喷雾1次，具有控制旺长、矮化株高、促使株型紧凑、促进分枝、侧生果枝贴地生长、果针入土容易、籽粒饱满、提高千粒重、增加产量的作用。

番茄、辣椒　在番茄或辣椒开花初期，使用15%可湿性粉剂500～600倍液，或25%悬浮剂800～1 000倍液，或30%悬浮剂1 000～1 200倍液喷洒植株1次，具有矮化株高、提高坐果率、促进果实膨大、增加产量的作用。

马铃薯　在株高30厘米左右时，使用15%可湿性粉剂500～600倍液，或25%悬浮剂800～1 000倍液，或30%悬浮剂1 000～1 200倍液均匀喷洒植株1次，具有控制植株旺长、茎秆粗壮、促进薯块膨大、提高产量的作用。

烟草　植株封顶后，使用15%可湿性粉剂300～400倍液，或25%悬浮剂500～600倍液，或30%悬浮剂600～800倍液均匀喷洒植株1次，在一定程度上可控制腋芽萌发、提高烟叶产量和品质。

注意事项　多效唑喷雾使用时，应严格掌握用药浓度，防止浓度过大、抑制作用过强，或用药浓度过小、控制效果不明显。多效唑用量过大时，可用赤霉酸缓解，并增施氮肥。土壤施用多效唑时，药剂在土壤中持效期较长，应特别注意；且长期多次使用后，土壤积累药剂对后茬作物有抑制作用。

复硝酚钠 sodium nitrophenolate

主要含量与剂型　0.7%、1.4%、1.8%水剂。

产品特点　复硝酚钠是一种硝基苯类复合型低毒植物生长调节剂，由邻硝基苯酚钠、对硝基苯酚钠和5-硝基邻甲氧基苯酚钠三种成分组成，属单硝化愈创木酚钠盐植物细胞赋活剂，能被植物的根、叶及种子吸收，并迅速渗透到植物体内，促进细胞原生质流动，赋予细胞活力，加快植物发根速度，对植物生根、发芽、生长、生殖及结果等发育阶段均有程度不同的促进作用，尤其促进花粉管伸长、帮助授精结实作用最为明显。其生理功能主要表现在：打破休眠、促进发芽、促进细胞分裂、促进植物生长发育、增强光合作用、诱导花芽分化、使雌花增多、提早开花、防止落花落果、提高坐果率、改良品质、促进增产等。本剂既可叶面喷雾及喷洒花蕾，又可浸种及苗床浇灌，且从植物播种开始至收获之间的任何时期都可使用。

适用作物使用技术及效果

苹果、梨、葡萄、荔枝、柑橘等果树　在发芽后开花前和落花坐果后各喷施1次，具有促进坐果、防止落果、提高坐果率、增加产量的作用。在苹果、葡萄、李、梅、柿、柠檬、龙眼、木瓜、番石榴等果树上，一般使用0.7%水剂1 500～2 000倍液，或1.4%水剂3 000～4 000倍液，或1.8%水剂4 000～5 000倍液均匀喷雾；在梨、桃、柑橘、荔枝等果树上，一般使用0.7%水剂800～

1 000 倍液，或 1.4%水剂 1 500～2 000 倍液，或 1.8%水剂 2 000～3 000 倍液均匀喷雾。

柑橘树　在柑橘树开花前喷施，具有催花、保花的作用；在落花后喷施，具有促进坐果的作用；在果实膨大期喷施，具有促使果实膨大、果实大小均匀等功效。一般使用 0.7%水剂 2 500～3 000 倍液，或 1.4%水剂 5 000～6 000 倍液，或 1.8%水剂 6 500～7 500 倍液均匀喷雾。

黄瓜、西葫芦、番茄、辣椒、茄子等瓜果类蔬菜　使用药液浸种 8～20 小时，在暗处晾干后播种，具有打破种子休眠、促进发芽、培育壮苗等作用。一般使用 0.7%水剂 1 500～2 000 倍液，或 1.4%水剂 3 000～4 000 倍液，或 1.8%水剂 4 000～5 000 倍液浸种。

番茄　在移栽前喷施 1 次，具有促进根系发育、缓苗快、苗势壮、促使花芽分化等作用；在开花期、坐果期喷施，具有促进花粉管伸长、促使授粉结实、防止落花落果、提高坐果率、促进果形端正等作用；在果实膨大期、果实转色期喷施，具有促进果实膨大、防止早衰、提高植株抗逆性、增加产量等作用。一般使用 0.7%水剂 1 500～2 000 倍液，或 1.4%水剂 3 000～4 000 倍液，或 1.8%水剂 4 000～5 000 倍液均匀喷雾。

茄子、黄瓜　从初花期开始喷施，7～10 天 1 次，连喷 2～3 次，具有促进根系发育、植株生长健壮，促进花粉管伸长、有助于授粉结实、防止落花落果，促进瓜果膨大、提高产量，防止早衰等作用。一般使用 0.7%水剂 2 500～3 500 倍液，或 1.4%水剂 5 000～7 000 倍液，或 1.8%水剂 7 000～9 000 倍液均匀喷雾。

芹菜、十字花科蔬菜等叶菜类蔬菜　使用药液浸种 8～10 小时，在暗处晾干后播种，具有打破种子休眠、促进发芽、培育壮苗等作用；在生长期全株喷施 1～2 次（间隔期 7～10 天），具有促进细胞分裂与生长、提高产量等作用。一般使用 0.7%水剂 1 500～2 000 倍液，或 1.4%水剂 3 000～4 000 倍液，或 1.8%水剂 4 000～5 000 倍液均匀喷雾。

移栽瓜果蔬菜　幼苗移栽定植后，使用复消酚钠药液（或与液肥混合后）浇灌根部，具有防止根系老化、促进新根形成、培育壮苗等作用。一般使用0.7%水剂1 500～2 000倍液，或1.4%水剂3 000～4 000倍液，或1.8%水剂4 000～5 000倍液浇灌。

马铃薯　种薯切块前，将薯块在药液中浸泡5～10小时，而后切块、消毒、播种，具有打破种薯休眠、促进发芽、苗齐苗壮等作用。一般使用0.7%水剂1 500～2 000倍液，或1.4%水剂3 000～4 000倍液，或1.8%水剂4 000～5 000倍液浸泡薯块。

水稻　播种前用药液浸种10～12小时，晾干后播种，具有促进种子发芽及根系发育、苗齐苗壮等功效；在幼穗形成期和齐穗期各叶面喷雾1次，具有促进幼穗分化、提高结实率、增加产量、防止早衰等作用。一般使用0.7%水剂1 200倍液，或1.4%水剂2 500倍液，或1.8%水剂3 000倍液浸种或喷雾。

小麦　播种前用药液浸种10～12小时，晾干后播种，具有促进种子发芽及根系发育、苗齐苗壮等功效；在小麦拔节期和抽穗期各喷施1次，具有调节生长、提高结实率、增加产量、防止早衰等作用。一般使用0.7%水剂1 500倍液，或1.4%水剂3 000倍液，或1.8%水剂4 000倍液浸种或喷雾。

玉米　在小喇叭口期和开花前数日各喷洒1次叶面及花蕾，具有调节生长、提高结实率、增加产量的作用。一般使用0.7%水剂1 800～2 000倍液，或1.4%水剂3 500～4 500倍液，或1.8%水剂5 000～6 000倍液均匀叶面喷雾。

棉花　在苗期、蕾期、盛花期、棉铃开裂期分别喷施复硝酚钠1次，具有调节生长、防止落蕾落铃、提高结铃率、增加产量的作用。一般使用0.7%水剂800～1 000倍液，或1.4%水剂1 500～2 000倍液，或1.8%水剂2 000～3 000倍液均匀叶面喷雾。

大豆　播种前，使用0.7%水剂2 000倍液，或1.4%水剂4 000倍液，或1.8%水剂5 000倍液浸种3小时，而后晾干播种，具有促进发芽及根系发育、促使苗齐苗壮等作用。在苗期、开花初期各喷洒茎叶1次，具有调节植株生长、提高结荚率、防止落花落荚、增加产量等作用，一般使用0.7%水剂1 500～2 000倍液，或1.4%水剂3 000～4 000倍液，或1.8%水剂4 000～5 000倍液均匀叶面喷雾。

绿豆、豌豆、花生　在苗期、开花初期各喷洒茎叶1次，具有调节植株生长、提高结荚率、增加产量等作用。一般使用 0.7%水剂 1 500～2 000 倍液，或 1.4%水剂 3 000～4 000 倍液，或 1.8%水剂 4 000～5 000 倍液均匀喷雾。

烟草　在幼苗期至移栽前 4～5 天，使用 0.7%水剂 7 500 倍液，或 1.4%水剂 15 000 倍液，或 1.8%水剂 20 000 倍液浇灌苗床 1 次；移栽后使用 0.7%水剂 4 000 倍液，或 1.4%水剂 8 000 倍液，或 1.8%水剂 10 000 倍液叶面喷洒 2 次（间隔 7～10 天）。具有促进苗壮、快速缓苗、提高产量等作用。

甘蔗　插苗时，使用 0.7%水剂 3 000 倍液，或 1.4%水剂 6 000 倍液，或 1.8%水剂 8 000 倍液浸苗 8 小时，具有促进发芽及根系发育、苗势健壮等作用；分蘖初期，使用 0.7%水剂 1 000 倍液，或 1.4%水剂 2 000 倍液，或 1.8%水剂 2 500 倍液茎叶喷雾 1 次，具有调节植株生长、提高产量等作用。

茶树　插苗时，使用复硝酚钠药液浸渍苗木 12 小时，具有促进根系发育、培育壮苗等作用；生长期叶面喷洒药液，具有调节生长、促进植株健壮、增加产量等作用。一般使用 0.7%水剂 2 000 倍液，或 1.4%水剂 4 000 倍液，或 1.8%水剂 5 000 倍液浸苗或喷雾。

黄麻、亚麻　植株苗期，使用 0.7%水剂 7 500 倍液，或 1.4%水剂 15 000 倍液，或 1.8%水剂 20 000 倍液浇灌植株 2 次（间隔期 5～7 天），具有促进根系发育、促使植株健壮、调节生长、增加产量的作用。

缓解药害　作物遭受较轻药害后，及时喷施 0.7%水剂 2 500～3 000 倍液，或 1.4%水剂 5 000～7 000 倍液，或 1.8%水剂 6 000～10 000 倍液 1～2 次，具有缓解药害、促进植株恢复正常生长的作用。

注意事项　复硝酚钠严禁随意提高使用浓度，浓度过高时，对幼芽生长有抑制作用。蜡质层较厚的作物，喷雾时在药液中混加展着剂等助剂，可提高使用效果。与尿素及液体肥料混用，能提高复硝酚钠的功效。球茎类叶菜应在结球前 1 个月停止使用。

甲哌鎓 mepiquat chloride

主要含量与剂型 25%、250 克/升水剂，10%可溶粉剂，40%泡腾片剂。

产品特点 甲哌鎓俗称缩节胺，是一种甲基哌啶类内吸性广谱低毒植物生长调节剂，属温和型植物生长延缓剂类，有较好的内吸传导作用，可被根、嫩枝、叶片吸收，并很快传导到其他部位。通过抑制赤霉素的生物合成，而抑制细胞伸长。其生理功能主要表现为：延缓营养体生长，抑制茎叶疯长、控制侧枝、塑造理想株型，使植株矮小化，株型紧凑；促进叶绿素合成，增加叶绿素含量，提升叶片同化能力；提高根系数量及活力；促进生殖生长，减少落花落果，提高果实品质，促使果实增重，提高产量；增强作物抗逆性，提升抗倒伏和抗旱、抗涝能力。本剂使用安全，在作物花期使用没有副作用。

适用作物使用技术及效果

棉花 在棉花初花期和盛花期分别茎叶喷雾 1 次，具有防控植株徒长、矮化植株、紧凑株型、防止蕾铃脱落、提高成铃率、增加霜前花、提高产量及品质的作用。一般使用浓度 100 毫克/千克的甲哌鎓均匀叶面喷雾；或每亩次使用 10%可溶粉剂 30～40 克，或 25%水剂或 250 克/升水剂 12～16 毫升，或 40%泡腾片剂 7.5～10 克，对水 30～45 千克均匀叶面喷雾。本剂适用于长势旺盛的棉田，肥力不足田块或弱苗田块不宜使用。

玉米 在玉米大喇叭口期，使用 10%可溶粉剂 300～400 倍液，或 25%水剂或 250 克/升水剂 800～1 000 倍液，或 40%泡腾片剂 1 300～1 600 倍液均匀叶面喷雾。具有提高根系活力，抑制茎叶旺长，改善群体光照条件，促进植株生殖生长、果穗增长、减少秃尖、提高产量的作用。

花生 在花生初花期，喷施 1 次 10%可溶粉剂 700～1 000 倍液，或 25%水剂或 250 克/升水剂 1 800～2 500 倍液，或 40%泡腾片剂 3 000～4 000 倍液，具有控制植株营养生长、促进生殖生长、提高结荚率、增加产量的作用。

大豆、绿豆、豇豆　在开花至结荚期，喷施 1 次 10%可溶粉剂 500～1 000 倍液，或 25%水剂或 250 克/升水剂 1 500～2 500 倍液，或 40%泡腾片剂 2 000～4 000 倍液，具有抑制株高、促进结荚、增加产量等作用。

番茄　在苗期，使用 10%可溶粉剂 200～300 倍液，或 25%水剂或 250 克/升水剂 500～800 倍液，或 40%泡腾片剂 800～1 300 倍液均匀喷洒叶面 1 次，具有培育壮苗、提高抗寒能力的作用。在开花至结果期，使用 10%可溶粉剂 1 000 倍液，或 25%水剂或 250 克/升水剂 2 500 倍液，或 40%泡腾片剂 4 000 倍液均匀喷雾，具有降低株高、增加果重、提高果实含糖量、提高产量及品质的作用。

黄瓜、西瓜　在开花至结瓜期，使用 10%可溶粉剂 1 000 倍液，或 25%水剂或 250 克/升水剂 2 500 倍液，或 40%泡腾片剂 4 000 倍液均匀喷洒植株，具有抑制瓜蔓旺长、促进坐瓜、增加产量、改善品质的作用。

甘薯　在薯块开始生长后、主蔓长达 50～70 厘米时，全株喷洒 1 次 10%可溶粉剂 350～500 倍液，或 25%水剂或 250 克/升水剂 900～1 200 倍液，或 40%泡腾片剂 1 500～2 000 倍液，肥水充足地块 15～20 天后再喷洒 1 次，具有控制藤蔓旺长、促进薯块膨大、增加产量的作用。

马铃薯　在马铃薯现蕾至初花期（块茎开始快速生长期），每亩次使用 10%可溶粉剂 40～80 克，或 25%水剂或 250 克/升水剂 15～30 毫升，或 40%泡腾片剂 10～20 克，对水 45～60 千克均匀茎叶喷雾 1 次，肥水条件好的地块 15～20 天后再喷施 1 次，具有控制植株旺长、促进薯块膨大、增加产量的作用。

苹果、山楂　在花序分离期，使用 10%可溶粉剂 400～800 倍液，或 25%水剂或 250 克/升水剂 1 000～2 000 倍液，或 40%泡腾片剂 1 500～3 000 倍液均匀叶面喷雾 1 次，具有促进坐果、提高坐果率、增加产量等作用。

注意事项　甲哌鎓属延缓作物生长药剂，需严格掌握用药时间、浓度及剂量，不能随意增加药量或提早喷雾。如使用不当，发现抑制过度现象，可喷施叶面肥进行缓解。在水肥条件好的地块使用增产效果明显。

氯吡脲 forchlorfenuron

主要含量与剂型 0.1%、0.5%可溶液剂。

产品特点 氯吡脲又称吡效隆，是一种广谱低毒植物生长调节剂，属苯基脲类衍生物，具有细胞分裂素活性，其作用机理与嘌呤型细胞分裂素相同，但活性很高。通过植物的根、茎、叶、花、果吸收，转运到起作用部位。其生理活性主要表现在：促进细胞分裂分化、器官形成和蛋白质合成，提高光合作用，促进植物生长，增强抗逆性，促进抗衰老，促进花芽分化，促进授粉、受精，诱导单性结实，防止落花落果，提高坐果率，促进果实膨大，增加产量等。与赤霉酸混用，可解决杂交育种过程中亲本难保存、种子纯度差和成本偏高的难点。

适用作物使用技术及效果

猕猴桃 在谢花后20～25天，使用0.1%可溶液剂50～100倍液，或0.5%可溶液剂300～500倍液浸渍幼果或均匀喷果，具有促进果实膨大、增加单果重、提高产量等功效，且果实品质无不良影响。

葡萄 在葡萄谢花后15～20天，使用0.1%可溶液剂50～100倍液，或0.5%可溶液剂300～500倍液浸渍幼果穗，具有提高坐果率、促进果粒膨大、增加产量的作用，处理后果粒固形物含量可提高7%左右。也可将0.1%可溶液剂200～300倍液或0.5%可溶液剂1 000～1 500倍液与0.01%赤霉酸混用，促进果实膨大效果显著。

桃 在落花后20～25天，使用0.1%可溶液剂50倍液，或0.5%可溶液剂250倍液喷洒幼果，具有促进果实膨大、促使果实着色等功效。

苹果 在落花后半月左右，使用0.1%可溶液剂50倍液，或0.5%可溶液剂250倍液喷洒幼果，具有促进果实膨大、提高产量、促使果实着色等功效。

柑橘 在谢花后3～7天和谢花后25～30天，分别用0.1%可溶液剂300～500倍液，或0.5%可溶液剂1 500～2 500倍液喷洒树冠；或使用 0.1%可溶液剂 60～100 倍液，或 0.5%可溶液剂 300～500 倍液涂抹果梗、蜜盘，具有防止落果、提高坐果率、加快果实膨大、提高产量的功效。

草莓　使用 0.1%可溶液剂 100 倍液，或 0.5%可溶液剂 500 倍液喷洒采摘后的果实或浸果，晾干后包装，具有保持草莓新鲜、延长货架期等功效。

枇杷　使用 0.1%可溶液剂 50～100 倍液，或 0.5%可溶液剂 300～500 倍液浸蘸幼果 1～2 次（间隔期 30～45 天），具有促进果实膨大、增加产量的作用。

黄瓜　在开花当天或开花前 1～2 天，使用 0.1%可溶液剂 50～100 倍液，或 0.5%可溶液剂 300～500 倍液浸渍或均匀喷雾瓜胎，具有防止化瓜、提高坐瓜率、增加产量的作用。

西瓜　在开花当天或开花前 1～2 天，使用 0.1%可溶液剂 50～100 倍液，或 0.5%可溶液剂 300～500 倍液浸渍或均匀喷雾瓜胎，具有提高坐瓜率、增加产量、提高糖度、降低果皮厚度的作用，且瓜品质不受影响。

甜瓜　在开花当天或开花前 1～2 天，使用 0.1%可溶液剂 50～100 倍液，或 0.5%可溶液剂 300～500 倍液浸渍或均匀喷雾瓜胎，具有防止化瓜、提高坐瓜率、增加产量的作用。

番茄、茄子　在开花期，使用 0.1%可溶液剂 75～100 倍液，或 0.5%可溶液剂 400～500 倍液喷洒花序，具有提高坐果率、增加产量的作用。

烟草　在苗期，喷施 0.1%可溶液剂 100～200 倍液，或 0.5%可溶液剂 500～1 000 倍液 1 次，具有促进叶片肥大、增加产量的作用。

植物组织培养　在培养基内加入 0. 000 1%浓度的氯吡脲，可诱导多种植物的愈伤组织长出芽来。

注意事项　氯吡脲可与赤霉素及其他非碱性农药混用。严格掌握用药浓度和时期，浓度偏高会影响果实品质，易出现空心果、畸形果、裂果、瓜苦等副作用，并影响瓜果内维生素 C 含量。严禁在高温烈日下用药，30℃以上禁止使用。施药后 6 小时内遇雨应该补施。

萘乙酸 1-naphthyl acetic acid

主要含量与剂型 0.1%、0.6%、1%、4.2%、5%水剂，40%可溶粉剂，20%粉剂，10%泡腾片剂。

产品特点 萘乙酸简称NAA，是一种有机萘类广谱性低毒植物生长调节剂，属类生长素物质，具有内源生长素吲哚乙酸的作用特点和生理机能。可通过叶片、枝茎嫩表皮、种子、根部等吸收，随营养流输导到起作用部位。低浓度时，具有刺激细胞分裂扩大和组织分化、诱导形成不定根、根多根壮，改变雌雄花比率、促进开花，促进子房膨大、诱导单性结实、形成无籽果实、提高坐果率，防止落花、落果、落叶，促进分蘖、增加有效穗数，籽粒饱满、增产增收等作用；高浓度时，可引起内源乙烯的生成，有催熟增产作用。

适用作物使用技术及效果

苹果 在花期，喷施1次浓度为10～20毫克/千克的萘乙酸液，具有化学疏花作用；落花后1～2周，喷施1次浓度为10～20毫克/千克的萘乙酸液，具有疏果作用。在采收前10～20天，全株喷施1次浓度为20～25毫克/千克的萘乙酸液（要求喷湿果柄），具有防止采前落果的效果，并有一定促进着色作用；落果严重品种，若在采收前30～40天增加喷施1次，效果更好。幼树移栽时，用根系浸蘸使用浓度为50毫克/千克的萘乙酸液拌和的泥浆，具有提高成活率、促进缓苗的作用。冬剪时，使用浓度为10 000～15 000毫克/千克的药液涂抹剪锯口，可防止春季萌蘖的发生。

梨 在盛花期，喷施1次浓度为40毫克/千克的萘乙酸药液，具有化学疏花的作用。在采收前2～3周，全株喷施1次浓度为10～20毫克/千克的萘乙酸药液（要求喷湿果柄），具有防止采前落果的效果。

山楂 播种前，使用浓度为50～100毫克/千克的萘乙酸药液浸泡种子，具有促进山楂种子发芽的作用。幼树定植前，使用浓度为10毫克/千克的萘乙酸药液浸根12小时，具有促进发根、提高成活率的作用。

葡萄　扦插育苗时，使用浓度为100～200毫克/千克的萘乙酸药液浸渍扦插枝段基部（浸深3～5厘米）2～3小时，而后扦插，具有促进插条生根、提高成活率的作用。

巨峰葡萄　果粒似豌豆粒大小时，使用浓度为10毫克/千克的萘乙酸药液浸蘸果穗，可有效防止果穗落粒。

桃　盛花后24天左右，喷施1次浓度为20～40毫克/千克的萘乙酸药液，具有化学疏果的作用。果实着色前15～20天喷施1次浓度为5～10毫克/千克的萘乙酸药液，采收前3～5天再喷施1次浓度为10～15毫克/千克的萘乙酸药液，具有促使桃果着色、促进成熟、防止采前落果的功效。

柿　在采收前5～21天，全株喷施1次浓度为10～20毫克/千克的萘乙酸药液（要求喷湿果柄），具有防止采前落果的功效。

柑橘　在开花后10～30天，喷施1次浓度为200～300毫克/千克的萘乙酸药液，具有一定的疏果作用。在采收前5～21天，全株喷施1次浓度为10～20毫克/千克的萘乙酸药液（要求喷湿果柄），具有防止采前落果的功效。

柠檬　早秋使用浓度为10毫克/千克的萘乙酸药液喷洒树冠，具有促进果实成熟、提高产量的作用。

菠萝　在营养生长后期，从株心处每株注入浓度为15～20毫克/千克的萘乙酸药液30毫升，具有促进菠萝开花、形成无籽果实的作用。

荔枝、龙眼、柠檬、茶、桑、油桐、柞树、侧柏、水杉等果树林木　扦插育苗时，使用浓度为50～200毫克/千克的萘乙酸药液浸渍扦插枝段基部（浸深3～5厘米）12～24小时，而后扦插，具有促进插条生根、提高成活率的作用。

番茄　在开花期，使用浓度为10～20毫克/千克的萘乙酸药液喷花，具有促进坐果、防止落花、提高坐果率、增大果实的作用。应严格掌握使用浓度，浓度过高会形成畸形果及叶片枯焦脱落等。

辣椒　在开花期，使用浓度为20毫克/千克的萘乙酸药液喷洒全株，具有防止落花、促进结椒的作用。

西瓜　在开花期，使用浓度为10～20毫克/千克的萘乙酸药液喷花或浸花，具有促进坐果、防止落花的作用；若在授精前处理，则可形成无籽果。

黄瓜　定植前，使用浓度为10毫克/千克的萘乙酸药液喷洒全株1～2次，具有增加雌花密度、提高产量的作用。

南瓜　雌花开花时，使用浓度为10～20毫克/千克的萘乙酸药液涂抹瓜胎，具有促进坐果、防止化瓜的功效。

马铃薯　种薯切块前，使用浓度为20～50毫克/千克的萘乙酸药液浸泡种薯2～24小时，而后切块、拌药、播种，具有促进发芽、增加结薯量的作用。

甘薯　栽秧前，使用浓度为10～20毫克/千克的萘乙酸药液浸泡成捆薯秧基部3厘米深6小时，具有提高秧苗成活率、促进结薯、增加产量的作用。

小麦　播种前，使用浓度为20毫克/千克的萘乙酸药液浸种6～12小时，晾干后播种，具有促使种子发芽、根多苗壮、促进分蘖、提高抗盐碱能力、提高成穗率的作用；在拔节至抽穗期和灌浆期各喷施1次浓度为20～30毫克/千克的萘乙酸药液，具有促进根系发育、预防倒伏、提高抗逆性（抗青枯、抗干热风等）、促进授粉、增加千粒重、提高产量的作用。

水稻　播种前，使用浓度为10毫克/千克的萘乙酸浸种2小时，晾干后播种，具有促进种子发芽、根多苗健、增加分蘖的作用；在水稻秧苗1叶1心期至3叶期，均匀喷施1次浓度为5～7毫克/千克的萘乙酸药液，具有调节秧苗生长，促进细胞分裂及扩大、诱导形成不定根，根多根壮根长，促进分蘖，茎叶茂盛，增加有效穗数等作用；移栽时，使用浓度为10毫克/千克的萘乙酸药液浸泡秧苗根1～2小时，而后插秧，具有促进返青、茎秆粗壮、提高产量的作用；拔节期，使用浓度为15～20毫克/千克的萘乙酸药液茎叶喷雾1次，具有抗倒伏、促使籽粒饱满、增加产量的作用。

玉米、谷子　播种前，使用浓度为20～30毫克/千克的萘乙酸药液浸种，具有促使种子发芽、促进植株生长、增加产量的作用。

棉花　从初花期开始，使用浓度为5～10毫克/千克的萘乙酸药液均匀喷洒植株，10～15天1次，连喷2～3次，具有防止蕾铃脱落、提高蕾铃率、促使桃铃膨大、增加产量的作用。

大豆　在盛花期，使用浓度为 10～100 毫克/千克的萘乙酸药液均匀喷洒植株，具有增加籽粒重、促进成熟、提高产量的作用。

注意事项　萘乙酸用作生根剂时，与吲哚乙酸或其他有生根作用的药剂混用效果更好。萘乙酸难溶于冷水，配制时可先用少量酒精溶解，再加水稀释。早熟苹果品种用于疏花、疏果易产生药害，不宜使用。萘乙酸稀释倍数计算方法为："制剂百分含量×10 000/使用浓度"即为该制剂的稀释倍数。

三十烷醇 triacontanol

主要含量与剂型　0.1%微乳剂，0.1%可溶液剂。

产品特点　三十烷醇是一种天然的长碳链高活性广谱低毒植物生长调节剂，通过植物茎、叶吸收，具有多种生理功能，使用效果显著。主要表现为：促进矿物质元素吸收，激活生物酶，增强酶活性，改善细胞膜透性，促进细胞分裂和增生；促使种子发芽，提高发芽率；促进植株生长发育，增加叶绿素含量，提高光合作用，增加干物质积累，提高蛋白质和糖分含量，增加分蘖；促进花芽分化，保花保果，提高坐果率或结实率；促进早熟，提高品质及产量，增强抗旱、抗寒、抗病等抗逆能力，具有良好的增产增收作用。

适用作物使用技术及效果

黄瓜　使用 0.1%微乳剂或 0.1%可溶液剂 1 000～2 000 倍液，在初花期均匀叶面喷雾，10～15 天后再喷施 1 次，具有提高结瓜率、增加产量的作用。

西瓜、甜瓜　使用 0.1%微乳剂或 0.1%可溶液剂 1 000～2 000 倍液，在瓜蔓伸长期、盛花期及幼果膨大期各喷施 1 次，具有显著增产作用。

番茄　使用 0.1%微乳剂或 0.1%可溶液剂 1 000～2 000 倍液，在开花期或生长初期均匀喷洒叶面，具有提高坐果率、促进增产的功效。

辣椒　使用 0.1%微乳剂或 0.1%可溶液剂 2 000 倍液，从初花期开始均匀叶面喷雾，15 天左右 1 次，连喷 2～3 次，具有提高结果率、促进早熟及增产的作用，并能减轻病害发生。

大白菜、青菜、萝卜　使用 0.1%微乳剂或 0.1%可溶液剂

1 000～2 000倍液，在生长期均匀叶面喷雾，具有显著增产作用。

茭白　使用0.1%微乳剂或0.1%可溶液剂1 000～2 000倍液，在苗期至茭白膨大期均匀叶面喷雾，10～15天1次，连喷2～3次，具有促进茭白膨大和提高产量的作用。

苹果、梨、山楂、葡萄　使用0.1%微乳剂或0.1%可溶液剂2 000倍液，在幼果期和果实膨大期分别均匀叶面喷雾，具有促进果实膨大、增加产量、提高品质的作用。

荔枝、龙眼　使用0.1%微乳剂或0.1%可溶液剂2 000倍液，在开花期和幼果膨大期各喷施1次，具有提高坐果率、促进增产的作用。

柑橘　使用0.1%微乳剂或0.1%可溶液剂1 000～2 000倍液，在开花初期和果实转色期分别均匀叶面喷雾，具有提高坐果率、促进果实着色、增甜增产等作用。

草莓　使用0.1%微乳剂或0.1%可溶液剂2 000倍液，在移栽后返青期和始花期各喷施1次，具有提高草莓品质及产量的作用。

杨梅　使用0.1%微乳剂或0.1%可溶液剂1 000～2 000倍液，在杨梅开花前（现蕾期）均匀喷洒1次，幼果膨大期均匀喷洒2～3次（间隔期10～15天），具有促进坐果、提高产量及品质的作用。

其他果树　使用0.1%微乳剂或0.1%可溶液剂1 000～2 000倍液，在开花前和果实膨大初期各均匀叶面喷雾1次，具有促进果实膨大和增加产量的作用。

茶树　在每次采摘前7天左右（1芽1叶初展期）及采摘后15天，分别使用0.1%微乳剂或0.1%可溶液剂1 000～2 000倍液均匀喷雾，每亩次喷洒药液50千克，具有显著增产作用。

玉米　使用0.1%微乳剂或0.1%可溶液剂2 000～5 000倍液，在幼穗分化期至抽雄期均匀叶面喷雾，具有提高结实率、增加产量的作用。

水稻　使用0.1%微乳剂或0.1%可溶液剂1 000～2 000倍液，在幼穗分化至齐穗期均匀叶面喷雾，具有提高结实率、增加产量的作用。

小麦　使用0.1%微乳剂或0.1%可溶液剂2 000～4 000倍液，在小麦返青期及灌浆期各均匀喷雾1次，具有促进籽粒饱满、显著增产作用。

甘薯　使用0.1%微乳剂或0.1%可溶液剂1 000～2 000倍液，

在薯块膨大初期均匀叶面喷雾，具有显著增产效果。

花生　使用0.1%微乳剂或0.1%可溶液剂1 000～2 000倍液，在初花期、下针期各均匀叶面喷雾1次，具有提高结荚率、促进籽粒饱满、增加产量的作用。

大豆　播种前，使用0.1%微乳剂或0.1%可溶液剂1 000～2 000倍液浸泡种子4小时，晾干后播种，具有提高发芽率、减少单仁荚、增加三仁荚及增加单荚豆粒数的作用；使用0.1%微乳剂或0.1%可溶液剂2 000倍液在盛花期叶面喷雾，具有促使叶色增绿、提高光合作用、增加结实率及百粒重的作用。

油菜　使用0.1%微乳剂或0.1%可溶液剂2 000倍液，在油菜苗期和盛花期各均匀叶面喷雾1次，具有显著增产作用。

棉花　在盛花期，使用0.1%微乳剂或0.1%可溶液剂1 000～2 000倍液均匀茎叶喷雾，具有减少蕾铃脱落、提高产量的作用。

苎麻、红麻等麻类　使用0.1%微乳剂或0.1%可溶液剂1 000倍液，在6～8月均匀叶面喷雾，具有增加纤维产量的作用。

烟草　使用0.1%微乳剂或0.1%可溶液剂2 000倍液，在烟苗定植成活后，每隔10～15天喷雾1次，连喷3次，具有显著增产和提高品质的作用。

甘蔗　使用0.1%微乳剂或0.1%可溶液剂2 000倍液，在甘蔗伸长期均匀叶面喷雾，具有增加甘蔗含糖量的作用。

注意事项　三十烷醇田间喷雾时应选择阴天或晴天上午10时前喷施，避免高温、烈日下施药，喷药后4～6小时遇雨应及时补喷。高温、干旱或在棚室内使用及在较敏感品种上使用时应适当增加兑水量。三十烷醇的作用效果因气候条件、种植结构等不同，使用剂量也有所差异，未用过的地区或品种必须先小面积试验，成功后再扩大使用。

乙烯利 ethephon

主要含量与剂型　1%、2.5%、5%膏剂，4%超低容量液剂，10%可溶粉剂，20%颗粒剂，40%、54%、70%、75%水剂。

产品特点　乙烯利是一种具有促进成熟及衰老作用的低毒植物

生长调节剂，在酸性介质中十分稳定，而在 pH 4 以上则分解释放出乙烯。一般植物细胞液的 pH 值都在 4 以上。乙烯利经由植物叶片、树皮、花、果实或种子进入植物体内，然后传导到起作用部位，释放出乙烯，具有与内源激素乙烯相同的生理功能。其主要生理功能表现在：促进果实成熟和着色，促进叶片及果实脱落，矮化植株、增加茎粗，诱导不定根形成，刺激某些植物种子发芽，改变雌雄花比率，促进某些植物开花，诱导某些作物雄性不育等。

适用作物使用技术及效果 乙烯利具有用量小、效果明显的特点，因此必须严格根据不同作物的敏感性特点，用水稀释成相应浓度，采用喷洒、涂抹或浸渍等方法进行使用。

苹果树 幼树新梢迅速生长初期，喷施浓度为 1 000～2 000 毫克/千克的乙烯利药液，具有抑制新梢旺长、增加短枝比例、促进花芽分化、矮化树冠、提早结果等作用。喷施后，作用快，促花效果显著，但持效期较短。果实采收前 3～4 周，喷施浓度为 400 毫克/千克的乙烯利药液，具有促进糖分转换、提早着色等催熟作用。

梨树 砂梨系统品种（包括日本梨），采收前 3～5 周，全树喷施 1 次浓度为 100～130 毫克/千克的乙烯利药液，具有促进果实膨大、增加果实含糖量、促使果实成熟等作用。应当指出，使用浓度不宜过高，喷药时间不可过早，否则会引起大量落果及裂果。黄冠梨采收后，使用浓度为 2～6 毫克/千克的乙烯利药液密闭熏蒸果实，具有促进果实成熟的作用。

葡萄 在浆果成熟初期，喷施 1 次浓度为 200～400 毫克/千克的乙烯利药液，具有促进浆果色素形成、果粒提早着色、提早成熟 5～12 天的功效。喷施药量过大容易引起落果，应掌握好使用浓度，特别要注意气温对乙烯利药效的影响。此外，容易落粒品种应当慎用。

山楂 采收前 1 周，使用浓度为 400～500 毫克/千克的乙烯利药液喷洒全树，具有促进果实成熟、促使果实脱落（脱落率可达 90%～100%）的作用，以便节省采收用工。

桃 在果实硬核期的中期，喷施 1 次浓度为 20～80 毫克/千克的乙烯利药液，具有促进果实着色早而整齐、提早成熟 3～4 天的作用，但果实较软。

樱桃　在果实采收前 20 天左右，全株喷施 1 次浓度为 20～40 毫克/千克的乙烯利药液，具有促进果实着色、提早成熟等作用。

柿子　柿子采收后，使用浓度为 800～1 000 毫克/千克的乙烯利药液喷洒果实或浸果 10 余秒钟，具有促进果实转色、催熟、脱涩等作用，处理后在 20～30℃条件下一般 4～5 天后果肉即可软化、香甜可食。应当指出，脱涩时间快慢与处理时果实的成熟度及乙烯利浓度均呈正相关关系。

蜜橘　果实转色前 15～20 天，全树喷洒浓度为 500～650 毫克/千克的乙烯利药液 1 次，具有促进果实转色、催熟等作用。

香蕉　香蕉收获后，使用浓度为 800～1 000 毫克/千克的乙烯利药液喷洒果实或浸果（3～5 秒钟），或使用浓度为 30～70 毫克/千克的乙烯利密闭熏蒸果实，具有促进果实软化、产生香味、增加甜味等催熟作用。催熟效果快慢与处理后的环境温度呈正相关，20～30℃环境中一般 48 小时后即可食用。

杧果　杧果收获后，使用浓度为 200～400 毫克/千克的乙烯利密闭熏蒸，具有促进果实成熟的作用。

菠萝　在开花前 2 周，喷施 1 次浓度为 650～800 毫克/千克的乙烯利药液，具有抽薹早且一致、促进开花的作用；在菠萝成熟前 1～2 周，使用相同浓度乙烯利药液再喷施 1 次，具有促进菠萝成熟且成熟期整齐的作用。

番茄　近成熟期的番茄青果，使用浓度为 400～500 毫克/千克的乙烯利药液喷洒果实或涂抹果实，具有促进果实成熟、提早转色的作用。注意不要将药液喷到枝叶上。每季最多施用 1 次，安全间隔期为 3 天。留种田禁止使用。

黄瓜　在幼苗 3～4 叶期，使用浓度为 100～200 毫克/千克的乙烯利药液喷洒茎叶 2 次，间隔期 10 天，具有增加雌花数量、提高产量的作用。

南瓜　在幼苗 3～4 叶期，喷施 1 次浓度为 100～200 毫克/千克的乙烯利药液，具有增加雌花数量、提高产量的作用。

瓠瓜　在幼苗 3～4 叶期，全株喷施 1 次浓度为 500 毫克/千克的乙烯利药液，具有增加雌花数量、提高产量的作用。

甜瓜　在幼苗 1～3 叶期，喷施 1 次浓度为 500 毫克/千克的乙烯利药液，具有促进两性花形成、提高产量的作用。

棉花　在70%～80%棉铃吐絮期，全株喷施1次浓度为800～1 300毫克/千克的乙烯利药液，具有促使棉铃成熟、促进棉铃吐絮、增加产量的作用。每季最多使用1次，安全间隔期为10天。

水稻　在秧苗5～6叶期（移栽前15～20天），喷施1次浓度为500毫克/千克的乙烯利药液，具有调节生长、矮化植株、促进苗壮的效果。在稻谷乳熟期，喷施1次浓度为500～650毫克/千克的乙烯利药液，具有促使稻谷成熟、增加产量的作用。

玉米　在玉米小喇叭口期或6～12叶期，使用浓度为150～200毫克/千克的乙烯利药液均匀喷洒叶片1次，具有调节生长、矮化植株、增加产量的作用。

冬小麦　适用于育种田，在孕穗期至抽穗期，全株喷施1次浓度为600～800毫克/千克的乙烯利药液，具有诱导雄性不育的作用。

烟草　在烟叶采收期，全株喷施1次浓度为200～400毫克/千克的乙烯利药液，具有促进叶片黄熟、便于集中采收的作用。

甜菜　收获前4～6周，全株喷施1次浓度为500毫克/千克的乙烯利药液，具有增加糖度、提高质量及产量等作用。

甘蔗　收获前4～5周，全株喷施1次浓度为800～1 000毫克/千克的乙烯利药液，具有增加糖度、提高质量及产量等作用。每季最多使用1次，安全间隔期为20天。

注意事项　乙烯利为强酸性，不能与碱性物质混用，也不能用碱性较强的水稀释。严格掌握使用浓度或倍数，避免产生副作用或导致效果不好。其活性与温度成正相关，低温时适当增加药量、高温时适当降低药量。乙烯利稀释倍数计算方法为："制剂百分含量×10 000/使用浓度"即为该制剂的稀释倍数。

芸薹素内酯 brassinolide

主要含量与剂型　0.001 6%、0.004%、0.01%、0.04%水剂，0.01%可溶液剂。

产品特点　芸薹素内酯是一种高效广谱低毒植物生长调节剂，为甾醇类植物激素，属第六大类植物内源激素，包含有芸薹素内酯、

24-表芸薹素内酯、28-表高芸薹素内酯等。在很低浓度下具有使植物细胞分裂和延长的双重效果，能增加植物的营养体生长和促进受精作用。其生理功能主要表现在：调节生长、促进生长、促进根系发达、提高叶绿素含量、增强光合作用、促进生殖发育、保花保果、提高坐果率、提高结实率、促进果实膨大、增加千粒重、增加产量、促进对肥料的有效吸收利用、提早成熟、延缓衰老、改进品质、提高抗逆能力（抗病、抗旱、抗盐、耐涝、耐冷等）、减轻药害等方面。在相对“恶劣”条件下，保花保果及增产效果等作用更加显著。

适用作物使用技术及效果 芸薹素内酯既可用于叶面喷雾，也可用于种子处理，且不同作物、不同目的，使用方法及时期不同。

苹果 在铃铛花期（开花前）、落花后喷施，具有保花保果、提高坐果率、增强抗霜冻能力等作用；在幼果期喷施，可以促进果实膨大、提高果形指数；转色期喷施，具有促进花芽分化、促使果实着色、提高果品质量等效果。一般使用芸薹素内酯0.02～0.04毫克/千克药液喷雾。每季最多使用3次。

梨 在铃铛花期（开花前）、落花后喷施，具有保花保果、提高坐果率、增强抗霜冻能力等作用；在幼果期喷施，促进果实膨大；近成熟期喷施，具有促进花芽分化、提高果品质量等效果。一般使用芸薹素内酯0.02～0.03毫克/千克药液喷雾。每季最多使用3次。

葡萄 在花蕾期、落花后7天左右各喷施1次，具有提高坐果率、减少落果、促使果粒大小均匀的作用；在果实（粒）膨大期喷施1次，具有促进果实膨大的作用；在果实（粒）转色期喷施1次，具有促进果实着色、增加糖度、提高果品质量的作用。一般使用芸薹素内酯0.03～0.04毫克/千克药液喷雾。每季最多使用3次。

桃、李、杏（杏扁）、樱桃 在开花前5天和落花后各喷施1次，具有防止冻花冻果、提高坐果率、增加产量等作用；在果实转色期喷施1次（杏扁除外），具有促进着色、提高果品质量的作用。一般使用芸薹素内酯0.02～0.04毫克/千克药液喷雾。转色期与优质叶面肥混合喷施效果更好。

枣树 在初花期和谢花2/3时各喷施1次，具有保花保果、提高坐果率、促进幼果膨大的作用；在幼果期喷施1次，具有促进幼果膨大、促使果实大小均匀的作用；在着色期喷施1次，具有促进果实转色、提高果品质量的功效。一般使用芸薹素内酯 0.03～0.05 毫克/千克药液喷雾。开花期与赤霉酸混合喷施效果更好。每季最多使用 3 次。

柑橘树　在谢花 2/3 时喷施第 1 次、10 天后再喷施 1 次，具有提高坐果率、减少落果、促使果实大小均匀的作用；在果实膨大期喷施 1 次，具有促进果实膨大、增加产量的作用；在果实转色期喷施 1 次，具有促进着色、增加糖度、提高果品质量的作用。一般使用芸薹素内酯 0.02～0.04 毫克/千克药液喷雾。每季最多使用 3 次。

脐橙　在盛花期和第 1 次生理落果后，使用浓度为 0.01～0.1 毫克/千克的芸薹素内酯药液各叶面喷雾 1 次，具有提高坐果率、增加果实糖度的作用。

杧果　在开花前 5 天喷施第 1 次、7～10 天后再喷施 1 次，具有提高坐果率、减少落果、促使果实大小均匀的作用；在果实膨大期喷施 1 次，具有促进果实膨大、提高产量的作用；在果实转色期喷施 1 次，具有促进着色、增加糖度、提高果品质量的作用。一般使用芸薹素内酯 0.02～0.04 毫克/千克药液喷雾。

荔枝　在花蕾期、落花后（幼果期）、果实膨大期各喷施 1 次，具有保花保果、提高坐果率、促进果实膨大、提高产量及质量的作用。一般使用芸薹素内酯 0.02～0.04 毫克/千克药液喷雾。每季最多使用 3 次。

香蕉　在抽蕾期、断蕾期、幼果期各喷施 1 次芸薹素内酯 0.03～0.04 毫克/千克药液，具有促使蕉仔拉长快、弯曲自然、提高蕉果质量及产量的作用。每季最多使用 3 次。

板栗　在花蕾期和落花后，各叶面喷施 1 次芸薹素内酯0.02～0.04 毫克/千克药液，具有提高结实率、降低空篷率、增加产量的作用。与赤霉酸配合使用效果更好。

草莓　从初花期开始喷施，10～15 天 1 次，连喷 2～3 次，具有提高坐果率、结实多、果实大而均匀、糖度高、增加产量等作用。一般使用芸薹素内酯 0.02～0.03 毫克/千克药液喷雾。

黄瓜　在苗期喷施 1 次浓度为 0.01 毫克/千克的芸薹素内酯药液，具有促进花芽分化、提高幼苗抗低温能力的作用。然后从初花期开始喷施，10～15 天 1 次，连喷 2～3 次，具有提高坐瓜率、促进光合作用、增加产量、提高品质的作用。一般使用芸薹素内酯0.02～0.04毫克/千克药液喷雾，每季最多使用3次。

西瓜　使用浓度为0.03～0.06毫克/千克的芸薹素内酯药液，在苗期、开花期、果实膨大期各叶面喷雾1次，具有促进雌花分化、提高坐瓜率、促进果实膨大、提高产量的作用。每季最多使用3次。

甜瓜　在苗期喷施1次，具有促进花芽分化、提高抗低温能力的作用；从开花初期开始喷施，10～15天1次，连喷2～3次，具有提高坐瓜率、促进光合作用、增加产量、提高品质的作用。一般使用芸薹素内酯0.02～0.04毫克/千克药液喷雾。

辣椒　在苗期、植株旺长期、初花期、幼果期各喷施1次，具有促进花芽分化、提高坐果率、促进光合作用、增加产量、提高品质的作用。一般使用芸薹素内酯0.03～0.05毫克/千克药液喷雾，每季最多使用4次。

番茄　在苗期、花蕾期、幼果期，使用浓度为0.02～0.04毫克/千克的芸薹素内酯药液各叶面喷雾1次，具有促进花芽分化、提高坐果率、促使果实膨大、增加产量、提高品质的作用。每季最多使用3次。

茄子　在茄子开花期，使用浓度为0.1毫克/千克的芸薹素内酯药液浸蘸低于17℃时开的花，具有促进正常结果的作用。

芸豆、豇豆等豆类蔬菜　从开花初期开始喷施，10～15天1次，连喷2～3次，具有促进花芽分化、提高结荚率、增加产量、提高品质的作用。一般使用芸薹素内酯0.02～0.04毫克/千克药液喷雾。

白菜等十字花科蔬菜　在团棵期、莲座期或旺盛生长期各喷施1次，具有调节生长、促进叶片光合作用、增加产量的作用。一般使用芸薹素内酯0.01～0.02毫克/千克药液均匀喷雾。每季最多使用2次。

菜心　在苗期、莲座期各喷施1次，具有促进叶片生长、增加产量的作用。一般使用浓度为0.01～0.02毫克/千克的芸薹素内酯药液均匀喷雾。

水稻　在分蘖期、孕穗期、齐穗期各喷施1次，具有提高结实率、增加穗粒数、促进籽粒饱满、增加千粒重、提高抗倒伏能力、增加产量的作用。一般使用芸薹素内酯0.02～0.04毫克/千克的药液均匀叶面喷雾。

小麦 使用浓度为0.02～0.05毫克/千克的芸薹素内酯药液浸种24小时，晾干后播种，具有促进根系发育、增加有效分蘖的作用。在拔节期、孕穗期、齐穗期，使用浓度为0.02～0.04毫克/千克的芸薹素内酯药液分别均匀叶面喷雾1次，具有增强光合作用、提高结实率、增加穗粒数、促进籽粒饱满、提高千粒重、提高抗倒伏能力、增加产量的作用。每季最多使用3次。

玉米 在喇叭口期和抽雄期，使用芸薹素内酯0.02～0.04毫克/千克药液各均匀叶面喷雾1次，具有增加叶绿素含量、促进光合作用、提高结实率、防止秃尖、促进籽粒饱满、增加产量的作用。每季最多使用2次。

花生 从花生苗期、初花期、盛花期，使用芸薹素内酯0.02～0.04毫克/千克的药液各均匀叶面喷雾1次，具有提高叶片光合效率、提高结实率、促进籽粒饱满、增加产量的作用。每季最多使用3次。

大豆 从开花初期开始喷施，10天后再喷施1次，具有提高结实率、促进籽粒饱满、提高叶片光合效率、增加产量的作用。一般使用芸薹素内酯0.02～0.04毫克/千克的药液均匀叶面喷雾。每季最多使用2次。

油菜 从开花初期开始喷施，10天左右1次，连喷2～3次，具有提高结荚率与结实率、促进籽粒饱满、增加产量的作用。一般使用芸薹素内酯0.02～0.04毫克/千克药液均匀叶面喷雾。

棉花 从开花初期开始茎叶喷施，10～15天1次，连喷3次，具有提高结铃率、减少落花落铃、增加产量的作用。一般使用芸薹素内酯0.02～0.04毫克/千克药液均匀叶面喷雾。每季最多使用3次。

马铃薯 从株高30厘米左右或初花期开始喷施，10～15天后再喷施1次，具有调节植株生长、促进薯块膨大、增加产量、提高品质的作用。一般使用芸薹素内酯0.02～0.04毫克/千克药液均匀叶面喷雾。

甘蔗 在苗期、分蘖期、抽节期各茎叶喷施1次，具有调节生长、提高光合效率、增加糖度、提高产量的作用。一般使用芸薹素内酯0.02～0.04毫克/千克药液均匀叶面喷雾。

烟草 在烟草团棵期、旺长期，使用芸薹素内酯0.02～0.04毫克/千克的药液各均匀叶面喷雾1次，具有促进植株及叶片生长、增加产量、提高品质的作用。每季最多使用 2 次。

向日葵 在向日葵苗期、花蕾期、开花期，使用芸薹素内酯 0.04～0.06 毫克/千克的药液各均匀叶面喷雾 1 次，具有调节植株生长、提高结实率、促进籽粒饱满、增加产量及质量的作用。每季最多使用 3 次。

芝麻 在芝麻苗期、始花期、结实期，使用芸薹素内酯 0.04～0.06 毫克/千克的药液各均匀叶面喷雾 1 次，具有促进花芽分化、提高结实率、促进籽粒饱满、增加产量的作用。每季最多使用 3 次。

金针菜 从开花初期开始喷施，10 天左右 1 次，连喷 2～3 次，具有调节生长、促进花芽分化、增加花蕾数、促进花蕾膨大、增加产量、提高品质的作用。一般使用芸薹素内酯 0.02～0.04 毫克/千克药液均匀叶面喷雾。

缓解药害 植物发生药害后，及时喷施芸薹素内酯 0.03～0.05 毫克/千克药液，具有减轻药害、促进植物快速恢复的功效。

注意事项 芸薹素内酯可与生长素类药剂及非碱性药剂混用。喷施时，在药液中混加 0.05%的表面活性剂，能促进芸薹素内酯被植物体的吸收利用。与优质叶面肥混用，能够增加本剂使用效果。在植物生长发育敏感期施药效果突出。芸薹素内酯使用浓度计算方法为："制剂百分含量×10 000/使用浓度"即为该制剂的稀释倍数。

赤·吲乙·芸薹

有效成分 赤霉酸（gibberellic acid）＋吲哚乙酸（indol－3－ylacetic acid）＋芸薹素内酯（brassinolide）。

主要含量与剂型 0.136%（0.135%赤霉酸＋0.000 52%吲哚乙酸＋0.000 31%芸薹素内酯）可湿性粉剂。

产品特点 赤·吲乙·芸薹是由赤霉酸、吲哚乙酸、芸薹素内酯三种植物生长调节剂成分按科学比例混配的一种高效广谱低毒复合植物生长调节剂，属贝壳杉烯类植物生长调节剂与吲哚类植物生长调节剂、甾醇类植物生长调节剂三元混配的科学组合，被誉为"植物生长复合平衡调节系统"，从种子萌发出苗到开花、结果、成熟全过程均具有综合平衡调节作用，能够促进生根发芽、调节作物生长、提高光合效率及干物质积累、提早开花结果、提高坐果率、诱导作物提高抗逆性能、缓解药害、增加产量、改善品质、提早上市、延长货架期等。

适用作物使用技术及效果

水稻　使用0.136%可湿性粉剂5 000倍液浸种或拌种处理，具有打破种子休眠、提高出苗率及芽势、促进根系发育、提高秧苗抗逆性、有效缓解前茬除草剂残留抑制、促使苗齐苗壮等作用。在水稻秧苗期，使用0.136%可湿性粉剂7 500～15 000倍液均匀叶面喷雾，具有培育壮苗、促进分蘖及增加有效分蘖数、提高光合作用、促使秧苗茎秆粗壮等作用；在水稻破口前期，使用0.136%可湿性粉剂7 500～10 000倍液均匀叶面喷雾（混加优质叶面肥效果更好），具有促使抽穗整齐、提高结实率、促进籽粒饱满、增加千粒重、提高产量、增加品质等作用。

小麦　按照1克0.136%可湿性粉剂处理12～15千克种子的剂量进行种子包衣或拌种（混加适量水稀释），具有促进种子萌发、提高发芽率及出苗率、增强芽势、促进幼苗根系发育、提高植株抗逆性、有效缓解前茬除草剂残留抑制、促进分蘖、培育壮苗等作用。在小麦苗期均匀叶面喷雾1次（混加0.3%尿素效果更好），具有加强光合作用、促进分蘖、增强抗逆性、促使茎秆粗壮等作用；在冬小麦返青期均匀叶面喷雾1次（混加0.3%尿素效果更好），具有促进秧苗返青及快速生长的作用；在孕穗期均匀叶面喷施1次（混加磷酸二氢钾等叶面肥效果更好），具有提高植株抗逆性、促进幼穗分化、提高结实率、增加穗长及穗粒数等作用；在灌浆期再均匀叶面喷施1次（混加磷酸二氢钾等叶面肥效果更好），具有增强光合作用、促进灌浆、促进籽粒饱满、增加千粒重、提高产量等作用。小麦生长期一般使用0.136%可湿性粉剂7 500～10 000倍液均匀叶面喷雾。

玉米　按照1克0.136%可湿性粉剂处理8～12千克种子的剂量进行种子包衣或拌种（混加适量水稀释），具有促进种子萌发、提高发芽率及出苗率、增强芽势、促进幼苗根系发育、提高植株抗逆性、有效缓解前茬除草剂残留抑制、培育壮苗等作用。在玉米苗期，喷施 1 次 0.136%可湿性粉剂 7 500～10 000 倍液（混加 0.3%尿素等叶面肥效果更好），具有提高光合作用、促使茎秆粗壮、提高幼苗抗逆性等作用；在玉米拔节期，喷施 1 次 0.136%可湿性粉剂 10 000 倍液（混加 0.3%锌肥等叶面肥效果更好），具有提高植株抗病性、促进雌穗分化、提高结实率、增加穗长及穗粒数等作用；在籽粒灌浆期，再喷施 1 次 0.136%可湿性粉剂 7 500～10 000 倍液（混加磷酸二氢钾等叶面肥效果更好），具有促进灌浆、促使籽粒饱满、增加千粒重、提高产量等作用。

棉花　按照 1 克 0.136%可湿性粉剂处理 6～8 千克种子的剂量进行种子包衣或拌种（混加适量水稀释），具有促使种子萌发、提高发芽率及出苗率、促进幼苗根系发育、提高植株抗逆性、有效缓解前茬除草剂残留抑制、苗齐苗壮等作用。在棉花 4～5 叶期，喷施 1 次 0.136%可湿性粉剂 7 500 倍液，具有促进根系发育、增强光合作用、强茎壮秆、提高植株抗逆性、促进花器分化发育等作用；在棉花现蕾期，喷施 1 次 0.136%可湿性粉剂 7 500～10 000 倍液，具有平衡生长、促进花器发育、提高结铃率、促进子房发育等作用；在棉花结铃期，再喷施 1 次 0.136%可湿性粉剂 7 500～10 000 倍液，具有平衡植株生长、减少生理落铃、增加铃重、提高衣分、促进成熟、促使吐絮整齐等作用。

大豆　按照 1 克 0.136%可湿性粉剂处理 5～8 千克种子的剂量进行种子包衣或拌种（混加适量水稀释），具有促进种子萌发、提高发芽率、增强芽势、促进幼苗根系发育、提高植株抗逆性、有效缓解前茬除草剂残留抑制、培育壮苗等作用。在大豆苗期，喷施 1 次 0.136%可湿性粉剂 7 500～10 000 倍液，具有培育壮苗、增强光合效率、促进花芽分化、提高植株抗逆能力等作用；在大豆花蕾期，喷施 1 次 0.136%可湿性粉剂 7 500～10 000 倍液，具有促进花器发育、提高结荚率及结实率等作用；在大豆结荚期，再喷施 1 次 0.136%可湿性粉剂 10 000 倍液，具有提高结实率、促进籽粒饱满、增加百粒重、提高产量等作用。

花生　按照 1 克 0.136%可湿性粉剂处理 5～8 千克种子的剂量进行种子包衣或拌种（混加适量水稀释），具有促进种子萌发、提高发芽率、增强芽势、促进幼苗根系发育、提高植株抗逆性、有效缓解前茬除草剂残留抑制、培育壮苗等作用。在花生苗期，喷施1次0.136%可湿性粉剂7 500～10 000倍液，具有促进根系发育、促使茎秆粗壮、促进花芽分化、提高植株抗逆性等作用；在花蕾期，喷施1次0.136%可湿性粉剂10 000倍液，具有促进花器发育、提高结荚率、促进下针结实等作用；在下针结荚期，再喷施1次0.136%可湿性粉剂10 000倍液，具有提高结实率、促使籽粒饱满、提高产量等作用。

油菜　按照1克0.136%可湿性粉剂处理8～10千克种子的剂量进行种子包衣或拌种（混加适量水稀释），具有促进种子萌发、增强芽势、促进幼苗根系发育、提高植株抗逆性、培育壮苗等作用。在油菜苗期，喷施1次0.136%可湿性粉剂7 500～10 000倍液，具有促进根系发育、提高光合效率、增强植株抗逆性等作用；在返青期，喷施1次0.136%可湿性粉剂10 000倍液，具有促进秧苗返青生长、强茎壮秆、增加分枝数等作用；在花蕾期，再喷施1次0.136%可湿性粉剂10 000倍液，具有增强花粉活性、提高结实率、增加有效荚数及单荚有效粒数、提高千粒重及产量的作用。

西瓜、甜瓜　播种前，使用0.136%可湿性粉剂5 000倍液浸种，晾干后播种，具有打破种子休眠、促进发芽、提高芽势及出苗率的作用。在瓜苗期，喷施1次0.136%可湿性粉剂7 500～10 000倍液，具有促进根系发育、培育壮苗、提高幼苗抗病性的作用；移栽前使用0.136%可湿性粉剂7 500倍液喷淋苗床，或定植时使用0.136%可湿性粉剂15 000倍液浇灌植株（每株浇灌药液100～150毫升），具有移栽后秧苗发根及缓苗快、秧蔓生长旺盛的作用；开花前，喷施1次0.136%可湿性粉剂7 500～10 000倍液，具有促进花器发育、促使花期一致、提早结瓜的作用；幼瓜膨大期，再喷施1次0.136%可湿性粉剂7 500～10 000倍液，具有加强光合作用、促进瓜体膨大的效果。

黄瓜　从定植缓苗后或开花前5～7天开始叶面喷雾，15天左右1次，连喷2～3次，具有调节植株生长、促进结瓜、促使瓜体膨大、增加产量的作用。一般使用0.136%可湿性粉剂10 000～15 000倍液均匀喷雾。

番茄、茄子、辣椒等茄果类蔬菜　在秧苗期，使用0.136%可湿性粉剂 10 000 倍液喷淋苗床，具有促进根系发育、培育壮苗、提高植株抗病性的作用；定植前，使用 0.136％可湿性粉剂 5 000 倍液浸蘸秧盘，具有促进发根、缓苗快、防止僵苗等作用；定植后，喷洒 0.136％可湿性粉剂 10 000 倍液，具有促进生根、加强光合作用、促使植株生长的作用；开花至结果期，喷施 0.136％可湿性粉剂 7 500～10 000 倍液 2～3 次（间隔期 10～15 天），具有促进花器发育、提高结果率、促进果实膨大、增加产量、提高品质等作用。

十字花科蔬菜等绿叶菜类　在秧苗期，喷施 1 次 0.136％可湿性粉剂 7 500～10 000 倍液，具有促进根系发育、培育壮苗、增强秧苗抗逆性能的作用；营养生长旺盛期，使用 0.136％可湿性粉剂 7 500～10 000 倍液均匀叶面喷雾，具有促进生长、增加产量、提早上市等作用。

大蒜　播种前，使用 0.136％可湿性粉剂 5 000 倍液浸泡蒜种 1～2 小时，捞出后晾干、播种，具有提高出苗率、促使幼苗整齐一致、苗齐苗壮等作用；出苗后，使用 0.136％可湿性粉剂 7 500～10 000 倍液喷洒幼苗，具有促进根系发育、强壮幼苗、提高幼苗抗冻性能的作用；返青期，使用 0.136％可湿性粉剂 7 500 倍液均匀叶面喷雾（混加叶面肥效果更好），具有返青缓苗快、促使生长旺盛、有效预防低温伤害的作用；抽薹期，使用 0.136％可湿性粉剂 7 500～10 000 倍液均匀喷洒叶面（混加叶面肥效果更好），具有促进根系发育、促使植株旺长、促使抽薹快而整齐、蒜头快速膨大、增加产量、提高品质等作用。

马铃薯　幼苗期，使用 0.136％可湿性粉剂 7 500～10 000 倍液均匀喷雾，具有促进根系发育、强壮幼苗、提高苗期抗逆性能的作用。从开花初期开始，使用 0.136％可湿性粉剂 7 500～10 000 倍液均匀叶面喷雾，10～15 天 1 次，连喷 2～3 次，具有促使提早结块茎、促进块茎膨大、提高产量的作用。

烟草　在烟草移栽后 7～10 天第 1 次叶面喷雾，团棵期第 2 次叶面喷雾，植株旺长期第 3 次叶面喷雾，具有调节植株生长、促使叶片长大、提高产量及品质的作用。一般使用 0.136％可湿性粉剂 4 000～5 000 倍液均匀喷雾。

柑橘树　在花蕾期，喷施 1 次 0.136％可湿性粉剂 10 000 倍液，具有促进花蕾分化、增加花粉数量、提高坐果率的作用；在幼果期，喷施1次0.136%可湿性粉剂10 000倍液，具有防止生理落果、提高坐果率、促使果个均匀、促进果实膨大的作用；在果实膨大期，再喷施1次0.136%可湿性粉剂10 000倍液，具有促进果实增糖转色、提高果实品质、增加产量的作用；在秋梢抽发期，喷施1次0.136%可湿性粉剂15 000倍液，具有培育壮树、强健秋梢、促进花芽分化、提高树体抗逆能力的作用。

香蕉　育苗期，喷施1次0.136%可湿性粉剂7 500倍液，具有培育壮苗、提高幼苗抗逆性的作用；幼苗定植前喷施1次0.136%可湿性粉剂7 500倍液，定植后再使用0.136%可湿性粉剂5 000～10 000倍液淋根或灌根1次，具有促发新根、健壮植株、提高抗逆性的作用；在花芽分化期（20片蕉叶时）和抽蕾前，各喷施1次0.136%可湿性粉剂5 000～7 500倍液（混加硼肥、高磷钾肥），具有促进花芽分化、抽蕾整齐、促使花蕾粗壮、提高优质果率的作用；在蕉仔生长期，喷施1次0.136%可湿性粉剂5 000倍液（混加叶面肥），具有促进蕉仔生长、果形端正、提高商品性及品质的作用。

荔枝　在花芽露白期，喷施1次0.136%可湿性粉剂15 000倍液（混加高磷叶面肥），具有促使花序整齐、提高抗冻能力的作用；在花序5厘米长时和落花后，各喷施1次0.136%可湿性粉剂15 000～20 000倍液（混加硼钙叶面肥），具有促进壮花、开花整齐、提高坐果率、壮果保果的作用；在生理落果后及果实膨大期，再各喷施1次0.136%可湿性粉剂15 000～20 000倍液（混加优质叶面肥），具有促使果实均匀、促进果实膨大、减少裂果、促进早熟等作用。

杧果　在花蕾期，喷施1次0.136%可湿性粉剂5 000～7 500倍液（混加磷钾硼叶面肥），具有促进花芽分化、提高坐果率的作用；在开花期，喷施1次0.136%可湿性粉剂5 000倍液（混加赤霉酸），具有促使花朵增大、促进授粉受精、提高坐果率的作用；在果实膨大期，喷施1次0.136%可湿性粉剂5 000～7 500倍液（混加钙肥），具有促进果核形成、提高母果数量、促进果实膨大、防止落果等作用；在果实膨大后期至采收期，喷施0.136%可湿性粉剂5 000倍液，具有促进果实着色上粉、果皮靓丽、果个大小均匀、提高果实硬度等作用。果实采收后，按照1克0.136%可湿性粉剂对水

15～22.5 千克灌根（大树 1 株或小树 3～5 株），具有促进根系发育、恢复树势、减轻大小年、提高树体抗低温冷害能力的作用。

枇杷　在秋梢抽发期，喷施 1 次 0.136％可湿性粉剂 5 000～15 000 倍液，具有壮梢促花、提高抗逆性的作用；在开花前 1 周和幼果期，各喷施 1 次 0.136％可湿性粉剂 5 000～15 000 倍液，具有保花保果、增强花粉活力、提高坐果率、促进果实膨大、增强抗逆性的作用；在果实膨大期，再喷施 1 次 0.136％可湿性粉剂 5 000～15 000 倍液，具有促进果实膨大、促使着色均匀、提早上市、提高品质的作用。

苹果树、梨树、樱桃树、杏树　在开花前或展叶期，喷施 1 次 0.136％可湿性粉剂 7 500～10 000 倍液（混加硼肥），具有促进开花、提高花粉细胞活性、促进授粉、提高坐果率、增强树体抗低温能力的作用；在落花后至果实膨大期，喷施 2 次左右 0.136％可湿性粉剂 15 000 倍液（间隔期 15～20 天），具有调节激素平衡、促进果实种子形成、减少生理落果、促进果实膨大、促使果个均匀、提高果实糖度、提早成熟上市、增加耐储性能等作用；果实采收后，使用 0.136％可湿性粉剂 20 000 倍液结合秋施基肥灌根，具有促进根系发育、提高肥料利用率、延长绿叶期、促使花芽分化饱满、提高枝条成熟度、增加抗冻性能等作用。

葡萄　在萌芽期，喷施 1 次 0.136％可湿性粉剂 3 500 倍液，具有促进萌芽、提高树体抗逆性、预防晚霜危害的作用；萌芽后，喷施 0.136％可湿性粉剂 7 500 倍液，具有促进新梢生长及花序发育的作用；在花序分离期，使用 0.136％可湿性粉剂 3 000～4 000 倍液喷洒幼穗，具有促进花序发育、拉长果穗的作用；从落花后 10 天左右开始，使用 0.136％可湿性粉剂 5 000～7 500 倍液均匀叶面喷雾（混加钙肥等叶面肥），15 天左右 1 次，连喷 2～3 次，具有平衡树体生长、促进果肉细胞分裂、防止落果、促使果实膨大、提高树体抗逆能力、增加果实固形物含量的作用；在果实转色期，喷施 0.136％可湿性粉剂 7 500 倍液（混加高钾叶面肥），具有促进果实转色、增加果实糖度及硬度、提高果实固形物含量、增加果粉、提升品质等作用。

枣树　在萌芽期喷施，具有促进发芽、提高树体抗逆性、增强树势、促进生长组织分化、促进根系发育等作用；在花蕾期喷施，具有促进花器发育、促进树体对养分的吸收利用、促使营养生长与生殖生长平衡、减少落花落果等作用；在开花期（花开 40%左右）喷施，具有促进坐果、提高坐果率等作用；在果实膨大期（白果期）喷施，具有促使果实膨大、增强光合作用、增加果实干物质积累、提高果实品质等作用。一般使用 0.136%可湿性粉剂 10 000～15 000 倍液均匀叶面喷雾。

猕猴桃　在萌芽期喷施 1 次 0.136%可湿性粉剂 7 500 倍液，具有预防晚霜冻害、提高萌芽整齐度、缓解“红阳猕猴桃”的“皱叶”现象等作用；在花蕾期喷施 1 次 0.136%可湿性粉剂 15 000 倍液，具有预防冻害、促进花蕾发育、促使开花整齐、促进授粉受精、预防畸形果等作用；在幼果期至果实膨大期喷施 0.136%可湿性粉剂 15 000 倍液，具有提高光合作用、促进果实膨大、预防高温日灼、促进养分积累、增强树势等作用；在壮果期喷施 0.136%可湿性粉剂 15 000 倍液，具有促进果实干物质积累、增加果实糖度及硬度、促进果实转色、提升果实品质、增加单果重、延长货架期等作用；果实采收后，使用 0.136%可湿性粉剂 15 000 倍液均匀叶面喷雾加 20 000 倍液灌根，具有促进根系发达、增加树体养分积累、促进木质化形成、预防寒流冻害及来年晚霜冻害的作用。

草莓　育苗期，使用 0.136%可湿性粉剂 7 500 倍液喷雾，具有促进根系发育、培育壮苗、提高抗病能力的作用；定植后，使用 0.136%可湿性粉剂 5 000 倍液灌根，具有促进发根、提高移栽成活率、强壮幼苗的作用；从花蕾形成期开始喷施 0.136%可湿性粉剂 7 500 倍液（混加 0.3%尿素、0.3%硼肥等），10～15 天 1 次，连喷 2～3 次，具有促进花器发育、促进授粉受精、提高坐果率、促进果实膨大、提高果实商品性、增加产量等作用。

茶叶　从茶叶芽苞萌发初期开始叶面喷雾，15～20 天 1 次，连喷 2 次，具有调节生长、提高嫩芽产量、促进伤口愈合及恢复生长的作用。一般每亩次使用 0.136%可湿性粉剂 4～7 克，对水 30～60 千克均匀喷雾。

注意事项　赤·吲乙·芸薹的主要生理功能为调节生长，与优质叶面肥类混用效果更好。不同作物上的不同时期使用，其功能表现亦有不同，需根据实际生产需要酌情使用，且使用次数应参考产品标签说明，不宜过多使用。

主要参考文献

马克比恩，2015. 农药手册：第16版［M］. 胡笑形，等，译. 北京：化学工业出版社.

李玲，肖浪涛，谭伟明，2018. 现代植物生长调节剂技术手册［M］. 北京：化学工业出版社.

农药信息一点通［OL］. http：//www. nyrj8. com.

王江柱，2015. 农民欢迎的200种农药：第2版［M］. 北京：中国农业出版社.

张宗俭，邵振润，束放，2015. 植物生长调节剂科学使用指南：第3版［M］. 北京：化学工业出版社.

中国农药信息网［OL］. http：//www. icama. org. cn.

图书在版编目（CIP）数据

200种农药简明使用手册 / 王江柱主编 .—北京：中国农业出版社，2023.12
ISBN 978-7-109-31590-7

Ⅰ.①2… Ⅱ.①王… Ⅲ.①农药-手册 Ⅳ.①S482-62

中国国家版本馆CIP数据核字（2023）第231962号

中国农业出版社出版
地址：北京市朝阳区麦子店街18号楼
邮编：100125
责任编辑：孟令洋 郭晨茜
版式设计：杨 婧 责任校对：吴丽婷
印刷：北京印刷集团有限责任公司
版次：2023年12月第1版
印次：2023年12月北京第1次印刷
发行：新华书店北京发行所
开本：880mm×1230mm 1/32
印张：17
字数：500千字
定价：36.00元